U0224039

好书热评

《软件需求（第3版）》是目前最有用的需求指南。两位作者Wiegers和Beatty覆盖了目前业务分析师应该知道的实践全景。无论是需求规范的老手，还是刚开始做项目的新手，都可以将本书作为桌边案头的必备参考书。

　　——Gary K. Evans，Evanetics公司敏捷教练和用例专家.

这简直就是三连冠，Karl Wiegers和Joy Beatty携第3版再创佳绩。从1999年第1版起，《软件需求》提供的指南就已经成为我在需求咨询工作中的实践基础。我要向新手和有经验的从业人员鼎力推荐此书。

　　——Roxanne Miller，Requirements Quest总裁

需求方面最好的书，又更上了一层楼！在第3版中，新主题的范围延展到覆盖整个项目场景。在敏捷环境中使用需求最有意义，因为所有相关人员都要了解新系统的基本功能和用途，并且敏捷开发人员现在也是受众，必须好好掌握书中的内容。

　　——Stephen Withall，《软件需求模式》作者

《软件需求（第3版）》终于问世，长久的等待是值得的。这是一本完整的实践指南，读者可以从中学到许多对工作有用的实践。我特别喜欢书中包含的例子和很多实操方案，可以方便地在真实生活场景中实践它们。

　　——Christof Ebert博士，Vector Consulting Services管理总监

Karl和Joy升级了软件需求领域的开创性著作，对上一版择其优并加以改进。这一版保留了此前版本中所有业内人员必备的参考，还扩展到足以应对当今复杂商业和技术环境所面临的挑战。不论什么技术、业务领域、方法论或项目类型，都可以借助本书向客户交付更好的成果。

　　——Shane Hastie，Software Education首席知识工程师

Karl Wiegers和Joy的这本有关需求的新书对前一版进行了精彩的补充。大型软件应用的需求是本世纪最难以解读的业务话题之一。此书有助于解读这一粗略的主题。

　　——T. Capers Jones，Namcook Analytics公司副总裁兼CTO

简单地说，对于每个参与定义和管理软件开发项目的人（这本书既是必读之书，又是一本重要的参考。在今天的现代软件开发世界中，太多人认为需求实践是用于"无障碍"敏捷的。Karl和Joy对渐进管理需求的方法进行详细说明，并阐述了如何采用日新月异的方法实现软件交付。

——Mark Kulak，Borland公司软件开发总监

我看到Karl Wiegers和Joy Beatty全面更新了这本有关软件需求的书。我特别喜欢其中如何在敏捷项目中使用高效需求实践的最新话题，因为近日来，我们这方面的咨询服务越来越多。这些在不同需求实践中的实践指南和真实案例是无价之宝。

——Doreen Evans，Robbins Gioia公司需求和业务分析实践管理总监

作为Karl经典好书《软件需求》的早期用户，我对新版早就迫不及待，望穿秋水了，而且它绝对没有让我失望。多年以来，从大型的、新型的零起点项目，到采用现成的商业现货方案和快速发布敏捷实践，IT开发的重点已经发生很大的变化。在第3版中，Karl和Joy探讨了这些新开发方法在需求过程中的内涵，还给出了宝贵的建议，这些建议不是基于教条的，而是从他们在需求领域广泛而深入的经历提炼出来的有效实践。

——Howard Podeswa，Noble公司CEO，《业务分析师手册》作者

如果要找一本实践指南来了解什么是软件需求、如何创建需求以及如何使用需求，《软件需求（第3版）》是首选。这本书的内容有用、易懂，可以带你完整了解如何应对需求相关的一般场景。结合许多故事、案例研究、趣闻轶事和实例，这本书读起来引人入胜。

——Laura Brandenburg，CBAP（认证业务分析师），Bridging the Gap站长

怎样才能使好需求容易理解？在添加内容时，可以像Karl和Joy所做的那样，确立全面的产品愿景，处理敏捷方面的问题，尽可能重用需求，处理软件包和外包项目，确定具体用户类别。可以由表及里查看需求，解决流程和风险的问题，而不只是确定功能。

——Donald J. Reifer，Reifer Consultants公司总裁

本书新版随业务的发展与时俱进，既在第2版的基础上进行了深化，又让分析师真切了解到如何应对敏捷开发的大潮，如何使用特性进行范围控制，如何提升需求收集技术，如何建模。Wiegers和Beatty联袂打造的这本书是专业人士的必读经典。

——Keith Ellis，Enfocus Solutions公司总裁兼CEO，《业务分析标杆》作者

微软技术丛书

Software Requirements
软件需求（第3版）

[美] Karl Wiegers　Joy Beatty　著

李忠利　李　淳　霍金健　孔晨辉　译

清华大学出版社

北京

内容简介

作为经典的软件需求工程畅销书，经由需求社区两大知名领袖结对全面修订和更新，覆盖新的主题、实例和指南，全方位讨论软件项目所涉及的所有需求开发和管理活动，介绍当下的所有实践。书中描述实用性强的、高效的、经过实际检验的端到端需求工程管理技术，通过丰富的实例来演示如何利用最佳实践来减少订单变更，提高客户满意度，减少开发成本。书中的用例、业务规则和商业工具全面修订以体现现状和未来的趋势。

本书尤其适合具备一定软件开发过程经验的业务分析师、需求分析师、项目经理和其他软件项目涉众。

北京市版权局著作权合同登记号　图字号：01-2013-8911

Authorized translation from the English language edition, entitled Software Requirements 3e by Karl E. Wiegers/ Joy Beatty, published by Pearson Education, Inc, publishing as @Microsoft Press, Copyright © 2014 Karl Wigers and Sielevel.

All rights reserved. No part of this book may be reproduced or transmitted in any form or by any means, electronic or mechanical, including photocopying, recording or by any information storage retrieval system, without permission from Pearson Education, Inc.

Chinse Simplified language edition published by TSINGHUA UNIVERSITY PRESS LIMITED, Copyright © 2016.

本书简体中文版由 Pearson Education 授予清华大学出版社在中国大陆地区(不包括香港、澳门特别行政区以及台湾地区)出版与发行。未经出版者预先书面许可，不得以任何方式复制或传播本书的任何部分。

本书封面贴有 Pearson Education 防伪标签，无标签者不得销售。

版权所有，侵权必究。举报：010-62782989，beiqinquan@tup.tsinghua.edu.cn。

图书在版编目(CIP)数据

软件需求/(美)魏格斯(Wiegers, K.E.), (美)贝蒂(Beatty, J.)著；李忠利，李淳，孔晨辉，霍金健译. —3 版. 北京：清华大学出版社，2016 (2024.2重印)
(微软技术丛书)
书名原文：Software Requirements, 3rd Edition
ISBN 978-7-302-42682-0

Ⅰ.①软… Ⅱ.①魏… ②贝… ③李… ④李… ⑤孔… ⑥霍… Ⅲ.①软件开发　Ⅳ.①TP311.52

中国版本图书馆 CIP 数据核字(2016)第 014217 号

责任编辑：文开琪
封面设计：杨玉兰
责任校对：周剑云
责任印制：杨　艳

出版发行：清华大学出版社
　　　　　网　　址：https://www.tup.com.cn, https://www.wqxuetang.com
　　　　　地　　址：北京清华大学学研大厦 A 座　　　邮　　编：100084
　　　　　社 总 机：010-83470000　　　　　　　　　邮　　购：010-62786544
　　　　　投稿与读者服务：010-62776969, c-service@tup.tsinghua.edu.cn
　　　　　质量反馈：010-62772015, zhiliang@tup.tsinghua.edu.cn
印 装 者：三河市君旺印务有限公司
经　　销：全国新华书店
开　　本：185mm×260mm　　　印　张：35.75　　插　页：1　　字　数：656 千字
版　　次：2014 年 11 月第 2 版　2016 年 3 月第 3 版　　　印　次：2024 年 2 月第11次印刷
定　　价：99.00 元

产品编号：053872-01

推荐序：软件需求的百科全书

郑人杰

当前，软件承载着人类的专业知识和实践经验，进入了社会生活的各个领域，它已经深入到人们的工作和日常生活，呈现出无处不在的景象。而软件产业已成为社会经济发展的先导性和战略性产业，成为信息产业和国民经济新的增长点和重要支柱。与此同时，人们对软件开发的产品也相应地提出了更高的要求，包括高质量、低成本和易用性，等等。

经过多年的实践，我们开始认识到，确定软件需求是软件产品生命周期中最关键的一个环节。对于软件这一不可见的逻辑实体来说，它的研发和传统产业的产品相比有着很大差别。软件需求决定着产品开发的目标，同时，软件需求也是开发项目策划的依据。然而，做好软件需求工作并不容易。如果项目开始时需求工作做得不到位，开发项目的大厦就将建立在不牢固的基础上。自从上世纪七十年代开始，本人在软件工程领域的教学、科研和开发实践中深深地理解到软件需求工作的重要意义，也曾亲身经历过一些软件开发项目由于在初期阶段对需求工作不够重视，就匆忙开展后续工作，致使项目最终受到严重后果的惩罚。例如，用户对交付的产品不满意，由于不适用不得不返工，延期再交付。然而，返工导致的额外成本投入不仅会使开发组织的高管人员失望，开发人员也因要付出更多的劳动而怨声载道，最终导致开发组织的声誉受到影响。实际上，这种人们不愿看到的事件不断发生，也有着它的客观原因。比如，软件人员对项目提出的业务领域知识和相关技术并不熟悉，并且软件人员通常并不只是面对一个应用领域，而是常常在开发一个产品，初步熟悉一个领域之后，下一个开发任务又会面临另一个全新的领域。此外，当今各应用领域的技术和市场情况大多处于迅速发展和演变之中。另一方面，主观上经常出现的情况则是，软件开发人员未能在项目的需求阶段很好地和用户配合，充分吸收和听取用户的意见，或是接受应用领域知识和技术的培训，等等。

据本人了解，多年以来，市面上也有不少有关软件需求领域的专业书籍。但本书第3版在我读后，确实令我感到它的与众不同，令我赞叹。没有想到，这本书竟然对软件需求工作提供了如此全面、系统、详尽和具体的阐述。过去很长时间以来，人们对软件需求工作的理解是片面的，常常称其为"需求分析"，以为需求工作只是对需求进行分析。其实，需求分析固然重要，但还有更为重要的。那就是需求获取、需求说明、需求验证和需求管理等。许多软件项目的教训表明，问题出现的根源恰恰在于需求获取和需求验证方面存在缺陷。

　　本书的另一特点是不仅讲原则、方法，而且还对软件项目的工作提供了具体的指导。比如，不同项目类型的需求（第Ⅲ部分）、需求工程的实施（第Ⅴ部分）以及在附录部分给出的"需求实践自评"、"问题问诊指南"和"范例需求文档"都具有很强的指导性、可操作性和可遵循性。无疑，在这些实践性指导的部分中渗透着作者多年的工作经验，甚至是亲历的教训，非常值得广大读者认真地学习和吸取。

　　本人以为，在软件需求方面本书如此全面详尽，又是具有相当深度的指导性读物，称之为"软件需求手册"并不为过，甚至可以堪称"软件需求的百科全书"。

　　高校信息技术类专业的研究生完全可以用本书作为学习参考书。对于高校教师和科研机构的研究人员以及软件开发机构的开发人员和管理人员都会将其作为必备的参考。

　　正是基于对本书的上述评价，本人愿意积极向广大读者推荐，并且充分相信本书必将在一定程度上促进他们的专业工作，最终成为他们的良师益友。

译序：试问需求从何而来

译者团队代表李淳

这是一个全民创业、万众创新的时代。无论初创企业还是大型企业，无论互联网巨头还是传统行业公司，都在思考这样的问题："我们的风口在哪里？"

随着大数据、O2O、移动互联、物联网、开放平台、云计算等技术术语越来越快速地进入公众的视野，为商业创新带来了巨大的机遇，更为新时代的软件开发提出了机会和挑战。我们看到，微博、微信、手机打车等一批新兴商业模式如雨后春笋般渗入到人们的生活，为人们带来极大的便利。然而，我们还看到，在这些成功的商业模式身后，流淌着无数"失败者"的血泪。大量新企业、新项目劳神费力，投入大把时间，大把烧钱，上线后却发现提供的产品和服务无人问津。

为什么？因为我们需要的并不是"等风来"，闭门坐在办公室里等需求是行不通的。

以往，一切都源自老板的一个想法。然后大家便会在办公室里讨论，各种头脑风暴，然后选择其中认为不错的方案来写需求文档，进行技术评估……（中间省略一千步）……直至最后交付。然后，就有了大家都知道的然后，简直让人痛心疾首！

在我看来，闭门造出来的需求通常都有这样的共同特性。

1. 希望在上线的一刹那一举形成可行的商业模式

通常，当一个成功的商业模式被大众所接受时，人们看到的便是一个具有百万千万级规模的市场群体在进行消费。然而，人们看不到的是这些商业模式成功之前所遭受的屡屡失败。无疑，这些成功的商业模式在给人们设立了标杆之后，也给人们带来了不切实际的幻想："一定要交付能够一举成功的产品或服务。"

2. 假设最初的想法是正确的

不切实际的预期伴随着一种扭曲的力场，让人误将想法假设为事实。于是，几乎没有人认真思考最初的想法是否真的正确？

信息洪泛使得未来是愈发不可精确预知，试问每个想法能有多大的可能性是正确的呢？

3. 认为专家就在办公室里

头脑风暴，讨论，最终民主集中为办公室里的权威人士，可能是老板、上级甚至在办公室里工作年头最长的那个人。他们的决策依据往往是经验。然而，当你满怀希望想要创新的时候，就已经意味着没有人会有经验，所有意见决策都往往是靠猜的。

4．上线之前，知道这个想法的客户数量为 0

为了确保我们"一举成名"，让那个不切实际的幻想变成现实，我们会对外严格保密，一出办公室便绝口不提。因为我们害怕这个想法被别人抢走，更害怕客户否定尚未达到我们心中"完美标准"的产品。然而，飞得越高摔得越痛，当上线时才开始寻找客户，我们的幻想将宣告灾难性的破灭。

幸运的是，近十年间，人们开始意识到这一问题，发现正确的需求变得愈发重要，各种新的创新方法不约而同地向人们传达出下面这四大新的理念。

1．成功的商业模式需要依靠对正确需求的持续积累

商业模式的成功需要一个从 0 到 1 的过程，而非一蹴而就。在这个过程中，失败的可能性远远超过成功，所以为了更快地成功，就要快速而频繁地失败，更快速从失败中学习，更快地积累点滴成功。抛弃不切实际的幻想，不要再苛求"完美"，主动拥抱失败，让商业模式自然生长出来！

2．要获得正确的需求，需要专家不断否定你的猜想

拥抱失败不等于鲁莽地冒险，漫无目的地四处挖井，而是要使需求不再失败。因此，最好办法就是让专家频繁地对你的猜想证伪，用反馈和数据来指导接下来的行动，直到需求无限趋近于恰到好处。

3．真正的专家是会购买你的产品或服务的客户

需求之所以有存在的意义，归根结底是因为有客户愿意为此买单。因此，要想做到拥抱失败，持续证伪，你要做的便是不断与客户沟通，找出这两个问题的答案：1）为什么你的产品无法吸引他们的注意力？2）为什么他们不会为你所假设的需求买单？

真正的专家不是办公室中的权威，客户才是！主动和他们沟通，积极向他们提问，收集他们的数据，聆听他们的心声，让他们告诉你什么是错，什么是对。

4．走出办公室

既然客户不在你的办公室，世界那么大，何不出去看看呢？走出办公室，找到客户，发现真正的需求！

在此，我想对本书的作者 Karl Wiegers 和 Joy Beatty 致敬，他们一直在告诉我们一个道理："正确的需求高于正确地需求。"我还要衷心感谢一同翻译此书的译者、编辑、设计等，感谢清华大学出版社为我们带来如此经典而权威的著作。

再次，愿所有读者能与我们一起共勉："不要等风来，走出办公室，去找风！"

前　　言

　　几十年过去了,许多软件组织仍然难以了解、记录和管理自己的产品需求。之所以如此多的信息技术项目无法完全成功,主要原因在于用户输入匮乏、需求不完整、需求变化以及对业务目标的误解。一些软件团队疏于从客户和其他来源收集需求。客户往往没有时间或耐心参与需求工作。在许多情况下,项目参与人员甚至无法就"需求的确切含义"达成共识。正如有作者所指出的:"工程师宁愿破译 Kingsmen 1963 年的经典派对歌曲 *Louie Louie*,也不愿意破译客户需求。"(PerterSon 2002)

　　十多年前,《软件需求(第 2 版)》出版发行。十年对技术界而言真的是一段漫长的时间。许多事情在这期间已经发生了变化,但仍然有一些没有变。过去十年中,软件需求主要呈现出以下几个趋势。

- 业务分析被认为是一门专业的学科,专业认证和组织已经兴起,比如 "国际业务分析师协会"和"国际需求工程协会"。
- 基于数据库的需求管理工具和需求开发辅助工具(如原型、建模和仿真)日趋成熟。
- 敏捷开发方法的使用越来越广泛,处理敏捷项目需求的技术也在不断演进。
- 可视化模型越来越广泛地应用于阐述需求知识。

　　那么,哪些不曾发生变化呢?这一话题重要而且意义深远,原因有两个。其一,许多软件工程和计算机科学的本科教材依然不够重视需求工程(包括需求开发和需求管理)的重要性。其次,我们这些软件领域从业人员骨子里一直痴迷于通过技术和过程方案来应对挑战。其实有时并未意识到需求收集以及许多软件和系统项目工作中,普遍面临的最大挑战是人与人如何互动。尽管许多工具都可以用于帮助地理分散的人们展开有效的协作,但没有哪一种神奇的新技术能够将此自动化。

　　我们相信,第 2 版中提到的实践依然广泛有效并适用于软件项目的需求开发和管理。为了满足具体情况的需要,业务分析师、产品经理或产品负责人需要发挥自己的创造力,对这些实践进行精心调整和测量。在第 3 版中,新增一章介绍敏捷项目中的需求把控,其他几章中也增加有新的内容,介绍如何在敏捷开发环境中使用和调整需求实践。

　　在软件开发中,沟通总是重于计算机操作,但在教学课程和项目工作中,却往往注重计算机操作而忽视人际沟通。本书提供数十种工具用于加强沟通和帮助软件从业人员、管理人员、市场营销人员以及客户使用更有效的需求工程方法。这里提及的技术是一套工具包，其中包含主流的"优秀实践"，而非奇炫的新技术或某种声称能解决所有需求问题的复杂方法论。本书讲了无数趣闻轶事和八卦故事，都是真人真事，讲述着典型的需求相关经历，你可能也曾有过相关的经历。可以找到"真实故事"图标，了解精选自各种项目经历的真人真事。

自从本书 1999 年第 1 版问世以来，我们历经项目无数，并且已授课好几百场，为来自不同规模和类型的企业和政府机构的学员传授软件需求知识。我们发现，无论是本地团队还是分布式团队，无论使用传统开发方法还是敏捷开发方法，这些实践对任何项目几乎都有帮助。这些技术不只适用于软件项目，还适用于硬件和系统工程项目。与其他任何技术性实践一样，需要凭借良好的判断力和经验了解如何才能最有效地使用这些方法。要将这些实践想象成工具，借助于这些工具，可以确保在项目中与合适的人进行有效的沟通。

本书的价值

在所有可以采取的软件过程改进中，让人们收获最多的就是改进需求实践。我们介绍的技术都是实践证明有效的，能够从以下几个方面提供帮助。

- 从项目开始，写高质量的需求，尽可能减少返工，尽可能提升生产率。
- 交付高质量的信息系统和商业产品，实现业务目标。
- 管理范围蠕变和需求变更，既紧盯目标，又确保可控。
- 获得更高客户满意度。
- 降低维护、改进和支持成本。

我们的目标是帮助改进所使用的需求流程，更好地收集和分析需求、编写和确认需求规范以及在整个软件开发周期中管理需求。我们所介绍的技术全部都是务实求真的。我们两人已经多次使用这些技术，而且每次这样做，总是能够得到很好的结果。

本书的读者

包括软件在内的任何系统，只要需要定义或了解其需求，任何人都能从这本书中找到有用的信息。本书主要面向开发项目中担任业务分析师或需求工程师的个人或群体，既包括全职专家，也包括临时填补分析师角色的其他团队成员。第二个读者群体包括架构师、设计师、开发人员、测试人员以及必须了解与满足用户预期并参与创建和评审有效需求的其他技术团队成员。负责制定（使产品获得商业成功的）功能和属性规范的市场人员和产品经理会发现这些实践非常有用。项目经理能从本书中学到如何对项目需求工作进行规划和跟踪，如何处理需求变更。此外，干系人也属于本书读者群体，为了满足业务、功能和质量需要，他们也会参与产品定义工作中。对于最终用户、需要购买或承建软件产品的客户以及许多其他干系人，本书能够帮助他们了解需求流程的重要性及其所扮演的角色。

内容概览

本书共五个部分。第 I 部分从相关定义切入。如果是企业内部的技术人员，请与关键客户分享第 2 章中的"客户开发伙伴"小节。第 3 章概述几十种需求开发和管理的优秀实践以及一个需求开发流程整体框架。业务分析师的角色是第 4 章的主题，这一角色还有很多其他的名称。

第 II 部分首先讲项目的业务需求定义技术。接着专门介绍如何找到正确的客户代表，如何从他们那里收集需求，如何记录用户需求、业务规则、功能性需求、数据需求以及非功能性需求。第 12 章介绍许多可视化模型，从不同角度阐述需求并对自然语言文本加以补充。第 15 章讲述使用原型降低风险。随后介绍需求排优先级、需求确认、需求重用的方法。最后介绍需求如何影响项目工作的其他方面。

第 III 部分属于新增内容，各章为各种具体类型的项目推荐最有效的需求方法，具体类型包括：开发任何类型产品的敏捷项目、改进型和替换型项目、引入软件包方案的项目、外包项目、业务过程自动化项目、业务分析项目以及嵌入式和其他实时系统。

需求管理的原则和实践是第 IV 部分的主题，重点讲述用于处理需求频繁变更所需的技术。第 29 章介绍如何进行需求跟踪，如何将独立的需求与原始需求连接起来，如何将需求与下游的开发交付物连接起来。第 V 部分最后介绍用户改进团队需求开发和需求管理行为的商业工具。

本书的最后一部分是第 V 部分，这一部分帮助你从概念走向实践。第 31 章帮助你向团队开发流程中导入新的需求技术。第 32 章介绍项目中一些需求相关的常见风险。附录 A 的自我评估能够帮助你选择改进时机成熟的领域。其他两个附录包括一个疑难解答和一些需求文档样例，以便你能够看到全景。

案例学习

为了说明本书所介绍的方法，我们提供若干事例，这些事例来自我们做过的真实项目，尤其是化学品追踪系统这个中型信息系统。别担心，了解这个项目不需要懂化学。案例过程中的讨论贯穿全书始终。无论组织要构建什么软件，这些对话都能与你产生共鸣。

从原则到实践

鼓起勇气，克服障碍进行变革，并将新知识付诸于行动，是很困难的事情。为帮助进行需求改进，大多数章都在最后给出行动练习，帮助你立即开始学以致用。许多章都提供建议模板，包括各种需求文档、评审检查清单、需求排优先级电子表格、变更控制流程以及许多其他的流程资源。这些内容可以在本书配套内容网站下载，网址为 *http://aka.ms/SoftwareReq3E/files*，可以通过它们马上上手。从小的改进开始，从现在开始，宜早不宜迟。

有些人不愿意尝试新的需求技术。使用本书来教一教自己的同行、客户以及经理。提醒他们以往项目中所遇到的需求相关问题，并和他们讨论尝试使用新方法能带来哪些潜在的收益。

要想使用更好的需求开发实践，无需启动一个新的开发项目。第 21 章讨论了各种技术在改进型和替换型项目中的用法。增量实施需求实践是一种低风险的过程改进方法，可以为你的下一个重要项目做足准备。

需求开发的目标是积累一系列足够好的需求，使团队能够以可接受的风险水平设计和构建产品的下一个部分。需要对需求工作投入足够的重视，才能降低返工、产品验收不通过以及计划"爆炸"所带来的风险。本书提供的工具能够让正确的人落实到行动上，为正确的产品开发正确的需求。

勘误&本书支持

我们已经力求确保本书及其辅助内容的准确性。在本书出版发行之后，书中的任何错误都将列在以下网址：*http://aka.ms/SoftwareReq3E/errata*。

如果发现未列出的错误，同样可以在这里进行报告。

如果需要其他支持，请发送电子邮件至微软出版社图书支持邮箱：mspinput@microsoft.com。

请注意，上述地址不提供对微软软件产品的支持。

让我们聆听你的心声

在微软出版社，读者的满意是我们的头等大事，读者反馈是我们最有价值的资源。请告诉我们你对本书的想法：*http://aka.ms/tellpress*。

调查很短，我们会阅读您的每一个评论和想法。先感谢您的贡献！

保持联系

让我们保持顺利的沟通！我们的推特地址是 http://twitter.com/MicrosoftPress。

致　　谢

写这样一本书离不开整个团队的努力，远远不只是我们两位作者的贡献。很多人花时间对书稿进行评审，提出无数改进建议，我们对此深表感谢。我们特别感谢 Jim Brosseau、Joan Davis、Gary K. Evans、Joyce Grapes、Tina Heidenreich、Kelly Morrison Smith 以及 Joyce Statz 博士为我们提出宝贵意见。其他评审人员还包括 Kevin Brennan、Steven Davis、Anne Hartley、Emily Iem、Matt Leach、Jeannine McConnell、Yaaqub Mohamed 以及 John Parker。我们还要感谢 Tanya Charbury、Mike Cohn、Alex Dean 博士、Ellen Gottesdiener、Shane Hastie、James Hulgan、Phil Koopman 博士、Mark Kulak、Shirley Sartin、Rob Siciliano 以及 Betsy Stockdale，他们从各自的专业角度对具体章节提供了非常详尽的意见。我们特别感谢 Roxanne Miller 和 Stephen Withall，感谢他们深刻的见解和无私的参与。

我们与许多人就书中的主题进行了探讨，从他们的个人经验和他们发给我们的资源材料中，我们学到很多东西。我们对 Jim Brosseau、Nanette Brown、Nigel Budd、Katherine Busey、Tanya Charbury、Jennifer Doyle、Gary Evans、Scott Francis、Sarah Gates、David Gelperin 博士、Mark Kerin、Norm Kerth、Scott Meyers 博士、John Parker、Kathy Reynolds、Bill Trosky、Ricardo Valerdi 博士以及 Ian Watson 博士的贡献表示赞赏。我们还要感谢让我们在“真实故事”中分享其趣闻轶事的人。

Seilevel 公司的许多工作人员也为本书提供了大力支持。他们对具体章节进行评审、参与快速意见和体验调查、分享他们写的博客、编辑定稿、绘图并帮助我们解答各类业务问题。在此我们要感谢 Ajay Badri、Jason Benfield、Anthony Chen、Kell Condon、Amber Davis、Jeremy Gorr、Joyce Grapes、John Jertson、Melanie Norrell、David Reinhardt、Betsy Stockdale 以及 Christine Wollmuth。他们的工作为我们减轻了压力。我们特别赞赏 Candase Hokanson 对编辑工作的投入。

还要感谢微软出版社的许多工作人员，包括组稿编辑 Devon Musgrave 和项目编辑 Carol Dillingham，S4Carlisle Publishing Services 的项目编辑 Christian Holdener、编审人员 Kathy Krasuse。感谢校对人员 Nicole Schlutt、索引制作人员 Maureen Johnson、排版人员 Sambasivam Sangaran 以及产品制作人员 Balaganesan M.、Srinivasan R. 与 Ganeshbabu G.。作者 Karl 对 Devon Musgrave 和 Ben Ryan 长期以来建立的合作和友谊给予高度评价。在我们这么多年的需

求培训班中，有上千名学员提供反馈和问题，激励着我们深入思考需求问题，我们从中得到了莫大的帮助。我们的咨询经历和读者提出的引人深思的问题，使我们不断了解到从业人员在日常工作中遇到的困难并帮助我们思考。请与我们分享你的经历，发送电子邮件到 karl@processimpact.com 或者 joy.beatty@seilevel.com。

一如既往，Karl 要感谢他的妻子 Chris Zambito。一如既往，整个过程中她都很有耐心而且脾气极好。Karl 还要感谢 Joy 鼓励他参与这个项目中以及 Joy 对这个项目听做的了不起的贡献。与 Joy 一起工作真的很开心，她还使这本书增添了很多价值。很高兴能够和她一起不断讨论、一起艰难决定并在交稿前一起对书稿进行精雕细琢。

Joy 特别感谢他的丈夫 Tony Hamilton 这么快就再次支持她的写作梦想；还有她的女儿 Skye，让她每天轻松保持工作与生活的平衡；还有 Sean 和 Estelle，让家庭时光充满欢乐。Joy 还想专门感谢 Seilevel 的全体员工，感谢他们齐心协力推动软件需求领域向前发展。她特别感谢两位同事兼朋友：Anthony Chen 对她写这本书提供了至关重要的支持；Rob Sparks 不断鼓励 Joy 为此付出努力。最后，Joy 重点感谢 Karl 允许她和他一起合著，每天都教她一些新知识，百分之百的愉快合作！

简 明 目 录

目　　录

第 II 部分　需 求 开 发

第Ⅲ部分 具体项目类别的需求

第 Ⅳ 部 分   需 求 管 理

第 V 部分　需求工程的实施

第 I 部分

软件需求的 3W
（什么、为什么和谁）

第 1 章

软件需求的本质

"喂，Phil 吗？我是人事部的 Maria。我们在使用你开发的人事系统时遇到一个问题。有位职员刚刚把她的名字改成 Sparkle Starlight，但我们无法在系统中改。你能帮个忙吗？"

"那么她是结婚了，随老公姓 Starlight？"

"没有，她没结婚，只是改名字了，" Maria 回答道，"问题就出在这里。好像我们只能在某人婚姻状况发生变化时才能在系统中改名。"

"好吧，是，我从来没想过有人可能会改自己的名字。当初我们在讨论系统的时候，你可没告诉过我有这种可能性。" Phil 答道。

"我以为你知道任何人随时都可以合法更改名字呢，" Maria 回应道，"我们得在星期五之前解决这个问题，否则 Sparkle 就领不到工资了。你可以在此之前修复这个 bug 吗？"

"这不是什么 bug，好吗？！" Phil 反驳道，"我从没想过你们需要这项功能。我现在正忙着做一个新的绩效评估系统。你所说的问题我只能在月底修复，但周五之前肯定不行，抱歉。下次如果再有类似情况，请早点告诉我，并请提供书面材料。"

"那我怎么和 Sparkle 说呢？" Maria 追问道，"如果她领不到工资，会很难过的。"

"嗨，Maria，这不是我的错，" Phil 抗议道，"如果当初你早提醒我你需要能够随时更改某人的姓名，这种事情就不会发生。你不能因为我没猜透你的想法就怪我。"

Maria 怒了，但又无可奈何，只好厉声说："是，你说的都对！好吧，这种破事儿让我对电脑简直是恨之入骨。问题解决好了，就马上打电话告诉我，可以吗？"

如果你是以上对话中的客户一方，就会明白无法使用软件系统来完成一项基本任务多么令人沮丧。你会痛恨自己得求着开发人员，因为关键变更请求最终掌握在他们手中。另一方面，开发人员也很沮丧，因为他们只有在系统开发完成之后才会明白用户期待有哪些基本功能。对于开发人员来说，更恼火的是，得中断手头的项目去修正以前已经完成的系统（因事先未被明确告知而疏忽的需求）。

软件中的很多问题大多数来源于人们了解、记录、协商和修改产品需求的方法不当。就 Phil 和 Maria 这个例子而言，问题就包括：信息收集不正规；功能隐晦；对假设功能有理解上的分歧；需求指定不明确以及变更过程不正规。很多研究表明，软件产品中发现的缺陷有 40%～50% 是在需求阶段埋下的"祸根"（Davis 2005）。在具体说明客户需求和管理客户需求过程中用户输入不足和有误，是造成项目失败的罪魁祸首。尽管证据确凿，但很多组织仍然在实行这些没有什么成效的需求方法。

在软件项目中，所有干系人的利益交接点主要集中在需求方面。（更多干系人方面的内容，参见第 2 章）这些干系人包括客户、用户、业务分析人员和开发人员等。如果处理得当，这种交接既可以让客户满意，又能鼓舞开发人员。若处理不当，则会引发误解和摩擦，最终降低产品质量和业务价值。正是由于需求是软件开发和项目管理活动的基础，因此所有干系人都应该致力于需求实践活动，这是打造一流产品的前提。

但开发和管理需求确实很难！既没什么捷径，也没有任何灵丹妙药。另外，很多组织都在朝着一个目标努力，要找到一种能适应不同情景但又有共性的技术。本书后面将讲到很多这样的实践。这些实践假定你正在开发一种全新的系统。但是，它们中的多数也可用于改进、替换以及重构项目（详见第 21 章），还可以用于融合商业现成品的（COTS）打包解决方案项目（详见第 22 章）。即使项目团队遵循敏捷开发过程渐进式构建产品增量，团队也要理解每一个增量所涉及的需求（详见第 20 章）。

 重点提示

在本书中，我们交替使用"系统""产品""应用程序"和"解决方案"来指代任何一种软件或软件组件，不管它们是供内部使用，商业用途还是委托开发的。

本章将帮助你：

- 理解软件需求领域所用的一些关键术语；
- 区分产品需求和项目需求；
- 区分需求开发和需求管理；
- 警惕可能出现的与需求相关的一些问题。

给自己的需求把把脉

要想对组织中现有的需求实践做一次快速体检，就对比下列问题，看看有多少条出现于你最近的项目中。如果其中有三四条以上与你的经历相符，那么本书就是为你量身定做的。

- 从来没有清晰制定过项目的业务目标、愿景和范围。
- 客户太忙，没有时间与分析师或开发人员共同处理需求。
- 团队无法与用户代表直接互动，不理解他们的具体需要。

- 客户认为所有的需求都很关键，因此没有对需求排定优先级。
- 开发人员在写代码时遇到了模棱两可或者遗漏的信息，所以只能靠猜。
- 开发人员与干系人沟通的重点集中于用户界面展示或者特性，并没有关注用户要使用软件完成的具体任务。
- 需求从来没得到过客户的认可。
- 客户认可了某个发布或者迭代的需求，但事后又不断更改。
- 不断接受客户的需求变更请求，项目范围随之扩大，由于没有增加资源或者删减功能，进度最后完全被打乱。
- 有人提出了变更请求，但被忽略，没人知道特定变更请求的具体状态。
- 客户提出特定的功能要求，而且开发人员也建好了，但就是没有人用过。
- 在项目接近尾声时，虽然满足规范说明，却不满足客户或业务的目标。

软件需求的定义

人们在讨论需求时，开始经常会遇到专业术语问题。人们从不同的角度阐述同一样东西，例如：用户需求、软件需求、业务需求、功能需求、系统需求、产品需求、项目需求、用户故事、特性或者约束条件。人们又赋予了不同的需求交付物多种称谓。对于开发人员来说，客户所定义的需求听起来更像是一种高级产品概念。对于用户来说，开发人员所说的需求理念可能听起来更像一种具体的用户界面设计。这种理解上的偏差让人困惑，令人沮丧。

关于"需求"的一些解释

即使计算机编程技术已经有很多年头，软件从业者仍然在激辩"需求"的准确定义。我们不想在本书中继续这种争论，只想从实用定义的角度简单表述一下。

顾问布莱恩·劳伦斯（Brian Lawrence）认为，需求是"任何能够驱动设计做出选择的东西。"这种口语化定义不错，因为很多信息都印证了他的说法。毕竟，开发需求的目的就是要做出合适的设计选项，最终满足客户需要。另外一种定义认为需求是产品所必备之属性，目的是向干系人提供价值。这也没错，但不太准确。我们比较倾向于 Ian Sommerville and Pete Sawyer （1997）所提出的观点：

　　需求是对我们应当执行的任务的规范说明。它描述系统的行为特性
或属性，可以是一种对系统开发进程的约束。

　　这个定义认为"需求"是多种不同类型的信息的统称。需求涵盖来自客户
视角的外部系统行为以及来自开发人员视角的一些内部特征。它们包含系统在
特定条件下的行为和属性，使目标用户觉得系统易于甚至乐于上手。

 不要妄想项目中的所有干系人都能对需求达成统一的认识。提前确
立定义，以便大家能够达成共识。

字典中的"需求"

　　字典对"需求"的解释为："被命令或者强制性的东西；需要或者必要。"
这与软件界所使用的"需求"不是一个含义。人们有时会怀疑是否有必要对需
求进行优先级排序，因为有的低优先级需求可能永远不会被实现。人们认为如
果对某些东西的需求不是太强烈，就说明它们不是需求。可能是这样，但我们
管这类信息叫什么？如果将当前项目中的需求推迟到未来某个不确定的发布
之中，它还是需求吗？当然是。

　　软件需求包含一个时间维度。它们可能是描述目前系统性能的现在时。或
者它们可能是近期（高优先级）、中期（中等优先级）或者想象中（低优先级）
的未来。甚至可能是过去时，也就是那些曾经被人指定但后来又被舍弃的需要。
我们没必要浪费时间争论某个东西是否是需求，即使知道自己会为了某个合理
的业务原因而永远不执行它。需求就是需求。

需求的层次和种类

　　由于有很多不同类型的需求信息，所以我们现在需要用一组形容词来修饰
一下被人们赋予太多意义的"需求"。表 1-1 列出了需求领域的一些常用术语。

表 1-1　一些类型的需求信息

术语	定义
业务需求	开发产品的组织或者获取产品的客户所需的高层次业务目标
业务规则	策略、纲领、标准或者制度，能够定义或者约束某些方面的业务。虽然本身并不是软件需求，但它却是一些类型的软件需求的鼻祖
约束	对开发人员在产品设计和构建上的限制条件
外部界面需求	对软件系统和用户、其他软件系统或硬件设备间的关联进行说明
特性	单个或者多个为用户提供价值的、有逻辑关系的系统性能，可以通过一个功能需求集合进行描述
功能需求	描述系统在特定条件下展现的行为

术语	定义
非功能需求	描述系统必须展现的属性或者特性，或者必须遵守的约束
质量属性	一种非功能需求，描述的是服务或者一个产品的性能特征
系统需求	包含多个子系统的产品的顶层需求，子系统可以是软件，也可以是软硬件
用户需求	特定用户群必须能够用系统所完成的目标或任务，或者是用户期望有的产品属性

　　软件需求有三种不同的层次：业务需求、用户需求和功能需求。此外，每个系统都包含某种类别的非功能需求。不同种类的需求如图 1-1 中的模型所示。正如统计学家乔治 E. P. 巴克斯（George E. P. Box）的一句名言所述："从本质上讲，虽然一切模型都是错误的，但有些还是有作用的。"（Box and Draper 1987）。这句话用来形容图 1-1 真是恰如其分。这个模型也许并不全面，但提供的方案非常实用，可以帮助组织需求方面的知识。

　　图 1-1 所示椭圆中的内容代表需求信息的种类，长方形表示储存信息的文件。实线箭头表示具体类型的信息通常储存于所示文件之中。（业务规则、系统需求应与软件需求独立存储，例如存储在业务规则目录或者系统需求规范说明之中。）虚线箭头代表一种信息起源于或者受另外一种信息的影响。此图没有具体展示数据需求。数据受控于功能，因此数据需求贯穿于这三个层次的需求之中。第 7 章有很多这些不同种类的需求信息的示例。

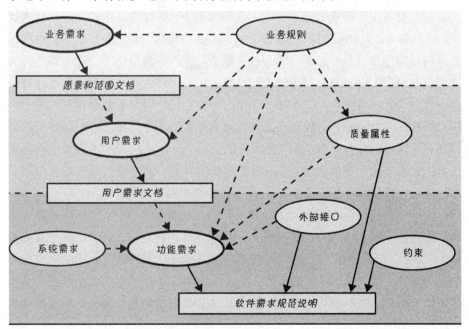

图 1-1　各类需求之间的关系。实线代表"被存储于"；虚线代表"起源"或"影响"

⚠️ **重点提示**　虽然我们在本书中将需求称为"文件"（如图 1-1 所示），但这些文件不一定是传统的纸质或者电子文件。我们可以将它们简单想象为一个个容器，其中储存着需求方面的知识。它们可能是传统的文件，也可以是电子表格、图表、数据库、需求管理工具或者前述所有东西的综合体。我们会提供一些识别信息类型的模板，将其分门别类存储，但存储形式并不重要。如何称呼各种交付物并不重要，重要的是组织要对这些信息的名称、信息的归类方式及其组织形式达成共识。

业务需求描述组织为什么要执行系统（组织希望获得的业务收益）。其关注点在于组织或者提出系统要求的客户有哪些业务目标。我们假设有家航空公司打算把机场的柜台工作人员成本降低 25%。为此，人们通常想到的是建一个自助服务终端，供乘客在机场自行检票。项目的出资方、目标客户、实际用户的管理层、市场部门或者产品规划部门一般都会有业务需求。我们喜欢将业务需求记录在愿景或者范围文件之中。还有一些战略性指导文件有时也会用于此目标，包括项目图表、业务实例以及市场（或者营销）需求文件。第 5 章的主要内容是对业务需求进行详细说明。考虑到本书的主旨，我们假定已经确定了业务需求或市场机遇。

用户需求描述了用户使用产品必须完成的目标或者任务，并且这个产品要能够为人提供价值。用户需求主要还包括对用户满意度最为关键的产品特性或特征的描述。用例（Kulak and Guiney 2004）、用户故事（Cohn 2004）以及事件响应表都是用户需求的表示方式。理想状态下，这种信息由实际用户代表提供。用户需求表达的是用户通过系统来完成哪些具体工作。通过航空公司网站或者机场自助检票机"办理登机手续"是"用例"的典型例子。如果将其写为"用户故事"，同样的用户需求可能是这样的："作为一名乘客，我想办理登机手续，以便能够登机。"还有一点我们不能忘记，即大多数项目都有若干个用户类别和其他干系人，我们还必须获取它们的需求。第 8 章将对这种层次的模型进行解释。有些人喜欢用"干系人的需求"这个更广义的术语来说明各类干系人比直接客户更能提供需求。这当然没有问题，但是我们要在这个层级集中注意力，理解实际用户要用这个产品完成哪些具体目标。

功能需求说的是产品在特定条件下所展示出来的行为，主要描述开发人员需要实现的功能以便用户能够完成自己的任务（用户需求），进而满足业务需求。这三种需求环环相扣，对项目的成功至关重要。人们经常将功能需求记录为传统意义上的"应当"句式："乘客应当能够随时打印自己已经办好登机手续的所有航段的登机牌"或者"如果乘客信息没有指定座位偏好，航班预订系统就应当为它分配。"

业务分析师（BA）[①]将功能需求记录在软件需求规范说明（software requirements specification，SRS）之中，尽可能详尽地描述人们对软件系统的预期行为。SRS 用于开发、测试、质量保障、项目管理和相关项目功能。它的称谓很多，包括业务需求文件、功能规范说明、需求文件等。SRS 可以是一个报告，由存储在需求管理工具中的信息所生成。由于它已成为一种行业标准术语，所以我们在本书中将其统称为"SRS"（ISO/IEC/IEEE 2011）。要想进一步了解 SRS，请参见第 10 章。

系统需求描述了人们对某个产品的需求，而这个产品由多个组件或者系统子集组成（ISO/IEC/IEEE 2011）。"系统"在此不单单是信息名义上的系统。所有软件或软件、硬件系统子集都可以算是系统。甚至人和过程也是系统的一部分，因此某些特定的系统功能可以分配给人。有些人使用"系统需求"这个词来表达对软件系统的具体需求，但我们在本书中并不这样使用该术语。

超市收银员的工作台算是"系统"的一个典型例子。超市里有与称重设施相连的条形码扫描仪和手持式条形码扫描仪。收银员有键盘、显示器和现金抽屉。我们在超市里面还可以发现用于刷积分卡、信用卡或者借记卡的读卡器和 PIN 盒，甚至还有自动找零机。甚至还可以看到三台打印机分别打印购物小票、信用卡签单和优惠券，只不过这些对你来说无关紧要。这些硬件设备都在软件控制下互相关联。随后，业务分析师根据系统或者产品的整体需求提取具体功能，将其分配给这些组件系统子集中的某一个，同时了解它们之间的接口。

业务规则包括公司政策、政府法规、工业标准以及计算算法。在第 9 章中，将说明业务规则本身并不是软件需求，因为它的存在已经超出了任何特定软件应用的范围。然而，它们又经常决定着系统为了切合相关规则而必须包含哪些功能。正如公司安全策略一样，业务规则有时又引申出具体的质量特性，这些特性又以功能的方式由开发人员实现。因此，特定的功能需求可以追溯到具体的业务规则。

除了功能需求，SRS 还包含某些类别的非功能需求。质量属性也被人们称为质量因子、服务需求质量、约束以及"***性"。它们从不同角度描述产品特征，例如性能、安全性、易用性和可移植性，这些对于用户、开发人员和维护人员来说都非常重要。还有一些非功能需求描述系统与外部世界的接口，包括与其他软件系统、硬件组件、用户以及沟通界面的关联。在创建产品的过程中，开发人员的选择受限于设计和实现约束。

[①]　"业务分析师"（简称 BA）在项目中主要负责领导项目中与需求相关的活动。BA 还有很多其他称呼。在第 4 章中，将进一步介绍业务分析师这个角色。

非功能需求到底是什么？

要想对组织中的现有需求实践做一次快速体检，就需要对比下列问题，看看有多少条出现于你最近的项目。如果其中有三四条以上与你的经历相符，那么本书就是为你量身定做的。

在项目接近尾声时，虽然满足了规范说明，却不满足客户或业务的目标。

多年以来，人们从广义上将软件产品需求分为功能需求或者非功能需求。功能需求理解起来很容易，它们描述的是系统在不同条件下能够被用户观察到的行为。然而，大多数人都不喜欢"非功能"这个术语。因为这个形容词强调的是需求不是什么，并没有说明需求是什么。很遗憾，对于这个问题，至今没有一个令人满意的答案。

功能之外的需求强调的并不是系统要做什么，其重点在于系统做得有多棒。它们对系统最重要的特征或属性进行描述，包括系统的易用性、易用性、安全性和性能等很多特征，这些都在第 14 章中有所体现。有些人将非功能需求等同于质量属性，但这过于狭隘。例如，设计和实现约束也是非功能需求，外部接口需求也是。

还有其他一些非功能需求，它们描述的是系统运行环境，例如平台、可移植性、兼容性和约束。很多产品还受兼容性、监管和发行许可的影响。我们甚至还要考虑到产品的地域性需求，例如用户的文化、语言、法律、货币、专有名词、拼写和其他特征。虽然此类需求被归入功能需求，但业务分析师仍然可以从中获得大量的功能，确保系统的所有行为和属性符合用户的预期。

尽管有其局限性，但由于没有一种合适的替代选项，所以我们在本书中仍使用"非功能需求"这一术语。这类信息的名称是否准确并不重要，但要保证将它们纳入需求获取和分析活动。交付的产品虽然囊括所有预想的功能，但用户还是不喜欢，因为它不符合人们对其产品质量（通常未明确表达）的预期。

一个特性包含一个或者多个逻辑上有关联的系统功能，能够为用户提供价值，这些由一组功能性需求来共同描述。客户预想的产品特性清单与描述客户的任务相关的需求不能画等号。网页浏览器的书签、拼写检查、为运动器械设定定制锻炼程序、杀毒软件中病毒库的自动升级，这些都是典型的特性。特性包含多种用户需求，每种需求都表示特定的功能需求必须实现，以便用户能完成用户需求中所描述的任务。图 1-2 就是一个特性树，也可以说是一个分析模型，展示的是特性如何层层分解为更小的特性组，这些小特性与具体的用户需求关联，最终引出功能需求（Beatty and Chen 2012）。

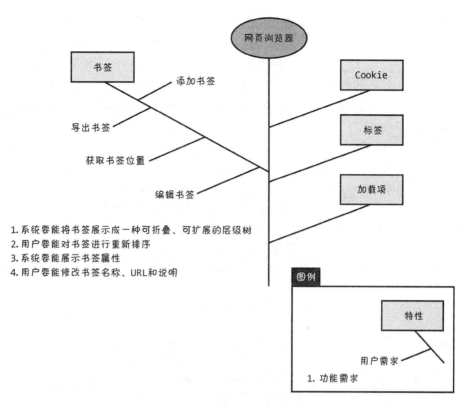

图 1-2　特性、用户需求和功能性需求之间的关系

　　为了解释这些不同类型的需求，我们假设在开发某个文本编辑程序的新版本。"在 6 个月内将非美国地区的销量增加 25%"可以算是一种业务需求。市场部发现参与竞争的产品只有英语拼写检查器，因此他们决定新版本要包括一个多语种拼写检查器特性。对应的用户需求可能包含诸如"为拼写检查器选择语言""发现拼写错误"和"将词添加到字典"这样的任务。拼写检查器有很多独立的功能需求，涉及的操作包括高亮拼写错误的单词、自动纠错、显示建议替代选项、用正确的单词整体替代拼写错误的单词。易用性需求明确指定如何使用特定语言和字符集来定位软件的使用区域。

处理三种层次的需求

　　图 1-3 向我们展示了不同的干系人如何参与获取三种层次的需求。不同组织对参与到这些活动中的角色称呼各异，考虑一下组织内部的这些活动。根据开发组织是一个公司内部实体性质还是一个开发商用软件的公司，角色的名称可能有所不同。

　　根据特定的业务需求、市场需求或者某个新奇的产品概念，经理或者市场部门确定软件的业务需求，使公司运营更加高效（对信息系统而言）或具有很强的市场竞争力（对商业产品而言）。在企业环境中，业务分析师通常与用户代表协同工作，确定客户需求。而开发商业产品的公司通常让产品经理决定新产品应当包含的具体特性。每个用户需求和特性必须向完成业务需求看齐。从用户需求角度出发，业务分析师或者产品经理引出能够使用户实现任务目标的功能。开发人员根据功能和非功能需求来设计解决方案，执行必要的功能，但要在约束的限制范围之内。测试人员决定如何验证需求是否已经正确实现。

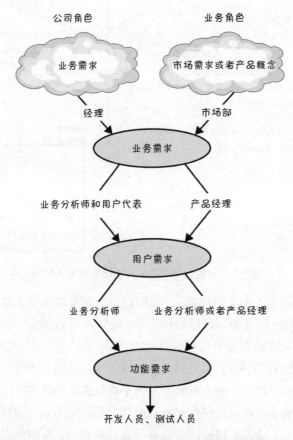

图1-3　不同干系人如何参与需求开发

我们还要认识到以共享方式记录关键需求信息的重要性，而不应只是用传统的口述形式。我曾经参与过一个项目，其中的开发团队互相推诿。首席客户被折磨得欲哭无泪，因为每个新团队都单独找他谈话："我们得谈一谈贵方的需求。"对于我们这个要求，他的第一反应就是："我已经将我的需求给了你们的前任。现在我只要你们给我编个系统！"不幸的是，没人记录下任何需求，因此每个新团队都得从头开始。如果只有一堆邮件和留言信息、便条、会议记录和跟客户在走廊里短暂谈话的模糊回忆就宣称"已经有了需求"，简直就是自欺欺人。BA必须做到心中有数，能够综合考虑如何为特定的项目确定需求文档

本章前面所提到的图1-1显示了三种主要的需求交付物：愿景和范围文档、

用户需求文档和软件需求规范说明。无需为每个项目都创建三种独立的需求交付物。但将这类需求信息融合在一起（特别是对于小型项目），还是有必要的。然而，还要注意这三种交付物包含着不同的信息，要在项目的不同点进行开发，开发人员也可能不同，目的和目标受众也不相同。

图 1-1 所示的模型为我们展示了一个简单的自上而下的需求信息流。在现实生活中，我们见到的是以业务、用户和功能需求为中心的循环和迭代。只要有人提出某个新特性、用户需求或者一点点功能，分析师肯定会问："这在范围内吗？"如果答案为"是"，就将此需求归入规范说明。如果答案是"不"，就算了，起码不会放到下一个发布或者迭代之中。还有一种可能的回答："不，但它支持业务目标，所以应该算是吧。"在这种情况下，不管是谁负责项目范围——项目发起方、项目经理或者是产品负责人——都必须当机立断，决定是否增加当前项目或者迭代的范围以适应新的需求。这种业务决策对项目的计划和预算都有着很大的影响，可能要对其他功能做出妥协。高效的变更过程包含"影响分析"以保证合适的人做出可靠的业务决策，确定哪些变更可以接受，解决时间、资源或特性权衡所关联的成本。

产品需求与项目需求

到目前为止，我们讨论的需求主要描述软件系统的属性。我们将其称为产品需求。当然，项目还包含有其他的诉求和产出，不在团队执行的软件范围之内，但对项目的整体成败尤为关键。这些都是项目需求而非产品需求。SRS 包含产品需求，但不包括设计或执行细节（不同于已知的约束）、项目计划、测试计划或者类似信息。要将这类事项独立出去，使需求开发活动聚焦于理解团队要开发的内容。项目需求包括以下具体内容。

- 开发团队的物质需求，比如工作站、专用硬件设备、测试实验室、测试工具和设备、团队办公室和视频会议设备。
- 员工培训需求。
- 用户文档，包括培训材料、教程、参考手册和发行说明。
- 支持文件，例如帮助资源、硬件的现场维护和服务信息。
- 操作环境中所需要的基础设施变更。
- 需求和流程，用于发布产品，在实际操作环境中安装产品，对它进行配置和测试。
- 针对从旧系统迁移到新系统所做的需求和规则，例如数据合并和转换、安全设置、产品切换以及为弥补技术空白而做的培训，我们有时称之为迁移需求（IIBA 2009）。
- 产品认证和合规需求。
- 修改的策略、过程、组织结构和类似文档。

- 第三方软件和硬件组件的采购、收购和许可。
- Beta 测试、生产、包装、市场和发行需求。
- 客户服务等级协议。

针对与软件相关的知识产权，为获取法律保护（专利、商标或者版权）所做的需求。

本书不对这类项目需求做过多的论述。但这并不是说它们不重要，只是超出了我们的范围，我们侧重的是软件产品需求的开发和管理。识别这些项目需求是业务分析师和项目经理的共同责任。他们在获取产品需求时经常涉及这方面的内容。项目需求信息最好存储在项目管理计划之中，详细列出全部预期项目活动和交付物。

特别是针对业务应用，人们有时认为"解决方案"包含产品需求（业务分析师的主要责任）和项目需求（项目经理负主要职责）。他们使用"解决方案的范围"这个术语来表达"为胜利完成项目而必须完成的一切工作。"但在本书中，我们主要讨论产品需求，不管最终的交付物是某个商业软件产品、带嵌入式软件的硬件设备、企业信息系统、政府定制软件还是其他任何东西。

需求开发和管理

人们对需求术语的困惑甚至延伸到整个学科的称谓上。有些作者将整个范围都称为"需求工程"（我们赞同此观点）。有些人统称为"需求管理"。还有些人认为这些活动属于广义上的业务分析的一个分支。

我们发现，最好将需求工程分为需求开发（参见本书第 II 部分）和需求管理（参见第 IV 部分），如图 1-4 所示。不管项目遵循什么样的开发生命周期——纯瀑布法、分阶段开发方法、迭代开发、增量开发、敏捷方法或者混合各种开发方式——这些需求工作都要完成。根据项目生命周期，在项目的不同阶段实施这些活动，只不过深度或广度有所差异。

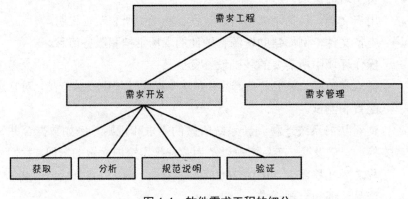

图 1-4　软件需求工程的细分

需求开发

如图 1-4 所示，我们将需求开发细分为：获取、分析、规范说明和验证（Abran et al. 2004）。这些细分囊括的活动涉及产品需求的开发、评估、记录和确认。下面介绍每个细分中的一些基本活动。

获取

需求获取涵盖需求发现的所有活动，例如访谈、研讨会、文档分析、原型等。主要活动如下所示。

- 识别产品的预期客户群和其他干系人。
- 理解客户任务、目标以及与这些任务相关的业务目标。
- 了解新产品的应用环境。
- 与每一类客户群的代表一起工作，理解他们对功能有哪些需要以及对质量有怎样的预期。

以用途为核心还是以产品为核心？

虽然有多种策略可用，但我们在进行需求获取活动时，通常采取以用途为核心或者以产品为核心的方法。以用途为核心的策略强调的是对用户目标的理解和探求，以便提取必要的系统功能。以产品为核心的方法侧重于特性，目的是领先市场或者业务取得成功。以产品为中心的策略，其风险在于开发人员辛辛苦苦实现的特性并没有得到很高的利用，虽然它们当时看似都是奇思妙想。我们建议先理解业务目标和用户目标，然后根据自己得出的见解来确定合适的产品特性和特征。

分析

分析需求涉及深入并准确理解每个需求，然后将各个需求以不同的方式表达出来。下面是一些基本活动。

- 分析来自用户的信息，将其任务目标与功能需求、质量预期、业务规则、建议解决方案和其他信息区别开。
- 将概要需求进行适当的细分。
- 从其他需求信息中引出功能需求。
- 理解质量属性的相对重要性。
- 将需求分配给系统架构所定义的软件组件。
- 协商需求实现的优先级别。

找出需求中的遗漏的或多余的、不必要的需求，以便定义范围。

规范说明

需求规范说明以一种连贯并结构清晰的方式来表达和存储收集到的需求知识。主要活动如下。

- 将收集到的用户需求转换为书面形式的需求和图表，供目标读者理解、检查和使用。

验证

需求验证是指确认需求信息是正确的，能使开发人员制定出能满足业务目标的解决方案。其中心活动如下所示。

- 检查记录下来的需求，在交给开发团队认可之前解决所有问题。
- 开发验收测试和标准，保证产品的开发是建立在需求基础之上的，能够满足客户需要并达成业务目标。

迭代是成功需求开发的关键。规划出多周期的需求探究活动，我们要逐步优化概要需求，使其进一步准确和细化，并与用户共同确认得出正确的需求。这可能是费力不讨好的活儿。但如果想解决新软件系统的不确定性，这个工作就是不可避免的。

 重点提示 获得"完美的"需求完全是痴心妄想。从实际角度来看，需求开发的目标是大家对"足够好"的需求达成共识后，着手产品开发的下一步——不管是整个产品的 1%还是 100%——而风险在可控范围之内。主要风险在于不得不进行大量未经计划的返工，因为团队在开始设计和开发前，没有充分理解下一个工作模块的需求。

需求管理

需求管理活动如下所示。

- 及时确定需求基线，提交一个供当前时间段使用的参考，提出一套大家商定的、经过评审和批准的功能需求与非功能需求，通常针对具体的产品发布或者开发迭代。
- 评估提议需求变更可能产生的影响，然后以可控方式将获准的变更融入项目。
- 随着需求的演化，保持项目计划与需求同步。
- 根据预估的需求变更可能带来的影响，商定新的承诺。
- 定义各个需求之间存在的关系和依赖。
- 跟踪每个需求到它们各自对应的设计、源代码和测试。
- 在整个项目过程中跟踪需求状态和变更活动。

需求管理的目标不是抑制变更或加大其难度，而是为了预测和协调不可避免且实际存在的变更，最终最小化变更对项目的破坏性影响。

图 1-5 从另外一个视角为我们阐明需求开发与需求管理之间的区别。本书有许多需求获取、分析、规范说明、验证和管理方面的具体实践。

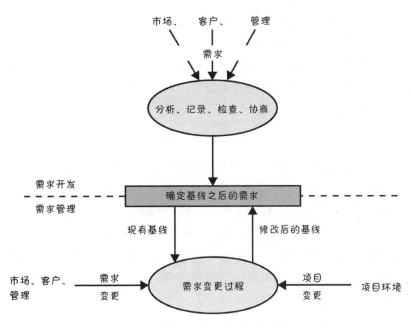

图 1-5　需求开发和需求管理的界限

每个项目都有需求

布鲁克斯（Frederick Brooks）在他 1987 年发表的经典论文"没有银弹：软件工程的根本问题和次要问题"中对需求在软件项目中扮演的角色做出以下精彩的论述：

> 开发软件系统最困难的部分是准确判断开发什么。最难的概念性工作便是确定详细的技术需求，包括所有面向用户、机器和其他软件系统的接口。这项工作一旦做错，就会削弱系统性能。后期的修改工作也会更困难。

软件涉及的相关系统都有对其依赖的干系人。花一些时间理解他们的需要，这对项目的成功是一种高杠杆投资。如果项目团队写的需求得不到干系人的认可，开发人员如何确定自己的工作可以使干系人满意呢？

我们通常不太可能也没有必要在开始设计和执行之前就指定全部功能需求。在这种情况下，可以采用迭代或者渐进式方法，一次只执行一部分需求，然后获取客户的反馈，然后再进入下一个循环。敏捷开发的精髓就在于此：充分理解需求，制定周全的优先级排序和发布计划，使团队尽快开始交付有价值的软件。但这并不意味着下一个增量的需求还未被深思熟虑之前就有借口写代码。相较于对概念进行迭代，对代码进行迭代所付出的代价更高。

人们有时不愿花时间写软件需求。但核心问题并不在于写需求，而在于判断需求。写需求只是在对自己所了解的内容进行分类、阐述和记录。只有对产品需求有充分的认识，团队才能正确处理问题，并针对问题设计出最佳的解决方案。如果不了解需求，就不知道项目何时完工，也不知道是否满足目标，在必须修改范围时，也无法做出权衡。与其担心在需求方面浪费时间，还不如想一想如果项目对需求的关注度不够会浪费掉多少银子。

人对了，得出的需求却很糟糕

如果需求出了问题，最大的恶果就是返工——重复以为已经完成的工作——尤其是在开发末期或者发布之后。返工通常会占到开发总成本的 30%～50%（Shull, et al. 2002; GAO 2004），而需求错误占返工成本的 70%～85%（Leffingwell 1997）。有些返工确实能增加价值和改进产品，但大量的返工不仅是一种浪费，还会挫伤士气。设想一下如果能将返工量砍掉一半，人们的生活会变成什么样子？团队成员可以更快开发出更好的产品，甚至可能按点下班了。确定更精准的需求是一种投资，并不只是成本。

相较于在缺陷刚开始"显山露水"的时候就修复，在项目末期纠正缺陷成本显然更高。假设在处理需求时发现和修复一个需求问题要耗费 1 美元。如果在设计时发现问题，则要花 1 美元去修复需求问题，还要花 2 美元或 3 美元重构基于错误需求的设计。但我们假设没人发现错误，一直到某位用户提出问题。根据系统类型，纠正运行中所发现的需求缺陷可能要 100 美元甚至更多（981; Grady 1999; Haskins 2004）。我的一位咨询客户发现：如果使用一种优秀的软件检查技巧——同行审查，发现并修复其信息系统中的缺陷需要花 200 美元的人工费用（Wiegers 2002）。相反，如果由客户来反馈，单单一个缺陷的修复，其平均成本就要 4200 美元，放大了 21 倍。预防需求错误并在早期将其准确捕获对降低返工量有着巨大的杠杆效果。

需求实践的不足会对项目的成功造成很多风险，这里的成功指的是在规定的成本和时间内交付符合预期功能和质量的产品。第 32 章将描述如何管理这一类风险以免搞砸项目。下面要介绍一些最常见的需求风险。

用户参与度不够

用户通常不明白为什么获取需求和确保质量要花费那么多功夫。开发人员也可能不重视用户的参与，也许是因为他们觉得已经明白用户的具体需要了。在某些情况下，与实际使用产品的用户直接接触很难，而用户代表并不总能理解用户的真实需要。用户参与度不足会引发新的需求，造成返工并延误工期。

用户参与度不足的另一个风险是业务分析师无法理解并准确记录实际业务或者客户需要，特别是在检查和验证需求时。有时，业务分析师制定的需求似乎"完美无缺"，开发人员也开发了这些需求，但由于业务问题被误解，所以解决方案仍然无人问津。如果想消除风险，就得与客户保持沟通，但如果客户检查需求时不够仔细，问题仍然在所难免。

规划不当

"我对新产品的想法就这些。你什么时候能完成？"除非对讨论内容有更充分的了解，否则这个问题没人能够答得上来。如果不能彻底理解需求，就会得出过于乐观的估算，而真出现超支后你又该挠头了。做估算的人很快估出一个数，听起来更像是对听者所做的承诺。软件成本估算不当的主要原因有：频繁的需求变更、需求遗漏、与用户沟通不足、低质量的需求规范和不完善的需求分析（Davis 1995）。如果围绕需求来估算项目工作量和时间，就需要了解需求的规模和开发团队的生产效率。要想进一步了解如何对需求进行估算，可以参见第 5 章（Wiegers 2006）。

用户需求蔓延

随着需求在开发过程中的不断演化，项目经常会超出计划的时间和预算（计划几乎总是过于乐观）。为了管理范围蔓延，必须一开始就对项目的业务目标、战略愿景、范围、边界和成功标准给予明确说明。以此为参照，对所有的新特性或者需求变更进行评估。需求会变，会发展。项目经理应当在时间表中设置应急缓冲区，以免打乱时间表（Wiegers 2007）。敏捷项目采用的方法就是对特定的迭代范围进行调整，使其符合迭代中规定的预算和时间。随着新需求的涌现，我们可以将其植入到未完工的条目之中，然后根据优先级别分配到未来的迭代之中。变更也许决定着项目成败，但它总是有代价的。

需求模棱两可

需求模棱两可的一大特征就是读的人可以用许多种方式来解读需求说明（Lawrence 1996）。另外一个信号是读的人不同，对需求的理解也各不相同。第 11 章将列举诸多会造成歧义的单词和短语，它们模棱两可，让人很难准确理解。

模棱两可的需求会使不同干系人产生不同的期望。有些人会对交付物感到惊讶。当开发人员为错误问题而实施解决方案时，模棱两可的需求就会造成时间上的浪费。测试人员对产品的预期表现与开发人员开发出来的东西完全是两回事，解决这种差异肯定是浪费时间的。

要想找出模棱两可的需求，一个办法是让那些具有不同视角的人来检查需求（Wiegers 2002）。正如第 17 章所提到的那样，非正式的同行检查只是从自己的角度来阅读，一般看不出模棱两可的需求。如果不同的检查者只按照自己的理解从不同角度理解需求，也看不出歧义性需求。因此，干系人应作为小组以工作坊的形式来讨论和解读需求，共同获取和验证需求。为需求写测试或者建原型也可以帮助我们找出歧义性需求。

镀金

所谓镀金，是指开发人员增加的功能并不在需求规范说明之中（或者超出范围），但开发人员却自认为"用户肯定喜欢。"如果客户对这个功能并不在意，那么实现这个功能就是在浪费时间。开发人员和业务分析师不应只是简单插入新的特性，而应向干系人展示创意，供他们参考。开发人员应当尽可能简而精，不要未经干系人同意就自作主张。

客户有时提出一些看似合理的特性或者用户界面要求，但这些实际对产品增加不了什么价值。开发的每一个东西都有时间成本和金钱成本，因此需要将交付的价值最大化。为了降低镀金的风险，就要对每一个功能单元跟踪溯源，让大家了解为什么要有这些功能。确保规范和开发的东西都包含在项目范围之内。

忽视干系人

大多数产品都有若干个不同的用户群，他们使用不同的特性，使用频率也有所差异，经验水平也不尽相同。如果无法在早期为产品确定主要的用户分类，某些用户的需要可能就无法满足。确定所有的用户分类之后，还要保证倾听用户的声音，相关论述可以参见第6章。除了显而易见的用户，还要考虑维护人员和现场支持人员，他们也有自身的需求，包括功能需求和非功能需求。必须将数据从遗留系统中转换出来的人会有转换需求，虽然这对最终产品软件没有影响，但肯定会影响解决方案的成败。有些干系人甚至不知道项目的存在，例如制定标准并影响系统的政府机构，但你需要了解他们及其对项目的影响。

高质量需求过程带来的好处

有些人错误地认为花时间讨论需求纯粹是耽误按时交付。这种论点认为，花在需求活动上的投资不会有回报。实际上，在优秀需求上的投资真的总会让你事半功倍。

有效的需求过程强调的是协同开发产品，并在整个项目过程中将干系人视为合作伙伴。通过需求获取活动，开发团队可以更好地了解用户或市场，这是成功的一个关键要素。如果团队强调的是用户任务，而不是局限于一些"浮华"的特性，就不会出现代码写出来却没人用的情况。用户的参与能够弥补其实际需要与开发人员交付物之间的"鸿沟"。最终你会了解客户的想法，相对于在开发产品之前而不是交付之后再意识到问题，付出的代价要小得多。第2章将讨论客户-开发合作关系的本质。

准确将系统需求分配给不同的软件、硬件和人工子系统是一种构建产品的系统方法。有效的变更控制过程可以最小化需求变更可能带来的负面影响。将需求清晰记录下来对系统测试有着极大的帮助。上述所有这些好处会大大增加交付高质量产品的几率，满足各方干系人。谁也无法保证使用有效的需求实践就能获得具体的投资收益。但是，可以进行分析思考，想象一下优秀的需求对团队有哪些帮助（Wiegers 2006）。要得到更优准的需求，需要的成本包括开发新程序和文档模板、培训团队和购买工具。最大的投资是项目团队花在需求工程任务上的实际时间。潜在收益如下。

- 需求中的缺陷和交付产品中的缺陷更少。
- 开发的返工减少了。
- 开发和交付更快。
- 不必要和无用的特性更少。
- 减少成本追加。
- 信息错误传达的现象减少了。
- 范围蔓延减少了。
- 项目的混乱现象减少了。
- 客户和团队成员的满意度更高了。
- 产品按照人们当初的设想顺利运行。

即使无法对上述好处进行量化，但也能看出它们的效果。

行动练习

- 写下手头项目或者以前项目中遇到的与需求相关的问题。将其归纳为需求开发问题或者需求管理问题。找出每个问题的根源及其对项目的影响。
- 针对手头项目或者前期项目中与需求相关的问题、影响和根本原因，与团队成员和其他干系人展开讨论。针对手头上可能涉及此类问题的的需求实践活动，谈谈有哪些变化。附录 B 中的"故障排除指南"对此有所帮助。
- 根据本章所示，对比组织中使用的需求术语和可交付物，看一看是否已经涵盖本章介绍的所有类别。
- 简单评估几页自己的需求文件，看一下团队还有哪些地方需要改进。最好让一位客观的局外人来进行评估。
- 为整个项目团队安排一次软件需求培训课。邀请关键客户、市场人员、经理、开发人员、测试者和其他干系人积极参与。通过培训，项目的各方参与者可以共享一个词汇表。培训还能让全体团队成员共享高效率技巧和行为，进而更高效地合作，迎接共同的挑战。

第 2 章

从客户角度审视需求

Contoso 制药公司的高级经理 Gerhard 正在和公司的 IT 部门经理 Cynthia 开会。"我们需要构建一个可以跟踪化学制剂的信息系统，" Gerhard 首先说，"这个系统应该能够跟踪我们仓库和实验室里所有的化学制剂。这样一来，药剂师就能够使用其他人剩余的化学制剂而不是总去购买新的。这会为我们节省大量经费。与此同时，健康与安全部门希望这个系统能够帮助他们大大减少向政府提供化学品使用和处理报告的工作量。你们能在五个月内及时开发出符合这些要求的系统吗？"

"我明白这个项目有多重要了，Gerhard，" Cynthia 说，"但在我提上日程之前，我们还要进一步了解这个所谓的化学品跟踪系统。"

Gerhard 很困惑，问："什么意思？刚才我不是已经把需求告诉你了吗？

"实际上，你只是大致介绍了一下项目的业务目标，" Cynthia 解释说，"这并没有给我足够的信息确定软件究竟要实现哪些具体功能，更无法得知需要多久才能够完成。我想派一个我们这边的业务分析师实际参与用户的日常工作，了解一下究竟他们需要哪些功能。"

"药剂师都很忙，"Gerhard 反对说，"他们没时间在你们开发之前确定所有的细节。你们的人难道就不能自己想想究竟该做什么吗？"

Cynthia 回答说："如果我们仅靠猜测来确定用户需要哪些功能，不可能把系统做好。因为我们是软件开发人员，不是药剂师。我所知道的是，如果我们不花一些时间理解问题，不会有人对结果表示满意的。"

"我们没有时间做那些事，"Gerhard 坚持自己的看法，"我已经告诉你需求了。现在就请开工吧。把你们的进度通报给我。"

这样的对话在软件世界里经常发生。需要新系统的客户常常不理解从实际用户以及其他干系人那里获取信息的重要性。有伟大产品概念的营销人员坚信他们可以充分代表未来买家的利益。但是，从产品的实际使用者那里直接挖掘需求依然是无可替代的。一些敏捷开发方法就建议有一个驻场的客户代表（有时也叫产品负责人）与开发团队一起紧密工作。一本有关敏捷开发的书中曾经如此描述："项目的成功离不开客户和开发人员的紧密合作。"（Jeffries, Anderson, and Hendrickson 2001）

部分需求问题源于混淆了不同的需求层面，就是第 1 章提到的业务、用户和功能层面。Gerhard 描述了 Contoso 在使用新的化学品跟踪系统后可以达成的业务目标和收益。虽然业务目标是业务需求的一个核心要素，但是由于 Gerhard 不是这个系统的目标用户，所以它无法完整描述用户需求。同理，用户虽然能够描述他们要通过系统完成哪些任务，但无法完整描述为完成这些任务而需要开发人员实现的所有功能需求。业务分析师需要与用户紧密合作以获得对需求更深入的理解。

本章所阐述的客户-开发人员关系是软件项目成功的关键要素。我们提出了软件客户所拥有的权利清单以及与之对应的义务清单。这些清单重点强调客户（特别是终端用户）参与需求开发的重要性。本章同时还讨论了在一次具体的发布或是开发迭代中如何对需求集合达成一致的关键性问题。第 6 章将详细描写各种类型的客户和用户以及各种让合适的用户代表参加需求挖掘的方法。

交付物被拒收

有一次在访问一家公司 IT 部门的时候，我听到了一个惨痛的故事。开发人员最近刚刚完成了一个供企业内部使用的新的信息系统。从始至终，他们获得的用户需求少得可怜。当他们最终骄傲地发布新系统时，用户却拒收系统，并认为它完全不可接受。开发人员觉得非常震惊，为了实现他们所认为的那些用户需求，他们付出了巨大的努力。随后怎么办？只能修改这个系统。在发现搞错需求之后，公司总是得修复，但是相比一开始就让用户代表加入进来，成本无疑高出很多。

开发人员原本没有预见到需要花时间修复有缺陷的信息系统，因此团队需求队列中的下一个项目就只好先放一放了。这是一个"三输"的境地：开发人员感到苦恼；用户也很失望，因为在需要的时候新系统不可用；高管也很失望，项目花了很多钱，同时其他项目被推迟也造成大量机会成本被浪费。如果一开始就有广泛而持续的用户参与，就会避免这种不幸而常见的项目结果。

期望落差

如果没有足够的客户参与，当项目结束时一个无法避免的结果就是期望落差，用户的真实需求和开发人员根据项目之初所听到的需求开发出的产品之间的巨大鸿沟 （Wiegers 1996）。图 2-1 中虚线标示出了这个鸿沟。正如之前故事中描述的那样，期望落差对所有干系人来说都是一个残酷的"惊喜"。根据我们的经验，软件中的出现"惊喜"从来都不是什么好消息。与此同时，需求也很容易由于业务变化而过时，所以与客户持续沟通至关重要。

缩小期望落差的最好方法是与合适的客户代表频繁沟通。这些沟通可以是正式访谈，对话，需求评审，用户界面设计走查，原型评估以及敏捷开发中在可执行软件每个小的增量功能上收集的用户反馈。每次沟通都是一个缩小预期差距的机会，让开发人员所开发的软件能够更贴近用户所需。

当然，每次接触之后，随着开发的推进这个缺口又将会扩大。越频繁沟通，越容易让开发工作保持在正确的轨道上。就像图 2-1 中所示的逐步收缩的渐变灰色三角形，一系列的沟通将在项目最后带来小得多的预期差距，同时也能够让我们得到一个更接近用户实际需求的解决方案。这就是为什么敏捷方法的一个指导性原则是开发人员要与客户保持持续沟通。对于任何项目，这都是一个非常棒的原则。

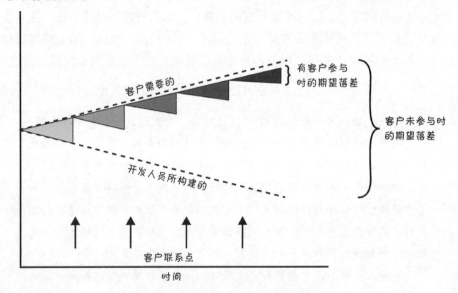

图 2-1　频繁的用户参与能减少期望落差

谁是客户

在讨论客户之前，我们首先讨论干系人这个角色。干系人是指积极参与项目的某个人、群体或组织，它们可能会受项目过程和结果的影响或影响项目的过程和结果。干系人可以在项目团队和开发组织的内部或者外部。图 2-2 标示了许多类型的潜在干系人。当然，并不都适用于所有的项目和场景。

干系人分析是需求开发的一个重要部分（Smith 2000; Wiegers 2007; IIBA 2009）。为一个项目寻找潜在干系人的时候，应该广撒网以免忽略一些重要的群体。然后将候选干系人列表缩小为核心人选，这些人能够带给你所需的信息，确保你理解所有项目的需求和约束，使团队能够交付正确的解决方案。

客户是干系人的一个子集。客户是能够直接或间接从产品中获益的个人或组织。软件客户可能提出需求，出钱，选择，说明，使用或者接收软件产品的输出。图 2-2 中包含直接用户、间接用户、上级主管、采购人员和收单机构等客户。一些干系人不是客户，比如法务人员，设计人员，供应商，承包商和风投。Gerhard，我们先前提到的那个经理，代表为这个项目付钱的上级主管。像 Gerhard 这样的客户提供业务需求，建立项目的指导框架以及启动项目的业务理念。我们将在第 5 章中探讨业务需求描述的是客户、公司或是其他干系人想要达成的业务目标。其他所有的产品需求都必须有助于达成这个预期的业务目标。

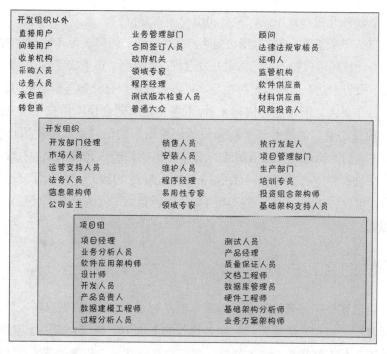

图 2-2　项目团队、开发组织和外部组织里的潜在干系人

用户需求应该来自于直接或者间接使用产品的人，这些用户（通常称为"终端用户"）是客户的子集。直接用户会动手使用产品。间接用户虽然不动手使用，但也会收到系统的输出，例如仓库主管会收到自动发送的每日库存活动报告邮件。用户通常能够描述他们需要用产品执行的具体任务、他们需要的输出以及他们希望产品达到的质量标准。

缺失干系人的一个案例

 我知道有一个项目，当时需求引导马上就要结束了，在评审一个工作流时，业务分析师询问干系人："你确定工作流程中的税务计算步骤是正确的么？"干系人回答："哦，我不知道，税务不归我管。那是税务部门的事。"在随后项目推进的几个月中，研发团队没有跟税务部门的任何人进行过交流。他们甚至都不知道还有一个税务部门。在最终接触税务部门后，业务分析师发现已实现的税务相关功能在法律含义方面遗漏了一连串需求。结果，项目延期交付好几个月。用一个组织关系图来找出所有可能受系统影响的干系人，以免产生类似不愉快的经历。

提供业务需求的客户有时会试图替实际用户说话。然而这些内容常常和真实用户的需求相去甚远。对于企业信息系统，合同制定或者定制应用开发，业务需求应该来自于最终的产品业务价值负责人。用户需求则应该来自于按下按键、点击屏幕或是接收输出的人。如果为项目买单的人和最终用户之间有严重的脱节，肯定会出大问题。

商业软件开发与此不同，客户和用户通常是同一个人。客户代理（例如营销人员或是产品经理）常常试图决定客户想要什么。但即使是开发商业软件，也应该尽力让终端用户加入用户需求开发过程，就像第 7 章里描述的。如果不这么做，评审报告中就有可能出现那些原本可以通过用户充分参与来避免的缺陷。

项目干系人之间可能会出现矛盾。业务需求有时会反映用户不可见的组织战略或预算约束。通过管理手段强迫他们使用新的信息系统会使用户感到痛苦，因而他们不愿意和开发人员进行合作并把他们当作悲惨未来的先驱。这样的人常常被称作"失败者"（Gause and Weinberg 1989）。为了管理这样的潜在冲突，可以尝试基于项目目标和约束的沟通策略，创造更多的接纳，消除争论与埋怨。

客户-开发的合作关系

卓越的软件产品来自基于卓越需求的卓越设计。卓越的需求则根植于开发人员与客户（特别是终端用户）高效协作的土壤中。协同合作要想取得成果，需要所有干系人都清楚自己的需要，理解并尊重其他合作者的需求。当项目压力上升时，很容易忘记所有干系人共享的同一个目标：构建一个既实现业务价值又可以使所有干系人受益的产品。通常需要业务分析师建立这种合作伙伴关系。

表 2-1 所示的软件客户权利清单列出了十项用户权利。在项目的需求工程阶段，用户可以在与业务分析师和开发人员的互动中享有这些权利。其中每项权利都隐含着一项与之对应的业务分析师和软件开发人员义务。其中，权利和义务清单中的客户指的是软件开发项目中的客户。

因为权利的另一面代表着责任，因此，表 2-2 也列出了需求阶段中客户对业务分析师和开发人员应尽的十项义务。也可以认为这是开发人员的权利清单。如果这个列表并不完全适用于你的组织，可以在此基础上进行修改，使其适合具体情况。

表 2-1　软件客户的需求权利

客户的权利
1. 期望业务分析师用自己的语言进行交流
2. 期望业务分析师了解自己的业务和目标
3. 希望业务分析师用了解合适的形式记录需求
4. 收到需求实践和交付物的相关解释
5. 变更需求
6. 期望一个相互尊重的环境
7. 聆听关于需求以及解决方案的建议和替代方案
8. 描述能够提高产品易用性的特性
9. 了解调整哪些需求可以实现复用，加速产品开发
10. 收到满足自己功能需求和质量预期的系统

表 2-2　软件客户的需求责任

客户的责任
1. 给业务分析师和开发人员传授你的业务知识
2. 准备足够的时间用来澄清需求
3. 提供具体而准确的需求
4. 及时对需求的进行确认
5. 尊重开发人员针对需求可行性和成本的估算
6. 和开发人员协作设置符合实际的需求优先级
7. 评审需求和评估原型
8. 设定验收条件
9. 及时沟通需求变更
10. 尊重需求开发流程

在开发公司内部系统、合同型项目或是为已知的重要客户定制系统时，上述权利和义务比较适用于实际客户。对于大众市场的产品开发，这个权利和义务更适用于产品经理这样的客户代表。

作为项目计划的一部分。关键用户和开发干系人应该讨论这两个列表并且达成一致意见。确保需求开发过程中的参与者理解并且接受他们的责任。这种理解能够在后来减少冲突和摩擦，特别是当某个角色希望从其他角色处得到一些东西而对方却不愿或无法提供的时候。

 陷阱　不要假设项目参与者本能地知道如何在需求开发上开展协作。应该花一些时间讨论相关角色如何高效合作。最好将解决和管理项目需求问题的预案写下来。这将在整个项目中成为一个很有价值的沟通工具。

软件客户的需求权利法案

下面详细介绍出现需求问题时客户可以享有的十项权利。

权利 1. 期望业务分析师使用自己的语言

需求讨论应该以你的业务需要和任务为中心，使用业务术语。可以使用术语表的方式把业务术语介绍给业务分析师。在和业务分析师进行交流的时候，不要听到晦涩难懂的技术术语。

权利 2. 期望业务分析师了解自己的业务和目标

通过与你互动获取需求，业务分析师能够更好地理解你的业务工作以及系统如何融入使用场景。这也能帮助开发人员建立真正符合需求的解决方案。邀请业务分析师和开发人员来观察你和你的同事的做事方式。如果是基于老的系统进行开发，业务分析师应该像你一样使用当前的系统。这么做可以使其知道系统如何融入工作流以及哪里可以做得更好。不要假设业务分析师已经了解你们所有的业务操作方式和业务术语（参见权利 1）。

权利 3. 希望业务分析师用适合的形式记录需求

业务分析师会整理所有干系人提供的信息，之后通过各种问题来区分用户需求、业务规则、功能需求、质量目标和其他需要。分析阶段的交付物是以合适形式存储的优化需求集合，比如一个软件需求规范文档或者是记录在一个需求管理工具中。这个需求集合构成了干系人对功能、质量和产品约束的一致意见。需求应该用易于理解的方式写和组织。你对这些规范说明或其他需求呈现方式（例如可视化分析模型）的评审意见，能够帮助业务分析师确认他们是否准确记录你的需求。

权利 4. 收到需求实践和交付物的相关解释

很多实践都能够让需求开发和管理变得高效，需求相关的知识也能够用多种形式呈现。业务分析师应该解释他所推荐的实践以及每个交付物都包含哪些信息。例如，业务分析师会用一些图表来补充文本描述的需求。你也许对这些图表不太熟悉，它们也许看起来比较复杂，但标记并不难以理解。业务分析师需要解释每个图表的目的、每个符号代表的意义以及如何通过图表发现错误。如果业务分析师不提供这种解释，请直接询问他们。

权利 5. 变更需求

业务分析师或开发人员期望你一开始就考虑清楚需求或指望这些需求在整个开发周期中保持不变，显然并不现实。随着业务的不断发展，团队接收到干系人提供的信息不断增多，或自身更深入地考虑了自己的需要，就有权变更之前提出的需求。但变更总是有代价的。有时增加一个新功能就必须在其他功能或项目整体计划和预算之间进行艰难的取舍。业务分析师的一个重要责任是评估、管理和沟通变更所带来的影响。可以在项目中和业务分析师一起摸索，确定一个简单有效的需求变更处理流程。

权利 6. 期望有一个彼此尊重的环境

客户和开发人员之间的关系有时会变得很对立。如果参与者不理解对方，需求讨论就会令人沮丧。一起工作可以让每个参与者看到其他人所面对的问题。参与需求开发的客户有权让业务分析师和开发人员尊重自己并且感谢自己为项目成功所投入的时间。类似，客户也应该尊重开发团队成员，彼此同舟共济才能达成项目成功这一共同目标。大家是在同一战线上的。

权利 7. 聆听关于需求以及解决方案的建议和替代方案

让业务分析师了解现有系统不适合当前业务流程的地方，确保新的系统不自动化那些低效或废弃的工作流程。也就是说，应该避免"一错再错"。业务分析师常常会对业务流程提出不少改进建议。有创造力的业务分析师甚至会提出客户未曾想到的可能性。

权利 8. 描述能提高产品易用性的特性

业务分析师应该询问软件功能需求之外的特性。这些特性或质量属性能够确保软件更易用或更好用，使得用户能够更高效地完成其本职工作。用户有时要求产品更友好或者更健壮，但这样的描述太主观，对开发没有什么帮助。所以，分析人员应该询问哪些具体特性是"对用户友好"或者"健壮"的。还可以告诉业务分析师现在的应用在哪些方面对用户友好（哪些方面不好）。如果不和业务分析师讨论这些特性，将来的产品可能很难达到你的期望。

权利 9. 了解调整哪些需求可以实现复用，加速产品开发

需求通常较为灵活。业务分析师也许知道当前软件组件或需求里哪些与你描述的需求接近。在这种情况下，业务分析师应该提出需求的修改方案以减少不必要的定制，让开发人员就能够复用这些组件。存在合适的重用机会时调整需求可以有效节省时间和成本。如果想集成一些现成的商业软件包，需求就得灵活，因为它们很少能够精确提供你想要的特性。

权利 10. 收到满足自己功能需求和质量期望的系统

这是最根本的用户权利，但要实现这一点，需要清晰地表达开发正确产品所需要的所有信息，需要开发人员不断和你沟通备选方案与约束，还需要当事各方能够达成一致。确保你陈述了所有假设和期望，否则开发人员很难掌握这些信息。客户有时候并不会清楚说出他们认为是常识的信息。因而在项目团队里，验证共识与提出新的想法同样重要。

软件客户的需求责任法案

权力对应的是责任，以下十项责任是客户代表在为项目定义和管理需求时需要履行的。

责任 1：向业务分析师和开发人员传授自己的业务知识

开发团队需要你向他们传授业务概念和业务术语。这么做的目的并不是让业务分析师变成业务专家，而是帮助他们理解你的问题和目标。业务分析师通常并不掌握你和你的同事认为理所当然的知识。

责任 2：准备足够的时间用来澄清需求

客户都是大忙人，参与需求梳理工作中的人往往也是最忙的人。尽管如此，你有责任为需求讨论会、访谈或者其他的需求引导和验证等活动留出时间。有时业务分析师可能认为自己已经了解你的想法，但后来却发现需要进一步澄清需求。请耐住性子接受这种迭代式开发和精炼需求的方式，因为这是复杂的人类沟通的特性，也是软件成功的关键。相比一次讨论一点且历时数周的讨论，集中几个小时的讨论更有效。

责任 3：提供具体而准确的需求描述

让需求模糊不清很有诱惑力，因为确定细节通常都很琐碎，相当花时间（或者因为有些人想逃避责任而不愿意确认）。即便如此，必须有人解决这些模糊不清的问题。你是做这个决定的最佳人选。否则，你只能依赖业务分析师或开发人员的猜测是正确的。为需要进一步探讨的需求临时打上"待确定"标签是合理的。有时，"待确定"被用在一些难以确认的或没人愿意解决的需求上。尝试描述每个需求的潜在目的，使业务分析师能够把它准确呈现出来。这是确保产品能够满足真正需要的最好方式。

责任 4：被问到有关需求的问题时及时做出决策

就像为你建造房子的承包商一样，业务分析师会让你做出很多决定。包括解决多个客户之间需求的冲突，在不兼容的质量属性间进行选择，评估信息的准确性。有权做出决策的客户必须及时回复。通常，开发人员在你做决定之前无法前进，所以迟迟未决会造成项目进度的延迟。如果觉得不厌其烦，请牢记系统是为你开发的。业务分析师通常都很善于引导客户做决定，所以当你难以抉择的时候可以向他们寻求帮助。

责任 5：尊重开发人员对需求可行性和成本的估算

开发所有功能都要付出成本。开发人员是对成本进行预估的最佳人选。一些特性可能无法实现或实现成本很高。某些需求可能希望系统在运行环境中达到无法达到的性能或要求访问系统无法获得的数据。开发人员会带来这些可行性或者有关成本的坏消息。你应该尊重这些评估，即使这意味着你可能无法获得完全符合你期望的功能。有时，你可以重写需求使其变得可行或成本可接受。例如，让系统实时响应可能无法实现，但是换成精确的时间需求（50 ms 内）也许可以实现。

责任 6：和开发人员协作设置符合实际的需求优先级

很少有项目能够有足够的时间和充足的资源实现用户想要的一切。所以，决定哪些功能是核心，哪些有用，哪些需求对用户不是最重要的，这是需求分析中最重要的几点。你需要成为主角，为需求设置优先级。开发人员能够提供每个需求或是用户故事的成本和风险来帮助确定最终的优先级。设置务实的优先级，就是帮助开发人员用最低的成本在最合适的时间交付最大化的价值。协作确定优先级是敏捷项目的核心，使开发人员能以最快的速度交付最有价值的软件产品。

对于团队在可用的时间和资源约束下能完成多少所需的功能，应该充分尊重开发团队的判断。如果你所需的功能无法完全放入项目，决策者就会根据优先级缩小项目范围、延长时间或者提供额外的资金或者人力。简单粗暴地把所有需求都设置为高优先级，这样做既不符合现实，也不是一种合作的态度。

责任 7：评审需求和评估原型

正如在第 17 章中将看到的，同行评审是保障软件质量最有效的方法之一。让客户参与评审是评估软件在需求方面是否满足完整性、正确性和必要性的关键方法。评审也是客户代表评估业务分析师工作是否满足项目需要的一个重要时机。忙碌的客户通常不愿意花时间参与需求评审，但其实这样做是值得的。业务分析师应该在需求引导的过程中经常向你提供适量需求进行评审，不要在需求"完成"以后才将一大本需求手册放到你的桌子上。

仅仅依靠写好的需求，很难"脑补"出软件如何工作的画面。为了更好地理解你的想法并探索最佳的实现方式，业务分析师或开发人员有时会构建一个目标产品的原型。针对这个初级的、不完备的或是探索性原型给出的反馈，可以为开发人员提供非常有价值的信息。

责任 8：设定验收条件

开发人员如何知道开发完成了呢？他们如何知道开发的软件符合客户期望呢？作为客户，你有设定验收条件的责任，预先定义好未来如何评估产品的条件。这些条件包括验收测试，可以用它们来评估用户执行业务操作时产品是否能够正确执行。其他的验收条件还可以针对可能存在的缺陷、特定操作下的表现或是能够满足外部系统的验证需求等。敏捷项目使用验收条件来充实用户故事细节，而不使用书面记录的需求。测试人员虽然能够判断某个需求是否正确实现，但是他们并不见得总是了解你能够接受什么样的产出。

责任 9：及时沟通需求变更

不断改变需求会给开发团队按时交付高质量产品带来严重的风险。虽然改变难以避免，而且通常也有望增加价值，但是越晚引入变更，造成的冲击越大。应该在发现需求需要改变的时候尽早通知业务分析师。为了能把影响降到最低，要遵从项目定义的需求变更流程，以确保所有提出的变更不会丢失，每个变更影响都要考虑到，并且所有变更都要用相同的方式考虑。最后，由业务干系人判断在哪个阶段将哪些需求变更添加到项目中。

责任 10：尊重需求开发流程

引导和制定需求是软件开发中最有挑战的活动之一。业务分析师进行需求开发时有一个基本原理。虽然可能使人沮丧，但是花在理解需求上的时间依然是一种很好的投资。如果你能够尊重业务分析师所使用的技巧，整个过程就会轻松许多。可以询问业务分析师他们为什么要获取某些信息，为什么要你加入某些需求开发实践。互相理解并尊重其他人的做事方法和需要，有利于建立一个有效而愉快的合作关系。

建立尊重需求的企业文化

有家公司需求部门的领导曾经提出一个问题："我遇到了如何让我们开发人员同意加入需求开发过程的问题，"她说，"我怎样才能让他们理解参与这一过程的价值呢？"在另一个部门，一名业务分析师经历过这么一次冲突：开发人员想要为一个会计系统梳理需求细节，但是 IT 经理只想做一个简单的头脑风暴，不希望使用其他方法。"你的读者会面临文化冲突吗？"这个业务分析师问我。

这些问题都是让业务分析师、开发人员以及客户协作进行需求开发时所面临的挑战。你会觉得用户应该很清楚这一点："提供需求信息有利于使其得到他自己想要的"。开发人员会发现，相比收到一堆不知从哪里来的需求文档，加入这个过程会使其工作更轻松。显然，并不是让每个人都像你一样对需求如此感兴趣，如果是这样，他们可能都已经是业务分析师了。

团队一起从事需求开发时文化冲突会频繁出现。有些人认为基于太少或是靠心灵感应式沟通所获取的需求来开发软件存在大量风险。也有一些人认为需求并不是非做不可的。像替换遗留系统这样的项目，如果用户觉得这与自己工作没有太大关系，不值得浪费时间，那么争取业务人员的合作会非常困难。理解人们抵触参与需求开发的原因，是解决问题的第一步。

一些反对者可能并没有具体接触过需求实践。或者他们经历过令人失望的需求引导过程，参与的项目产出了规模庞大、不完整、被忽视的需求说明。这一定会让每个人都留下糟糕的印象。即使工作很有效，反对者也理解不到这些实践的价值。他们也许没有意识到在随意的、缺乏条理的环境中工作所付出的代价。这种代价通常体现在出现意料之外的返工、延期或软件品质低劣。这样的返工隐藏在项目参与者的日常工作中，所以他们意识不到它竟然如此低效。

如果想把开发人员、经理和客户拉在一起，就必须让每个人都了解公司和客户之间曾经因为需求问题而经历的痛苦。如果他们感受不到这样的痛苦，可以找一些具体的案例。量化它们对组织造成的浪费，可以用钱、时间、客户投诉或者失去的商机来衡量。开发经理并不总是能够意识到糟糕需求对团队生产力所产生的影响。可以向他们展示糟糕的需求如何减慢设计并在修正产品方向时花费巨大的成本。

开发人员也是项目干系人，但他们的需求有时并没有得到过任何考虑，使其成为被强加需求的受害者。开发人员应该提供关键信息以确保需求文档能够真正发挥作用。我喜欢让开发人员参与需求评审，让他们知道接下来会发生什么并且指出哪些地方需要进一步澄清。用户看不到的内部质量属性通常需要由开发人员提供。开发人员经常能够提供其他人想不到的信息，比如如何用更简单的方式完成任务；什么功能实现起来非常耗时；哪些是不必要的设计约束；是否有遗漏的需求，比如异常处理；如何利用技术创造机遇，等等。

质量保障人员和测试人员也是优秀需求的贡献者。不要等到项目后期再让他们加入，让这些"眼尖"的人尽早加入迭代的需求评审。他们善于发现歧义与冲突，非常关心如何基于需求来开发测试用例和场景。测试人员也能够提出可验证的质量属性方面的需求。

对流程或文化改变的抵触大多来自于恐惧、不确定性或知识的缺乏。如果能识别出这种抵触，你就能通过保障、澄清和教育的方式应对。让人们了解他们的参与不仅对他们个人有益，同时也会在整体上产生更好的效果。

领导必须理解这一点：组织需要把高效业务分析和需求工程能力作为自己的战略性核心竞争力。虽然项目范围内基层人员的努力非常重要，但如果没有高层的投入，这些改进和收益在项目结束或团队重组后将很难保持。

识别决策者

在软件项目中，需要做很多决定，而且往往都是在向前发展的关键路径上。必须解决一些冲突，接受（或拒绝）某个需求变更或者批准一组即将发布的需求。在项目早期，就要确定由谁来做决定以及如何做决定。我的朋友 Chris（一个经验丰富的项目经理）指出："我发现项目中通常有一个主要的决策人，通常是组织的出资人。我必须找出这个人，然后让他关注整个项目的进度。究竟谁负责做决定，有时没有唯一的答案。让一个代表各个关键领域（比如管理、客户、商业分析、开发和市场部门）的小组来做决定通常更有效。第28 章将描述如何让变更控制委员会作为决策者来处理需求变更。

决策小组需要指明决策领导并选择一个决策规则，该规则描述了他们如何做决定。有很多决策规则可以选择，下面是一些（Gottesdiener 2001）：

- 决策领导做决定，不管是否已经和其他人讨论过
- 小组投票，少数服从多数
- 小组投票，但是结果必须获得一致通过
- 小组讨论和协商达成共识。每个人都拥护这个决定并承诺支持它
- 决策领导授权一个决策人
- 小组达成一个决策，但是一些人有权否决小组决定

没有普适的决策规则。单一的决策规则通常也不普遍适合于每个场景，所以小组必须建立一套指导原则，让他们知道什么时候该投票，什么时候该达成一致，什么时候该授权代理人等。在每个项目的第一个重大决策点出现之前，需要做需求决策的人都必须事先确定好一个决策规则。

对需求达成一致

对在建产品的需求达成一致或是在某部分达成一致是客户-开发人员关系的核心。涉及的多个角色应形成如下共识：

- 客户承认需求描述了他们的需要
- 开发人员承认理解需求并且认为它们是可实现的
- 测试人员承认需求是可验证的
- 管理层承认需求可以达成他们的业务目标

许多组织用签字的方式来代表干系人认可需求。所有需求确认流程的参与者都清楚签字的含义及其结果。一个常见问题是客户代表或是经理认为自己在需求上签字是毫无意义的例行公事"我拿到了需要我签字的纸，我签了，因为如果不这样，开发人员就不会开始编码。"将来当某个角色希望改变需求或者交付物不符合预期时，他们就会说："虽然我在文档上签字了，但是我并没有足够的时间仔细阅读这些文档，我非常信任你们，可是你们却让我大失所望！"

另一个问题是开发经理把签字视作需求冻结的一种手段。每次提出需求变更，他都会表示抗议："你已经在文档上签字了，我们也是按照这个开发的，如果希望我们开发其他内容，你应该早点说。"

这些态度都忽略了一个事实，即我们不可能在项目早期就知道所有的需求，而且毫无疑问，需求会随着时间的变化而变化。虽然批准一组需求是结束某个需求开发阶段的常用方法，但是每个参与需求开发过程的角色都应该明白签字的真正含义。

重点提示　不要把签字作为武器。把它当作一个里程碑，表示大家
对签字活动的意义有清晰的共识，也包括理解未来可能有变更。如果
决策者不想阅读需求中的每一个字，团队可以选择其他一些呈现手段，
比如使用幻灯片，汇总必要的信息并有助于迅速达成一致。

需求基线

比签字仪式更重要的是确立一条需求基线，一个特定时间点的需求快照
（Wiegers 2006）。需求基线是一组需求，在评审和确认后作为后续开发的基
础。不论团队使用正式的签字流程或其他方式对需求达成一致，潜在的含义都
应该如下所述：

> "我同意当前这组需求代表我们对项目下一阶段需求最深入的理
> 解，并且基于目前我们对问题的理解，这个解决方案能够满足我们的需
> 求。我同意在未来使用项目定义好的变更流程基于这个基线对需求进行
> 修改。我清楚变更可能导致我们重新讨论项目的成本、涉及的资源以及
> 对时间表的承诺。"

一些组织与这段话类似的内容放在签名页上，让需求审批人在签字的时候
清楚签字的真正含义。

随着项目的进行，发现需求有遗漏或者市场和业务需求有变化时可能会出
现冲突，对以上内容达成共识将有助于减少这种冲突。一个有意义的基线确定
流程可以在以下几个方面为主要干系人带来信心。

- 客户管理层或者市场营销人员相信项目不会超出可控范围，因为客户
  会为范围变化的决定负责。
- 用户代表相信开发团队会和他们一起工作，交付正确的解决方案，即
  使他们在开发开始之前没有考虑清楚所有的需求。
- 开发部门的信心建立在开发团队有业务伙伴保证项目始终聚焦于其
  目标上，同时业务伙伴也和开发团队一起平衡项目计划、成本、功能
  和质量。
- 业务分析师和项目经理有信心有效控制项目变更带来的风险，并使风
  险最小化。
- 质量保证和测试团队有信心开发测试脚本并且为自己在项目中的各
  种活动做好准备。

在决策者定义基线以后，业务分析师需要在需求变更上施加控制。团队可
以在分析每个变化对项目计划和其他的关键因素的影响之后重新调整项目的
范围。在达成一致之后结束初始的需求开发活动，可以有效推进协作式客户-
开发人员关系，使产品走上成功之路。

达不成共识怎么办

让所有干系人达成一致并签字是很困难的。障碍包括后勤、忙碌的日程以及某人不愿意承诺（害怕在日后承担责任）等。如果干系人担心批准需求以后不可以再改，就会拖延审批时间。这无疑会导致需求分析工作陷入瘫痪。许多团队尝试发邮件说："如果不在下周五前回复修改意见或是签字确认，我们将会假定你已经同意了这些需求。"这也是一种选择，不过这等同于没有达成一致。同时，这么做还会让你和那个"被同意"的干系人关系紧张。试着了解一下他们不愿意签字的原因并当面提出来。

在这种场景下，最好先小心地推进项目，不过要假定你没有得到这些有抵触情绪的干系人的同意。在风险列表中做记录，说明有些干系人没有在需求文档上签字（把它和遗漏或错误的需求可能带来的影响同等对待）。作为风险管理的一部分，持续跟进这些人。用一种积极的态度让他们了解，虽然他们没有批准需求，但是为了保证进度，项目仍然使用这些需求作为基线。让他们知道，如果他们想改变需求，可以通过现成的流程来完成。基本上是在假定干系人同意需求的状态下工作，但是需要与他们保持密切的沟通。

对敏捷项目的需求达成共识

敏捷项目没有正式的签字环节。通常，敏捷项目使用产品 Backlog（待办事项）中放入用户故事的形式来管理需求。产品负责人和团队一起在计划会议上针对下一个迭代团队要做的用户故事达成一致。选择实现哪些用户故事主要取决于故事的优先级和团队速率（生产力）。在需求集合达成一致后，迭代中包含的用户故事将被冻结。新出现的需求变更留在未来的迭代中再考虑。敏捷项目不会一开始就试图让干系人就项目所有需求达成一致。虽然产品愿景和其他业务需求仍然需要一开始就明确，但是在敏捷项目中，功能全集是逐渐得以明确的。第 20 章将具体讨论敏捷项目如何进行需求管理。

我曾经遇到过一个客户，他虽然在使用敏捷生命周期却要求对需求进行签字确认。团队需要在这种不需要签字的非传统流程中以创造性的方式解决这个问题。业务分析团队和用户一起挖掘和评审需求，使用用户故事或工作流程、状态表等其他形式来记录需求。我们让用户对这些产出签字。其时，他们会知道没有遗漏大的需求，同时由于用户亲身参与了需求相关的实践，因而也知道我们写下来的内容不会出大问题，随后的开发工作自然不会有大的偏差。但是使用签字方式仍然保证用户有权在未来增加新功能或修复发现的问题。

不同于过去签字意味着"需求通过审批并同时被冻结"，这种新的方式不会让任何人觉得签字就是让自己对大量看不懂的需求文档负全责。同时也不会强迫客户同意需求已经近乎完美，所有的事情在一开始就已经完全定义清楚。

这种签字符合敏捷的思想。就像前面介绍的签字过程那样，签字的本质是就需求的特定部分达成一致，它为下个开发周期中要实现的需求定义了一个基线，同时所有人都明白这种达成一致意味着什么。

通常，在敏捷项目中，产品负责人为迭代选择或拒绝需求，需求包括一系列用户故事以及相应的验收条件和验收测试。最终的签字就是接收迭代所产出的经过测试的可工作的软件。

就像顾问布朗（Nanette Brown）所说："即使在一个敏捷环境中，签字的理念也可以填补一个空白，敏捷告诉我们要'拥抱变化'，但变化总是基于某个参照点而存在的，即使是一个沟通紧密的团队，人们对当前的计划和状态也会有不同的认识。一个人对需求的变更可能会被别人认为是先前已经确定好的东西。但是，如果用签字作为一个轻量级的确认方式来标示'我们在这里'，我认为是一件好事情，今天'我们到这里'不代表了我们明天不能去其他地方，而是代表我们找到了一个参照点。"

行动练习

- 识别客户，包括可以在项目中提出业务需求和用户需求的终端用户，确定在权利清单和责任清单中哪些是客户所接受并乐于实践的？哪些不是？

- 和关键客户一起讨论权利清单，了解哪些权利是他们所没有的。讨论责任清单，了解他们认可哪些义务。修改权利和义务清单，使所有角色就合作达成一致。监督干系人之间权利和责任是否平衡。

- 如果你是参与软件开发的客户，但自己的需求权利没有得到充分的尊重，和项目经理或是业务分析师讨论一下你的权利清单。承诺完成义务清单里你能做到的，力求建立一个合作更友好的工作关系。

- 如果组织还在使用正规的签字流程，那么是时候考虑一下签字的真正含义了。和开发人员、客户(或市场)管理层讨论，明确签字在需求确认流程里应当有哪些实际作用。

- 从当前或是以前的项目中找出一个客户参与度低的案例。考虑一下有哪些影响。可以使用后期的需求变更数量、产品交付以后所花的修改时间或错失的商机来量化这些影响。用这个案例来说服其他人，让他们明白客户的参与很重要。

第 3 章

需求工程优秀实践

"欢迎加入我们的团队，Sarah，"项目经理 Kristin 说，"希望你能在项目的需求方面给我们一些帮助。我知道你上一份工作是业务分析师。我们现在该从哪里开始，你有什么建议？"

"好，"Sarah 回答说，"我觉得应该先做一些用户访谈，看看他们想要什么。然后我写下他们所说的。这样一来，开发人员就有了一个良好的开端。我们以前差不多都是这样做的。你能给我介绍一些需要访谈的用户么？"

"嗯……对于我们这种类型的项目，你觉得这样做就够了么？"Kristin 问，"那种做法我们以前也试过，但效果不理想。我希望你根据过去做业务分析师的经验，提供一些最佳实践，这可能比访谈用户效果好。在你用过的技术中，你觉得哪些特别有效？"

Sarah 显得很沮丧："除了做用户访谈并按照他们所说的尽量记下清晰的需求规范说明，我真的不知道还有什么特别的方法。在上一份工作中，我只是基于我在业务方面的经验尽力做到最好。我再想想能够从中找到一些什么吧。"

为了面对每个项目的挑战，所有软件专家都必须有一个专业技能工具箱。如果从业人员缺乏这样的工具箱，就需要根据当时的情况自己发明一个说得过去的方法。这样的临时方案很难取得好的结果。一些人主张采用特定的软件开发方法学，即将技术方案整体打包并声称"能包治百病"的解决方案。但这种简单的照本宣科——幻想一套标准流程普遍适用于不同情况——效果并不理想。找出并使用行业最佳实践，这才是更高效的。最佳实践方法是丰富工具箱，运用不同技术来应对不同的挑战。

所谓"最佳实践"，其实是有争议的。谁来决定什么是"最佳"，用什么标准评价？一种方式是召集来自不同公司的一群专家对项目进行分析。由这些专家来确定成功的项目中哪些实践能够有效运行，还要找出失败的项目中哪些实践见效差或干脆无法运行。通过这种方式，专家对那些能持续高产的活动达成一致意见后，就可以贴上"最佳实践"的标签了。

表 3-1 列举了 50 多种实践，归纳为 7 大类，能够帮助所有开发团队更好地处理需求工作。有几个实践可以归入多个类别，但在表中每种实践只列出了一次。它们中的大多数都能促进项目干系人之间更有效的沟通。注意，本章的

标题是"需求工程优秀实践"而不是"最佳实践"。所有这些实践是否都通过了"最佳实践"的系统性评估,还有待商榷。不过很多实践者都证实这些技术是有效的(Sommerville and Sawyer 1997; Hofmann and Lehner 2001; Gottesdiener 2005; IIBA 2009)。

表 3-1 需求工程优秀实践

获取	分析	规范说明	验证
定义愿景和范围	应用环境建模	采用需求文档模板	评审需求
识别用户群	创建原型	识别需求源头	测试需求
选择产品代言人	分析可实现性	为每个需求分配唯一标识	定义验收条件
组织焦点小组	排列需求优先级	记录业务规则	模拟需求
识别用户需求	创建数据字典	描述非功能性需求	
识别系统事件和响应	需求建模		
需求获取访谈	分析接口		
举行引导式需求获取讨论会	将需求分配到子系统		
观察用户如何完成工作			
分发调查问卷			
分析文档			
检查问题报告			
重用已有的需求			

需求管理	知识	项目管理
建立变更控制流程	培训业务分析师	选择合适的生命周期模型
分析变更影响	向干系人讲解需求内容	规划需求方案
建立基线,管理需求版本	向开发人员讲应用领域知识	估算需求工作量
维护变更历史	定义一个需求工程流程	基于需求做计划
跟踪需求状态	建立一个词汇表	发现需求决策者
跟踪需求问题		重新协商承诺
维护需求可跟踪矩阵		管理需求风险
使用需求管理工具		跟踪记录需求工作量
		回顾学到的经验

本章对每一种优秀需求实践都要进行简要描述,为本书中的其他章节或其他资源提供参考,从中你还能学到更多的技巧。这些实践不会普遍适用于所有的情况,要想应用好这些实践,需要利用判断力、常识和经验。即使是最佳实践,资深业务分析师也要根据适当的情况慎重选择、应用和采纳。要理解项目中不同部分的需求,最好实施不同的实践。举个例子:针对客户端来说,使用用例(use case)或用户界面原型会有帮助,但对服务器端来说,接口分析则更有价值。

哪些人会在这些实践中起到带头作用因实践不同以及项目不同而有所变

化。业务分析师（BA）在其中很多实践中都会充当主角，但并不是每个项目都会配备业务分析师。在敏捷项目中，产品负责人（Product Owner）会运用其中的某些实践。其他一些实践则属于项目经理的职责范围。仔细想想下一个项目中团队中哪个成员是实施这些实践的合适人选。

 重点提示 如果碰到不可理喻的人，以上任何技巧都是无效的。客户、领导以及 IT 人员有时会表现得不可理喻，但也许只是因为他们获得的信息太少。他们搞不清楚你为什么要使用某些实践，并且可能对陌生的概念或是活动存有戒心。尽量向合作伙伴清楚解释这些实践、为什么要使用它们以及这些实践对精诚合作并达成各自目标的重要性。

需求开发过程框架

正如第 1 章所说，需求工程包括获取、分析、规范说明和验证。但不能只是简单以一种一次性线性顺序来实施这些实践。实际上，这些活动是相互交织、渐进的和迭代式的，如图 3-1 所示。在需求开发中，"逐步完善细节"是实施中的一个关键术语，指的是从一些原始的需求想法向更精确的理解和表述演进。

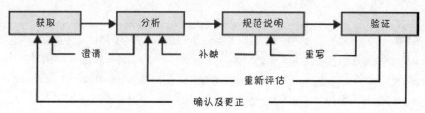

图 3-1　需求开发是一个迭代的过程

如果你是一名业务分析师，你会向客户提问，听他们的回答，观察他们的行为（获取）。你会处理这些信息并加以理解，还会将它们归入不同的类别，并且将客户的实际需要与可能的软件需求联系起来（分析）。在分析过程中，你可能会意识到自己需要澄清一些需求，所以需要回过头做更多获取活动。然后重新组织用户输入，整理需求，写下需求说明或图表（规范说明）。在记录需求的时候，也许需要回过头来再做一些分析以填补认知上的缺口。接下来，还要征求干系人的意见，以便确认你所捕获的内容是准确和完整的，并修正可能的错误（验证）。要对需求中最重要的、需要最先开发的部分做所有上述工作。验证步骤会让你重写部分不清晰的需求，回顾某些分析活动，甚至回过头再增加一些需求获取活动。然后，就可以继续项目中余下的部分，把所有这些再重复一次。这个迭代的过程贯穿整个需求工程始终，在敏捷项目中甚至是贯穿整个项目周期。

　　由于软件开发项目以及公司文化千差万别，所以需求开发工程并没有一个单一的、公式化的套路。图 3-2 显示的是一个需求开发工程的流程框架，经过适当调整，可以应用于很多项目。业务需要或是市场机遇是图 3-2 所示流程的源头。这些步骤通常可以大致按照序号逐步实施，但这个流程并不是严格按顺序进行的。前七个步骤通常在项目前期实行（虽然团队需要周期性地回顾这些活动）。剩下的步骤在每次发布或开发迭代中通常都要做。这些活动很多都可以迭代实施，并且可以交替进行。例如，可以小步实施步骤 8，9，10，在每次迭代后进行一次评审（步骤 12）。

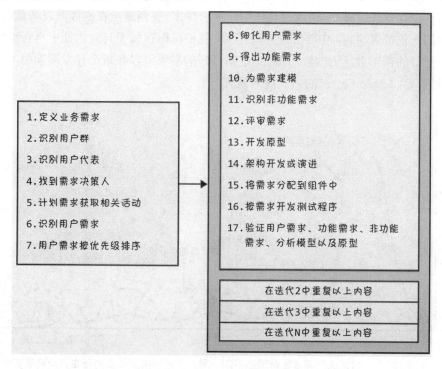

图 3-2　一个典型的需求开发流程

　　需求工程的第 5 个子原则是需求管理。需求管理所包含的实践能够帮助处理手头上已有的需求。这些实践包括版本管理以及建立基线、变更控制、跟踪需求状态以及跟踪对其他系统元素的依赖。需求管理贯穿项目的始终，不过总的工作量并不是很大。

　　图 3-3 展示的是一些常见的软件开发生命周期模型如何将需求工作量分配到各个产品开发阶段。在不同的生命周期模型中，规模相似的项目需花费的需求工作总量可能差别不大。但是需求工作量的时间分布可能很不相同。在纯瀑布模型中，都只规划一次发布，所以大多数需求开发工作都安排在项目开始的一段时间里（图 3-3 中的实线）。相当多的项目仍然在使用这种方式，有些也比较合适。不过，即使在项目初期就规划传统的"需求阶段"，然后再进入设计阶段，也需要在整个项目过程中再加入一些额外的需求处理工作。

如果项目采用迭代式开发过程，例如 Rational 统一过程（Jacobson, Booth, and Rumbaugh 1999），就需要在整个开发过程中的每个迭代都做需求方面的工作，但第一个迭代做得多一些（图 3-3 中的虚线）。这种方式也适用于计划分多个阶段发布的项目，这种项目每次发布最终产品功能的一个重要子集。

敏捷以及其他增量式开发项目的目标是每隔几周就发布一些功能（Larman 2004）。他们的需求开发任务更频繁，但每次工作量很小，如图 3-3 中的虚线所示。这种项目首先用简单用户故事的形式描述用户希望通过系统完成哪些任务。如果采用此方式，必须对故事有很深的理解才能估算它们的开发工作量并对其进行优先级排序。通过对这些用户需求排序，能判断出在具体开发增量（所谓的迭代或者冲刺）中要分配哪些需求。我们可以在每个开发周期中再对这些分配好的需求进行更细致的探究。这些排好的需求可以在每个开发周期中用及时生产（Just-in-time）的方式深入研究。

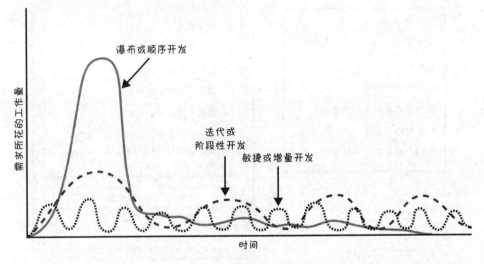

图 3-3　项目遵循的开发生命周期不同，需求开发所需工作量的分布也会有所变化

无论项目采用何种生命周期模型，都应该做到心中有数，在每个发布或迭代中，表 3-2 中的哪些活动能够增加价值并降低风险。不管是哪部分需求，只要完成上面的 17 步，就可以开工构建这部分的系统。针对余下部分的用户需求，重复第 8 步至第 17 步，为接下来的发布或增量打下坚实的基础。

优秀实践：需求获取活动

第 1 章讨论了需求的三个级别：业务、用户以及功能。它们来自不同的源头以及项目的不同阶段，有不同的受众和目的，记录方式各异。还需要获取非功能需求，例如不同维度的质量期望值。以下这些实践能够帮助获取各式各样的需求信息。

定义产品愿景和项目范围 愿景和范围文档包含产品的业务需求。愿景描述可以使所有干系人对产品的产出有一致的理解。范围界定了发布或者迭代中哪些功能应该（或不应该）出现。愿景与范围提供了一种参考，方便对大家所提议的需求进行评估。愿景在整个项目过程中是相对稳定的，每个计划的发布或迭代都有自己的范围。更多信息请参见第 5 章。

识别用户类型及其特征 为了避免遗漏任何用户团体的需要，我们要为产品识别出不同的用户组。在使用频率、所用特性、权限级别以及经验方面，这些组别可能不同。记下他们的工作任务、态度、位置或者个性，这些都可能影响产品设计。建立用户角色——也就是一种虚拟人物——来代表特定用户类型。更多信息请参见第 6 章。

为每类用户选出用户代表 为每类用户找出一个能精确传达用户心声的个人——产品用户代表。他提出用户组的需求，并代表用户组做决策。在内部信息系统的开发中，这是最容易做到的，因为你的用户就是你的同事。对于商业产品的开发，则要按照你与大客户的现有关系或是 beta 测试网站来锁定合适的产品用户代表。更多信息可以参见第 6 章。

安排由典型用户组成的焦点小组 将以前产品或类似产品的用户代表组成小组。收集他们期望有的产品功能及质量。焦点小组对商业产品尤其重要，因为你可能要面对数量巨大且形形色色的客户。与产品用户代表不同，焦点小组通常没有决策权。更多信息请参见第 7 章。

与用户代表协同发现用户需求 要与用户代表共同探讨他们需要用软件完成什么任务以及他们希望获得哪些价值。用户需求的表达方式包括用例、用户故事或场景。讨论内容还包括用户与能使其完成各项任务的系统之间的互动关系。更多信息请参见第 8 章。

识别系统事件和反应 列出系统可能经历的外部事件及其对每个事件可能做出的反应。外部事件可以分为三类。信号事件是指控制信号或从外部硬件设备收到数据。时间或时间相关事件会触发一个响应，例如系统每天晚上导出外部数据。业务事件在业务应用中触发用例。更多信息请参考第 12 章。

举办获取访谈 访谈可以是一对一的，也可以是和一小组干系人。这是一个获取需求的高效方式，可以避免占用干系人过多时间。因为你只跟每个人讨论对他们很重要的需求。面谈十分有用，它可以分别启发出每个人的需求并且为讨论会做准备。在讨论会上大家聚在一起解决冲突。详情参见第 7 章。

举办并引导需求获取讨论会 通过需求获取研讨会，分析师和客户能够精诚合作，高效地探索用户需求和起草需求文档（Gottesdiever 2002）。这样的讨论会有时称作"联合应用设计"（JAD）会议（Wood and Solver 1995）。详情参见第 7 章。

观察用户如何工作 观察用户如何完成其任务目标，能够了解到一个新应用在这些用户中的潜在用途。简易的流程图可以描述出每个步骤以及所涉及的决策，并且展示不同用户组是如何交互的。如果能将业务流程图记录成文档，你就能识别出解决方案是否能够支持此流程的需求。详细信息请参见第 7 章。

分发调查问卷　调查问卷这种方式就是调查大量用户群并判断他们有哪些需要。如果用户群体比较大，就适合使用调查问卷，特别是用户群比较分散时，效果更好。如果问题设计得好，调查问卷可以帮助你快速获得关于需求的分析结果。这样一来，获取需求的其他工作量就可以按照调查问卷结果来确定。详情参见第 7 章。

分析文档　现有的文档可以揭示系统目前如何运行或者人们期望它如何运行。文档中的书面信息涉及现有系统、业务流程、需求规范说明、对竞争对手的研究以及产品上架发行时的用户手册。检查并分析这些文档可以帮你发现什么功能需要保留，什么功能没有被用到，人们现在如何完成他们的工作，竞争对手提供什么功能，软件供应商如何描述产品功能。更多信息请参见第 7 章。

检查现有系统在需求方面的问题报告　从用户那里获取问题报告和改进请求为我们提供了丰富的候选项，我们可以将这些新增需求或改进纳入下一发布或新产品之中。客户支持或售后服务可以为未来开发工作提供很多有价值的需求。

重用现有需求　如果客户所要的功能跟现有系统中已经提供的功能类似，就要看需求（以及客户）是否能够变通，允许重用或者改写已有组件。例如符合组织业务规则的安全需求或者符合政府法规的可访问性需求，就经常可以重用。另一些可以重用的东西包括词汇表、数据模型和定义、干系人信息、用户类型描述以及用户角色。更多信息可参见第 18 章。

优秀实践：需求分析

需求分析包括需求的精炼，使所有干系人都能够理解并检查出错误、遗漏以及其他缺陷。分析还包括将概要需求分解成更细、粒度层次更合适的需求，建立原型，评估可行性以及协商优先级。其目标是产出符合质量和精确性要求的需求，这样，项目经理就可以提供合理的项目计划，技术人员也可以进行下一步的设计、构建以及测试。

将某些需求用多种方式表述出来具有非凡的意义。例如，同时使用文字和图形，或者同时使用需求描述以及测试（Wiegers 2006）。这些不同的视角所展现出来的见解和问题是单一视角无法提供的。多视角同样可以使所有干系人达成共识（共享愿景），知道产品交付之后能拥有什么东西。

为应用环境建模　系统环境关系图是一种简单的分析模型，展示的是新系统如何适应其环境。它定义了开发中的系统与外部实体（例如用户、硬件设置或其他系统）之间的界限以及接口。生态环境图展示了解决方案中的各个系统如何相互作用及其相互关系的本质（Beatty and Chen 2012）。更多信息请参见第 5 章。

创建用户界面以及技术原型　当开发人员或用户对需求不太确定时，需要创建一个原型：一个部分的、可能的或者初步实现的模型，目的是使概念及各种可能性更真实一些。原型可以让开发人员以及用户对所解决的问题达成共识并有助于验证需求。更多信息请参见第 15 章。

分析需求可实现性　业务分析师应当与开发人员协同工作，评估在成本可接受范围内每个需求实现的可能性及其在设定环境下的效果。这样可以让干系人了解实现每个需求可能存在的风险，包括不同需求之间的冲突或相互依赖、对外部因素的依赖以及技术上的障碍。我们可以对技术上不可行或实现成本过于高昂的需求进行精简，不过仍然可以实现项目的业务目标。

需求按优先级排序　需求按优先级排序可以保证团队首先实现价值最高或者最具有时效性的功能。用分析的方法判断实现产品特性、用例、用户故事或功能需求的优先级，根据优先级，决定每个特性或者设定的需求应当归入哪些发布或者增量之中。在整个项目过程中，根据新需求的出现、客户的需要、市场情况以及业务目标的演进，不断调整优先级。更多信息请参见第 16 章。

建立数据字典　把与系统相关的、对数据内容和结构的定义存储在数据字典之中。这样能够保证项目中的每个人都使用一致的数据定义。随着需求的开发，数据字典应收录问题领域内的数据内容，以促进客户与开发团队之间的交流。更多信息请参见第 13 章。

为需求建模　图表是一种分析模型，与文本方式的功能需求列表不同，它可以将需求可视化。模型可以揭示出错误的、不一致的、缺失的或是冗余的需求。这样的模型包括数据流图、实体关系图、状态转移图、状态表、会话图和决策树等（Beatty and Chen 2012）。更多关于建模的信息请参见第 5 章、第 12 章和第 13 章。

分析系统与外部世界之间的关联　所有的软件系统都通过外部接口与外部世界联通。信息系统有用户界面，并常常与其他软件系统交换数据。嵌入式系统中软件与硬件组件之间会互相关联。与网络相关的应用会有通信接口。对上述内容进行分析可以确保应用顺利融入环境。更多信息请参见第 10 章。

将需求分配给子系统　一个包含多个子系统的复杂产品，我们必须将其需求分派到各个软件、硬件以及人工子系统和组件。大厦安保认证系统就是这样的产品。它包括磁或光门卡、扫描器、摄像头、视频记录、门锁以及门卫。更多信息请参见 16 章。

优秀实践：需求规范说明

需求规范说明的精髓就在于用一致的、可存取、可评审的方式记录不同类型的需求，且目标读者都理解这些规则。可以在一个愿景和范围文档中记录业务需求。用户需求通常表现为用例或用户故事的形式。详细的软件功能和非功能需求都被记录在软件需求规范说明书或者其他替代品之中，例如需求管理工具中。

使用需求文档模板　在组织中使用标准模板来记录需求，例如第 5 章中提到的愿景和范围文档模板、第 8 章中的用例模板以及第 10 章中的软件需求规范说明书模板。模板所提供的标准结构可以用来记录与需求相关的各类信息。即使不用传统的文档形式存储需求，模板也能提醒你还有各类的需求信息有待发掘和记录。

明确需求来源　为了让所有干系人了解每个需求存在的合理性，就需要对其进行追根溯源。它可能来自用例或其他一些用户的输入（一个概要的系统需求）或是业务规则。通过记录需求所影响到的干系人，你可以知道在有变更请求时应该该联系谁。需求来源可以用一个可跟踪的链接标示或者定义一个需求属性来做跟踪。更多需求属性的信息，请参见第 27 章。

每个需求一个唯一标识　我们可以制定一个规则，用于给每个需求打上独立的标识。这个规则必须足够健壮，能够禁得住时间的考验，允许对需求增加、删除和变更。标识需求使需求具有可跟踪性，并能记录变更。更多信息请参见第 10 章。

记录业务规则　业务规则包括公司政策、政府法规、标准和算法。要将业务规则从和项目需求中独立出来记录，因为其生存期通常比具体的项目更长。也就是说，将业务规则视为企业级资产，而不是项目级资产。有些规则会引申出功能需求，反过来又会强化这些规则，所以要定义这些需求及其对应的规则之间的链接关系。更多信息请参见第 9 章。

记录非功能需求　可能出现这样一种情况：解决方案虽然完全按照人们当初的设想工作，但无法满足用户的质量期望。为了避免这种情况，思维必须跳出功能的局限，这样才能理解对成功至关重要的质量特性。这些特性包括性能、可靠性、易用性、可修改性等。客户提供这些质量属性的相对优先级使开发人员做出正确的设计决策。同样，要记录外部接口需求、设计和实现上的约束、国际化方面的考虑及其他的非功能需求。更多信息请参见第 14 章。

优秀实践：需求验证

验证能够保证需求的正确性、展示期望的质量特性并满足用户需要。有些需求读起来似乎没有什么问题，但当开发人员着手工作时又会遇到模棱两可或遗漏的地方。要想使需求成为设计、最终的系统测试以及用户验收测试的可靠基础，就必须修正这些问题。第 17 章将详细讨论这个问题。

需求评审　需求的同行审查，特别是称为"审查"的严格评审，是一种高回报的质量保证实践（Wiegers 2002）。组织一个小的评审团，让他们从不同视角（分析师、客户、开发人员、测试人员）仔细审查需求文档、分析模型以及相关的缺陷信息。需求开发初期的非正式评审也很有价值。训练团队成员高效地评审需求并在组织中采用评审流程是非常重要的。更多信息请参见第 17 章。

测试需求　测试为需求提供了另一个视角。写测试也就是要你考虑如何证明系统是否正确实现预期功能。我们从用户需求中设计测试，就是想记录特定情况下产品的预期行为。和客户一起审查测试，确保它们反映了用户的真实期望。将测试与功能需求对应起来，确保没有需求被遗漏，并且每个需求都有对应的测试。测试还可以用于验证分析模型与原型的正确性。在敏捷项目中，我们通常用验收测试来代替具体的功能需求。更多信息请参见第 17 章。

定义验收标准　让用户自己说出如何判断解决方案是否满足自己的需要以及是否可用。验收标准包含一系列活动，例如：根据用户需求，软件通过一系列验收测试；软件能展示出它具备满足特定非功能需求的能力；对尚未修复的缺陷和问题进行跟踪记录；发布前准备好基础设施与培训等。更多信息请参见第 17 章。

模拟需求　项目团队可以使用一些商业工具来模拟计划中的系统，代替或者补充书面的需求规范说明书。模拟器是原型系统的升级，它可以让业务分析师和用户迅速搭建一个可运行的系统模型。用户可以与模拟系统交互来验证需求并做出设计决策，使需求在还没有进行代码实现之前就被赋予生命力。虽然模拟器并不能替代严谨的需求获取和分析活动，但它的确提供一个强大的补充。

优秀实践：需求管理

一旦手上有最初始的需求，就必须做好准备应对变更，因为在整个开发阶段，客户、管理层、市场、开发团队或者其他人都会不可避免地提出这方面的要求。有效的变更管理包括提出变更、评估潜在成本及其对项目影响以及确保恰当的干系人可以判断要采纳哪些变更，并做出明智的业务决策。

拥有良好的配置管理实践是进行有效需求管理的一个前提条件。可以使用代码版本管理工具来管理需求文件。最好将需求放在需求管理工具中，里面提供的很多功能可以帮助你完成这些实践。

建立一个需求变更控制流程　与其抑制所有变更或者奢望变更不会出现，不如接受"变更最终难免"这个事实，然后建立一个机制以防不断出现的变更引发混乱。变更流程应当定义如何提出、分析和解决需求变更。所有提议的变更都通过这个流程来管理。缺陷跟踪工具可以支持这种变更控制流程。组建一个项目干系人小组来担任变更控制委员会，负责评估大家提出需求变更，决定采纳哪些，并为它们设置实施优先级或者目标发布。更多信息请参见第 28 章。

对需求变更进行影响分析　影响分析是变更流程的重要元素，它可以帮助变更控制委员会做出可靠的业务决策。评估提出的每个需求变更并确定它们对项目可能造成的影响。使用需求跟踪矩阵来发现其他可能需要修改的需求、设计元素、源代码以及测试。明确实现变更所需要的任务并估算完成它们所需的工作量。更多信息请参见第 28 章。

建立基线并控制需求集合版本　基线定义的是大家都认可的一组需求，通常是一个特定发布或迭代内的需求。当需求基线确定后，如果要做变更，就只能通过项目变更控制流程。我们要赋予需求规范说明书的每个版本一个独特的标识，避免将草稿与基线或者旧版本与当前版本搞混。更多信息请参见第 2 章和第 27 章。

维护需求变更的历史记录　每做一次需求变更，就要留下一个历史记录。有时需要回退到需求的某个早期版本或者希望了解需求是如何变成现在这个形式的。记录需求变更的日期、变更的内容、谁做出的变更以及原因。版本控制工具或者需求管理工具都可以完成类似的功能。

跟踪每个需求的状态　为每个影响产品实现方式的独立需求都建立一个记录。保存每个需求的关键属性，包括状态（例如提出、批准、实施或验证）。这样可以监测在任何时间点处于每个状态的需求个数。随着需求在开发和系统测试中的进行，要对每个需求进行跟踪，从而深刻洞察整体项目状态。更多信息请参见第 27 章。

跟踪需求问题　当大家都在忙于一个复杂的项目时，非常容易忽略很多问题，例如需求需要澄清、缺陷需要弥补以及需求评审中发现的问题需要解决。问题跟踪工具可以帮助我们避免遗漏问题。我们要为每个问题指定专门的负责人，监控需求问题的状态，以此来判断需求的整体状态。更多信息请参见第 27 章。

维护一个需求可跟踪矩阵　把每个功能需求与设计、实现它的代码以及验证它的测试相互联系起来，这样做通常很有价值，甚至不可或缺。这样的需求可跟踪矩阵有助于确认所有的需求都已实现并且通过了验证。当维护期内需要修改需求时它也很有帮助。需求可跟踪矩阵还可以将功能需求与从其引申而来的高级需求、相关需求联系起来。在开发过程中同步建立这个矩阵，而不要等开发结束后再开始。除了极微型的项目之外，我们都离不开工具的支持。更多信息请参见第 29 章。

使用需求管理工具　商业版的需求管理工具可以在数据库中帮助存储各种类型的需求。此类工具可以帮助实现以及自动化很多本节所提到的需求管理实践。更多信息请参见第 30 章。

优秀实践：知识

在特定的项目中，不同的团队成员都承担过业务分析师的角色，但软件相关人员很少受过正规的需求工程训练。业务分析师是专业且有竞争力的角色，有其自身的知识体系（IIBA 2009）。就像所有技术岗位一样，经验是不可或缺的。我们不能奢望所有人都无师自通，不是每个人都能胜任需求工程这样需要大量沟通的任务。培训可以提高分析师的熟练程度以及对工作的适应程度，但如果对方缺乏人际沟通技巧或者对此角色毫无兴趣，培训也毫无意义。

训练业务分析师 不管团队中谁承担业务分析师的任务，都应当参加需求工程方面的培训，无论他们的职位是否是"业务分析师"。专业的业务分析师需要好几天的培训才能掌握其通常需要完成的各项任务。这会为他们将来积累经验、参加更高级培训打下坚实的基础。除了拥有一个强大的技术工具箱外，有经验的分析师都很有耐心、有条理，拥有高效的人际沟通技巧，并且了解业务领域。关于这个角色，更多的信息请参见第 4 章。

帮助干系人理解需求 需求培训课要想收到最好的效果学员最好可以横跨很多项目领域，而不只是局限于业务分析师。参与软件开发的用户应当接受一到两天需求方面的培训，理解术语、关键概念和实践及其对项目成功的重要性。此类信息对开发经理和客户经理也很有用。将不同的干系人召集在一起，为他们准备一堂软件需求课，这也是一种有效的团队建设活动。这样，各个角色的人都会更加理解其合作伙伴所面临的挑战以及成员彼此之间都有哪些需要，而这都是为了整个团队能够取得成功。一些参加过需求培训课的用户说，以后他们可以进一步理解软件开发人员。

帮助开发人员理解应用领域 为了让开发人员对应用领域有一个基本的认识，我们可以组织一个研讨会介绍客户的业务活动、术语以及待建产品的目标。这有助于减少以后工作中的困惑、误解以及可能的返工。"生活中的一天"体验活动就是一种不错的"投资"，期间开发人员要全天陪同用户并观察其工作方式。在项目进行期间，也可以给每个开发人员配一个用户伙伴，帮助解释行业术语以及业务概念。正如第 6 章所介绍的，产品用户代表可以充当这个角色。

制定一个需求工程流程 将组织所遵循的获取、分析、规范、验证以及管理需求的流程记录成文档。为如何完成其中的关键步骤提供指引，使分析师一直得心应手。这样的流程也有助于计划每个项目的需求开发和管理任务、时间表以及所需的资源。项目经理应当将需求活动作为一个独立的任务加入项目计划中。更多信息请参见第 31 章。

建立词汇表 词汇表，是对应用领域中专业术语的一种汇总，它有助于消除误解。词汇表包括同义词、首字母缩写或简称，有多种含义的词汇以及在应用领域与平常生活中意义不同的词汇。词汇表可以成为一种可重用的企业级财富。定制词汇表的工作可以分配给团队新成员，因为他们最容易对陌生的术语感到困惑。要想进一步了解词汇表，请参见第 10 章。

优秀实践：项目管理

软件项目管理方法与项目需求流程紧密相关。项目经理应当根据需要实现的需求，规划项目时间表、资源以及做出承诺。另一种策略是将开发周期纳入"时间盒"，即团队估算出他们在固定迭代时间内能够完成的工作范围。敏捷开发项目采用的就是这种方式。范围可以在计划时间范围内协商。这样一来，范围蔓延就成了"范围选择"，产品负责人可以按其意愿提出要求，但必须为这些要求排定优先级，当团队开发时间耗尽时则停止开发。然后团队再为余下的需求制定下一个发布计划。

选择一个合适的软件开发生命周期　组织应当根据不同的项目类型以及需求的不确定程度指定多种相应的开发生命周期（Boehm and Turner 2004）。每个项目经理都应当选择并采纳最适合其项目的生命周期。将需求活动纳入生命周期。如果可能，就增量细化和开发功能集，力求尽早向客户交付有用的软件（Larman 2004；Schwaber 2004; Leffingwell 2011）。

规划需求活动　每个项目团队都应该计划如何进行需求开发和管理实践活动。需求获取活动计划可以保证你用最合适的技巧在恰当的项目阶段找到适当的干系人并从他们那里获得信息。业务分析师要与项目经理协同工作，确保与需求工程相关的任务以及可交付物都会出现在项目管理计划中。更多信息请参见第 7 章。

估算需求工作量　干系人一般都需要知道项目中需求开发阶段需要多长时间以及花在需求开发和管理上的工作量占总工作量的比例。当然，这取决于很多因素。考虑一下那些指标性的因素，它们能给你一个参考，告诉你需要花更多还是更少的时间确保需求能够成为开发可依赖的基础（Wiegers 2006）。更多信息请参见第 19 章。

基于需求确定项目计划　随着项目范围和需求细节逐渐清晰，以迭代方式制定计划和时间表。首先估算完成初始产品愿景和范围内的用户需求所需的工作量。早期基于模糊需求的成本和时间估计很不可靠，但随着对需求理解的加深，可以逐步修正估算。敏捷项目中，迭代是固定时间长度的，做计划就意味着不断调整范围，这样才能符合固定的时间和资源约束。更多信息请参见第 19 章和第 20 章。

识别需求决策人　软件开发需要做很多决策。我们要解决用户需求输入的冲突，选择商业组件包，评估变更请求，等等。因为需求问题需要做大量的决策，所以项目团队需要找出决策者并给他授权，最好是在首次做出重大决策之前就做到这一点。更多信息请参见第 2 章。

当需求变化时重新协商项目承诺　项目团队承诺在预定时间及预算内交付特定的需求集合。随着你在项目中加入新的需求，需要重新评估基于现有资源是否仍然能够完成原来的承诺。如果不能，将项目的实际情况告知管理层，并且商定一个现实且可行的承诺（Wiegers 2007; Fisher, Ury, and Patton 201）。还有一种情况是，在开始阶段，需求的理解不那么清晰，估算也处于初始阶段，而随着演化，需求会逐渐明晰并经过验证，这时就需要重新协商承诺了。

分析、记录以及管理与需求相关的风险　如果项目准备不充分，突发事件和情况就可能对其造成灾难性破坏。作为项目风险管理活动的一部分，要识别并记录与需求相关的风险。我们要想办法降低甚至消除这些风险，实施能够降低风险的活动，记录活动进展和功效。更多信息请参见第 32 章。

跟踪在需求上花费的工作量　为了能在未来项目中提高对需求所耗资源估算的准确性，要记录团队在需求开发以及管理中所花的工作量（Wiegers 2006）。监控需求实践对项目产生的影响，从而判断在需求工程方面的投资有多少回报。更多信息请参见第 27 章。

借鉴其他项目中关于需求的经验教训　学习型组织会定期组织回顾会，收集以往项目或当前项目早期迭代中的经验教训（Kerth 2001；Derby and Larsen 2006；Wiegers 2007）。从以往的需求实践中学习经验教训，可以使项目经理和业务分析师对未来充满信收。

开始新的实践

表 3-2 按照需求工程对大多数项目的相对价值与实施难度，对本章所述的需求工程优秀实践进行了分组。这些分组不是绝对的，可能与你的经验有出入。虽然所有的实践都有好处，但你可以从相对容易但对项目成功关系重大的实践开始尝试。

不要试图在新项目中一个不落地使用所有这些技巧。相反，要将这些优秀实践当作需求工具箱中的新工具。有些实践（例如变更管理）无论项目处于什么开发阶段都可以立刻投入使用。需求获取实践在开始下一个项目或迭代的时候采用最有效。也有一些实践可能不适合你现在的项目、组织文化或者资源配置。第 31 章和附录 A 介绍了几种评估组织需求工程实践现状的方式。第 31章可以帮助确定一个路线图，你可以根据需要，基于本章所介绍的实践逐步改善需求流程。要想在组织的软件开发流程改进中融入新的需求技巧，需要有变革领导力去推动试点、展示和采纳更优秀的实践。保证每个开发团队都能抓住机会尝试新的更优秀的实践。

表 3-2　需求工程的优秀实践

价值	难度		
	高	中	低
高	• 定义一个需求工程的流程 • 基于需求制定计划 • 重新协商承诺	• 培训业务分析师 • 规划需求方案 • 挑选产品代言人 • 识别用户需求 • 举办获取访谈 • 记录非功能需求 • 排定需求优先级 • 定义愿景和范围 • 建立一个变更控制流程 • 评审需求 • 将需求分配到子系统 • 使用需求管理工具 • 记录业务规则	• 向开发人员传授应用领域知识 • 采用需求文档模板 • 识别用户类型 • 为应用环境建模 • 确定需求来源 • 建立基线，对需求集合进版本控制 • 识别需求决策者
中	• 维护一个需求可跟踪矩阵 • 举办并引导启发性讨论会 • 估算需求工作量 • 重用现存需求	• 向干系人传授需求知识 • 组建焦点小组 • 建立原型 • 分析可实现性 • 定义验收条件 • 为需求建模 • 分析接口 • 分析变更影响 • 选择合适的生命周期模型 • 识别系统事件与响应 • 管理需求风险 • 检查过去学到的经验 • 跟踪需求工作量	• 建立数据字典 • 观察用户如何完成工作 • 测试需求 • 跟踪需求状态 • 分析文档 • 跟踪需求问题 • 单独为每个需求打上标识 • 创建词汇表
低		• 分发调查问卷 • 维护变更历史 • 模拟需求	• 检查问题报告

行动练习

● 回到你在第1章行动练习中确定的需求相关问题。在本章中找出
对你确定的问题有所帮助的优秀实践。将这些实践对组织的影响
分为高、中、低三个级别。找出在你的组织及文化中采用这些实
践时可能会遇到的阻碍。谁能帮助你排除这些障碍？能选用一种
胜过现有表现的实践活动吗？

● 针对你认为最有价值的实践，考虑如何评价它的好处。你能否在
项目后期发现更少的需求缺陷，消除不必要的返工，更好地满足项
目计划，获得更高的客户满意度以及销售额或者其他一些优势？

● 首先列出你找到的优秀需求实践。针对每一项，标出项目团队当
前的能力级别：专家、精通、新手或不熟悉。如果你的团队没有
任何一项实践能达到精通的级别，就让团队中的某一位成员深入
学习一下这些实践，然后将所学到的与团队其他成员一起分享。

第 4 章

业务分析师

Molly 是一家保险公司的高级业务分析师，她在公司已经工作了 7 年。最近，她的经理告诉她，鉴于其优异的工作表现，希望她能够为部门中的其他同事规划一下业务分析师的职业前景。同时他也想在招募新业务分析师的注意事项以及团队中现有业务分析师的培训方面征求一下 Molly 的意见。Molly 倍受鼓舞。她回顾了自己的职业经历，希望将自己的切身经验传授出来。

Molly 在大学获得了计算机科学的学位，但她们学校并没有开设需求方面的课程，只关注软件开发的技术层面。她的第一份工作是在一家企业做软件开发。一年之后，她觉得这项工作并不适合她。很多时候，Molly 都是猫在办公室的格子间里面写代码，但她极度渴望与人交流。几年之后，她晋升为业务分析师，只不过其他人还称她为"开发人员"。最终，她说服她的主管给她一个名正言顺的头衔，并正式重新定义了这个角色。Molly 还参加了一个软件需求的基础培训班，从零开始学习。然后她在项目中大展身手，尝试各类实践并从更有经验的导师那里取经学习。又过了几年，她能够为公司制定软件需求流程了。此时，Molly 已经是一名业务分析专家了。

Molly 认为，在招募新业务分析师时，不要太在乎应聘者具体的教育背景。在面试时，她最关注业务分析师的软技能。她的培训开发方案将重点集中于基本的业务分析和如何应用关键的软技能。最后，她将为这些初级业务分析师开发一个辅导计划。

在每个软件项目中，都有人在显式或隐式地扮演业务分析师（BA）的角色。业务分析师是能够在组织中促成变化的人，他们通过定义需求和向干系人推荐有价值的解决方案来促成这些变化。分析师获取和分析他人的观点，将收集到的信息转换为需求规范说明，并与其他干系人沟通和交流这些信息。分析师帮助干系人发现他们所描述的需求与实际需要之间的差别。她承担着教导、提问、倾听、组织和学习的任务。这个工作可不简单。

本章审视业务分析师应该承担的重要职责、高效分析师所需的技能和知识以及如何在组织内部培养类似人才（Wiegers 2000；IIBA 2011）。Ralph Young

（2004）针对需求分析师提出了一份岗位职责说明，同时本书也有一个业务分析师的岗位职责说明范本。

业务分析师的角色

业务分析师的首要职责是获取、分析、记录和验证项目干系人的需要。作为首席"口译"，业务分析师要将客户群体的需求传递到软件开发团队，如图 4-1 所示。当然，我们还有其他很多沟通方式可用，因此项目中的信息交流并不只是分析师一个人的责任。业务分析师在收集和传播产品信息时扮演主要角色，而项目经理的主要职责是沟通**项目**信息。

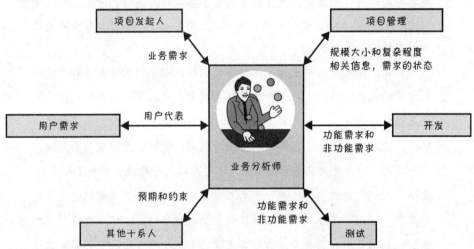

图 4-1　业务分析师在客户和开发干系人之间架起沟通的桥梁。

分析师是一种项目角色，而不一定是个头衔。**业务分析师**还有一些别名，例如**需求分析师**、**系统分析师**、**需求工程师**、**需求经理**、**应用分析师**、**业务系统分析师**、**IT 业务分析师**或者简单称为**分析师**。这些工作头衔在不同组织中的应用并不一致。在特定的项目中，此角色可能由一个或者多个全职专家来扮演，或者也可能被分配给团队成员，即使他们还在负责项目的其他工作。这些团队成员包括项目经理、产品经理、产品负责人、主题专家（subject matter expert，SME）和开发人员，有时甚至是用户。

有一点很重要，如果某人在做业务分析师的同时身兼另一个项目角色，他的这两项工作完全不同。我们现在假设一个项目经理身兼业务分析师角色。项目经理需要根据业务分析师所定义的工作来创建和管理计划，包括进度和资源需要。项目经理必须要协助管理范围，并且要随着范围的演化来处理规划的变更。他可能此刻还在履行项目管理的角色，而下一刻又要改变职责，执行分析实践。但这些角色完全不同，对技能的要求也各不相同。

在那些开发用户产品的组织中，分析师的角色通常落到产品经理或者市场人员头上。一般都是由产品经理来执行业务分析师的角色，他们通常更侧重于理解市场和预测外界用户的需求。如果项目中既有产品经理又有业务分析师，通常都是产品经理主抓外部市场和用户请求，再由业务分析师将其转换为功能需求。

敏捷项目同样需要业务分析技巧。在这样的项目中，传统意义上业务分析师的一些任务可能由产品负责人来完成。有些敏捷团队就发现，设置一名分析师好处多多（Cohn 2010）。业务分析师能代表客户并理解其需要，同时还能完成业务分析师的其他本职任务（本章稍后记述。）不管工作头衔是什么，业务分析师都必须要有技能、知识和人格魅力，才能圆满完成工作。

 警示　不要妄想谁不经过培训和辅导就能自动成为高效的业务分析师，即使他是有天赋的开发人员或知识渊博的用户。

才华横溢的业务分析师可以使项目起死回生。有一家公司就发现，相比阅读菜鸟分析师所写的说明书，他们在阅读由经验丰富的业务分析师写的需求规范说明书时，速度要快出一倍，因为后者的差错更少。尤其是项目估算方面广为流行的 Cocomo II 模型，分析师的经验和能力对项目的工作和成本的影响非常明显（Boehm et al. 2000）。在类似的项目中，相比初出茅庐的分析师，经验丰富的分析师可以将项目的整个工作减少三分之一。

业务分析师的职责

分析师必须首先理解项目的业务目标，然后定义出用户、功能和质量需求，让团队进行估算和计划项目，最后设计、开发和验证产品。业务分析师同时还是领导者和沟通者，负责将模糊的客户理念转换为清晰的规范说明，指导软件开发团队的工作。作为业务分析师，可能要执行下面描述的这些典型活动。

定义业务需求　作为业务分析师，首要任务是帮助业务或者出资方、产品经理或者市场经理定义项目的业务需求。可以提供一份愿景和范围的文档模板（参见第 5 章），然后与愿景负责人协同工作，帮助他们清晰地表达愿景。

规划需求方法　分析师要制定获取、分析、记录、验证和管理需求方面的计划，这一过程贯彻于项目的始终。要与项目经理紧密配合，保证这些计划与项目整体计划保持一致，并帮助完成项目的最终目标。

确定项目干系人和用户类别　针对每个用户类别，与业务发起人共同选出合适的代表（参见第 6 章），争取得到他们的参与，确定其责任。要解释清楚你希望从客户参与者那里得到什么，还要与每个人都达成适当的共识。

获取需求　积极主动的分析师能够熟练使用各类信息收集技巧，帮助用户阐明自己需要哪些系统功能，满足其业务目标。更多细节讨论，请参见第 7 章和第 8 章。

分析需求　我们需要找两种需求：一种是从客户要求引申出来的逻辑结果；另一种是客户虽然没有明确表态但似乎有意向的含蓄需求。我们可以使用需求模型来识别模式，找出需求之间的差距，揭示相互有矛盾的需求，确定制定出来的所有需求都在范围之内。与干系人协同工作，共同确定对用户需求和功能需求的说明需要具体到什么程度。

记录需求　分析师在记录需求时需要做到结构清晰，有条理，能够清楚描述将用于解决客户痛点的解决方案。使用标准模板能够加速需求开发进程，它可以提醒业务分析师要与用户代表讨论哪些主题。

沟通需求　作为业务分析师，必须与所有各方高效而充分地进行需求沟通。业务分析师要确定何时非文本方式提交需求，包括各类可视化分析模型（参见第 5 章、第 12 章和第 13 章）、图表、数理方程和原型（参见第 15 章）。沟通不是将需求记录在纸上然后将其束之高阁那么简单。沟通还涉及与团队持续不断地合作，确保他们能够理解你想要表达的信息。

主导需求验证　业务分析师除了必须保证需求说明具备人们特别想要的特性（第 11 章），还要保证基于需求的解决方案能够满足干系人的需求。分析师是进行需求检查的核心人物。还要检查需求引发的设计和测试，确保人们对需求的解读是正确的。如果在敏捷项目中用接收测试来代替具体需求，还需要对这些测试进行检查。

帮助推动需求优先级排序　分析师作为中间人，要负责对各类干系人和开发人员进行合作和协商，保证他们做出的需求优先级决策是合理的，与达成业务目标是一致的。

管理需求　业务分析师全程参与整个软件开发生命周期，因此会帮助创建、检查和执行项目的需求管理计划。在针对已知产品发布或开发迭代建立一个需求基线之后，业务分析师把重点转向跟踪这些需求的状态，验证产品是否满足需求，并对需求基线的变更进行管理。根据不同成员的信息输入，分析师要收集可跟踪的信息，这些信息将单独的需求和其他系统元素联系在一起。

基本的分析技巧

一个人如果没有足够的培训、指导和丰富的经验，不要指望他能够成为一名合格的分析师。他们无法胜任这个工作，并且很快他们就会沮丧万分。这份工作包含很多"软技能"，偏重于人而非技术。分析师需要熟知各类需求获取技巧，提交信息的方式要多种多样，不止局限于自然语言文本形式。高效率的业务分析师是多面手，不仅具备超强的沟通、引导和人际交流技能，还需要具备这个工作所要求的渊博的技术和业务领域知识，得有人格魅力。耐心并且真诚地希望与他人合作是成功的关键要素。本小节所描述的技能特别重要。Young（2004）针对初级、中级和高级需求分析师提出了一个综合技能表。

倾听技巧　要想成为双向沟通专家，就要学会如何有效倾听。主动倾听要求能够做到几点：注意力集中、神情专注、注意眼神的交流以及重复关键问题以确保自己完全理解对方的意思。需要抓住人们说话的要点，还要理解人们的言外之意，探知他们没有明说的隐忧。了解合作伙伴喜欢的沟通方式，避免在理解客户心声时带有个人情绪。还要注意一些未说明的假设，它们是理解他人谈话或自身想法的基础。

访谈和提问技巧　大多数需求输入都来源于讨论，因此，业务分析师要有能力与不同个体和人群讨论他们的需求。如果共事的对象是高管或非常固执或激进的个人，那可真够你受的。你提出的问题必须恰当，才能引出基本的需求信息。例如，用户会自然而然地关注系统常规和预期的行为。但是，很多代码之所以要写出来就是为了处理特殊情况。因此，还必须进一步探查，识别出错误情况并确定系统应当如何反应。如果有经验，就能熟练应用提问艺术，揭示并澄清不确定、有分歧、想当然和隐晦的种种期望（Gause and Weinberg 1989）。

才思敏捷　业务分析师要不断提醒自己注意现有信息，并将新信息与之对比后进行加工处理。他们要发现哪些地方是矛盾的、不确定的、模糊的和想当然的，以便在合适的机会对它们进行讨论。可以发挥自己的聪明才智预先写一套完美的访谈问题；但需要随时准备提出之前无法预见的问题。需要设计出好问题，认真仔细聆听反馈意见，迅速想出下一个需要表述或者提出的机智话题。有时，其实不是在提问题，而是结合上下文给出一个适当的例子，帮助干系人继续清楚地表达他们的意图。

分析技巧　高效率的业务分析师要有高、低两级抽象思维能力，并且能自由切换。有时，必须将概要信息进行细化。在另一些情形，则需要从一个用户描述的具体需求中总结出一套可以满足多个干系人的需求。业务分析师需要理解来自不同源头的复杂信息，并能解决与之相关的难题。他们需要严格评估信息，以求协调矛盾，从基本的真实需要中独立出用户"想要的"，并区分提议方案与需求之间的差异。

系统思考的技巧　虽然业务分析师必须做到事无巨细，但也要有大局观。业务分析师要参照他所了解的企业整体、业务环境和应用来核查需求，找出矛盾之处及其影响。他需要理解人、过程、技术与系统之间的关系（IIBA 2009）。如果客户针对其功能领域提出一个需求，业务分析师就需要判断这个需求是否会暗地里影响到系统的其他部分。

学习技巧　分析师必须是学霸，能够快速吸收新的需求方法或者应用领域内的新知识。他们要能将知识高效转化为实践。分析师应当是一个高效率且具有批判性思维的读者，因为他们得处理大量材料并迅速掌握精髓。不必是具体领域内的专家，所以不要怕提出问题，要求进一步澄清。所谓"知之为知之，不知为不知，是知也。"

引导技巧　分析师必须具备一个最重要的能力，能够引导需求讨论和获取研讨会。引导是带领团队迈向成功的关键步骤。在大家共同定义需求、对需要进行优先级排序和解决矛盾时，引导是至关重要的。客观的引导师具有很高超的提问、观察和引导技巧，能够帮助团队建立互信，还能改善业务人员和 IT 员工之间偶尔的紧张关系。第 7 章主要讲引导需求获取的一些原则。

领导力技巧　高超的分析师能够影响干系人群体，使其步调一致，为实现共同目标而奋斗。领导力要求分析师拥有各类技巧，以协调项目的干系人之间的关系、解决冲突并做出决策。各类干系人群体可能并不了解其他人的动机、需求和约束，因此分析师要创造出一个和谐的环境，促进不同人群之间的互信。

观察技巧　善于观察的分析师能够注意到其他人在不经意间提出的举足轻重的意见。通过观察用户的工作过程或者使用当前的应用程序，敏锐的观察者可以捕捉到客户自己都没有察觉到的细枝末节。在进行需求获取讨论时，超强的观察技巧有时能发掘出新的领域，从而揭示出额外的需求。

沟通技巧　需求开发最主要的交付物是一系列的书面需求，这些需求可以在客户、市场、经理和技术人员之间高效传递信息。分析师需要有扎实的语言功底，能用书面或者口头形式清晰地表达复杂的概念。必须能够针对不同对象写不同的需求，比如客户需要验证需求，而开发人员需要有清晰、准确的需求才能做实现工作。业务分析师需要口齿伶俐，适应当地术语和区域性的方言差异。同时，业务分析师还必须有能力以目标受众需要的详细程度来总结和提出信息。

组织技巧　在获取和分析需求时，业务分析师必须要处理大量毫无头绪的信息。分析师要应对不断变化的信息，并将这些信息碎片构建成一个整体，这就要求他们具备非凡的组织技巧、耐心和不屈不挠的精神，从混沌和混乱中理清头绪。作为分析师，要有能力搭建一个信息架构，在项目进展过程中丰富它，使其能为项目提供信息支持（Beatty and Chen 2012）。

建模技巧　建模涉及多方面的内容，例如结构化分析模型（数据流图、实体关系图和类似图表）所表达的流程图，统一建模语言（UML）的符号，这是每个分析师不可或缺的技能（Beatty and Chen 2012）。有些模型适用于和用户的沟通，有些适合与开发人员的沟通，还有一些用于纯分析，帮助业务分析师改进需求。业务分析师需要根据模型所发挥的作用来判断具体模型的适用时机。同样，他还要让其他干系人明白使用这些模型的价值所在以及如何读懂模型。第 5 章、第 12 章和第 13 章概括了几种分析模型。

人际技巧　分析师必须有能力让彼此有竞争关系的利益相关人以团队身份协同工作。分析师在与各种职能部门的个体和不同级别的组织交流的时候，要能收放自如。业务分析师要使用对方能听懂的语言，比如和业务干系人说话时间就不要用技术术语（行话）。她可能还需要与虚拟团队协作，这些团队成员的地理位置、时区、文化或者母语可能都不一样。业务分析师在与团队成员沟通时，态度要随和，表达要清晰一致。

创造性　业务分析师不能像记录员那样机械地记录客户的谈话内容。最优秀的分析师能够挖掘出潜在的需求引发客户的思考（Robertson 2002）。他们对产品有自己的奇思妙想，能够发掘新市场和业务机遇，并能找到让客户心悦诚服的办法。真正的分析师高手能以创造性方式满足客户需要，而这些需要甚至连客户自己都没意识到。正所谓当局者迷，分析师比客户更能提出新的想法。但是，分析师必须要尽力避免给解决方案"镀金"，未经客户允许，不能随便在规范说明中添加新需求。

学以致用

有位经验丰富的业务分析师兼开发人员曾经帮过我的大忙。那时我和我的朋友兼同事 Tanya 正在讨论我的网站需要有一个软件服务。我告诉她我需要某种脚本帮我拦截收到的一些特定的电子邮件，然后从中解析一些特定信息。我不知道如何写这类脚本，因此向 Tanya 请教，问她有什么高招。

Tanya 的答复是："对不起，Karl，我觉得这不是你的真实需求。你的真实需求是在邮件进入收件箱后除了人工阅读和处理之外，还要有其他方式能获取你所需要的信息。"她说得对。我当时陷入了用户经常陷入的一个误区，即把解决方案看作是需求。幸运的是，这位机智的业务分析师发现了我的错误。Tanya 从局外人的角度思考，马上就发现了根本问题。在做类似工作的时候，你也会发现解决问题的方法多种多样，其中大部分方法都胜于你第一次想到的。我的聪明朋友 Tanya 提醒了我，让我明白高明的业务分析师一项很重要的工作是要深度发掘已有的解决方案并且真正理解客户目标。

基本的分析知识

除了拥有出众的才能和人格魅力，业务分析师还要知识渊博，只不过实践才能出真知。他们需要理解现代需求工程的实践，知道如何在不同软件开发生命周期背景下应用这些实践。他们还需要教育和说服其他人，如果有人对现有需求实践还不熟悉的话。高效率的分析师都有一个丰富的技术工具箱，知道哪些工具何时可以派上用场。

业务分析师需要将需求开发和管理活动纳入整个项目周期之中。如果分析师能够充分理解项目管理、开发生命周期、风险管理和质量工程，就能防止需求方面的问题对项目造成破坏。在商业开发环境中，业务分析师如果能了解产品管理方面的概念知识，肯定就会有收获。业务分析师最好能有架构和操作环境方面的一些基础知识，以便能够参与优先级和非功能需求这样的技术讨论。

业务、行业和组织方面的知识是高效率业务分析师最宝贵的财富（IIBA

2009）。业务能力强的分析师能够极大减少他们与客户之间沟通不畅的情形。如果分析师能理解组织和业务领域，即使有些推断没有明确表述出来，有些需求也不太明显，他也经常能够探知得到。在改进业务流程和提出有价值的功能方面，他们能提供其他干系人不曾想到的建议。在商业环境中，理解行业领域特别有帮助，能够让业务分析师进行市场和竞争产品分析。

业务分析师的培养

优秀的业务分析师是在不同的教育和工作背景中成长起来的，因此他们在知识和技巧方面可能会有所差别。每一个分析师都应根据自身的情况选择本章所描述的知识和技巧，并且要主动弥补自己的不足。业务分析师国际学院（简称 IIBA）就描述了在常见的业务分析师活动中，入门级、初级、中级和高级业务分析师应当具备的核心竞争力（IIBA 2011）。如果业务分析师新手放下身段，以学徒的姿态接受经验更丰富的老前辈的教诲，肯定会受益匪浅。接下来让我们探索不同背景的人如何变身为分析师，然后再看一看他们要面对哪些具体挑战和风险。

前用户

企业 IT 部门，经常有这样的业务分析师：他们之前是信息系统的用户，后来才转做业务方面的工作，成为业务分析师。他们理解业务和工作环境，所以能够轻松赢得以前同事的信任。他们讲的是用户语言，并且了解现有系统和业务流程。

缺点是，现在转为业务分析师的前用户，可能并不是特别清楚软件工程或如何与技术人员进行沟通。如果不熟悉建模技术，他们在表达信息时就可能比较外行，完全用文字来描述。从用户转来的业务分析师需要多学习一些软件开发方面的技术知识，以便能够以最合适的形式向不同类别的受众表达信息。

有些前用户自认为比现在的用户更理解实际需要，因此反而不屑于征求或者尊重实际使用新系统的人所提供的信息。而近期用户局限于目前的工作方式，无法抓机会借助于新的信息系统来改进业务流程。前用户还很容易孤立地从用户界面的角度来考虑需求。过分关注解决方案的后果是增加不必要的设计约束，而且通常也解决不了真正的问题。

 从医疗专家转为业务分析师

有一家大公司医疗仪器部门的高级经理遇到一个问题："两年前，我招募了三个医疗技术人才到我们部门负责收集客户需要，"他说，"他们的工作都很出色，但是他们在医疗技术方面无法跟上时代的潮流，所以无法以准确的语言表达客户当前的需要。现在，我们应当如何为他们规划工作方向呢？"

这些医疗专家是业务分析师的优秀候选人。虽然他们跟不上医院实验室的最新潮流，但仍然可以与其他医疗专家沟通。由于他们在产品开发环境中熏陶了两年时间，所以能够更好地理解产品开发的工作流程。他们需要接受一些需求写作技巧的培训，但这些员工已经积累了丰富的经验，足以使他们成为高效率的分析师。后来，这些前用户也确实成功转型为业务分析师。

前开发人员或测试人员

手头缺乏专职业务分析师的项目经理一般都希望由开发人员来做这事儿。不幸的是，需求开发所需的技巧和人格魅力与软件开发所需要的不是一回事儿。有些开发人员宁愿与代码为伍，关起门来玩科技，根本没有什么耐心和用户交流。当然，还有很多开发人员意识到需求流程的重要性，在必要时敢于出任分析师。有些人喜欢与客户打交道，可以从理解需求的角度来驱动软件的开发，这些人是专职从事业务分析工作的优秀人选。

由开发人员转型而来的分析师需要在业务领域方面多下功夫。开发人员的思维和语言很容易受到技术的禁锢，他们可能会专注于软件开发而不是客户的需要。他们需要紧跟现代最优秀的需求工程实践。开发人员如果能接受本章前面所提及的各类软技巧方面的培训和指导，肯定会受益匪浅。

我们一般很少要求测试人员来承担分析师的角色。但是，测试人员通常都有分析性思维，这会使其成为优秀的业务分析师。测试人员习惯于考虑特殊情况和如何"搞破坏"，这是发现需求问题的非常实用的技巧之一。就像前开发人员一样，测试人员也需要学习优秀的需求工程实践，使自己的业务知识更渊博。

前（或兼职）项目经理

有时，会要求项目经理来担任业务分析师的角色，可能是因为他们具备一些必需的技巧和专业知识。这是一种高效的角色转变。项目经理已经适应了与合适的团队协作，能理解组织和业务知识，具有很强的沟通技巧。他们善于倾听、协商和引导。他们也有很强的组织和写作技巧。

但是，前项目经理还得多了解需求工程实践。创建计划、分配资源和协调分析师与其他团队成员的活动，这些是一回事，自己做业务分析师就又是另一回事了。前项目经理必须首先学会理解业务需要并在现有项目计划内排列它们的优先级，而不是将精力放在时间表、资源和预算约束上面。他们需要培养分析、建模和访谈技巧，这些对项目经理不那么重要的技能对业务分析师来说却是成功的关键。

主题专家

Young（2001）建议业务分析师由应用领域专家或主题专家（SME）来担当。相比典型用户，"SME 能够根据他们的经验来判断需求是否合理，如何扩展现有系统，提议的架构应当如何设计，在其他领域对用户有哪些影响。"有些产品的开发，组织会聘请专家级的产品用户，这些用户拥有丰富的专业经验，他们进入公司之后要么做分析师，要么做用户代表。

但这样做也有风险。如果由某个领域的专家来担任业务分析师，他可能在制定系统需求时侧重于个人喜好而忽略各类用户类的实际需要。他在考虑需求时可能会比较盲目，缺乏创造性的新思维。SME 对现有系统的理解比较透彻，但有时很难构想出未来的系统应该怎样。最好从开发团队中选一个业务分析师来配合 SME 的工作，然后由他来做关键的用户代表或产品代言人。第 6 章将对产品代言人进行论述。

菜鸟

对于刚刚走出校门或从完全不相干的行业转过来的人来说，成为一名业务分析师是进入信息技术领域很好的一个切入点。应届毕业生没有什么相关经验和知识，即使有，也不多。只有具备优秀分析师所需要的很多技巧，他才可能受雇成为业务分析师。让菜鸟来做业务分析师，优点在于他对需求流程的工作原埋几乎没有什么先入为主的概念。

由于缺乏相关的经验和知识，应届毕业生有很多需要学习的地方，了解如何履行业务分析师的职责以及应用错综复杂的实践。毕业生还需要充分了解软件开发流程，理解开发人员、测试人员和其他团队成员所面临的挑战，只有这样，他才能和这些人有效地合作。对于菜鸟业务分析师来说，找个导师可以少走弯路，并从头培养好习惯。不管背景如何，富有创造性的业务分析师都会致力于提高自己的实战能力。分析师需要弥补自身知识和技巧方面的不足，吸收过去的经验，练习业务分析师的工作实践，这样才能更加专业。全能型业务分析师就是这样"千锤百炼而成的"的（图 4-2）。

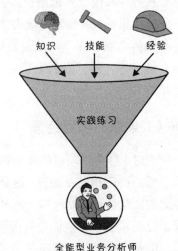

图 4-2　知识、技巧和经验培养，共同打造高效率业务分析师

敏捷项目中分析师的角色

在使用敏捷开发方法的项目中，业务分析师的职责仍然需要有人完成，但做这些工作的人可能并没有业务分析师的头衔。有些敏捷方法将这样的团队成员称为"产品负责人"。承担这个角色的人除了执行业务分析师的一些常规活动之外，还要提供产品愿景、协调约束、对余下工作的产品订单进行优先级排序以及对产品做出最终决策（Cohn 2010）。在一些项目中，同时设置有业务分析师和产品负责人这两个角色。另外，其他一些团队成员，例如开发人员也要履行分析师的部分职责。但是，不管项目采取何种开发方法，业务分析师的工作仍然需要有人来做。如果团队中有成员能够集业务分析师的技能于一身，这个团队肯定会受益匪浅。

如果一个组织正在向敏捷开发方法转型，业务分析师往往都不知道如何才能最高效地融入项目。按照敏捷开发精神，分析师必须走出传统观念中"业务分析师"的角色，只要对交付成功的产品有好处，做什么都可以。Ellen Gottesdiener（2009）提供了一份详细的清单，内容涉及如何将传统业务分析师的活动应用于敏捷环境。下面是业务分析师如何在敏捷项目中应用其技巧的一些建议。

- 定义一个轻量级、灵活的需求流程，将其作为项目的基础。
- 确保需求文档数量适中，不能太少，也不能太多。（很多业务分析师喜欢事无巨细地将所有东西统统记入规范说明。有些纯粹主义者建议敏捷项目只需要少许文档或者干脆不要需求文档。这两个极端都是不可取的。）
- 帮助确定记录 Backlog 的最佳方式，例如，故事卡还是更正规的工具最合适。
- 善用引导和领导力技巧，确保干系人彼此之间经常讨论和需求相关的需要、问题和关心等。
- 帮助验证客户的需要已准确展现在产品 Backlog 之中，并引导 Backlog 优先级排序活动。
- 客户对需求和优先级的想法发生变化时，要配合客户并协助记录下这些变更。与团队的其他成员协作，判断变更对迭代范围和发布计划的影响。

在项目开发过程中，设置一个产品负责人角色来代表用户是很有必要的。但担任产品负责人角色之人可能不具备业务分析师的全部技能，也没有时间完成所有的相关活动。业务分析师可以为团队带来对产品很重要的关键能力。

打造一个协作型的团队

在软件项目中，分析师、开发人员、用户、经理和市场人员之间的关系有时比较紧张。各方都做不到完全的互信或理解他人的需要和难处。但在现实中，软件产品的生产者和消费者的目标是一致的。对于公司信息系统开发，所有各方都供职于同一家公司，因此公司经营底线的改进对他们有利。对于商业产品来说，客户的满意度会为生产者带来回报，给开发人员带来满足感。

对于促进用户代表和其他项目干系人之间的协作关系，业务分析师负有主要责任。高效率业务分析师理解业务和技术干系人所面临的挑战并在各种场合下始终显示出对合作者的敬意。分析师引领所有项目参与者达成需求方面的共识，从而在以下几个方面实现双赢。

- 客户对产品感到满意。
- 开发组织对业务成果感到满意。
- 所有团队成员对自己在这项富有挑战但又回报丰厚的项目中的优秀表现而自豪。

行动练习

- 做一次业务分析师技能自评或者按照本章所述的内容，对比自己的技能和知识，进一步明确未来的发展方向。IIBA 的自评表就是这样一种不错的工具(IIBA 2010)。绘制个人路线图，找出自己的不足。
- 针对技巧差距，选择两项具体领域来改善，马上通过读书、练习、找导师或者参加课程来弥补这些短板。
- 针对业务、行业和供职的组织，评估自己现有的知识，然后找出需要进一步发展的主题专业知识。阅读与主题相关的文章，或者虚心向专家求教。

第II部分

需 求 开 发

第 5 章

建立业务需求

Karon 是一个业务分析师，目前的项目是为一家公司的客服代表开发一个新的在线商品名录。市场部经理在审查需求规范说明（SRS）草稿时，提出要增加一个"喜欢该产品"的新的特性。Karon 的本能反应就是拒绝，因为已经针对如何满足现有需求设置了会议计划。但她随后意识到，添加这个特性也不赖，因为客服代表可以推广其他客户最喜欢的产品。在挖掘并记录这个特性的功能需求之前，她仍需要一个客观的分析来判断是否应该把该特性添加到范围之中。

在她对市场部经理解释需要进一步分析这个需求时，对方居然如此答复："好吧，反正开发人员很快就会更改代码，只是添加这么一个小特性能有多难？！"根据分析，Karon 判断该特性超出了项目的范围，它无助于减少客服代表平均通话时间这个业务目标，开发起来也没有那么简单。由于市场部经理对业务目标理解不充分，所以 Karon 需要向他解释清楚为什么这个特性不宜加入范围内。

如第 1 章所述，业务需求代表的是需求链的顶部。它们定义解决方案的愿景和实现该方案的项目范围。用户需求和功能需求必须与业务需求建立的背景和目标保持一致。任何无助于项目达成业务目标的需求都不宜实现。

如果项目没有清晰的定义和充分沟通方向，肯定会带来灾难性的结果。参与者如果不能保持目标和优先级的一致性，工作方向就会不自觉地南辕北辙。如果对项目的业务目标缺乏共同的理解，干系人永远无法就需求达成一致意见。团队如果不能提前意识到这一点，即使劳神费力交付合格的产品，项目也很可能超期，预算也可能超支。

本章将介绍愿景和范围文档，该可交付物包含项目的业务需求。本章随后的图 5-3 给出了一个愿景和范围文档模板。但在此模板之前，让我们先见识一下所谓的"业务需求"。

定义业务需求

总的来说，"业务需求"指的是一组信息，描述的是需要，在此需要的指导下，一个或多个项目交付一个解决方案和符合预期的最终业务成果。业务机会、业务目标、成功标准和一个愿景声明共同构成了业务需求。

在完全指定功能和非功能需求之前，我们必须解决业务需求的问题。项目范围和限制声明在很大程度上有助于后期对提议特性和发布目标的讨论。业务需求为提议的需求变更和提供决策参考。我们建议在每个需求获取工作坊上重点展示业务目标、愿景和范围，以便让团队可以快速判断某个提议的需求是否在项目范围内。

确定预期业务收益

业务需求设置业务背景，提供衡量体系业务希望通过该项目达成怎样的收益。组织如果不清楚项目能为业务增加什么价值，就不要启动任何项目。为业务目标设置可度量的目标，然后定义指标，以便衡量是否在实现这些目标的正确轨道上。

业务需求可能来自出资方、企业高管、市场部经理或产品规划者。但是确定和沟通业务收益却不那么简单。团队成员有时并不确定项目想要达成什么目标。有时，赞助商不愿意以某种可度量的形式来设定目标并进而负担起实现这些目标的重担。还有可能多个重要干系人无法对目标达成一致。业务分析师应能够确保有合适的干系人设置业务需求和引导获取活动，优先级排序和解决冲突。Karl Wiegers（2006）给业务分析师提出了一些建议，可以通过这些问题来获取业务需求。

业务收益必须体现对项目发起人和产品客户的真正价值。例如，简单把两个系统合二为一并不是一个合理的业务目标。客户并不关心他们使用的应用程序是包含一个、五个还是甚至十个系统。他们关心的是如何增加收入和降低成本。合并两个系统可能是解决方案的一部分，但它基本上算不上是真正的业务目标。涉及法规和法律的项目也会有明确的业务目标。这些目标通常是避免风险，比如可能要规避被起诉或被叫停。

产品愿景和项目范围

业务需求的两个核心元素是愿景和范围。产品愿景简要描述最终产品将要达成什么业务目标。该产品可以作为业务需求的完整解决方案或解决方案的一部分。愿景描述产品大约是什么并且最终变成什么。它提供整个产品生命周期中决策的背景，让所有干系人团结在一个共同的目标之下。项目范围明确当前项目或开发迭代应强调最终产品愿景的哪些部分。范围声明描述的是项目内外的边界。

重点提示 产品愿景保证我们都对最终目标心里有数。项目范围确保我们的讨论集中于当前项目或迭代中的同一件事。

确保愿景可以解决问题

在一次培训课上，我们给学生一个业务问题和对应的业务目标。在整个练习中，我们定期提供额外的需求细节。在每个步骤中，我们要求学生基于他们掌握的信息构思一个解决方案。培训结束时，所有学生解决方案的想法都类似，但几乎没有一个人真正解决了最初的问题！

这折射出我们在实际项目中存在的问题。团队可能设定了清晰的目标，然后进行详细说明，开发并且测试系统，但在这个过程中并没有对照目标进行检查。某个干系人可能会想出她自己希望执行的一个"炫酷"的新特性。因为这个特性看似合理而又很有趣，所以团队将其添加进来。然而，几个月下来，交付的系统虽然包含"很酷"的特性，却并没有解决原来的问题。

愿景作为一个整体应用于产品。随着产品战略定位或公司业务目标随时间而演化，愿景也要做出相对缓慢的变更。范围适用于开发产品下个增量功能的项目或迭代。如图 5-1 所示，范围比愿景更动态，因为干系人会在进度、预算、资源和质量约束内调整每个版本的内容。当前版本的范围要清晰，但未来版本的范围越是往远期越模糊。团队的目标是管理一个特定开发或改进型项目的范围，将其作为产品战略愿景中一个确定的子集。

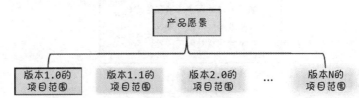

图 5-1　产品愿景包含每个计划的范围，越往远期，越粗略

不同项目范围紧密结合

某个联邦政府机构正在做一个耗时五年的大型信息系统。该机构在开发过程早期定义了系统的业务目标和愿景，接下来的几年里都不会有大的改变。该机构为最终系统计划了 15 个版本，每一个由一个单独的项目团队创建并有自己的范围描述。一些项目将并行进行，因为其中的某些项目彼此相对独立，而有些项目更耗时。每个范围描述必须与产品的整体愿景相符并和其他项目的范围环环相扣，保证不遗漏任何东西，同时责任明晰。

业务需求冲突

业务需求收集自多个来源，彼此可能有冲突。我们可以用零售店顾客使用的自动售货机为例。图 5-2 分别显示了贩卖机开发人员、零售商和顾客三方可能的业务利益，我们想象一下这些干系人希望自动售货机为他们当前提供哪些便利。

各方干系人的目标有时也是一致的。例如，开发人员和顾客都希望自动售货机有琳琅满目的商品或可用的服务。但是，一些业务目标可能存在冲突。顾客想花更少的时间购买商品和服务，零售商则希望顾客留在店里花更多的钱。不同的目标和约束使干系人之间出现分歧最终导致业务需求的冲突。在分析师细化自动售货机的需求之前，项目的决策者必须解决这些冲突。重点应该集中于为首要干系人交付最大的价值。人们很容易被肤浅的产品特征所迷惑，而这些特征并不会实际解决业务目标。

项目决策者不要指望软件团队来解决不同干系人之间的冲突。随着更多代表不同利益的干系人出现，范围会随之增长。如果范围蔓延失控，干系人试图兼顾利益各方而不断给系统施压，会导致项目不堪重负而崩溃。这时通过消除潜在冲突和互斥的假设，标记出有冲突的业务目标，对不能达成目标的特性给出说明，协调和解决冲突，业务分析师就能大展身手了。解决此类问题通常涉及政治和权力斗争，这些不在本书讨论范围之内。

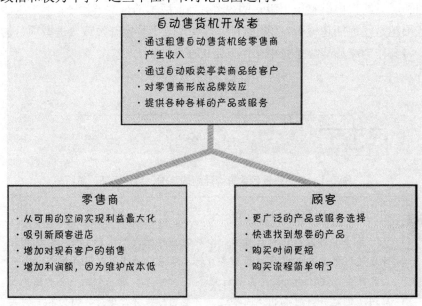

图 5-2　自动售货机各方干系人也有利益冲突的时候

项目周期比较长的话，决策者通常会中途改弦易辙。如果遇到此类问题，建议立即与新决策者检查基线业务需求。了解现有业务需求，并对其进行修改。果真如此的话，项目经理必须调整预算、时间表和资源，而业务分析师需要与干系人共同更新和确定用户及功能需求，并重新设置它们的优先级。

愿景和范围文档

愿景和范围文档将业务需求集合合为一个独立的交付物,为后续的开发工作奠定基础。有些组织会为此创建一个项目章程(Wiegers 2007)或一个业务用例文档。构建商业软件的组织通常会建立一个市场(或营销)需求文档(MRD,market [or marketing] requirements document)。MRD 可能更侧重于目标市场细分和关乎商业成败方面的问题。

愿景和范围文档的所有者是项目的执行发起人、出资方或某个类似的角色。业务分析师可以和这个人一起明确业务需求并记录下愿景和范围文档。业务需求的来源应当是清楚知道项目动机的人。这些人可能包括客户或开发组织的高级管理人员、项目规划师、产品经理、主题专家或者市场部门的成员。

图 5-3 给出了一个愿景和范围文档模板,后文紧接着对每个模板中的标题进行详细描述。不管使用哪种模板,目的都是满足项目的具体需要。如果已经将此信息记录在其他地方,就不要将其复制到愿景和范围文档中。愿景和范围文档的一些元素可以重用于不同的项目如业务目标、业务风险和干系人简介。附录 C 包含的示例愿景和范围文档就是根据这个模板写的示例。

```
1.业务需求
  1.1 背景
  1.2 业务机遇
  1.3 业务目标
  1.4 成功的标准
  1.5 愿景声明
  1.6 业务风险
  1.7 业务假设和依赖
2.范围和限制
  2.1 主要特性
  2.2 最初版本的范围
  2.3 后续版本的范围
  2.4 限制和排除
3.业务背景
  3.1 干系人简介
  3.2 项目优先级
  3.3 部署的注意事项
```

图 5-3　建议的愿景和范围文档模板

愿景和范围文档只是在高层面上定义范围,团队定义的每个版本基线体现的是范围的细节。大多数新项目都有一个完整的愿景和范围文档以及一个SRS。(关于 SRS 模板,请参见第 10 章)。每个迭代、版本或针对老产品的增强型项目都可能将其范围声明归入项目的需求文档,不需要创建一个独立的愿景和范围文档。

巧用模板

有了模板，可以确保从一个项目到下一个项目以一致的方法来组织信息。如果从零启动某个项目，模板还有助于我记住可能忽略掉的信息。

我不会从上到下填写模板。相反，我会随着项目的进行不断积累信息，用来填充各个小节。空白小节突出的是当前知识的不足。假设我的文档模板里某个部分名为"业务风险"。在项目的中途，我意识到这个小节是空白的。这个项目真的没有业务风险吗？还是我们发现有一些业务风险但记录在其他地方了？或者我们没有与合适的干系人合作识别可能的风险？模板中空白部分可以帮助我进行更广泛的探究，找出重要的项目信息。如果有一些共性问题需要搞清楚之后才能得出某一节的内容，可以考虑把这些问题适当嵌入模板的对应，文本的内容可以隐藏，供他人使用。

使用模板时，我会把模板"缩至恰到好处的程度"。开始阶段，模板内容要丰富，包含很多重要的类别。然后我压缩到只剩下我需要的部分。假设模板中有"业务风险"这一部分，但不属于当前项目。我就可以从我的文档删除那个部分或保留标题但将内容留空。这两个选项的风险在于读者会注意到此处空白内容并询问究竟是否有业务风险。最好的解决方案是在这一节标注一个明确信息："未发现业务风险。"

删除很少使用的模板小节。你可能只想建一系列小型模板用于不同类型的项目，比如 SRS 模板(适用于大型的新开发项目、小型网站和优化项目)。即使不用传统文档存储信息而是将其存储于某些资源库中，模板仍然可以有助于全盘考虑需求信息，这些都是必要的项目积累。

一个项目经理这样描述团队引入需求文档模板以后的好处："填写内容需要花不少时间。前几次做模板时，为了使其有使用价值，我都要做大量细致的工作，还要做很多审查和整理文档的工作，消除任何有歧义的地方，查疑补漏，等等，我被这些工作震惊了。但这是值得的。引入这些模板文档之后，我们开发的前两个产品都做到了准时交付，质量相比以前也高出很多。"

1. 业务需求

项目启动往往基于一个想法：创造或是修改一个产品，为某些人提供有价值的好处和一个合理的投资回报。业务需求描述新系统能为其出资方、买家以及用户提供的主要收益。业务需求直接影响着用户需求的实现和顺序。

1.1 背景

在这一小节中，总结新产品或对现有产品进行变更的依据和环境。描述产品开发的历史背景或形式。

1.2 业务机遇

对企业信息系统，描述要解决的业务问题或要改善的流程以及系统的应用环境。针对商业产品，描述现有的业务机会和产品的竞争市场。本小节包括对现有产品的对比性评估并指出提议产品为什么有吸引力及其优势。描述在没有预想解决方案的情况下目前无法解决的问题。说明提议产品如何符合市场潮流、技术的演化或公司的战略方向。列举其他所有必要的技术、流程和资源，力求提供一个完整的客户解决方案。

描述典型客户或目标市场的需要。提出新产品要解决的客户问题。提供客户使用产品的范例。定义任何已知的关键接口或质量要求，但略去设计或执行细节。

1.3 业务目标

用定量和可测量的方式总结产品带来的重要商业利益。陈词滥调（"成为公认的世界级的<类似说法>"）和表达模糊的改进口号（"提供更有价值的客户体验"）毫无价值，也无法验证。表 5-1 提出了一些简化的财务和非财务业务目标示例（Wiegers 2007）。

表 5-1 财务目标和非财务目标的示例

财务目标	非财务目标
• Y 个月内占领 X%的市场份额。 • 在 Z 个月内，在 W 国的市场份额从 X%增加到 Y% • 在 Z 个月内，实现 X 套销售量或 Y$美元的收入。 • 在 Y 个月内实现 X%的投资回报。 • 在 Y 个月内实现该产品的赢利。 • 每年节约 X 美元遗留系统当前的高额维护费。 • 在 Z 个月内将每月的支持成本从 X 美元降到 Y 美元。 • 一年内将毛利率从现有的 X%增加到 Y%。	• 在发布的 Y 月之内客户满意度至少要达到 X。 • 交易处理效率增加 X%并将数据错误率降到 Y%以下。 • 为相关产品系列开发一个可扩展的平台。 • 发展具体的核心技术竞争力。 • 在产品公测的具体日期截止日时，被大家认可为可靠性最高的产品 • 符合具体的联邦与州法规。 • 在发布 Z 月之内，将每单位的服务电话控制在不超过 X 个，维保电话不超过 Y 个。 • 将支持电话中的 Y%的周期时间降低到 X 小时。

一般来说，组织启动某个项目的目的是解决某个问题或抓住某个机会。业务目标模型则展示了一个层级术的相关业务问题和可衡量的业务目标（Beatty and Chen 2012）。问题描述了当前使业务无法实现目标的真正原因，而目标则定义衡量这些目标是否实现的种种方式。问题和目标彼此交织，理解一个就能揭示另外一个。

假设有一组业务目标，问："阻止我们实现这个目标是什么？"目的是确定一个更详细的业务问题；或反过来问："为什么我们关心这个目标？"目的是更好地理解概要性业务问题或机会；假设有一个业务问题，问："我们如何评估问题是否解决了？"目的是确定可衡量的目标。这个过程是迭代的，查看这个层级化的问题和目标结构，直到看到一系列帮助解决问题和满足目标的特性"浮出水面"。

如图 5-4 所示，业务分析师和执行发起人之间通过对话确定业务问题和目标。此图与第 2 章提到的 Contoso 制药公司的化学品跟踪系统有关。通过执行发起人对这些问题的答复，业务分析师可以为这个系统建一个业务目标模型，如图 5-5 所示。

1.4　成功指标

确定干系人用来定义和衡量项目成功的指标（Wiegers 2007）。确定对项目成功有最大影响的因素，包括组织能掌握的因素和不能掌握的因素。

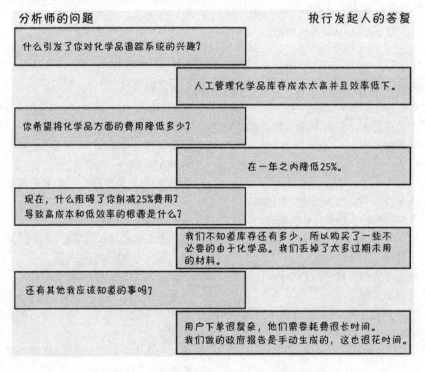

图 5-4　业务分析师与执行发起人的谈话示例

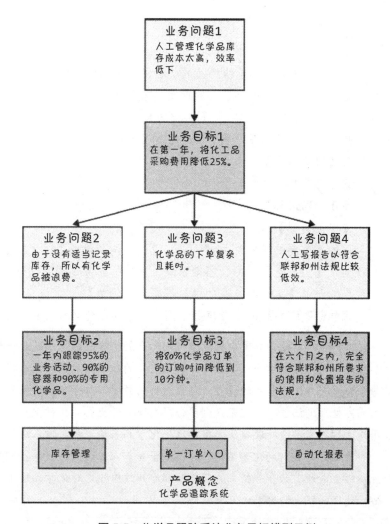

图 5-5　化学品跟踪系统业务目标模型示例

业务目标有时在项目完成前无法衡量。还有一些情况，业务目标的实现可能取决于其他项目而非你当前的项目。然而，对每一个独立项目进行成功评估仍然很重要。成功指标揭示项目是否在正确实现业务目标的轨道上。我们可以在测试过程中或产品发布后不久后对这些指标进行跟踪。对这个化学品跟踪系统而言，符合图 5-5 中业务目标 3 的其中一项成功指标是："将 80%化学品订单的订购时间降为 10 分钟"，因为在测试或发布后你就可以判断出平均订单时间。另一个成功指标可能涉及业务目标 2，但可量化的时间远远早于一年的发布期限，例如"在 4 周内跟踪 60%的商业化学品容器和 50%的专用化学品。"

　重点提示　选择成功指标的时候要动动脑筋。确保它们度量的是业务要点，而不是容易度量的部分。"将产品开发成本降低 20%"这样的成功指标很容易度量。这个指标也可以很容易通过裁员或减少创新投入来实现。但是，这些不可能是预期的目标成果。

1.5　愿景声明

写一个简洁的愿景声明，总结产品的长远目标和意图。愿景声明应当折射出一个均衡的视角，满足不同干系人的期望。它可以有些理想化，但也不宜脱离现实或预期的市场、企业架构、公司战略方向和资源限制。下列关键字模板非常适用于制作一个产品愿景声明（Moore 2002）：

- 针对【目标客户】
- 对象【陈述需求或机会】
- 产品【产品名称】
- 是【产品类型】
- 具体的【主要的功能、关键收益、吸引人购买或使用的理由】
- 不同于【主要竞争产品、当前系统、当前的业务过程】
- 我们的产品【陈述新产品的主要不同点和优势】

下面是化学品跟踪系统的愿景声明示例，关键字用粗体标注：

> 针对科学家，他们需要申领化学试剂，**产品**化学品跟踪系统是一种信息系统，**它**将提供访问化学品库房和供应商的独立接入点。系统将存储每个公司内部化学容器的位置、剩余材料的数量、每个容器的位置和使用的完整历史记录。通过充分利用公司内现有的化学品、对少量部分使用或者过期容器的处理以及使用标准化化学品采购流程，该系统将在第一年节省公司 25%的化学品消耗。**不同于**当前人工订购流程，**我们的产品**能够生成所需的全部报告并符合联邦和州政府规定对化学品使用、存储和处理的报告的要求。

打磨产品愿景

我将愿景声明应用于我的咨询工作之中。Bill 是一个和我合作很好的长期客户，但偶尔他也要求我做一些不同于以往的项目。如果不能准确了解他要我做什么，我就会要求他写愿景声明。Bill 总会有点小抱怨，因为他知道自己有的活干了，必须仔细想清楚他想要得到什么结果。但是 Bill 的愿景声明总可以帮助我清楚了解到我们要努力达到什么目标，所以我们总能高效地共事。花时间写愿景声明是相当值得的。

可以让不同的关键干系人单独写出各自的愿景声明，而不是将其作为集体练习。比较他们的愿景声明是一种不错的方式，可以发现大家对项目目标的不同理解。写愿景声明不分早晚。即使项目已经进行，制定愿景声明也可以帮助剩余的工作走上正轨并保持专注。虽然起草一份愿景声明很快，但制定正确的愿景声明并和重要的干系人达成一致却要花更多时间。

1.6　业务风险

总结与开发（或不开发）该产品有关的主要业务风险，例如市场竞争、时机问题、用户接受能力、实现过程中的问题以及对业务可能造成的消极影响。业务风险不同于项目风险，项目风险通常包括资源易用性的考量和技术因素。估算每个风险的潜在损失、发生的可能性并采取任何潜在的应对措施。要想进一步了解该主题，可参见第 32 章。

1.7　业务假设和依赖

所谓"假设"，是在没有证据或确定知识的情况下先认定其为真的一种说明。业务假设与业务需求是明确关联的。如果假设错误，业务目标就可能无法实现。例如，执行发起人可能设定一个业务目标：新网站每月将增加收入100 000 美元。为了确立这个收入目标，执行发起人做了一些假设：新网站有可能每天额外吸引 200 个独立访客，平均每个访客花 17 美元。如果新网站没有吸引足够多的访客并让每一个访客完全达到平均购买额，该项目可能无法实现其业务目标。如果了解到某些假设是错误的，可能不必须得变更范围、调整计划或启动其他项目来实现目标。

在构思项目并写愿景和范围文档时，记录干系人做出的任何假设。通常一方所持的假设都不同于与另一方的。如果把它们都记录下来并加以审查，就可以避免将来可能出现的混淆和冲突。

将项目对外部因素的所有重要依赖都记录下来。例如悬而未决的行业标准或政府法规、其他项目、第三方供应商或开发合作伙伴的交付物。一些业务假设和依赖关系可能会变成风险，所以项目经理必须定期监控。依赖被破坏是造成项目延迟的常见因素。记录错误假设的影响或被破坏依赖的影响，有助于干系人理解其重要性。

2. 范围和限制

当一个药剂师发明可以把一种化学品转变为另一种化学品的新化学反应时，他写的论文会包括一个"范围和限制"小节，描述反应会做什么和不会做什么。类似，软件项目也应该定义其范围和限制。陈述正在开发中的解决方案是什么和不是什么。

很多项目深受范围蔓延的困扰——产品中不断加入功能，范围难以控制。控制范围蔓延的第一步是定义项目的范围。范围对提议解决方案的概念和适用领域进行描述。限制则指出产品不包括的某些性能，但有些人还是会假定其存在。范围和限制会帮助干系人建立现实的期望，因为有时客户所要求的特性不是过于昂贵，就是超出预期的项目范围。

范围的展示方式多种多样（详见本章后面"范围表示技巧"）。在最高层面上，范围定义的是客户确定要实现哪些业务目标。在较低层面上，范围定义的是特性、用户故事、用例或事件和响应。范围最终是在计划某个具体的版本或迭代时通过一组功能需求定义的。在每个层面，范围必须限定要在其上一级的边界范围之内。例如，范围内的用户需求必须与业务目标相匹配，而功能需求必须与范围内的用户需求相匹配。

> **不切实际的需求**
>
> 　　某个产品开发公司的经理饱受近乎毁灭性的范围蔓延的困扰，有一次，她可怜今今地向我诉苦："我们不切实际的需求太多了。"她的意思是需求中囊括所有人的想法。这个公司有一个坚实的产品愿景，但是他们并未对范围进行管理，结果，虽然计划了一系列版本，但其中的一些建议特性被推后(可能无限期延后)。四年辛苦的开发之后，团队最终发布的却是一款无比臃肿的产品。将一些不切实际的需求速记下来以备不时之需的确有好处。但团队如果想尽早交付一个有用的产品，最好采用范围管理和增量式开发方法。

2.1　主要特性

列出产品的主要特性或用户功能，并把不同于以前或竞争产品的部分标注出来。考虑用户如何使用这些特性，不仅要保证列表的完整性，还要保证将看似有趣但无法提供客户价值的不必要特性排除在外。为每个特性打上独特而持久的标签，以便在其他系统要素中进行跟踪。可以考虑使用特性树示意图，本章后面会介绍。

2.2　首发版的范围

总结计划包含首发版的功能。范围通常用特性的形式来定义，还可以使用用户故事、用例、用例流或外部事件等多种形式来定义。描述质量特征，这些特征使产品能为其不同类型的用户提供预期的好处。为了专注于开发并保持项目进度安排的合理性，要避免试图将任何潜在客户最终可能想要的每一个特性都囊括到 1.0 版本之中。这样潜在的范围"加料"造成的两个常见恶果就是软件臃肿和计划失控。关注的特性应当能够在最早的时间框架内、以最能接受的成本、向最广大的群体提供最多价值。

举个例子来说，最近有一个项目团队决定，用户只能用首发版软件应用来进行它们的包裹传递业务。1.0 版本并不要求快速、漂亮或易于使用，但必须可靠，团队始终以这一目标为准。首发版软件完成了基本的系统目标。而随后的版本包括附加的特性、选项和使用帮助。但注意，不要忽略首版中的非功能需求。对架构有直接影响的需求从一开始就必须注意。为修复质量缺陷而重新设计架构，其成本几乎等同于重做。参见第 14 章进一步了解软件质量的属性。

2.3　后续版本的范围

如果你构想了一个阶段性演进的产品或是正在经历迭代或增量式生命周期，构建一个发布路线图，指出哪些功能块将被推迟以及后续版本的预期时间点。后期版本发布会实现更多的用例和特性，为首发版不断附加价值。看得越远，未来的范围越模糊，同时变更的可能性越大。添加之外的需求时需要考虑从一个迭代移一些功能到另一个迭代中。短周期版本可以提供频繁的机会让我们从客户反馈中学习。

2.4　限制和排除

列出干系人期望但不计划纳入在产品范围或特定版本中的产品功能或特性。列出从范围中去掉的条目，让大家都清楚地记住这个范围决策。也许用户要求在她离开办公桌的时候，可以用手机访问系统，但这被认为超出了范围。在这一小节明确表明："新系统不提供手机平台支持。"

3. 业务背景

本小节提出主要干系人类别的简介、项目优先级的管理和在规划解决方案部署时需要考虑的一些因素。

3.1　干系人简介

干系人是主动参与项目中的人、团体或者组织，会受项目结果的影响或影响项目结果（Smith 2000；IIBA 2009；PMI 2013）。"干系人简介"这部分内容描述项目中不同的客户类型和其他关键干系人。不需要描述每个干系人团体，例如必须检查网站开发项目是否符合规定的司法人员。专注于不同的客户类型、细分的目标市场和细分市场里不同的用户类型。每个干系人简介要包括下列信息。

- 干系人从产品中获得的主要价值或好处。干系人价值可以通过以下形式定义：
  - ⊛ 提高的生产力
  - ⊛ 减少返工和浪费
  - ⊛ 节约的成本
  - ⊛ 简化的业务过程
  - ⊛ 将之前手工任务的自动化
  - ⊛ 执行全新任务的能力
  - ⊛ 符合有关的标准或法规
  - ⊛ 与现有产品相比，易用性有所提升
- 他们对产品的预期态度。
- 感兴趣的主要功能和特点。

- 必须加以解决的任何已知约束。

可能要在每个简介或组织图表中用名字记录一系列关键干系人，展示组织中干系人之间的关系。

3.2　项目优先级

为了使决策有效，干系人必须对项目的优先级达成一致。一种方法是从五个角度考虑：功能、质量、进度、成本和员工（Wiegers 1996）。对于任何一个特定的项目，每一个维度都要与下面三个因素之一相适应：

- **约束**　项目经理必须管理的限制因素。
- **动机**　一个重要的成功目标，灵活性有限，不能调。
- **自由度**　项目经理可以根据其他维度来调整和平衡的因素。

项目经理面临的挑战是在约束施加的范围内调整自由度以驱动项目的成功。假设市场部突然要求提前一个月发布产品。你如何应对？

你会采取以下哪个行动？

- 将某些需求推迟到后续版本？
- 缩短原定的系统测试周期？
- 要求员工加班或雇佣外包人员加快开发速度？
- 挪用其他项目资源以解燃眉之急？

当出现这样的情况时，项目优先级会主导你的行为。在实际工作中，当发生变化时，需要与关键的干系人沟通，根据变更请求来确定最合适的应对措施。例如，市场部可能想添加特性或缩短时间表，但作为交换，他们也愿意推迟某些特性。附录 C 有一个例子会介绍如何写项目优先级。

 重要提示　不是所有五个维度都是约束，也不可能全部都是主导因素。当需求或项目现状发生改变时，项目经理需要一些自由度来做出适当的响应。

3.3　部署注意事项

总结必要的信息和活动，确保解决方案可以有效部署到操作环境中。描述用户对该系统的访问方式，例如用户是跨时区分布还是彼此相邻。表明不同地方的用户分别在什么时间访问系统。如果由于软件能力、网络访问、数据存储或数据迁移需要而变更基础设施，就将这些变更描述下来。有些人需要准备培训或为部署新的解决方案而修改业务过程，把他们需要的信息记录下来。

范围表示技巧

本小节描述的模型可以以多种方式表示项目范围。不需要创建所有这些模型，只需要考虑哪个模型可以为每个项目提供最有用的见解。这些模型可以记录在愿景和范围文档中或存储在其他位置，以备不时之需。

我们使用关联图、生态系统图、特性树和事件列表这些工具，目的是在项目干系人之间培养清晰和准确的沟通机制。这种清晰比硬性规定符合所谓"正确"的图表规则更重要。不过，我们仍强烈建议采用下面示例中的符号系统作为标准。例如，在关联图中，假设使用三角形而非圆形来表示系统，用椭圆而非矩形表示外部实体。你的同事看不明白，所以这虽然符合你的个人喜好，但不是团队标准。

关联图、生态系统图、特性树和事件列表是最常见的范围可视化表示。当然，我们还可以使用其他技术手段。识别出受影响的业务过程也可以帮助定义范围边界。我们可以通过用例图来描述用例与角色之间的边界范围（详情参见第 8 章）。

关联图

范围描述为我们正在开发的系统和周围所有事物之间建立的边界和连接。关联图（context diagram）直观展示了这个界限。它确定通过某一接口与系统相连的外部实体（也称为"端点"），同时还包括数据、控制以及端点和系统之间的物料流转。关联图是按照结构化分析原则来制定的数据流图的最高抽象层（Robertson and Robertson 1994），但它适用于所有项目。

图 5-6 展示了化学品跟踪系统的部分关联图。整个系统被描述为一个单循环，关联图有意不提供可视化的内部对象、流程或数据的可视化表示。该循环内部的"系统"可以包括任意软件、硬件和人。因此，它还将人工操作作为整个系统的一部分囊括进来。矩形中的外部实体可以是用户类型（药剂师、买家）、组织机构（健康和安全部门）、其他系统（培训数据库）或硬件设备（条形码扫描仪）。图上的箭头表示系统与外部实体之间流动的数据（例如申请化学品）或物料（例如化学容器）。

你也许希望看到化学品供应商作为这张图中的一个外部实体。毕竟，为了满足需要，公司会对供应商报订单，供应商把化学容器和发票发给 Contoso，随后 Contoso 的采购部门打款给供应商。然而，这些流程发生在化学品跟踪系统之外，它们可以被视作采购和收货部门操作的一部分。我们不将其算入关联图，从而清楚地表明该系统不直接与供应商订货、收货或结算。

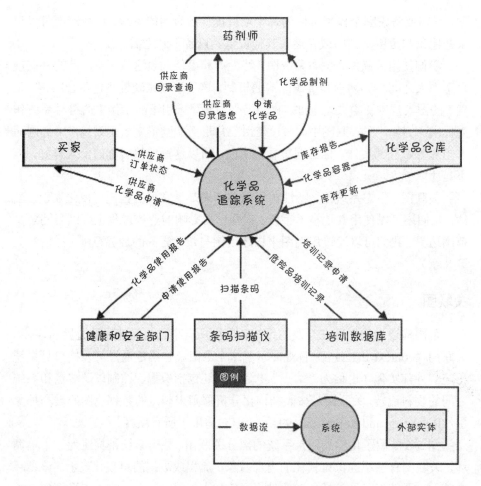

图 5-6　化学品跟踪系统的部分关联图

生态系统图

生态系统图（ecosystem map）展示了所有与系统利益相关的系统相互作用以及这些互动的本质（Beatty and Chen 2012）。生态系统图表示系统的范围，表明所有系统都互相关联，因此需要修改以适应新系统。生态系统图与关联图的区别在于，它展示的是正在开发的系统与其他系统的关系，包括没有直接接口的系统。通过判断哪些系统正在使用你的系统数据，找出受影响的系统。一旦到达某一点，也就是项目不再影响任何其他数据的时候，就能发现参与解决方案的那个系统的范围边界。

图 5-7 是化学品跟踪系统的部分生态系统图。方框内显示的是系统（如采购系统或接收系统）。在这个例子中，我们开发的主系统是一个粗体的方框（化学品跟踪系统），但如果解决方案中所有系统都同等重要，就可以使用同样类型的方框。横线显示系统之间的接口（例如，化学品跟踪系统的采购系统接口）。带有箭头的横线标显出主要的数据流向（例如，"培训记录"是从公司培训数

据库传递到化学品跟踪系统）。一些类似的数据流也可以出现在关联图中。

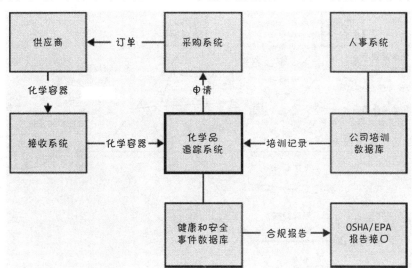

图 5-7　化学品跟踪系统的部分生态系统图

图 5-7 的生态系统图表明，化学品跟踪系统不直接连接到 OSHA / EPA 报告接口。即便如此，也需要考虑化学品跟踪系统中是否有需求问题，因为有数据通过健康和安全事故数据库从系统中流出，并流向报告接口。

特性树

特性树（feature tree）形象地展示按逻辑分组的产品特性，并将每种特性逐级分解到下一级细节。（Beatty and Chen 2012）特性树为项目所有计划功能提供了一个简洁的视角，使其成为一个理想模型，使管理者对项目范围有一个快速的印象。功能树可以显示三个层次的特性，通常称为一级（L1）、二级（L2）和三级（L3）特性。L2 特性是 L1 的子特性，L3 特性则是 L2 的子特性。

图 5-8 显示了化学品跟踪系统的部分特性树。树的主干代表正在实现的产品。每个特性都有它自己的线或从主干上延伸出来的"分支"。灰色的方框代表 L1 特性，比如化学品订单和库存管理。从 L1 分支延伸出来的线是 L2 特性，搜索和化学品申请是化学品订单的子特性。L2 分支上延伸出来的是 L3 特性，本地实验室搜索是搜索的一个子特性。

在做版本或迭代规划时，可以选择一组明确的特性和子特性定义其范围（Nejmeh and Thomas 2002；Wiegers 2006）。可以在一个特定版本实现一个完整的特性，也可以只选择某些 L2 和 L3 子特性。通过增加更多 L2 和 L3 子特性，直到在最终产品中全部实现每一个特性这样，产品的未来版本能够逐渐丰富这些基本实现。特定版本的范围由特性树中的各级特性组合而成。可以在特性树中使用颜色或字体变化形式来发布。也可以创建一个特性路线图，列出每个版本计划要包含的子特性（Wiegers 2006）。

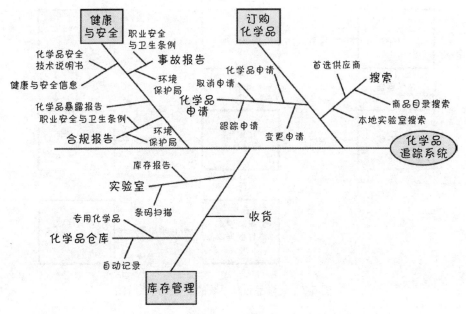

图 5-8　化学品跟踪系统的局部特性树

事件列表

　　事件列表（event list）确定了可能引发系统行为的外部事件。它描述系统的范围边界，明确可能被用户触发的业务事件、由时间触发的事件或从外部组件接收到的信号事件，例如硬件设备。事件列表只列出事件的名称，SRS 文档中的功能性需求通过"事件-响应表"描述系统如何应对事件的发生。更多详情可参见第 12 章。

　　图 5-9 是化学品跟踪系统的部分事件列表。列表中每一项都声明事件的来源（例如"药剂师"做了某件事或是到了要做某些事的时间）并且标识出事件的动作。事件列表是非常有用的范围工具，因为你可以分配事件到特定的产品版本或开发迭代中。

　　注意，事件列表是对关联图和生态系统图的补充。关联图和生态系统图共同描述涉及的外部角色和系统，而事件列表确定这些角色和系统在特定系统中可能触发的行为。为了正确和完整，你可以使用关联图和生态系统图项来检查事件列表。

- 思考关联图中的每个外部实体是否是事件的来源，例如"药剂师的任何事件是否都会触发化学品跟踪系统的行为？"
- 考虑生态系统图中是否有某些系统会造成系统事件。
- 对于每个事件，考虑在关联图或生态系统图中是否有对应的外部实体，例如："如果可以接收来自供应商的化学容器，供应商是否要出现在关联图和/或生态系统图中？"

如果找到缺失的环节，就考虑模型是否缺失元素。在这个例子中，供应商没有出现在关联图中，因为化学品跟踪系统不直接与供应商交互。但是，供应商会包含生态系统图中。

化学品跟踪系统的外部事件

- 药剂师提出一个化学品申请
- 化学容器条形码扫描
- 到了生成 OSHA 合规报告时间
- 供应商分发新的化学品商品名录
- 新的专利化学品登记到系统中
- 供应商表示化学品缺货
- 药剂师要求生成他的化学品风险报告
- 收到 EPA（环保署）更新的材料安全数据表
- 新供应商添加到首选供应商名单中
- 收到供应商提供的化学品容器

图 5-9　化学品跟踪系统的部分事件列表

聚焦于范围

范围定义的是结构，不是约束。业务需求和对用户如何使用产品的理解可以提供有价值的工具来处理范围变更。范围变更并不是坏事，它能够帮助你驾驭项目，满足客户不断变化的需求。愿景和范围文档中的信息可以让你评估是否把提出的需求加入该项目。如果由合适的人明确提出，出于合适的商业目的，大家相互理解达成已一致，就可以为将来的迭代或者整个项目修改范围。

牢记，只要有人提出新的需求，分析师都要问："这是在范围内吗？"一个可能是该要求明显超出范围。也许这很有趣，但它应该安排到未来发布的版本或一个项目中。另一个可能，请求明显是在项目定义的范围内。如果它们相对于其他已经提交的需求有高优先级，可以将这些需求合并到当前项目中。接纳新需求通常会推迟或取消其他计划内需求，除非愿意延长项目时间。

第三种可能是，提出的新需求虽然超出范围，但它确实是一个好主意，范围应该扩大以适应它，同时相应地调整预算、时间和人员。换言之，用户需求和业务需求之间存在一个反馈循环。它要求你不断更新愿景和范围文档，在文档被确认为基线后控制变更。记录需求被拒绝的理由，重现机制。第 27 章将描述如何使用需求属性来跟踪被拒绝或延迟的需求。

使用业务目标来做范围决策

业务目标是做范围决策时最重要的考虑因素。确定哪些特性或用户需求能够给业务目标带来最多价值，将这些内容安排到早期版本中。当干系人想要添加某项功能时，考虑他建议的改变是否有助于达成业务目标。例如，业务目标是通过自动售货机获得更多的收入，这意味着早期的功能应该实现对客户售出更多产品或服务。只能吸引少数技术尝鲜客户但无法为主要业务目标做贡献的特性不应该优先对待。

如果可能，量化特性对业务目标的贡献，让人们可以基于事实而非个人感情做出范围决策（Beatty and Chen 2012）。一个具体的特性能够为商业目标贡献约 1000 美元、10 万美元或者 100 万美元吗？当主管人员提出要加一个他在周末想到的新特性时，你可以使用定量分析来确定添加该特性是否是一个正确的商业决策。

评估范围变更的影响

当项目范围增加时，项目经理通常得重新计划预算、资源、排期和人员。理想情况下，最初的时间表和资源能够容纳一定的变化，因为会预留缓冲空间（Wiegers 2007）。不然，需求变更审核通过以后，需要重新制定计划。

范围变更的常见后果是完成的工作必须重做以响应这些变量。新功能添加时资源和时间并没有相应增加，质量通常受损。伴随市场或者业务需求的变化，业务需求文档能使我们更合理地管理范围。当有影响力的人试着向一个已经被过度填压的项目塞进更多功能的时候，焦头烂额的项目经理还可以拿它们做挡箭牌，对他们说"不"或者，至少可以说"现在还不行"。

敏捷项目的愿景与范围

敏捷项目通常由一系列时间固定的迭代组成，这些项目管理范围采用不同的方法。敏捷项目中每个迭代的范围由用户故事组成，而用户故事是从一个动态的产品 Backlog 中结合相对优先级和团队速率挑选出来的。为了对抗范围的蔓延，团队对新需求和已原有需求进行排序，然后分配到随后的迭代中。迭代的数量取决于整体项目的周期，依赖于总的功能数量，敏捷项目控制每个迭代的范围，确保其按时完成。还有一些敏捷项目固定项目时间，但接受范围的更改。迭代的数量可能保持不变，但剩下的迭代范围依照已有的和新定义的用户故事优先级做相应的改变。

团队可以在项目开始时定义一个概要的迭代路线图，每个迭代开始前安排用户故事。团队参考业务需求为每个迭代确定范围将有助于项目交付的产品满足业务目标。相同的策略可以应用于所有遵循时间盒开发流程的项目（参见后面的补充内容"范围管理和时间盒开发"）。

范围管理和时间盒开发

　　Enrique 是 Litware 公司的一名项目经理，需要为公司的旗舰资产管理软件交付一个网络版本。大约需要两年时间才能完全取代目前已经成熟的应用，但 Litware 公司现在就迫切需要一个网站。Enrique 决定使用时间盒开发方法，承诺每 90 天发布一个新版本。他的市场团队仔细为产品需求排序。每个季度发布的 SRS 都包括一组新提交的功能和增强型功能，在时间允许的情况下还包含一些可伸缩的低优先级需求。Enrique 的团队并没有把每个可伸缩的需求合并到每一个版本中，但是他们通过时间驱动方法进行范围的管理，每三个月发布一个稳定版本。进度和质量通常是时间盒项目的约束，范围可变。

　　敏捷项目虽然不创建正式的愿景和范围文档，但图 5-3 所示的模板内容依然是与交付成功产品息息相关的要件。许多敏捷项目都要做一个早期规划迭代（迭代零）定义总体产品愿景和其他业务需求。

　　所有软件项目都需要定义业务需求，不管它们采用哪种开发方法。业务目标描述项目的预期价值，在敏捷项目中，习惯用它们来帮助确定 Backlog 条目的优先级顺序，把最有商业价值的部分放在早期的迭代中交付。项目的成功指标也要定义，随着迭代版本的发布，可以成功并对 Backlog 列表的其他需求进行相应的调整。愿景陈述文档描述所有迭代要完成产品的长期计划。

使用业务目标来确定完成

　　怎么知道什么时候该停止做功能？传统意义上，项目经理管理项目直至完成。但是业务分析师其实更了解业务目标并能够帮助判断什么时候交付客户需要的价值（意味着工作完成）。

　　如果有一个解决方案清晰的愿景，每个版本或迭代是交付总体功能的一部分，那么完成预先计划的迭代就表明完成了整个项目。已完成的迭代应该完全实现产品愿景并且满足业务目标。

　　然而，在迭代开发方法中，终点可能并不清晰。每个迭代中，范围是为迭代定义的。随着项目进行，未完成的工作不断减少。并不总是有必要实现所有剩下的功能。拥有清晰的业务目标至关重要，随着信息逐渐可用，可以逐步满足这些目标。当成功指标显示你很可能达成了业务目标，项目就可以结束了。模糊的商业目标肯定出现一个开放式的项目，无法知道什么时候才算完成。出资方不喜欢这样，因为不知道如何为这样的项目做预算、排期和计划。客户不喜欢这样，因为他们也许会收到一个既按时又满足预算的解决方案，但就是无法提供他们想要的价值。项目之初不能清晰定义的部分目标如果仍然不在项目过程中加以细化，可能会酿成风险。

始终专注于为所有项目定义清晰的业务需求。不然，你会漫无目的地摸索着完成一些看似有用的东西，却无从得知是否真正完成。

行动练习

- 要求项目干系人使用本章介绍的关键字模板写下愿景声明。看看他们的愿景是否类似。纠正任何疑似有遗漏的地方，制定一个所有干系人都认同的统一愿景声明。

- 无论临近新项目启动还是处于构建过程中，都用图 5-3 的模板记下项目的业务需求。或者，简单建立一个业务目标模型，让团队的其他成员参与评审。这么做也许会暴露团队没有对项目目标和范围的达成共识的问题。现在纠正这个问题，因为放任不管会使其更难改正。这个实践也建议根据项目具体需求修改模板。

- 在项目过程中，以一种轻松可共享的形式写下项目可衡量的业务目标。把它带到下一个需求相关会议，看看团队是否能够发现有用的提示。

第 6 章

倾听用户的心声

Jeremy 走进 Contoso 制药公司药物研究部总监 Ruth Gilbert 的办公室。Ruth 要求 Contoso 研究机构的信息技术团队提供一个新的应用来帮助药物研究员加速新药物的研发。Jeremy 是这个项目的业务分析师。在做完自我介绍并大致聊了一下项目情况之后，Jeremy 对 Ruth 说："我想跟这里的药剂师聊一下，了解一下他们对系统的需求。我应当从哪位开始呢？"

Ruth 回答道："在我三年前成为部门总监之前，我做过五年的研究员。其实你不需要跟我手下的人谈，我可以回答你关于这个项目的所有问题。"

Jeremy 有些担忧。科学知识与技术日新月异，所以他不确信 Ruth 是否能够充分说明这个复杂系统的用户当前和未来的需求。也许这里有些隐含的内部政治因素导致 Ruth 不希望 Jeremy 直接接触到实际用户。事后的一番讨论清楚表明 Ruth 不希望自己的手下直接参与这个项目。

"好吧，"Jeremy 只好无奈地同意了，"也许我可以从文档分析做起，然后收集一些问题来请教你。在未来的几周里，我们能预约几次面谈吗？让我了解你希望你的科学家团队如何使用这个新系统。"

"抱歉，我最近忙得不可开交，"Ruth 说，"大约三周后我有几小时时间，我们可以澄清一下你不清楚的地方。你可以开工写需求文档了。下次我们碰面的时候，如果你还有任何问题都可以问我。我希望项目就这样开工了。"

如果你像我们一样坚信客户参与对交付卓越的软件必不可少，就必须保证业务分析师和项目经理从一开始就尽其所能把适合的客户代表拉入项目。软件需求，甚至软件开发的成功取决于开发人员能否听到用户的声音。为了听到用户的心声，可以采取以下三个步骤。

- 识别产品的不同用户类别。
- 挑选用户和干系人小组代表，并与他们一起工作。
- 对谁是项目需求的决策者达成共识。

客户参与最能够避免第 2 章所说的期望落差。期望落差指客户对产品的期望和开发人员提供的产品功能不匹配。只向个别用户或其经理问几次他们有何具体需要就开始编码，是远远不够的。如果开发人员严格遵照客户最初的需求开发软件，可能需要重新再开发一次，因为客户通常并不知道自己想要什么。此外，也可能业务分析师没有找到正确的人了解情况或没能提出正确的问题。

用户声称他们需要的特性并不等同于他们使用新系统完成任务时需要的功能。为了更精确地捕获用户需要，业务分析师必须广泛收集用户的输入，分析和澄清这些信息，明确提出需要实现什么功能才能帮助用户完成他们的工作。业务分析师对记录新系统所需的能力和特性并将这些信息传达给其他干系人负有主要责任。这是个迭代的过程，并且很耗时。如果不花时间达成这样的共识（对在建产品的共同愿景），后果自然是返工、延期、超支以及客户的不满。

用户类别

人们常常谈到软件系统的"用户"，好像所有的用户都是同一类人，有着相同的个性和需要。事实上，绝大多数的产品，不论规模大小，都希望迎合具有不同期望和目标的各种用户。不要再将"用户"想成一个单一的个体，花一些时间识别出各类用户及其在产品中的角色和权限。

用户分类

第 2 章提到，项目可能包含很多种干系人。如图 6-1 所示，用户类别是产品用户的一个子集，产品用户是产品客户的一个子集，而产品客户又是干系人的子集。某个个人可以属于多种用户。举个例子，一个应用的管理员有时也可能像普通用户那样使用系统。产品的用户可能在以下方面（或者其他方面）有差别，基于以下这些差别，可以将用户分成以下几类独立的用户群：

- 他们的访问权限或安全级别（例如：普通用户、来宾、管理员）
- 他们在业务操作中执行的任务
- 他们使用的特性
- 他们使用产品的频率
- 他们在应用领域和计算机专业技能经验
- 他们使用的平台（台式机、笔记本、平板、智能手机和定制设备）
- 他们的母语
- 他们是直接还是间接与系统交互

按地理位置或服务的公司对用户进行分类是很有诱惑力的。一个为银行开发软件的公司就考虑过将用户按照工作在大型商业银行、小型商业银行、储蓄借贷机构或信用合作社来划分。这个分类的确能够体现不同的细分市场，但并不是用户类别的分类方式。

更好的划分用户类别的方法是考虑各种用户使用系统完成哪些不同的任务。所有类型的金融机构都有柜员、处理贷款申请的职员或业务经理等。无论在哪个金融机构，完成这些活动（不管是否有专属的职务名称）的个人，对系统都有相似的功能需求。所有柜员需要做的事基本都相同，业务经理做的工作也都相似，诸如此类。因此更合理的用户类别应当包含柜员、贷款专员、业务经理以及分行经理。通过思考用例、用户故事、操作流程以及操作人员，也许可以发现更多的用户类别。

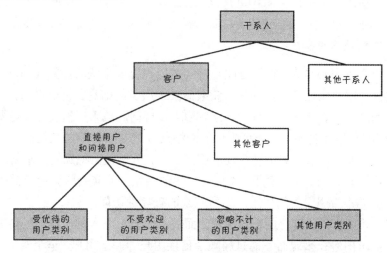

图 6-1　干系人、客户、用户以及用户类别层级结构

　　对特定的项目来说，某些用户类别可能比其他用户类别重要得多。受优待的用户类别就是其满意度决定着项目是否达到业务目标的用户类别。在解决不同用户类别的需求冲突或是考虑优先级时，受优待的用户类别应当加以照顾。并不是说一定要优待为系统付款的客户（他们可能根本就不是用户）或者最有政治影响力的人。要看是否有利于达成业务目标。

　　不受欢迎的用户类别是指出于法律、保密或安全因素的考虑而不应使用此产品的用户（Gause and Lawrence 1999）。你也许需要特意设计某些特性使不受欢迎的用户很难使用他们不该使用的功能。例如加入访问权限机制、用户级别限制、反恶意软件特性（对付非人类用户）和使用日志。在四次登录失败后锁定用户账户以防不受欢迎的用户仿冒正常用户登录系统，但也会给记性不好的合法用户带来不便。如果我的银行无法识别我使用的电脑，它可以通过邮件告诉我一个一次性验证码，要求我在登录前输入验证码。这个特性可以用来对付"可能盗取我银行信息"的不受欢迎的用户。

　　也可以选择忽略其他的用户类别。当然，他们也会使用产品，但你不需要特意迎合他们。如果还有其他类型的用户类别，既不是受优待的用户，也不是不受欢迎的用户和被忽略不计的用户，在定义产品需求时也要加以重视。

　　每一类用户类别的成员为了完成任务都对系统有一些特定的需求。不同类别的用户需要可能有一些重叠。例如柜员、业务经理和贷款专员可能都要查看银行客户的账户余额。不同的用户类别对系统也可能有不同的质量预期，例如易用性，这影响到用户界面设计决策。新用户或偶尔使用的用户很关心系统是否好用。这样的用户喜欢功能菜单、图形用户界面、整齐的屏幕显示、功能向导和帮助页面。随着使用系统的经验增加，他们开始更关心效率。他们更喜欢快捷键、定制选项、工具栏和脚本工具。

 陷阱 不要轻视间接用户群。他们不直接使用你的应用而是通过其他应用或者报告的形式获取系统输出的数据或者服务。间接客户仍然是你的客户。

用户类别未必是人。它们可能是替人类用户提供某些服务的代理软件，例如机器人。软件代理可以扫描网络获取商品或服务的信息，收集定制新闻，处理收到的邮件，监控物理系统和网络，力求发现问题或入侵情况，或者做数据挖掘。探测网站漏洞或生成垃圾邮件的网络代理就是一种不受欢迎的非人类用户类别。如果识别出这类不受欢迎的用户类别，可以提出特殊的需求使其无法工作从而遏制它们。举个例子，类似验证码的网站工具集会验证用户是否是人类并屏蔽你不希望看到的"用户"所带来的破坏性访问。

记住，用户只是客户的一个子集，而后者又是干系人的子集。需要更广泛地考虑需求的潜在来源而不能只局限于直接用户和间接用户。举个例子，虽然开发团队成员不是自己构建的这个系统的最终用户，你仍然需要他们给出内部质量的需求，例如效率、可维护性、可移植性和可重用性，就像第 14 章所描述的。某公司发现每次安装他们的产品都是一个费时费力的噩梦，于是引入一个"安装者"用户类别，使其可以专注于为产品开发一个可定制架构这样的需求。在尝试找出能够提供必要需求信息的干系人时，一定要在明显的终端用户之外多看看。

识别用户类别

在项目早期阶段识别并划分出用户类别，以便从各个重要的用户类别代表那里获取需求。这里有一个有效的技术，即艾伦·哥特斯蒂纳尔（Ellen Gottesdiener）发明的"发散后收拢"协作模式（Gottesdiener 2002）。首先问项目出资人希望谁使用系统。然后通过头脑风暴想出尽可能多的用户类别。在这个阶段即使列出几十个也不要怕。稍后进一步浓缩、分类。重要的是不遗漏用户类别，以免后期引起麻烦，到时有人抱怨发布的产品不满足他们的需要。下一步，识别有相同需求的小组，把他们归为一类或把他们当作一个主要用户类别的小分支。试着将这个列表缩减到 15 个不同的用户类别。

有个公司曾经为 65 个公司客户定制了一款产品，起初他们把每个公司客户都当作一个有独特需求的用户。将这些客户重组为 6 个用户群极大降低了需求工作的难度。关于如何拉一张大网捕获潜在用户、裁剪用户列表以及选择特定用户参与项目，Donald Gause and Gerald Weinberg（1989）提供了很多建议。

很多分析模型可以帮助识别用户群。在内外关系图中处于系统之外的外部实体都是用户群的候选（详见第 5 章）。公司组织结构图同样可以帮助发现潜在用户和其他干系人（Beatty and Chen 2012）。图 6-2 展示了 Contoso 制药公司的部分组织结构图。系统所有的潜在用户几乎都可以在图中找到。进行干系人与用户分析时，需要从组织结构图中找到以下信息：

- 参与业务过程的部门
- 受业务过程影响的部门
- 可能找到的直接用户或间接用户的部门或角色名称
- 横跨多个部门的用户群
- 与公司外部的干系人有接口的部门

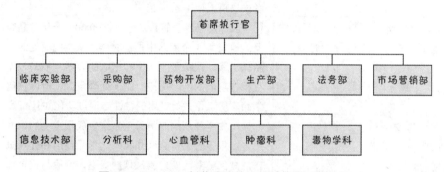

图 6-2　Contoso 制药公司的组织结构图（部分）

分析组织结构图可以降低遗漏组织内重要用户群的可能性。它可以指引你找到特定用户群的代表，还能帮你确定谁可能是核心的需求决策人。在一个部门中你可能会发现拥有不同需求的多个用户群。与之相反，在多个部门中识别出相同的用户群可以简化需求发现过程。研究组织结构图可以帮助确定和多少个用户代表一同工作才能确保你完全理解广泛用户群体的需要。还要试着理解基于他们在公司中的角色及其所在部门的视角，每个用户可以提供哪些类型的信息。

将用户群及其特点、责任与物理位置记录在项目的需求规范说明（SRS）或需求计划中。把这些信息和你从愿景和范围文档中已经获得的干系人信息进行对比，以防出现冲突或重复。记录你所知道的每个用户群的所有相关信息，例如它的相对或绝对规模及哪个用户群更受重视。这将有助于团队后期为变更请求设定优先级和评估影响。对系统交易量及交易类型的估计可以帮助测试人员提出一个系统使用概况模型，从而帮助他们规划测试验证活动。我们在前几章提到的化学品跟踪系统的项目经理和业务分析师识别出的用户群及其特征列如表 6-1 所示。

表 6-1　化学品跟踪系统的用户群

名称	个数	描述
药剂师 （受优待的）	大约 1000 人，分布在 6 幢办公楼中	药剂师从供应商或者化学品库房获取化学品。每个药剂师每天多次使用系统，主要是获取化学品并且跟踪进出实验室的化学品容器。药剂师需要搜索供应商名录来寻找符合其画图工具中所绘制化学结构的化学品
采购者	5	采购部门的采购者负责处理化学品采购申请。他们发出并跟踪发给外部供应商的订单。他们对化学知之甚少，需要简单的查询工具搜索供应商目录。采购者不会使用系统提供的容器跟踪特性。每个采购者平均每天使用系统 25 次
化学品库房工作人员	6 个技术员，1 个主管	化学品库房管理员管理着超过 500 000 个化学品容器。他们从 3 个库房中提供容器，从供应商处购买新化学品，跟踪每个入库和出库的容器。他们是库存报告功能的唯一用户。由于处理量大，所以供化学品库房工作人员专用的特性必须自动化并且高效
健康与安全部门职员（受优待的）	一个经理	健康与安全部门的职员只用系统生成预定义的季度报告，报告必须符合联邦和州化学品使用和处理报告法规。随着政府健康法规的变更，健康与安全部门经理会周期性的调整报告。这些报告的调整享有最高优先级并且这部分特性的完成时间至关重要

考虑建立一个能够用于多个应用上的用户群分类法。在公司级别定义用户群可以让你在以后项目中重用这些用户群。使用下一个系统的用户可能属于某些新的用户群，但也可能属于前一个系统的用户群。如果要在项目的 SRS 中包含用户群的描述，可以引用可重用的用户群列表中的条目，再加入此应用的特殊用户群描述。

用户画像

为了让用户群鲜活，可以为每个用户群创建一个画像，用户群代表成员描述（Cooper 2004，Leffingwell 2011）。角色是一个假想的普通用户，把他当作一组具有相同特点和需求用户的替身。可以使用用户画像帮助理解需求并设计出最能满足特定用户群体需要的用户体验。

当系统分析师手上没有合适的真实用户代表时，用户画像可以作为一个替代。不需要停下手头的工作，系统分析师可以构想出用户完成特定任务的过程或是评估这个角色的偏好，在还没找到真实用户的情况下完成需求初稿供日后讨论。商业型客户的用户画像可以很详细，包括个人社会背景和行为、爱好、厌恶及类似的信息。基于市场、人口统计和人类学研究，确保创造的用户画像真的可以代表用户群。

以下是化学品跟踪系统中的一个用户画像：

> Fred，41 岁，自从 14 年前博士毕业后一直在 Contoso 制药公司担任药剂师。他对使用电脑没什么耐心。Fred 通常同时参加两个相关领域的化学项目。他的实验室里大约有 300 瓶各种化学品或气体。他通常每天都需要从库房领取 4 种新的化学品。其中两种是有库存的商业化学品，一种需要预定，另外一种是 Contoso 制药公司独家的化学配方样品。有时，Fred 需要一些通过特殊安全操作培训才能使用的危险化学品。当他首次购买一种化学品时，他希望材料安全数据表可以通过电子邮件自动发给他。Fred 每年都会合成近 20 种新的独家配方化学品存入库房中。Fred 希望他每个月的化学品使用报告能够自动生成并通过电子邮件发送给他，以便监控自己的化学品接触情况。

业务分析师探索药剂师需求的时候，他可以把 Fred 当作这个用户群的原型并想一想 "Fred 需要做些什么呢？" 相较于想象没有个性的人到底需要什么，使用人物可以让需求思考过程更实在。有些人会根据人物的性别给他们挑选一个合适的头像，让他们显得更真实。

Dean Leffingwell（2011）提出，设计系统就是让你在用户画像中描述"他"能轻松使用这个应用。也就是说，你要专注于满足那个（想象中的）人的需求。建立一个能准确代表用户群的角色，帮助你很好地满足整个用户群的需求和期望。一个同事有这样的经历："在一个维修投币式自动售货机的项目中，我创造了两个人物，分别是维修员 Dolly 和库房主管 Ralph。我们为他俩写用户场景，他们是项目团队的虚拟成员。"

与用户代表取得联系

任何类型的项目——企业信息系统、商业应用、嵌入式系统、网站、合同软件——都需要有合适的代表替用户说话。这些用户应当全程参与开发，而不只是参与项目开始时独立的需求阶段。每个用户群都需要有一个人为他们代言。

在自己公司开发部署应用时，最容易接触到真实用户。如果开发的是商业软件，可以组织参加 beta 测试或早期发布站点的用户在开发早期阶段提供需求信息。（参见本章后面的"外部产品代言人"）考虑将产品或竞争对手产品现在的用户组成一个焦点小组。不要猜用户想要什么，直接问。

有个公司要求焦点小组使用不同数码相机和计算机来完成一些特定任务。结果显示，该公司的相机软件在完成常用操作时往往需要很长时间，因为支持某些很少使用的场景他们做了一些特殊的设计决策。修改之后出产的相机，客户对速度的抱怨也少了。

确保焦点小组所代表的用户需求可以指引产品开发。同时包含专家和经验缺乏的客户。如果焦点小组只代表早期采纳者或空想家，最终获得的将是一些非常复杂和充满技术难度的需求，很少有人认为这些需求真的有用。

图 6-3 展示了联系用户与开发人员的一些典型沟通渠道。一项研究指出建立更多类型的沟通渠道和开发人员与用户更直接的沟通会使项目更成功（Keil and Carmel 1995）。最直接的沟通就是开发人员直接与合适的用户对话，也就是说开发人员同时扮演业务分析师的角色。如果开发人员掌握业务分析师的一些技能，那么这种做法很适合小型项目，但无法就只是扩展到有成千上万潜在用户和几十名开发人员的大型项目中。

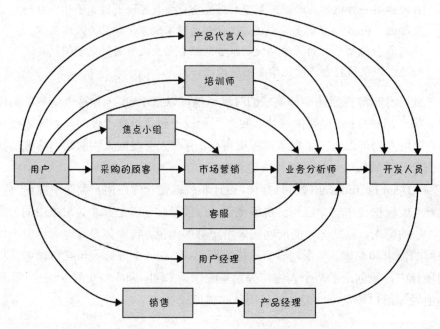

图 6-3　用户与开发人员之间一些可能的沟通渠道

就像孩子们玩的"传声筒"游戏一样，用户与开发人员之间插入的中间层越多，信息传递的错误率与传输延时就越大。不过有些中间层是能够增加价值的，例如当有经验的业务分析师和用户或其他参与者一起收集、评估、细化以及组织输入信息的时候。在使用市场人员、产品经理、主题专家或其他人员作为真实的用户代言人时，要认识到自己所承担的风险。虽然优化用户的表述很有难度而且成本高，但是如果跟你沟通的人无法提供最优信息，产品和客户就会吃苦头。

产品代言人

 在很多年以前，我在一个很小的软件开发集团工作，我们的工作是支持一家大公司的科研活动。我们的每个项目都由用户社区的核心人员提供需求。我们把这些人称为产品代言人（Wiegers 1996）。产品代言人这种方式能够有效促成第 2 章所提到的重要客户-开发人员合作伙伴关系。

每个产品代言人都是某个用户群与项目业务分析师之间的主要接口。在理想情况下，代言人应该是个真实用户，而不是某种代理人，例如资助者、营销人员、用户经理或把自己想象成用户的软件开发人员。产品代言人从用户群其他成员那里收集需求并且消除冲突。因此需求开发活动是业务分析师与这些挑选出的用户的共同责任，当然业务分析师要负责写需求文档。即使对于以此为生的人，写优秀的需求文档都是一个不小的挑战。指望从来不写需求文档的用户来干好这件事是根本不现实的。

最好的产品代言人对新系统有一个清晰的愿景。他们对此充满热情，因为他们知道系统会给他们及其同事带来诸多好处。代言人应当是受同事尊敬的，并且有高效沟通能力的人。他们必须对应用领域与解决方案的运行环境有全面认识。优秀的产品代言人通常还有其他工作，所以你需要通过一个很有说服力的理由来解释为什么这样一个人对项目成功如此重要。举个例子，产品代言人可以在用户群体中推广新系统的应用，经理通常都将此视为一种成功的标志。我们发现，优秀的产品代言人可以给我们的项目带来巨大的不同，所以我们要对他们的贡献进行公开的奖励和认可。

我们的软件开发团队很喜欢产品代言人的另一个好处。在很多项目中，我们都会碰到出色的代言人站在我们的角度向他的同事解释为什么软件还没有完工。"别担心，"代言人会对他的同事和经理说，"我清楚并认同软件开发团队所采用的软件工程方法。我们花在需求上的时间可以保证我们得到真正想要的系统，并且从长远来看可以节约我们的时间。"这样的协作有助于打破顾客和开发团队之间可能的紧张关系。

当每个代言人拥有充分的授权足以替其代言用户群做出有约束力的决策时，产品代言人这种方式才能发挥最大功效。如果代言人的决定经常遭到其他人的否决，那么他的时间以及声誉就会被白白浪费。然而，代言人必须记住，他并不是唯一的客户。当这个充当关键联络人角色的人没有与其同事以及被代表的人充分沟通而只是表达其个人愿望以及想法时，就会出现问题。

外部产品代言人

在开发商业产品时，从公司外部寻找产品代言人是十分困难的。开发商业产品的公司有时会让内部专家或是外部顾问充当真实用户的代理人，真实用户可能很难找到或难以参与。如果与一些主要的公司客户有紧密的合作关系，他们可能会很乐意有机参加需求引导活动。可以为外部产品代言人的参与提供经济奖励。可以考虑给他们折扣价购买产品或者为他们参与需求活动所花费的时间付钱。但你仍需警惕，避免听信代理人对需求的一面之词而忽视其他干系人的需要。如果有大量不同的客户群，首先要识别出所有客户共有的核心需求。然后再定义适合于特定公司客户、细分市场或用户群的附加需求。

另一个可选的方案是雇佣一个有合适背景的产品代言人。一家为某产业开发零售与后台系统的公司雇佣了 3 个零售店经理作为全职的产品代言人。再举个例子，我的长期家庭医生 Art，离开他的医疗岗位在一个医疗软件公司做了外科医生代言人。Art 的新老板认为雇佣一个医生来帮助公司生产其他医生认可的软件是值得的。另一家公司雇佣了几个他们主要客户的前雇员。这些人提供了很有价值的领域专业信息并对客户组织的内部政治有深刻的了解。还有其他可选择的参与模式，某公司有几个公司顾客都在广泛使用他们的发票系统。不同于从顾客中找产品代言人，开发公司将他们的业务分析师送到顾客现场。客户很乐意花费自己员工一些时间帮助系统分析师获取关于新发票系统的正确需求。

当产品代言人是前用户或虚拟用户时要小心，因为代言人的想法可能与目前真实用户的想法存在断层。某些领域日新月异，也有些领域相对很稳定。不管怎样，一旦人们不再担任某个职务，他们就很可能会忘记日常工作的复杂性。最根本的问题是，无论产品代言人的背景或现任职务是什么，他们是否能够准确代表如今真实用户的需求。

产品代言人的期望

为了帮助产品代言人取得成功，用文档记下你对代言人的期望。这些记录下来的期望可以帮助你建立一个具体实例，帮助特定的个人充当这个至关重要的角色。表 6-2 记录了产品代言人要完成的一些活动（Wiegers 1996）。并不是每个代言人都要做下列所有事，把这个列表作为一个出发点，与每个代言人一起探讨他们的责任。

表 6-2　产品代言人可能要承担的工作

分类	活动
制定计划	・细化产品的范围和约束条件 ・识别需要与之交互的其他系统 ・评估新系统对业务操作的影响 ・定义一个由现有应用或手工操作迁移到新系统的路线图 ・识别相关的标准和认证需求
需求	・从其他用户那里收集需求 ・开发使用场景、用例以及用户故事 ・解决用户群内部需求提案之间的冲突 ・定义实现的优先级 ・对性能和其他质量方面的需求提供输入信息

续表

分类	活动
需求	· 评估原型 · 与其他决策者一起解决不同干系人之间的需求冲突 · 提供特有的算法
确认和验证	· 评审需求规范书 · 定义验收条件 · 根据使用场景开发用户验收测试 · 从业务中提供测试数据集 · 执行 beta 测试或用户验收测试
协助用户	· 写部分用户文档以及帮助文档 · 贡献培训资料或教程 · 向同事展示系统
变更管理	· 评估缺陷的修订或增强请求并排列先级 · 动态调整未来的版本或迭代范围 · 评估变更申请对用户和业务过程产生的影响 · 共同做出变更决策

多个产品代言人

　　一个人很难描述出一个应用所有用户的需要。化学品跟踪系统主要有四类用户群，所以需要从 Contoso 制药公司的内部用户群中挑选出四个产品代言人。图 6-4 展示了项目经理如何组织一个由业务分析师和产品代言人组成的小组，从正确的源头发掘正确的需求。这些代言人并不是全职的，不过每个人每周都会在项目上工作几个小时。三个业务分析师和四个产品代言人一起发掘、分析并记录他们的需求。（有个业务分析师和两个产品代言人一起工作，因为购买者和健康与安全部门用户群很小并且需求也不多。）一个业务分析师把所有输入合并到一个统一的 SRS 中。

　　我们并不指望一个人就能提供 Contoso 制药公司几百个药剂师的各种不同需求。药剂师用户群的产品代言人 Don 拥有一个来自公司不同部门的由 5 人药剂师后援团。他们代表药剂师用户群的子集。这种分层的方法可以在需求开发中引入更多的用户，同时又避免大型讨论会或几十个一对一访谈的成本。Don 总能够让人们达成共识。不过如果无法达成一致，他也很乐意做出必要的决策让项目继续。如果用户群很小或者有足够的凝聚力使一个人足以真正代表整个团队的需求，就没必要组织后援团。①

---

① 这个故事有一个有趣的结局。我离开这个项目几年后，培训班里的一个学员告诉我，他所在的公司承包了 Contoso 制药公司化学品跟踪系统的开发。开发工程师发现我们用这种产品代言人模式提供的需求规范说明书为开发工作提供了坚实的基础。后来系统顺利交付使用并在 Contoso 制药公司使用了很多年。

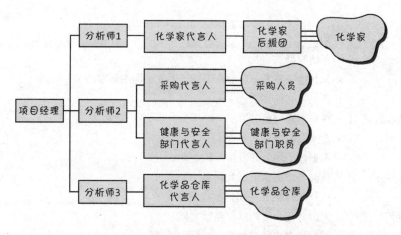

图 6-4　化学品跟踪系统的产品代言人模型

失语的用户群

　　Humongous 保险公司的业务分析师很开心，因为有，一位很有影响力的用户 Rebecca 同意担当新索赔处理系统的产品代言人。Rebecca 对系统特性和用户界面设计有很多想法。受到这位专家的指引和激励，开发团队很愉快地实现了她的要求。然而在交付使用之后，他们非常震惊，因为收到系统难以使用的很多抱怨。

　　Rebecca 是个高手用户。她提出的可用性需求对专家来说非常有效，但 90%的非专家用户觉得系统很不直观，很难学。系统分析师没有意识到索赔处理系统至少有两个用户群。一大群不那么能干的用户失去了表达需求和参与用户界面设计的机会。Humongous 公司不得不花巨资重新设计系统。业务分析师至少应当再多引入一个产品代言人代表大量非专家用户。

推广产品代言人理念

　　当你提出需要产品代言人参加项目的想法时，要做好被反对的心理准备。"用户都太忙了""管理层希望能掌握决定权""他们会拖累进度""我们没那么多钱""他们会很疯狂，项目范围会爆炸的""我不知道作为产品代言人要做些什么。"一些用户可能不愿意加入项目，因为项目可能会改变他们的工作方式甚至威胁到他们的工作机会。管理层有时候也不愿意将需求工作授权给普通用户。

　　将业务需求与用户需求区分开，有助于缓解以上部分问题。作为一名真实用户，产品代言人在业务需求所决定的范围内做出用户需求级别的决策。管理者和出资人仍然有权做出影响产品愿景、范围、业务相关的优先级、日程安排或预算方面的决策。将每个产品代言人的角色和责任写下来并和候选的代言人协商，让他们对要做的事有心理准备。提醒管理层，让他们意识到产品代言人是能够帮助项目达到业务目标的关键因素。

遇到阻力时，要指出缺乏用户参与是导致软件项目失败的首要原因。提醒反对者注意以前的项目由于缺乏用户输入而造成的种种问题。每个组织都有新系统无法满足用户需要或是不满足隐含易用性或性能期望的可怕经历。由于没有人能理解需求，所以开发出来的系统不合格。这样的系统无论是重构还是抛弃，其成本都是无法承受的。产品代言人提供了一种及时获得所有重要客户输入的方法，再也不会出现开发人员忙到项目结束时才发现客户很失望的事情了。

产品代言人要避免的陷阱

产品代言人模式在很多情况下都取得了成功。但必须满足以下要求，产品代言人必须理解其职责并做出承诺，必须有权在用户需求级别做出决策，必须有时间投入这项工作。警惕以下潜在问题。

- 管理层推翻合格的被授权产品代言人所做的决定。管理者很可能在最后一分钟突然冒出一个疯狂的新想法或者他觉得自己知道用户需要什么。这种行为通常会导致用户的不满，使产品代言人产生挫败感，觉得管理层不信任他们。
- 产品代言人如果忘记自己代表的其他客户，而只是提出自己的需求，就说明他不尽责。很可能他对产品感到满意，但其他人可能未必。
- 如果对新系统缺乏一个清晰的愿景，产品代言人可能会将决策权推给系统分析师。如果系统分析师提出的所有想法都得到了代言人的认可，就说明代言人其实没起到什么帮助作用。
- 资深用户可能会提名一个不太有经验的用户作为代言人，因为资深用户本身可能没有时间亲自完成这项工作。这会导致资深用户采用垂帘听政的方式主导产品的方向。

提防那些千方百计想替其他用户群说话的用户。偶尔会遇到有些人出于某种原因积极阻碍业务分析师与最合适的联系人一起工作。在化学品跟踪系统中，化学品库房工作人员的产品代言人（她以前是个药剂师）起初坚持要提供她所认为的药剂师用户群的需求。不幸的是，她提出的需要并不准确。说服她不要插手别人的工作真不是一件容易的事，不过业务分析师并没有被她吓倒。项目经理为药剂师物色了一个单独的产品代言人，他出色完成了收集、评估和转达这个用户群需求的工作。

敏捷项目的用户表达方式

项目团队成员与合适的客户之间频繁交谈是解决需求问题和充实需求规范说明最有效的方式。文档无论写得多么详细，也只是持续沟通的一种不完整的替代品。最早的一种敏捷开发方法即极限编程中有一个基本原则，就是要求有一个全职的驻厂客户参与这些讨论（Jeffries，Anderson，and Hendrickson，2001）。

有一些敏捷开发方法包含一个称为"产品负责人"的干系人代表，负责向团队传达客户的声音（Schwaber 2004；Cohn 2010；Leffingwell 2011）。产品负责人定义产品愿景，负责开发产品 Backlog 列表并且对其中的事项排定优先级（Backlog 列表里是根据优先级排列的产品用户故事（也就是需求）以及它们在未来的迭代中是如何规划的。迭代在敏捷开发方法 Scrum 中被称为 Sprint）。因而，产品负责人横跨需求的三个级别：业务、用户和功能。他实际上同时履行产品代言人和业务分析师的职责，代表客户定义产品特性，排定优先级，等等。最终一定要有一个人做出决策，交付的产品到底要具有什么能力以及什么时候交付。在 Scrum 中，这些都是产品负责人的职责。

只有一个唯一的产品负责人通常是很难达到的理想状态。我们知道有一个公司开发了一个经营保险业务的一揽子解决方案。这个组织很庞大也很复杂，因而不太可能找到一个熟悉足够多细节并能为实现做出所有决策的人。于是，客户在每个部门选一个产品负责人，负责为本部门需的功能排定优先级。公司的 CIO 充当总产品负责人。CIO 清楚整个产品的愿景，所以可以确保所有部门对达成这一愿景做出相应的努力。他有责任在部门级产品负责人出现冲突时做出决策。

敏捷方法所强调的拥有驻厂客户以及客户与开发人员的紧密协作关系当然是正确的。实际上，我们强烈认为所有开发项目都需要强调用户的参与。然而正如你所见，除了最小的项目外，所有项目都不止一个用户群，同时还有很多其他干系人的利益需要表达。在很多情况下，期望一个人理解并描述所有相关用户群的需要不现实，同样也不可能由一个人做出关于产品定义的全部决策。特别是企业内部项目，通常需要使用一个体系化的代表方式，例如产品代言人模式，才能确保用户充分投入。

产品负责人和产品代言人不是互斥的。如果产品负责人承担业务分析师的角色，而不是作为干系人代表他自己，就可以组织由一个或多个产品代言人组成的体系作为最合适的信息输入源。或者，产品负责人也可以与一个或多个业务分析师协作，由后者与干系人一同工作理解他们的需求。此时，产品负责人充当的就是最终决策人的角色。

"触手可及"的顾客

我曾经给一个做研究的科学家 John 写程序，他的座位离我的办公桌只有 10 英尺远。John 可以及时为我的问题提供解答，为用户界面提供反馈，澄清非正式的需求文档。一天，John 搬去新的办公室，还在同一个办公楼的同一个楼层，不过是在另一头，大约 100 英尺外。我的编程生产力随即大幅下降，因为获得 John 输入信息的周期延长了。我需要花更多时间修正问题，因为有时候我会沿着错误的方向走很久才能发现问题。对开发人员来说，没有什么能够代替一个驻厂而且"触手可及"的合适顾客。不过也要小心，太频繁的打断会让人很难专注于自己手头上的工作。可能需要将近 15 分钟才能重新恢复到高产出的状态，这种专注的精神状态称为"心流"(DeMarco and Lister 1999)。

驻厂客户并不能保证获得期望的结果。我的同事 Chris 是个项目经理，他为开发团队建立了一个没有物理障碍的环境，还加入了两名产品代言人。Chris 在报告中这样写："虽然这种紧密的关系似乎对开发团队有帮助，不过产品代言人发挥的作用却喜忧参半，其中一个就坐在我们中间，却总是回避我们。另一个新来的代言人与开发人员交流得很好，并且的确帮助我们加速了软件的开发。"没有什么能够代替正确的人选承担正确的角色，在正确的地点有着正确的态度。

处理需求冲突

一定要有人解决不同用户群之间的需求冲突、协调不一致并对出现的范围问题做出仲裁。产品代言人或者产品负责人可以处理这种问题中的一些，但不是全部。如第 2 章所述，要在项目前期确定谁是需求问题的决策人。如果由谁负责做出这些决定不清晰或者被授权人放弃履行他们的职责，决策工作自然会落到开发人员或分析师的身上。然而他们中大多数人不具备必要的知识和视野来做出最理想的商业决策。分析师有时就只好听从声音最大的人或职位最高的人的意见。这虽然情有可原，但并不是最佳策略。应当由组织层级中离基层最近且可以近距离接触问题的消息灵通人士来做决定。

表 6-3 展示了项目过程中可能出现的冲突和建议的解决方法。项目领导人需要知道出现类似情况时应当由谁来决定做什么，如果不能达成一致又应当通知谁以及在必要时重要问题必须上报给谁。

表 6-3　解决需求争论的建议

争论方	如何解决
单独用户之间	产品代言人或产品负责人决定
用户群之间	优先满足受优待的用户群
细分市场之间	对业务成功影响最大的细分市场优先
企业客户之间	由经营目标决定方向
用户和用户经理之间	产品负责人或产品经理为用户群做决定
开发人员和顾客之间	优待客户，不过要保证符合业务目标
开发人员与销售人员之间	受优待的销售人员

 陷阱　不要因为"客户至上"就盲目接受客户的所有请求。我们都知道客户并不总是对的(Wiegers 2011)。有时客户可能是非理性的、无知的或心情欠佳。然而，顾客总是有自己的观点，软件开发团队必须理解并尊重这些观点。

　　协商结果并不总符合分析师的心愿。有的客户可能会拒绝考虑任何其他可行的选择或观点。我们碰到过销售人员从来不对客户需求说不，无论是否可行或成本是否可接受。在遇到这类问题之前，团队需要确定谁能够对项目需求做出决策。否则，优柔寡断和不断重复讨论之前已经做出的决策会使项目陷入无休止的争论。如果你陷入这种困境，要求助于组织架构来解决这些争端。不过就像我们先前警告过的，如果真的是在与一些非理性的人共事，定然不会有任何简单解决方案的。

行动练习

- 在图 6-3 中找到你在自己的环境中是如何倾听用户声音的。目前的沟通渠道是否遇到了任何问题？识别出可用于未来挖掘需求的最短、最有效的沟通路径。
- 识别出项目的不同用户群。哪些应受优待？是否有不受欢迎的？谁可以胜任重要用户群的产品代言人？即使项目已经进行到中期，有产品代言人的参与也会使团队受益良多。
- 根据表 6-2 来定义产品代言人的活动。与每个产品代言人的候选者及其经理协商他们能够做出哪些具体的贡献。
- 明确项目里需求问题的决策人。目前的决策流程是否运行良好？哪里有问题？决策是否由正确的人做出？如果不是，又由谁来决策？提出流程建议，帮助决策者在需求问题上达成一致。

第 7 章

需求获取

"早上好，Maria。我是业务分析师 Phil，负责为贵公司开发一个新的员工信息系统。谢谢你同意作为这个项目的产品代言人。您给出的信息会对我们有莫大的帮助。现在您能告诉我你想要什么吗？"

"额，我想要什么？"Maria 感到莫名其妙，"从哪里说起呢？让我想想。对，新系统要比旧系统速度快。还有你知道吗？如果员工的姓名很长，旧系统就会崩溃，这时我们就得给客服打电话，让他们来替我们输入姓名。因此，新系统要在我们输入长姓名的时候不崩溃。还有，现在有一个新规定，就是说我们不能再使用社会安全号码作为员工 ID 了，所以新系统投入使用后，我们还必须得更改所有 ID。哦，对了，如果我能有一份截止到本年度每位员工受过多少课时培训的报告，就太好不过啦。"

Phil 忠实记下了 Maria 所说的所有话，但他这时已经晕菜了。Maria 的想法太发散，导致他不确定自己是否获取了全部需求。他无法判断 Maria 的需求是否与项目的业务目标相符。他也完全不知道如何处理这些零散的信息。Phi 更不知道接下来该问什么了。

需求开发的核心就是需求的**获取**，这是一种为软件系统确定各类干系人的需要和约束的过程。需求获取不等同于"收集需求"，也不是简单地将用户所说的全部记录下来。获取是一个综合协作性和分析性的过程，其活动包括收集、发现、提炼和定义需求。获取的目的是为了发现业务需求、用户需求、功能需求和非功能性需求，还有一些其他类型的信息。需求获取可能是软件开发各个方面中最具有挑战性、最关键、最易出错和最需要密集沟通的。

让用户专心参与获取过程，能够为项目赢得支持和认同。如果你是业务分析师，请尽量试着理解用户在陈述需求时的思维过程。通过研究用户执行任务所作决策的过程，提炼出潜在的逻辑。要保证每个人都明白系统为什么必须要执行那些特定的功能。要对大家提出的需求仔细甄别，过时、无效的业务过程或规则，都不应该纳入新的系统之中。

业务分析师必须营造一种环境，以便对正在拟定的产品进行彻底、全面的探索。为了使用业务方面的词汇，不能强迫用户理解技术术语。将重要的程序术语编入一个词汇表，不能想当然地认为所有参与方对产品定义的理解都是一致的。客户必须明白一点，即对可能的功能进行讨论并不代表必须将其纳入产品之中。分析优先级、可行性和约束都是实际行动，与头脑风暴和设想可能性是两码事。干系人要尽早对其单纯的愿望清单进行优先级排序，避免定义的项目过于冗余，以至于永远无法交付任何有用的东西。

需求开发的目的是使各类项目干系人对需求达成共识。当开发人员了解了这些需求之后，他们就能探索出待解决问题的可选方案。参与需求获取的人要沉得住气，避免在理解问题本质之前就开始设计系统。否则，随着需求定义的逐步清晰，设计返工将不可避免。我们要强调用户任务而非用户界面，关注真正的用户需求而非口头诉求，避免团队过早陷入设计细节中。

如图 7-1 所示，需求开发本质上是一个不断循环的过程。首先获取一些需求，对获知的东西进行研究，写一些需求，在此过程中可能还会发现一些遗漏的信息，需要再次对需求进行获取，如此反复。别妄想只办几次获取工作坊就可以宣告需求获取胜利结束并可以采取下一步行动了。

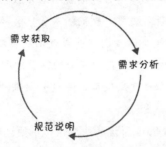

图 7-1　需求获取、分析和规范说明的循环本质

本章描述了好多种有效的获取技巧，包括何时使用何种技巧以及各种技巧的小窍门和各种挑战。本章还对整体获取流程进行了描述，例如计划获取活动和组织会议成果。在本章后面，要对获取活动中需要注意的一些陷阱进行警告提醒，并针对如何发现遗漏需求提出了具体建议。图 7-2 描述的是一个独立需求获取会议需要进行的活动。但是，在我们正式开始此流程之前，先探索一些需求获取技巧，你会发现自己将受益匪浅。

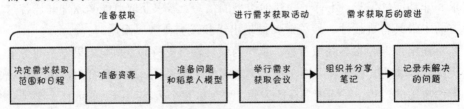

图 7-2　某次需求获取会议要进行的活动

需求获取技巧

软件项目中的需求获取技巧不计其数。事实上，项目团队不可能只采用一种需求获取技巧。现实生活中总有很多类型的信息等待我们去发现，但不同的

项目干系人表述信息的方式却不尽相同。可能某个用户能够清晰地表述其使用系统的方式，但如果你想以同样的程度理解另外一个用户如何完成她的工作，也许得靠你仔细观察了。

获取技巧包括引导活动（期间与干系人互动以获取需求）和独立活动（期间独立工作以发现信息）。引导活动主要聚焦于发现业务和用户需求。由于用户需求包含用户需要用系统完成的任务，因此很有必要与用户直接合作。而为了获取业务需求，你要与诸如项目发起方等干系人协同工作。独立获取技巧是对用户提交的需求进行补充，并揭示出最终用户都没有注意到的必要功能。大多数项目都会综合使用引导和独立获取这两种活动。它们分别为需求提供不同的探索方式，甚至可能揭示出完全不同的需求。下面描述几种常用的需求获取技巧。

访谈

要想找出软件系统用户需要，最常见的方法是对他进行提问。对于商业产品和信息系统而言，访谈是一种传统的需求输入来源，贯穿于所有软件开发方法。大多数业务分析师都会引导一些个人或者小团体形式的访谈，以这种方式来获取项目的需求。敏捷项目会广泛使用访谈机制，让用户直接参与进来。相比需求工作坊这样的大型需求研讨活动，访谈更容易安排和引导。

如果你对某个应用领域不太了解，专家访谈可以迅速提升自己。可以通过这种方式来准备用于其他访谈或工作坊的需求草案和模型。如果能与受访者建立起融洽的关系，采用一对一或者小范围讨论而不是更大型的工作坊形式，会使他们感觉更安全（特别是针对敏感主题），更有利于他们分享想法。相比大团队设置，一对一或者小型访谈更能让用户主动参与项目或者检查现有需求。想从没有多少时间与你见面的主管那里获取业务需求，最佳方式就是访谈。

关于如何进行用户访谈，可以参考 Ian Alexander and Ljerka Beus-Dukic（2009）和 Howard Podeswa（2009）。下面是针对访谈的一些建议。这些实用技巧对召开需求获取工作坊也同样适用。

建立融洽的关系　在做访谈之前，如果对方还不认识你，你要先进行自我介绍，然后检查会议日程，提醒参与者会议的目标，并解决他们提出的基本问题或顾虑。

不脱离范围　在任何获取会议上，都要将讨论聚焦在会议的主题上。即使谈话对象只有一个人或一个小组，访谈也有可能会跑题。

提前准备好问题和稻草人（某种假设）模型　在准备访谈时，尽可能提前将诸如问题清单这样的材料拟定出来，以规范谈话内容。用户可以从你拟定的材料中找到思考问题的出发点。相比创造，评论更容易。在本章后面的"准备获取"中，我们会对准备问题和起草稻草人模型进行更深入的描述。

提出看法 有创造力的业务分析师不会只是简单地将客户所说的内容记录下来，而是会在获取活动中提出观点和替代选项。有时用户并不清楚开发人员能提供什么样的功能；而当你提出能使系统更有价值的功能时，他们会欣欣鼓舞。当用户不能真正表达其需求的时候，你可以观察他们的工作，并提出一些建设性的方案以提升他们的工作效率（详见本章后面的"观察"）。业务分析师要摆脱思想的羁绊，以防一叶障目。

主动倾听 要锻炼主动倾听的技巧（身体前倾，表现出耐心，给出语言反馈，不清楚就问）和释义的技巧（复述谈话者信息的主要内容，证明你对他表述的信息是充分理解）。

工作坊

工作坊能鼓励干系人在定义需求时精诚合作。Ellen Gottesdiener（2002）对需求工作坊如此定义："一种结构性的会议，会议中有经过仔细甄选的干系人群体和内容专家，大家协同定义、创造、精炼并对代表用户需求的交付物（比如模型和文件）达成最终意见。"工作坊也是一种引导会，成员包括众多干系人和正式角色，例如引导师和记录员。工作坊通常包括各种类型的干系人，比如用户、开发人员和测试人员。工作坊的目的就是要从众多的干系人中兼容并蓄，获取需求。相比和个体逐一对话，团队工作对于解决分歧更高效。同样，如果由于时间条件的限制需要快速获取需求，工作坊也能发挥作用。

如某个权威人士所言："引导是带领人们朝着一致目标而努力奋斗的艺术，其引导方式注重鼓励所有人参与、自主和生产效率"（Sibbet 1994）。在规划工作坊、选择参与者并指导他们获得圆满成果方面，引导师起着关键的作用。业务分析师经常会引导需求获取工作坊。如果团队准备用新方法来进行需求获取，可以考虑设置外围引导师或者第二位业务分析师来引导工作坊的开始部分。这样，业务分析师才能全身心投入到讨论之中。如果只有一位分析师，同时还要作为引导师，那么她在作为引导师讲话以及在参加讨论时就需要精力特别集中。可以让记录员帮助记下讨论中的要点问题。同时进行引导、记录和参与并将这三项工作都做好，实在是太有挑战性了。

工作坊可能是资源密集型的，有时要求大量参会者一次性抽出几天时间。要想不浪费时间，就必须仔细规划会议。而要想少浪费时间，就要在工作坊开始前就准备好材料。例如，可以先自己而不是让整个团队共同起草好用例，然后让团队进行评审。如果毫无准备就开始进行工作坊，有什么意义呢？工作坊开始前，可以先利用其他获取技巧，然后再将干系人组织起来，协作处理必要的问题。

常规的引导实践适用于需求获取（Schwarz 2002）。关于引导需求获取工作坊的权威资料，可以参考 Gottesdiener 所著的 *Requirements by Collaboration*

（2002）。她针对工作坊的引导提出了很多宝贵技巧和工具。下面是进行高效获取工作坊所需要的一些技巧，但其中很多技巧也适用于访谈。

建立和执行基本规则　工作坊参与人员应当遵守一些基本原则。例如准时开始和结束；休息过后马上回来；将电子设备调为静音；一次只针对一个话题；每个人都发挥自己的作用；对事而不对人。规则设定之后，要确保与会人员都能遵从。

为所有团队成员设定角色　引导师必须要保证参加工作坊的人能完成下列任务：做记录、守时、范围管理、基本规则管理，并保证每个人都能听得清楚。记录员记录当时的情况，另外一个人看着钟表。

准备会议日程　每个工作坊都需要清晰的计划，更多相关细节将在本书后面的"准备获取"小节进行讨论。提前制定计划和工作坊会议日程，然后传达给参与者，让他们知道会议的目标和预期的结果并做相应的准备。

坚守范围　参照业务需求，确定大家所提出的用户需求是否符合目前的项目范围。让每次工作坊都能针对会议目标进行适当级别的总结。团队很容易在需求讨论时纠结于细枝末节。这些讨论耗费了大量的时间，而这些宝贵时间本应该留给团队更深入地理解用户需求，细节性的东西还是放在以后吧！引导师必须定期提醒需求获取活动的参与者不要偏离主题。

陷阱　注意讨论时的偏题，比如在获取会议上讨论设计问题。要保证与会者专注于会议目标，同时保证他们有机会将出现的其他问题留在日后处理。

将条目放入"停车场"供日后考虑　在获取讨论中，会出现一系列偶然但又很重要的信息：质量属性、业务规则、用户界面构思等。将此类信息放入挂图（停车场），这样既不会丢失信息，还能显示出对提出这些信息的人的尊重。不要被跑题的讨论细节分散注意力，除非它们真的能让你折服。"停车场"内的问题在下次会议中如何处理？要记下来。

时间盒式的讨论　为每个讨论话题分配一个固定的时间段。虽然讨论也可能稍后再结束，但时间盒可以使我们避免在第一个主题上耗费过多的时间而完全忽视其他重要的主题。在完成时间盒式的讨论时，要总结现在，展望未来，这个主题才算结束。

保持团队的小规模但还要吸纳正确的干系人　小团队的工作速度快于大团队。如果在获取会议中有五六个活跃分子，这个会议基本都会跑题，大家七嘴八舌，唇枪舌战。可以尝试多个并行会议，探索不同客户的需求。工作坊参与者包括：产品代言人和其他用户代表，可能还有主题专家、业务分析师、开发人员和测试人员。知识、经验和决策权是参加获取工作坊的人必须具备的前提条件。

人多误事

　　需求获取研讨会如果参与者过多，就会由于争吵不断而减缓速度。我的同事 Debbie 就曾经非常沮丧，因为在她为某个网站项目引导首次用例研讨会时，进程非常缓慢。12 名与会者纠缠于细枝末节的讨论，而对每个用例如何工作这个问题难以达成一致意见。等到 Debbie 把参加人数减到 6 个人（这些人代表诸如分析师、客户、系统架构师、开发人员和视觉设计师这样的关键角色），速度明显加快了。虽然使用小团队会遗漏一些信息，但进展速度弥补了这方面的损失。研讨会参与者要与没有参加会议的同事在线下交流信息，然后将收集到的信息带到研讨会上。

　　使每个人都保持专注　有时，某些参与者会对讨论无动于衷。这些人消极的理由五花八门。因为其他参与者感觉不到这些人的输入有什么特别之处或者只是他们不想打断团队当前的工作，所以对这些人的输入也不怎么认真对待。也可能是已经退出会议的干系人欺软怕硬，只尊重那些咄咄逼人的参与者或者刚愎自用的分析师。引导师必须懂肢体语言（缺乏眼神的交流、坐立不安、叹气、不停看表），搞清楚为什么有些人会掉队，并尽量将他拉回来。如果用电话会议进行引导活动，还会有视觉死角，因此你要仔细倾听，注意谁没有参与进来以及人们说话时的语调。可以直接问一下那些闷葫芦："针对讨论，你们有什么想法要和大家分享吗？"引导师必须确保听到每个人的声音。

焦点小组

　　焦点小组就是一组用户代表，他们会参加有人引导的需求获取活动，对产品的功能和质量需求提出建议和看法。焦点小组会议必须互动，让所有用户都有机会表达自己的诉求。焦点小组有助于探知用户的态度、感觉、偏好和需要（IIBA 2009）。如果你正在开发商业产品，并且无法与最终用户在公司中直接接触，这种小组的作用就特别明显。

　　很多时候，都会有大量不同类型的用户供你筛选，因此要仔细选择焦点小组成员。这些成员用过产品的以前版本或者用过与你现在开发产品类似的产品。要么选择同样类型的一群客户（针对不同用户类组织多个焦点小组），要么选择能代表所有用户群的一组人，使其有广泛的代表性。

　　焦点小组必须有人引导。你要使他们聚焦主题，但又不能影响他们表达观点。你可能要对会议进行记录，以便回去仔细听一听大家的观点。别指望从焦点小组中获得大量分析，你只会得到很多主观反馈，但随着需求的开发，你可以对这些反馈进行更深入的评估和排序。前面提到的工作坊技巧同样也适用于焦点小组的需求获取会议。焦点小组的参与者对需求通常没有决策权。

如果爆发冲突

在小组中，由于看问题的视角、优先级和性格各异，所以不同小组成员之间会有冲突甚至是愤怒。如果真的发生这种情况，要立刻解决。找到引发冲突或愤怒的非语言线索，弄清楚缘由。小组明白冲突的原因之后，你也就能找到问题的解决方案(如果真有的这个需要)。

如果有人说什么也不愿意积极参与，就和他私下交流，然后判断他的出席是否会阻碍小组的进展。如果真是这样，你还真的要感谢此人，以后就不要让他参加了。有时，这也不见效，那就干脆暂时取消全部会议或主题。冲突管理是一种需要不断学习的综合性技能，并且在这方面已有大量著述(Fisher, Ury, and Patton 2011; Patterson et al. 2011)。

我曾经和一个新任销售经理策划过一个业务需求获取会议。这个人以脾气暴躁而闻名。因此，在会议开始前我就准备好先仔细倾听，了解他的想法。在会议的前几分钟，他对我大嚷大叫，问为什么要召开这个会。他说："你以为你是谁啊，有什么权力向我要业务目标？"我深吸了一口气，半天没有说话。然后开始努力解释为什么要了解他的业务目标，要是没有目标，团队就会胡乱猜测我们需要开发什么功能才能满足客户的期望，他也会对结果感到失望。这个人的脾气来得快去得也快。他再也不犹豫，干脆利落地将其业务目标讲出来。我要感谢速记员在场记录下了当时的这一切，因为我还沉浸在整个交锋之中没有回过神来。

观察

如果让用户描述他们的工作方式，他们表达起来可能很吃力，比如细节会有遗漏或者不准确。通常这是因为任务复杂，他们很难记得住每一项细节。还有一种情况就是用户对所执行的任务太熟悉了，反而无法将其所做的所有任务都清晰表达出来。他们的工作已经形成惯性，甚至都不用思考。有时，只要留心观察用户如何准确完成任务，就能学到很多。

观察人是很耗时的，因此不适合所有用户或所有任务。为了不干扰用户日常的工作安排，要将每次观察活动时间限制在两小时以内。选择重要或高风险任务以及若干个用户类别来观察。如果在敏捷项目中使用观察技巧，就只要求用户演示与眼前下一个迭代相关的具体任务。

如果业务分析师在任务环境下观察用户的工作流程，就可以借此机会验证从其他资源那里收集到的信息，为访谈确定新主题，发现现有系统的问题，并找出办法让新系统更好地支持工作流程。业务分析师必须对观察到的用户活动进行提炼和总结，保证捕获的需求能够从整体上应用于该类用户，而不是只针对个体。经验丰富的业务分析师往往还能够提出一些建议，改善用户的现有业务过程。

看我如何做蛋糕

为了展示观察的威力，可以和一些朋友聊一聊如何从和面开始烘焙做蛋糕。你可能还记得这些步骤：打开炉子，拿出盘子和器皿，添加每种原料，混合原料，准备锅，把面糊放入锅里，烘烤，烤好后从炉子中取出。但是，在告诉朋友添加每种原料的时候，你还记得说过如何打开配料的包装袋吗？还记得说过如何敲开蛋壳，只放入鸡，把蛋壳扔掉吗？对于以前从未做过烘焙的人来说，这些看似简单的步骤可能并不那么简单。

观察时可以保持沉默，也可以与大家互动。当用户很匆忙，不可以受到干扰时，适合采取沉默式观察。而在互动式观察过程中，业务分析师可以打断用户手头中的任务并提出问题。这有助于迅速了解用户做决策的原因，还有助于了解用户行动时的心理状态。将观察到的内容记录下来，以便在会后做深入分析。如果政策允许，还可以考虑进行视频记录，日后可以再次回忆，重新梳理。

有一次，我为一个客户服务代表（CSR）开发一个呼叫中心程序。以前，他们想要查找客户定制的产品时，必须翻阅打印出来的条目。业务分析师团队约见了几个代表，为新程序获取用例。每个人都在抱怨想要准确定位客户喜欢的产品，就必须翻阅大量条目，这太麻烦了。每个业务分析师与不同的代表谈话，而这些代表同时还在电话接单。我们观察到他们面临的困难：首先是努力通过日期查找条目，然后努力锁定正确的产品。通过观察，帮助我们了解到他们对在线产品条目的特性需要。

问卷调查

问卷调查是一种针对大群体用户进行调查并了解其需要的方式。这种方式花费不高，是从大规模用户群获取信息的理想选择，并且很容易进行跨区域管理。问卷调查的分析结果可以作为一种输入，用于其他获取技巧。例如，可以用问卷调查来找出用户觉得现有系统有哪些痛苦，然后根据这个结果在工作坊上与决策者讨论优先级别。还可以用问卷调查来检测用户对商业产品的反馈。

对于问卷调查来说，最大的挑战就是问题设计。针对如何写问卷调查，有很多技巧（Colorado State University 2013），下面是我们认为最重要的几个。

- 提供的答案选项要涵盖所有可能的反馈。
- 选择答案既要互斥（在数字范围内不重叠），又要穷尽（列举所有可能的选项和/或为未考虑到的地方留出空白以便加以补充）。
- 列出的问题不能暗示有"正确"答案。
- 如果你使用了比例，则在整个问卷调查中保持其一致性。
- 如果想将问卷调查的结果用于统计分析，则使用封闭式问题，要有两个或以上的具体答案。开放式问题允许用户按照自己的意愿来回答，因此很难用它来寻找共性答案。

- 在问卷调查的设计和管理方面，可以咨询专家的意见，保证你针对正确的人群提出正确的问题。
- 在发放问卷调查之前，一定要进行测试。如果很晚才发现问题措辞模糊或者意识到忽略了重要问题，肯定会非常懊恼。
- 对于人们不愿意回答的问题，不要穷追不舍。

系统接口分析

接口分析是一个独立的需求获取技巧，必须检查哪些系统与你的系统相关联。系统接口分析揭示的功能需求涉及系统之间的数据和服务交换（IIBA 2009）。关联图和生态系统图（参见第 5 章）这两种方式通俗易懂，我们可以用来发现接口并进行深入研究。事实上，如果你发现与需求相关的一个接口，但这些图表又没对它进行描述，则说明图表还不完整。

针对每一个与你的系统连接的系统，都要找出这些系统中哪些功能可以引出你系统中的需求。这些需求能够描述要将哪些数据传递给其他系统，哪些数据是从该系统接收到的，还有数据规则（例如验证标准）。你还会发现有些现有功能在你的系统中并不需要执行。假设，你觉得有必要先为一个电子商务网站中的购物车命令执行验证规则，然后才能将其传到订单管理系统。通过系统接口分析，你可能获知有好多个系统在向订单管理系统上传订单，这实际上是在做验证工作，因此不必额外再开发这个功能。

用户界面分析

用户界面（UI）分析也是一种独立的需求获取技巧，用于研究现有系统，揭示用户和功能需求。我们最好与现有系统直接交互，但是如有必要，可以使用屏幕截图。用户手册通常就包含屏幕截图，其出发点是不错的。如果没有现有系统，可以参考类似产品的用户界面。

在处理套装软件解决方案或者现有系统时，UI 分析可以帮助确定一个完整的屏幕一览表，找出潜在的特性。通过现有 UI 导航结构，你可以了解用户登录系统的常用步骤，然后起草用例，与用户一起评审。UI 分析可以揭示出用户想要看到的数据。这种办法能够很快地追上现有系统的工作步伐（但如果需要大量训练才能达到这种效果，那还是算了吧）。用不着问用户如何与系统互动及其采取的步骤，自己就能了解个七七八八。

不要因为你在现有系统中发现某个具体的功能，就武断地假设新系统也需要它。进一步来说，不要断言因为 UI 很相似或者显示出现有系统中的某种具体方式，未来系统也必须按此方式实现。

文档分析

文档分析是指检查现有文档，从中发现潜在的软件需求。最有用的文档包括需求规范说明、业务过程、课程学习总结以及现有或者类似程序的用户手册。文档能够描述必须遵循的公司或者工业标准，或者描述产品必须符合的制度。以前的文档可以替换现有文档，揭示哪些功能要保留以及哪些功能要废弃。对于套装软件解决方案的实现来说，供应商文件所提到的功能可能正是你的用户需要的，但如何将其应用于目标环境之中，还需要进一步探索。通过互相评审，指出其他产品中你能解决的缺陷，获得竞争优势。客服和现场支持人员从用户那里收集问题报告和改进问题，可以激发灵感，改进系统接下来的版本。

文件分析是一种"跟风"现有系统或新潮流的方法。提前做一些研究，草拟一些需求，力求减少获取会议时间。文件分析能够揭示人们不会告诉你的一些信息，因为他们根本就没有考虑过或者他们自己压根儿没有意识到。例如，如果你正在开发一个新的呼叫中心程序，可能会发现一些复杂的业务逻辑，而其在现有程序的用户手册中已有所描述。可能用户根本就不了解此逻辑。可以将这样的分析结果作为输入用于用户访谈。

文件分析这种方式的风险在于手头上可用的文件跟不上时代的潮流。需求可能已经有变化，而规范说明却没有更新，或者记录的功能在新系统中已经用不着了。

制定项目需求获取计划

在项目早期，业务分析师就应当针对需求获取来规划实施方法。即使是一个简单的行动计划，也能增加成功的几率，并为干系人设置比较现实的期望。只有在获取资源、日程和交付物方面获得具体的委托，参与者才会专注于本职工作。获取计划包括将用到的技术、使用时间以及使用目的。不管是什么样的计划，在项目的过程中都只能将其作为指导和提醒。注意，可能会在项目过程中对计划进行随时修改。计划要包括如下要点。

- **目标** 针对整个项目制定需求获取目标计划，并针对每一个计划好的需求获取活动制定目标。
- **策略和计划采用的技术** 判断哪些技术适用于哪些不同的干系人群体。可能要使用一些综合技术，包括问卷调查、工作坊、客户拜访、单独访谈和其他技术，但具体取决于接触到的干系人、时间限制和你对现有系统的了解。
- **进度和资源估算** 针对不同获取活动确定客户和开发人员，除此之外，还要估算所需的工作量和时间。你也许只能确定用户类别而不是具体的个人，但这也足以使管理者开始计划未来的资源需要。估算业务分析师的时间，包括针对获取活动的准备时间以及完成后续分析工作所需要的时间。

- **独立获取活动所需要的文件和系统**　如果是在处理文件、系统接口或者用户界面分析，要确定所需要的材料，确保在你需要的时候手头上有材料可用。

- **获取工作后的预期成果**　知道自己要创建一份用例清单、一个 SRS、一个问卷调查结果的分析或者质量属性规范说明等，这些内容可以确保你在获取活动期间找到正确的干系人、主题和细节。

- **获取风险**　找出阻碍你完成需求获取活动的因素，估算每一种风险的严重性，并判断如何消除或者控制风险。第 32 章将详细介绍风险管理。附录 B 中有针对常见获取问题的症状、问题根源和可能的解决方案。

很多业务分析师都有其所谓的获取技术杀手锏（常规的访谈和工作坊），因而没有想过使用其他可以减少资源或者提升信息质量的一些技术。如果在一个项目中只使用单一获取技巧，业务分析师很难获得最佳效果。各项获取技巧应当横跨各个开发流派。要根据项目的自身特点来选择获取技术。

图 7-3 显示的获取技术在各种类型项目中经常用到。选择代表项目特点的某一行或者多行，然后参照右边，看一看哪些获取技巧对你帮助最大（用 X 来标记）。例如，如果你正在开发某个新程序，就选择干系人访谈、工作坊和系统接口分析这几种组合，效果会最好。大多数项目都会用到访谈和工作坊。对于规模化市场软件，焦点小组比工作坊更合适，因为你拥有的外围用户基础虽然很大，但与代表的接触是有限的。但是说到底，这些获取技术的建议都只是"建议"。比如，你得出的结论就可能是想对规模化市场软件项目应用用户界面分析。

	访谈	研讨会	焦点小组	观察	问卷调查	系统接口分析	用户界面分析	文档分析
规模化市场软件	X		X		X			
公司内部软件	X	X	X	X		X		X
替换现有系统	X	X		X		X	X	X
增强现有系统	X	X				X	X	X
新的应用程序	X	X				X		
软件包	X	X		X		X		X
嵌入式系统	X	X				X		
地理位置分散的干系人	X	X			X			

图 7-3　根据项目特点推荐的获取技术

准备需求获取

引导性获取会议要求有准备活动，这样才能最合理地利用每个人的时间。参与会议的人越多，准备活动就越重要。图 7-4 突出显示部分就是一个需求获取会议的准备活动。

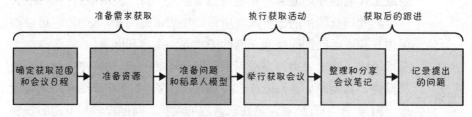

图 7-4　获取会议的准备活动

在准备会议时，要确定会议的范围、协商会议日程、准备问题并起草会议上可能用到的材料。下面提到的一些技巧可以帮助你准备需求获取会议。

准备会议范围和日程　在准备获取会议的范围时，将会议时间考虑进去。在确定会议范围时，你可能会用到一系列的主题或问题，或者可能要列出一组具体流程图或用例以待进一步探索。会议的范围要与业务需求中确定的整体项目范围相吻合，力求能够控制谈话，不至于跑题。会议日程要列出涵盖的主题、每个主题所需要的时间以及预期目标。要提前与利益干系人分享会议日程。

准备资源　安排好必需的实物资源，例如房间、投影仪、电话会议号码以及视频会议设备。同时要安排参与者，如果不在同一位置，则要注意时差。对于地理位置分散的人群来说，会议时间每次都要有变化，不至于总是只有某些时区的人倒霉。从各个来源收集文件。在必要时要进入系统。选择在线培训来了解现有系统。

了解干系人　为会议确定相关的干系人（参见第 6 章）。了解会议中干系人的文化和地域偏好。如果有些参与者不是举办会议的当地人，可以考虑为他们提前准备一些幻灯片之类的支持文件，供他们提前阅读或跟进。幻灯片列出你要提出的具体问题或者简单指出会议上可能还要进行口头解释的内容。不要营造出一种"我们"对抗"他们"的紧张、对立气氛。

准备问题　在每次引导获取会议上，手头上都要有一组准备好的问题。我们可以将稻草人模型（下面将提到）中不确定的内容看作是一种问题资源来利用。如果你正在准备访谈或者工作坊，可以使用从其他需求获取技术得出的结论来确定还有哪些问题未解决。在需求获取问题方面，有很多资料可以参考（Wiegers 2006; Miller 2009）。

将问题组织成短语，以免误导客户或者引导他给出具体的答案。作为分析师，必须要对客户提交的需求进行深层次的挖掘，理解其真正需要。如果只是简单地询问用户："你想要什么？"只能得到许多随机信息，这会使分析师不知所措。而像"你需要做什么？"这样的问题就好多了。多问几次"为什么"，让大家的注意力从讨论某个提交的解决方案转移到深入理解那些真正需要解决的问题上。提出的问题需要是开放式的，可以帮你理解用户的现有业务过程，并观察新的系统如何改进性能。

假设你自己正在了解用户如何工作或以客户的身份在做工作。你会做哪些任务？会有什么样的问题？另外一种方法就是扮演学徒的角色，向用户师傅请教。接下来由你所访谈的用户来指导讨论，描述他是怎么看待正在讨论的重要主题的。

探求未知领域。阻碍用户成功完成任务的是什么？系统如何应对各种错误条件？提问的开场白可以是："还有什么能……""当……时，会发生什么""你是否需要……""你是从哪得到的……""你为什么（不）……"以及"有没有人曾经……"记下每一个需求的来源，以便在必要时进行更深入的了解，并将开发活动追根溯源到特定的客户。

与任何一种改进活动一样，对当前情况的不满反而会为未来的创新和改进提供优秀的素材。如果你在做某个项目，该项目将替代现有的某个遗留系统，就可以这样问用户："对于现有系统，最困扰你的三件事情是什么？"这样的问题能揭示出用户对后续系统的期望。

在进行访谈和工作坊时，你不会（也无需）有一个完美的剧本。提前准备好的问题可以帮助解决遇到的麻烦。问题应该像对话那样自然、轻松，不能像审讯犯人一样。会议开始五分钟后，你可能想到还有某个重要问题忘记讨论了。如果真有必要，就放弃吧。在会议结束后，问大家："还有其他问题要我回答吗？"让大家补充你没有想到的问题。

准备稻草人模型　在获取会议上，我们可以使用分析模型来帮助用户提出更好的需求。最有用的模型包括用例和流程图，因为它们与人们如何思考其工作方式紧密相关。在需求获取会议开始之前，先创建一个稻草人（straw man）或者说草稿、模型。稻草人的作用就是作为一个出发点来帮助了解主题，并激发用户的灵感。对于草稿模型来说，创建难，修改易。

如果对项目领域不太熟悉，很难独自创建草稿模型。使用其他获取技术来扩充知识库以便进一步开展工作。开始的时候，可以读一读现有文件，检查现有系统模型，或者与主题专家进行一对一访谈，为开工做好充分的学习工作。然后，告诉合作团队"此模型有可能是错误的，拜托大家把它撕了，告诉我它的庐山真面目。没关系，我可没有那么脆弱。"

执行获取活动

图 7-5 高亮部分为需求获取会议需要完成的获取活动。

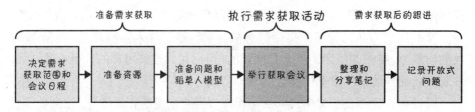

图 7-5　需求获取会议的获取活动步骤

执行需求获取活动本身的道理相对简单，如果是在进行访谈，就是与人谈话；如果是在做文档分析，就是在读文件。但是，在引导需求获取活动时，下面几点提示也许对你有帮助。

教育干系人　将需求获取方法以及选择这种方法的原因告诉干系人。向他们解释清楚你要使用的探索技术（例如用例和流程图）及其如何帮助干系人提出更好的需求。同时还要描述如何捕获他们的需求信息，并在会议结束后发材料给他们，让他们检查。

做好笔记　讨论中要留一个人不主动参与讨论，其职责是准确做好记录，当好记录员。会议记录应当包含参与者名单、受邀者中有谁缺席、做出的决策、要采取的行动以及行动负责人、主要的问题以及讨论问题的重点。很不幸，有时业务分析师在引导获取会议时没有专职的记录员，因此不得不亲自上阵。如果你处于这个位置，就得准备好速记、打字快或者使用记录设备（要征得参与者的同意）。录音笔可以将手"写"笔记转化为电子形式，并可将这些笔记与录制的音频讨论绑定在一起。还可以在墙上使用白板和纸，然后拍照留存。

提前准备好问题，这样就无需现场思考，可以保持对话的连续性。发明一些简化记号，捕捉他人谈话时你所联想到的问题，这样，一旦有机会，你就可以快速回看一下。不要用复杂的绘图软件来捕获图标，只需对手绘图表进行拍照或者用手速画。

全面利用空间　大多数房间都有四面墙，因此在引导时要充分利用，在上面画图或者制表。如果没有白板，可以将大纸粘在墙上。准备好便利贴和记号笔。让其他参与者也为如何利用墙面出谋划策，四处走动也能使人保持专注度。Gottesdiener（2002）将此技巧称为"神奇墙面"协作模式。如果需要大家看一些现有工件（例如稻草人模型、现有需求或者现有系统），可以把它们投影到墙上。

如果参与者位置分散，引导协作型会议就需要你有创造性。可以使用在线会议工具，分享幻灯片并让大家互动。如果几个参与者在同一个房间，则可利用视频会议工具向远程参会者展示墙面和白板上的内容。

干系人，行动起来

　　我有一次引导过一个研讨会，目的是为一个半导体纤维工厂获取流程图，有十多个工程师参加了会议。开始，我用白板工作，一边说话一边在上面画图。每完成一个图，我就会停下来拍照，然后再接着做。会议开始半天之后，一位工程师就问他能否有机会在白板面前演示一下。我很愉快地将笔递给他。他学过流程图，并且还是系统方面的专家，因此他可以很容易在白板上画流程图。然后他引导我们走查流程，向同行征求意见，一步一步地验证或者纠正。他引导会议，使我能集中精力提出有针对性的问题和做笔记。很快，所有工程师都开始轮流接过白板笔，一显身手。

　　如果没有文化问题，可以使用工具来激发参与者的灵感，或者给他们准备可以动手操作的东西。简单的玩具就可以帮助激发灵感。有一个团队举行了一次头脑风暴会议，目的是为他们的项目建立业务目标。开始之前，我向每位参与者分发了一些建模粘土，并要求他们使用粘土为他们的产品愿景建模，除此之外，我没有提别的要求。他们马上来了精神，很快思如泉涌，并且乐在其中。我们将精力转化为实际行动，写下了一个真正的产品愿景。

需求获取后的跟进

　　每次需求获取活动结束之后，都有很多工作等待我们去做。你需要组织并分享你的笔记、将提出的问题记录下来，然后对新收集的信息进行分类。图7-6 高亮部分就是针对需求获取会议结束之后需要跟进的一些活动。

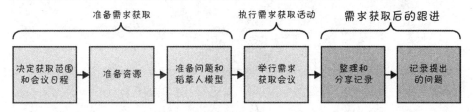

图 7-6　获取会议结束后需要跟进的活动

整理和分享会议笔记

　　如果你曾经引导过访谈或工作坊，就会明白整理笔记的工作量甚至会超过你在需求获取活动中整理信息。将你从多处资源那里得到的信息进行归纳总结。会议一结束，马上检查并更新笔记，趁此时脑海中的印象还很深刻。

　　编辑活动笔记是有风险的。你可能无法准确记得某些东西的意思，因此会无意中改变其本意。如有必要，可以保留一份原始记录以便参考。每次访谈或工作坊之后，将归纳的笔记和参与者共享，让他们检查，以保证他们在会上准确陈述了其观点。对于成功的需求开发来说，早期的检查是很有必要的，因为只有提供需求的人才能判断他们的需求是否被准确捕获。可以进行额外的讨论，解决矛盾并补充不足之处。我们还要将归纳的笔记与没有出席会议的其他项目干系人分享，使其知道项目进展。他们也可以趁此机会马上对问题和顾虑阐述自己的观点。

记录提出的问题

在需求获取活动中，可能有些问题需要留到以后进行探讨，或者还需要你提高自己的知识水平。在检查笔记的时候你可能会发现新问题。检查需求获取会议中"停车场"（parking lot）上的开放式问题，然后用问题跟踪工具进行记录。针对每个问题，要将与解决问题的相关笔记、已经取得的进展、责任人以及日期都记录下来。注意，开发和测试团队使用的问题跟踪工具要保持一致。

对客户的输入进行分类

不要指望客户能够给出一份简洁、完整并组织良好的需求清单。业务分析师必须对他们听到的各类需求信息单元进行归类整理，进行准确的记录和利用。图 7-7 列举了 9 种类别。在需求获取活动中，只要发现有信息属于这些类型中的一个，就要快速将其记录到笔记中。举个例子，如果发现某个数据定义（Date Definition），就可以在一个小圈中写下"DD"。

图 7-7　对客户的输入进行归类

与许多分类一样，收集的信息可能无法准确归入上述 9 个类别。按照这种归类方法，可能还会剩下一些信息。无法归入此类的可能有以下几种情形。

- 与软件开发无关的项目需求，例如需要培训用户使用新系统。项目约束，例如对成本或者进度的限制（非指本章所述的设计或执行约束）。
- 假设或依赖项。
- 历史、上下文设置或者描述性特征方面的其他信息。

- 不能增加价值的冗余信息

参加需求获取的参与者不会简单地告诉你："这就是一个业务需求。"作为一名业务分析师，你要判断自己听到的陈述内容代表了什么类型的信息。仔细听下面建议的一些词汇，有助于你进行分类。

业务需求　如果描述客户或开发组织希望从产品中获得资金、市场或者其他业务利益，则可以归入业务需求（参见第 5 章）。注意倾听体现软件购买方或者用户预期价值的陈述，例如：

- "在 Z 个月内将 X 区域内的市场份额提升 Y 个百分点。"
- "通过去除无效的浪费，每年可以节省用电 X 元。"

用户需求　对用户目标或者用户需要完成的业务任务之总体陈述就是用户需求，最常见的表达方式为用例、场景或者用户故事（参见第 8 章）。如果用户说"我需要<做什么>"，他可能就是在描述一个用户需求，范例如下：

- "我需要为包裹打印邮寄标签。"
- "作为主要机器操作人员，我每天早上的第一件事就是校准泵控制器。"

业务规则　当客户说只有特定的用户在特定的环境下才能去做某项活动时，他可能是在表达一个业务规则（参见第 9 章）。这些虽然并不代表软件需求，但可以从中引出一些功能需求来加强规则。"必须要符合……，""如果<某些条件属实>，那么<就会发生某些事情>"或者"计算必须要依据……"这样的句子说明用户在描述业务规则。下面是一些示例：

- "新客户必须预付 30%的预估咨询费和差旅费。"
- "补假审批必须符合公司人事部门制定的休假制度。"

功能需求　功能需求描述的是系统在特定的条件下展示出来的可观察到的行为及系统允许用户采取的行动。你可能从用户那里听到如下功能需求：

- "如果压力超过 40.0 psi，高压警报灯就应当启动。"
- "用户必须要能够对项目列表按字母正向和反向排序。"

这些陈述是用户表达功能需求的常规方式，但并没有说明如何以更好的方式将功能需求写下来。业务分析师需要将这些制作成更准确的规范说明。关于如何写出好的功能需求，请参见第 11 章。

质量属性　对系统如何很好完成某些任务的陈述就是质量属性（参见第 14 章）。注意倾听描述系统特征的词：迅速、简单、用户友好、可靠、安全。要与客户协同工作，理解模糊和主观言辞的言外之意，只有这样才能写出清晰的、可验证的质量目标。在用户描述质量属性时，你可能会听到如下示例：

- "移动软件必须对触摸指令做出快速响应。"
- "购物车必须好用，使新客户不至于放弃购买。"

外部接口需求　此类需求描述系统与外部世界的联系。第 10 章中的 SRS 模板内容就包括针对用户、硬件和其他软件系统的接口。"必须从……读取信号""必须要向……发送信息""必须要以<某种格式>来读取文件"以及"用户界面元素必须要符合<某个标准>"这样的句子说明客户所描述的就是外部接口需求。下面是一些范例：

- "生产执行系统必须控制芯片分类器。"
- "我对支付的支票拍照之后，移动客户端应当将支票图发到银行。"

约束　设计和实现约束是对开发人员可用选项的合理限制（参见第 14 章）。嵌入式软件的设备通常必须要遵守一些物理约束，例如尺寸、重量和接口联系。能够表达客户正在描述设计或者实现约束的句子包括："必须要用<一种具体的编程语言>来写""不能超过<某些限制>"以及"必须要用<一种具体的用户界面控制>"。客户可能会提及如下约束范例：

- "提交的电子文档大小不能超过 10 MB。"
- "为保证所有安全交易，浏览器必须要用 256 位密匙。"

对于功能需求来说，不能简单转录用户的约束陈述。问一下这个约束为什么存在，确定其有效性，并记录下将其纳入需求的理论依据。

数据需求　如果客户描述的内容如下：格式、数据类型、允许值或者数据元素的默认值；复杂的业务数据结构的组成；或者是待生成的报告（参见第 13 章），那他们就是在表达数据需求。数据需求的范例如下：

- "邮政编码由 5 个数字组成，后接可选连字符和四位数字（默认为 0000）。"
- "订单信息包含：客户身份、发货信息、一件或多件产品，每个都要包含产品编号、数量、单价和总价。"

解决思路　很多来自用户的"需求"实际上都是解决思路。如果有人在描述与系统交互使其执行某个动作的一种特定方法，说明他就是在提议解决方案。业务分析师需要对解决思路进行深层次探究，找出真实需求。要不断地问用户"为什么"要它按照这种方式运行，才能揭示出真正的需要（Wiegers 2006）。例如，密码只是实现安全需求的几种可能的方式之一。下面是两个关于解决思路的示例：

- "然后我从下拉选项列表中选择一个包裹发送目的地（州）。"
- "手机必须允许用户用一个手指在屏幕上滑动导航。"

在第一个示例中，"从下拉选项列表"这个短语表明这就是一个解决思路，因为它描绘的是一个具体的用户界面控制。明智的业务分析师这时就会问："为什么是从下拉选项列表？"如果用户回答："因为似乎这是一种完成任务的好办法，"然后我们就可以得出真正的需求："系统应当允许用户选择一个包裹发送目的地。"但是用户也可能说："我们在其他地方也是这样做的，我希望可以保持一致性。同时，下拉选项列表会阻止用户输入无效的数据。"对于制定具体解决方案来说，这些都是合情合理的。但是，我们要意识到在需求中嵌入解决方案实际上是对需求施加一个设计约束：限定需求只能以一种方案来实现。虽然本身没有对错之分，但要保证约束存在的理由一定要很充分。

对客户输入进行归类只是创建需求规范说明流程的开始。还需要将信息组合成为表述明晰、组织良好的需求集合。在处理信息的过程中，周密制定清晰的个体需求，然后将其存储到合适的团队文档模板或者存储器中。要为信息多留一些通道，保证每个声明所展示的高质量需求特性都如第 11 章描述的那样。在处理笔记时，将条目补充完整，存储到正确位置。

如何知道已经完成

完成需求获取时，是没有任何信号的。实际上，你永远做不到彻底完工，特别是在敏捷项目中有意增量实现一个系统时。在人们每天早上安静沐浴以及与同事讨论的过程中，都会想到额外的需求，并对已有的需求进行变更。如果发生下面情况，说明你正在接近需求获取收益递减的临界点，起码到目前为止。出现以下情况时，就说明已经完工。

- 用户再也想不出更多用例或用户故事。用户发现的用户需求在重要性上在下降。
- 用户提出了新的使用场景，但是这些方案并不能引出新的功能需求。"新"用例实际上可能只是你捕获的用例的替代流程。
- 用户重复以前讨论中已经提到的问题。
- 建议的新特性、用户需求或者功能需求都在范围之外。
- 提议的新需求优先级都很低。
- 用户提议的性能可以纳入"产品生命周期中的某个时间"，而不是"我们此刻所讨论的具体产品。"
- 检查某一领域需求的开发人员和测试人员提出的问题越来越少。

如果不使用结构化、精心组织的方案（例如用例或者 SRS 模板的内容），很难从大量用户中融合需求信息输入。即使你付出最大努力揭示**所有**需求也做不到，因此要随着开发的进行做出变更。记住：你的目标是总结大家对需求的共同理解，这些需求要好到足以用来构建下一个版本或者增量开发，并将风险控制在合理的范围之内。

需求获取的注意事项

需求获取讨论技巧是随经验而产生的，并且要经过访谈、小组引导、冲突解决和类似活动来练习。但是，有些注意事项可以使我们少走弯路。

平衡干系人出席的人数　在收集信息时，如果代表人数太少或者只听呼声最高、最有舆论影响的客户的意见，就会遇到问题。这将导致忽视特定用户类的重要需求，或者收集的需求不能代表大多数用户的需要。最佳的平衡方式是吸收一些产品代言人，他们为其各自的用户类别代言，而每个代言人又受同一用户类别其他代表的支持。

定义范围要适当　在需求获取过程中，你可能会发现对范围的定义不太恰当：要么太大，要么太小。如果范围太大，若想交付恰当的业务价值和客户价值，就要收集更多超过实际真正需要的需求，这会导致需求获取过程的拖延。如果项目范围太小，用户提交的需要虽然很重要，但又不在为当前项目建立的范围之内。当前的范围太小，就无法提供令人满意的产品。因此，获取用户需求将导致产品愿景或者项目范围的修改。

避免需求对抗设计之争　人们常说需求就是系统要做什么，而解决方案如何实施属于设计的范畴。这样说虽然精炼，但难免过于简单。

需求获取确实应当将重点放在要**做什么**上，但在分析和设计之间有一个灰色区域，不能简单用细线来划分（Wiegers 2006）。可以使用假设性的**怎么做**来分类和改善对用户需求的理解。在需求获取过程中，分析模型、界面草图和原型可以使概念表达更清楚，并揭示出错误和遗漏之处。要向客户讲清楚，让他们知道这些屏幕和原型只是用来展示的，不一定是最终的解决方案。

合理调查　有时，探索性的研究工作会打断需求获取活动。有人提出某个想法或者建议，但是要做大量的研究评估是否值得将其纳入产品的考虑范围。我们可以将这些对易用性或价值的探索看作是项目本身有的任务。原型是探索此类问题的方法之一。如果你的项目需要大量调查，就要使用渐进式开发方法来探索需求，将其分为低风险的小块。

假设的需求和隐晦的需求

你永远不可能把系统需求百分之百地记录下来。但未明确指定的需求又会成为一种风险：项目交付的解决方案与干系人的期望值相去甚远。期望得不到满足有两个可能的原因：假设的需求和隐晦的需求。

- 假设的需求是人们期望但又没有明确表述出来的需求。你的假设虽然很明显，但与不同开发人员做出的假设可能不一致。
- 隐晦的需求之所以需要，是由于存在另外的需求，但隐晦需求的表述不是很明确。开发人员无法实现自己都不知道的功能。

为了降低这些风险，要尽量识别知识的差距，用隐晦和假设的需求加弥补。在需求获取会议中问一问"我们在假设什么？"将人们没有表达出来的思想挖掘出来。如果在需求讨论中遇到某个假设，要记录下来并验证其有效性。人们经常认为事情必须按照原有套路来处理，因为他们对现有系统或业务过程已经很熟悉了。如果你正在开发一个替代系统，就要检查以前的系统特性，判断替代系统是否真的需要它们。

为了识别出隐晦的需求，我们要研究最初几次获取会议的成果，找出不完整的地方。是否需要具体化某个模糊的概要需求使干系人能够完全理解？需求是否只是某个逻辑集合（例如保存某个不完的网页表单）中的一部分但缺失其副本（检索保存表单以备日后工作之需）？你可能需要再次访谈原来那些干系人，让他们找出遗漏的需求。（Rose-Coutré 2007）。同时，还要考虑那些了解相关主题并能弥补空白的新干系人。

要逐行逐句地斟酌，找出客户希望包含但没有明确说出来的特性或特征。提出上下文无关的问题，概要的、可扩充的问题，引导得出业务问题和潜在解决方案的总体信息（Gause and Weinberg 1989）。通过客户对"产品要求怎样的精确度？"或者"你能帮我解释一下你为什么不同意 Miguel 的回答吗？"等问题的回答，我们可以更直接地得到见解，"是/否"或者"A/B/C"这样的标准答案达不到类似的效果。

没有假设的需求

有一次，我碰到一个开发团队在开发一个内容门户网站，这个门户可以做很多事情，例如上传、编辑或者在网站上发布内容。已有的内容大约为 1000 条，按层级结构进行组织。内容管理团队假设用户能够快速定位层级结构，找出某个具体的内容片段。他们没有针对用户界面导航来指定需求。但是，当开发者实现用户界面来定位内容时，他们将所有的内容都组织在同一级别上，且没有按层级进行组织，并且每屏只显示 20 条内容。用户如果想找到一条具体的内容，就得翻阅 50 屏才能定位。如果在开发者和内容管理团队中多一些规范和沟通，完全可以避免大量的返工。

找出遗漏的需求

需求遗漏是一种常见的需求缺陷。由于遗漏的需求是不可见的，所以我们很难发现。下面这些技巧可以帮助你发现以前没揭示出来的需求。

- 将概要需求进行详细分解，揭示出真正的需要。模糊的概要需求会耗费读者大量精力去揣摩，使需求提出人的想法与开发人员开发的内容出现偏差。

- 保证所有用户类别都提供了输入。确保每一个用户需求对应一个确定的用户类，并从需求中发现价值。

- 追溯系统需求、用户需求、事件相应列表和业务规则至其相应的功能需求，确保全部功能需求都已经提炼出来。

- 检查边界值以免遗漏需求。假设某个需求为"如果订单价格少于 100 美元，则运费为 5.95 美元"而另外一个需求说"如果订单价格超过 100 美元，则运费为总价的 6%"。但是，如果有订单价格恰恰为 100 美元，运费怎么算？对此没有明确的规定，所以说这是一个被遗漏的需求，或者说写得很糟糕。

- 表达需求信息的方式不止一种。内容如果过多，我们就很难阅读并注意到哪些条目有缺失。有些分析模型在视觉表现需求时抽象级别过高——给人以森林而非树丛的感觉。如果在研究某种模型时觉得两个方框之间应当有一个箭头，那么这个遗漏的箭头就代表一个遗漏的需求。第 12 章提供了对分析模型的描述。

- 用复杂的布尔逻辑（Boolean logic，即 AND，OR，NOT）来描述需求集合通常是不完整的。如果一个逻辑条件组合没有对应的功能需求，开发人员就不得不推演系统应当如何工作或者寻求一个答案。我们经常忽视"其他"条件。在表达复杂逻辑时，我们可以使用决策表或者决策树涵盖所有可能的条件，这在第 12 章中有描述。

- 为项目创建一个常用功能领域检查表，包括错误登录、备份和恢复、访问安全、报告、打印、预览能力和配置用户喜好。将这个检查表定期与你已经制定的功能进行比较，找出差距。

- 数据模型可以揭示遗漏的功能。系统所控制的所有数据实体必须要有对应的功能性，这样我们才能创建（Create）它们、从外部资源进行读取（Read）、升级（Update）现有数值并/或者删除（Delete）它们。我们经常用首字母缩写词 CRUD 来指代这四种常见的操作。确保能够在程序中找出功能，实际完成这些操作（参见第 13 章）。

CAUTION **警示** 避免陷入分析瘫痪，在需求获取中花太多时间，试图避免遗漏任何需求。

你可能永远也无法揭示出产品的所有需求，但是，如果应用本章所描述的实践，几乎每个软件团队都可以在需求获取工作中做得更好。

行动练习

- 考虑一下上一个项目中没有及时发现的需求。为什么在需求获取活动中它们会被忽视？如何才能在早期发现这些需求？这对组织意味着什么？

- 在项目或者软件需求规格说明中选择一部分已经写好的用户输入。按照图 7-7 所示，将需求片段中的每一条目都进行分类。如果发现有些条目组织有误，就把它们移到需求文档中的正确位置。

- 列出以前或者当前项目所用的需求获取技巧。哪一个最有效？为什么？哪一个效果不好？为什么？找出你认为效果比较好的需求获取技术，并决定下次怎样用。找出你可能遇到的障碍，保证这些技术有成效，并想方设法克服这些障碍。

第 8 章

理解用户需求

化学品跟踪系统（CTS）项目正在进行它的第一次需求获取工作坊，了解药剂师需要用这个系统来做什么。参与者包括业务分析师 Lori、药剂师产品代言人 Tim、另外两名药剂师代表 Sandy 和 Peter 以及首席开发人员 Ravi。

"Tim，Sandy 和 Pete 已经确定了 14 个用例，药剂师使用化学品跟踪系统会用到这些用例，" Lori 说，"你们说'申请化学品'那个用例是最高优先级的，而且 Tim 也已经写了一个简要的描述，咱们就从那里开始吧。Tim，你能展示下使用该系统申请化学品的流程吗?"

"首先，" Tim 说道，"你应该知道，只有实验室经理授权的人才可以申请化学品。"

"好吧，这听起来像是一条业务规则，" Lori 回答说，"我会创建一个业务规则列表，我们也许还会发现其他的规则。看起来我们必须确认用户在许可名单上。" Lori 随后引导小组讨论他们对申请新化学品的想法。她用写字板纸和便签收集信息的前置条件、后置条件、用户和系统之间的各种交互。Lori 问相比从库房申请，用户从供应商那里申请的会话有什么不同。她问什么可能出错以及系统应该如何处理每一个错误条件。大约 30 分钟后，小组对用户如何申请化学品达成一致性解决方案。进而继续讨论下一个用例。

设计符合用户需求的软件，一个必要前提是了解用户打算用它来做什么。有些团队选择以产品为中心的方法。他们关注定义软件的特性实现，希望用这些特性吸引潜在客户。不过，在大多数情况下，最好选择"以用户为中心"和"以使用为中心"的需求获取方法。关注用户及其预期用途有助于展现必备功能，避免实现那些没人使用的特性，帮助确定优先级。

用户需求位于需求的第二个层次，如第 1 章中图 1-1 所示。它们位于为项目设定目标的业务需求和描述开发人员必须实现的功能需求之间。本章介绍两种最常用的用户需求探索技术：用例和用户故事。

分析师长期以来采用"使用场景"来获取用户需求（Alexander and Maiden 2004）。以使用为中心的观点逐步形成用例方法来为需求建模（Jacobson et al. 1992; Cockburn 2001; Kulak and Guiney 2004）。最近，敏捷开发的支持者提出了"用户故事"的概念，这是一种简洁的描述，清楚地表达了一个用户需求，也为完善细节的讨论设置了起点（Cohn 2004）。

用例和用户故事都把以产品为中心的需求获取观点转到讨论什么才是用户想要实现的。和询问用户他们希望系统做什么相比，这种方法的目的是描述用户需要使用系统执行的任务，或是能为一些干系人带来价值成果的"用户-系统"交互。这种方法指引业务分析师获取必要的功能以便实现上述使用场景。这种方法也能引出验证功能是否正确实现的测试用例。"以使用为中心"的获取策略会让你在许多类别的项目上更近距离地触及用户的需求，这比以往的任何技术都更有效。

用例和用户故事适合探索业务应用程序、网站、自助终端和用户操作硬件的系统需求。然而，它们不足以充分了解特定类型的应用程序需求。例如批处理、计算密集型系统，业务分析，数据库房，可能只有几个用例。这些应用程序的复杂性在于执行计算、获取和编辑数据或是生成报告，并不在于"用户-系统"之间的交互。

用例和用户故事也不能充分指明许多嵌入式和实时系统的需要。思考一个自动洗车系统。汽车司机只有一个目标，即洗车，也许还会有其他几个，例如底盘装甲、封口机蜡和抛光。但洗车系统却有很多要做的事。它需要一个传动机构移动车辆，很多马达、水泵、阀门、开关、刻度盘和灯，由计时器或传感器来控制这些物理组件的激活。你需要考虑诊断功能，例如水箱快没有水时通知操作员，还有一些故障检测和安全需求。如果汽车在隧道中行驶时传动机制失效或鼓风机马达失效，会发生什么情况？实时系统常用的需求技术是列出系统中必须做出反应的外部事件和与之对应的系统响应。第 12 章将进一步介绍事件分析这个主题。

用例和用户故事

用例描述一系列系统和外部角色之间的交互，让该角色能够由此获取一些价值。用例名通常使用动宾短语形式。选择强调并且有描述性的名字能够清晰表达出用例为用户交付的价值。表 8-1 列出了各种应用程序的用例示例。

在敏捷开发项目中，用户故事是一个"从迫切需要该功能的人（通常是一个系统的用户或客户）角度出发的一个短小而且简单的描述，"（Cohn 2010）。写用户故事通常使用以下模板，不过也有其他的风格：

作为<用户类型>，我想要<一些目标>，以便于<某种原因>。

用这个模板提供一个相对短用例名的优势，因为两者虽然都描述用户的目标，但用户故事还可以标识除了用户类型和系统功能背后的原因。这些都是有价值的补充。用户故事的用户类型不（仅限于人）对应于用例中的主要角色（本章稍后介绍）。理由可以在用例的简要描述中提供。表 8-2 展示了如何使用用户故事的形式来说明表 8-1 中的用例。

表 8-1 不同应用程序的示例用例

应用程序	示例用例
化学品跟踪系统	申请化学品 打印材料安全数据表 变更化学品申请 检查订单状态 生成季度化学品使用报告
机场登机亭	办理登记手续 打印登机牌 换座位 行李托运 升舱
会计系统	开发票 调平账单 输入一笔信用卡交易 为供应商打印纳税申报表 查找一笔特定的交易
在线书店	更新客户资料 搜索商品 购买商品 跟踪发出的包裹 取消未发货的订单

表 8-2 一些示例用例及其对应的用户故事

应用程序	示例用例	对应的用户故事
化学品跟踪系统	申请化学品	作为一个药剂师,我想要申请化学品,以便我可以做实验
机场登机亭	值机	作为一个旅客,我想要办理登机手续,以便可以飞到我的目的地
会计系统	开发票	作为一个小企业主,我想开发票,以便可以给某位客户开账单
在线书店	更新客户资料	作为一个客户,我想更新我的资料,以便可以在未来使用新的信用卡结账

在这个层面,用例看起来就像是用户故事。它们都聚焦于理解不同类型的用户与软件系统交互的目标。然而,这两种方法从类似的起点出发,朝着不同

的方向前进，如图 8-1 所示。这两种方法都可以产出其他交付物，例如视觉分析模型，图 8-1 展示了这一核心区别。

对于用例，业务分析师的下一步是与用户代表合作，理解系统执行该用例时对话如何进行。业务分析师通过用例模板收集用例，结构化这些信息，本章稍后将提供一个示例。模板包含大量空白来记录信息，提供了对用例、变量及相关信息的丰富理解。如果开发人员能够从一个简短的规范说明中获取所需的信息，就不需要完成整个模板，不过在获取需求时参考该模板可以帮助参与者发现所有的相关信息。通过用例说明，业务分析师可以获得开发人员必须实现的功能需求；测试人员可以确定测试方法来判断用例是否正确实现；开发人员可能在一次发布或迭代实现一个完整的用例。或者，他们也可以一开始就只实现某个特定用例的一部分，出于大小或优先级的原因，然后在将来的版本中实现剩下的部分。

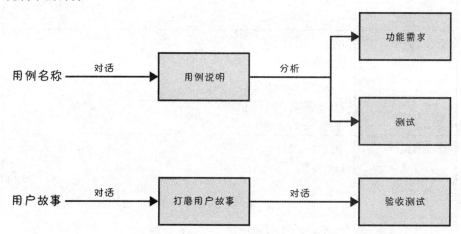

图 8-1　用例方法和用户故事方法如何从用户需求引出功能需求和测试

用于敏捷项目时，用户故事可以作为一个占位符供开发人员、客户代表和业务分析师（如果他正在参与项目）之间及时发起沟通。这些沟通揭示了开发人员必须了解的额外信息。通过沟通来打磨用户故事，引出一个更小但更有针对性的足以描述各个系统功能块的故事集合。在一个敏捷开发迭代中，过大的用户故事（称为"史诗"）会被切分成更小的故事，以便可以在一个迭代中实现。第 20 章将进一步介绍史诗和用户故事。

不会指明功能需求，敏捷团队一般都是从打磨好的用户故事优选一组验收测试，从总体上描述故事的"满足条件"。在早期阶段就思考测试，这对所有项目来说都是一个好主意，不管他们使用什么开发方法。测试思维可以帮助识别基本用户故事（或者用例）的变化、必须处理的异常条件、非功能性需求（比如性能和安全注意事项）。如果开发人员实现必要的代码来满足验收测试，从而达成满意条件，我们就可以认为用户故事已得到正确的实现。

用户故事简要说明了用户需求。用例进一步描述用户如何想象自己与系统的交互以达成目标的。用例不应该深入设计细节，只要走到用户心中想象的交互就够了。用户故事提供简单和简洁的优势，但需要有一个平衡。用例为项目参与者提供用户故事所缺乏的结构和上下文。它们为业务分析师提供一个有组织的方式来引导需求获取讨论，而不只是停留于简单收集用户需要用系统来完成任务清单，将它作为制定计划和讨论的起点。

对于大型或更苛刻的项目（Gilb and Gilb 2011），并不是每个人都相信用户故事是一个合适的需求解决方案。可以检查用例的每一个元素（前置、后置、流动等）来寻找相关的功能性和非功能性需求并加以测试。这有助于避免忽视任何需要开发人员实现、由用户执行的用例。用户故事没有使用这种方式，所以团队更容易错过一些验收测试。业务分析师或开发人员必须有有效的用户故事开发经验，以免忽视相关的功能。用例分析可能揭示出多个用例涉及类似的异常（或其他共性问题），在应用程序中，这也许会被实现为一个一致性错误处理策略。这样的共性很难通过用户故事来收集。

要想进一步了解如何在探索用户需求信息时获取和应用用户故事，可以看一看 Cohn （2004），Cohn （2010）或者 Leffingwell （2011）。本章其余部分将重点介绍用例技术，在适当的位置指出它与用户故事方法的相似和不同。

用例方法

正如前面提到的，用例描述的是系统和某个外部角色之间的一系列交互，这些交互为该角色提供了价值。一个角色是指与系统交互执行某个用例的人（有时会是另一个软件系统或硬件设备）。例如，化学品跟踪系统的"申请化学品"用例涉及一个角色名叫申请人。没有 CTS 用户类型命名为申请人。药剂师和化学库房的员工都可以申请化学品，所以无论哪一种用户成员都可能扮演申请人的角色。以下是你可能会问的一些问题，可以帮助用户代表确定角色：

- 系统内部有事情发生时，谁（或什么）会收到通知？
- 谁（或什么）为系统提供信息或服务？
- 谁（或什么）帮助系统响应和完成一个任务？

用例图是对用户需求的一种概要性可视化表达。图 8-2 显示了 CTS 的部分用例图，使用统一建模语言（UML）符号（Booch，Rumbaugh and Jacobson 1999; Podeswa 2010）。长方形框代表系统边界。箭头从每个角色（柱状图）连接到与之进行交互的用例（椭圆）。从角色到用例的箭头表明该角色是用例的主要角色。主要角色通过发起用例，从中获取主要的价值。一个箭头从用例指向第二个角色，该角色以某种方式参与用例的成功执行。其他软件系统通常作为二级角色在用例执行幕后发挥着作用。如图 8-2 所示，培训数据库（Traning Database）就是这样一个二级角色。有人申请危险化学品时，这个系统就会介入，要求发起人必须接受过这些危险材料的安全培训。

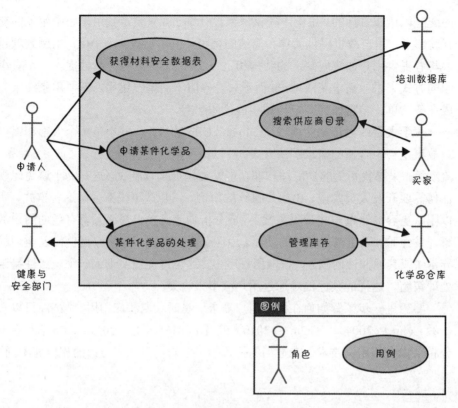

图 8-2　化学品跟踪系统的部分用例图

用户和角色

　　用户和角色之间的区别经常让人混淆（Wiegers 2006）。想象一下，人类用户有一堆帽子，每顶帽子都有一个角色名作为标签，每个角色被系统视为一个特定用例的参与者。每当用户想要执行某一个操作，就会戴上合适的帽子。不管他启动自己感兴趣的哪个用例，系统都会认出他被标记的角色。当一个药剂师想要申请化学品时，就带上他的申请人帽子，化学品跟踪系统将认为他是一个申请人，不管他真正的职位是什么。也就是说，用户正在扮演一个申请人的角色。化学品库房员工的员工也有一项打有申请人标签的帽子。药剂师和化学品库房的人有其他各式各样的帽子，被打上了系统能够认识的不同角色名字的标签。嗯，好吧，他们其实并没有那些帽子，但这是一个有助于理解的比喻。用户是真实的人（或系统），而角色是抽象的。

　　比较用例图与第 5 章的图 5-6 展示的关联图。两者都定义了外部系统对象和内部系统事务的范围边界。用例图中，方框将"系统-用例"与外部角色分离。关联图也描述了系统外部的对象，但它不提供系统内部可见性。关联图中的箭头表示跨系统边界的数据流、控制信号或物理材料（如果定义的"系统"

包含手工流程）。相比之下，用例图中的箭头只表明参与的角色和用例之间的联系，并不代表任何形式的流动。针对你创建的模型，所有读者对其中使用的符号都有一致的理解。

用例和使用场景

用例描述的是一个分散、独立的活动，某个角色可以执行它来实现一些有价值的收益。用例可能包含有着一个共同目标的若干相关活动。场景描述的是系统使用方法。因此，用例是相关使用场景的一个集合，场景是用例的特定实例。在探索用户需求时，可以从一个通用的用例开始开发更多具体的使用场景，也可以从一个特定场景示例归纳出整个用例。

图 8-3 展示了用一个化学品跟踪系统实例填写的用例模板。附录 C 显示了更多使用这个模板来写的用例。与所有模板一样，不用从上到下填写，也不需要为每个用例提供所有模板信息。模板是一个简单的结构，在讨论用例时有序、一致地记录信息。模板提醒你每个用例应该考虑的所有信息。如果属于模板的信息在别的地方已经存在，就可以简单引用，指向它。例如，不要在模板里包含影响用例业务规则的实际文本，简单列出相关业务规则的标识，让读者在必要的时候可以找到该信息。

用例的基本要素如下：

- 一个惟一的 ID 和一个简洁的名称（指明用户目标）
- 一个简短的文字说明，用来描述用例的意图
- 开始执行用例的触发条件
- 用例开始需要满足的零个或多个前提条件
- 一个或多个后置条件，描述用例成功完成后系统的状态
- 一个有编号的步骤列表展示了角色与系统之间的交互顺序，一个从前置条件向后置条件的对话

用例标识约定

用例说明由许多小的信息包组成：正常和可选的流程、异常、前置条件和后置条件，等等。图 8-3 中的示例演示了一个简单的标签约定，可以帮助保持这些元素的一致性。每个用例都有一个序列号和一个有意义的名称，反映用户的目标：UC-4 申请化学品。这个用例的正常流程标识符是 4.0。可选流程通过递增右边的十进制数来标示，所以第一个可选流程是 4.1，第二个将是 4.2，以此类推。正常流程和可选流程都可以有自己的异常。第一个异常在编号为 4 的用例的正常流程中会被标记为 4.0.E1。第二个异常在这个用例的第一个可选流程标记为 4.1.E2。

ID和名称：	UC-4申请化学品	
创建人：	Lorj	创建日期：2013年8月22日
首要角色：	申请发起人	次要角色：买家，化学品仓库，培训数据库
描述：	申请人输入名称或化学品ID也可以通过导入结构化学绘图工具来指定自己需要的化学品。系统也给申请人提供了从化学品仓库获取或是由申请人从供应商那订货的选择	
触发条件：	申请人表示他需要一种化学品	
前置条件：	1.用户的身份通过认证 2.用户被授权申请化学品 3.化学品库存数据库在线	
后置条件：	1.申请被存储到CTS中 2.申请被发送给化学品仓库或是某个买家	
正常流程：	4.0从化学品仓库申请化学品 1.申请人指定所需的化学品 2.系统列出化学品仓库中剩余的被申请化学品 3.系统给申请人提供查看所有化学品容器历史的功能 4.申请人选择某个特定的容器或是要求供应商订货(参见4.1) 5.申请人输入其他信息来完成申请 6.系统存储申请并通知化学品仓库	
可选流程：	4.1从供应商申请化学品 1.化学的申请人搜索供应商目录(参见4.1.E1) 2.系统显示供应商列表提供可用的大小、等级和价格的化学品 3.申请人选择一个供应商，容器大小、等级和容器的数量 4.申请人输入其他信息来完成申请 5.系统存储申请并通知买方	
异常：	4.1 E1化学品非商用 1.系统显示信息：没有化学品供应商 2.系统询问申请人他是想申请另一件化学品(3a)还是要退出(4a) 3a.申请人要求申请另一件化学品 3b.系统启动正常流程 4a.申请人要求退出 4b.系统终止用例	
优先级：	高	
使用频率：	每位药剂师每周大约5次，化学品仓库人员每周200次	
商业规则：	BR-28，BR-31	
其他信息：	从所有支持化学品绘制的软件包中，系统都可以用标准编码的形式导入一个化学品结构	
假设：	导入的化学品结构假定都有效	

图8-3　化学品跟踪系统中"申请化学品"用例的部分说明

前置条件和后置条件

前置条件定义系统开始执行用例之前必须满足的先决条件。系统应该能够测试所有先决条件，了解是否可以开始继续用例。先决条件可以描述系统的状态（例如，一个用例是从ATM提取现金，机器中必须有现金），但是他们并不会描述用户的意图（"我需要一些现金"）。

当系统检测到触发事件时，表明用户想要执行一个特定的用例，系统会对自己说（尽管对用户来说不是必须的），"等我先我检查下这些前置条件。"触发事件本身并不是一个前置条件。如果前提条件都满足，系统就可以开始执行用例；否则不能。检查前置条件可以防止一些错误，系统一开始就知道无法成功完成但仍然坚持执行的用例所发生的错误。如果ATM是空的，就不应该让用户开始提款交易。这是一种使应用程序更加健壮的方法。用户不太可能意识到所有用例的前置条件，因此，业务分析师可能需要从其他来源获得输入。

后置条件描述用例执行成功后系统的状态。后置条件可以如下描述：

- 用户可观察到的内容（系统显示账户余额）
- 物理产出（自动取款机吐钱并打印收据）
- 内部系统状态变化（账户被扣除取现的金额与发生的任何交易费用）

许多后置条件对用户是显而易见的，因为它们反映了交付给用户价值的结果："我拿到了现金！"然而，没有用户会告诉业务分析师，系统应在 ATM 记录的剩余现金里减掉用户刚刚提取的数量。用户既不知道也不关心这样的内部细节。但开发人员和测试人员需要了解，这意味着业务分析师需要与业务专家深入合作，去发现这些细节，并将它们作为后置条件记录下来。

正常流程、可选流程和异常

场景被确定作为用例事件的正常流程。它也称为主要流程、基本流程、正常过程、首要场景、主成功场景、阳光场景和快乐路径。"申请化学品"用例的正常流程是申请化学品品库房中可用的化学品。如图 8-3 所示，正常流程写成有编号的步骤列表，表明实体（系统或特定角色）执行的每一步。

用例内其他成功的场景称为可选流程或者二级场景。和正常流程一样，可选流程交付相同的业务结果（有时会有变化），但描述了任务中一些不常见或低优先级的变化或它是如何完成的。正常流程可以在某个对话框的决策点分支到另一个流；它可能（或不可能）重返正常流程。正常流程中的步骤显示用户在哪里可以分支到一个可选流程。用户说，"默认应该……"是描述用例的正常流程。类似"用户还应该能够从一个化学品供应商申请"的声明提出了一个可选流程，如图 8-3 中 4.1 所示，它是从正常流程步骤 4 分支出来的。

回想一下，相对于用例提供的丰富的描述，用户故事是用户需求的简单声明。在敏捷世界中，有时一个用户故事与一个完整用例覆盖相同的范围，在其他情况下一个用户故事只表示一个场景或可选流程。如果敏捷开发团队讨论 CTS 的需求，他们会想出如下用户故事：

> 作为一名药剂师，我想申请一种化学品，这样我就可以进行实验。
> 作为一名药剂师，我想从化学品库房申请化学品，这样我就可以立即使用它。
> 作为一名药剂师，我想从供应商申请化学品，因为我不相信化学品库房里可用样品的纯度。

前三个故事中的第一个对应于整个用例。第二个和第三个用户故事代表用例的正常流程和第一个可选流程，如图 8-3 所示。

潜在的阻止用例成功执行的条件称为异常。异常描述执行用例期间预期的错误条件及其对应的处理方法。在某些情况下，用户可以从一个异常恢复，比如是重复输入错误的数据。其他情况下，用例必须终止从而无法达成其成功条件。一个"申请化学品"用例的异常是"化学品非商用"，在图 8-3 中标记为 4.1.E1。如果不在需求**获取**期内指定异常处理，会有下面两种可能的结果。

- 如何处理自己所看见的异常，每个开发人员都有自以为是的最佳方案，从而导致整个应用程序中错误处理的不一致和不够健壮。

- 用户点击错误条件时系统会失败，因为没有人考虑过这个问题。

系统崩溃一定不会在用户的需求列表上。

一些错误条件可能影响多个用例或一个用例正常流程的多个步骤。例如失去网络连接、数据库操作失败或物理设备故障（如卡纸）。把这些当作额外的功能需求加以实现，而不是作为所有可能受影响的用例的异常。目标并不是把所有已知的功能强行组合到一个用例中。你是在采用"以使用为中心"的获取方法试图发现尽可能多的必要系统功能。

不一定要实现每一个用例的可选流程。可以推迟到以后的迭代或发布中。但必须解决阻止流程正常进行的异常。有经验的程序员知道处理异常代表大量的编码工作。被忽略的异常通常源自需求的缺失。在需求获取阶段说明异常条件会帮助团队构建健壮的产品。正常流程步骤中可能发生的已知异常，对应于用例模板中系统应该如何处理异常的部分。

敏捷项目运用用户故事这种方法来处理异常，为每个用户故事创建验收测试。前文提到的第三个用户故事"供应商申请化学品"。讨论这个故事时可能引发这样的问题，即，"如果你想要的化学品任何供应商都没有现货怎么办？"这就可能引出一个验收测试""如果化学品没有在任何可用的供应商目录中，就显示一条对应的消息。"对于任何好的测试方法，用户故事的验收测试集合必须包括预期行为和可能出错的事情。

修整用例

你并不总是需要一个全面的用例说明。Cockburn（2001）描述了非正式的和完整的用例模板。非正式的用例只是一个简单的文本，记录用户目标和与系统的交互，也许只是图 8-3 中的描述部分。

图 8-3 中完成的模板说明了一个完整的用例。当然，你可以在模板里做任何事情。不必用相同粒度记录所有用例。有时，用例名称和简短描述足以表达要实现的功能。其他时候，可以列出可选流程和异常但是不会深入细节。不过，在某些情况下，对于一个复杂的用例，团队将受益于一个更全面的说明。在以下几种情痾下，完整用例是有价值的：

- 项目过程中用户代表没有紧密参与开发团队。
- 应用程序复杂系统故障可能会有高风险。
- 用例记录了需求开发人员不熟悉的"神"一般的需求。
- 用例是开发人员会收到的最详细的需求。
- 你打算基于用户需求开发全面的测试用例。
- 远程团队需要一个细节清晰、可以共享的集体记录。

不要教条地在用例中包含细节，始终牢记这个目标：充分理解用户的目标能使开发人员正常工作，尽可能减少返工风险。

尽管许多用例都可以用简单的文字来描述，但流程图或 UML 活动图更有

用，可以视觉方式呈现一个复杂用例的逻辑流，如图 8-4 所示。流程图和活动图显示决策点和条件（导致一个正常流程到可选流程的分支）。

在图 8-3 中的示例中，角色的最终目标"申请化学品"在两种情况下是相同的。因此，从化学品库房或从一个供应商申请化学品是同一个用例中的两个场景，并不是单独的用例。一些可选流程的步骤和正常流程中的相同，但可选路径下需要某些独一无二的动作。这个可选流程可能允许用户在供应商目录搜索化学品，然后回到正常流程，继续回到步骤 4 的请求过程。

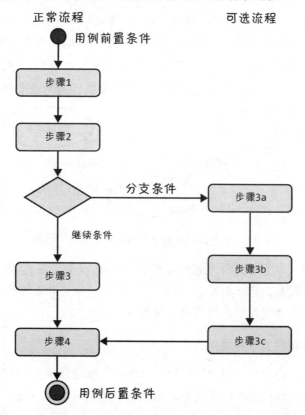

图 8-4　活动图展示用例的正常流程与可选流程的步骤顺序。

扩展和包含

可以在用例图中展示两个用例之间的关系类型，分别称为扩展和包含。前面的图 8-3 展示了"申请化学品"用例的正常流程是从化学品库房申请化学品，可选流程是从供应商申请化学品。在图 8-2 中的用例图中，买家有一个用例称为"搜索供应商目录"。假设你想让申请人在申请化学品时把执行同样的"搜索供应商目录"用例作为一个选项，就将它作为可选流程的一部分处理。用例图可以显示一个独立的用例（如"搜索供应商目录"）扩展正常流程到可选流程，如图 8-5 所示（Armour and Miller 2001）。

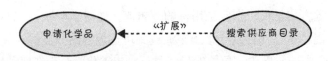

图 8-5 化学品跟踪系统中一个用例的扩展关系示例

有时，好几个用例都有若干个相同的步骤。为了避免在每一个这样的用例中重复这些步骤，可以定义一个单独的包含相同功能的用例并表明其他用例包括这个从属用例。这类似于调用一个计算机程序中的常用子例程。考虑一个财务软件包。两个用例分别是"付账单"和"还信用卡，"这两个可能涉及用户写支票付款。你可以创建一个单独名为"写支票"的用例包含常见的写支票步骤。两个用例都包括"写支票"用例，如图 8-6 所示的符号。"写支票"是一个独立的用例，因为它是某人可能在财务软件中执行的另一个任务。

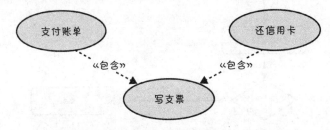

图 8-6 账户应用里的一个用例包含关系的示例

陷阱 不要旷日持久地和同事争论何时、如何以及是否使用扩展和包含关系。有一本关于用例的书，其中一位作者告诉我，扩展和包含最适合朋友们在喝啤酒时候讨论。

前置条件和后置条件要对齐

在许多应用程序中，用户可以将一系列的用例链接成为一个"宏"用例从而描述一个更大的任务。电子商务网站的几个用例可能是"搜索目录""添加商品到购物车"和"对购物车中的商品进行结算"。如果能独立执行这些活动，就可以使用单个用例。也就是说，你可以与网站有一次会话是搜索目录，第二个会话中，不需要搜索，只添加一个商品到购物车（也许通过输入产品编号），第三个会话，对购物车中的商品进行结算（这意味着购物车必须在登录会话之后保存有东西）。不过，也可以把按顺序执行所有三个活动作为一个大型的用例"购买产品"，如图 8-7 所示。"购买产品"用例的描述可以简单说执行其他三个用例："搜索目录""添加商品到购物车"，然后"购物车结算"。

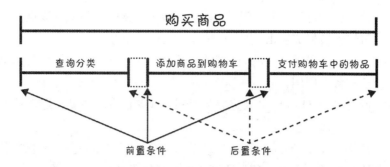

图 8-7 前置条件和后置条件定义单独用例的边界，这些单独的用例可以链接
在一起从而执行一项更大的任务

为了实现这个流程，每一个用例都必须使系统保留一个状态，使得用户能够立即开始下一个用例。也就是说，一个用例的后置条件必须满足任务序列中下一个用例的前置条件。同样，在一个事务处理应用中，例如一台 ATM，每个用例必须使系统保留允许下一个事务开始的状态。

用例和业务规则

用例和业务规则是交织在一起的。一些业务规则会限制角色执行一个用例的全部或部分。也许只有特定权限级别的用户可以执行特定的可选流程。所以，规则可能施加前提条件，使系统在让用户继续进行之前必须先通过测试。业务规则可以通过定义有效的输入值或决定如何执行计算来影响正常流程中的特定步骤。假设一家航空公司要对乘客收取优选座位额外费用。如果在航空公司的网站上旅客执行一个用例选择一个新的座位，如果选择其中的某个座位相关的业务规则就会改变他的机票价价格。说明一个用例时，记录任何已知会影响用例的业务规则的标识符，并指出用例每个规则会影响用例的哪一部分。

在探索用例时，你也许会发现潜在的业务规则。参与化学品跟踪系统需求获取的药剂师在讨论用例（查看一个存储在系统中的订单）时，其中一个人说："Fred 不可以看到我的订单，我也不想看到 Fred 的订单。"也就是说，他们得出一个业务规则：用户只能查看自己本人的化学品订单。有时你会在获取和分析时发现业务规则，有时讨论可以揭示组织中已有的相关规则，有时你已经知道系统必须遵守的现有规则。

识别用例

可以从下面几个方面识别用例（Ham 1998；Larman 1998）。

- 首先确定角色，然后制定系统所支持的业务过程，并为角色和系统的交互活动定义用例。
- 创建一个特定的场景来说明每个业务过程，然后将这些场景概括为用例，并识别每个用例所涉及的角色。

- 使用业务过程描述，问："系统必须执行哪些任务来完成这一流程或将输入转换成输出？"这些任务可能就是用例。
- 识别系统必须响应的外部事件，然后将这些事件关联到参与活动的角色和特定用例。
- 使用 CRUD 分析来确定需要用例创建、读取、更新、删除或控制的数据实体（参见第 13 章）。
- 检查关联图，问："在系统帮助下每一个外部实体想要达成哪些目标？"

CTS 团队遵循的是第一种方法，使用本章接下来几个小节要介绍的流程。三个业务分析师引导了一系列历时两小时的用例获取工作坊，每周举行两次。他们选择使用工作坊获取部分是因为他们没有尝试过这些用例方法，所以他们需要一起学习。此外，他们也看到工作坊中集思广益的价值高于一对一的面谈。不同用户类别的成员参与各自独立的并行工作坊，与不同的业务分析师一起工作。这种方式很有效，因为只有几个用例是多个用户类别通用的。每个工作坊包含用户类别的产品代言人、其他几个选定的用户代表和一个开发人员。让开发人员早期参与获取工作坊，可以使其深入了解他们要构建的产品。在有人提出不可行的需求时，他们还可以提供现实可行与否的信息。

在开始工作坊之前，每个业务分析师都会要求用户想一想他们要用新系统执行任务。每个任务都会变成候选用例。这是一种自底向上的用例获取方法，是自顶向下识别所有系统要支持的业务过程并从中挑拣用例的策略。比较从不同思维过程产生的用例清单可以减少遗漏的可能性。

少数几个候选用例被判定为超出范围，不予考虑。随着团队在工作坊中探索范围内剩余的用例，他们发现其中一些相关场景可以合并成一个单一的、更通用的用例。团队还发现初始用例集合之外额外的用例。期待随着过程的进行不断执行这一类调整。

一些用户不会以任务的方式提出用例，比如"材料安全数据表"。用例的名称应该指出用户想要完成的目标，所以需要从一个动词开始。用户到底是想申请、查看、打印、下载、订购、修改、删除还是创建一个材料安全数据表？一个建议是把某个角色执的流程中的一步作为用例，例如"扫描条形码"。业务分析师需要了解用户想要扫条形码的目的。业务分析师可能会问："当你扫描化学容器的条形码时，你是想完成什么任务？"假设回答是"作为一个药剂师，我需要扫描容器的条形码，这样我就可以将它登记到我的实验室中"。（注意如何使用用户故事的风格来声明）。由此，真正的用例是"登记化学品到实验室。"扫描条形码标签只是登记化学品到实验室过程中该角色与系统之间进行应互的其中一个步骤。

不要在有人提出的第一个用例时就心急火燎地陷入"高分辨率"的分析。适当了解每个用例使团队可以安排优先级并且将所有用例或者其中一部分初步安排到接下来的发布或迭代中。然后可以开始探索安排到下一个开发周期中的最高优先级用例，让开发人员可以尽快开始实现它们。低优先级用例可以等待细化，直到安排到开发周期中。这和敏捷项目中处理用户故事的策略是一样的。

 陷阱　不要强行将每一个需求都"硬塞"到一个用例。用例可以揭示大多数但并非全部功能需求。如果业务分析师已经知道必须实现的特定功能，那么只是为了保存而创建一个用例就没有什么价值。

探索用例

CTS 获取工作坊的参与者讨论每个用例时，都会先确定受益于用例的用户，并写下简短描述。估算使用频率提供了一个早期指标，可以从中了解并发使用和容量需求。然后他们开始定义前置条件和后置条件（用例的边界）所有用例步骤都发生在这些边界之内。随着讨论得出更多信息，这些前置条件和后置条件得以持续调整。

接下来，业务分析师询问参与者他们是如何构想与系统交互从而执行任务的。最后得出的一系列角色行动和系统响应就成为用例的正常流程。虽然每个参与者对未来用户界面都有不同的想法，但团队在角色-系统对话中的基本步骤可以达成一个共同的愿景。

 限定在范围内

　　检审正常流程有 8 个步骤的一个用例时，我意识到在第 5 步之后后置条件就已尼满足了。因此，步骤 6、7 和 8 是不必要的，可以放在用例范围以外。类似，一个用例的前置条件必须在正常流程的步骤 1 开始之前满足。审阅用例流程时，要确保其前置条件和后置条件能够形成一个合适的范围。

业务分析师捕捉角色的动作和相应的系统响应，将它们记在即时贴上，即时贴放在白板的表格上。即时贴很适合这样的工作坊。很容易移动、归纳汇总并且可以在它们讨论过程中替换。举行工作坊的另一种方法是把项目用例模板从一台电脑投放到大屏幕并且在讨论的过程中填充模板。获取团队针对可选流程和异常进行类似的对话。当分析师问 "如果那一刻数据库不在线会发生什么？"或 "如果该化学品非商用怎么办？"等类似问题时，许多异常会"暴露出原形"。工作坊也是一个很好的时机，可以用来讨论用户对质量的预期，例如响应时间和易用性、安全需求和 UI 设计约束等。

在工作坊参与者描述每个用例并且没人提出额外的变化、异常或其他信息之后，转而进行另一个用例。他们没有试图在一个马拉松式的工作坊覆盖所有的用例或者确定他们讨论的每个用例的细节。相反，他们分层探索用例，开始时大范围获取高优先级的用例，之后临近实现时，再以迭代方式逐步提炼。

图 8-8 展示了 CTS 用例获取流程中创建一系列工作产出的顺序。随着工作坊的进行，分析师通过使用图 8-3 所示模板记录每个用例，运用自己的判断来决定如何为每个用例完成所需的模板。

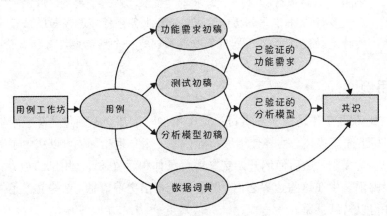

图 8-8　用例获取的工作产出

在写用例流程中的步骤时，避免使用指向特定用户界面交互的语言。"申请人指定想要的化学品"就是一个不错的归纳并且与 UI 无关。它允许以多种方式完成用户申请化学品的意图：输入一个化学品的 ID；从文件导入化学品结构；用鼠标（或平板电脑的手写笔）在屏幕上画出结构或者从列表中选择一个化学品。太快进入具体的交互细节会制约工作坊参与者的思维。

用例常常涉及不适合放在模板中任何部分的额外信息。使用"其他信息"来记录相关性能和其他质量要求、约束和外部接口知识。最终，所有这些信息汇总到 SRS 或者需求文档的其他元素中。还要注意记录任何可能对用户不可见的信息，比如需要一个系统在后台与另一个系统交互才能完成用例。

验证用例

图 8-8 中的过程表明，在每次工作坊后，化学品跟踪系统的业务分析师从用例中推导得出软件功能需求（更多相关信息，请参见下一小节）。业务分析师还画出了一些分析模型，如状态转换关系图（显示所有可能的化学品申请状态和许可的状态变化）。多个用例可以处理一个化学品申请，因此，该图将好几个用例的信息和操作全部放在一起。第 12 章演示了 CTS 系统的几个分析模型，状态转换图如图 12-3 所示。

每次工作坊之后的一两天，业务分析师把用例和功能性需求发给工作坊参与者，让他们在下一个工作坊前审阅这些内容。这些非正式的审阅会暴露许多错误：以前未发现的可选流程、新的异常、不正确的功能需求和遗漏对话步骤。团队很快就学会了在连续的工作坊之间至少留出一天时间。在工作坊之后的一两天放松精神，让人以一个新的视角检查此前的工作。有个每天都办工作坊的业务分析师发现，参与者很难发现他们审阅的材料中的错误，因为对他们来说信息太新了。他们沉浸在近期的讨论中，还看不出任何错误。

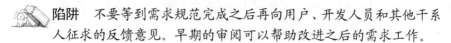 **陷阱**　不要等到需求规范完成之后再向用户、开发人员和其他干系人征求的反馈意见。早期的审阅可以帮助改进之后的需求工作。

在需求开发早期，化学品跟踪系统的测试负责人开始从用例创建不依赖于实现和用户特定界面的概念性的测试（Collard 1999）。这些测试帮助团队系统在特定的场景中如何工作达成共同理解。测试使得业务分析师验证他们是否推导得出让用户执行每个用例所需的功能。最后一个获取工作坊期间，参与者一起走查测试，确保他们在用例工作方式上达成一致。

像这样的早期概念性测试想法比写代码、构建部分系统、执行测试时才发现问题更便宜、更快。它类似于敏捷方法中用验收测试来充实用户故事。CTS团队既写功能需求，也写测试。相比之下，这两种方式都能在没写任何代码之前暴露错误。第 17 章将探讨如何根据需求来产生测试。

CTS 团队为他们确认的需求创建了好几种表示：一个功能需求列表、一组对应的测试和分析模型，这些都是基于用例获取的。比较这些可选的需求表达方式是一个强有力的质量技术（Wiegers 2006）。团队使用测试来验证功能需求，找出不能被需求集合"执行"的测试以及不能被测试覆盖的需求。

如果只创建一个单独的需求描述或者视图，你就只能信它了。和它进行对比，找出错误、差距和不同的解释。敏捷项目团队一般不用文档记录功能需求，他们更愿意创建验收测试。尽管项目的需求探索阶段考虑测试是一个很好的主意，但它都只能给你留下一个单一的描述，你必须相信这是正确的。同样，传统的项目团队只创建一组功能需求并把测试推迟到后期，他们也是只有一种描述。通过正确记录需求、测试、分析模型和原型的组合，可以获取最好的结果。

用例和功能需求

软件开发人员不会实现业务需求和用户需求。他们实现的是功能需求，即具体的系统行为。一些实践者将用例作为功能需求。然而，我们已经看到许多组织只是把用例丢给开发人员实现却陷入困境的情况。用例描述了从用户角度看到的系统外部行为。他们并不包含所有开发人员写软件时所需的信息。ATM 的用户不了解任何有关的后端处理，如与计算机之间的通信。这样的细节对用户不可见，但是开发人员需要了解。即便已经拿到完整的用例，开发人员往往还是有许多问题。为了减少这种不确定性，可以考虑让业务分析师明确指定实现每个用例所需的功能需求（Arlow 1998）。

许多功能需求在角色与系统之间的对话步骤之外。一些是显而易见的，比如"系统应当为每个申请分配一个唯一的序列号。"如果从用例角度看这些功能很清楚，就不必在别的地方重复。其他功能需求不出现在用例的描述中。例如，用例文档一般都不会指定在前提条件不满足时系统应该做什么。这个例子说明用例通常不会为开发人员提供所有必要的信息让他知道要做什么。业务分析师必须推导这些忽略的需求并且和开发人员与测试人员沟通（Wiegers 2006）。这种从用户需求视角到开发人员视角的分析是业务分析师为项目增加的价值之一。

化学品跟踪系统首先使用用例作为主要工具来揭示必要的功能需求。分析师简单写出不那么复杂的用例描述。然后他们推导让某个角色执行用例需要实现的所有功能需求，包括可选流程和异常处理程序。分析师以文档形式记录这些功能需求到 SRS 中，SRS 是按照产品特性组织的。

可以用多种方式把用例相关功能记入文档。下列方法都不完美，所以请选择最适合的方式来记录和管理项目的软件需求。

只用用例

一种可能性是如果功能需求不够明显，就在每个用例说明里一一添加。仍然需要记录非功能性需求和任何无法关联到具体用例的功能。此外，多个用例可能需要相同的功能需求。如果五个用例要求用户的身份认证，而你不想写五个不同的代码块。不要复制，交叉引用出现在多个用例中的功能需求就好。用例可以收集到用户需求文档中。

用例和功能需求

另一个选择是简单写下用例并以文档形式写下 SRS 或需求库中推导出来的各项功能性需求。这样一来，用例一改变，就可以快速找到受影响的功能需求。管理追溯性的最佳方式是需求管理工具。

只用功能需求

还有一个选择是按用例或特性来组织功能需求，在 SRS 或需求库中同时包含用例和功能需求。这是 CTS 团队使用的方法，和我们做过的几个网站开发项目一样。我们的大多数用例都写得都非常简洁，没有完成图 8-3 所示的完整模板。细节通过一组功能需求来指定说明。这种方式得不到一个一个单独的用户需求文档。

用例和测试

如果写的用例说明和功能需求都很详细，你可能会注意有重复，特别是在正常流程中。写两次相同的要求几乎没有什么价值。因此另一个策略是写出相当完整的用例说明，然后写验收测试来确定系统是否正确处理了用例的基本行为、可选的成功路径和各种可能出错的情形。

用例要避免的陷阱

与任何软件工程技术相类似，应用用例方法时也会让人误入歧途（Lilly 2000; Kulak and Guiney 2004）。注意以下几个陷阱。

- **太多的用例**　如果遭遇用例激增，说明你很可能没有在合适的抽象层上写。不要对每一个可能的场景都单独创建一个,用例。用例往往都多于业务需求和特性，但功能需求一般都多于用例。

- **高度复杂的用例**　我审查过密密麻麻地写着四页对话的用例，还有大量嵌入式逻辑和分支条件。实在太难以理解了。我还听说过更长的用例，长达好多页。虽然你不能控制业务任务的复杂性，但可以控制如何以用例来表示它们。选择一个贯穿于用例的成功路径将其命名为正常流程。使用可选流程描述其他指向成功的逻辑分支，使用异常来处理导致失败的分支。可以还有很多选择，但每一个都要简短且易于理解。如果一个流程的长度超过 10 到 15 步，就要确认是否真的只描述了一个场景。但也不要仅仅因为它有很多步骤而武断地拆分合理的长流程。

- **内含设计的用例**　用例应该聚焦于用户在系统帮助下需要完成的事，而不是屏幕的界面。强调角色和系统之间的概念性交互。例如，说"系统显示可选项"而不是"系统显示下拉列表"。不要让 UI 设计来驱动需求探索。使用界面草图和对话图（参见第 12 章）帮助可视化角色与系统的交互，而不是作为公司设计规范。

- **内含数据定义的用例**　用例探索容易诱发数据讨论,思考交互过程中哪些数据元素作为输入和输出。一些用例的作者会在用例规范说明中包含相关数据元素的定义。这使得人们很难找到信息，因为数据定义在用例中并不明显。它还会导致重复的定义，容易失去同步,一个改变时,其他没有变。在项目范围级别的数据字典和数据模型中存储数据定义，详情参见第 13 章。

- **用户不明白的用例**　如果用户无法将用例关联到他们的业务过程或目标，就会出现问题。从用户的视角写用例，而不是系统的视角，让用户审查用例。要达成明确而有效的沟通目标，就得尽可能让用例保持简单。

"以使用为中心"的需求有何好处

用例和用户故事的魅力来自于它们"以用户为中心"和"以使用为中心"的观点。相对于"以特性为中心"的方法，用户对系统有更清晰的期望。有几个互联网开发项目的客户代表发现用例澄清了其网站访客的操作意图。用例有助于业务分析师和开发人员理解用户的业务。通过思考"角色-系统"的会话，可以暴露开发过程早期模棱两可、含糊不清的描述，从用例生成对应的测试。

在一开始就过度说明需求试图包括所有可能的功能，会导致实现多余的需求。"以使用为中心"的方法会引出支持用户执行特定已知任务的功能。这有助于防止"孤儿功能"：看似想法不错，但因为与用户目标不直接相关，所以后面没人会用到。

开发用户需求有助于排定需求优先级。最高优先级的功能需求起源于最高优先级的用户需求。用例或用户故事可能由于以下几个原因而具有高优先级。

- 描述了系统支持的部分核心业务过程。
- 许多用户会经常使用它。
- 某些受优待的用户类型需要它。
- 符合法规要求。
- 其他系统功能依赖于它的存在。

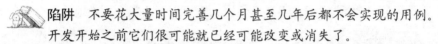 **陷阱** 不要花大量时间完善几个月甚至几年后都不会实现的用例。开发开始之前它们很可能就已经可能改变或消失了。

用例还有一些技术收益。它们暴露了一些重要的领域对象和彼此的责任。使用面向对象设计方法的开发人员可以将用例变成对象模型，形成类和序列图等。业务过程随着时间推移而变化，特定用户需求中体现的任务也会变。如果将功能需求、设计、代码和测试跟踪到其核心用户需求，倾听用户的声音，会更容易连通整个系统的变到情况。

 行动练习

- 使用图 8-3 所示的模板为当前的项目写几个用例。要包括可选流程和异常。确定支持用户成功完成每个用例的功能需求。检查项目需求库中是否已经包含所有这些需求。
- 如果组织正在考虑采用敏捷实践，试着将一个用例写成用户故事或一组用户故事，评估这两种方法之间的差异。
- 仔细查看一个用例，尝试在每一个步骤从前置条件、后置条件、业务规则和其他需求中推导出其他必要的功能需求。
- 与客户一起检查用例以确保步骤正确，要考虑到正常流程中的变化，异常能够提前预期并按照客户的想法进行处理。

第 9 章

照章办事

"嗨，Tim，我是 Jackie。我在使用化学品跟踪系统申请化学品时遇到了一个问题。实验室管理员建议我来问问你。他说你曾作为产品代言人给系统提供过很多需求。"

"是的，没错，"Tim 回答道，"你碰到什么问题了？"

"我需要更多的光气来合成为我研究项目做的染料，"Jakie 说，"但是系统拒绝了我的申请。它说我已经有一年多没有参加过处理危险化学品的培训了。这是怎么回事？我使用光气已经有好几年了，以前都没有碰到其任何问题。为什么这次不能申请了呢？"

"你可能知道 Contoso 制药公司要求员工每年都参加一个安全使用危险化学品的进修班，"Tim 指出，"这是一个基于 OSHA 法规的公司政策。化学品跟踪系统在这方面做了强制。我知道以前无论你要什么，库房人员都会给你，不过现在不行了。很抱歉给你造成不便，不过要想让系统批准你使用更多的光气，必须参加进修班。"

每个组织的运营都要遵守很多政策、法规以及行业标准。银行、航空以及医疗器械制造这样的行业必须遵守大量政策法规。这样的控制原则统称为业务规则或业务逻辑。业务规则通常通过人工的政策和流程来保证。然而在许多情况下，也需要软件应用强化这些规则。

大多数业务规则起源于任何特定的软件应用之外。即使所有的化学品采购和分配是手动完成的，公司政策也要求员工每年都要参加处理危险化学品的培训。标准的会计实践在发明数字计算机之前已经使用很长时间了。由于业务规则是业务的属性，所以它们本身并不是软件需求。然而，业务规则是需求的来源，因为它们决定着系统必须具备哪些属性才能符合规范。如第 1 章中图 1-1 所示，业务规则可能是多种需求类型的来源。表 9-1 说明了业务规则是如何影响多种需求类型的，并提供了示例。

人们有时会把业务规则与业务过程或业务需求混为一谈。就像第 5 章所说，业务需求描述了组织期望的产出或概要目标，指出要构建或采购一个软件。业务需求是项目实施的理由。业务过程描述了将输入变为特定输出以达成特定结果的一系列活动。信息系统通常都业务过程自动化，因而有效率及其他好处（可以满足提出的业务需求）。业务规则通过建立词汇表、施加限制、触发行动或监控运算过程等方式影响业务过程。同一个业务规则可能应用到多个手动或自动流程中，因此最好把业务规则当作一组独立的信息。

表 9-1 业务规则如何影响各类软件需求

需求类型	业务规则的影响	示例
业务需求	政府法规可能成为项目的某个业务目标	化学品跟踪系统必须符合近五个月内所有联邦和州的化学品使用与处理报告法规
用户需求	隐私策略决定哪些用户可以或者被禁止使用系统完成某些任务	只有实验室管理员可以为自己之外的其他人生成化学品接触报告
功能需求	公司政策规定所有供应商在收到发票之前必须经过核准登记	如果收到来自一个未注册供应商的发票，供货系统应该以电子邮件方式向供应商发送供应商登记表以及 W-9 表格的可编辑 PDF 文档
质量属性	来自政府机构（如 OSHA 和 EPA）的法规可以指明安全性要求，它们必须由系统功能强制执行	系统必须维护安全培训记录，在员工用户申请有害化学品前，必须保证他们接受过适当的培训

并不是所有公司都会将其核心业务规则当作珍贵的企业资产。有一些部门可能会以文档形式记录他们自己的规则，但是很多公司都不会统一安排人力记下业务规则并放在共享知识库中供整个组织查看。将如此重要的信息作为企业的非官方消息会导致各种问题。如果业务规则不加以正确记录和管理，就会局限于少数人的大脑中。业务分析师需要知道向谁打听影响他项目的规则。不同的人对规则可能有相互冲突的理解，导致不同的软件应用采取不同的方式实现同一个规则或是干脆完全忽略这个规则。拥有一个业务规则主知识库可以使受某些特定规则影响的所有项目都能找到规则并用一致的风格去实现规则。

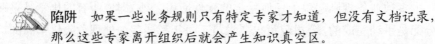 **陷阱** 如果一些业务规则只有特定专家才知道，但没有文档记录，那么这些专家离开组织后就会产生知识真空区。

作为一个例子，你的组织很可能有几个安全策略来控制对信息系统的访问。这些策略可能会规定密码的最小和最大长度限制、密码更新频率、多少次登录错误后需要锁定用户账户等。组织开发的应用应当以一致的方式遵循这些策略——也就是业务规则。跟踪每个规则的实现代码，在规则有变时更新系统更容易了，例如修改密码更新周期。这种做法同样有利于在项目之间重用代码。

业务规则分类法

业务规则组织（2012）从业务及其信息系统两方面提出了业务规则定义。

- **从业务角度** "业务规则是一个指导原则，它描述了在某个特定活动或环境中的行为、行动、实践或流程所应尽的义务。"（规则应该有一个明确的动机,并带有强制手段,而且必须指明违反规则会带来什么后果。)

- **从信息系统角度**　"业务规则是对业务某些方面的定义或限制的声明。它的目的是维护业务结构或控制以及影响业务行为。"

基于业务规则的发现和文档化过程及其在自动业务规则系统的实现(von Halle 2002; Ross 1997; Ross and Lam 2011)发展出一整套方法论。除非是在构建一个严格的规则驱动系统,否则不需要如此复杂的方法论。只需要简单识别和记录与系统有关的规则,并将它们与实现它们的特定需求联系起来。

有很多分类方式可以用来组织业务规则(Ross 2001; Morgan 2002; von Halle 2002; von Halle and Goldberg 2010)。简单的分类法如图 9-1 所示,包含 5 类规则,适用于大多数情况。第六类是对业务很重要的术语、专有词汇、短语以及缩写。可以按照实际业务规则来组织术语。词汇表是定义术语的另一个好地方。

图 9-1　一个简单的业务规则分类法

用一致的方式记录业务规则比热烈讨论如何精确划分规则重要得多。然而,一个分类法有助于识别出可能被忽视的业务规则。将规则分类有助于你思考如何将它们应用到软件应用中。例如,约束通常要求系统在功能上强制这些约束,提出功能,要求在某些条件下执行某些操作。让我们来看这五类业务规则的一些例子。

事实

事实就是业务在某个特定时间点简单而正确的陈述。事实描述重要业务术语之间的关联或关系。系统中重要数据实体的事实很有可能出现在数据模型中(要想进一步了解数据建模,请参见第 13 章)。事实的例子如下所示:

- 每一个化学容器都有一个唯一的条形码标识
- 每一个订单都包含运费
- 销售税计算不包含运费
- 假如机票不可退,购买人更改行程会产生费用
- 高于 16 英寸的书摆放在图书馆的超大图书区

当然,业务总是有数不清的事实。收集无关事实会使业务分析停滞不前。即使它们是事实,也看不太清楚对开发团队有多大用处。将重点放在项目范围内的事实上,不要试图收集完所有业务知识集。尝试将事实联系到内外关系图

的输入/输出、系统事件、已知数据对象或者特定的用户需求。

约束

约束描述的是限制系统或其用户可执行的行为。人们可能这样描述一个约束类业务规则：某个行为必须、禁止或不得执行，或者只有某些人或者角色可以执行特定的行为。以下是来自不同来源的一些例子。

组织政策

- 未满 18 岁的贷款申请人必须有父母或法定监护人作为贷款担保人。
- 图书馆读者在同一时间内最多只能借 10 本书。
- 保险函中明文显示的投保人社会保险号码不得超过 4 位。

政府法规

- 所有软件应用必须符合适合视力障碍人士使用这一政府法规。
- 航空公司飞行员每 24 小时航程必须有连续 8 小时的休息时间。
- 除非有延期授权，否则个人联邦所得税申报表必须在 4 月 14 日后第一个工作日午夜之前寄出。

行业标准

- 抵押贷款申请人必须满足联邦住房管理局的资格标准。
- Web 应用不宜使用 HTML5 标准中废弃的任何 HTML 标签或属性。

太多约束

软件项目有很多类型的约束。项目经理必须在限定的日期、人力以及预算下开展工作。这种项目级别的约束属于项目管理计划。产品设计和实现约束代表施加的条件，如果不表述清楚，就只能依赖解决方案提供者的判断力了。此类开发人员的决策限制常见于 SRS 或设计规范。某些业务规则限制业务的运作方式，这些应当存储在业务规则库中。只要这些约束体现在软件需求中，就表明这些需求来源于哪个相关的规则。

业务规则约束即使不能直接映射到功能，也能够为软件开发传达一些隐性的信息。考虑一个零售商店的规定：只有主管和经理才能处理超出 50 美元的现金退款业务。如果是在开发一个 POS 机应用供商店员工使用，这条规则就意味着每个用户都要有一个权限级别。这个软件必须检查当前用户的权限级别是否能够执行某个操作，例如打开收银机抽屉，让收银员可以给用户退款。

因为很多约束类型的业务规则都涉及哪个类型的用户可以操作哪些功能，所以一种可以记录这些规则的简明方法就是使用角色与权限矩阵（Beatty and Chen 2012）。图 9-2 展示了一个公共图书馆信息系统中不同类型用户的矩阵。角色分为雇员与非雇员。系统功能分为系统操作、读者记录处理操作以及个人的图书馆物品操作。表格中的 X 代表这一列的角色有权限执行这一行所示的操作。

角色与授权矩阵	员工				非员工		
		管理员	流动员工	图书馆助理		志愿者	读者
系统操作							
登录图书馆系统		X	X	X			
登记新的员工		X					
打印借书条		X	X	X			
读者记录							
查看读者记录		X	X				
编辑读者记录		X	X				
查看本人的记录		X	X			X	X
办理借阅卡		X	X				
接受罚款		X	X				
物品操作							
搜索馆藏目录		X	X	X		X	X
借出		X	X				
归还		X	X	X		X	
修改类别		X	X	X		X	
预约		X	X	X		X	X

图 9-2 约束性业务规则有时可以用角色及授权矩阵来表示

触发规则

当特定条件满足时触发某些活动的规则，称为触发规则。在手动过程中，可能需要一个人来完成这些活动。另一方面，这种规则也可能会提出软件功能方面的要求，使系统探测到触发事件时表现出正确的行为。触发行为的条件可能是某些独立真假条件的复杂组合。决策表（参见第 12 章）提供了一个简便的方式来记录涉及复杂逻辑的行为触发类业务规则。表格中 "如果<某些条件为真或某些事件发生>，那么<某些事件会发生>" 这样的语句很可能代表有人正在描述一个触发规则。以下是化学品跟踪系统中行为触发类业务规则的一些例子。

- 如果化学品库房有所需化学品容器的库存，就将库存容器发放给申请人。
- 在季度的最后一个日历日，按规定生成当前季度有关化学品处理的 OSHA 和 EPA 报告。
- 如果某个化学品容器有效期满，就需要通知容器当时的持有人。

业务有时会提出有利于商业性成功的一些规定。考虑一下网上书店如何利用以下业务规则在客户购买某个特定产品后刺激进一步的冲动性购买。

- 如果客户购买的图书作者写过多本书，就在订单完成前向客户展示此作者其他著作的信息。
- 在客户将书放入购物车后，显示购买了此书的其他用户还购买了哪些相关书籍。

约束的负面效应

　　我最近在 Blue Yonder 航空公司用里程为我的妻子 Chris 兑换了一张机票。当我就要完成兑换时，BlueYonder.com 显示网站发生了错误，无法出票。它提示我立即电话联系航空公司。等我终于拨通预约代理的电话后，他告诉我航空公司无法通过邮件或者电子邮件发送里程兑换机票，因为 Chris 和我的姓氏不一样。我需要去航空公司售票处拿身份证领取兑换的机票。

　　此次事件是由一个约束性业务规则导致的，规则原文可能是这样的："如果乘客和里程兑换人的姓氏不同，那么兑换人必须本人亲自领取机票。"这可能是为了预防欺诈。Blue Yonder 网站执行的这条规则降低了系统的可用性，并给顾客带来了麻烦。系统显示了一个错误警告信息，而不是直接告诉我存在姓氏不同的问题以及我应该怎么做。这浪费了我的时间、预约代理人的时间以及不必要的电话费。业务规则的草率实现可能会对顾客和业务造成负面影响。

推理

有时也称为推断的知识或派生的事实，推理通常是指从已知的事实中产生新的事实。与触发条件业务规则相同，推理也经常用"如果、那么"句型来描述，不过推理中的"那么"部分只是描述知识性的信息，而不是要执行的动作。推理的一些例子如下。

- 如果在 30 个日历日之内没有收到应付款项，这个账号就存在拖欠债务的问题。
- 如果供应商在收到订单的五天后仍然无法发货，就会被认为是延期交付的。
- 在小白鼠身上 LD50 毒性低于 5 mg/kg 的化学品是被认为有毒的。

运算

第五类业务规则定义了一些运算，通过使用特定的数学公式或算法将已知数据加工为新的数据。很多运算遵循的规则都是企业外部规则，例如所得税扣缴计算公式。以下是一些文字描述的运算类业务规则。

- 重量超过 2 磅的订单，国内陆路运费为 4.75 美元加上超出部分每盎司 12 美分。

- 订单的总价为订单内物品单价的总和,去除折扣金额,加上发货地州、县的销售税,加上运费,再加上可选的保险费。

- 购买 6～10 个,单价享受 9 折优惠,购买 11～20 个享受 8 折优惠,购买 20 个以上享受 7 折优惠。

像这样用自然语言描述运算细节既冗长又难以理解。不过,可以用符号形式表达这些运算,例如提供数学表达式或者清晰且易于维护的规则表。表 9-2 就用更清晰的方式来描述前面的单价折扣运算规则。

表 9-2　使用表格描述运算类业务规则

ID	购买数量（个）	优惠比例
DISC-1	1～5	0
DISC-2	6～10	9 折
DISC-3	11～20	8 折
DISC-4	20 以上	7 折

 陷阱　在记录业务规则集或是描述带范围的需求时,要小心边界值重叠问题。很容易将范围定义为 1～5,5～10 以及 10～20,此时 5 和 10 到底应该归于那个区间就会令人疑惑。

原子业务规则

假设你走向友好的图书管理员并问道:"DVD 我能借多久?"管理员回答说:"你可以把 DVD 或者蓝光碟片借走一周,并且在没有其他读者预约的情况下续借 2 次,每次 3 天。"管理员的回答基于图书馆的业务规则。然而她的回答是把多个规则糅合到一句话中。像这样组合业务规则会导致规则难以理解和维护。很难确认所有可能的条件都有全面覆盖到。如果好多个功能片段都追溯到这个复杂的规则中,那么将来规则中的一部分发生变化时就得花时间找到和修改相应的代码。

一个较好的策略是在原子级别记录业务规则,而不是在一条规则中组合多个细节。这可以使得规则简明扼要。还有利于规则的重用、修改以及任意组合。用原子方式记录推理知识以及触发条件业务规则,不要在"如果、那么"结构的前半段使用"或"逻辑,在后半段不要使用"与"逻辑（von Halle 2002）。可以将复杂的图书馆规则拆解为多个原子业务规则,如表 9-3 所示。（第 10 章介绍表 9-3 中所用的分层符号标记法）这些业务规则被称为原子的,因为它们无法被继续分解。最终可能会得到很多原子业务规则,而功能需求将依赖于这些规则的各种组合。

表 9-3　图书馆的一些原子规则

ID	规则
Video.Media.Types	DVD 碟片和蓝光碟片是视频物品
Video.Checkout.Duration	视频物品每次可以借走一周
Renewal.Video.Times	视频物品最多可以续借两次
Renewal.Video.Duration	续借视频物品可以将租借期延长 3 天
Renewal.HeldItem	被其他客户预约的物品不能被续借

为了说明使用原子业务规则是如何提高可维护性的，可以考虑这种情况：当下一代视频技术出现的时候，或者图书馆废弃 DVD 碟片时，只需要更新 Video.Media.Types 规则，其他规则则不受任何影响。

记录业务规则

因为业务规则可能影响很多应用，所以组织应当把自己的规则视为企业级资产进行管理。开始的时候，一个简单的业务规则目录就够了。如果使用需求管理工具，可以将业务规则作为一个需求类型进行存储，并保证所有软件项目都可以访问。大型组织或者其运营与信息系统均由业务规则驱动的组织应当建立业务规则数据库。如果规则目录超出文字处理软件、电子表格、维基或其他协同工具能处理的范围，最好使用一个商用的规则管理工具。一些业务规则管理系统包含规则引擎，可以在应用中自动化规则实现过程。业务规则组织（2012）维护着一个业务规则管理产品的列表。如果你在开发应用时发现了新的规则，将它们加入目录中而不是仅仅记录在这个特定应用的文档中，如果只是记录在源代码中，就更糟糕了。与安全、保密、财务或遵守法规相关的规则如果不加以妥善管理和强制执行，会带来极大的风险。

 陷阱　不要让业务规则目录变得过于复杂。只要能保证开发团队有效使用，在可以用最简单的格式记录业务规则。规则库的所有者应该是业务部门，而不是 IT 部门或者项目团队。

对识别与记录业务规则有了更多的经验后，可以尝试用一些结构化的模板来定义不同类型的规则（Ross 1997；von Halle 2002）。这些模板描述了关键字模板和句式，力求用一致的风格结构化规则记录。它们同样有利于将规则存储到数据库、商用的业务规则管理工具或业务规则引擎中。相关规则的分类也可以用决策树、决策表（特别是涉及复杂的逻辑时）或角色与权限矩阵之类的工具来表达。不过一开始的时候可以尝试如表 9-4 所示的简单格式（Kulak and Guiney 2004）。

表9-4　一些业务规则目录的例子

ID	规则定义	规则类型	静态或动态	来源
ORDER-5	如果顾客购买书的作者还写过其他书,那么在交易结束前向他展示作者的其他著作	触发规则	静态	××销售政策
ACCESS-8	网页上的所有图片都必须有文本的替代描述供电子阅读设备使用以满足视力不良用户的使用需求	约束	静态	无障碍设计的 ADA 标准
DISCOUNT-13	折扣基于当前交易的额度计算,算法见表 BR-060	运算	动态	公司的××定价政策

为每个业务规则提供一个唯一 ID 可以帮助将需求链回到特定规则,与之联系起来。例如,某些用例的模板包含一个字段用于记录影响这个用例的业务规则。不需要将完整的规则定义写入用例的描述,需要填入相关规则的 ID 即可。每个 ID 都可以指向业务规则实体。这样一来,就不用担心规则更改之后会造成用例失效。

> **隔离法则**
>
> 　　航空交通管理系统(ATC)必须保证在至少四个维度(高度、经度、纬度和时间对航空器进行区分,以避免事故发生。航空器机载系统、飞行员、地面控制器以及 ATC 系统自身需要根据上百个信息来源计算飞行轨迹和速度以便确认某飞机可能在何时与其他飞机距离太近。很多业务规则需要确保最小的法定相互距离和时间。这些规则是动态的,随着科技的发展(例如用 GPS 定位取代雷达)以及法规的变化,它们会周期性更新。这就意味着系统需要经常接受一组新的规则,验证规则自身的一致性与完备性,然后在飞行员和控制器使用新的规则后也切换至新规则。曾经有个 ATC 项目一开始就将这类业务规则的当前值硬编码到系统中,认为它们是不变的。当干系人认识到需要周期性更改这些安全规则时,却发现系统需要大量返工。

"规则类型"这列指出每个业务规则是事实、约束、触发、推理还是运算。"静态或动态"列说明规则将来变化的可能性。这个信息对开发人员很有帮助。如果他们知道特定的某些规则是周期性变化的,就可以通过改变软件架构来使受影响的功能或数据易于更新。所得税计算至少每年变更一次。如果开发人员将所得税信息放在表格或数据库中,而不是写死在系统代码中,更新这些值的时候就会十分方便。物理定律硬编码没有什么问题,例如基于热力学定律的计算;相比之下,人为的规则更容易。

表 9-4 中的最后一列说明了规则的来源。业务规则的来源包括企业以及管理规定；主题专家和其他人员；政府规章制度之类的文档。知道来源以后，人们就知道应该去哪里找关于规则的更多信息或者跟踪规则变化。

发现业务规则

只问"你的需求是什么"对引导用户需求并不会有太多帮助，问用户"你们的业务规则是什么？"效果也不会好到哪里去。有时候在你投入一定时间后会发明一些业务规则，有时候，它们会在需求讨论中自动浮现，有时候你需要主动捕获它们。Barbara von Halle（2002）提出了一个用来发现业务规则的完整流程。以下是一些常见的规则发现方式和地点（Boyer and Mili 2011）。

- 组织内的"常识"，通常来自从事此业务很长时间的个人，他们通常都知道业务的运作细节。
- 其需求和代码中已内嵌业务规则的遗留系统。这时需要对需求或代码的原理进行反向工程来理解背后的规则。用这种方式得到的业务规则有时是不完备的。
- 业务过程建模，通常引导分析师找出可能影响每个流程步骤的规则：约束、触发事件、运算规则以及相关的事实。
- 现有文档分析，包括以往项目的需求规范说明、法规、行业标准、企业规范、合同以及业务计划书。
- 数据分析，例如数据对象可以有的各种状态以及在什么情况下用户或系统事件可以改变对象的状态。这种授权也可能由图 9-2 所示的类似角色和授权矩阵表示，它们能提供关于用户权限级别及安全性规则的信息。
- 公司其他部门构建合规系统。

仅仅因为从这些不同来源发现了一些业务规则，并不代表它们适用于你当前的项目，它们甚至有可能已经不再有效了。遗留应用代码里实现的运算规则可能已经过时。一定要确认从旧的文档或应用中收集到的规则是否需要更新。评估你发现的规则之适用范围。它们是只适用于某项目，还是涉及一个业务域或整个企业？

通常，项目干系人早就知道哪些业务规则会对应用产生影响。有些员工有时会处理某些特定类型的规则。如果你遇到这种情况，就找到他们并且邀请他们加入讨论。业务分析师在产出其他需求产物以及模型引导活动中也可以收集业务规则。在当面沟通以及工作坊上，业务分析师也可以通过提问的方式来琢磨用户所提出的需求和约束背后的原理。这种讨论通常会使业务规则作为基本原理浮现出来。图 9-3 展示了一些潜在的规则来源。它也提供了一些问题供业务分析师用于与用户讨论各种需求。

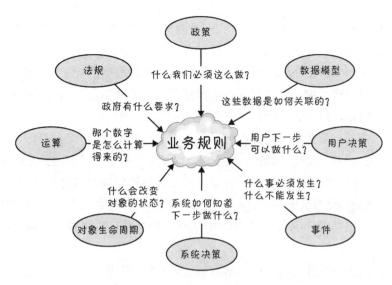

图 9-3　从不同角度提问，发现业务规则

业务规则与需求

识别并记录业务规则之后，需要决定哪些必须在软件中实现。业务规则及其对应的功能需求有时候看起来很像。然而，规则是来自外部的策略声明，必须通过软件强制执行，因此提出了系统功能要求。每个业务分析师都必须决定哪些规则和自己的应用有关，哪些必须由系统强制执行，如何强制执行。

回想一下化学品跟踪系统的约束规则，在用户申请危险化学品的时候，系统会检查此用户的培训记录是否过期。为了遵守这条规则，根据化学品跟踪系统是否可以访问培训记录数据库，分析师可能会得出不同的功能需求。如果可以访问，系统可以查找用户的培训记录并且决定是接受还是驳回申请。如果记录无法在线获取，系统也许需要暂时存储化学品申请，并向培训联系人发消息，由他批准或拒绝请求。在以上两种情况下，规则并没有什么不同，但是软件功能（当执行过程中遇到业务规则时需要需要采取什么行动）随着系统所处环境的不同会有所不同。

再举一个例子，考虑以下规则。

- 规则#1（触发规则）："如果化学品容器临近有效期，需要通知当时的容器持有人。"
- 规则#2（事实）："容器内所装化学品会分解为易爆物，那么容器的保质期为一年。"

规则#1 是 "向化学品持有人提示过期时间"这个系统特性的来源。再加上类似规则#2 的其他规则，可以帮助系统明确哪些容器存在过期时间，因而需要在合适的时间提醒其的持有人。例如，一罐开封的乙醚会变得很危险，因为接触氧气会使它产生易爆的副产品。基于这个规则，化学品跟踪系统显然必须监控有保质期的化学品容器的状态,并且通知正确的人归还容器以便安全地销毁。业务分析师需要为这个特性推导出一些功能需求,例如以下几条。

- Expired.Notify.Before：如果一个有保质期的化学品容器的状态是未被销毁,那么系统需要在容器过期前一周通知容器当时的持有人。

- Expired.Notify.Date：如果一个有保质期的化学品容器的状态是未被销毁,那么系统需要在容器过期当天通知容器当时的持有人。

- Expired.Notify.After：如果一个有保质期的化学品容器的状态是未被销毁,那么系统需要在容器过期一周后通知容器当时的持有人。

- Expired.Notify.Manage：如果一个有保质期的化学品容器的状态是未被销毁,那么系统需要在容器过期两周后通知容器当时持有人的经理。

当你遇到一组像上面这样非常相似的规则时,考虑把它们记录在一个表格里而不是罗列出来(Wiegers 2006)。那样更简洁并且易于检查、理解与修改。同时也可以更简洁的标记需求,因为表中只需显示追加到父需求标记后的后缀即可。下面是上述 4 个功能需求的另一种表现形式。

- Expired.Notify　如果一个有保质期的化学品容器的状态是未被销毁,那么系统需要在下表所示的时间通知表中相应的联系人。

需求标识	被提醒人	提醒时间
.Before	容器当前的持有人	过期日一周之前
.Date	容器当前的持有人	过期当天
.After	容器当前的持有人	过期日一周之后
.Manager	容器当前持有人的经理	过期日两周之后

把一切串起来

为了避免冗余,不要将业务规则目录中的规则复制到需求文档中。在特定功能与算法的来源描述中引用相应的规则。有好几种方法可以用来定义功能需求及其父业务规则的联系,下面是其中三种。

- 如果使用需求管理工具,就为需求新建一个“来源”属性并把原始规则列为功能需求的来源。(参见第 27 章)

- 在需求跟踪矩阵或需求映射矩阵中定义功能需求与相应业务规则之间的可跟踪链接(Beatty and Chen 2012)。当业务规则与需求保存在同一个库中时,使用这种方法最方便。(参见第 29 章)

- 如果业务规则和需求存储在文字处理软件或电子表格文件中,在需求描述中插入业务规则 ID 的超链接并将其指向记录业务规则描述的文件。注意,如果规则集的存放地址出现变化,超链接很容易被损坏。

这些链接可以使需求始终能引用最新版本的规则,因为需求中只是简单记录了指向规则实体的一个指针。如果规则更新了，搜索规则 ID 就能找到可能需要做相应修改的需求或已实现的功能。像这样使用链接有助于在多个地方与项目中重用相同的规则，因为规则不会埋没在任何特定应用的文档中。不过，阅读 SRS 的开发人员需要跟随交叉引用的链接才能找到规则细节。这是你选择不复制信息的代价（Wiegers 2006）。

　　由于需求工程包罗万象，所以管理业务需求不存在普遍适用于所有情况的简单而完美的解决方案。但是当你开始积极寻找，记录并应用业务规则之后，应用程序开发决策背后的原因对所有干系人就会变得更加清晰可见了。

行动练习

- 尝试在当前项目中为表 9-1 中的每种业务规则类型分别找到至少一个对应的业务规则。
- 为当前项目涉及的规则整理出一个业务规则目录。根据表 9-1 的提示将规则进行分类，并记录每个规则的来源。
- 建立一个可追踪矩阵记录你识别出的业务规则分别由哪个功能需求来保证执行的。
- 根据每个功能需求背后的原理，发现其他隐含的业务规则。

第 10 章

记录需求

某个商业软件公司要开发其新一代旗舰产品，在项目的启动阶段，一个高级经理召开了一次由 60 人参加的全天候场外"客户之声工作坊"。这些人与引导者齐心协力为新产品创意出谋划策。之后经理将这些头脑风暴会议讨论的结果写为一个 100 页的文件。他称之为需求规范说明，但事实上只不过是对信息的罗列。

这些聪明人倾倒的垃圾信息并没有进行分门别类地整理、进行逻辑组织和分析，也没有被加工处理成为任何东西，无法描述出推荐的软件解决方案。开发人员无法从这些纷繁芜杂的思路汇总中甄别出他们要了解新产品的哪些方面。当然，在这些良莠不齐的内容背后，还埋藏着一些宝贵的需求。但是，对于记录和沟通软件需求来说，简单地把原始思路和需要收集到一份长长的清单并不是一种行之有效的方法。

清晰和有效的沟通是需求管理的核心原则，而沟通包括有需求的人与有能力构思解决方案的人之间的沟通，再到与可以实现并验证这些解决方案者的沟通。资深业务分析师会选择最有效的方式将每种类型需求信息传达给每一类受众。

需求开发的结果就是各方干系人对所要开发的产品达成一个协议文档。正如前文所述，业务需求包含在愿景和范围文档之中，而用户需求以用例或者用户故事的形式来捕捉。产品的功能和非功能需求通常都存储在一个软件需求规范说明（software requirements specification，SRS），交付的对象包括设计、开发和验证解决方案等人员。记录需求要组织有序，能供主要项目干系人评审，使其知晓在哪些方面达成了一致意见。

本章阐述的是软件需求规范说明的目的、结构和内容。我们将把软件需求规范说明作为一个文档来阐述，但其形式并不是传统的文档。事实上，文档有各种局限性。

- 难以将描述性属性与需求存储在一起。
- 对变更的管理复杂难懂。
- 难以保存需求的历史版本。
- 不易将分配到特定迭代的需求部分细分出去，也不易对批准过但又被延期或取消的需求进行跟踪。
- 难以跟踪需求到其他的开发工件。

- 对逻辑上适用于多个地方的需求进行复制会引发维护问题。

或者可以将信息存储于电子表格（但这和文档一样，有诸多限制）、维基、数据库、需求管理（RM）工具（参见第 30 章）之中。上述这些都可以被视为存储需求信息的各类资源库或容器。但不管你使用何种形式的需求数据库，仍然需要同样类型的信息。下面所描述的软件需求规范说明模板提醒你要收集什么样的信息以及如何进行组织。

并不是所有人都认为有必要花时间记录需求。在有些探索式或极度不稳定的项目中，由于无法确定最终的解决方案是什么样子，所以跟踪需求细节的变更意义也不大。然而，相比在未来的某个时刻去获取或是重建知识，记录知识的代价还是要小一些。规范说明和建模有助于项目参与人从全局考虑，并准确陈述重要事宜，而如果只是口头讨论会引发歧义。只有在 100%确定所有干系人都不需要某条具体信息（因为这已经深深印在他们的脑海中），才无需记录。否则，就要将其存储于某种类型的集体记忆中。

永远也不可能得到完美的需求。请记住，你是在针对特定的受众写需求。细节的数量、提供的信息类型、组织方式都应该有有意满足这些受众的需要。分析师自然从自身角度来写需求，但实际上他们应当针对那些必须理解这些需求并以此为基础而工作的人，写的需求才最有意义。这也是为什么有一点很重要，即让受众代表来评审，保证这些需求满足其需要。

逐步精炼细节是高效需求开发的一个重要原则。就达多数项目而言，在项目初期确定每一个具体需求既不现实也没有必要，相反，应当逐层分析。只有充分了解需求，才能先对其进行粗略的优先级排序，并将其分配到接下来的发布和迭代之中。然后以一种实时的方式来细化各个需求集合，给开发人员足够的信息使其能够避免客外且不必要的返工。

在整个项目过程中，哪怕是最优秀的需求文档也比不上不间断的讨论。让业务分析师、开发团队、客户代表和其他干系人之间保持顺畅的沟通，使其能以适当的方式迅速解决后期出现的各种问题。

 警示　不要指望心灵感应和洞察力能代替扎实的需求规格说明实践。虽然它们貌似是一些软件项目的技术基础，却发挥不了什么实际作用。

展示软件需求的方式多种多样，如下所示。

- 结构良好、精心写就的自然语言。
- 阐述转换型过程、系统状态及其变更、数据关系、逻辑流以及这方面内容的视觉模型。
- 通过使用数学般精确的规范语言，定义需求的规范说明。

规范的规范说明具有最佳的严谨性和精确度，但是很少有软件开发商甚至没有几个顾客熟知。大多数项目都不需要这种级别的规范性，但我仍然希望诸如核电站控制系统这类高危系统的设计师使用规范的规范说明方法。对于大多数软件项目而言，结构化的自然语言、增强的视觉模型和其他展示技巧（如表格、实体模型、图像图像和数学表达式）仍然是记录需求最切实可行的方法。本章的余下章节将讨论如何在软件需求规范说明中组织信息。第 11 章将阐述高级需求的特征，并为撰写需求提供了诸多建议。

软件需求规范说明

各类组织对软件需求规范说明冠以各种名称，但这些组织使用这些术语的方式却不尽相同。人们有时称之为*商业需求文档*（BRD）、"**功能规范说明**"、"**产品规范说明**"、"**系统规范说明**"，抑或简单地称之为**需求文档**。因为"软件需求规范说明"是一个行业标准术语，因此我们在此也这样称呼（ISO/IEC 和 IEEE 2011）。

软件需求规范说明阐述软件系统必须具备的功能及性能、其特征和必须遵循的约束。它必须尽可能完整地描述系统在各种条件下的行为、预期的系统属性，诸如运行状况、安全性和易用性。软件需求规范说明是后续项目规划、设计和编码的基础，也是系统测试和用户文档的基础。然而，除了已知的设计和执行约束，它不应该包含设计、构建、测试或者项目管理方面的细节。即使在敏捷项目中，人们也需要一份优秀的软件需求规范说明中所包含的信息。他们不按常规在一个完整的交付物中收集所有信息，但软件需求规范说明模板能便捷地提示需要探索哪些知识。本章有一部分内容专门介绍在敏捷项目中需求规范说明的典型处理方式。

 重点提示　单一的需求交付物通常无法满足所有受众的需要。一些人需要知道业务目标，另外一些人只想要一个概要性的大图，还有一些人只想看一看用户的观点，也有一些人需要知道所有细节。这就是为什么我们提倡要创建各类交付物，我们称之为愿景和范围文档、用户需求文档和软件需求规格说明。不要指望所有客户代表都会去阅读细节性的软件需求规格说明，也不要指望开发人员可以从一组用例或用户故事中获知所有必要信息。

很多人员都离不开软件需求规范说明。
- 客户、市场部、销售人员需要知道要交付给他们什么产品。
- 项目经理以它为基础，估算这些需求的日程安排、工作量和资源。
- 软件开发团队需要知道要开发什么东西。
- 测试人员用它来开发基于需求的测试、测试计划和测试程序。
- 维护和支持人员用它来了解产品各个部分的用途。
- 文档作者以软件需求规范说明和用户界面设计为基础，完成用户手册和帮助屏幕。

- 培训师使用软件需求规范说明和用户文档来制作培训材料。

- 法务人员确保需求遵守适用的法律法规。

- 分包商根据制定的需求展开工作，并且有法可依。

如果预期的性能和质量没有出现在需求协议中，也不要指望它出现在产品中。

规范说明需要有多少？

　　大多数项目都只创建一个软件需求规格说明，但这并不适合大型项目。大型系统性项目常常要先写一个系统需求规格说明，并附带独立的软件或者硬件需求规格说明(ISO / IEC/IEEE 2011)。有个公司要开发一款非常复杂的流程控制应用系统，参与人数超过 100，时间跨度为若干年。在其系统需求规格说明中，此项目光是高级需求就有大约 800 个。项目被分为 20 个子项目，每个子项目又有其自身的软件需求规格说明，而系统需求中又引申出大约 800 到 900 个需求。这就产生了大量的文件，如果不采取分而治之的方法，大型项目到最后会变得无法管理。

　　还有一种极端。另外一家公司只针对每个中型项目创建一份指导性文件，他们简单称之为"规格说明"。这个规格说明包含与项目有关的所有信息：需求、估算、项目计划、质量计划、测试计划、测试等。对于这样一个包罗万象的文件，变更管理和版本控制简直是一场噩梦。这样级别的泛泛的文件信息无法满足所有听众对需求信息的要求。

　　第三家公司刚开始采用敏捷开发实践，他们干脆不再写任何正式的文档。相反，他们把大型项目的用户故事写在便笺上，然后将其粘贴在办公室墙上。不幸的是，在整个项目过程中，便签条的粘性慢慢失效了。项目进行几个月后，随着人们在墙边的走动，失去粘性的便签条也就散落一地了。

　　还有一个公司选择了一个折中的方法。尽管他们的项目不太大，需求也就 40 到 60 页，但一些团队成员还是想把软件需求规格说明细分为 12 个独立的文件：一个用于批处理过程，一个用于报表引擎，另一个含有 10 份报告。这样的文档爆炸往往让人头大，因为人们很难进行同步变更，也很难保证合适的人群能有效获得自己需要的全部信息。

　　针对所有这些问题，最好选择将需求存储于一个需求管理(RM)工具中，这在第 30 章中有描述。如果项目计划要进行多次产品发布或开发迭代，RM 工具就能极大地帮助我们解决是要创建一个独立的软件需求规格说明还是多个规格说明的困扰(Wiegers 2006)。对于产品的任一部分或者一个既定的迭代，软件需求规格说明就只是一份基于特定请求标准而从数据库内容中生成的报告。

不必在项目开发初期就为整个产品写软件需求规范说明，但在开发每个增量之前，要针对每个增量捕捉需求。如果想让用户快速体验某些功能，增量式开发方法最为合适。从前期增量中获得的反馈能帮助形成项目其余部分。然而，开发团队在实现每个需求之前，每个项目都应该对每一个需求集合设置一个基线。设立基线是一种过程，在这个过程中，软件需求规范说明要由开发状态转为评审和批准状态。在开工之前，大家要对需求达成一致意见，这样就可以减少沟通不畅以及不必要的返工。参见第 2 章和第 27 章，进一步了解如何确立基线。

组织与编写软件需求规范说明很重要，要做到各方干系人都能够理解。下面这些可读性建议请牢记于心。

- 使用适当的模板来组织所有必要的信息。
- 节、小节和个人需求要的标记和风格要一致、连贯。
- 要坚持正确利用视觉强调方法（粗体、斜体、下划线、颜色和字体设定）。记住：色盲无法识别对颜色的高亮处理或者灰度印刷的文字。
- 创建一个内容表格，帮助读者找到其所需的信息。
- 给所有的图表编号，列出标题，并以序号引用。
- 如果你想将需求存储在文档中，就要定义文字处理软件中的交叉引用功能，而非定义硬编码页或者章节序号来引用文档中的其他位置。
- 如果使用文档，就定义一些超链接，让读者跳转到软件需求规范说明或其他文件的相关章节。
- 如果将需求存储于某个工具之中，就使用链接来引导读者浏览相关信息。
- 如有可能，对信息进行视觉显示，以便于大家理解。
- 招募一个熟练的编辑，确保文档结构清晰以及词汇与版式的一致性。

标识需求

每个需求都需要有一个唯一的和持久的标识。这样一来，就很方便在变更请求、修改历史、交叉引用或者需求跟踪矩阵中引用具体需求，也便于我们在多个项目中对需求进行重用。

团队成员在同行审查会议上讨论需求时，标识独一无二的需求能促进团队成员之间的协作。想要实现这些目标，简单的编号或项目符号列表是不够的。

让我们对比几种需求标识方法的优缺点。为具体的情况选择最适合的方法。

第 8 号，项目符号

有一次我坐长途飞机，闲来无事，就与邻座聊了起来。原来 Dave 也从事软件行业。我提到自己喜欢研究需求，这时 Dave 从公文包里拿出一本软件规格说明。我不知道他是否到哪里都随身携带这样一个本子以备紧急之用怎么的。我看文档中的需求是按层级组织的，但都是符号列表的形式。有些地方还用了多达八个级别的层次结构。每个级别都用不同的符号——? 、■、◆、□、✓、？，等等，但除了那些简单的符号，没什么更有意义的标签。符号列表中的条目根本不可能引用，更不用说可以追踪至设计元素、代码段或测试了。

序列号

最简单的方法是赋予每个需求一个唯一的序列号，例如 UC-9 或 FR-26。当用户想将一个新需求加入工具数据库中时，商业需求管理工具就分配一个标识符。前缀代表需求类型，如 FR 表示功能需求。如果需求被删除，则不再使用这个序列号，所以你不必担心读者混淆原始 FR-26 和新 FR-26。这种简单的编号方法不能提供相关需求在逻辑上或层次上的任何区别，因为编号并不意味着任何顺序，标识也无法表明每个需求的内容。如果在文档中移动需求，这种方法确实很容易保留一个唯一的标识符。

层次化编号

在大多数常用的方法中，如果功能需求出现在软件需求规范说明中的 3.2 节，那么它们都将有以 3.2 开始的标识。数字越多，需求就越详细，但层次也更低，所以能看出 3.2.4.3 是 3.2.4 是子需求。这种方法既简单又紧凑，且为大家所熟知。文字处理软件可以自动分配数字。需求管理工具通常也支持层次化编号。

然而，层次化编号也存在一些问题。即使是在中型软件需求规范说明中，标识的位数也会不断增加。数字标识并没有任何需求意义。如果使用文字处理器，这种方法通常并不会生成固定不变的标识。如果插入一个新需求，那么该层需求其后的所有需求的序号都会随之递增；如果删除或移动一个需求，其后跟随的序列号都会随之递减。插入、删除、合并或移动整个段落，就会有大量的标识发生变化。这些变化会打乱对系统中其他地方的那些需求的引用。

 陷阱　有个业务分析师曾经一本正经地告诉我："我们不让人插入需求，因为会弄乱编号。"不要让无效的实践干扰你高效而理智的工作。

改进层次化编号的一种方法是只对需求的主要部分进行层次化编号，然后用一个简短文字代码加上序列号来识别每个部分中的独立功能需求。例如，如果软件需求规范说明中包含"3.5 节——编辑功能"，那么这一部分的需求就可以标记为 ED-1，ED-2，以此类推。这种方法有一定层次性和组织性，而且保证标识短小精悍、意义相对明确并且位置相对独立。但是这种方法无法完全解决序列号问题。

层次化文本标签

Tom Gilb（1988）提出一个基于文本的层次化标签方法来标识每个需求。考虑下面这一需求："如果打印份数超过 10 份，系统就会要求用户进行确认。"这一需求可以标识为**打印.确认份数**。这意味着它涉及打印功能并与打印份数相关。

层次化文本标签结构清楚、意义明确且不受添加、删除或移动其他需求的影响。附录 C 中的 SRS 示例阐述了这种标识技巧，本书中还有其他例子。如果采用手工维护方式而不是使用专用业务规则库或工具，也可以用此方法标识业务规则。

使用这样的层次化文本标签还有助于解决另外一个问题。在任何层次的组织中，需求都有"父与子"关系。如果将"父"需求写为一个功能要求，那么"父"与"子"的关系就容易混淆。一个很好的约定是把"父"需求写得像题目、标题或特性名称，而不是本身就像一个功能需求。总体而言，"子"需求要交付"父"需求所描述的性能。下面的示例包含一个标题和四个功能需求。

> *产品：*　　从网站订购产品
>> **.购物车**　网站将使用购物车保存顾客选购的产品。
>> **.打折**　购物车将提供一个打折代码字段。针对购物车特定的商品，每个折扣
>> 代码要么提供一个具体折扣比例，要么提供一个固定的折扣价格。
>> **.错误**　如果顾客输入一个无效的折扣代码，网站将提示信息错误。
>> **.运费**　如果顾客订购了一份必须邮寄的实物，购物车将添加运费。

将每一行的标签添加到"父"标签上，给每个需求设定一个完整而独立的 ID。产品说明记为一个标题，而不是一个独立的需求。第一个功能需求标记为**产品.购物车**，第三个需求的完整 ID 为**产品.购物车.错误**。这种层次化方法避免了层次化编号的维护问题，但是标签稍长，并且可能还要根据相关特性为它们起有意义的名称。要想保持名称的唯一性很难，尤其有多人协同处理需求工作时。可以将分层命名技术与序列号后缀结合使用以简化命名方案：**产品.购物车**.01、**产品.购物车**.02，等等。当然，还有很多有效方案。

处理不完整性

有时，你觉得缺少特定需求的某些信息。我们可以用"待定"（to be determined，TBD）这样的符号将知识缺陷标记出来。在实现一个需求集合之前，要计划解决掉所有 TBD。遗留的任何不确定因素都可能使开发人员或测试人员犯错和返工。当开发人员遇到某个 TBD 问题时，他可能不会去跟踪需求的发起者来解决问题，而是绞尽脑汁猜，但这种猜测可能是错误的。如果 TBD 问题仍未解决，而你必须继续开发下一个产品增量，则只好要么推迟实现这些未解决的需求，要么解决这些开放式问题，把产品的这部分设计得易于修改。将 TBD 和其他需求问题记录在一个问题列表中。随着开放式问题的减少，需求也就越来稳定。第 27 章进一步阐述如何管理和解决开放式问题。

 警示　TBD 不能自我解决。我们可以给 TBD 编号，记录谁在何时负责解决每个问题，定期审查这些问题的状态并跟踪到解决掉为止。

用户界面和 SRS

将用户界面设计纳入软件需求规范说明，这样做既有好处又有坏处。好处是如果用纸原型、实物模型、线框图或模拟工具来探索用户界面，用户和开发人员对需求的感觉会更真实。正如第 15 章所述，这些都是获取和验证需求的强大技术。如果产品用户对产品的部分外观和感觉有期待并由于没有得到满足而失望，则说明那些用户期待应划入需求的范畴。

坏处是屏幕图和用户界面架构描绘的是解决方案，可能并非真正的需求。将其归入软件需求规范说明会使文档变大，而有些人见到大型需求文档就头大。如果直到用户界面设计完成才为软件需求规范说明设立基线，开发速度肯定会受到影响，使那些非常在意需求开发时间的人失去耐心。如果将用户界面设计纳入需求，又会导致以视觉设计来驱动需求，而这往往会造成功能缺失。写需求的人无需擅长用户界面的设计。此外，一旦干系人看到软件需求规范说明中（或其他地方）的用户界面，他们就不会"视而不见"。早期的可视化可以使需求清晰明了，但随着时间的推移，可能会妨碍对用户界面的完善。

屏幕布局无法代替书面的用户和功能需求。不要指望开发人员从屏幕截图中推断出功能与数据的基本关系。一个网络开发公司总是麻烦不断，因为团队因循守旧：直接签订合同，然后就与客户进行一个八小时的视觉设计讨论会。他们根本没有充分理解用户要在其开发的网站上实现什么功能，所以在交付后还要花费大量时间来修复网站。

如果实在想用具体的用户界面控制和屏幕布局来实现某些功能，最好将此类信息作为设计约束纳入软件需求规范说明。设计约束对用户界面设计师的选择有限制。但是，要保证不施加不必要的、草率的或理由错误的约束。如果软件需求规范说明指出要改进现有系统，只有即将执行屏幕显示的时候才可以将其纳入来。开发人员受制于现有系统的现状，因此可能事先知道修改过的（并且可能还是新的）显示会是怎样。

有一个合理的平衡办法是将经过选择的显示概念图像（我称其为草图）纳入需求之中，但这些图被画成什么样子就不要管了，并且在实现时不需要精确遵循这些模型。图 10-1 就是一个网页草图的样本。将这样的草图收 XSRS 有助于从另外一个视角来表达需求。但是，我们一定要清楚此草图并不是承诺的屏幕设计。例如，一个复杂对话框的原始草图可以阐释一个需求集合的真实意图，但是视觉设计师可能把它转化为一个带有标签的对话框，以提高其易用性。

如果团队项目有许多屏幕，那么将用户界面设计说明单独记录到一个用户界面规范说明或使用用户界面设计工具或原型工具，会方便团队进行管理。利用"显示-动作-响应"模型这类技术来详细描述屏幕要素名称、属性和行为（Beatty and Chen 2012）。

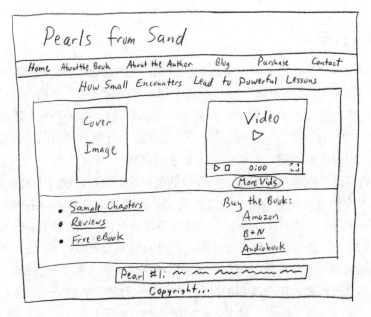

图 10-1　适合纳入需求文档的用户界面"草图"示例

软件需求规范说明模板

　　每个软件开发组织都会为自己的项目选用一个或多个标准的软件需求规范说明模板。有许多软件需求规范说明模板可以使用（例如 ISO/IEC/IEEE 2011；Robertson and Robertson 2013）。如果你的组织要处理各种类型或规模的项目，例如新的大型系统开发或是对现有系统进行微调，就要针对项目的主要类别来选择一个软件需求规范说明模板。第 5 章中的"模板策略"小节就涉及如何有效使用文档模板。

　　图 10-2 说明 SRS 模板适合很多类型的项目。附录 C 包含的一个模板示例遵循的也是这个模板。此模板的每个小节都有使用指导说明，并可以从本书的配套网站下载。有些人在 Word 中将这些使用说明设置为"隐藏文字"，好让你在文档中留下提示。如果日后还想用，打开这些非打印字符就能看到说明。

　　有时，某一些信息片断会按逻辑记录在好几个模板部分中。选出其中一部分，然后在项目中前后一致地使用。不要到处复制信息，哪怕在逻辑上适合多个小节（Wiegers 2006）。交叉引用和超链接可以帮助读者找到他们需要的信息。

　　创建需求文档时，最好使用有效的版本控制实践和工具，以确保所有读者都知道自己在阅读哪一个版本。还要在文档中对修改历史做变更记录，包括何人何时因为何种原因做的修改（详见第 27 章）。下面将描述软件需求规范说明每个小节要包含的信息。

```
1.引言
  1.1目的
  1.2文档约定
  1.3项目范围
  1.4参考文献
2.综合描述
  2.1产品前景
  2.2用户类别及特征
  2.3运行环境
  2.4设计及实现约束
  2.5假设与依赖
3.系统特性
  3.x系统特性X
  3.x.1描述
  3.x.2功能需求
4.数据需求
  4.1逻辑数据模型
  4.2数据字典
  4.3报告
  4.4数据获取、整合、保存和处理
5.外部接口需求
  5.1用户界面
  5.2软件接口
  5.3硬件接口
  5.4通信接口
6.质量属性
  6.1可用性
  6.2性能
  6.3保密性
  6.4安全性
  6.x其他
7.国际化和本地化需求
8.其他需求
附录A：词汇表
附录B：分析模型
```

图 10-2　软件需求规范说明的推荐模板

 重点提示　不要在软件需求规格说明中简单地复制信息，但可以参考其他现有的项目文档来组织材料。文档之间的超链接就可以实现上述目标，这与需求管理工具定义的可追踪链接是一个道理。但是，如果文档文件夹层次结构发生变化，超链接就有被打乱的风险。第18 章将讨论重用现有需求知识的几种技巧。

1. 引言

引言提出的是一个整体介绍，有助于读者了解 SRS 是如何组织的，如何使用它。

1.1 目的

对产品或应用进行定义，在这个文档中说明产品或应用程序的需求，包括修订或者发行版本号。如果这个 SRS 只与某个复杂系统的一部分有关，就只定义这个部分或子系统。描述文档所针对的不同读者类型，如开发人员、项目经理、营销人员、用户、测试人员和文档作者。

1.2 文本约定

描述所用的标准或排版约定，包括具体的文本风格、高亮或符号的意思。

如果是在手动标注需求，也许还要在此说明你采用的格式，以便他人后期再添加内容。

1.3 项目范围

简要描述所制定的软件及其目的。将软件与用户、公司目标及业务目标和策略相关联。如果有一个独立愿景和范围或其他类似文档可用，可以将其作为参考，但不要将内容复制到此处。如果软件需求规范说明规定要对一个演化产品进行增量式发布，那么就要将其自身的范围说明包含进来，并将其作为长期战略产品愿景的一部分。可能还要针对发布所包含的主要特性或者其要完成的重要功能，提供一个概要性的小结摘要。

1.4 参考文献

列举本软件需求规范说明所参考的文件或其他资源。如果参考文献的位置不变，也可以列出其超链接。这可能包括用户界面风格指南、合同、标准、系统需求规范说明、界面规范说明或者相关产品的软件需求规范说明。给出的信息要足够详尽，包括标题、作者、版本号、日期、出处、存储位置或 URL，以便读者查阅每一个参考文献。

2. 整体描述

这一部分高度概述产品及其使用的环境、预期的用户和已知约束、假设及依赖。

2.1 产品前景

描述产品的背景和起源。该产品是仍在发展中的产品系列中的下一成员？成熟系统的下一版本？还是现有应用程序的替代品？或一个全新的产品？如果软件需求规范说明定义了大型系统的一个组成部分，那么就要说明该软件是如何与整个系统相关联的，并且要确定两者之间的主要接口。还要考虑将视觉模型包含进来，如背景图或生态系统图（详见第 5 章），展示产品与其他系统之间的关联。

2.2 用户类别和特征

确定你觉得可能使用该产品的不同用户类别并描述其相关特征。（详见第 6 章）有些需求可能只与特定的用户类别相关。确定出你的优待用户。用户类别代表的只是干系人的一部分，这点在愿景和范围文档中会有所描述。对用户类的描述是一种可再利用的资源。如果你手头上有一份重要用户类别目录，就可以合并对用户类的描述，只需在目录中简单提及，无需在此复制信息。

2.3 运行环境

描述软件运行环境，包括硬件平台；操作系统和版本；用户、服务器和数据库的地理位置；容纳相关数据库、服务器和网站的组织。列出系统必须与之共存的其他软件组件或应用程序。如果还需要做一些额外的技术基础设施工作以便与开发中的新系统相结合，就要考虑创建一个单独的基础设施需求规范说明来细化工作。

2.4 设计和实现约束

有时我们必须使用某种特定的编程语言，以及需要对特定代码库花费时间再次开发以便可以使用等等。描述限制开发人员选择的因素，并说明每个约束的基本原理。如果需求包含或者写入解决方案思路，而不是以需要为前提，就是在施加无意义的设计约束，所以要引起我们的警觉。第 14 章将对约束进行深入的探讨。

2.5 假设和依赖

假设就是在没有确凿证据或明确知识的情况下假定为真的说明。如果假设是错误的、过时的、不能共享或发生了变化，问题就会随之而来，因此某些假设会给项目带来风险。软件需求规范说明的某一个读者可能假设产品符合一个特殊的用户界面约定，而另一个读者却可能不这样认为；开发人员可能假设某组特定的功能是专门为这个应用程序而写，业务分析师可能假设该功能在以前的项目中使用过，而项目经理可能希望获取一个商业性功能库。这里所包含的假设要与系统功能相关；与业务相关的假设包含在愿景和范围文档中，这点在第 5 章已经进行了阐述。

确定开发中的项目或者程序对外部因素或者其控制之外的组件存在的所有依赖关系。例如，在程序运行之前，必须安装 Microsoft .NET Framework 4.5 或更新版本，这就是依赖。

3. 系统特性

图 10-2 中的模板显示的是由系统特性所组织的功能需求，而这只是众多组织方式中的一种。其他组织性选项还包括按照功能领域、工艺流程、用例、操作模式、用户类别、刺激和响应来排列功能需求。我们还可以对这些要素进行层级组合，例如将用例和用户类相结合。条条大路通罗马，只要选择的组织方法便于读者理解产品的预期功能。下面描述的是某个特性方案示例。

3.x 系统特性 X

寥寥几个单词就可以说明特性的名称，例如"3.1 拼写检查"。针对每种特性，都可以用 3.x 中的下一小节 3.x.1 和 3.x.2 来重述。

3.x.1 描述

对系统特性进行简要描述，表明它级别是高、中还是低。（详见第 16 章）优先级是动态的，往往在项目过程中不断变化。如果你使用需求管理工具，则要为需求属性设置优先级。第 27 章将阐述需求属性，第 30 章将阐述需求管理工具。

3.x.2 功能需求

列出与此特性相关的具体功能需求。这些软件性能必须先完成，用户才能执行特性的服务或者完成用例。描述产品如何响应可预知的错误条件以及无效的输入和动作。正如本章前面所描述的那样，每个功能需求都要有独一无二的标识。如果是在使用需求管理工具，可以为每个功能需求创建多个属性，例如基本原理、起源和状态。

4. 数据需求

信息系统通过处理数据来提供价值。使用模板中的这一部分来描述各方面的数据，系统会将其作为输入来消耗，将其以某种形式来加工，或者将其作为输入来创建。第 13 章对此有详细的阐述。Stephen Withall （2007）阐述了精确记录数据（也称之为信息）需求的多种模式。

4.1 逻辑数据模型

正如第 13 章所描述的那样，数据模型从视觉上呈现了系统要处理的数据目标和集合以及它们之间的关系。数据建模中含有大量的符号，包括实体关系图和 UML 类图。你可能还要为系统所强调的业务运作纳入一个数据模型，或者针对系统要处理的数据展示其逻辑关系。这与纳入一个数据模型不是一回事，这样的模型将会以数据库设计的形式来实现。

4.2 数据字典

数据字典定义数据结构的组成及其意义、数据类型、长度、格式以及组成这些结构的数据元素的允许值。商业数据建模工具通常包括一个数据字典组件。在大多数情况下，都应将数据字典存储为一个独立的工件，而不是将它嵌入在软件需求规范说明之中。这样一来，其他项目也可以重用它。第 13 章将论述数据字典。

4.3 报告

不管应用程序形成什么报告，都要将其在此确定出来并描述特征。如果报告必须要与某个具体的预定义的布局相吻合，可以将其定义为一个约束，可能还要有一个示例。否则，就将重点放在报告内容、排列顺序、总体水平等的逻辑描述上，并将详细的报告布局推迟到设计阶段。第 13 章将对编制报告提供一些参考。

4.4 数据获取、整合、保存和处理

如果有涉及，就要描述数据是如何获取和保存的。例如，当开始填入库存数据时，可能首先需要将所有库存数据"导入"接收系统之中，后面无须填入

有变化的数据。陈述任何涉及需要系统数据完整性保护方面的需求。确定必要的具体技术，如备份、检查点、镜像或数据准确性验证。陈述系统保持或者销毁数据时必须执行的政策，包括临时数据、元数据、残留数据（如已删除的记录）、缓存数据、本地副本、归档和临时备份。

5. 外部接口需求

这部分所提供信息是为了保证系统与用户、与外部硬件或软件元素之间的正常通信。外部与系统内部接口无缝对接是软件行业公认的最佳实践之一（Brown 1996）。如果一个复杂系统有多个组成部分，则应创建一个独立的接口规范说明或者系统架构规范说明。接口文档可以吸纳其他文档中的材料作为参考。例如，它可以指向硬件设备手册，手册中列有设备发送到软件的错误代码。

接口之争

两个软件团队合作为 A. Datum 公司开发一款旗舰产品。知识库团队用 C++语言开发了一款复杂的推理引擎，应用程序团队用 Java 语言实现用户接口。这两个子系统之间通过应用程序编程接口(API)交互。不幸的是，知识库团队定期修改 API，导致系统不能完整开发并正确执行。应用程序团队花好几个小时才诊断出他们发现的每一个问题，后来才发现根本原因在于 API 的变更。两个团队对这些变更没有达成一致意见，所以这些变更没有传达给受到影响的各方，而且没有用 Java 代码体现相应的修改。接口的变更需要个人、团体或系统在此接口的其他方面进行交流。接口将系统组件(包括用户)结合在一起，因此，整个项目变更控制过程中，需要记录接口细节并同步必要的修改。

5.1 用户界面

描述系统所需的每个用户界面的逻辑特征。6.1"易用性"这一小节介绍了用户界面的一些具体特征。下面是可能涉及的一些内容：

- 参考将要遵循的用户界面标准或是产品线风格指南
- 字体、图标、按钮标签、图像、色彩方案、字段序列、常用控件、品牌图形、版权和隐私声明等标准
- 屏幕大小、布局或分辨率约束
- 显示在每一屏上的标准按钮、功能或导航链接，例如帮助按钮
- 快捷键
- 信息显示和语法规则
- 数据验证准则（如输入值的限制和何时验证字段内容）
- 便于软件本地化的布局标准
- 为视力受损者、色盲或其他受限用户提供的便利方案

5.2 软件接口

描述该产品与其他软件组件（由名称和版本来标识）之间的关联，包括其他应用程序、数据库、操作系统、工具、库、网站和集成的商业组件；陈述目的、格式和信息内容、数据和控件值，这些都要在软件组件之间进行交换；指定系统与任何转换之间的输入和输出数据地图，使数据从一个系统转到其他系统；描述外部软件组件所需或者引申出来的服务以及内部组件间通信的性质；确定在软件组件之间交换或者共享的数据；指出影响接口的非功能需求，例如针对响应时间和频率的服务等级，或安全控制和限制。其中一些信息可能会被归为第 4 节中的数据需求或者第 6 节中的互通性需求（质量属性）。

5.3 硬件接口

硬件接口描述软件组件和硬件组件之间每个界面（还可能包括系统）的特征。这部分描述可能包括支持的设备类型、软硬件之间的数据和控制交互以及将会用到的通信协议。列出输入和输出、其格式、有效值或范围以及开发人员需要注意的时机问题。如果这节的信息量很大，可以考虑创建一个独立的接口规范说明文档。第 26 章对含硬件的系统之需求有更详细的叙述。

5.4 通信接口

陈述与产品通信功能相关的所有需求，包括电子邮件、浏览器、网际协议和电子表单。定义任何相关的信息格式。规定通信安全和加密问题、数据传输率、信号交换和同步机制。陈述对这些接口的任何约束，例如电子邮件中特定的附件类型能否接受。

6. 质量属性

本节主要规定非功能需求而非约束（参见 2.4 节）和外部界面需求（参见第 5 节）。质量需求必须是确定的、定量的并可验证的。表明各种属性的相对优先级，例如易用程度要优于易学程度，保密性优于性能。相比简单的描述性陈述，诸如 planguage 这样内涵深刻的规范说明符号更能解释清楚每种质量的需求级别（详见第 14 章）。第 14 章将更详细地介绍质量属性需求，列举更多示例。

6.1 易用性

易用性需求涉及易学程度、易用程度、错误的规避和恢复、交互效率和可理解性。这里所规定的易用性需求将帮助用户界面设计师开发出最佳用户体验。

6.2 性能

陈述针对各种系统操作的具体性能需求。如果不同的功能需求或特性有不同的性能需求，最好将性能目标与相应功能需求结合在一起进行规定，而不是在这一部分收集它们。

6.3 保密性

这里规定的需求都关系到限制产品进入或使用的涉及保密或隐私问题的需求。主要包括物理、数据或软件方面的保密性。保密性需求通常起源于业务规则，因此要确定产品必须遵守的保密或隐私政策或法规。如果这些都已记录在业务规则库中，参考它们即可。

6.4 安全性

这里规定的需求涉及产品在使用过程中可能遭受的损失、破坏或伤害。规定必须采取的安全保障措施或行动以及必须预防的有潜在危险的行动。确定产品必须遵守的安全证书、政策或法规。

6.x 【其他】

针对每一个额外的产品质量属性，在软件需求规范说明中单独设置一节来描述对客户、开发人员和维护人员都很重要的特征。这些需求可能涉及易用性、效率、可安装性、完整性、互操作性、可修改性、可移植性、可靠性、可重用性、稳健性、可扩展性和可验证性。第 14 章将描述如何注意这些对某个特定项目最重要的属性。

7. 国际化和本地化需求

国际化和本地化需求确保产品适用于不同国家、文化和地理区域而非产品开发所在地。此类需求注重的是货币的差异；日期格式、数字、地址和电话号码；语言（包括不同国家对同种语言的拼写习惯，例如美式英语与英式英语）、使用的符号和字符设置；姓氏和名字的顺序；时区；国际法律法规；文化和政治问题；所用纸张尺寸；度量衡；电压和插头形状；等等。国际化和本地化需求可以跨项目重复使用。

8. [其他需求]

定义软件需求规范说明中没有涵盖的其他一些需求。例如与法律、法规或财务合规和标准相关的需求；用于产品安装、配置、启动和关闭的需求；用于登陆、监测和审计跟踪的需求。不能简单地把上述这些都划归到"其他"名下，任何与你项目有关的新内容都要添加到模板之中。如果这一节的需求已经出现在其他小节，就将其省略。

附录 A：词汇表

定义所有专用词条，以便读者能够理解软件需求规范说明，包括首字母缩略词和缩写词。将每个首字母缩略词拼写出来并给出定义。可以考虑建立一个可重复利用的企业级词汇表，此表可以跨项目使用，并且吸纳与本项目相关的其他术语。然后，每个软件需求规范说明只定义针对单个项目、不出现在企业级词汇表中的术语。注意：数据定义属于数据字典，而非词汇表。

附录 B：分析模型

这一节是可选，包含或涉及相关的分析模型，例如数据流程图、特性树、状态转化图或是实体关系图。（详见第 12 章）如果将相关模型放在规范说明的相关章节之中，而不是将其放在结尾处，对读者的帮助会更大。

敏捷项目的需求规范说明

遵循敏捷开发生命周期的项目采取的则是一系列与上述方法迥异的方式来制定需求。正如第 8 章所述，在获取需求过程中，很多敏捷项目都采用用户故事。用户故事是对用户需要或功能的陈述，对系统用户或购买者都很有价值（Cohn 2004; Cohn 2010）。在敏捷项目中，团队只为每个用户故事写下刚刚够的信息，以便干系人对用户故事有一个整体理解，并将此故事与其他故事进行优先级排序。这样一来，团队就可以将用户故事分配到不同的迭代之中。开发团队可以将一组相关的故事汇总一个"最小适销特性"，这些特性要在产品发布之前全部完成，以便该特性交付预期的客户价值。

用户故事经过积累并按优先级排入一个动态的产品 backlog（在项目过程中不断演化）。有些大型故事包含重要的功能，无法在一个迭代中完成，所以进一步分为小故事，这些小故事被分到多个迭代中完成。（详见第 20 章）我们可以将用户故事简单记录在索引卡上，而不是传统的文档中。有些敏捷团队利用故事管理工具来记录用户故事，还有一些团队在项目实施后干脆不再予以保留。

随着团队进入每次迭代，产品负责人、负责业务分析的人、开发人员、测试人员与用户之间的对话会不断完善每一个被分配到迭代之中的故事细节。也就是说，在项目的恰当时段，规范说明涉及对细节的逐步精炼，这对任何项目来说都是优秀的实践。这些细节通常相当于我们在软件需求规范说明中确定的功能需求。然而，敏捷项目展示细节的形式通常为用户认可度测试，描述的是如果故事正确执行，系统的表现如何。在执行用户故事的迭代或者未来进行回归测试的迭代中，我们对故事进行测试。正如所有的测试一样，用户故事的测试应当包括额外条件以及预期行为。可以将这些认可度测试记录在卡片上，也可以用一种更持久的方式记录下来，例如，使用测试工具。测试应当是自动化的，这样才能保证快速而完整的回归测试。如果团队决定放弃原来的用户故事，那么唯一的持久性文档就只可能是认可度测试，但必须将其存储在某个工具之中。

同样，我们可以将非功能需求作为约束而非用户故事写在卡片上（Cohn 2004）。或者，团队可以将与某个具体的用户故事相关的非功能需求以验收标准或测试的形式来规范，例如演示具体质量属性目标的达成。举个例子，安全测试可以演示特定用户可以访问某个用户故事所描述的功能，但系统会将其他用户拒之门外。敏捷团队并不排斥使用其他方法来展示需求知识，例如分析模型和数据字典。只要符合惯例并适合其文化和项目，他们就可以选择任何展示技巧。

每个项目团队都要选择最合适自己的形式来制定软件需求。请记住需求开发的总体目标：积累优秀的需求共识，保证产品下一部分的开发，并将风险控制在可以接受的范围之内。记录需求的格式和细节的合理程度取决于下面几个因素。

- 客户与开发人员之间实时、非正式的口头沟通和面对面沟通能够在多大程度上提供必要的细节，确保每一个用户需求都已经正确完成。
- 非正式沟通方式能够多大程度上保证团队有效地跨时空同步交流。
- 针对未来的提高、维护、应用程序重构、验证、法定审核授权、产品认证或合同满意度，有多少价值和必要性。
- 认可度测试能在多大程度上有效代替对预期系统能力和行为的描述。
- 人类记忆能可以在多大程度上代替书面展示。

不管开发团队开发哪种类型的产品，也不管团队遵循何种开发生命周期，或者业务分析师采用什么获取技术，有效的软件需求规范说明都是成功的关键因素。虽然条条大路通罗马，但要记住，如果无法制定出高质量的需求，随后开发的软件就会像一盒巧克力，结果往往出人意料。

行动练习

- 对照图 10-2 中的模板，检查项目需求，看一看需求是否涵盖所有与项目相关的部分。本章并不想给大家植入一个具体模板，而是更侧重于帮助你积累成功项目的必要信息，模板只是一个有帮助的提示工具。
- 如果组织还没有标准的 SRS 模板，就组建一个小型工作组来制作一份。刚开始的时候，以图 10-2 中的模板为例，然后对其进行改造，使其能在最大程度上满足组织中项目和产品的需要。各个需求标签的命名方式，要达成共识。
- 如果不用需求管理工具这样的传统文件而用其他形式来存储需求，请研究图 10-2 中的 SRS 模板，然后看一看是否还有一些类型的需求信息目前还没有获取和记录下来。修订知识库，将这些类别纳入进来，使得该知识库在未来的需求引导活动中可以充当一个提示工具。

第 11 章

写出优秀的需求

"喂，Gautam。我是奥斯汀分公司的 Ruth。 我们拿到了在线音乐库的最新版网络软件。我想跟你谈谈关于音乐试听方面的功能，它与我想象的不一样。"

"让我找找你发给我的需求文档。" Gautam 答道。"哦，找到了。用户故事是这么描述的 '作为用户，我想试听在线音乐，以便挑出哪首歌曲是我要买的。'我当时做的记录里写到我们讨论的结果是每首歌曲的试听应该有 30 秒的时长。为了不让用户再花时间打开另一个音乐播放器，我们用内置的 MP3 播放器来播放。是这样吗？"

"哦，是的。确实如此，"Ruth 说，"不过还有一些问题。点击播放图标可以试听歌曲，可是我没有办法暂停或者停止播放。我不得不听完整整 30 秒。还有，所有的试听都要从歌曲开始处听起。而有些歌曲的开头部分还有很长的介绍信息。如果从头听，就会导致你根本听不到歌曲中想听的那部分。试听应该可以从任何一点开始，这样用户就可以听到他们想听到的那部分。并且试听开始时的音量设置开到最大，结束的时候又很突然。如果用户的扬声器的音量也恰好开得很大，这会让听者感到很吃惊。如果每次试听时音量都是淡入淡出的效果，我想会更好一些。"

Gautam 有些小小的沮丧。他说："如果当初我们谈论的时候你就告诉我这些，那该有多好啊。你没有告诉我足够的细节，所以我只能拼命猜。这些我都可以做到。不过得额外再花几天时间。"

如果需求库中没有包含高质量的需求信息，即使是世界上最好的工具也是没有什么用的。本章将介绍需求和需求文档应该有的特点。介绍写需求的几个原则，还有一些有缺陷的需求实例及其优化建议。不管需求是为哪种项目所创建，采取哪种开发周期，这些建议都是适用的。尽管每个项目需求的作者都要决定需求应该提炼和精确到何种程度，要有明确而清晰的沟通。

优秀需求的特点

优秀的需求和不良的需求如何区分呢？本节首先讨论一个需求描述应当具备哪些特点，然后介绍作为整体的需求集合应该具备哪些特点（Davis 2005;

ISO/IEC/IEEE 2011）。有一个最好的办法可以用来判断需求是否具备它本来该有的特点，那就是让好几个项目干系人一起审查需求。第 17 章将讲到一个检查列表，评审人可以用它发现一些常见的需求错误。

需求陈述的特点

下面列出在理想状况下每一个业务需求、用户需求、功能性需求和非功能性需求应该具备的特点。

完整性

为了便于读者理解，每一个需求都必须包含所有的必要信息。对于功能性需求，这意味着需求提供的信息可以让开发人员正确实现它。如果发现缺少特定信息，可以用 TBD（待定）作为标准标志来标识这些不确定项，或记录到问题跟踪系统中以便在后期进一步跟踪。在开发人员准备开发的部分需求里，应该已经解决掉所有的待定项。

正确性

每个需求必须能够准确描述符合用户要求的性能，同时也要清楚描述它所具有的功能。须从需求来源检查需求的正确性。它可能源自提供最初需求的用户，或是源自更高一级的系统需求、一个用例、一条业务规则或是其他文档。低一级的需求与其上一级需求有冲突也是不正确的。为了评估用户需求的正确性，用户代表或其用户代表应该审查需求。

可行性

它必须可以在一定条件下实现。这些条件包括已知的能力、系统的限定、运行环境还有项目所限定的时间、预算和人力资源。在需求提取过程中，开发人员可以从技术的角度检查它的实现可行性，还可以检查出哪些需求只有在超预算或超资源的情况下才能完成。用来评估软件可行性的方法有增量开发方法和概念证明的模型法。如果需求是因为不可实现而被裁减，还要理解对项目前景和范围的影响。

必要性

每个需求都应该描述出其必要性。这可以是符合项目干系人期望的业务价值的性能需要或者是产品在市场上的差异性，或者来自于外部标准、政策或法规要求的需要。每个需求都应该源自一个有权提供需求的途径。每条功能性需求和非功能性需求都应该可回溯到一个代表用户声音的输入，比如一个用例或者一个用户故事。我们应该将每个需求关联到可以清楚标明其必要性的业务目标上。如果有人问起为什么要包含某一个需求，这应该是个不错的答案。

优先级排序

根据对达到预期目标的重要程度来对业务需求排序。对每个功能需求、用户要求、用例流程或者产品特性，按照实现的先后顺序对它们进行排序来标明它们对于某一个产品版本发布的重要性。如果所有的需求都同等重要，当计划超时、人员流失或有新功能要添加时，项目经理就不知道该如何重新安排。需求排序是一个涉及多方项目干系人利益的协作活动。第 16 章将对排序深入讨论。

无歧义

自然语言容易产生两种类型的二义性。其中一种在用多种方式解读某个给定的需求时，你自己就会发现。另一种却很难发现。当多人阅读某个需求而获得多种不同理解的时候就属于后一种情况。虽然每个解读都合乎逻辑但其含义却大相径庭。审查可以很好地消除歧义（Wiegers 2002）。正式的同行审查，比如审查（相对于仅仅把需求交给别人让他们自己去检查而言）提供了一个很好的机会，可以让参与者比较他们各自对每一个需求的理解。可理解性与没有歧义有关系：读者必须明白每个需求说的是什么。第 17 章将描述软件同行审查过程。

不可能消除需求里面所有的歧义，这是人类语言本质决定的。在大多数情况下，即使是有些轻微含糊的需求，正常的人都可以正确解读。在评审时有同事的帮助就可以清除掉大多数更严重的歧义性描述。

可验证性

为了检查是否恰当实现每个需求，测试人员可以根据它来写测试用例或验证方法吗？如果需求是不可验证的，判断它是否被正确实现难免就会变得很主观，而不是基于客观的分析。不完整的、不一致的、不可实现的或者有歧义的需求都是不可验证的。测试人员擅长检查需求的可验证性。为了尽早发现问题，最好让他们参加需求评审的活动。

需求集合的特点

各个独立需求都有完美表述是不够的。一些需求集合是为某一个特定发布的基线或者迭代而产生，下面讲述的是这些需求集合应该具有的特点，无论它们是记录在 SRS 文档中、需求管理工具中还是一系列的用户故事或接收测试还是其他的任何形式。

完整性

不要漏掉任何需求或必要的信息。实际上，对于任何一个系统，都不可能记录下每一个需求。这里也常常有些假设或是隐含的需求，尽管相比直接记录下它们，这样做常常会产生更多的风险。被遗漏的需求很难一眼看出来，因为

它们并没有被记录下来！在稍后"避免不完整性"小节里，我们会给大家一些
建议来识别是否存在需求缺失。任何包含 TBD 的 SRS 都是不完整的。

一致性

一致性是指需求不能和同类型的需求或者更高一层的业务、用户或者系统
需求发生冲突。如果需求之间的冲突在实现之前不能解决，开发人员就得硬着
头皮处理它们。记录下每个需求的来源。当不同需求之间不一致的时候，这有
助于你找到相关人员进行沟通。如果相关的信息存储在不同的地方，就像有些
存在愿景和范围文档里和而有些在另外的需求管理工具里，就很难找到它们之
间的不一致。

可修改性

需求总是可以重写的，不过应该维护每个需求的相关修改记录，尤其是它
们已经纳入基线管理以后。还要知道需求之间的关联和依赖。这样一来，在必
须同时修改时，就可以把它们都找出来。可修改性是指每个需求都有唯一标识
并且独立地表述出来，这样就可以无歧义地引用它们。需求标识方法请参见
第 10 章。

为了有利于修改，要避免重复性的需求说明。因为逻辑关系而在多个地方
重述需求，这样做虽然增强了需求文档的可读性，但也增加了维护的难度
（Wiegers 2006）。我们不得不同时改动所有位于不同地方的同一个需求，以
免出现前后不一致的情况。在 SRS 中，相关条目的交叉引用将有助于同步。
将不同的需求保存在一个需求管理工具中，可以解决冗余的问题，这也有助于
跨项目之间普通需求的重用。第 18 章将提供多个需求重用策略。

可追溯性

可追溯的需求应该能够回溯到它的来源，也可以向下追溯到延伸自它的需
求、设计元素、实现它的代码还有用来验证它的测试。为了让一个需求具有可
追溯性，实际上并不需要为它定义出所有的追溯关联。可追溯的需求都是用唯
一的永久性标识符号来标识的，并且以结构化、细粒度的方式来写而不是一段
较长的叙述段落。避免将多个需求合并成一个描述，因为不同的需求可能追溯
到不同的开发模块。第 29 章将讲述需求的可追溯性。

我们写的需求规范说明永远不可能完美到其中所有需求统统都具备这些
理想的特征。但如果在写和评审需求时牢记这些特征，将得到更好的需求规范
说明和更好的软件。

需求编写指南

如何写优秀的需求？这没有一个固定的套路。实践经历和来自需求相关者
的反馈是最好的老师。有些同事有着敏锐的眼光，来自他们的建设性回馈意见

将大有裨益，因为你可以了解自己所写的是否切中要点。这也是需求同行审查如此重要的原因。评审开始时，将一些业务分析师召集进来并交换用于评审的需求。我们将了解其他业务分析师是如何写需求的。尽早发现错误并找到优化的机会有助于提升团队的协作。有关如何写读者可以清楚理解的需求（特别是功能性需求），下面将给出一些技巧。Benjamin Kovitz （1999）、Ian Alexander 和 Richard Stevens（2002）以及 Karl Wiegers （2006）也都提出过许多其他的建议和例子。

当我们提到"写需求"时，很多人都会立即联想到用自然语言文字来写。在这里，最好把术语"写需求"理解为"表达需求知识"。在很多时候，其他表达方式比平铺直叙的文字表达方式更有效（Wiegers 2006）。为了清楚地理解并交流干系人的需求及其解决方案，业务分析师（BA）应该恰当地综合应用多种沟通方式，使项目干系人清楚理解需求及其实现方案。

这里介绍的需求实例都可以进一步优化，也可以用其他等效的方式表达。写文档时下面两个目标最重要：

- 任何阅读需求的人对需求的解读要一致。
- 每一个读者的解读都与作者试图表达的意思一致。

相比简洁的风格和教条地使用规则或规定，表达所产生的最终效果更重要。

系统或用户的角度

对于功能性需求，可以从系统运行或是用户使用的角度来写。我们的目的是有效地表述，只要能把它说得更清楚，运用综合的表述方式也是可以的。用一致的风格来表述需求，就像"系统应该"或者"用户应该"然后跟一个行为动词，再跟一个明了的结果。导致系统运行某些功能的前置操作和条件也要表述出来。下面是从系统角度描述需求的一个通用模板（Mavin et al. 2009）：

【可选的前置条件】【可选的前置事件】系统应该【期望的系统响应】

这个模板摘自 <Easy Approach to Requirements Syntax （EARS）>。针对如何写事件驱动、不应该出现的行为、状态驱动、不是必需的或复杂的需求，EARS 也提供了额外的模板。下面这个功能性需求的例子描述了一个系统的响应动作，它就是用这个模板来描述的：

如果申请的化学品在化学品库房中可以找到，系统就应该列出该库房中保存该化学品的所有容器。

这个例子包括一个前置条件，但不是一个动机。有些作者在写需求时可能会省略"系统应该"这个词。他们认为因为需求描述的是一个系统行为，所以没有必要重复说"系统应该"做什么或不做什么。在该例中，删掉"系统应该"

并不会让人困惑。不过，有时候以用户行为词组而不是系统的角度来描述需求可能更自然。使用"应该"并以主动语态来描述可以更清楚谁是动作的主体。

下面的通用结构非常适用于需要从用户角度来写的功能性需求（Alexander and Stevens 2002）：

> 某个【用户类别或者角色名称】应该能够【对某个对象】【做某事】【限定条件，响应时间或者质量描述】

另一个表述是"系统可以让（允许、准许或能使）【某个特定用户类别的名称】【做某事】"，下面是一条从用户角度来表述的功能性需求：

> 通过检索和编辑订单详情，药剂师应该能够重新订购之前买过的任何化学品。

注意，这个需求表述用的是"药剂师"而不是一个泛指的"用户"。如果可以，就尽可能明确表述需求，以减少误解的可能性。

写作风格

写需求不同于写小说或写其他形式的文学作品。你在学校时可能学到一种表述方法，先陈述主要观点，然后列举支持性的事实论据，最后得到一个结论。这种方式不适合用来写需求。应当这样调整写作风格：首先把要点写出来，要点是我们要表述的需要或功能，紧接着是支持它的细节（依据、缘由、优先级和需求的其他特点）。这对那些仅需要略读文档的人将很有帮助，甚至对需要阅读所有细节的读者也有益。使用表格、结构化的列表、图表和其他可视化元素，可以使枯燥冗长的需求变得生动起来，这也为擅长其他方式理解的读者提供了一种更好的沟通方式。

需求文档并不是让你练习创意写作技巧的。不要为了让文档读起来更有趣而把主动语态和被动语态混杂着使用。对于同一个概念，不要为了避免重复而使用不同的术语（顾客、客户、用户）。精心写成的文档，易于阅读和理解其基本，而其趣味性（坦率地说）反而没那么重要。如果没有娴熟的文档写作能力，就应该想象读者可能不明白你所表达的意思。为了达到最好的沟通效果，在精心打磨需求的时候，记住以下几点提示。

清晰和简洁　写文档时，请以正确的语法、拼写和标点符号构成完整的句子。句子和段落尽量简短明了。用用户业务领域内简单直接的词语，而不是一些行业术语。对于专业术语，要定义一个词汇表。

另一个原则是简洁。像"需要为用户提供×能力"的词语可以精炼成"应该能……"对于需求集合里的每个信息，想一想用户对这个信息如何反应。如果不确定某干系人能够看了个信息的价值，也许你不需要该信息。不过，清晰比简洁要重要。

简洁的需求可以增大读者获得其预期结果的机会。需求规范的描述越笼统，开发人员越有可能有不同的解读。有时规格描述不详尽也是可以的，但在其他情况下可能会导致很多不确定的解读。如果正在评审 SRS 的开发人员搞不清楚客户真正的意图，就会考虑在需求中包括更多的信息来减少后续产生问题的风险。

关键词"应该"　在描述某个系统功能时，常常会用到'应该'这个关键词语。有时人们会反对这个词。"这不符合人们谈话的方式，"他们抗议道。可是又怎么样呢？"应该"可以清楚地表述期望的功能，也符合以清楚和有效沟通为首要目的这一原则。你可能倾向于使用"必需""需要"或其他相似的词语，但这样会产生不一致的结果。有时我读的一些需求规范中，就包含一些随意混杂使用的动词："需要""必需""可能""将要""不得不"等。我从来不知道它们的含义有什么区别。这些词语之间的细微差别也会对跨文化差异的团队产生不一致的理解。所以最好坚持只用一个关键词，比如"应该"。

有些需求的作者会有意使用一些不同的动词来表示细微的区别。他们使用一些关键词来表示优先级："要有什么功能"表示需要，"应该有什么"表示期望，"可以有什么"表示可以有也可以没有（ISO/IEC/IEEE 2011），我们认为这样的表述是危险的。就是读者可能不明白人们日常交谈所使用的这些词语间的区别。我们应该避免类似这样的表述。如果一致地只使用"要有"或者是"必须"，同时也明确对每个需求赋予高、中或者低不同的优先级，表述会更清晰。另外，优先级会随着迭代的进行而改变。今天的"必须"到以后可能就会变成"应该"。

陷阱　有一位机智的咨询师给出的建议是在脑子里用"可能没有"(probably won't)来替换"应该"(should)，看这样的描述是不是可以接受呢？如果不是，就用更准确的描述来替换"应该"(should)。

主动语态　用主动语态可以清楚地表述谁是使动者。许多商务写作和科技写作都用被动语态来表述，但它从来不如主动语态表述得清楚和直接。下面的需求是以被动语态来表述的：

当产品升级上市发布的时候，序列号应该在合同里面得到更新。

短语"被更新"是一个被动语气的表述。它表明动作的受动者（序列号）但没有表明动作的使动者。也就是说，这个短语没有指出谁或者什么更新该序列号。是系统自动执行，还是某一个期望的用户更新这个序列号？使用主动语态来表述该需求可以突出更新的执行者并且可以说明更新的触发事件：

当实施者确认他们上市发布了产品的升级时，系统应该用新产品的序列号来更新客户的合同。

独立的需求　避免用大段的叙述来表述多个需求。不应该让读者在一大段零乱的语句中厘清各个需求。把各个需求及其背景或上下文信息清楚地区别出来。尽管这些背景或上下文信息对用户有意义，但读者需要没有歧义地识别出真实的需求表述。有一次我参加了一个需求规范的评审，该需求规范的规模很大并且用长段落的方式来组织。虽然可以完整阅读一页并理解它，但我不得不花费相当大的精力才识别出独立的需求。其他的读者也可能对"潜伏"在长篇大论中的需求得出不同的结论。

需求中"和""或者""另外"或者"也"这些词表明可能存在多个需求合并表述的情况。这不意味着你不能在需求中使用"和"，你只需保证这些连词连接的是同一个需求的两个部分而不是两个独立的需求。如果用不同的测试来验证这两个部分，请将它们拆分成各自独立的需求。

在一个需求中，要避免使用"和/或者"，它会使读者产生不同的解读。就像下面这个例子：

> 系统必须允许以订单号、发票号和/或者客户购买单号进行查询。

执行查询时，这个需求将允许用户一次输入一个、两个或者三个号。这可能不是作者的本意。

> 词语"除非""除了"和"然而"还表示存在多个需求。

买家的信用卡可以用来支付，除非信用卡过期。

没有详细说明"除非"引导从句描述的条件成立时该状况下要发生的事件，这是导致不完整需求的常见根源。应该分成两个需求，分别说明信用卡是在有效期时和过期情况下系统的不同响应：

1. 如果买家的合法信用卡在有效期，系统就应该可以用该卡进行收费。
2. 如果买家的合法信用卡已经过期，系统应该允许买家更新当前信用卡的信息或者用另外一张信用卡进行支付。

细化程度

需求规范应该细化到包含的信息刚刚够用的程度，让开发人员和测试人员正确实现。

恰当的细化　为了厘清和充实更高一级的需求，需求分析的一个重要任务就是对它进行充分的分解和细化。一个通常被提及的问题是"应该把需求细化到什么程度？"这没有一个简单而正确的答案。为了使理解错误的风险最小化，应该基于开发团队的知识技能和经验来提供足够的细节。对需求问题的讨论机会越少，需求集合中就应该记录更多细节。如果开发人员可以想出多个可能的方法来实现需求，并且每个方法也都可接受，则说明这样的细化是正确的。在下列情景中，应该包含更多细节（Wiegers 2006）。

* 需求是为外部客户写的。

- 开发和测试工作要发外包。
- 项目团队成员分散在不同的地区。
- 基于需求进行系统测试。
- 需要进行精确估计。
- 需要有需求的可追溯性。

下列情景中，包含的细节可以少一些。

- 需求是在内部为公司完成的。
- 客户广泛参与。
- 开发人员有相关领域的经验。
- 有前例可循，就像被替换的首个应用那样。
- 使用一整套解决方案

一致的粒度　写功能性需求时，作者经常会费尽心机找到一个正确的细化粒度。没有必要将所有需求都用同一个粒度来进行细化。比如，有些部分可能有更高风险，这时就应该更深入地细化。尽管如此，对于一个相互有关联的需求集合，最好使用一致的粒度来写功能性需求。

对我们有帮助的一个指导原则是写可以独立测试的需求。甚至有人建议把可测试的需求数量作为指标来衡量软件产品的规模（Wilson 1995）。如果能想出少量相关的测试用例来验证需求是否正确实现，它的粒度就应该是合适的。如果预见到需要大量不相关的测试用例才能够验证需求，就说明可能有几个需求被合并在一起，应该分开。

我曾在同一个 SRS（需求规范说明）中，看到，各个需求的粒度相差很大。比如，下面两个功能被分成两个独立的需求。

1. 对于组合按键 Ctrl+S，系统会解释成文件保存。
2. 对于组合按键 Ctrl+P，系统会解释成文件打印。

这两个需求的粒度是非常恰当的。用不着几个测试用例就可以完成正确行为的验证。可能想象一个功能相似的冗长的列表，更好的方式是以表格的形式列出各个组合按键以及系统对它们的解释。

然而在同一个 SRS 中，也包含这样一个功能需求，它在范围上看起来相当大：

产品应该响应以语音输入的编辑指令。

这一个需求与 SRS 中其他需求相比大小相似，表明这里包含一个复杂的语音识别子系统（几乎就是一个完整的子系统！在工作环境中对这个需求进行验证可能需要上百个测试。这个需求也许适合作为一个高层次的抽象描述出现在前景说明或业务需求文档中。但是语音识别功能需要更多的功能细节，这一点毋庸置疑。

表述技巧

　　一看到长篇大论、密密麻麻的文字或看似相同的一长串需求列表，读者的眼睛就会变得呆滞无神。我们与目标听众沟通每个需求时，尽量使用最有效的表述方式。除了自然语言表述外，我们通常还习惯使用列表、表格、可视化分析模型、图表、数学公式、图片、音频片段和视频片段。尽管在大多数情况下，还不足于替代文字表述，但作为补充信息，它们确实会增强用户的理解。

　　我曾经见过用以下方式表述的一个需求集合：

　　　　文本编辑器应该能够解析格式为<具体格式>的、定义了<具体辖理权>的文档。

　　这里有 3 个可能的格式和 4 个可能的具体管辖权，所以一共有 12 个相似的需求。SRS 确实包含这 12 个需求，但是有一个重复的组合，遗漏了一个组合。为了避免这种错误发生，可以用表格形式来表示需求的类型。这样也变得更加简洁，不再乏味了。一般性的需求如下描述：

　　　　编辑器.文档格式　文本编辑器应该能够解析表 11-1 中几种格式的文档（定义的是管辖权）。

表 11-1　文档解析需求

管辖权	有标签格式	无标签格式	ASCII 格式
联邦	.1	.2	.3
州	.4	.5	.6
地区	.7	N/A	.8
国际	.9	.10	.11

　　表中的单元格只包含后缀，这些后缀追加到文档的主标识符后面。比如，最上面一行的第三个需求可扩展成：

　　　　文本编辑器.文档格式.3 文本编辑器能够解析定义了联邦管辖权的 ASCII 格式的文档.

　　有一些组合没有逻辑上相对应的功能需求，这种情况下，在该单元格里放入一个 N/A（不适用）。这样的表格比列表更清楚。如果用一个长列表的话，因为没有关于解析无标签格式的属地管辖权文档的需求，省略这个组合，会使读者困惑。使用表格还可以保证需求集合的完整性，即如果每个单元格都有内容，我们就知道没有遗漏掉任何一种情况。

避免歧义

需求质量是从用户的视角来衡量的，而不是作者的角度。业务分析师可能觉得自己写的需求清晰明了，没有歧义，也没有其他的问题。然而，如果有读者发现问题，这样的需求还是需要返工的。最好做同行审查，发现对全体目标读者不能够清楚的地方。这一节要描述需求歧义的几个常见来源。

模棱两可的词 一致并按照词汇表中的定义使用术语。留心同义词和近义词。我就知道一个项目。它在一个需求文档中使用四个不同的词语来指代同一个意思。选出一个词语并一致地使用它，在词汇表里列出同义词，以便习惯使用不同名字来指代它的读者可以在词汇表里看到它们之间的联系。

如果要用一个代词来指代前面提到过的某事，就要确保被指代的事物是明确无误的。副词通常是主观性的表达，所以往往也会带来歧义。由于读者不知道该如何解读，所以要避免使用这样的词语：可能地、适当地、一般地、近似地、通常地、系统地和迅速地。

因为有歧义的语言会导致需求不可验证，所以我们要避免使用晦涩的主观性措辞。表 11-2 列出了许多这样的词，同时也给出了怎样消除歧义的建议。如果是业务需求，这里面有部分词是可以使用的，但用来讲述解决方案的用户需求或功能需求，是不可以接受的。

表 11-2　在需求中应该避免使用的歧义性词语

歧义性词语	改进方法
可接受的，胜任的	定义出可接受的标准并指出系统如何对此进行判断
和/或者	为了不让读者猜，明确指出要表达的是"和"、"或者"还是"它们的任何一个组合"
切实可行的情况下尽可能多	不要让开发人员来确定什么是切实可行的。用 TBD 来标识并设置一个明确日期
最少、最小量、不多于、不超过	明确设置可接受的最小值和最大值
最好的、极大的、最多的	说明期望的标准以及最低可接受的标准
在……之间，从 X 到 Y	明确定义是否包括两个边界值
依赖	描述依赖关系的性质。比如，是另一个系统为本系统提供输入值？在软件运行之前，还必须先安装另一个软件吗？还是我们的系统需要另外的系统来执行计算或者其他服务？
有效的	定义系统使用资源、执行某一个操作或者用户让系统运行特定任务的效率标准
迅速的、快的、快速的	规定系统执行某个动作时最低可接受的时间

续表

歧义性词语	改进方法
灵活的、通用的	描述系统必须能认哪些方式适应操作环境、平台或者业务需要的改变
也就是说	许多人搞不清楚"也就是说"（接下来列出所有的项目）和"例如"（只是几个例子）的意思。不要用拉丁字母的缩写，应该使用英语
有提升，更好、更快、更高级、质量更高	对特定功能领域或是质量方面更好、更快的改进点进行量化
包括、包括但不限于、等等、就像、比如	不只是给出例子，要列出所有可能的值或功能，也可以给读者一个参阅完整列表的引用。否则，对于整个列表要包含哪些项目或列表何时终止，不同的读者会有不同的解读
在大多数情况下，通常、常常、几乎总是	要明确给出不适用的状况或情景以及这些情况会导致的后果。描述用户或系统如何区别这些场景
匹配的、相等的、符合的、同样的	对于文本的匹配，要定义是不是大小写敏感的比较。或包含子字符串，或以该子字符串开头，或完全匹配。匹配成功的意思是指哪一个？对于数字类比较，要规定数字比较的精度
最大化、最小化、最优化	给出指定参数可接受的最大值和最小值
通常、理想情况下	识别出异常或者非理想情况并描述系统在这些情景下的行为
可选的	明确指出是开发人员的选择、系统选择还是用户选择
可能，应该	会还是不会？
合理的、有必要时、恰当的地方、如果可能、适用于	解释谁来做出判断，是开发人员还是用户？
强健的	定义系统如何处理异常以及对非预期的操作条件做出响应
无缝的、透明的、平滑的	"无缝"或者"平滑"对用户意味着什么？将用户的期望翻译成具体、可观察到的产品特征
几个、一些、许多、很少、多个、大量的	说明具体有多少，或者提供一个有最大值和最小值限定的范围
不应该，不会	尽可能以肯定句式来写需求。用系统应该怎么做来表述
时下流行的	定义这个词对项目干系人的具体含义
充分的	给出具体表示充分的数值
支持……功能、让……具有……功能	为了"支持"某种能力，确认定义系统要执行的具体功能
用户友好的、简单的、容易的	描述将满足用户使用需要和使用期望的系统特征

A/B 结构   很多需求规范说明都包含"A/B"形式的表述。它们由两个相联系（同义词或者反义词）的词语以反斜杠连在一起。这样的表述常常会产生歧义。下面有一个例子：

> 针对 Delivery/Fulfillmen 团队的主版本发布，系统应该提供许可认证码的自动信息收集机制。

这句话可以理解为下面几个意思。

- 团队名称是 Delivery/Fulfillment。
- Delivery 和 Fulfillment 是同义词。
- 有些项目称这个团队为 Delivery 团队，另外的管它叫 Fulfillment 团队。
- Delivery 团队和 Fulfillment 团队都可以发行主版本，所以斜杠的意思是"或者"。
- Delivery 团队或 Fulfillment 团队联合发行主版本，所以斜杠的意思是"和"。

作者有时候使用 A/B 结构是因为他们还没有完全想明确。不幸的是，这意味着读者会以自己认为正确的方式来理解需求。最好的方法是确定想要表达的具体含义并用正确的词语来表述。

边界值   业务规则和需求中，数字范围的边界常常会出现歧义。

> 5 天内的休假申请不需要审批。5～10 天需要上司的审批。10 天或更长的假期需要经理审批。

如果恰恰是 5 天的休假，上述句子没有讲清楚应该归属于哪种类型的休假申请。如果涉及小数，比如 5.5 天，情况就更复杂了。"由 A 到 B""含""不含"这样的词语非常清楚地解释了一个数字范围的边界是否在或不在这个范围内。

> 5 天或者少于 5 天的休假申请不需要审批。多于 5 天直到 10 天的休假需要上司的审批。长于 10 天的假期需要经理审批。

否定句式的需求   有时人们写的需求是这么描述的，系统不要做某些事情而不是系统能够做某些事情。不做某些事情的需求该怎么实现呢？双重否定和三重否定的描述解读起来更为复杂。对否定句式的需求应该尝试着用肯定语态来描述，以便清楚描述出有约束的行为。这里有一个例子：

> 如果合同没有余额，就不让用户激活合同。

尝试着以肯定句式重写这个双重否定的句式（"没有余额"和"不让"）

> 仅当合同还有余额时，系统允许用户激活合同。

为了指出某些特定功能是需求范围之外的功能，不要使用否定句式的需求，而是把这个限制包含在愿景和范围文档的限定条款和除外条款部分，就像第 5 章描述的那样。如果某一个特定的需求于某个时间点在范围内，然后又被删除掉，那时你可能不想忽略它，但有一天可能它又会出现。如果是在一个文档里维护需求，请使用删除线格式来表明被删除的需求。处理类似被删除的需求，最好是在一个需求管理工具里使用一个需求状态属性（需求属性和状态跟踪的更多内容，请参见第 27 章）。

避免不完整性

我们不知道哪种方式能确保我们发现所有的需求。第 7 章提供了几种方法来识别遗漏的需求。对避免遗漏功能有帮助的方法是把关注点放在获取用户的任务上而不是系统功能上。使用分析模型也有助于发现遗漏掉的需求（请参见第 12 章）。

对称性　成对的操作往往会造成遗漏需求。有次评审的时候，我在 SRS 中看到了下面的需求：

> 在手动创建合同时，用户必须能够在任何一个时间点保存合同。

在规范说明的其他地方我都没有找到这个功能，即允许用户获取一个不完整但已保存的一步操作，这说明某个需求或许遗漏了。对于不完整的合同，在保存之前，系统是否应该验证数据。这一点也没有清楚说明。这是个潜在的需求吗？开发人员需要知道这一点。

复杂逻辑　复杂逻辑的表达常常都有意不定义特定的组合条件。请思考这个需求：

> 如果没有选择最优计划也不提供证据，客户应该自动选择默认的基本计划。

这个需求指代两个二元条件值，二元条件实际上会产生 4 个可能的组合。然而，需求规范中只描述了这一种组合，没有描述下列条件下的情形。

- 选择了最优计划，没有提供证据。
- 选择了最优计划，提供了证据。
- 没有选择最优计划，提供了证据。

读者由此得出这个结论：针对其他三种情况，系统不会采取任何行动。这个结论也许是对的，但最好明确给出这个结论而不是隐式给出结论。请使用判定表或是判定树来表述复杂的逻辑，同时保证不遗漏每一个条件。

遗漏异常处理　对于描述系统在正常状态下如何工作的需求，必要时也应该有一个相对的需求，描述异常情况下系统应该如何响应。请思考下面的需求：

> 当用户在一个现有的文件中工作并选择保存这个文件，系统就应该以同一个名字来保存。

不能够使用相同的名字保存时，系统该如何响应呢？这个需求并没有明确地表述出来。与之一起出现的一个需求可能是：

> 如果系统不能够使用某个特定的名字保存文件，就应该给用户一个选项供他选择使用另存为还是取消保存操作。

改进前后的需求示例

本章一开始就给出了高质量需求的一些特点。不具备这些特点的需求会造成迷惑、浪费时间还有随后的返工。所以不管什么缺陷，都要尽量提早解决。下面几个功能需求来源于一个真实的项目，它们并不完美。根据那些质量特征来看看我们能不能发现存在的问题。可验证性是一个很好的起点。如果写不出测试用例来检查是否正确实现了需求，就说明可能存在歧义的问题或缺少必要的信息。

针对每一个例子，我们列出了需求缺陷和改进建议。毫无疑问，额外安排评审会进一步提升这些需求的质量，但某种意义上我们想要的是开发软件。更多重写低质量需求的例子，请参阅 Ivy Hooks and Kristin Farry （2001）、Al Florence（2002）、Ian Alexander and Richard Stevens（2002）还有 Karl Wiegers （2006）。注意，像这样从上下文环境中抽出来表达的需求是最差的表达方式。在原有的环境里这可能是合理的。我们也假定业务分析师（还有团队里所有的其他成员）都是基于他们当时所知道的一切尽其所能地工作，在这里我们并没有任何指责他们的意思。

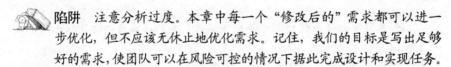 **陷阱**　注意分析过度。本章中每一个"修改后的"需求都可以进一步优化，但不应该无休止地优化需求。记住，我们的目标是写出足够好的需求，使团队可以在风险可控的情况下据此完成设计和实现任务。

例1　后台任务管理器能以不少于 60 秒的固定时间间隔来提供状态消息。状态消息是什么？它们在怎样的条件下以怎样的方式提供给用户呢？如果是显示在屏幕上，它们应该保持多长时间可见呢？它们可以只显示半秒钟时间吗？时间间隔也不明确，"每一个"是混乱模糊的关键。评估需求的一种方式是用户是否接受有些荒唐但符合条件的解读。如果不能接受，这个需求就需返工。本例中，如果状态消息的时间间隔至少是 60 秒，那么每一年提供一条新消息可以吗？或者说，如果是想说每条消息之间的时间间隔最多 60 秒，那么一个间隔是 1 毫秒可以接受吗？虽然这些极端的解读可能与原来的需求不矛盾，但是肯定也不是用户心里想要的。因为这些问题，这个需求也变得不可验证了。

为了解决这些不足，从客户那里获得更多的信息后，重写前面的需求。

1. 后台任务管理器（BTM）应该在指定的 UI 区域显示状态消息。

　　1.1 后台任务处理开始以后，BTM 应该以每 60 秒（上下加减 5 秒）的频率来更新消息。

　　1.2 在后台处理期间，消息应该保持持续可见。

　　1.3 BTM 应该显示后台任务完成的百分比。

　　1.4 后台任务结束时，BTM 应该显示"完成"的消息。

　　1.5 如果后台任务延时，BTM 应该显示一个消息。

因为遗漏信息而重写有缺陷的需求，常常会使它变得更长。将它分解成几个子需求是合理的，因为每一个都需要单独测试。这还可以使得每一个需求都变得可以单独追溯。也可能存在更多 BTM 要显示的状态消息。如果它们是在其他地方记录的，比如接口规范说明，这里最好是引用它们而不是重述。与其写许多个功能需求，不如用一个表来列出条件及其对应的消息，这样做更简洁。

修改后的需求没有指定怎样显示状态消息，只提到"在指定的 UI 区域里"。这样的措辞会把放置消息位置这个问题推迟并变成一个设计问题，这样做通常没有问题。如果在需求里规定一个显示区域，对开发人员来讲，会变成一个设计限制。设计上不必要的限制常常使开发人员感觉沮丧，也会导致产品设计欠佳。

尽管如此，让我们假设此时正在将这个功能集成到已有的应用中。已有应用有一个状态栏，用户可能已经习惯于从中观察重要消息。考虑到与应用其他部分的一致性，一个非常合理的处理方式是把 BTM 的状态消息也显示在该状态栏中。也就是说，如果有一个特别好的理由，也许可以故意加上这个设计上的限制。

例 2　如果可行，公司项目编号应该与主公司项目编号列表进行在线验证。

"如果可行"是有歧义的。它的含义是"如果技术上可行"（开发人员有关的问题）还是"在运行期间，如果主项目编号列表能够访问"？如果不能确定是否能够交付某个要求的功能，就应该使用 TBD 来表明这个问题还没有解决。经过调查，不是 TBD 消失就是这个功能需求被取消。这个需求没有注明验证成功或者失败情景后系统的具体响应方式。同样，请避免使用"应该"这样的词语。下面是修改后的需求。

　　在申请人输入一个编号时，如果该编号没有出现在主项目编号列表中，系统就要显示错误消息。

还应该有一个相关的需求来描述一个异常条件。该异常就是进行验证的时候，如果主项目编号列表不可访问。

例 3　设备测试器应该允许用户轻松关联上额外的组件，这些组件包括脉冲发生器、电压表、电容计和定制的探针卡。

该需求描述的是一个包含嵌入式软件的产品。该产品用来测试几种测量设备。词语"容易"暗示这是一个易用性需求，但它既不可度量，也不可验证。"包括"（没有清楚说明这是否是测试人员要关联的整个外部设备列表。也许还有许多我们不知道的外部设备。考虑下面重新描述的需求，它包括一些有意施加的设计限制：

1. 设备测试器要提供一个 USB 接口，使用用户能够连接到任何一个具备 USB 连接功能的设备。

2. USB 接口应该安装在前置面板上，使得有经验的操作人员能够在 10 秒或更少的时间里连接上测量设备。

业务分析师在重写需求时，不要主动引入设计上的限制。应该检测有缺陷的需求并与合适的干系人讨论，使其能够明了。

例 4 系统必须检查活动账户日志和账户管理存档之间账户数据的一致性。用来产生比较数据的逻辑应该基于已有一致性检查工具的逻辑。换句话说，新代码不需要从零开始开发。然而，需要加入额外的逻辑来识别数据库是否是一个权威的信息来源。新功能将包括往表里写数据来表示怎样/在哪里解决不一致性。另外，代码还要检查违反安全工具数据库的异常情形。一旦违反规定，自动警告邮件应该发送给安全法规团队。

对我们来说，这是一个很好的练习。我们要指出该段落存在的问题，你可能想以一种更好的形式重写，做一些必要的假设来查漏补缺。下面是你可能想要改正的问题。

- 在该段落中，有许多需求应该独立分拆出来。
- 如果用于比较的逻辑是"基于"现有的一致性检查工具，那么具体哪个部分的代码能拿来重用？它还需要做什么修改？新系统和已有的工具之间，哪些功能是不同的？必须添加哪些"额外的逻辑"？系统又如何识别"哪个数据库是权威来源"？
- 新功能"包括"向表里写数据；这是全部新功能吗？还是仍然有一些功能没有在这里明确列出来？
- 明确说明处理不一致的情况时"怎样/哪里"的具体含义。
- 有好几个地方出现了"应该"。
- "异常情况"和"不一致"之间有何关系？如果它们是同义词，我们就挑选其中的一个并只用这一个。词汇表可以明确说明它们是同义词或者它们之间的关系。
- 发现不一致时，系统应该给安全法规团队发送哪些信息呢？

就像之前我们所说的那样，我们永远都无法得到完美的需求。但一个有经验的业务分析师几乎总能帮助把需求做得更好。

行动练习

- 与客户、开发人员还有测试人员一起讨论和评估项目需求文档的当前级别，确定某些方面是否或多或少遗漏了某些细节以及如何以最佳方式表达这些需求。

- 从项目需求集合中检查一页功能需求，看看每个表述是否可以体现优秀需求的特点。从中寻找本章描述过的每一个类型的问题，并重写每个不合格的需求。

- 召集 3 到 6 名项目干系人来检查项目中的 SRS(Wiegers 2002)。确保每个需求都体现本章描述的理想特征。查找规格说明里不同需求之间不一致的地方、遗漏的需求和 SRS 中遗漏的部分。确保查出的缺陷在 SRS 以及基于这些需求的后续工作产品中都已经得以改正。

第 12 章

一图胜千言

化学品跟踪系统（CTS）的项目团队正在举行第一次详细需求评审。参会人员有项目经理 Dave，业务分析师 Lori，开发组长 Helen，测试组长 Ramesh，化学品的产品代言人 Tim 和化学品库房人员代言人 Roxanne。Tim 第一个开口说话："我读完了整个文档。大多数需求对我而言都是可以理解的，但某些小节中罗列的很多一长串需求，我读起来非常吃力。我不确定我们是否已经识别出在化学品申请过程中的全部步骤。"

"设计覆盖申请状态变化的所有测试用例，对我来说实在是很困难，"Ramesh 接着说，"我发现整个文档中有一些零星的状态变化需求，但我不确定是否有遗漏。还有一些需求看起来互相矛盾。"

Roxanne 也有同样的问题。"在读到应该如何申请化学品的时候，我很迷惑，"她说，"我无法想象申请化学品的先后步骤。"

听完几位评审人的其他顾虑之后，Lori 如此总结："看来这个文档并没有讲清楚系统是怎么回事儿。我将创建一些示意图来帮助我们直观地理解这些需求，看看能不能厘清这些让人困惑的问题。非常感谢大家的反馈。"

就像需求领域的权威戴维斯（Alan Davis）指出的，没有哪一个需求视图能够让我们全面理解需求（Davis 1995）。为了看清目标系统的全貌，需要在不同的抽象层次综合使用文字表达视觉表达技巧。需求视图包括功能性需求清单、图表、可视化分析模型，用户界面原型、接收测试，决策树、决策表，照片、视频还有数学表达式（Wiegers 2006）。在理想情况下，不同的人会创建不同的需求表达。业务分析师可能会写功能需求并画出一些模型，而用户界面设计师可能会建原型，还有测试组长可能写测试用例。多样化的思考过程会创造出不同的需求表达方式，将这些表达方式和多样化的符号表达方法进行比较分析，就会发现用单一视图很难找出的不一致、歧义、假设和遗漏的需求。

对于某些类型的信息，示意图沟通比文字沟通更有效。在团队成员之间，图片可以跨越语言和词汇障碍。最初，业务分析师（BA）可能需要向其他项目干系人介绍使用模型的目的及其使用的符号。有许多种不同的示意图和建模技术可以用来创建需求的视觉表达。本章将介绍几种需求建模技术及实例。更多细节，可以参考本章给出的其他资源。

需求建模

业务分析师可能想找到一个技术，以期在一个系统需求的整体描述中囊括所有的细节。遗憾的是，根本就不存在类似这样可以包罗万象的图表。实际上，如果单用一个示意图对整个系统进行建模，那么图本身就会像把全部需求罗列在一起一样没有用处。示意图和标记法比叙述文字更正规，结构化系统分析的早期目标就是用示意图和标记法替换传统的功能规范说明。然而经验表明，分析模型应该增强而不是替换以自然语言写的需求规范说明。书面需求所提供的详细程度和准确性对开发人员和测试仍然大有好处。

可视化需求模型能帮助我们识别被遗漏的、不相关的和不一致的需求。由于短期记忆的限制，在上千个需求里找出不一致的、重复的还有不相关的需求几乎不可能。读到第十五个需求的时候，我们很可能会忘掉前面读过的第一个需求。只审查文字描述的需求，我们很难找出其中所有的错误。

本书讲到的可视化需求模型包括：

- 数据流图（DFD）
- 流程图，比如泳道图
- 状态转换图（STD）和状态表
- 对话图
- 决策表和决策树
- 事件-响应表
- 需求树（参见第 5 章）
- 用例图（参见第 8 章）
- 活动图（参见在第 8 章）
- 实体关系图（ERD）（参见第 13 章）

这里列出的符号表示为项目参与人员提供了一种常见的、符合行业标准的表示方法。相比采用标准的符号表示，采用自己臆想出来的建模符号会带来更大误解风险。

不管是详述和研究需求，还是设计软件方案，这些模型都非常有用。究竟是用于分析还是设计，取决于使用的时间点和目的。用于需求分析时，这些视图可以对问题域进行建模或创建新系统的概念表示。它们可以从逻辑的角度对问题域中的数据组件、事务和转换、物理对象和系统状态变化进行阐述。我们可以基于文本需求进行建模，以便从不同的角度对需求进行表述。我们也可以从基于用户输入的概要模型视图中衍生出功能性需求。当它们用于设计时，模型视图表示准备如何实现系统：需要创建的实际数据库、需要实例化的对象类还有需要开发的代码模块。因为分析和设计示意图使用的是同一套符号，所以要明确识别所画的每一个示意图是分析模型（概念）还是设计模型（想要开发的系统）。

本章讲的分析建模技术，可以通过一系列商业建模工具、需求管理工具和 Microsoft Visio 等画图工具来完成。相比普通用途的建模工具，专业化的建模工具具有更强大的功能。首先，在迭代开发时，它们能让我们很容易改进示意图。我们不可能一次就做出正确的示意图，所以迭代是正确建模的关键。对于工具所支持的建模方法，它们也能够增强一些约束规则。它们能识别语法错误，能发现人们在评审示意图时可能发现不了的不一致的地方。支持建模的需求管理工具还允许你从需求跟踪到模型。有些工具能将多个示意图关联在一起，并且可以将它们连接到与其相关的功能和数据需求上。使用标准符号工具可以帮助我们保持示意图彼此之间的一致性。

对于需求建模，我们听到一些争议。比如"我们的系统复杂得无法建模""我们的项目计划很紧张，所以根本没有时间做需求建模"。相比要建模的系统而言，模型肯定更简单一些。如果没有时间应对建模的复杂性，哪里有能力处理系统的复杂性呢？大多数模型的建立（相比写需求陈述及分析其难点），花的时间并没有明显增多。相比开发系统前查找需求错误的时间，应该在需求分析模型上多花一些时间。模型或者部分模型有时项目，或者说至少可以作为一个起点为后续项目的需求获取活动提供服务。

从客户需求到分析模型

通过认真听取客户如何讲述他们的需求，业务分析师能够挑选出可以转换成特定模型元素的关键字。表 12-1 列出了从客户选择的词语到模型组件之间的映射。稍后将在本章中进行详细介绍。把用户的需求演变为书面需求和模型时，我们应该能够把每个模型组件与特定的用户需求联系起来。

我们试着以化学品跟踪系统为例，思考产品代言人（代表药剂师这个用户类别）提供给我们的下一段用户需求。我们用黑体字标注重要的专有名词，用斜体字标注动词，用斜体粗体字标注条件语句。请在本章后面提到的分析模型中找出这些关键字。因为仅仅是用来举例说明，所以有些模型表示的信息并没有出现在下一段中，而另外的一些模型也可能只描述一部分信息。

如果一个**药剂师**或者一名**化学品库房保管员**是*有授权的*申请人，可以*发出*一个或者多个**化学品的申请**。可以通过下面的一种方式*完成*申请：一是*提供*一个在**化学品库存清单**上存在的**化学品容器**；另外就是如果库存清单上没有该化学品，就向外部**供应商**下**订单**。*如果该化学品具有毒性，只有当用户经过培训以后*，才*发放*给他们。发出申请的人在*准备*申请时，必须能够对特定的化学品**在线查找供应商名录**。从订单准备阶段直到申请完成或是被**取消**，系统应该能**跟踪**每一个化学品申请的**状态**。**公司，从接收**到它到它**全部用完**或处置完全程**跟踪**每一个化学品容器的**历史信息**。

表 12-1　用户需求和分析模型组件之间的关联

词语类型	示例	分析模型的组件
名词	人员、组织机构、软件系统、数据元素或者已经存在的对象	· 外部实体、数据库房或者数据流（数据流图，DFD） · 参与者（用例图） · 实体或者实体属性（实体关系图，ERD） · 通道（泳道图） · 带状态的对象（状态转换，STD）
动词	行为、用户或者系统所做的事情或者能够发生的事件	· 处理（数据流图，DFD） · 处理步骤（泳道图） · 用例（用例图） · 关系（实体关系图，ERD） · 转换（状态转换图，STD） · 活动（活动图） · 事件（事件响应表）
条件	条件逻辑的陈述，如 if/then	· 判定条件（决策树、决策表或者活动图） · 分支（泳道图或者活动图）

 陷阱　不要假定客户已经知道怎样阅读分析模型，也不要假定他们不能理解这些模型。要向产品代言人解释每个模型的目的以及表示符号，并且通过浏览一个简单的模型来帮助他们了解怎样对每个类型的视图进行评审。

选择正确的表达方式

很少有团队需要为整个系统创建一套完整的分析模型。建模时要关注的重点往往是系统中最复杂的部分、最具风险的部分、不确定的或是容易产生歧义的部分。系统中涉及安全性的元素、涉及保护机制的元素、涉及关键任务的元素是建模时很好的选择对象，因为在这些部分一旦出现缺陷，会带来较为严重的影响。精心选择模型，并综合运用它们来帮助确保模型的完整性。比如说，通过检查数据流图（DFD）中的数据对象能够发现在实体-关系图（ERD）中漏掉的实体。仔细考虑数据流图（DFD）中的所有处理（加工）能识别出要创建的有益的泳道图。哪些视图能以这种方式相互补充完善，本章后面将提出一些建议。

表 12-2 选自 Karl Wiegers（2006），其中针对我们想要表达、分析或研究的信息类型采取哪些合适的表达技巧，给出了一些建议。基于项目不同阶段、不同特点和视图所针对的不同受众而创建哪些需求视图，Joy Beatty and

Anthony Chen （2012）也提出了另外一些建议。本章后面将介绍其中一些使用频率很高但并没有在本书其他章节出现的视图。

表 12-2　选择最合适的表达技巧

所表达的信息	表达技巧
系统的外部接口	• 项目环境图和用例图能够识别与系统交互的外部对象。环境图和数据流图在高度抽象的层面描述系统的输入和输出。生态关系图能识别出系统可能交互的对象，也包含间接有联系的对象。泳道图描述不同系统之间所发生的交互行为 • 外部交互的细节可以输入/输出文件格式或者报表格式记录。同时包含软件和硬件组件的产品常常都有一个包含数据属性定义的规范说明，其形式或许是一个应用编程接口或者硬件设备的输入/输出说明
业务过程图	• 顶层的数据流图从高层抽象表述业务过程处理数据的方式。泳道图描述在业务处理流程中参与不同处理步骤的角色 • 优化后的数据流图或者泳道图能够在恰当的细节层次上表达业务处理流程。流程图和活动图同样也可以用于高层抽象和低层抽象的视图描述，只不过它们通常都是用来定义流程细节的
数据定义和数据对象关系	• 实体-关系图表述数据对象（实体）之间的逻辑联系。类图表述对象类和类对象数据间的逻辑联系 • 数据词典包含数据结构的详细定义以及各个数据条目。复杂的数据对象要逐步分解成它所包含的数据元素
系统和对象状态	• 状态转换图和状态表是高度抽象的视图，呈现了系统或者对象可能的状态以及在一定条件下发生的转换。表达多个用例能操控某些对象或者改变这些对象的状态时，这些视图将很有帮助 • 有些分析人员会创建一个事件响应表来作为范围工具，用它来识别外部事件（帮助定义产品的范围边界）。通过在一个事件响应表里详述系统对外部事件和系统状态每个组合的不同响应方式，还可以用它来描写单个的功能需求 • 功能性需求提供用户和系统行为导致状态变化的详细信息
复杂逻辑	• 决策树表述一组相联系的判定或条件下可能的输出结果。对于一系列判断或条件的组合，决策表能识别出结果为真和假时各自的功能需求
用户接口	• 对话图从高层级提供建议的或是实际的用户接口视图。它描述各种不同显示元素以及元素之间可能的导航路径 • 通过展示没有精确细节的画面，故事画板和低精度的原型方法能充实对话图的内容 • 展示-行为-响应（Display-action-response ）图描述了每一屏显示的元素及其各自的行为需求 • 详细的屏幕布局和高精度的原型描述了界面元素的外观。数据域定义和用户界面控制描述进一步提供更多的细节

续表

所表达的信息	表达技巧
用户任务描述	• 用户故事,场景和用例规范说明在不同详细程度上描述用户任务 • 泳道图(Swimlane diagrams)描述了业务过程与多个用户或者系统之间的内部交互。 • 流程图和活动图直观描述了用例对话流程和其他可选流程和异常的分支 • 功能性需求详尽描述系统和用户如何交互以获得有价值的输出。测试用例提供另一个低抽象层次的视图,描述在特定的输入、系统状态和操作条件下所期望的系统行为
非功能性需求(质量特征,限制条件)	• 质量特征和限制性条件经常以自然语言文字的方式来描述。但是这也经常导致缺少精确描述或是描述得不完整。第 14 章将介绍一种明确的方法,它用于准确地描述非功能性需求,该方法叫 Planguage(Gilb 2005)

数据流图

数据流图(data flow diagram,DFD)是一种基本的结构化分析工具(DeMarco 1979; Robertson and Robertson 1994)。数据流图用于标识一个系统中的加工处理、系统所操作的数据集合(存储)或者物理介质以及在处理、存储和系统外部之间的数据流。数据流图采用功能分解的方法来进行系统分析,并在不同层级上将复杂的问题逐步分解展开。它非常适用于事务处理系统和其他偏重功能性的应用。通过使用额外的控制流程元素来加强数据流图的功能,我们已经将其扩展用于对实时系统进行建模(Hatley,Hruschka,and Pirbhai 2000)。

数据流图展示了数据流经系统的全貌,这是其他视图做不到的。不同的人员和系统参与流程的执行过程中,这些过程又在使用、操作或者产生数据。所以任何简单的用例或者泳道图都无法展示整个数据生命周期。同样,一个工序(处理)可能会对多条数据一起加工(比如,购物车内容加上物流信息加上订单信息一起构成一个订单对象)。再强调一次,其他模型是很难描述这些信息的。然而,作为单一的模型技术来使用,数据流图的功能还不够强大。更好的方式是使用用例图或者泳道图中流程的步骤来表示数据加工机制的细节。

Beatty and Chen(2012)对如何创建数据流图以及用数据流图进行需求分析给出了建议。与客户沟通时,常常会用到数据视图,因为很容易做到在白板上画出一个数据流图并以此来讨论用户业务处理机制。可以把数据流图作为一种方法来识别被遗漏的数据需求。在各个流程(加工)之间的数据、数据存储里面的数据以及外部实体也应该在实体-关系图(DRD)中进行建模,还要在数据字典中描述。针对用户如何执行某个特定任务的功能性需求——比如申请化学品——数据流图还能提供环境。

数据流图能够在不同的抽象层级上描述系统。对数据和以多个步骤行为组成的处理模块，高层数据流图提供了一个整体的鸟瞰图，它可以补充说明功能需求规范说明中包含的细节图。第 5 章图 5-6 的环境图用一个黑盒子表示的处理模块来代表整个系统，这个处理模块用一个圆圈（一个泡泡）来描绘。环境图还可以表示连接系统的那些外部实体或者终端，以及在系统和外部实体间流动的数据和物品。在环境图里流动的常常是复杂的数据结构，这些结构定义在数据字典中。我们可以在 0 层数据流图（最高层级的数据流图）里详细叙述这个环境图。在 0 层数据流图里面，系统被分成几个主要的处理。图 12-1 展现了化学品跟踪系统一部分 0 层级数据流图。这个数据流图使用的是 Yourdon-DeMarco 标记法。还有另外一些标记法，它们之间只有一小部分符号不一样。

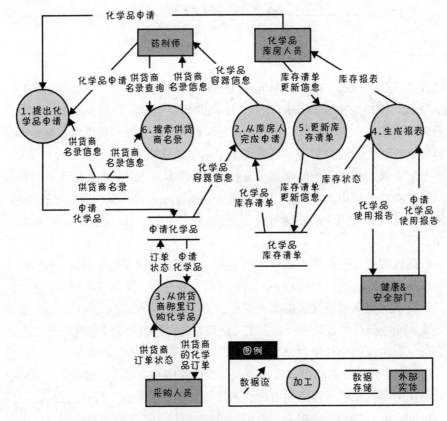

图 12-1 化学品跟踪系统中局部的 0 层数据流图

在环境图中代表整个化学品跟踪系统的单个圆圈被分成 6 个主要的处理过程（以圆圈表示）。在环境图中，外部实体用矩形表示，0 层视图中包含几个数据存储，以两条平行线段表示。这几个数据存储位于系统内部，所以没有出现在环境图中。源自圆圈流向存储的箭头表示正在该存储上保存数据，流出存储的箭头表示读数据操作，在存储和圆圈之间的双向箭头则表示更新操作。

在 0 层数据流图中，以相互独立的圆圈来表示的每一个处理都可以进一步扩展成为一个独立的数据流图，经过扩展的视图可以展示更多的功能细节。业务分析师以这种方式继续逐步细化，直到最底层的视图里只包含基本的处理操作，这些操作可以清楚表达成一段叙述文字、一段伪代码、一个泳道图或者一个活动视图。每层数据流图必须与其上层视图保持平衡和一致，使子视图中所有的输入流、输出流和父视图中的输入流、输出流相匹配。在低层数据流图中，高层视图中的复杂数据结构可能分解成其各个构成元素并被定义在数据字典中。

图 12-1 初看有些复杂。然而，如果仔细查看每一个处理周边相关联的标记，我们会看到它们使用的和产生的数据项目其来源和去向。如果想查看某个处理过程是使用数据项的具体情况，我们需要画一个更详尽的子数据流图或者参考功能需求里针对该部分系统的描述。

下面是在画数据流图时的一些约定。不是所有人都必须遵循这一约定（比如一些业务分析师就只是在环境图上画出外部实体），但我们发现这些约定也很有好处。使用这些模型视图来加强项目参与人员之间的沟通比机械遵循这些约定更为重要。

- 工序（处理）通过数据存储进行通信，而不是直接地从一个工序（处理）流向另外一个工序（处理）。同样，数据并不是直接由一个数据存储流向另外一个数据存储或者在外部实体和数据存储之间直接流动，数据必须流经一个表示工序（处理）的圆圈。
- 请不要试图在数据流图中表达工序（处理）时序的相关内容。
- 请用简洁的短语来命名每个工序（处理）：动词加上名词（比如"生成报表"）。选取的名词应该是一个对客户有意义的词语并且它还应该从属于业务或者问题域相关的词语。
- 每个工序（处理）的标号应该唯一并且具有层次性。在第 0 级视图中，应该用一个整数来命名每道工序（处理）。如果为编号是 3 的工序（处理）创建一个子数据流图，就应该用 3.1、3.2 等来命名在这个子流图里的工序（处理）。
- 在单个的数据流图中，包含的工序（处理）不要超过 8～10 个，否则这张图非常难画，也难以修改和理解。如果项目里有更多数量的工序（处理），就另外引进一个抽象层来解决。具体做法是将相关的工序（处理）作为一组，并将该组工序（处理）表示成一个更高一层的工序（处理）。
- 要质疑只有数据流入或者只有数据流出的工序（处理）。数据流图中表示工序（处理）的圆圈通常既要有数据流入，也要有数据流出。

当客户代表审查数据流图时，要确保所有已知的、重要的数据操作处理都已经表示在图中，还要保证加工（处理）没有遗漏的数据输入和输出或者不必要的数据输入和输出。数据流图审查常常能发现之前没有识别出来的用户类别、业务处理和与其他系统相关的连接。

建模问题，而非软件问题

　　我曾经在一个团队里做过 IT 代表，这个团队正在做业务流程改造。我们的目标是将一个化学品的生产周期缩短到目前周期的十分之一。该团队还包括以下化学品商业化过程中涉及的各环节代表人员：

- 研制新化学品的合成工艺化学专家(一个具体的人员，但确实是一个合成领域专家)
- 规模生产领域的化学专家，负责研发化学品大批量生产流程
- 研究化学品纯度分析技术的化学分析专家
- 申请专利保护的专利律师
- 健康&安全代表，他们负责获得政府审批以便能够将该化学品推广成为消费品

　　这个团队通力合作开发一个新的流程，我们相信这个流程将大大增快化学品商业化活动的速度，并用一个泳道图来对它进行建模。然后我跟团队里负责每一个流程步骤的人员进行讨论。针对每个人，我都问这两个问题："执行你所负责的步骤，你需要哪些信息？""这个步骤会产生哪些需要我们存储下来的信息？"把所有流程步骤的答案联系起来之后，我发现有些步骤需要的数据根本就没有。还有一些步骤产生的数据没有人要。最后，我们解决了所有这些问题。

　　接下来，为了理解新化学品商业化流程，我画了一个数据流图和一个对数据间关系进行建模的实体-关系图(第13章)。数据字典(第13章)定义了我们所有的数据项。在帮助团队成员对新流程达成一致理解方面，它们起着很好的沟通作用。这些视图也可以作为一个有价值的起点，让我们能够界定一个支持一部分流程的软件应用边界范围并明确其需求。

泳道图

　　泳道图为我们提供一种方法来描述业务过程中涉及的步骤或者计划开发的软件系统中的操作。它们是流程图的另外一种形式，它把子模块分解成为可视化的泳道。泳道表示在流程中执行操作的不同系统或执行者。泳道图常常用来描述业务过程、工作流或者是系统和用户间的交互。它们与 UML 中的活动图相似。泳道图有时也称跨功能图。

　　泳道图能够描述数据流图（DFD）中处理（工序）节点内部所发生的细节。它们有助于把用户执行某个特定任务的功能需求连在一起。在识别支持每个流程步骤的需求时，泳道图也常常用来进行详细分析。

　　对项目干系人来说，泳道图是最容易理解的模型之一，因为它的标记简单，

而且也很常用。对于获取需求的交谈活动，泳道图中的业务过程草图是一个很好的起点，具体介绍请参见第 24 章。泳道图可以包含扩展的图，但最常用的元素是以下这几个。

- 流程步骤，用矩形表示。
- 流程不同步骤之间的事务，用连接一对矩形的箭头线表示。
- 条件判定，用菱形表示。每个菱形上有输出的多个分支箭头线。判定条件的选择，用每个输出箭头线上文字标签表示。
- 分割流程的泳道，用页面上水平或者垂直的直线表示。泳道一般表示各个角色、部门或者系统。它们表示谁或者什么是指定泳道中各个步骤的**执行者**。

图 12-2 是化学品跟踪系统（CTS）中的局部泳道图。该例子中的泳道是角色或者部门，表示哪些小组是从供应商那里订购化学品这个业务过程中每个步骤的执行者。为了识别功能需求，我们可以从第一个矩形"新增化学品申请"来思考系统必须具备哪些功能才能支持这个步骤。对于"化学品申请"中的数据需求，也一样。后面的步骤"接收和审批发票"也许能触发团队识别处理发票的具体需求。发票怎样收？格式是什么样的？发票是人工处理，还是系统部分自动化或是系统完全自动化？发票中的数据需要推送到其他系统吗？

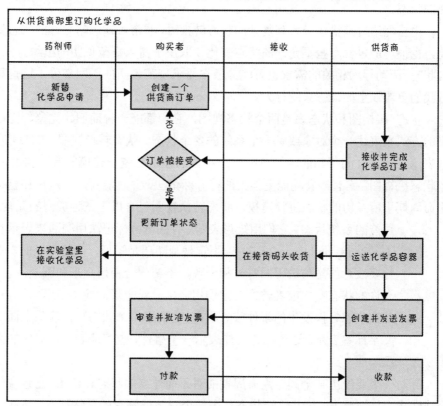

图 12-2　化学品跟踪系统中流程的一部分泳道图

软件系统的边界范围可能并没有包括完整的业务过程。注意，在泳道图中作为流程一部分出现的接收部门，在环境图或者数据流图中它并不存在，因为接收部门永远不会与化学品跟踪系统（CTS）直接交互。通过审查前面第 5 章的图 5-7 系统生态图，促使团队意识到在这个业务过程中，接收是其中的一个环节。通过对数据流图中处理节点（图 12-1 中的编号为 3 的处理）输入和输出数据的审查，保证两个模块产生和使用的是相同的数据，改正了他们发现的所有错误。这个例子说明，以不同思考方式来建模并创建多种表达方式，可以让我们对所开发的系统有一个更丰富的理解。

状态转换图和状态表

软件系统是一个包含功能行为、数据操作和状态转换的综合体。实时系统和流程控制应用在任何时刻都处于一个数量有限的状态集合中的某一个状态。只有当某个完整定义的标准被满足时才发生状态转换，比如在某种特定条件下接收到一个特定的输入。一个例子就是包含交通感应器的公路交叉路口、道理转弯控制信号灯还有人行横道上的信号灯以及按钮。许多信息系统在生命周期里面处理业务对象——销售订单、发票、库存项目等——时，都涉及一系列可能的状态。

用自然语言来描述一系列复杂的状态转换时，非常可能忽略允许的状态变化，也很可能包含一些不允许的状态变化。取决于需求规范说明的组织方式，与状态-驱动行为相关的需求也可能分散在需求规范说明的不同部分。这也导致我们更难以全面理解系统行为。

状态-转换图和状态表是两个状态视图，它们都能一种简明、完整、无歧义的方式来表述一个对象或者一个系统的各个状态。状态转换视图（STD）直观表示了状态之间可能的转换。有一个相关的技术是统一建模语言（UML）的状态机视图，它有一套功能更强大的符号标记法，并且能对一个对象在整个生命周期里所经历的状态进行建模。状态转换视图包含以下三种类型的元素。

- 可能的系统状态。它们用矩形表示。有些符号标记法用圆圈来表示状态（Beatty and Chen 2012）。不管是圆圈还是矩形，都是可以的，唯一要注意的是与选用的符号相一致，不要混合使用矩形和圆圈。
- 允许的状态变化或者转换。它们用连接一对矩形的箭头表示。
- 导致状态转换发生的事件或者状态。它们用每个状态转换箭头上面的文字标签表示。这个标签可能表示一个事件，也可能表示相对应的系统响应。

针对一个要经历某个确定生命周期的对象而建立的状态转换图，它包含一个或者多个终端状态，这些终端状态代表一个对象能够有的最终状态。终端状态有流入的状态转换箭头而没有输出的状态转换箭头。客户只要熟悉这些符号标记（只是些矩形和箭头），就能够读懂状态转换图。

　　回想第 8 章中化学品跟踪系统的一个主要功能，即系统允许申请人申请化学品，完成这个申请可以从库房申请到物品，或从外部供应商那里下一个订单。每个申请从创建那一刻开始直到申请完成或者申请被取消那一刻（两个终端状态），会经历一系列的状态。如图 12-3 所示，状态转换图就是一个化学品申请生命周期模型。

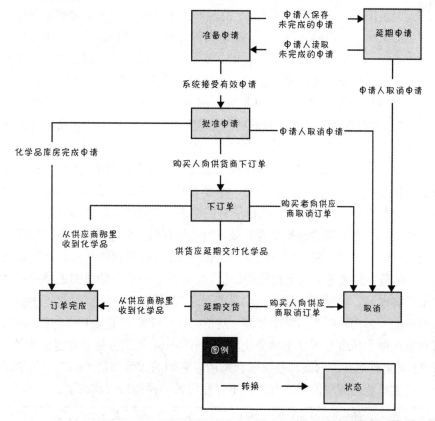

图 12-3　化学品跟踪系统中化学品申请过程的部分状态转换图

这个状态转换图显示一个申请可能处于下面 7 种可能状态之一。

- **准备申请**　申请人正在创建一个新的申请，从系统其他部分发起这一功能。
- **延期申请**　申请人没有提交申请，也没有取消申请，申请人将当前未完成的申请保存起来以便将来接着完成。
- **已通过**　申请人提交了一个已完成的化学品申请，而且系统已经通过该申请以便后续处理
- **下订单**　申请必须通过外部供应商来完成，而且购买者已经向供应商下了订单。
- **完成订单**　申请已经得到满足，要么从化学品库房得到化学品容器，

要么从供应商那里得到化学品。

- **延期交付**　外部供应商没有现货，因而通知购买者延期交货。
- **取消**　申请人取消了一个系统已经接受但尚未交付的申请，或者购买者在一个订单执行完毕之前或延迟交货期间取消了提交给供应商的订单。

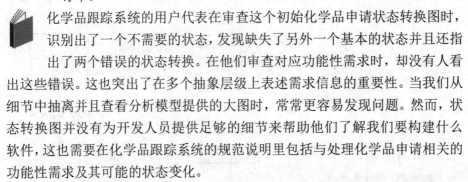 化学品跟踪系统的用户代表在审查这个初始化学品申请状态转换图时，识别出了一个不需要的状态，发现缺失了另外一个基本的状态并且还指出了两个错误的状态转换。在他们审查对应功能性需求时，却没有人看出这些错误。这也突出了在多个抽象层级上表述需求信息的重要性。当我们从细节中抽离并且查看分析模型提供的大图时，常常更容易发现问题。然而，状态转换图并没有为开发人员提供足够的细节来帮助他们了解我们要构建什么软件，这也需要在化学品跟踪系统的规范说明里包括与处理化学品申请相关的功能性需求及其可能的状态变化。

　　状态表用矩阵的形式来表现不同状态之间可能存在的所有转换。业务分析师通过使用状态表和分析矩阵中每一个单元格，能够保证已经识别出来所有的转换。在表的第一列和第一行列出所有的状态。单元格表示自该行左边的状态到该列上部状态之间的转换是否有效，如果是有效的状态转换，还要识别出导致相关的转换事件。图 12-4 描述的状态表和图 12-3 里面的状态转换图完全相匹配。这两个图描述了完全相同的信息，但是状态表能帮助我们确保所有的转换都没有遗漏，转换图能够帮助项目干系人直观地理解可能存在的转换顺序。我们可能不需要同时建这两个视图。但是如果已经建立了其中的一个，而且正好也想从两个角度分析状态的变化，那么另外一个视图也是非常容易建的。在图 12-4 里有两行，它们都是终端状态所以它们的数值都是"no"。化学品申请是已完成状态或取消状态时，就不存在可以转换的后续状态了。

	准备申请	延期申请	通过申请	下订单	延期交货	完成订单	取消
准备申请	无	申请人保存未完成的申请	系统接受有效的申请	无	无	无	无
延期申请	申请人查询未完成的申请	无	无	无	无	无	无
批准申请	无	无	无	购买人向供应商下订单	无	化学品库房完成申请	申请人取消申请
下订单	无	无	无	无	供应商延迟交付化学品	从供应商那里收到化学品	购买者向供应商取消订单
延期交付	无	无	无	无	无	从供应商那里收到化学品	购买人向供应商取消订单
完成订单	无	无	无	无	无	无	无
取消	无	无	无	无	无	无	无

图 12-4　化学品跟踪系统中化学品申请状态表

状态转换图和状态表提供了一种横跨多个用例或者用户故事的高层视图，而每个用例或者用户故事都可能由一个状态执行到另外一种状态。状态模型并没有展示系统执行的处理细节；它仅仅表示系统运行可能导致的状态变化。它们帮助开发人员理解系统的预期行为。状态转换图涵盖所有允许的转换路径，测试人员可以由状态转换图衍生出测试用例，使早期的测试工作从模型视图中受益。若需要保证所有必要的状态和转换都完整、正确地在功能需求里描述出来，状态转换图和状态表都是很有用的工具。

对话图

对话图（dialog map）在较高的抽象层次上对用户界面设计进行表述。它表达了系统中的对话元素及其之间的导航连接，但没有描述详细的界面设计。可以把用户界面看作是一系列状态转换。在任意给定的某个时刻，只有一个对话元素（比如菜单、工作区、对话框、命令行提示符或触摸显示屏）可以接收用户的输入。基于用户在活动输入区域的某个动作，他可以被导航到其他的某些对话元素。在某个复杂系统里，可能存在很多很多导航路径，但不是无限的，并且选择一般也是可知的。对话图实际上就是以状态转换图形式建模的用户交互（Wasserman 1985; Wiegers 1996）。Constantine and Lucy Lockwood（1999）讲了另外一个相似的技术"导航图"并且有一套更加丰富的标记法来表示不同交互元素的类型和环境转换。用户交互流图与对话图相似，但是它以泳道图的形式来表示用户界面不同屏幕之间的导航路径。（Beatty and Chen 2012）

对话图使我们可以在理解需求的基础上研究假设中的用户交互概念。用户和开发人员可以通过研究对话图，一起想象用户为了完成某个任务而与系统交互的普通场景。对网站的可视化结构进行建模，对话图也很有用。当然，通过浏览器的后退和前进按键，还有 URL 输入字段，用户可以有另外的导航选择，但对话图不会把这些表示出来。对话图与系统故事板相关，它也包含对每个界面用途的简短描述。（Leffingwell and Widrig 2000）

对话图捕获的是基本的用户-系统交互和任务流，没有让团队纠缠于界面布局的细节。用户能够跟踪对话图来发现被遗漏的、不正确的或者不必要的导航，从而发现被遗漏的、不正确的或者不必要的需求。需求分析阶段产生的抽象的概念性对话图可以用来指导用户界面的细节设计。

就像在普通的状态转换图里那样，对话图用一个状态（矩形）来表示每个对话元素，用一个转换（箭头）来表示每个允许的导航选项。导致用户导航行为的动机条件以文本标签的形式显示在转换箭头旁边。这里有下面几个动机条件。

- 一个用户行为，比如按下一个功能键、点击一个超链接或者在一个触摸屏上做出一个手势动作。
- 一个数据值，比如能够触发一条错误消息显示的非法用户输入。

- 一个系统状态，比如检测到打印机缺纸。

- 这些动机条件的某一组合，比如键入一个菜单选项然后按下回车键。

对话图与流图看起来有些相似，但是两者的用途不同。流图会明确显示处理步骤和分支点，但又不是对一个用户界面的显示。相反，对话图不会显示与转换箭头一起发生的处理，这些箭头用来连接对话元素。分支条件（通常是一个用户选择）不会显示在对话流图上，要显示的屏幕界面在对话图上以一个矩形来表示，导致显示某个屏幕的状态条件出现在用来表示转换的箭头上面的标签中。

为了简化对话图，可以省略全局功能，比如在每一个对话元素上按下 F1 功能键弹出帮助信息页面。需求规范（SRS）中涉及用户界面的部分应该明确指出这个功能是需要实现的。虽然通过添加几个值可以显示大量帮助，但这样会使对话图显得非常乱。同样，在对一个网站进行建模时，不必包含出现在每个页面上的标准导航链接。由于网页浏览器后退按钮的功能，还可以省略掉反向移动页面导航顺序的转换流。

对于表示用例所描述的参与者和系统之间的交互，对话图是一个非常好的方式。对话图可以把可选的转换流表示成正常转换流的分支。当一个团队要研究参与者动作顺序以及系统完成某些任务的相应顺序时，常常会召集一些用例启发讨论会，我发现这个时候在白板上画出对话图的一些片段将对讨论非常有帮助。对于已经完成的用例和处理流程，将它们与对话图进行比较，这样能够保证需要执行这些步骤的所有功能都能够在界面导航里访问到。

第 8 章有一个叫"申请化学品"的用例，它来自化学品跟踪系统。这个用例的正常流程包含从化学品库房的库存清单申请一个化学品容器。另外一个可能的流程是从供应商那里申请化学品。发出申请的用户在选择供应商之前，想有一个选项来浏览库房中该化学品容器的历史信息。图 12-5 就是表示这个复杂用例的对话图。该对话图的进入点是一个源于实心黑圆圈的转换箭头，叫"要求提出申请"。用户将沿着该箭头从 UI 的其他部分进入这一部分应用的用户界面。对话图中返回 UI 其他部分的退出点是另一转换箭头，也以一个实心黑圆圈结束，与起始圆圈相比，不同之处是在结束的实心黑眼圈外还有一层圆圈。在该图中，结束的退出点叫 "取消整个申请"和"完成；退出申请功能"。

这个图初看起来有些复杂，但如果我们每次跟踪一个箭头和一个方框，也不难理解。通过从化学品跟踪系统的某个菜单发出一个对某个化学品的申请，用户就可以初始化这个用例。在该图例中沿着左上角的箭头，将用户引到"当前申请列表"方框。方框代表这个用例的主要工作区，也就是用户当前申请的化学品列表。从该方框出发的箭头表示在当前上下文中用户可选的所有导航选项（不同的导航也就是不同的功能选择）。

- 取消整个申请。

- 如果申请中至少有一个化学品，则提交该申请。
- 在申请列表中添加一个新的化学品。
- 从该列表中删除一个化学品。

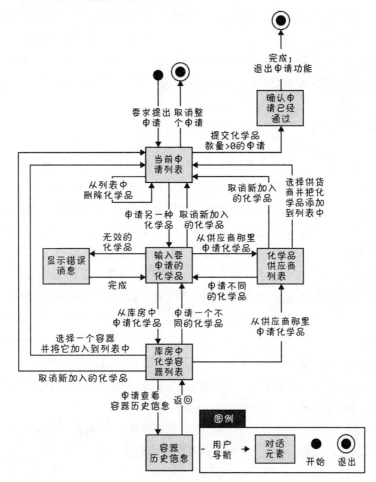

图 12-5　来自化学品跟踪系统"申请化学品"的部分对话图

最后一项操作"删除化学品"并不涉及另外的某个对话元素，它只是在用户做出改变后刷新显示当前申请列表。

跟踪这个对话图的时候，会发现可以反映"申请化学品"用例其他部分的以下几个元素。

- 向供应商申请化学品的流程路径。
- 执行由化学品库房完成申请的另外一条路径。
- 查看化学品库房中容器历史信息的一条可选路径。
- 错误消息显示，处理化学品标识符号输入无效或者其他可能造成的错误状态。

对话图上的一些转换允许用户撤销某些操作。如果用户中途改变主意想要退出某个操作，而他被迫要完成任务后才能退出，就会被激怒。在关键点上设计回退和取消操作，对话图可以最大化易用性。

审查这个对话图，用户可能会看出被遗漏的需求。比如，为了避免不小心丢失数据，谨慎的用户可能想对导致取消整个申请的操作进行再次确认。相比在已经完成的产品里添加该项功能，在分析阶段添加该项功能所花费的资源成本更少一些。因为对话图只表示用户和系统交互过程中涉及的可能元素的概念性视图，所以在需求阶段请不要确定用户界面的设计细节，而应该使用这些模型来帮助项目干系人对系统的预期功能达成共识。

判定表和判定树

软件系统经常受制于复杂的逻辑，有很多不同的条件组合导致系统产生不同的行为。比如，当司机在汽车巡航控制系统中按下加速按钮并且汽车当前是巡航模式时，系统会使汽车加速行驶，然而如果汽车不是巡航模式，系统则忽略按下加速按钮这个输入动作。开发人员需要的功能需求是在所有可能条件组合下对系统响应动作的描述。遗憾的是，我们很容易忽略某种条件组合，导致需求有遗漏。审查文字叙述式的需求规范说明是很难避免这些缺失的。

系统的逻辑和判定条件变得复杂之后，判定表和判断树都可以用来描述系统应该做出什么响应（Beatty and Chen 2012）。判定表列出的是影响系统行为的所有因素的各个取值，并且表明在每一种因素组合条件下系统预期的响应动作。对这些因素的描述既可以是一种陈述的形式（可能的条件是"真"或者"假"），也可以是提问的方式，而问题可能的答案是"是"或者"否"，有些问题的答案可能还不止两种。

图 12-6 所示的判定表表示化学品跟踪系统中，针对每一个新的申请，系统是应该通过还是驳回。有以下四个因素影响这个判定：

- 提出申请的用户是否有申请化学品的权限
- 化学品库房或者外部供应商是否有货
- 该化学品是否在有毒化学品名单里，该名单所列的化学品要求有专门的安全操作培训
- 提出申请的用户是否已经接受过该类有毒化学品的操作培训

需求编号					
条件	1	2	3	4	5
用户有权限	F	T	T	T	T
化学品仓库或者供货商那里有货	—	F	T	T	T
该化学品有毒	—	—	F	T	T
申请人受过培训	—	—	—	F	T
动作					
批准申请			X		X
驳回申请	X	X		X	

图 12-6　化学品跟踪系统中判定表例子

在这 4 个因素中,每一个都可能有两个取值条件,"真"或者"假"。理论上讲,这会产生 2 的 4 次方,也就是 16 个可能的"真/假"条件组合,从而会有 16 个不同的功能性需求。如果用户没有权限申请化学品,那么系统就会拒绝申请,这时其他的因素就无关紧要了(在判定表里面用横线表示)。这个判定表表明从不同的判定组合里只产生了 5 个不同的功能性需求。

图 12-7 是同一个逻辑的状态树表示。图中有 5 个矩形表示 5 个可能的输出,也就是批准或驳回该化学品申请。不管是判定表还是判定树,在记录需求(或者业务规则)时,都可以作为很好的工具帮我们避免遗漏可能的条件组合。与大段重复性的以文字陈述的需求相比,判定表或者判定树即使再复杂,相对也更好理解一些。

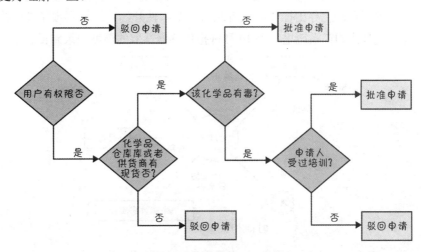

图 12-7 化学品跟踪系统中判定树示例

事件-响应表

对于发现开发人员必须实现的功能性需求,用例和用户故事并不总是在所有场合都有帮助,或者说它们无法独立完成这个任务(Wiegers 2006),对实时系统尤其如此。让我们思考一个综合的高速公路交叉路口,路口有许多交通信号灯和行人通过信号。类似的系统不会有太多用例。司机可能想穿过信号灯直行或者左转或者右转。行人想横过公路。还有应紧车辆希望能够将同方向的交通信号变成绿灯使其可以快速驶向需要救助的人。执法部门可能在此路口安装摄像头来拍摄闯红灯司机的车辆号牌。要想使开发人员正确开发这些功能性需求,单单这一信息是不够的。

另一种了解用户需求的方式是识别出系统必须响应的外部事件。事件是指在用户环境中发生的某个变化或者活动,后者可以使软件系统做出某种响应(Wiley 2000)。事件-响应表(也称事件表或者事件列表)逐项记录所有这些事件以及作为对这些事件交互而产生的系统预期行为。一共有三类系统事件,如图 12-8 所示。

- **业务事件** 业务事件是指一个普通用户所执行的动作，该动作使软件弹出对话框，就像用户初始化用户用例时候那样。事件-响应顺序与用例中或者泳道图中的步骤一致。

- **信号事件** 当系统接收到一个控制信号或者数据读取，或者来自某个外部硬件设备或者另外一个系统的某个中断指令时，一个**信号事件**就会被注册。比如当某个开关关闭时，某个电压改变时，另外一个应用申请一个服务时或者一个用户在一个触摸屏上滑过手指时。

- **时间相关的事件** 时间相关的事件是指在某个时刻触发的事件，比如当计算机的计时器到达某个特定时间点时（比如，在午夜时触发一个数据自动化导出操作）或者从前一个事件开始，已经到预先设定的时间（比如在系统里，每 10 秒钟把传感器读取的温度记录到日志中）。

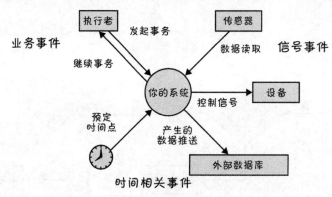

图 12-8　系统对业务事件、信号事件和时间相关的事件做出响应

用事件分析方法来详述实时控制系统非常有效。为了识别事件，要思考与分析对象相关的所有状态，还有能使该对象转移到某个状态的所有事件。对项目环境图进行审查，识别出所有的外部实体，这些外部实体可能初始化某一个动作（触发一个事件）或者申请一个自动化响应。表 12-3 是一个事件-响应表的示例，它部分描述了汽车风挡上雨刷器的行为。6 号事件是一个时间相关的事件，其他的都是信号事件。注意，预期的响应不仅仅取决于事件，也取决于发生事件那一刻系统所处的状态。比如，表 12-3 中的 4 号和 5 号事件，在用户将雨刷器设置成间歇模式时，雨刷器在打开和关闭两个不同的状态也会导致雨刷器稍微不同的响应结果。一个响应可能是仅仅简单改变一些内部系统信息或者导致一个外部可见的结果。可以加入事件-响应表里的其他信息如下所示。

- 事件频率（在一个给定的时间段里事件发生的次数或者事件发生次数的上下限数值）。
- 处理事件所需要的数据元素。
- 执行完事件响应以后系统的状态（Gottesdiener 2005）。

表 12-3　汽车雨刷器系统的部分事件-响应表

ID	事件	系统状态	系统响应
1	雨刷控制设置成低速运行	雨刷器处于关闭状态，高速运行状态或者间隔运行状态	将雨刷控制设置为低速运行
2	雨刷控制设置成高速运行	雨刷器处于关闭状态、低速运行状态或者间歇运行状态	将雨刷控制设置为高速运行
3	雨刷控制设置为关闭状态	雨刷器处于高速状态、低速运行状态或者间歇运行状态	1. 完成当前刮扫循环 2. 关闭雨刷引擎
4	雨刷控制设置成间歇运行	关闭状态	1. 执行一个刮扫循环 2. 读取间歇时间设置 3. 初始化刮扫定时器
5	雨刷控制设置成间歇运行	雨刷器处于低速运行状态或者高速运行状态	1. 完成当前刮扫循环 2. 读取间歇时间设置 3. 初始化刮扫定时器
6	自上次刮扫循环结束起已经度过了一个时间间歇	雨刷器处于间歇运行状态	以低速设置执行一个刮扫循环
7	改变刮扫时间间隔	雨刷器处于间歇运行状态	1. 读取间隔时间设置 2. 初始化刮扫定时器
8	改变刮扫时间间歇	雨刷器处于关闭状态、高速运行状态或者间歇运行状态	没有响应
9	即时接收到刮扫信号	雨刷器处于关闭状态	低速执行一个刮扫循环

列出跨越系统边界的事件是一种有用的界定软件系统范围的技巧（Wiegers 2006）。事件-响应表定义事件、状态和响应每一种的可能组合，也包括异常条件，它可以作为功能性需求的一部分对系统中该部分内容进行描述。我们可以用判定表来建立事件-响应表的模型，以此来保证所有可能的事件和系统状态的组合都可以得到分析。然而，业务分析师必须提供另外的功能性需求和非功能性需求来为补充。比如雨刷器在高速档和低速档设置下每分钟分别执行多少次刮扫循环？间歇性刮扫的时间间隔的增长或者缩短是可以连续微调还是以一个固定的步长增加或者缩短？在两个刮扫动作的时间间隔最长时间和最短时间又是多少呢？如果我们漏掉这些信息，开发人员就得查找这些信息或者自己猜。请记住，我们的目标是将需求明确和细化到足以使开发人员知道要开发什么，且使测试人员能够根据细化后的需求来确定是否正确地实现了软件系统。

请注意，表 12-3 列出的事件只是一些基本事件，而不是实现系统的需求规范说明。表 12-3 没有说明风挡上雨刷控制器的形状，也没有说明用户如何操控雨刷器。设计师能够以传统的语音嵌入式雨刷控制器为基础来识别出需求中的语音命令："开启雨刷器""刷得更快些""请刷一次"像这样只在基础层面写需求能够避免引入不必要的设计上的限制。然而，记下任何已知的限制条件，可以帮助指导设计师进行思考。

小议 UML 图

许多项目使用面向对象的分析、设计和开发方法。对象通常与业务领域或者问题域中的实物相对应。对象代表一个实例，该实例衍生自一个被称作"类"的泛型模板。"类"的描述包含属性（数据）和操作属性的方法。类图能够直观地描述在做面向对象分析时识别出来的类和类之间的关系。

使用面向对象方法来开发产品对需求开发方法并没有什么特别的要求。因为需求开发关注的是用户需要系统做什么以及系统必须具有什么功能，而不是应该如何实现系统。用户并不关心"对象"和"类"。然而，如果已经知道我们将以面向对象技术来开发系统，那么在需求分析时就识别出"类"以及"类"的属性和行为将非常有益。因为设计师已经把问题域中的对象映射到系统中的对象和每个"类"属性和方法上的细节上，这将非常有助于从分析工作到设计工作的过渡转换。

统一建模语言（UML）是一种标准的面向对象建模语言（Booch，Rumbaugh, and Jacobson 1999），UML 主要用来创建设计视图。在抽象层上很合适用 UML 来进行需求分析。下面的几个 UML 视图很有用（Fowler 2003; Podeswa 2010）。

- 类图，用来描述应用领域中的对象的类、类的属性、行为和特性以及类之间的联系。类图也可用来对数据进行建模，第 13 章将有实例对它进行讲解，但这个有限的应用并没有完全展示出一个类图的语义表达能力。
- 用例图，用来描述系统外部执行者与其交互用例之间的关系。（请参见第 8 章）。
- 活动图，用来描述用例中交错的各种流或者执行某个动作的执行者角色（比如泳道图中的执行者角色）或者业务处理中的流程。请参阅第 8 章的简单示例。
- 状态（或者状态机）图，用来描述系统或者数据对象的不同状态以及在各个状态之间过渡的状态转换。

敏捷项目中的需求建模

不管采用哪种项目开发方式，我们都应该使用需求模型从不同角度来分析项目的需求。在不同的开发方法下，模型视图的选择基本一致。在传统项目和敏捷项目中建模，与模型建立的时间以及模型的详细程度相关。

比如，我们可能在一个敏捷项目中拥有一个第 0 级的数据流图。那么在迭代阶段，可能只需要画出与当前迭代有关的详细数据流图。同样，相比传统项目，我们可以在一个敏捷项目中创建存储格式或者描述格式更简单一些的视图。比如我们可能在一个白板上粗略画一个分析视图并且拍下来，但不需要以正式需求文档的形式或者建模工具把它保存下来。用户故事完成的时候，我们可以更新模型视图（也想使用不同颜色来表示已经完成），这样就能够表示在一个迭代周期中我们完成了哪些任务以及还需要完成该图所列任务中另外哪些用户故事。

在敏捷项目或者说任何项目中进行分析建模，关键的注意事项是只在需要的时候才创建我们需要的视图，并且仅仅把需求细化到能够确保项目干系人可以充分理解的程度上。对于敏捷项目，用户故事通常并不具备足够的能力来捕获到详细而充分准确的需求（Leffingwell 2011）。不要仅仅因为是在做敏捷项目而拒绝使用任何模型视图。

最后提示

本章描述的每一个建模技术都有其优点和不足。没有哪一个视图能够充分描述系统的每个方面。同样，这些视图提供的描述也有重叠，所以我们也没有必要为项目创建所有的视图。比如，如果创建了实体关系图和数据字典，很可能就没有必要再创建类图。请记住，除了使用文本需求和其他需求的简单描述，我们还可以使用可视化分析模型来更好地增进理解和沟通。

行动练习

- 请使用本章讲的建模技术来尝试描述一个现有系统的设计。比如，为自动柜员机或者正在用的网站画一个对话图。
- 在当前或者下一个项目中，选择一个建模技术来作为对文本式需求的补充。在白板上或者白纸上画一两个视图，确保已经正确理解了需求，并使用一个支持所用标记法的建模工具。请至少尝试创建以前没有用过的视图。
- 与其他项目干系人合作，一起创建一个可视化的模型视图。使用白板或者即时贴来鼓励其他人的参与。
- 列出能够激发系统中某个特殊行为的外部事件。创建一个事件-响应表来描述接收到每一个事件时系统所处的状态以及系统如何做出响应。

第 13 章

具体指定数据需求

很早以前，我领导过一个软件项目。项目有三位开发人员，他们有时会无意识地对同一个数据项使用不同的变量名称、不同的长度以及不同的验证标准。实际上，我也曾经在自己亲手写的两个程序中对保存用户名的变量使用不同的长度。换用不同长度的数据时，可能发生糟糕的事情。我们最后可能覆盖其他数据、在尾部出现非法的填充字符、没有结束符号的字符串甚至重写程序代码。这些后果最终导致程序崩溃。这真是太糟糕了。

我们的项目还遭受着缺失数据字典的折磨。数据字典是共享的，定义了应用中所用数据元素的含义、构成、数据类型、数据长度、数据格式以及允许的取值。一旦我们的团队开始以一种更规范的方法来定义和管理数据，这些问题都消失了。

计算机系统以很多方式来操作数据，为客户提供价值。虽然没有在第 1 章中图 1-1 的三级需求模型中明确表示出来，但数据需求同样也普遍存在 3 级标准。哪里有功能，哪里就有数据。不管数据代表的是视频游戏中的像素、手机通话中的数据包、公司季度销售报表、我们银行账户的动态还是其他任何事情，软件的功能就是创建、修改、显示、删除、处理和使用数据。在需求获取过程中，一旦有数据，业务分析师就应该开始收集它们的定义。

一个好的着手点是系统背景图中的输入/输出流。这些输入/输出流从高层抽象表示主要的数据元素，业务分析师在需求获取阶段也能够对它们进行进一步完善细化。在需求获取阶段，用户提到的名词常常暗示着重要的数据实体：化学品申请、申请人、化学品、状态和使用报告。本章将讲述如何探究对用户很重要的数据及其表示方式，如何指定应用需要生成什么报表或者仪表盘报表。

对数据关系进行建模

第 12 章所述的数据流图解释了系统中发生的加工（处理）。就像数据流图一样，一个数据模型描述了系统数据间的关系。数据模型提供的是系统数据的高层视图；数据字典提供的则是详细视图。

有一种常用的数据视图是实体-关系图或者 ERD（Robertson and Robertson 1994）。用 ERD 来表示一组来自问题域的逻辑信息及其之间的相互联系时，表明我们正在把 ERD 用作一种需求分析工具。ERD 分析可以帮助我们理解业务中或者系统中的数据组件，并就这些内容进行交流，但这并不意味着产品一定包含一个数据库。在设计阶段创建 ERD 时，其实也是在定义系统数据库的逻辑结构或者物理（实现）结构。从分析阶段开始完成的视图能够扩展或者完善对系统的理解和优化系统实现，比如一个关系型数据库环境。

实体本来可以代表物理上的实体（包括人）、对待分析业务或者待实现系统至关重要的数据聚合。在 ERD 中，实体被命名为一个单数名词，显示在一个矩形内。图 13-1 展示了化学品跟踪系统中的部分实体-关系图。该图使用 Peter Chen 符号法，常用的 ERD 建模符号法之一。注意图 12-1 数据流图中出现的以下实体：化学品申请、供应商名录和化学品库房库存清单。它们都是作为数据存储出现在图 12-1 中。其他实体代表与系统交互的参与者（申请人）业务操作部分中的实体（化学品容器）以及出现在低层级数据流图中（而没有出现在第 0 层数据流图中）的数据块（容器历史信息和化学品）。在关系型数据库的物理设计阶段，实体通常演变为数据表。

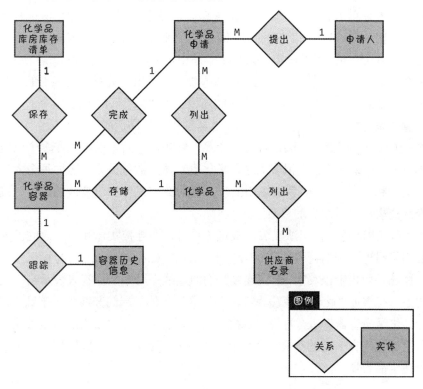

图 13-1　化学品跟踪系统中的一部分实体-关系图

每个实体都由一个或者多个属性来说明，实体的不同实例具有不同的属性取值。例如，化学品实体属性包含唯一的化学品标识符、化学品名称和化学结构图式。数据字典里包含着这些属性的详尽定义，这也有助于保证 ERD 中的实体和数据流图中相对应的数据存储具有相同的定义。

ERD 中的菱形表示关系，它代表一对实体之间的逻辑关系。我们用关系的自然含义来命名。例如，在化学品申请和申请人直接的关系就是"提出"的关系。我们可以把这个关系读作"一个化学品申请被一个申请人提出"（从左到右，被动句式）或者"申请人提出化学品申请"（从右到左，主动句式）。有些约定习惯可能建议我们这样命名关系"被提出"，只适合从左向右读图的情景。如果重新画这种图，而"申请人"和"化学品申请"的位置恰好与刚才的情况相反，那么从左向右读图的时候 ，"被提出"这样的关系命名就不正确了："申请人被提出化学品申请"。较好的方法是将这个关系命名为"提出"，并且不管从左向右还是从右向左念，表述"提出"的时候，都合乎语法逻辑——"提出"或者"被提出"。

邀请客户审查 ERD 的时候，要求他们检查图中描述的关系是否都正确、恰当。同样也请他们识别出图中没有表示出来的任何遗漏实体或者实体之间可能的关系。

每个关系上的数量关系（基数或者多个）以一个在连接实体关系间连线上的数字或者字母来表示。在表示数量关系时，各个 ERD 符号标记法都有自己的约定规则。图 13-1 中的实例采用的就是一种常见的方法。因为每个申请人都能提出多个申请，所以在申请人与化学品申请之间的数量关系就是"一对多"的关系。这种关系在图上标识为"申请人"与"提出"关系间连线上的"1"，还有"化学品申请"和"提出"关系间连线上的"M"（M 代表多个）。另外的数量关系有"一对一"（每个化学品容器都用化学品历史信息来跟踪）和"多对多"（每个供应商名录列出许多化学品，有些化学品可以出现在多个供应商名录里）。如果知道比"很多"这种量化更具体的数量关系（比如每个人都有一个生父和一个生母），就可以用一个具体的数字或者一个具体的数值范围来替换泛泛表示"多个"的"M"。

其他 ERD 符号标记法在表示数量关系时，在连接实体和关系之间的连线上使用了另外不同的符号。图 13-2 中使用的是 James Martin 符号标记法，虽然实体还是用矩形来表示，但在连接它们的连线上用一个标签来表示它们之间的关系。在靠近"化学品库房库存清单"这个实体一端的竖线表示基数"1"，靠近"化学品容器"那一端像皇冠底托形状的符号表示"多"的数量关系。而与皇冠底托连在一起的小圆圈表示化学品库房库存清单上可以保存 0 个或者多个化学品容器。

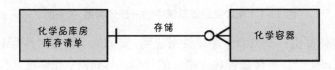

图 13-2　实体-关系图的另一种表示

　　除了这些 ERD 符号标记法，还有其他的一些数据建模规则。使用面向对象开发方法的团队通常画 UML 类图来表示各个类中的数据属性（类与 ERD 中的实体相对应）、类之间的逻辑关联以及这些关联上的数量关系。图 13-3 就是化学品跟踪系统中的一个类图片段。"申请人"与"化学品申请"是两个以矩形表示的"类"，它们之间的数量关系是"一对多"。"1.."表示"一个或者一个以上"，其他的基数（或者复数）符号标记也可以用在类图上（Ambler 2005）。请注意，在类图中，在矩形的中间部分列出了与每个类相关的属性。图 13-3 展示的仅仅是类图符号标记法的简单版本。当类图是用来做面向对象分析或者设计时，表示类的矩形的底部的部分（本例中为空）常常表示该类实例的操作方法和行为。然而，当我们为数据建模时，"类"的矩形的第三部分是设为空的。

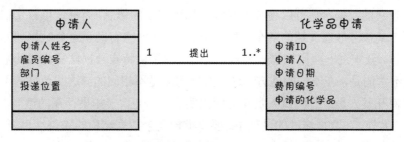

图 13-3　化学品跟踪系统的部分 UML 类图

　　在画数据模图时，选取哪种符号标记法并不重要。真正重要的是在项目中参与创建这些模图的人员能够遵循同一套的符号标记约定，而使用或者检视这些模图的人也知道如何正确解读。

　　当然，系统肯定还包含使用这些数据的功能。实体之间的关系通常会揭示出这类功能。图 13-1 表示在化学品容器与容器历史信息这两个实体间是一种"跟踪"关系。进一步说，我们需要某些功能（描述这些功能的形式可能是一个用例、一个用户故事或者一个流程图）来让用户访问某个特定化学品容器的历史信息。借助于数据模图来分析项目需求时，说不定还可以在讨论中发现没有任何用处的不需要的数据。

数据字典

　　数据字典是应用中会用到的关于数据实体的详细信息之集合。数据的构成、数据类型、允许的取值等信息收集成一个公共资源，相比确定数据验证标准，这有助于开发人员正确写程序并使集成中出现的问题最小化。数据字典是对项目词汇表的补充，词汇表定义了应用领域或者业务中出现的词语、术语缩写和简称。我们建议数据字典和词汇表要保持相互独立。

　　在需求分析阶段，数据字典中的信息表示应用领域中的数据元素以及数据结构（Beatty and Chen 2012）。这些信息在设计数据库架构（模式，schema）、数据库表和属性的时候能够作为数据来源，并且最终产生程序中的变量。项目参与人对数据有不同的理解时常常会产生错误，所以花时间创建数据字典能够避免这些错误，不过数据字典带来的好处远不止于此。如果将数据字典保持在最新状态，那么在系统运行生命周期甚至更长的时间里它都将是一个有价值的工具；如果不将数据字典维持为当前状态，那么它提供的信息可能就是错误的或者是过时的，团队成员也就不再信任这个数据字典。数据字典的维护是事关质量的严肃工作。数据定义经常在不同应用之间重用，特别是在同一个产品线内。在企业内部使用一致的数据定义能够减少集成和接口方面的错误。请尽可能从企业知识库里查阅已有的标准数据定义，并使用一个更小的、项目相关的数据定义集合来减少数据不一致的情况。

独立的数据字典可以使我们很容易找到需要的信息，而不像项目文档那样数据定义被分散在文档的各个不同部分。数据字典也有助于避免数据的冗余与不一致。我审过一些用例需求规范，里面明确了由特定数据结构构成的数据元素。不幸的是，在不同的地方，这些数据构成是不相同的。这些数据的不一致性促使开发人员或者测试人员花时间探明哪一个定义（如果存在的话）才是正确的。另外，在数据演进的过程中，要想维护冗余数据结构的完整性也很困难。将这些信息编或者合并在一起，可以只保留一份定义供所有项目干系人访问信。这也可以解决数据冗余和数据不一致带来的问题。

图 13-4 是化学品跟踪系统的一部分数据字典。其中用到的符号标记在下文会讲。以字母顺序为数据字典中的数据项排序有利于读者快速找到想要查看的数据项。

数据字典中数据实体可以表示的数据元素的类型如下。

原始类型（Primitive）　原始类型的数据元素将来不会再进一步分解或者没有必要再进一步分解。图 13-4 中定义的原始类型的数据有容器数量、数量、计量单位、申请人 ID 还有申请人姓名。我们可以在数据字典的另外一列中描述原始类型数据的数据类型、长度、取值范围、允许的取值列表（比如计量单位）以及其他的相关属性。

结构类型（Structure）　一个数据结构（或者记录）有多个数据元素构成。在图 13-4 中定义的数据结构有化学品申请、发送目的地、申请的化学品还有申请人。我们可以在数据字典中"数据构成或者数据类型"一列中列出构成该数据结构的元素，每个数据元素用加号（+）分割。结构类型的数据还可以再组成另外的一个结构类型的数据：申请人结构里面包含投递位置这个结构。出现在结构中的数据元素必须在数据字典中定义出来。

如果数据结构中的某个元素是可选项（就是不强制用户或者系统必须提供该项数据），就用圆括号来包含它们。在申请的化学品这个结构中，供应商数据元素是一个可选项，因为正在提出申请的人员可能不知道或者不关心究竟是哪个供应商提供该化学品。

数据元素	描述	数据构成或者数据类型	数据长度	数据取值
化学品申请	向化学品库房或者供应商提出关于新化学品的申请	申请 ID + 申请人 申请日期 账户编号 +1: 10{要申请的化学品}		
投递位置	被申请的化学品将要发往的目的地	建筑物 实验室编号 实验室部门		
容器数量	指定化学品容器的数量或者正在申请的化学品容器的数量	正整数	3	
数量	化学品的申请数量	数字类型	6	
计量单位	化学品的申请数量单位	字母表示的字符	10	克，千克，毫克
申请 ID	每个申请的唯一标识	整数	8	系统生成的序列号，是一个以 1 开头的整数
申请的化学品	申请的化学品的描述	化学品 ID 容器数量 等级 重量 计量单位 （供应商）		
申请人	提出化学品申请的申请人个人信息	申请人姓名 申请人编号 部门 发送地址		
申请人姓名	申请人的姓名	字母表示的字符串	40	允许包含空格、横杠、句号、单引号

图 13-4　化学品跟踪系统的一部分数据字典

在数据字典的布局安排中，使用超链接非常有用（尽管最好是使用一个允许定义超链接的工具来保存信息更好）。在图 13-4 中"申请的化学品"这个数据结构中，"数量"这个数据项用了一个超链接来表示。读者能够点击这一链接并跳转到数据字典中"数量"定义的地方。大型数据字典可能包含很多页的内容，当一个项目的数据字典中包含来自企业级数据字典中的数据定义时，数据字典中可能还会包含多个文档。这时导航链接非常有帮助。"数据构成或者数据类型"一列中出现的数据项，并且这些数据项在数据字典中也有定义时，最好使用超链接来关联它们。

重复的数据组（Repeating group） 如果一个数据结构中某个数据元素的实例能够出现多次，就应该用大括号来包含它们。在大括号前面用"最小值：最大值"的形式来表示允许的可能重复的个数。比如说，在"化学品申请"这个数据结构中的"申请的化学品"是一个可以重复的数据组，它的形式是 1：10{申请的化学品}。这表示一个化学品申请中至少包含一种化学品但不超过 10 种化学品。如果出现的最大次数没有限制，我们就用"n"来表示。比如，"3：n{某个数据项}"表示正在定义的数据结构将包含至少 3 个该数据项的实例，但没有最大数量的限制。

准确定义数据元素比我们预想得更难。考虑一个数据类型为字符串的情景，图 13-4 中"申请人姓名"这个数据项就是其中的一个实例。姓名是大小写敏感的吗？比如，"karl"和"Karl"开头的字母一个是大写的"K"，一个是小写的"k"。系统需要将文本全部转换为大写还是小写？在查找或者与用户输入的字符串做比较时，需要忽略大小写的区别，还是拒绝不符合大小写预期的输入？除了 26 个英文字母外，我们可以使用其他字符吗？比如空格、允许包含空格、横杠、句号、单引号以及所有可能出现在姓名中的符号。只允许英文字母还是也允许其他读音符号一起出现？比如发音符号（~）、元音变音符（¨）、锐音符（¨）、重音符（′）、变音符（,）。这些准确的定义必须有，因为开发人员需要知道它们才能够进行数据输入验证。用来显示数据元素的格式常会涉及另一个层面的差异。比如在不同的国家，时间和日期的显示格式有不同的习俗约定。Stephen Withall（2007）讲到了在明确各种数据类型时需要思考的许多种情景。

数据分析

在进行数据分析时，我们可以将各种不同数据模型图互相参照着使用，这样能够发现一些差距、错误以及不一致的地方。在实体-关系图中出现的实体很可能在数据字典中有定义。在数据流图中出现的数据流和数据存储很可能出现在实体-关系图和数据字典中。在报表规范说明中显示的字段也可能出现在数据字典中。在数据分析过程中，将这些补充的视图进行比较，能够让我们识别出错误，也能够帮助我们进一步细化需求。

CRUD 矩阵是一种严格的数据分析技术，可以检测出遗漏的需求。CRUD 代表创建（Create），读取（Read），更新（Update）和删除（Delete）。CRUD 矩阵将系统行为与数据实体联系在一起，表示每个重要的数据实体应该如何创建、读取、更新以及操作。（有些人在矩阵中也使用 L 和 M，L 表示一个实体出现的形式是一个选择列表，M 表示将把数据从一个地方移动到另一个地方，还可能使用第二个 C 来表示拷贝数据。为了简单起见，我们将使用严格的 CRUD）。依赖于所使用的具体需求方法，可以查看不同类型的关联：

- 数据实体和系统事件（Ferdinandi 2002; Robertson and Robertson 2013）
- 数据实体和用户任务或者用例（Lauesen 2002）
- 对象类和用例（Armour and Miller 2001）

图 13-5 展示了化学品跟踪系统中一部分实体/用例的 CRUD 矩阵。每个单元格表示所在行中最左端一列中的用例怎样使用该单元格所在列所对应的数据实体。用例能够创建、读取、更新或者删除实体。创建 CRUD 矩阵后，请检查每列中的单元格里是否有空白的单元格，即没有 CRUD 这四个字母中任何一个的空白单元格。比如，如果一个实体被更新但从来没有创建过，那么它又是从何而来呢？

实体 用例	订单	化学品	申请人	供货商名录
提出订单	C	R	R	R
修改订单	U,D		R	R
管理化学品库存清单		C,U,D		
订单报表	R	R	R	
编辑申请人			C,U	

图 13-5　化学品跟踪系统的 CRUD 矩阵实例

请注意，申请人（提出化学品订单的人）标签所在列的单元格里没有哪个单元格中含有字母 D。也就是说，图 13-5 中没有哪个用例能够从提出化学品申请的人员清单中删除申请人的名字。有以下三种可能的解释。

1. 删除申请人不是化学品跟踪系统所期望的功能。
2. 我们遗漏了"删除申请人"这个用例。
3. "编辑申请人"用例（或者其他用例）是一个不完整的用例。可能有一个功能允许用户删除申请人，但目前这个用例还不具备这一功能。

我们不知道哪个解释是正确的，但是 CRUD 分析是一个有力的方法，能够帮助我们检测到遗漏的需求。

报表的规范说明

许多应用都从一个或者多个数据库、文件或者其他信息源生成报表。报表包括由数据行与数据列构成的传统表格、各种类型的示意图和曲线图或者各种组合类型的图表。报表的内容和格式是需求开发中需要考虑的重点。报表规范说明横跨需求（报表怎么使用数据，怎么组织数据）和设计（报表的外观样式）两个部分。至于应该询问报表的哪些特定方面以及要记录哪些数据，本节将给出建议，同时还要包括一个报表说明模板。

获取报表需求

假设你是一名业务分析师，正在与客户一起定义一个信息系统的报表需求，请考虑向客户提出以下问题。

- 当前使用的是什么报表？（一些报表取自现有的系统，还是从业务手工生成，现有的报表需要在新系统中重复使用吗？）
- 现有的报表中哪些需要做进一步修改？（新的信息系统项目或者修订项目使我们有机会修改不能满足当前需要的报表）
- 当前生成了哪些没有用处的报表？（也许在新系统中不需要实现它们）
- 可以描述报表必须遵守的任何部门标准或者组织标准或者政府标准吗？比如提供一个一致的版式或者遵循一个规章？（获得一些标准的副本或者与之相符的现成报表样例）

Withall（2007）描述了用于具体规定报表需求的模式和模板。Joy Beatty and Anthony Chen（2012）也提供了广泛用于具体规定报表的指导。下面几个问题可以用于探究客户需要的所有报表。第一组问题解决的是报表的内容及其用途。

- 报表名称是什么？
- 报表的目的或者业务上的意图是什么？报表的使用者如何使用这些信息？谁会依照报表来做出什么决策？
- 报表是手动生成的吗？如果是，又由哪个用户类型生成？多久生成一次？
- 报表是自动生成的吗？如果是，生成的频率如何？他们报表生成的驱动条件或者事件是什么？
- 报表的标准大小或者最大大小是什么？
- 我们需要一个能够展示多个报表和/或图表的显示面板吗？如果是，用户还需要对显示面板上的数据元素进行具体查看或者概览吗？
- 报表生成以后放在何处？是将它显示在屏幕上、发送给接收者、导出到电子表格还是将它自动打印出来？为了以后读取报表，需要将它保存或者归档到某个位置吗？
- 在访问报表时是否存在一些安全上的、隐私方面的或者管理上的限制，而这些限制是针对某些特定的个人，还是用户类型？或者说有没有这些方面的限制使生成报表的人可以决定报表要包含哪些数据？识别出涉及安全的所有业务规则。

以下几个问题将获得有关报表本身的一些信息。

- 数据源有哪些？从库中拉取数据的过滤条件是什么？

- 用户可以选择的参数有哪些？
- 需要哪些计算或者其他数据变换？
- 排序、分页和数据求和的标准是什么？
- 生成报表过程中，一个查询如果没有数据返回，系统会对此做出怎样的响应？
- 对于临时报表，报表的基础数据对用户来说可见吗？
- 这个报表可以作为一系列相似报表的模板吗？

对报表需求规范的几点思考

业务分析师在探究报表需求时，下面这几个建议可能有帮助。

考虑其他变量　当用户要求得到一个具体的报表时，业务分析师可以在此基础上提出一些不同的建议，看看如果对这个报表做些改变或者增强一些功能，能不能带来业务价值的提升。一些简单的改变可以是仅仅用另外一种方法来对数据排序，比如以字母顺序来对数据元素排序来替代用户原来提出的排序方案。我们要思考为用户提供工具来确定列的顺序。另外一个改变是对数据进行摘要总结或者进一步挖掘数据。摘要报表能够将具体的结果细节聚合成一个更为简洁的概要视图。"数据挖掘"的意思是生成一个报表来显示总结性数据的源数据明细。

找到数据　保证有供系统生成报表的必要数据。用户从生成他们期望的输出这一角度来思考问题，这意味着要有一些能够产生必要数据的特定输入和信息源。这样的分析可以揭示出访问或者生成所需数据的未知需求。我们还要识别出将要应用于计算输出数据的业务规则。

预期的扩大　用户可能会基于他们对涉及数据的多少或者参数多少的初步概念来提出一些特定的报表需求。随着时间推移，系统也会随着演变，原来在少量数据下工作良好的报表可能会变得不再能够胜任。比如，当公司部门数量在一定范围内时，有关部门信息的柱状图在页面上的布局可能很合理。但当公司部门的数量翻倍时，就可能导致分页有错乱或者需要在水平方向上进行滚动操作才能显示整个报表。这时可能需要将布局由竖版改为横版或者将显示的信息由列式布局改为行式布局。

寻找相似性　不同用户或者甚至是同一个用户可能会提出一个相似但不完全相同的报表需求。我们要思考是否存在一个报表，它有一定的灵活度来满足不同需求从而不需要我们重复开发以并节省重复的维护成本。我们要尝试找出这个报表的可能性以便将相似但不完全相同的需求合并在一个报表之中。参数能够提供一些必要的用户灵活性，有时能够通过参数来处理这些不同的需求。

区别静态报表和动态报表　静态报表会打印或者显示某一时间点的数据。动态报表提供的是交互的、实时的数据。当基础数据发生变化时，系统将自动更新报表的显示。我的财务软件就有这个功能。当我查看费用报表并键入我最近新开的一张支票时，显示的费用报表会自动更新。要指明申请的报表类型并根据需要相应地调整需求。

　　原型报表　为演示一个可能的方案借此激发用户反馈时，仿制一个报表通常是很有价值的，或者为演示一个预期的布局而使用现成的相似报表也是一个好方法。在讨论需求中生成这些原型，能够使参与需求获取的人提出设计约束，这些约束可能是预期的，还可能是没有预料到的约束。还有一些时候，在设计过程中，开发人员会创建一个简单的报表布局来征求客户的反馈。在仿制报表中使用合理的数据能够让评估它的用户感觉更加真实。

报表规范说明模板

　　针对如何具体指定报表，图 13-6 给出了一个模板。其中有些报表元素是在需求获取过程中确定下来的，有些则是在设计阶段创建的。我们在需求里明确指定报表的内容，在设计流程中确立精确的外观布局和格式。已有的报表标准也许有能力解决模板中的一些问题。

　　对于每一个报表，并不是所有这些报表元素和问题都与之相关。同样，元素还有可能放在其他合适的位置。报表的标题可以出现在第一页的顶部或者也可以作为页眉出现在每一页上。请以图 13-6 中的信息作为指导，帮助业务分析师、客户、开发人员和测试人员更好地理解需求，并对每个报表设计限制条件。

报表元素	元素描述
报表 ID	用来识别报表或者分类报表的编号、代号或者标签
报表标题	・报表名称 ・标题在页面上的位置 ・标题中包含用来生产报表的查询参数吗（比如查询的日期范围）？
报表用途	对报表缘由的项目、背景、上下文或者业务需要进行简要介绍
由报表而做出的决定	使用报表中信息做出的业务决策
优先级	实现该报表功能的相对优先顺序
报表用户	生成报表或者用报表做决策的用户类别
数据源	表示数据获取源的应用、文件、数据库式数据库房
频率以及处置方式	・它是静态报表还是动态报表？ ・以多久的时间频率来生成报表？每周生成还、每月生成还是有申请时生成？ ・在报表生成时有多少数据会被访问？或者包括多少个事务？ ・报表生成的动机条件或者触发事件是什么？ ・报表是自动生成的吗？需要人工干预吗？ ・报表的接收者是谁？报表是怎样接收的（显示在一个应用中、邮件发生、打印、还是通过移动设备来查看）？

图 13-6　报表规范说明模板

报表元素	元素描述
响应性能	• 当申请发生时，报表发送给用户的响应速度要求有多快？ • 运行报表时，什么数据才是新数据？
直观布局	• 横屏模式还是竖屏模式？ • 硬拷贝报表使用的页面尺寸（或者打印机类型） • 如果报表包含图表，请定义每个图表的类型、它们的样式以及参数：标题、轴向比例和轴标、数据源等
页眉与页脚	下面各项常常出现在报表页眉或者页脚中某个位置。对于包括的每个元素，我们要确定它在页面中的位置和外观，包括字体的样式和大小、文本的加亮显示、颜色、大小写以及文本对齐方式。当标题或其他内容超出分配给它的空间时，是应被截断、换行还是做其他处理？ • 报表标题 • 报表编号与格式（比如 "第 x 页" 或者 "y 页中的页 x"） • 报表注释（比如 "本报表不包含在公司工作年限不到一个月的员工"） • 报表运行时间戳 • 生成报表的人之姓名 • 数据源（或者多个数据源），特别是一个将多个数据源合并数据的数据库房应用 • 报表起始日期与终止日期 • 组织标识（公司名称、部门、logo、其他图标） • 保密隐私声明或者版权通告
报表正体	• 记录过滤条件（包含什么数据和过滤掉什么数据的逻辑） • 需要包含的字段 • 用户指定的文字或者定制字段标签的参数 • 列头部、行头部的名称和格式：文本、字体、大小、颜色、加亮、大小写、对齐方式 • 数据域的行和列的布局，或者图表的位置与图表或者曲线图的参数 • 每个域的显示格式：字体、大小、颜色、高亮、大小写、对齐方式、数字取舍、位数和格式、特殊字符（¥、逗号、进制、前导字符、补位字符） • 当数字域和文本域溢出时如何处理 • 显示的数据生成过程中涉及的计算或者其他的转换 • 每个域的排序标准 • 过滤条件或者在运行报表前用来限制报表的参数 • 分组和小计，包括总和的格式或者小计涉及的行 • 分页条件
报表结束标志	出现在报表结束位置的每个指示符的外观和位置
互动性	• 如果是动态生成的报表或者说在生成过程中有交互，那么用户用来修改初始生成报表的内容或外观而有哪些选项（展开和折叠视图、关联另外的报表、深入研究数据源）？ • 在报表的使用会话之间，有哪些报表的设置需要持久化？
访问安全方面的限制	哪些个人、团队或者组织有权限生成或查看报表的任何限制，还有他们有权选择哪些数据并将其包括进来的相关限制条件

图 13-6　报表规范说明模板(续)

仪表盘报表

仪表盘报表是一个以多个文本样式和/或者图表样式为数据表达方式的屏幕显示或者打印报表。它对组织或者一个流程的进展情况提供一个统一的、多维度的视图。企业经常使用仪表盘报表将销售信息、支出信息还有绩效考核指标（KPI）等信息汇总在一起。证券交易应用显示的图表和数据集合新手看起来眼花缭乱，而熟练业务的人员一眼就能够粗略浏览以及处理这些数据。当输入数据变化时，仪表盘中的一些显示可能会实时动态更新。图 13-7 是一家慈善基金会的虚设仪表盘报表。

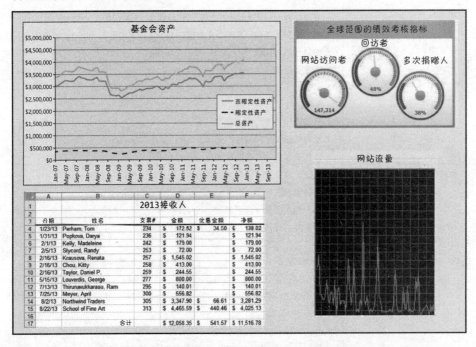

图 13-7　一家慈善基金会虚设的仪表盘报表

确定仪表盘报表需求的过程依次涉及需求的获取活动和分析活动。在确定单个报表需求时，本章之前讲到的许多步骤也同样有用。

- 为了使仪表盘的使用者能够做出某些决策或者选择，我们要确定他们需要哪些信息。理解他们如何使用表示出来的数据，有助于我们选择最恰当的数据显示技术。
- 识别需要表达的所有数据的来源，确保应用有这些数据源的访问权限，并知道它们是静态还是动态的。
- 请为每一组相关的数据选择最恰当的显示类型。为了显示这些信息，它应该显示成一个简单的数据表格、一个包含公式的可修改的表单、文本块、柱状图、饼图、线条图、视频还是其他方式？

- 基于用户查看和使用这些信息的方式,确定仪表盘中各个不同显示的最优布局和相对尺寸大小。

- 确定仪表盘报表中每个显示的细节。也就是说,将其中的每个报表当成一个独立的迷你报表。本章之前列出的问题和图 13-6 中的模板对现在讨论的问题很有帮助。下面是我们可能要研究的另外一些主题。

  - ⊛ 如果显示的数据是动态的,需要多久刷新一次数据或者对数据进行一次补充,以什么方式来进行?比如,当新数据添加在一个固定宽度的窗口的右侧时,当前的数据是向左滚屏吗?

  - ⊛ 为了定制显示屏,用户能够改变哪些参数呢?比如一个日期起始和终止范围?

  - ⊛ 基于数据的不同,用户需要一个状态格式来使显示的那一部分有变化吗?当我们创建一个进度或者状态报表时,这样做很有好处:当数据达到“优”时使用绿色,黄色表示“警告”,红色表示“哇,很糟糕啊!”请记住,显示时如果使用不同的颜色,我们就要使用图案样式来照顾到有颜色辨识障碍的查看者,还要照顾将显示报表以黑白方式打印和发送的用户。

  - ⊛ 哪些显示需要水平滚动条或者上下垂直的滚动条?

  - ⊛ 用户能够放大仪表盘报表中的每一个显示来查看更多细节吗?为了释放屏幕空间,用户能够最小化或者关闭显示吗?在跨用户会话时,以什么方式来持久化用户的使用习惯?

  - ⊛ 用户想要在不同的显示之间转换吗?是不是有可能要在表格视图和图表视图之间进行切换?

  - ⊛ 对每一个显示部分,用户都想要深入查看更多的细节或者更基础的数据吗?

与项目干系人一起工作时,使用仪表盘报表原型是一个出色的方法,它能够确保报表使用的布局和展示样式符合项目干系人的要求。我们可以在即时贴上画出一些可能的显示组件,并让项目干系人将它们移来移去,直到他们发现自己喜欢的布局。不管是对于进一步精细化需求还是研究其他可替代的设计,迭代都是一个重要的方法。

就像常用需求规范说明一样,在明确报表或者仪表盘报表的时候,需要提供多少细节取决于谁会根据报表做出决策以及何时做出这些决策。如果将这些更多的细节委托给设计师,那么我们在做需求时就可以提供更少一些信息。还有,同样,我们要让业务分析师、用户代表和开发人员紧密合作,帮助确保每个人都对结果满意。

行动练习

- 从身边的应用中选取一个中等复杂度的数据对象，然后使用本章过的数据字典符号方法对它及其组成部分进行定义。
- 为应用中的一部分数据对象创建一个实体关系图。如果手头上没有数据建模工具，可以借助于 Microsoft Visio 之类的工具开始这些工作。
- 为了进行练习，请根据图 13-6 中描述的规格模板确定自己一个应用中已有的某一个报表。必要时对模板进行调整，使其适合作为为该应用创建的报表。

第 14 章

功能需求以外

"嗨，Sam，我是 Clarice。今天我正在新培训室讲课时候，供暖系统的噪音实在大得吓人。实际上我正在喊着以求盖过风扇声音的，现在嗓子都哑了。你是维护主管。供暖系统为什么这么大噪音？它坏了吗？"

"它运行良好，"Sam 回答道，"房间的供暖系统满足工程师提供给我的需求标准。它每分钟的换气量是正常的，在 65 度到 85 华氏度温度区间内，它能以半度内的精度来调节温度，并且也满足所有需要达到的程序能力。没有人提到过噪音的事情，所以我就在符合需求的系统中买了这一款最便宜的。"

Clarice 说："它温控良好，但这里是教室！学生们几乎听不见我讲课。我们将不得不安装一个 PA 系统或者搞一个更安静的供暖系统。您有什么建议吗？"

Sam 对此没有提出太多的帮助。"Clarice，这套系统满足提供给我的所有需求，"他重申，"如果早知道声噪标准这么重要，我肯定会购买其他系统。但现在想要把它替换掉，代价真得很大。为了使你的嗓子不至于坏掉，也许你可以吃点润喉片。"

软件产品要想取得成功，产品只是交付正确的功能还远远不够。用户还指望（常常不会明说产品用起来很顺手，很高效）。这些期待中包含产品的易用性、运行速度、健壮性、异常处理情况，可能还有它的噪音达标条件。这些特性合起来经常称为质量性能、质量因素、质量需求、服务质量的需求或者"质量"，构成一个系统中非功能性需求的很重要的一个部分。实际上，对很多人而言，质量属性等同于非功能性需求，但这有些过度简化。关于非功能性需求还有另外的两个类型是约束条件（本章将讨论）与外部接口需求（在第 10 章中讨论过）。关于"非功能性需求"这个词条更多的信息，请参阅第 1 章中的具体描述。

一谈到某个特定需求究竟属于功能性需求还是非功能性需求，人们有时会争论不休。相比其他需求，分类没有太大意义。本章将帮助识别并描述没有被发现的非功能性需求。

质量方面的特性能够区分一个产品是只实现了它应该有的功能，还是一款使用户非常喜悦的产品。优秀的产品可以体现出显著的质量属性最佳平衡。

在需求获取阶段没有探究客户对质量的期望，而他们对最终产品却使他们很满意，只能说明你运气好而已。更典型的后果是用户感到失望，开发人员觉得沮丧。

许多功能性需求起起源于质量属性。质量属性不会影响重要的架构和设计决策。为了达到最基本的质量目标，与开始阶段就着手设计相比，对已完成的系统进行重构，代价要大得多。思考一下操作系统供应商以及常用应用定期发布的诸多安全更新就知道了。如果在开发时额外再做一些工作也许能够避免很多花销以及给用户带来的不便。

强迫是没有用的

质量属性事关产品的成功与否。一家大公司用一套基于 Windows 版本的复杂产品来替换一个绿屏呼叫中心的应用，并为之花了几百万美金。在完成这些所有投资以后，这家呼叫中心的代表拒绝采用，因为在这套新产品里，导航功能超级难用。现在他们只好在新产品中使用鼠标，操作被迫因此而减慢。起初企业领导的口气还很强硬："强制执行，必须用新应用。"他们说。但是呼叫中心的人员仍然拒不使用。换作是你，如何应对？这些人正打算与客户签单，所以如果人不愿意用新系统，企业就暂时保留旧系统，不想冒险失去这些订单。用户非常憎恶使其生产力下降的"新的增强系统"。在用户接受新软件之前，开发团队不得不重新设计用户界面并增加旧有的键盘快捷键，这些工作使得产品交付延后了好几个月。

软件质量属性

虽然有几十个产品特性可以称为质量属性，但大多数项目团队都需要认真考虑其中一小部分。如果开发人员知道哪些特性关系到产品的成功与否，那么为了达到这些质量目标，他们就可以选择合适的设计和恰当的构造方法。质量属性的分类有很多不同的标准（DeGrace and Stahl 1993; IEEE 1998; ISO/IEC 2007; Miller 2009; ISO/IEC 2011）。一些作者还构建了很多层级将相关属性分组成几大类。

一种对质量属性进行分类的方法是根据属性在软件运行期间是否能够表现出来而进行分类。能够表现出来的属性是（外部质量）一类，没有直观显现出来的属性是另外一类（内部质量）（Bass，Clements，and Kazman 1998）。外部质量因素的重要性主要相对于用户而言，而内部质量对开发人员和维护人员更为重要。内部质量属性通过使产品更容易提升性能、更易于纠正、测试并更易于移植到新平台来间接增进客户满意度。

表 14-1 简要描述了每个项目都应该考虑的几个外部和内部质量属性。某些属性对某一些类型的项目而言尤其重要。

- 嵌入式系统：性能、效率、可靠性、健壮性、安全性、防护性、易用

性（请参阅第 26 章）

- 互联网和企业应用：易用性、完整性、互操作性、性能、可扩展性、安全性、易用性
- 桌面与移动系统：性能、安全性、易用性

另外，系统不同部分可能需要强调是不同的质量属性。对特定的某些组件而言，性能可能是最重要的质量因素，而对其他组件来说，易用性可能至关重要。而在具体环境中可能还有其他一些独特的质量属性，在这里却没有谈到。比如，游戏公司可能想为他们的软件捕获情绪方面的需求（Callele，Neufeld，and Schneider 2008）。

第 10 章中 SRS 模板第 6 小节专门描述质量属性。如果某些质量需求特定于特定功能、组件、功能性需求或者用户故事，就将它们与需求管理库中相对应的需求关联起来。

表 14-1　一组软件质量属性

外部质量	简要描述
易用性	当在某时某地需要系统服务时，系统服务能够被有效访问的程度
可安装性	正确安装、卸载和重新安装应用的难易程度
完整性	防止系统数据错误以及数据丢失的程度
互操作性	系统与其他系统或者其他组件互联或者交互数据的难易程度
性能	系统响应用户输入或者其他事件的快慢程度以及可预见性
可靠性	在故障发生之前，系统正常运行时间
健壮性	系统如何应对非预期的操作
安全性	如何防止系统被破坏性损坏
防护性	系统如何阻止对应用及其数据的未授权访问
易用性	用户对系统的学习、记忆和使用的难易程度
内部属性	简要描述
有效性	系统使用计算机资源的效率
可修改性	维护、修改、改进以及重构系统的难易程度
可移植性	使系统能够在其他操作环境中运行的难易程度
可重用性	在多大程度上能够把组件使用在其他系统中
可扩展性	随着用户数量、事务、服务器或者其他扩展，系统能够随之适应的难易程度
可验证性	开发和测试能够对软件进行验证以查看软件是否已正确实现的便利程度

探究质量属性

在理想情况下，每个系统都会表现出所有这些质量属性的最优特征。系统任何时间都能够正常访问、从来不崩溃、即时返回永远正确的结果、所有未授权访问一律会遭拒，用户从来不觉得有困惑。而实际情况中，系统的质量属性

达不到最优标准，某些属性甚至存在此消彼长的关系，使系统在所有质量属性方面同时达到最优变为一件不可能的事。最完美状态永远无法达到，所以只好从表 14-1 列出的属性中选出一些对项目成功至关重要的属性。用这些基本的属性够创建特定的质量目标，使开发人员能够做出恰当的选择。

要想成功，不同的项目需要一组不同的质量属性标准。如何识别并描述项目最重要的质量属性，Jim Brosseau（2010）推荐了以下实用方法。www.clarrus.com/resources/articles/software-quality-attribute 给出一个电子表格，能够帮助进行分析。

步骤 1：以一个广泛的分类为起点

首先，思考一组广泛的质量属性，比如表 14-1 中列出的属性。以这些质量属性作为起点，减少忽略重要质量属性的可能性。

步骤 2：精简列表

将各方面具有代表性的项目干系人召集起来，并评估哪些属性可能是重要的项目属性（请参见第 2 章中图 2-2，查看潜在项目干系人列表）。机场的自助值机亭需要着重强调易用性（因为大多数用户使用它的频率都很低）和安全性（因为它涉及支付环节）。项目中不适用的质量属性不需要过多考虑。记下导致我们决定纳入考量的原因。

记住，如果没有明确的质量目标，产品就不会展现出预期的特性，这是意料之中的。从多个项目干系人那里获得反馈相当重要。实际上，有些质量属性明显就在考虑范围之内，而有些属性也明显不在考虑范围之内。只有少数几个属性需要讨论是否真的有必要认真思考。

步骤 3：对属性进行排序

对相关属性进行排序，能够为将来的需求获取讨论确立重点。少数几个属性两两相对进行比较就很有效。图 14-1 描述怎样使用 Brosseau 表来对机场自助值机亭的质量属性进行评估。对于处于两个属性交叉点的每一个单元格，想一想"如果这两个属性我只能关注其中的一个，要选择哪个呢？"如果是所在行的质量属性更重要，就在该单元格里标记一个小于号（<）;如果觉得列顶部的属性更重要，就在单元格里标记一个插字符（^）。举个例子，在比较易用性和完整性时，我的结论是完整性更重要。在值机亭不能使用的时候，乘客始终都可以到值机柜台来办理手续（尽管排队的乘客可能很多）。但是，如果自助值机亭不能可靠稳定地显示正确的数据，乘客就会很沮丧。所以在易用性和完整性交叉的单元格里，我标记了一个插字符，指向上面的完整性来表示它比易用性更重要。

表格中第 2 列给出了每个属性计算得出的相对分值。在该例中，安全性是最重要的属性（分值为 7），紧随其后的是完整性（6）和易用性（5）。对于成功的产品，尽管其他属性也相当重要——值机亭不可用或者在办理手续时中途崩溃都很糟糕——但实际情况是，不是全部质量属性都能有最高优先级。

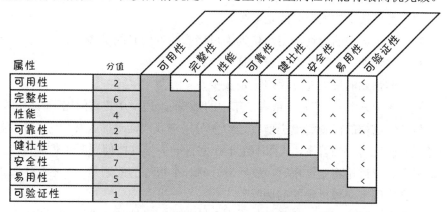

属性	分值	可用性	完整性	性能	可靠性	健壮性	安全性	易用性	可验证性
可用性	2		^	^	^	<	^	^	<
完整性	6			<	<	<	^	<	<
性能	4				<	<	^	^	^
可靠性	2					<	^	^	^
健壮性	1						^	^	^
安全性	7							<	<
易用性	5								<
可验证性	1								

图 14-1　机场值机亭质量属性的排序示例

对属性进行排序有两方面的好处。第一，它能够让人在获取需求时把重点放在对项目成功最重要的属性上。第二，质量需求有冲突时，它能使人知道应该如何应对。在机场的值机亭例子中，需求获取能揭示出预期的性能目标，还有一些特定的安全目标。因为加入安全层机制会使事务变慢，这两个属性就存在冲突。然而，排序显示安全性（分值 7）比性能（分值 4）更为重要，所以在类似的属性冲突中，更应该着重考虑安全性。

 陷阱　在探究质量属性时，不要忽略做维护工作的程序员和技术支持人员这样的项目干系人。他们对质量属性的排序可能与其他用户的排序大不相同。质量排序在不同用户类别之间也可能有很大区别。如果碰上冲突，就按照它的初衷和本意采取具体措施：暴露冲突，力求在开发生命周期的早期阶段就解决，这个阶段解决冲突的代价和痛苦最小。

步骤 4：获取对每个属性的具体期望

从用户在需求获取阶段所做的评论中，可以看出他们对产品质量属性的一些看法。诀窍是当用户谈到软件必须易用、运行快、可靠或者健壮的时候，马上确定他当时的具体想法。用于探究用户期望的问题可以引导得出具体的质量需求，他们帮助开发人员开发讨人喜欢的产品。

用户不知道如何回答 "你对互操作性有什么需求？"或者"软件须具备怎样的可靠性？"这样的问题。业务分析师需要提出问题来指导用户在探究互操作性、可靠性和其他属性时的思考过程。Roxanne Miller （2009）提供了一个丰富的问题清单，可以在获取质量需求时使用。此外，本章也会给出很多实例。在计划需求获取谈话时，业务分析师首先从米勒问题清单入手，从中提炼出与项目相关度最高的问题。下面举例说明。有一个用于管理发明人提交专利应用的系统，业务分析师可能向用户提出系统性能期望的一些问题。

1. 作为对查询的响应，检查一个典型的专利应用在响应查询时，合理或者可接受的响应时间是多少？
2. 对于典型的查询，用户认为不可接受的响应时间是多少？
3. 你预期的平均并发用户数是多少？
4. 你预期的最大并发用户量是多少？
5. 在一天中、一个月中或者一年中的哪些时间里，用户访问比平时更多？

将类似这样的问题清单提前发送给参与需求获取活动的人员，使其有机会思考或者研究自己怕答案，从而不至于在回答一大堆这些问题时手忙脚乱。在类似需求获取讨论将要结束时，最后最好问一个很好的问题是，"还有什么我没有问到但确定应该讨论的问题吗？"

问用户有哪些不可接受的性能、安全性或者可靠性。也就是说，要明确指定违背用户对质量期望的系统属性，比如允许未授权用户删除文件（Voas 1999）。定义不可接受的质量属性，写出用来使系统演示这些属性的测试用例，如果可能已经达到了质量目标。这个方法对安全第一的不可以强制使系统，这样做就说明应用特别有价值。因为在这些系统里，如果违背可靠性或者安全性容忍的范围，可能会带来生命危险。

另外一种可能的需求获取策略是以质量目标作为起点，项目干系人认为正在开发的系统应该具有这样的目标（Alexander and Beus-Dukic 2009）。项目干系人的质量目标能够分解为功能子目标和非功能子目标，也就是需求。通过这种分解，质量目标变得更加明确，也更容易测量。

步骤 5：具体指定结构良好的质量需求

过分简化的质量需求，就像"系统应该是用户友好的"或者"系统应该 24×7 小时可用"，是没有用的。前者有些过于主观也不够具体；后者不现实或者说也很少需要这么做。而前面两个例子都是不可测量的。这样的需求不会给开发人员提供多少指导性的信息。所以最后一个步骤是根据获取的每个质量属性的相关信息制作明确的、可验证的需求。在写质量需求时，请牢记 SMART。这个缩写的含义是明确（Specific）、可测量（Measurable）、可实现（Attainable）、相关的（Relevant）和高时效（Time-sensitive）。

质量需求必须是可测量的，这样才能在业务分析师、客户和开发团队之间，对质量上的预期取得一致。如果不可测量，对它的描述就没有意义，因为我们没有办法知道我们是否达到预订的目标。如果测试人员不能对需求进行测试，就说明它还不够好。要标明每个属性和目标的测量规模和测量单位，还有最小值和最大值。在本章后面将描述 Planguage 表示法，它能够帮助写这种精准的规范说明。为了能够得到满意的质量需求，可能需要我们与用户进行几场讨论后才能确定清晰、可测量的标准。

Suzanne and James Robertson （2013）建议将匹配标准（"用来表示产品必须满足某种要求的量化描述"）作为每个需求规范描述的一部分，既包括功能性需求，也包括非功能性需求。这是一个非常好的建议。匹配标准提供了一种方法，这种方法能够用来评估每个需求是否已经正确实现。它们能帮助设计师选择自己认为能够达到目标的解决方案，也能帮助测试人员对结果进行评估。

为了记录不太熟悉的需求，与其自主发明，不如找一个可以遵循的现有需求模式。模式提供了模板，让我们可以根据项目情况来生成具体的规格描述，从而指导我们该怎样写某种具体类型的需求。Stephen Withall （2007）为质量需求规范的编写提供了很多模式，包括性能、易用性、灵活性、可测量性、安全性、用户访问以及安装性这些需求。下面的模式也差不多，甚至新手业务分析师也可以用它写出完美的质量需求。

定义质量需求

本节将对表 14-1 进行逐项描述，并介绍来自不同项目的一些质量需求。Soren Lauesen （2002） 和 Roxanne Miller （2009）提供了许多精心定义的质量属性需求的实例。Soren Lauesen （2002） 和 Roxanne Miller （2009）也提供了很多规格描述良好的质量属性需求的实例。有一个好的建议是，与所有的需求一样，记录下每个质量需求的来源，如果不是很明确，还应该写下描述的每个质量目标背后的理论根据。某个明确的目标是否有必要或者说实现成本是否合理类似的问题出现时，质量目标的理论依据会很重要。在本章例子中，信息源的类型已经忽略。

外部质量属性

外部质量属性描述软件运行期间能够感受到的属性。它们对用户体验以及用户对系统质量的感受产生巨大的影响。本章讲的外部质量属性有易用性、可安装性、完整性、互操作性、性能、可靠性、健壮性、保护性、安全性以及易用性。

易用性

易用性用来测量预先规划的可用时间，可用时间是指系统服务可用并且可以完整操作的时间。严格来说，易用性是指可用时间与全部时间（可用时间、故障时间）的比值。更严格地说，易用性等于系统的平均无故障时间（MTBF）除以平均无故障时间与故障后平均修复时间（MTTR）之和，即 MTBF/（MTBF + MTTR）。例行的维护时间也将对易用性产生影响。易用性与可靠性相似，并且深受可维护性和可修改性的影响。

有些操作在时间方面比其他操作更为敏感。当用户需要完成某些重要工作而需要的功能并不可用的时候，他们就会变得沮丧甚至愤怒。我们要问客户真正的可用时间比例是多少，或者在给定的时间段内系统必须保证有多少小时是可用的。还要问客户，为了达到业务上或者安全方面的目标，是否系统在某些时间段必须可用。对于网站以及用户分布在许多个时区的基于云的应用，易用性需求尤其复杂，也非常重要。易用性需求可以像下面一样描述。

AVL-1 在工作日期间，东部时间凌晨 6 点到午夜，系统易用性应该至少达到 95%；东部时间的下午 3 点到下午 5 点，系统易用性应该至少达到 99%。

与本章的许多范例一样，这个需求有些简单。它没有定义易用性中的性能级别。如果只有一个用户可以在降级（功能不完善）模式下通过网络使用系统的时候，系统算是可用的吗？可能不可用吧。

易用性需求有时候定义成一个类似于服务等级协议的描述。如果服务提供商不满足这样的协议，可能得做出赔偿。这样的需求必须准确定义系统易用性的具体标准，可以包括类似下面的陈述。

AVL-2 在太平洋时间星期天下午 6 点到星期一凌晨 3 点，系统不可用的时间是属于维护时间的。

质量成本

请警惕将 100%作为类似可靠性或者可用性这样质量属性的期望值。这样的目标不可能达到或者是需要花很大的代价才能达到。像航空交通控制系统这样生命相关的应用，的确需要有严格、合理的可用性要求。这样的系统有一个"5 个 9"的需求，意味着系统必须有 99.999%的可用性。也就是说，一年的时间里，系统出现故障的时间不会超过 5 分钟 15 秒。这样一个需求可能占系统总费用的 25%。因为需要有冗余设计和实现，还需要具有复杂的结构元素来应对热备份和系统故障策略，所以单单这一项需求，几乎就可以使硬件成本增加一倍。

在获取易用性需求时，提出的问题要涉及以下几个要点（Miller 2009）。

- 系统中哪一部分与易用性关系最大？
- 如果系统对用户而言不可用，会有怎样的业务后果？
- 如果必须进行周期性的例行维护，应该在什么时候进行？它对系统易用性有哪些影响？维修期的最短时间和最长时间是多少？在维护期间怎么管理用户访问请求？
- 如果在系统运行期间必须进行维护或者内务处理工作，那么它们对系统的易用性有哪些影响，这些影响怎样才能降到最低、最小？
- 当系统不可用时，需要有哪些必要的用户通知？

- 系统的哪一部分需要有（比其他部分）更为严格的易用性需求？
- 在功能性模块之间，存在哪些易用性依赖？（比如，如果信用卡授权功能不可用时，购物时就不能接受信用卡支付）

可安装性

只有安装在合适的设备或者平台上时，软件才有使用价值。软件安装的例子有：下载应用到手机上或者笔记本上；将软件从个人电脑（PC）转到网络服务器上；对操作系统进行升级；安装一个大型商业系统，比如一套企业资源规划工具；对电视机顶盒进行固件升级；在 PC 上安装一个终端应用。可安装性描述的是正确安装软件的难易程度。提高系统的可安装性可以缩短安装操作所需的时间，节约成本，提高用户满意度，减少出错率，降低安装时候技能要求。可安装性涉及下列活动：

- 初次安装
- 从一个不完整的错误的或者用户放弃的安装过程中恢复
- 重新安装同一个版本
- 安装新版本
- 回退到上一个版本
- 安装另外的组件或者升级
- 卸载

可安装性的度量方式是系统安装的平均时间。它取决于许多因素：安装者的经验、目标机器的性能，正在安装的软件来源（网络下载、本地网络和CD/DVD），安装过程中的手动步骤，等等。在 www.testingstandards.co.uk/installability_guidelines.htm，测试标准工作组（The Testing Standards Working Party）为可安装性需求和可安装性测试提供详细的指导列表。下面是可安装性需求的一些例子。

> INS-1 没有经过培训的用户应该在平均 10 分钟的时间内，成功完成应用的初次安装。
>
> INS-2 在安装一个应用的升级版本时，用户的偏好设置信息应该继续保留，并且在需要的时候转换为新版本中的数据格式。
>
> INS-3 在安装过程开始之前，安装程序应该对下载包进行正确性验证。
>
> INS-4 在服务器上安装该软件时，需要有管理员权限。
>
> INS-5 在安装成功之后，安装程序应该删除所有临时文件、备份文件、废弃文件和与应用相关但不再需要的文件。

在获取可安装性需求时要提出以下几个问题。

- 哪些安装操作需要在不打断用户会话的情况下进行？

- 哪些安装操作需求重启应用？或者是重启机器或设备？
- 当安装成功或者失败以后，应用需要做出哪些反应？
- 对安装验证进行确认时，需要执行哪些操作？
- 对于应用中选择的组件，用户有安装、卸载、重新安装或者修复的操作吗？如果是，可以对哪些组件执行这些操作？
- 在执行安装操作之前，需要关闭其他哪些应用？
- 安装人员需要具有哪些授权或者访问权限？
- 对于没有完成的安装过程，系统应该怎样处理？比如因断电或者用户主动放弃而没有完成的安装？

完整性

与完整性相关的问题有防止信息丢失、输入到系统的数据正确性保证。完整性需求不能容忍任何错误：数据必须以正确的形式存在，并且受到保护。否则数据就不具备完整性。数据应该受到保护，防止受到诸如以下的威胁：因事故造成的数据丢失或者损坏、表面上相同而实际上不一样的数据集、存储媒介的物理损坏、文件删除以及因用户造成的数据重写。同样有风险的还包括蓄意攻击，比如蓄意尝试破坏或者偷窃数据。由于安全性需求用来防止非授权用户对数据的访问，所以有时安全方面的性能也会被认为是完整性的一部分。完整性需求应该确保从其他系统接到的数据与发送的数据是一致的，反之亦然。软件可执行文件本身也容易受到攻击，所以它的完整性也必须加以保护。

数据完整性还涉及数据的准确性以及恰当的数据格式方面的问题（Miller 2009）。它包括诸如以下的问题：日期字段的格式、某些字段上的数据长度和正确的类型、确保数据元素有合法的取值、当另外某个字段取特定值时对某个字段上实体正确性的检查等。下面是完整性需求的几个例子。

> INT-1 执行完文件备份后，系统应该对备份的文件和原始文件进行比较验证，如果存在矛盾，还需要生成报告。
>
> INT-2 对于数据的添加、删除或者修改操作，系统必须要设置权限。
>
> INT-3 化学品跟踪系统必须保证第三方化学结构式画图工具导入的化学结构表示的是一个合法的化学结构。
>
> INT-4 系统要保证应用在日常运行不被来自其他非授权代码修改。

在讨论完整性需求对要考虑以下几个因素（Withall 2007）。
- 保证对数据的修改是完整的，而不是部分修改。这可能意味着如果在过程中操作失败，需要对数据进行回滚。
- 保证在数据上实施的永久化操作正确完整。
- 协调好对多个数据存储做的修改操作，尤其多个存储需要同时进行的操作（比如有多个服务器）以及在同一个时间点上的操作（比如在格林威治时间中午 12 点在多个地点同时进行的操作）。

- 保证计算机和外部存储设备的物理安全。
- 执行数据备份。（多久备份一次？自动备份还是按需备份？备份的文件或者数据库是什么？备份媒介？需要进行备份压缩和验证吗？）
- 从备份中恢复数据。
- 数据存档：存档什么数据？存档时间以及存档频率如何？有哪些删除需求？
- 对存储或者备份在云上的数据进行保护，只允许有权限的用户访问。

互操作性

互操作性表示系统与其他软件系统之间交换数据和服务的难易程度以及系统与外部硬件设备集成的难易程度。为了评估互操作性，需要了解用户使用哪些应用来连接我们的产品以及用户想要交换什么数据。化学品跟踪系统中的用户习惯使用一些商业工具来画化学结构式，所以他们提出下面几个互操作性的需求：

IOP-1 化学品跟踪系统应该能够导入 ChemDraw（13.0 版本或者更早版本）和 MarvinSketch（5.0 版本或者更早版本）工具提供的任何合法化学结构式。

我们可能更喜欢将它表述为一个外部接口需求，定义化学品跟踪系统能够导入的信息格式。本来还可以定义几条关于导入操作的功能性需求。识别并记下这些需求，比明确进行归类更为重要。

 陷阱　不要将同样的需求保存在不同的地方，即使逻辑上讲得通。在修改需求的时候，这样做可能导致需求不一致。比如，修改互操作性需求，却忘记修改功能性需求中或者外部接口需求中记录的同样的需求。

互操作性可能会限定使用标准的数据交换格式来便于与其他软件系统进行信息交换。下面是化学品跟踪系统中的一个互操作性需求。

IOP-2. 化学品跟踪系统应该能够导入所有以 SMILES 符号法编码的化学结构数据的能力。（SMILES 是 simplified molecular-input line-entry 系统的缩写）。

从质量属性的角度来思考系统，有时可以揭示出之前没有说明的需求。不管是讨论外部接口时还是讨论系统的功能性需求，用户都没有表达过他们需要有这种化学结构互操作性。然而，业务分析师一说到与化学品跟踪系统存在必要连接的外部系统，产品代言人就立即提到这两个化学结构画图软件包。

在探究互操作性需求时，可以使用以下几个问题。

- 还有其他哪些系统需要连接？它们要交换什么服务或数据？
- 在与其他系统进行数据交换的过程中，有哪些标准的数据格式是必须要有的？
- 哪些特定硬件设备要与系统有必要的连接？
- 系统必须从其他系统或设备上接收和处理哪些消息或编码？
- 互操作性，需要哪些必要的标准通信协议？
- 系统必须满足哪些外部强制性互操作性需求？

性能

用户经常提到的质量属性中，性能是其中之一。性能代表系统对各种用户查询和用户行为的响应性能力，但它包含的内容远不止这些，如表 14-2 所示。Withall（2007）给出了用于描述这几类性能需求的模板。

表 14-2　有关性能的几个因素

绩效指标	范例
响应时间	显示网页需要的时间（以秒计算）
吞吐量（流量）	每秒钟处理的信用卡业务量
数据容量	在数据库中存储的最大记录数
动态容量	社交媒体网站上最大的用户并发量
实时系统中的可预测性	飞机飞行控制系统中的硬实时需求
延迟性	音乐录制软件中的时间延迟
在低降级模式或者过载状态下的行为	自然灾难导致超大量紧急电话系统呼叫

对于正在等待查询结果显示的用户而言，糟糕的性能会使他们痛苦不堪。而性能问题也可能意味着安全方面存在着严重的风险，比如一个实时处理控制系统处于负荷过载时。对性能要求严格的需求严重影响着设计策略和硬件的选择，所以定义的性能目标一定要与操作环境相适应。所有用户都希望自己的应用运行快，但对拼写检查的应用和导弹雷达引导系统而言，真实的性能需求存在着巨大的差异。满足性能方面的需求往往比较复杂，因为这依赖于很多外部因素，比如使用的计算机的速度、网络连接以及其他硬件部件。

在写性能需求时，还要记下它们的理论根据，以此来指导开发人员做出恰当的设计选择。比如，对数据库响应时间要求如果很严格，可能会使设计师在多个物理地点创建数据库镜像。对于实时系统，要明确写出每秒钟执行的事务量、响应时间以及任务调度关系。我们可能还要明确内存和磁盘空间需求、并发量或者存储在数据库表中的最大记录数。用户和业务分析师可能不会都了解这些信息，所以要订下计划与多个项目干系人合作，调研质量需求中更偏技术性的性能。下面是几个性能需求范例。

PER-1. ATM 取款请求授权，花费时间不应该超过 2 秒。

　　PER-2　防锁止刹车系统中的速度传感器应该每 2 毫秒报告一次速度值，其中每次报告的时间跨度误差不超过 0.1 毫秒。

　　PER-3　在一个 30 MBbps 网速的网络连接上，网页完全下载的耗时应该在平均 3 秒钟或者更少的时间内完成。

　　PER-4.至少在 98%的时间内，交易系统应该在每个交易完成后一秒钟时间内更新交易状态的显示。

性能是一个外部质量属性，因为它只有在运行期间才能体现出来。它与内部属性中的有效性紧密相关，而有效性对用户所观察到的性能有较大的影响。

可靠性

可靠性是软件在指定时间段内无故障运行的概率（Musa 1999）。引起可靠性问题的原因通常有不恰当的输入和软件自身的错误编码。与可靠性紧密相关的是健壮性和易用性。描述和衡量软件可靠性的方法包括正确完成的操作所占的百分比、系统出现故障前的平均运行时间（两个故障之间的平均时间或者MTBF）、指定时间内可接受的最大失败率。根据故障时产生影响的严重性以及在使可靠性最大化时成本的合理性，我们能够创建一个量化的可靠性需求。对可靠性要求偏高的系统也应该设计成具有较高可验证性的系统，这样更容易发现损害可靠性的缺陷。

　　我的团队曾经写过一个用于控制实验设备的软件，这些设备用来对一些少见的、昂贵的化学品进行全天的实验。用户要求这个实际运行试验的软件部件有较高的可靠性。其他系统功能（比如定时对温度数据进行记录日志）没有这么高的重要性。这个系统的可靠性需求如下所示：

　　REL-1　因为软件故障导致的失败实验数在 1000 次实验中应该不超过 5 起。

有些系统故障比其他的后果更加严重。故障如果可能迫使用户不得不重启应用并恢复没有保存的数据。这样的后果让人感到苦恼但并不是灾难性的。导致数据丢失或者损坏的后果，比如数据库事务没有正确地提交时，更加严重。比起监测错误和试图恢复，更好的方法是防止错误的发生。

与其他许多质量属性一样，可靠性是一个后期指标，在系统运行一段时间之后才知道系统是否已经达到可靠性目标。思考下面的例子：

　　REL-2 卡片读取部件平均无故障时间应该不少于 90 天。

如果系统运行时间没有达到 90 天，就没有办法了解系统是否满足此需求。然而，如果在 90 天期间卡片读取部件多次出现故障，就可以判定系统没有表现出充分的可靠性。

在获取可靠性需求时，可以向用户代表提出下面几个问题：

- 怎样判断系统是否有足够的可靠性？
- 在执行系统的某些操作时，如果有故障发生，会有什么样的后果？
- 与普通的故障相对应，你认为哪些故障是非常严重的？
- 在什么情况下故障会对业务操作造成严重后果？
- 没有人喜欢系统崩溃，然而系统中是否有某些部件必须超级可靠？
- 如果系统宕机，在对业务操作产生重大影响之前，可以允许它离线多长时间？

理解可靠性需求，可以让架构师、设计师和开发人员为获得必要的可靠性而采取相应的策略。从需求的角度来说，一个让系统既有可靠性也有健壮性的方法是，识别异常及相应的处理方式。糟糕的异常处理会给用户带来糟糕的可靠性和易用性体验。网站上的表单，遇到用户非法输入值就清空用户已经输入的信息，你说让人恼不恼？！没有哪个用户能够接受这样的行为。通过采用防护性编程技术，比如对所有输入值进行测试验证并验证是否已经成功完成写磁盘操作，开发人员能够让系统有更高的可靠性。

健壮性

有个客户曾经告诉一家生产测量设备的公司他们的下一代产品应该"打造得像坦克一样"。开发公司随后也就采用了（有些不太正式地）"坦克式"（tankness）这一新的质量属性。坦克式是健壮性的口语化说法。健壮性指系统遇到非法输入、与软件或者硬件部件连接相关的错误、外部攻击或者异常操作情况时，系统功能还能够继续正确运行的可能性。健壮的软件能够从问题中顺利恢复并包容用户的错误。还能够从内部的软件失败中恢复，而且不会对终端用户体验产生不利的影响。它以一种让用户感觉合理而不是恼怒的方式来对待软件发生的错误。与健壮性相关的其他质量属性是故障容忍度（用户输入的错误捕捉了吗？纠正了吗？）和可恢复性（在操作系统升级过程中发生断电时，机器能够恢复正常操作吗？）。

在获取健壮性需求时，要询问用户系统可能会碰到哪些错误情形，还要了解系统此时应该如何应对。要想方设法检测出可能导致系统故障的错误、向用户报告并在发生故障时从中恢复系统。确信理解另外一个操作（比如向另一个计算机系统发送数据）开始之前，有一个操作（为传输准备数据）必须已经正确完成。下面是一个健壮性需求实例：

ROB-1.在用户保存文件之前，如果文本编辑器发生故障，那么在该用户下次登录该应用时，应该将正在编辑的文件恢复到系统之前 1 分钟（最多 1 分钟）时的内容。

类似这样的需求能够让开发人员实现应用启动时查找已保存的数据并恢复文件内容这样的功能，除此之外，为了使数据丢失造成的损失减到最小，还要实现检查点或者定期自动保存功能。然而可能不需要在健壮性需求中对详细的功能机制加以约定，这些技术决策留给开发人员来选择。

> **对不起，都是我的错**
>
> 　　在写本章内容时，我遇到了一个健壮性问题。我当时正在打印初稿，但打印作业还没有完成时，计算机设置成睡眠模式。我认为所有数据都已经传到打印机上，然而实际不是这样子的。当我唤醒计算机后，后台打印程序服务又是怎么从错误中恢复的呢？打印程序终止并不再打印剩余文件？从错误发生点重启打印作业？对整个作业重新打印？还是别的样子？它居然对整个作业重新打印了一遍，虽然我期望它只是从中断点继续打印。虽然浪费了一些纸，但至少打印程序已经从用户错误操作中恢复并继续工作了。

我曾经领导一个项目开发一个可重用的软件组件，叫图像引擎（Graphics Engine），它用于解释定义图像方案的数据文件，并将其呈现在指定的输出设备上。有好几个需要生成图像的应用都使用了这个图像引擎。因为开发人员控制不了这些应用提供给该图像引擎的数据，所以健壮性就变成一个基本的质量属性。其中的一个健壮性需求如下所示：

　　ROB-2. 所有图像描述参数都应该有明确的默认值，当缺少某个参数的输入数据或者该参数非法时，图像引擎就可以使用这个默认值。

例如，当某个应用向该引擎请求一个不受支持的线形时，有了这个需求，程序就不会崩溃了，而是以默认的实线方式继续运行。然而，因为终端用户没有得到期望的输出，所以这依然包含一个产品故障。但基于健壮性的这一设计还是将故障的严重程度从程序崩溃降到一个不正确的线形，这就是故障容忍的一个范例。

安全性

安全性需求与防止系统对人员造成伤害或对资产造成破坏的需求相关（Leveson 1995; Hardy 2011）。安全性需求可能由政府规定或者其他业务规则来决定，并且法规或者认证方面的条款与这样的需求相关联。安全性需求经常以严禁系统发生某些状态或行为的方式来写。

电子表格爆增不太可能造成人员伤害。然而，由软件操制的硬件设备却可能有造成人体伤害的风险。甚至一些纯软件应用也有隐性的安全性需求。让人们从食堂订餐的应用可能就包括下面例子一样的安全性需求：

　　SAF-1 在菜单中，用户应该可以看到各个菜所有的食材，并显示标注出已知会造成北美人口中千分之五人员过敏症状的成分。

有些浏览器功能，比如禁止访问某些特性或者某些链接的家长控制功能，可以看作安全性或者防护性需求的解决方案。为包括硬件的系统写安全性需求是很常见的，比如：

> SAF-2 如果反应容器的温度正在以每分钟超过 5° C 的速度升高，化学品反应控制系统应该关闭掉加热源并对操作人员发出警告信号。
>
> SAF-3 医用放射性治疗机仅当有适当的防护时，才可以发出射线。
>
> SAF-4 当被测量的容器压力超过最大标识压力的 90%时，系统应该在 1 秒钟之内关闭所有的操作。

在获取安全性需求时，我们可能需要访问一些非常熟悉操作环境的业务领域专家或者已经考虑过很多项目风险的人。可以考虑提出以下这些问题。

- 在什么条件下，使用该产品的人会受到伤害？系统如何检测这些条件？又该如何应对？
- 对可能带来伤害的故障，可容忍的最大故障频率是多少？
- 哪些失败方式可能造成人员伤害或财产损失？
- 哪些用户行为可能有非蓄意人员伤害或财产损失？
- 是否有特定操作模式有人员或财产方面的风险？

防护性

防护性是指阻止对系统功能或数据的非授权访问，目的是保证软件免遭恶意攻击等。对于互联网软件，防护性是一个主要的顾虑。电子商务系统的用户希望自己的信用卡信息受到保护，是安全的。网络冲浪者希望个人信息或自己怕访问记录不会被不正当地使用。企业希望自己的网站能防止黑客攻击或者免遭服务拒绝（denial-of-service）危害。与完整性需求一样，防护性需求对错误也是不能容忍的。在获取防护性需求时，可以考虑以下几点。

- 用户认证或者权限等级（普通用户、访客、管理员）和用户访问控制（图 9-2 中的角色和权限矩阵很有用）。
- 用户识别和用户认证（密码创建规则、密码更改频率、安全性问题、忘记登录名或密码时的处理流程，生物识别、在试图访问不成功后账户、无法识别的计算机）。
- 数据私密性（哪些人可以创建、查看、复制、打印以及删除哪些信息？）。
- 数据销毁、数据损坏或数据窃取，慎之又慎。
- 防止病毒、蠕虫、僵尸、间谍、rootkitsyi 以及其他攻击。
- 防火墙和其他网络安全顾虑。
- 安全数据的加密。
- 对执行的操作和访问意图建立审核机制。

下面是防护性需求的一些范例。显然，可以设计出用来验证这些需求是否已经正确实现的测试用例。

SEC-1. 在 5 分钟内如果连续 4 次登录失败，系统就会锁定用户账户。

SEC-2. 对于权限不足用户对安全敏感数据的访问，系统应该有日志记录。

SEC-3. 以安全管理人员发放的临时密码第一次登录成功后，用户必须将这个临时密码改为之前没有用过的一个密码。

SEC-4. 门卡读取成功后导致的门禁开门状态应该时长 8 秒，误差在 0.5 秒内。

SEC-5. 有些进入的网络流入有已知的病毒特征或者具有疑似病毒特征，对于这些网络流入，系统的反恶意病毒软件应该对其进行隔离。

SEC-6. 磁力器应该检测到至少 99.9% 的违禁物品，正负误差不宜超过 1%。

防护性需求往往源于业务规则，比如企业安全政策，下面有一个例子。

SEC-7. 只有具有审计权限的用户可以查看客户交易历史信息。

在写安全性需求时，尽量避免引入设计限制。对访问控制功能使用密码机制就是一个例子。真正的需求是只有授权用户才可以访问系统，而密码机制仅仅是实现该目标的方式之一（虽然是最通用的方式）。取决于选择的认证机制，安全性需求会引出特定的实现该认证方法的功能性需求。

在获取安全性需求时，可以探究以下需求问题。

- 对于来自非授权的访问，哪些敏感数据必须加以保护？
- 哪些用户有权查看敏感数据，特别要具体指出哪些用户没有权限查看？
- 在什么业务条件下或者在什么操作时间段允许已授权用户进行功能访问？
- 为了确保用户的确是在一个安全环境下操作应用，需要做哪些必要的检查？
- 软件的病毒扫描频率是多少？
- 有没有必须用的特定安全认证方法？

易用性

有很多要素被用户通俗地描述为用户友好程度、容易使用与否以及人体工程学，易用性就与它们有关。业务分析师和开发人员不应该谈论软件是否"友好"，应该谈论软件设计在使用方面的有效性和用户的良好感受。易用性衡量的是为一个系统准备的输入、操作和现实输出的工作量。

软件易用性是一个比较大的话题，这方面也有大量著作文献（比如：Constantine and Lockwood 1999; Nielsen 2000; Lazar 2001; Krug 2006; Johnson 201）。易用性除了外在的使用难易程度外，还包含其他一些子领域，有学习难易程度；可记性；错误的避免、处理和恢复；互操作的效率性；访问能力和人体工程学。它们之间可能也有冲突。比如，学习难易度和使用上的便利就存在冲突。为了让新用户或者使用频率较低的用户更容易熟悉系统，开发人员采取的方案也许会对熟练用户产生不利的影响，因为这些熟练用户知道自己具体想要什么，他们也渴望有更好的效率。同一个应用中不同功能点的易用性目标也可能不同。不仅数据输入的效率重要，能够轻松解决定制报表生成也很重要。表 14-3 列出一些易用性设计方法，可以看出，如果为了某个用户群而对某一方面的易用性做了比其他方面更显著但不恰当的优化，可能产生易用性冲突。

表 14-3　易学性和易用性的设计方法

易学性	易用性
详细信息提示	键盘快捷键
向导	丰富的、可定制的菜单和工具栏
可见的菜单选项	为同一个功能提供多种访问方法
有意义的、容易理解的消息	自动完成输入
帮助显示和提示框	自动纠错
与其他熟悉的系统相似	宏录入和脚本能力
数量有限的自定义选项和部件	重用前一事务中的信息
	自动填充表单字段
	命令行接口

　重点提示　易用性的关键目标(跟其他的质量属性一样)是对整个用户群的易用性优化，而不是针对某一个单一的用户群体。这可能会使特定用户对此结果不太满意，因为没有满足他们的易用性要求。用户个性化设置可以增强应用的吸引力。

与其他质量属性一样，我们可以从多个方面衡量"用户友好程度"。易用性指标包括：

- 某特定类型用户正确完成某个任务需要的平均时间
- 在指定的时间段内用户能正确完成多少事务
- 不需要帮助的情况下，用户正确完成的任务占比多少
- 用户在完成一个任务时犯了多少错误
- 用户在完成某一个特定任务时尝试了多少次，比如在菜单的某一处寻找一个特定的功能
- 执行任务时延迟或者等待了多长时间
- 获得某信息或者完成一个任务需要多少次交互(比如鼠标点击、按键、触摸屏上的手势)

告诉我，我错在哪里

　　易用性不足可能会让人苦恼。近来，我试着用一个网站的回馈表单来报告问题。我接到了一条错误消息"不允许出现特殊字符"，但是网站没有告诉我我的文本中哪些字符导致了这个错误。很明显，软件检测到这个错误，所以它肯定知道是哪个错误字符。向我显示一条泛泛的错误消息，而不是提供一个精准的反馈，并不能帮我解决这个问题。最后，我发现软件不接受我的信息中的引号表述；但我从来没有碰到过引号会被当成特殊字符；"特殊字符"这个词有些含糊，也有歧义。为了帮助开发人员明确怎样才能最好地满足用户所期望的易用性，业务分析人员应该写易用性需求规格说明，开发人员也要尽可能提供详细的错误反馈。

　　为了探究他们对易用性的期望，化学品跟踪系统项目中的业务分析师向产品代言人提出类似这样的问题："申请化学品时，你愿意经历几个步骤？""完成化学品申请要花多长时间？"这些简单的开端能够帮助完成软件易用性的定义，对易用性的讨论能够引导出下面类似的量化目标：

　　USE-1. 95%的情况下，受过培训的用户应该在平均 3 分钟内而最多 5 分钟内完成从供应商名录里提交化学品申请。

　　为了查清楚新系统是否必须遵循任何接口标准或约定，或者用户接口是否需要与常用的其他系统相一致，可能要声明以下面方式描述的易用性需求：

　　USE-2. 文件菜单中的功能要定义快捷键，即 Ctrl 键和其他键同时按下。Microsoft Word 中出现的菜单命令应该与 Word 中的命令使用相同的默认快捷键。

　　类似的一致性使用法，能够避免一些让人沮丧的错误。这些错误就是习惯性按下键盘的某些动作，在不常使用的系统中，有不同于往常的含义。"容易学会，好学"这个目标也可以量化和测量，就像下面例子展示的一样：

　　USE-3.从来没有用过化学品跟踪系统的 95%的药剂师，应该在不超过 15 分钟的熟悉和适应后，就能正确申请化学品。

　　仔细从多方面对易用性进行需求描述，能够帮助设计师做出明智的决策，使用户从使用应用变成喜欢应用，而不是对着应用皱眉头或者（更糟糕的）完全拒绝使用它。

内部质量属性

　　内部质量属性在软件运行期间不会直接表现出来。为了对设计或者代码进行修改、重用或者移植到另外一个平台上，开发人员或者维护人员在查看设计或者代码的过程中能够感知到内部质量属性。如果软件在后期添加功能时有困难或者内部效率低下导致软件性能下降，就说明内部属性间接影响到了用户对软件质量的感受。下面几个小节讲的几个质量属性对软件架构师、开发人员、维护人员以及其他技术人员尤为重要。

有效性

有效性与外部质量属性中的性能紧密相关。有效性是系统对处理器性能、磁盘空间、内存或者通信带宽使用的衡量指标。如果系统消耗太多的可用资源，用户就会遭遇性能下降。

有效性（及其导致的性能）在系统架构中是一个驱动性因素，影响着设计师如何选择计算和功能在各个系统部件上的分布。在有效性需求与其他质量属性之间，有时需要做出一些折中的考虑。在定义有效性、能力和性能目标时，要考虑最低硬件配置需求。为了不可预料之外情况下的工程边界问题以及未来的软件增长（它又影响可伸缩性），可以像下面这样定义：

EFF-1. 在计划内负载峰值下，要为应用留出至少 30%的处理器能力和内存作为备用。

EFF-2. 当已用容量超过额定最大容量的 80%时，系统要向操作人员显示一条警告消息。

用户在描述有效性需求时，不会使用这样的技术词汇；相反，他们会用响应时间或者其他外在指标来描述。在涉及可接受的性能下降、猛涨的需求以及软件如期增长这些问题的时候，业务分析师提出的问题必须能够让用户表达他们的期望，如下所示。

- 目前的用户最大并发量是多少，将来预计的并发量是多少？
- 在用户或者业务受到不利影响之前，响应时间或者其他绩效指标下降了多少？
- 在正常和极端操作条件下，系统必须要能够并发执行多少操作？

可修改性

可修改性指软件设计和软件代码能够理解、修改和扩展的难易程度。可修改性包含几个与不同类型的软件维护相关的其他质量属性，如表 14-4 所示。可修改性与可验证性密切相关。如果开发人员预计将来有很多增强性修改，就会选择一种方案来尽可能提高软件的可修改性。对于经常需要修改的系统，比如正在以增量或者迭代生命周期方式开发的系统，较高的可修改性至关重要。

衡量可修改性的方法包括增加功能或者修改问题的平均需要时间以及正确修复的百分比。化学品跟踪系统包含以下可修改性需求：

Mod-1. 熟悉系统的做维护工作的程序员，为了遵守联邦政府的化学品报告修订条例，应该能够在 10 小时或者更短的时间内修改现有报表。

表 14-4　可修改性的几个因素

维护类型	可修改性特征	描述
改进型	可维护性，可理解性	修正缺陷
优化型	灵活性，可扩充性，可扩张性	为满足新业务和新需求的需要而对功能进行增强和修改
适应型	可维护性	不增加额外的功能，只是修改系统，使其可以在另外的操作环境中运行
现场支持	可支持性	修正故障、服务设备或者在其操作环境中修理设备

在图像引擎项目中，我们知道自己得为了满足不断发展的用户需要而做频繁的软件变更。作为有经验的开发人员，我们采用下面范例一样的设计指导来指导开发人员写代码，使代码的可读性得以增强，因而获得更好的可维护性：

　　Mod-2-2. 函数调用的层级深度应该控制在 2 层以内。

类似这样的设计指导，应该精心制定，以免开发人员为遵守这些不符合其本意的设计指导而采取不明智的行为。业务分析师应与维护程序员一起协作，了解清楚究竟是哪些特性能使程序员更容易修改代码或者修改缺陷。

包含嵌入式软件的硬件设备通常都需要行业性的专业支持。这些需求有时会影响到软件设计决策，而其他需求也会影响硬件设计。下面就是后者的一个范例：

　　SUP-1. 认证的修理技术人员应该在 10 分钟内完成扫描器模块的更替操作。

支持性需求也许还可以帮助用户生活更便利，就像下面这个例子一样：

　　SUP-2. 如果墨盒没有插入到正确的位置，打印机应该显示一条错误消息。

可移植性

将软件从一个操作环境中移植到另一个环境中所需的工作量可以用来衡量可移植性。有些人把产品的国际化和本地化也纳入可移植性范畴。使软件有可移植性，设计方法与设计可重用性的方法类似。当应用必须在多个环境中运行时，比如 Windows、Mac 和 Linux、iOS 和 Android、PC 机、平板电脑和手机上，可移植性变得愈发重要。另外，数据移植的需求也同样重要。

可移植性目标应该明确指出产品哪些部分必须移植到其他操作环境并描述对目标环境加以描述。有一个分析化学化学品的产品运行在两个完全不同的环境中。运行在实验室里的版本，化学博士用这个软件来控制一些分析指令。第二个版本在手持设备上运行，供一些不具有深厚技术背景的人员在户外（比如有石油管道的地方）使用。这两个版本的核心功能几乎一样。这样的产品，从一开始到运行整个过程，设计目标都是最小化开发工作量。如果开发人员知道客户对软件移植方面的期望，就能够相应地选择能增强产品移植性能的开发方法。下面是可移植性需求的几个范例：

POR-1. 为了使 iOS 版本的应用运行在 Android 设备上，要求对源代码的修改量超过 10%。

POR-2. 在下面的网页浏览器 Firefox，Internet Explorer，Opera，Chrome 和 Safari 之间，用户应该有导入导出书签的功能。

POR-3. 平台移植工具在将个性化的用户信息移植到新安装的版本上时，不应该要用户来操作。

在探究可移植性时，下面这些问题可能会有帮助：

- 软件需要在哪些不同的平台上运行，不管现在还是将来？
- 软件中的哪些部分需要设计成比其他部分具有更强的可移植性？
- 哪些数据文件、程序部件或系统中其他哪些元素需要具备可移植性？
- 使软件更容易移植，可能会损害其他哪些质量属性？

可重用性

可重用性是指将一个软件组件用于另外一个应用时所需要的相关工作量。可重用的软件必须是模块化的、文档齐全的、不依赖于某一特定的应用和操作环境并且具有一定的通用性。有很多项目工件都具有潜在的可重用性，包括需求、架构、设计、代码、测试、业务规则、数据模型、用户类别描述、项目干系人概要信息、词汇表（请参见 18 章）。很多方法能帮助增强软件的可重用性：完备的需求和设计规范说明、严格遵从代码标准、维护的回归测试用例、维护的可重用组件的标准库。

可重用性很难量化明确指出系统中有哪些元素，需要在构建过程中考量其可重用性，或者明确指出可重用的组件要独立于项目创建。下面是一些范例：

REU-1. 化学结构式输入功能应该在其他应用中在对象代码级别上的重用。

REU-2. 至少 30%的应用架构应该来自于对已批准参考架构的重用。

REU-3. 定价算法应该在将来重用到库房管理应用中。

在了解项目的可重用性需求时，可以考虑对下面的问题进行讨论：

- 现有的哪些需求、模块、设计组件、数据或测试能够重用于这个应用？
- 相关应用中的哪些功能可以满足当前这个应用的特定需求？
- 该应用中的哪些部分可能可以重用于其他部分？
- 为了使这个应用中的某些部分更有可重用性，需要采取哪些行动？

可伸缩性

可伸缩性需求指的是在不损害性能或者不影响正确性的情况下，系统可以适应更多用户、设计、服务器、地理位置、事务、网络流量、查找和其他服务的能力。可伸缩性具有硬件和软件的双重含义。系统增长意味着采购更快的计算机，添加内存或者磁盘空间，添加服务器、数据库镜像或者扩大网络带宽。软件方法可能包括在多处理器上分布计算，数据压缩、算法优化以及其他性能调优技术。可伸缩性与可修改性、健壮性相关，因为健壮性的一个典型类别就是系统在逼近或超出性能限制时如何应对。下面是可伸缩性需求的几个范例：

SCA-1. 紧急电话系统必须具备在 12 小时内完成呼叫量从 500 次/日增到 2500 次/日的能力。

SCA-2. 网站至少两年内应该具有应对每季度 30%网页浏览增长率的能力，而且要在用户感受不到性能下降的情况下。

SCA-3. 分布系统应该可以扩大至 20 家新库房中心。

至于特定应用未来的扩张计划，业务分析师可能并没有良好的感知能力。需要与项目发起人或者主题事务专家共同了解用户基础、数据量或者未来可能增长的其他参数。在讨论过程中，下面几个问题可能有帮助。

- 在接下来几个月中或者几个季度中或者几年中，估计系统必须能够处理多少总用户和并发用户？
- 是否可以描述未来系统在数据能力方面的增长情况和原因？
- 不考虑用户数量，必须满足怎样的最低可接受性能标准？
- 考虑到系统预期运行的服务器、数据中心或者个人安装量，有哪些已知的增长计划？

不，等一下，请留步！

"网络星期一"是一个市场名词，特指每年 11 月份感恩节后的第一个星期一。它已经成为消费者为了节日而进行网上购物的传统节日。这个节日在 2005 年左右风靡一时时，许多网上购物网站还没有为购物时出现的流量和事务高峰做好准备。服务器崩溃、密码识别错误并且完成购物要花很长时间。许多购买者放弃试图访问的网上商店而寻找其他地方，或许他们再也不会访问这个购物网站了。有些外观相似的假冒网站会偷窃购买者的个人信息，一旦流量被转到这些假冒网站，网络犯罪也来了。

这些问题揭示了未被满足的软件质量需求相互交织的乱相。因为可伸缩性不够，所以用户蜂拥而至时，系统可靠性问题，易用性降低。好的软件对企业的财务底线有直接的影响。

可验证性

狭义地讲，可验证性就是可测试性，指为了验证系统功能是否已经正确实现，而对软件组件或者集成产品进行评估的难易程度。如果产品含有复杂的算法和逻辑，或者功能点之间存在微妙的功能交叉相关关系，对可验证性进行设计就非常重要。如果产品将来要频繁修改，那么可验证性也很重要，因为有频繁回归测试来验证修改是否会损害已有的功能。对具有高验证性的系统进行测试既有效也有效率。为软件的可验证性进行设计，意味着更容易把软件置入理想的预测试状态，更容易提供必要的测试数据，更容易观察到测试结果。下面是可验证性需求的几个范例：

VER-1. 开发环境和测试环境的配置应该相同，以免测试时故障无法重现。

VER-2. 测试人员应该能够配置在测试中哪些执行结果需要进行日志记录。

VER-3. 为了调试，开发人员应该能够对计算模块进行配置，使其能够显示任一指定算法组的中间结果。

由于我和我的团队都知道在反复改进的过程中必须对图像引擎进行大量的测试，所以我们为增强可验证性引入了下面的设计指导：

VER-4. 一个模块的最大循环复杂度不能超过 20。

循环复杂度（Cyclomatic complexity）用来衡量源代码模块中出现的逻辑分支的数量。在一个模块中添加太多分支和循环会使模块难以理解、也难以测试和维护。如果某个模块的循环复杂度为 24，项目也不一定会发生故障，但是制定这样的指导性文档可以帮助开发人员达到理想的质量目标。

定义可验证性需求可能很难。要探究以下类似问题：

- 我们怎样确定某个特定计算输出的是期望的结果？
- 系统中有没有不能够产生确定性输出的部分，比如很难确定它们是否正确运行？
- 让测试数据集尽可能揭示出需求或者其实现中所有的错误，可行吗？
- 我们可以用有哪些引用报告或者其他输出来验证系统产生的输出是否正确。

用 Planguage 指定质量需求

不能依靠产品评估来判断它是否满足含糊的质量需求。不可验证的质量需求并不见得比不可验证的功能性需求好。过于简单的质量和性能目标没有实际意义。针对一个本地数据库的简单查找，确定一个次优的响应时间也许可行，但要想查询地理位置分布不同的服务器上 6 层联接的关系表，则不太现实。

为了解决有歧义的和不完整的非功能性需求问题，Tom Gilb（1997; 2005）开发了 Planguage，这种语言有一套关键词能够精确描述质量属性和其他项目目标（Simmons 2001）。下面这个例子展示了如何从大量 Planguage 关键词中使用其中一部分来描述一个性能需求。如果以传统的方式来表述，这个需求读起来可能是这样："至少 95%的情况下，系统能够在 8 秒钟内显示一个预定义的账户报表。"

- **标签**　性能、报告、响应时间。
- **愿望**　在基本用户平台上生成财务报表的快速响应时间。
- **测量标准**　从申请报表而按下回车键或者点击"确定"按钮开始算起，直到开始显示报表消耗了多长时间，以秒计算。
- **测量**　用秒表对 30 个测试报告进行测量，这些报告表示一个已定义的业务办公账户操作的设置。
- **目标**　95%的报表所花时间都在 8 秒钟以内业务办公室经理
- **延伸**　预定义报表的时间不超过 2 秒钟，所有报表不超过 5 秒。
- **理想标准**　所有报表都在 1.5 秒钟内完成。
- **预定义基本用户平台**　4 核处理器，8GB RAM， Windows 8，QueryGen 3.3， 单用户，至少 50%的系统 RAM 和 70%的系统 CPU 资源空闲，网速至少 30Mbps。

使用第 10 章描述的层级命名规范，每个需求都有一个唯一的标签或者标记。"愿望"描述与这个需求相关的系统目标或者系统目的。"测量标准"定义测量的单位，"测量"描述如何实现测量。所有项目干系人都应该对*性能*的含义达成共识。就像这个例子中描述的那样，假定用户对测量的时间理解是从按下回车键开始，直到完整的报表显示为止，而不是直到报表刚刚开始显示时。开发人员可能觉得已经满足需求，用户却坚称没有满足需求。没有歧义的质量需求和测量方法能够避免类似这样的争议。

Planguage 的一个好处是可以为量化明确几个目标值。"目标"这一标准表示能接受的最低目标标准，只要有一个"目标"条件没有满足，就表示需求没有被满足。这也是我们要确保"目标"在实际业务需要中要合理的原因。另外一种描述"目标"需求的方法是定义失败（Planguage 的另外一个关键词）条件，比如"超过 5%的报表需要 8 秒钟以上的时间"。"延伸"描述期望的更多性能目标，"理想标准"表示理想中的完美情况。要考虑如何表明性能目标的来源。"目标"后面的"←"符号表示它来自于区域经理。这个例子有一个叫基本用户平台的定义，表明在哪 里做测试。

为了灵活，精确地描述无歧义的质量属性需求或者业务目标，Planguage 包含许多额外的关键词。在好几个层次上确定要达到的目标，使质量需求描述比仅仅用"黑-与-白""是-或-否"这样简单的描述更加丰富。使用 Planguage

的缺点是，最终的需求比简单的质量需求陈述更庞大、繁杂。然而，丰富的信息相比这些不足更具有价值。就算没有严格用 Planguage 形式来写质量需求，只用这些关键词来迅速厘清用户的想法，也能产生更准确、更一致的期望。

质量属性的平衡

某些特定属性组合不得不做出一些权衡。用户和开发人员必须决定哪些属性比其他属性更重要，并且在决策时还要尊重属性的优先级。之前"步骤 3：属性排序"中讲到的技巧对此分析有帮助。图 14-2 描述了表 14-1 中的质量属性之间的内在关系，只不过会碰到某些例外（Charette 1990; Glass 1992; IEEE 1998）。单元格中的加号表明，增加所在行对应的质量属性通常对对应列中的属性也有正面的影响。例如，提高软件组件可移植性的设计方法也使软件更容易和其他软件组件相连接、更容易重用和更容易测试。

	可用性	有效性	可安装性	完整性	互操作性	可修改性	性能	可移植性	可靠性	可重用性	健壮性	安全性	可伸缩性	防护性	易用性	可验证性
可用性									+		+					
有效性	+			−	−	+	−				−		+			
可安装性	+							+							+	
完整性			−						−		+		+	−	−	
互操作性	+			−	−		−	+	+		−					
可修改性	+			−			−	+	+				+			+
性能		+		−	−	−			−		−			−		
可移植性		−		+	−				+							+
可靠性	+	−		+		+					+	+		+	+	
可重用性		−		+	+			+						−		
健壮性	+	−	+	+	+			+				+		+	+	
安全性		−		+	+						+			+	−	−
可伸缩性	+	+		+		+	+	+								
防护性	+			+	+				+			+			−	−
易用性		−	+					+						+		
可验证性	+		+	+		+			+		+		+	+		

图 14-2　所选择的质量属性之间的正负关系

单元格中的减号表明，增加所在行中的属性通常会损害所对应列中的属性。空的单元格表明，所在行属性对所在列的属性影响很小。性能和效率对其他几个属性有负面影响。如果注重执行时的效率，使用一些编码技巧并尽力写出紧凑、运行最快的代码，那么这段代码基本上也会难以维护和改进。如果为某个特定的操作环境而优化代码，那么它也会更难移植到其他平台上。同样，如果对系统做使用上的优化，或者为了可重用性以及与其他软硬件组件之间的互操作性做专门的设计，常常也会导致性能损失。和集成定制化图像编码的旧应用相比，使用本章之前描述的通用图像引擎模块的应用在生成图案时性能更差一些。为了保证合理的权衡，必须在可能的性能（或者其他指标）降低和方案期望增强的其他指标之间做出平衡。

图 14-2 中的矩阵不对称，因为增加属性 A 对 B 的影响与增加属性 B 对 A 的影响不必完全一样。图 14-2 表明，增强系统的性能，并不一定会对安全性能造成影响。然而，增强安全性能很有可能影响到性能，因为系统必须进行多层用户认证、加密和恶意软件病毒扫描。

为了综合权衡各个产品特性，必须在获取需求时对相关质量属性进行识别、描述以及优先级排序。在为项目定义重要的质量属性时，使用图 14-2 以出现目标冲突这样的错误。下面是一些范例。

- 如果软件必须不怎么修改就可以运行在多个平台上（可移植性），就不要期望它具有最优的易用性。不同平台和操作系统有不同的约束限制和不同的易用性特征。
- 对安全性高的系统进行完全的完整性需求测试很难。可重用通用模块可能会损及安全机制。
- 由于其执行的数据验证和错误检查的缘故，高健壮性的代码可能表现出性能下降的现象。

通常，过度限制或者定义系统期望有冲突性的需求，会使开发人员无法完全满足需求。

质量属性需求的实现

设计师和开发人员必须确定以最佳方式满足每一个质量需求。虽然是非功能性需求，但可以衍生出功能性需求、设计原则或者能够产生预期产品特性其他类型的技术信息。表 14-5 描述了不同类型的质量属性可能产生的技术信息种类。例如，有严格易用性和可靠性需求的医疗设备可能包含一个备用的电池源，还有一个功能性需求来指出产品何时运行在电池供电下，电量何时正在降低，等等。外部或者内部质量需求转换为对应的技术信息，属于需求分析和概要设计过程中的工作。

表 14-5　将质量属性翻译为技术性规格描述

质量属性	可能的技术信息类型
可安装性、完整性、互操作性、可靠性、健壮性、安全性、防护性、易用性、可验证性	功能性需求
易用性、有效性、可修改性、性能、可靠性、可扩展性	系统架构
互操作性、安全性、易用性	设计约束
有效性、可修改性、可移植性、可靠性、可重用性、可扩展性、可验证性、易用性	设计原则
可移植性	实现约束

缺少开发经验的业务分析师可能不明白质量需求中的技术性信息。所以，业务分析师应该邀请理解这些信息的项目相关人员，共同了解这些内容。要考虑可扩展性，它深受架构和设计选择的影响。可扩展性需求可能会让开发人员在性能上留一些缓冲（磁盘空间、CPU 使用率、网络带宽）来兼顾潜在的增长而不至于使系统性能下降到不可接受的地步。对可扩展性的期望值能够影响开发人员对硬件和操作环境所做的决策。这是为什么尽早获取需求并记录需求如此重要的原因，这样能够让开发人员确保产品按照期望的方式增长，并有可接受的性能。这也是应该让开发人员在早期就参与需求获取和评审活动的重要原因。

约束条件

约束条件制约着开发人员对设计或者实现的选择。约束可以由外部的相关人员提出，也可以产生自其他系统（这与正在创建或者维护的系统有交互）或者是来自系统生命周期中的一些活动（比如事务和维护）。其他的约束来自于已有的约定、管理决策和技术选择（ISO/IEC/IEEE 2011）。约束来源包括以下几类。

- 必须要用或者要避免的特定技术、工具、语言和数据库。
- 因产品操作环境或者平台而产生的约束，比如要用的网页浏览器或者操作系统的类型和版本。
- 需要遵循的开发约定或者标准。（比如，如果客户所在的企业要维护软件，可能就会指定子承包商必须遵循的设计表示方法和编码标准。）
- 早期产品的向后兼容与潜在的向前兼容能力，比如，为了创建某个特定的数据文件，需要知道正在使用哪一个软件版本。
- 受法律规章或者其他业务规则决定的限制性或者合规性需求。
- 硬性限制，比如时间需求，内存或者处理器限制，大小，重量，材料或者成本。
- 由操作环境或由用户特性和局限所造成的物理性约束。
- 对现有产品进行优化时要遵循的现有接口约定。
- 与其他现有系统的接口，比如数据格式和通信协议。
- 显示屏幕尺寸的限制，比如需要在平板电脑或者手机上运行时。
- 使用的标准数据交换格式，比如电子商务使用的 XML 或者 RosettaNet。

这类约束通常是由外部施加的，所以必须重视。约束也可能是在不经意中提出的。比较普遍的是用户描述 "需求" 时，他们描述的实际上是为满足想象中的某个需要而讲述的某个特殊解决方案。作为业务分析师，必须从包括类似解决方案的需求中将其识别出来，并分离出由此方案产生的与约束条件相关的需求。用户想象的解决方案实际上可能是解决问题的理想方法，这种情况下的约束条件非常正当合理。更常见的情况是实际需求是隐藏的需求，业务分析师必须与用户一起协作，让其描绘出导致提议方案的实际想法。多问几个"为什么"，挖掘出真实的需求。

有人说质量属性就是约束条件。我们更倾向认为某些质量需求是某些设计的约束限制或认为它们是实现约束的来源。就像表 14-5 描述的那样，互操作性和易用性需求是潜在的设计约束限制的来源。可移植性带来的实现上的约束，是为了保证应用能够容易地从一个平台或者操作环境移植到另外一个。比如，一些编译器对整数类型的定义是 32 位的长度，另外一些定义的是 64 位。为了满足移植性需求，开发人员可能会定义一个叫 WORD 的数据类型，用它作为一个 32 位的无符号整数，用这个 WORD 数据类型来替代默认的整数数据类型。这样能够保证所有的编辑器以相同的方式对待 WORD 数据类型，使系统能够以预期方式在不同操作环境下正常工作。

下面是一些约束限制范例。可以看看它们是怎样限制架构师、设计师和开发人员做出选择的。

CON-1. 用户通过点击项目列表的顶部来实现排序功能。[特定的用户交互控制作为功能需求的设计约束]

CON-2. 仅有 GNUGeneral Public License 的开源软件，才可用于实现产品。[实现约束]

CON-3. T 应用必须使用 Microsoft .NET framework 4.5。[架构约束]

CON-4. 柜员机口接受面值 20 美元的钞票。[物理约束]

CON-5. 网上支付只支持 PayPal。[设计约束]

CON-6. 应用所使用的所有文本数据将以 XML 格式的文件进行存储。[数据约束]

注意，有一些约束限制是为了一些可能没有标明的质量期望而存在的。为了获得潜在的质量需求，请认真思考每个约束限制的动机。比如 CON-2 中描述的，为什么必须使用开源软件？这可能是因为预计前有越来越多修改。这也是产生约束限制的需求。CON-3 中为什么必须使用某个特定版本的.NET？可能是因为隐式的可移植性或可靠性需求。请记住，约束限制是全凭观察兼感觉的解决方案，所以多问几个"为什么"挖掘出该方案需要实现的需求。

如何处理敏捷项目的质量属性

预期质量属性的改进推迟到开发阶段甚至发布以后，很难而且代价也高。这个原因也使得即使在敏捷项目中，一个小的增量开发或者小的增量功能发布也需要尽早对重要的质量属性进行描述。这样一来，开发人员可以选出恰当的架构和设计，为预期质量属性奠定基础。在用户故事中，要写明非功能需求的优先顺序，不可以将其实现推迟到下一轮迭代中。

可以用故事形式来指定质量属性。

> 作为客户支持技术人员，我希望知识库对查询的响应时间不超过 5 秒钟，这样客户就不会因为一直等待而感到沮丧。

但是，质量需求不是作为用户故事独立实现的。质量需求可以跨好多个故事和多轮迭代。它们也不总是像用户故事一样，可以在多轮迭代中分解成好多个部分实现。

开发人员在思考如何实现每个独立的用户故事时，应该记住还有相关的非功能性需求。随着在一系列迭代中添加越来越多功能，系统的效率和性能可能随之下降。在早期的迭代中，要确定性能目标并开始进行性能测试，以便能尽早发现问题并采取正确的策略。

像表 14-5 那样，一些质量属性会衍生出一些功能。在敏捷项目中，质量需求能够生成产品 Backlog。考虑以下安全性需求：

> 作为开户人，我希望禁止未经许可的用户访问我的账户，这样我的钱就不会丢。

该项目的产品负责人或者业务分析师会从该需求派生出好多个用来描述安全相关功能的用户故事。这些故事以平常方式添加到 Backlog 并安排到特定的迭代中实现。提前了解这些需求，以确保团队在恰当的时间实现这些安全性需求。

与用户故事一样，质量属性是可以写验收测试的。这是一个对质量属性进行量化的方法。如果一个性能目标简单描述为“知识库应该快速返回查询结果”，就不可能写测试来定义什么是“快速”。更好的验收测试可能如下：

> 知识库中的关键词查询，应该在 5 秒钟内，最好在 3 秒钟内，返回结果。

以这种形式写验收测试，能够描述好多个可接受需求满意度，很像之前 Planguage 用的“目标”“可伸缩性”和“愿望”。可以使用 Planguage 中的关键词“测量”和“测量单位”来定义“返回一个结果”以及执行测试与评估结果更准确的具体含义及具体方法。

评估是否满足相关非功能性需求，是对迭代进行验收以确定它是否已经完成这一工作的一部分。通常有一套性能验收，效果比其他验收方法更好。与其他任何软件开发方法一样，敏捷项目中，满足质量需求能够决定用户是喜还是失望。

行动练习

- 从表 14-1 中挑几个对当前项目用户重要的质量属性。针对每个属性，好好思考几个能够帮助用户描述其期望的问题。根据用户的反应，为每个重要属性写一两条需求规格描述。

- 认真检查项目的几个文档化质量需求，看它们是否可以验证。如果不能，重写需求，力求能够对产品预期的质量结果进行评估。

- 重新查看本章中"探索质量属性"小节，试着用前面描述的表格方法对重要的质量属性进行排序。项目中质量属性之间的权衡符合这个优先级分析方法吗？

- 使用 Planguage 重写本章中的一些质量属性范例。由于是简单举例，所以在重写过程中可以做某些必要的假设。你能使用 Planguage 以更准确、歧义更少的方式来描述那些质量需求吗？

- 为了避免并解决可能的冲突，请检查用户对系统质量的预期。重点关注的用户群对质量属性的必要权衡影响最大。

- 从质量属性需求跟踪到功能性需求，设计和实现约束限制，或者用于实现它们的架构和设计决策。

第 15 章

通过原型来减少风险

"Sharon，今天我想和你谈谈采购部门的人员对新的化学品跟踪系统的需求，"业务分析师 Lori 开口说，"你能告诉我你们希望系统能够实现哪些功能吗？"

"我拿不准该说些什么，"Sharon 一脸困惑，回答说，"我描述不出我的需要，但看看就明白了。"

"我看就明白了"这句话让业务分析师感到心灰意冷。它让我们联想到这样一个场景，开发团队费尽心思去猜测理想中要构建的软件，最终的结果却是用户告诉他们，"不，不是这样的，得重来。"事实的确如此，预想一个未来的软件系统并表述出它的需求是比较困难。要是没有一个看得见的事物放在眼前供人思考，人们的确很难描述自己的需求，所以评论一样东西总比想象一样东西容易得多。

软件原型以试探性方式逐步逼近解决方案。它使需求更加真实，用例更加鲜活，使我们能够进一步理解需求。原型通过对新系统建模或者给用户提供一个粗糙的新系统、激发用户思考并引导出需求。原型方法的早期反馈可以帮助项目干系人对系统需求达成共识，从而减少用户满意度降低的风险。

即使应用之前几章所讲到的需求开发方法，仍有可能使客户、开发或两方都不确定或不清楚需求中的某些部分。如果不纠正这些问题，用户预想的产品和开发人员所理解的待建产品肯定就会有偏差。原型是一个很强大的方法，它可以引入所有重要的客户关注点，缩小第 2 章里讲到的期望落差。通过阅读文本需求或者研究分析模型，很难想象软件的样子。为相比阅读软件规范说明（冗长的），用户更愿意尝试产品原型（这也比较有趣）。在听到用户那句"看看就明白了"的时候，请思考一下我们有什么办法来帮助他们描述需求，或者有什么办法能帮助我们更好地理解他们所想象的东西（Boehm 2000）。对于需求验证，原型也是一个有价值的工具。通过让用户与原型交互，业务分析师可以了解到原型产品是否真的符合他们的需要。

原型这个词有很多种含义，因为参加原型活动中的人可能有不同的期望。飞机原型实际上是可以飞的，因为它是新型飞机的雏形。相反，软件原型可能只是实际系统的一部分或者是实际系统的一个模型，可能没有任何实用的功能。软件模型可以是一个静态设计或者是工作模型；草图或者高度详尽的屏幕界面；功能的可视化展示或是全部展示；或是未来产品的模拟（Stevens et al. 1998; Constantine and Lockwood 1999）。

本章将讲述怎样用原型为项目服务，如何为不同的目的而创建不同类型的原型。关于在需求开发阶段如何使用原型，还有如何将模型作为软件工程过程中的有效部分，本章也要提供一些指导原则。

原型的定义及其动机

软件原型是对提议新产品的部分、可能的或是初步的实现。原型能够实现三个主要目的，并且在最开始的时候就必须明确。

- **明确、完成以及验证需求**　作为一种需求工具，原型能够辅助我们取得共识、查找错误和遗漏以及评估需求的准确性和质量。用户通过对原型进行评估，能够指出需求中存在的问题，还能够发现被忽略的需求，使我们在构建实际产品之前，能够以低成本方式加以改正。对于系统中不容易理解的或是风险较大或是复杂的部分，原型特别有效。
- **探究设计的选择方案**　原型用作设计工具，能够使项目干系人探究不同的用户交互技术、设想最终产品、优化系统的易用性以及评估潜在的技术方法。借助于设计方案，原型能够表示需求的可行性。在构建实际解决方案之前，原型可以帮助我们确认开发人员已经理解了需求。
- **创建一个可以演变为成品的部分系统**　作为结构化工具，原型是对是部分产品的功能实现，通过一系列小规模的开发周期，它演变为完整的产品。要想把原型作为产品演变的安全方法，有一个条件需要引起我们的注意，即一开始就需要时刻记住，原型要最终发布并需要设计。

创建原型的主要原因是想在开发过程中尽早解决不确定的问题。不必为整个产品创建原型。把重点放在高风险的或已知不确定的功能上，以此来决定对系统中哪些部分进行建模以及希望从原型评估中了解哪些内容。需求有歧义的以及不完整的，原型能帮助我们发现并解决。用户、管理人员以及其他提供实物非技术相关的项目干系人发现，在产品规范说明的编写和设计阶段，原型能够提供实物供他们思考。对于创建的每个原型，请确保知道并能讲出创建它的原因、希望从中了解什么以及让人们评估后下一步要采取什么行动。

由于有误解的风险，所以在"原型"这个词之前加上一些描述很重要，这可以使项目参与人员明白创建一类或者其他类别原型的原因和时机。本章描述三类原型属性，每一类别又有两个分支。

- **范围**　实物模型这一类原型重点关注用户体验；概念证明原型探究的是提议方式方法的技术合理性。
- **未来用途**　一次性（可抛弃型）原型在产生反馈信息以后会被抛弃，演进型原型则通过一系列的迭代发展成为最终产品。
- **形式**　纸上原型是画在纸上、白板上或者画图工具中的草图。电子原型由只针对部分解决方案的可工作软件组成。

创建的每一个原型都将展现出这三种属性的综合特征。比如，在纸上简单画一些可能的屏幕图，创建一个一次性纸上模型。或者，创建一个演进型电子版的概念证明原型，可工作的软件，用来演示预期的技术能力并可以在此基础上进一步扩充为一个可交付的产品。然而，有些特定组合并不合理，不同属性是互相排斥的。比如，一个演进型的纸上概念证明模型。

实物模型和概念证明

人们说到"软件原型"时，想到的通常是可能的 UI 实物模型。实物模型经常也称为水平原型。此类原型重点关注 UI。它不会深入涉及架构的各个层次或者详细的功能。以提炼需求为目的时，可以使用这种类型的原型来探究预期系统的某些特定行为。模型能帮助用户判断基于原型的系统是否可以使其以合理的方式开展工作。

实物模型意味着它实际上没有实现行为。它展示的是一些 UI 屏幕的一些表现形式以及其之间的导航，不包含或是很少包含实际的功能实现。想象一下西部电影中的一些典型场景：一个牛仔走进酒馆，然后从车马行里走出来，然而他并没有饮酒，也没用看见马，因为在作为道具的建筑物后其实一无所有。

实物模型可以展示用户可用的功能选项、用户界面的外观和感觉（颜色、布局、图形、控件）还有导航结构，但在有些时候，用户可能只看到一条消息（描述真正要显示的内容），或者发现一些控件没有任何功能。用来显示数据库查询结果的信息可能是虚构出来的或者是一些固定不变的结果，报表的内容可能是硬编码实现的。如果创建演示型模型，请尝试在样例显示和输出中使用真实的数据。这可以增强原型作为真实系统模型的有效性，但一定得确保原型评估人员清楚知道显示的输出内容是模拟的而非实际数据。

演示型模型看起来好像应该能够执行一些有用的工作，但其实不然。这样的模拟往往足以帮助用户判断是否有遗漏、错误或者不必要的功能。有些原型表现了开发人员对是怎么看待个用例的实现的。用户对原型的评估能够指出用例的选择分支、遗漏的交互步骤、其他异常、被忽略的后置条件以及相关的业务规则。

使用抛弃型演示型模型时，用户应该重点关注概要性需求和工作流问题，不要被屏幕元素的确切外观所分散精力（Constantine 1998）。在这个阶段，不要担忧屏幕元素具体的摆放位置、字体、颜色或者图形。在厘清需求并确定总体的 UI 结构以后，才研究 UI 细节。对于演进型实物模型，以这些改良的方式进行构建，会进一步化 UIF，直到可以发布。

概念证明也称为"垂直模型"，它在所有技术服务层次上从用户界面实现一部分应用功能。概念证明原型的运作方式与真实系统相似，因为它触及系统实现的所有层次。不能确定预期架构方法是否合理可行时，或者想优化算法时，评估预期数据库的模式（schema）时，确认云解决方案的稳健性或是测试时间需求时，可以创建一个垂直原型。为了使结果有意义，我们使用与产品相似操作环境中的产品工具来构建这样的原型。为了对某个特定用户故事或者一组功能实现阶段的工作量进行估算，可以借助于概念证明模型来收集信息，从而提高团队的估算能力。敏捷开发项目有时也将概念证明模型称为 spike。

我曾经与一个团队一起工作过，他们有一个迁移策略，从大型机中心模式转移到基于 UNIX 服务器/工作站网络的应用环境（Thompson and Wiegers 1995）。他们想实现一个特别的客户端/服务器架构，并将它作为迁移策略的一部分。我们开发了一个概念证明模型，只实现了少量的客户端用户界面（在大型机上）以及相对应的服务端功能（在 UNIX 工作站上）。借助于这个模型，我们能够对通信组件、性能还有提议架构的可靠性进行评估。这是个成功的实验，最终的实现也是在该架构的基础上完成的。

抛弃型原型和演化性原型

在做原型之前，对于原型是只用于研究实验还是将来要成为最终交付产品的一部分，需要做出一个明确的且经过充分沟通的决定。如果想解释一些问题、解决不确定性以及改进需求，可以创建一个抛弃型原型（Davis 1993）。因为在它完成使命之后会将它抛弃，所以应该以快速、低成本的方式创建。在原型上花的精力越大，项目参与人员就越不情愿抛弃它，而且用于构建真实产品的时间也会越少。

如果为了将来使用而将原型保留下来有所帮助，不必抛弃原型。然而，它终究不会变成最终要交付的产品。因此，也许最好将它称为不可发布的原型。

开发人员在创建可抛弃型原型时，会忽略成品软件构建技术。相比健壮性、可靠性、性能以及长期可维护性，可抛弃性原型更注重快速实现及快速修改。因此，千万不可以将可抛弃性原型中的低质量代码移植到产品系统中。如果这么做，用户和维护人员在产品生命周期中会饱尝由此而带来的苦果。

最适合使用可抛弃型原型的情形是团队觉得需求不确定、有歧义、不完整或者含糊的时候，或者从独立的需求难以想象出未来系统的时候。解决这些问题能够减少构建过程中的风险。原型可以帮助用户和开发人员形象地理解需求可能如何实现并能够找出需求中的遗漏。它还可以让用户判断需求是否满足必要的业务过程。

陷阱　不要把可抛弃型原型搞得过于详细、复杂，符合原型目标即可。请抵制诱惑或者来自用户的压力，千万不要在原型中添加更多的功能。

对于个性化 UI 设计以及网站设计的可抛弃型原型，*线框图*尤其方便。线框图可以帮助我们从以下三个角度更好地理解网站：

- 概念性需求
- 信息架构或者导航设计信息
- 详细的、高精度的页面设计

探究概念性需求时画的第一种线框图页面中，不需要包含最终的屏幕界面。与用户一起理解他们在屏幕上期望执行的动作时，就会用到这种线框图。纸上模型能很好地达到这种目的，我们也将在本章后面的章节里对它进行描述。第二类线框图根本就不涉及页面设计。称之为对话图的分析模型，第12 章曾经讲过，它在探究以及遍历网站的导航方面特别出色。第三类线框图将涉及最终页面外观的细节。

与可抛弃型原型相对的是演进型原型。需求随着时间的推移，而变得越来越明确时，演进型原型会为增量构建产品提供一个稳固的架构基础（McConnell 1996）。敏捷开发是演进型模型例子。敏捷团队使用前期迭代中得到的反馈来调整未来开发周期的方向，并通过一系列迭代来完成产品的构建。这就是演进型原型的实质。

抛弃型原型具有快速但相对粗略的特点，与之相反的是，在构建演化型原型时，一开始就要考虑到健壮性，写产品级质量的代码。这也使得在模拟相同的系统功能时，创建演化型模型比创建抛弃型原型花费更长的时间。由于演化型模型的设计必须满足产品的易增长扩展性以及频繁改进的要求，所以开发人员必须重视软件架构和稳健的设计原则。至于如何保证演化型模型的质量，没有任何捷径可走。

可以把演化型模型的第一轮迭代当作一个实验性版本，实现的是最初的一部分需求。在下一迭代中需要修改的内容可以由用户接收测试以及初次使用反馈来决定。整个产品由一系列对原型进行周期性演化积累而获得的。这样的原型能够快速将可用的功能交付给用户。我们知道有些应用会随着时间变化而不断增长，但在没有对它完全实现计划中的所有功能时，用户仍然可以从中获益。演化型原型就非常适合这样的应用。敏捷项目就经常以这样的计划方式来进行，如此一来，在某个迭代结束时若停止开发，即使产品还没有全部完成，客户仍然可以得到一个可用的产品。

演化型原型非常适用于网站开发项目。曾经有一个这样的项目，它有一个对某个用例分析而开发的需求，我的团队在此基础上创建了 4 个原型。每个原型都有一些用户进行评估，基于用户对问题的回馈，我们对每个原型进行修正。第 4 个原型评估之后的产品修正最终产生了网站这个产品。

图 15-1 描述了几种可能的综合使用不同原型的方法。比如，通过从一系列抛弃型原型中获得的知识，能够提炼需求，随后可以用一个演化型原型的依序演化方式来增量实现需求。图 15-1 中另外一个可选方案是在完成用户界面设计之前，使用一个抛弃型原型来明确需求，同时以一个概念证明原型来验证

架构和核心算法。有一件事情是我们做不到的,就是将抛弃型原型本来的较低质量转换成产品系统所需要的可维护的健壮性。此外,如果没有大的架构上的改动,看起来能同时满足少数并发用户的工作原型往往不能满足上千级别的用户规模。表 15-1 总结了抛弃型、演化型、模型和概念证明模型的一些典型应用。

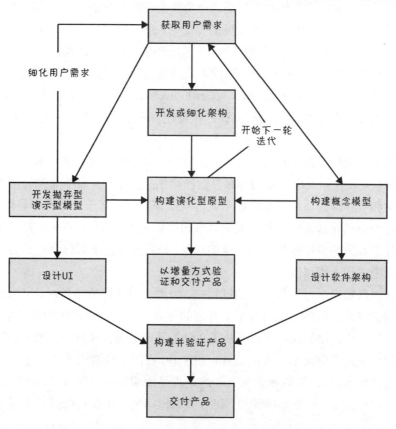

图 15-1 在软件开发过程中使用原型的一些可能的方法

表 15-1 软件原型的典型应用

	抛弃型	演化型
演示型模型	澄清与提炼用户需求和功能需求 识别被遗漏的功能 研究 UI 方法	实现核心用户需求 基于优先级实现额外的用户需求 实现和优化网站 使系统与快速变化的业务需要相适应
概念证明	演示技术的可行性 评估性能 获得更多知识以提升估算能力	实现和扩展核心多层级功能以及通信层 实现和优化核心算法 性能测试和调优

纸上原型和电子原型

解决需求的不确定因素，并不总是需要可执行的原型。纸上原型（有时候也称为低精度原型）能帮助我们探究一个要实现的系统的部分外观，并且它是一种低成本、迅速以及低技术难度的方法（Rettig 1994）。纸上原型能帮助检查用户和开发人员对需求是否达成了一致的理解。这可以让我们在进入开发产品代码阶段之前，以试探性的低风险方式来逼近可能的解决方案。另一个类似的技术叫故事看板（storyboard）（Leffingwell and Widrig 2000）。我们可以使用低精度原型来探究功能和流程，而使用高精度原型来确定具体的样式和外观。

纸上原型涉及的工具都很简单，不外乎就是一些纸张、索引卡片、告示贴以及白板。设计师画出可能的屏幕界面的草图，并且不需要考虑控件出现的具体位置和具体样式。用户有时候不太喜欢批评某一个基于计算机的具体原型，因为这个原型看起来饱含开发人员太多的辛勤付出。尽管如此，用户还是愿意对纸片上画出的设计图提供一些反馈意见。开发人员也不太喜欢对精心制作的电子原型进行大幅修改。

在对低精度原型进行评估的过程中，当用户通览评估场景时，可以让某个人扮演计算机的角色。通过在某个特定的屏幕界面大声说出想做的某个动作，用户开始工作，比如说："我想从【文件】菜单中选择【打印预览】。"然后扮演计算机的人就展示一页纸或者索引卡片，在纸上或者卡片上显示用户动作时出现的内容。用户可以据此来判断这是否是所期望的响应以及显示的项是否包含正确的元素。如果是错误的，可以简单地抽出一张空白纸或者索引卡片重新画一次。

留一步，看看魔术表演

有个开发团队设计了一个大型商业复印机，有一次，他们沮丧地向我抱怨，说他们之前的复印机存在易用性问题。一个常见的复印操作需要 5 个独立的步骤，这使用户感到有些繁杂。"我真希望在设计复印机之前对这个操作做过原型"，有个开发人员苦闷地说。

如何为复印机那样的复杂产品创建原型呢？首先，买一台冰箱。在冰箱包装箱的一侧写上"复印机"。让一个人坐在箱子里面，并请一个用户站在箱子旁边模仿复印操作的行为。箱子里面的人以该用户对复印机的期望来响应用户，用户代表观察这些响应是否符合自己的预期。如此一个简单有趣的原型有时也称"奇幻之旅"(Wizard of Oz)。原型能够获得用户的早期反馈，这对团队的设计决策具有高效的指导意义。另外，还可以得到一台冰箱。

无论创建原型的工具如何高效，在纸上或者白板上绘制原型的草图都要更快一些。纸上原型可以促成快速迭代，在需求开发过程中，迭代是一个关键的成功因素之一。在 UI 详细设计、构建演化型原型或者着手传统方式的设计和构建活动之前，都可以运用纸上原型来提炼需求，效果非常好。它还能够帮助开发团队管理客户的预期。

如果决定创建一个电子版的可抛弃型原型，从简单的如 Microsoft Visio 和 Microsoft PowerPoint 画图工具到商业原型工具和图形化用户交互生成器，可用的工具多种多样。还有一些工具是专门用来创建网站线框图的。这样的工具可以轻松实现并修改 UI 组件，不用考虑背后临时代码的效率。当然，如果正在做演化型原型，必须从一开始就使用产品开发工具。考虑到工具及其供应方变化很快，这里不再推荐具体的工具。

有些商业化工具可以用于在创建应用之前模拟应用。应用模拟可以用于迅速将屏幕布局、界面控件和导航流程组合在一起并成为非常接近于目标产品的模拟物。在模拟物上重复操作的能力提供了一种有价值的机制，可以用来与用户代表进行交流，阐明需求并修正开发人员对解决方案的理解。

无论是哪一种原型方法——纸上原型、线框图、电子原型或者模拟物——业务分析师都要注意避免过早涉及详细的 UI 设计。原型评估人员经常有类似的反馈："文字的红色可以再深一些吗？""让我们把这个控件往上挪一些吧"或者"我不喜欢这个字体"。除非原型的目的是屏幕或者详细的网页设计，否则这些细节没有用，只会分散注意力。在应用还不具备支持用户业务能力的时候，颜色、字体以及控件位置没有实际意义。在确信已经充分理解必要功能需求之前，要将原型目标定位在提炼需求上，而不是视觉设计上。

原型的使用

图 15-2 描述了在使用可抛弃型原型的情况下，从用例到详细界面设计过程中一系列可能的开发活动。每个用例描述都包含一系列执行者的操作和系统响应，而对这些操作和响应进行建模，可以用对话图来描述一个可能的 UI 架构。抛弃型原型或者线框图可以将对话元素详细描述为特定的屏幕、菜单或者对话框。当用户对原型进行评估时，其反馈意见可能会产生用例描述的变更（比如可能发现另外一个流程）或者对话图的变更。需求提炼以及屏幕草图画好以后，就可以对每个 UI 元素进行易用性方面的优化。这些活动并不需要严格按顺序执行。想要获得一个可接受的互相认可的 UI 设计，最好的方式就是对用例、对话图以及线框图进行迭代。

相比从用例描述直接转到整个 UI 实现完成后发现一些可能导致大量返工的重大问题，这种逐步求精的方法更为可取。只需要依此执行各个步骤，满足将 UI 设计中发生错误的风险降低到可接受的范围即可。如果团队有足够信心相信自己已经理解需求、需求已经完全完成以及拥有创建正确 UI 的良好途径，原型就没有太多必要。同样，可以对有重大错误风险的需求或者可能带来较大影响的需求进行重点建模。曾经有个项目为某大型企业的电子商务网站做重新设计，这个网站有上万级的用户量。团队对网站的核心元素进行建模以保证他们在第一时间就能正确理解这些需求，核心元素包括在线索引编目、购物车以及结算流程。在探究异常流程以及不那么常见的用户场景方面，他们只花了较少的精力和时间。

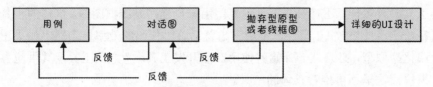

图 15-2　使用抛弃型原型从用例到用户交互设计过程中的活动顺序

为了帮助更形象地理解整个流程，来看一个实际的例子，有一本书，名为 *Pearls from Sand*，这是一本有关生命感悟的传记，还有一个小型网站来促销这本书。该书作者（Karl）设想访问者在网站上能够做几件事情，每件事情就是一个用例。还有另外其他用户类别的一些用例（表 15-2）。

表 15-2　网站 PearlsFromSand.com 的一些用例

用户类别	用例
访问者	获取图书信息 获取作者信息 试读样章 阅读相关博客 联系作者
客户	订购产品 下载电子版 寻求帮助
管理员	管理产品列表 退款给客户 管理邮件列表

下一步是思考网站应该有什么网页并想象它们之间的导航路径。最终的网站可能不会单独实现所有页面。一些页面可以放在一起综合考虑，还有一些功能可以设计为弹出式页面或者在一个页面里修改。图 15-3 描述了对话图的部分内容，这个对话图用来描述页面的概念架构。每个方框代表一个页面，这些页面一起实现用例中识别的服务。箭头代表从一个页面到另外一个页面上的导航关联。在画对话图的时候，我们可能会发现用户可能希望执行的动作。而在使用用例的过程中，可能会发现简化和优化用户体验的方法。

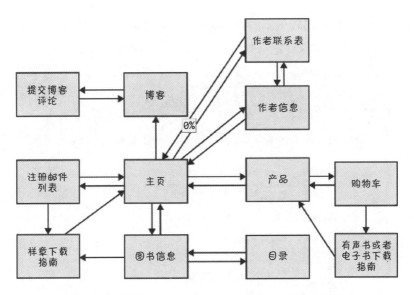

图 15-3　网站 PearlsFromSand.com 的一部分对话图

接下来的步骤是针对所选页面创建一个可抛弃型原型或者一个线框图来获得视觉设计方法。这些可以是在纸上手画的草图（请参阅第 10 章图 10-1 的例子）或是画的一个简单的素描，或是用一个精巧的原型或可视化设计工具创建的模型。图 15-4 中的线框图是用 PowerPoint 在几分钟内完成的。可以用这些简单图表工具与用户代表在页面大致布局方面达成一致的理解，由于它直观易懂，所以可以使页面容易理解和使用。

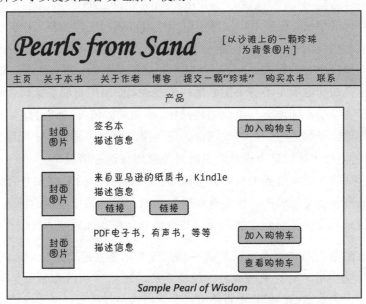

图 15-4　PearlsFromSand.com 网站上一个页面的线框图实例

最后，在图 15-2 中描述的第四步，创建一个详细的 UI 屏幕界面设计。图 15-5 展示了网站 PearlsFromSand.com 的最终页面，它是前期需求分析和原型活动的最终产物。相较于不清楚理解这几类用户在访问网站时想要做什么就直接进入精细的页面设计，这种迭代式 UI 设计的效果更好。

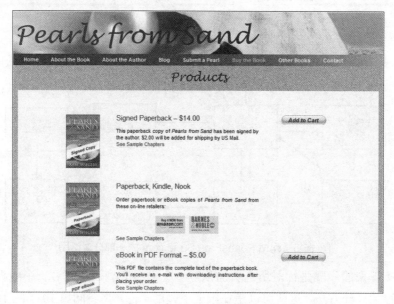

图 15-5　PearlsFromSand.com 网站的一个最终实现页面

原型的评估

原型评估与易用性测试相关（Rubin and Chisnell 2008）。相较于直接让用户说出自己的想法，观察用户如何使用原型可以获得更多信息。观察到用户手指或者鼠标指针潜意识的动作指向，还要找出评估人员在评估原型时不同于他们使用其他应用时的行为。为了寻找某个正确的菜单项，评估人员可能会尝试错误的键盘快捷键或是不得不用鼠标找来找去。如果用户眉头紧锁，可能表明他们正在困惑于不知道下一步该如何操作、不知道如何导航到目标页面或是如何通过其他途径到达应用的其他部分。还要留意原型中是否有"死路"（dead end），因为用户在网站上提交表单时可能会出现这种情况。

让合适的人员从恰当的角度评估原型。评估人员包括来自多个用户类别的成员，既要包括有经验的，也要有经验欠缺的。在将原型呈现给评估人员时，需要强调只需要关注部分功能，因为其余部分会在实际系统开发过程中实现。

陷阱　与任何易用性测试一样，注意不要在原型评估中漏掉来自重要用户类别中的成员。经验不足的用户可能因为原型直观易用而喜欢它，但经验丰富的用户可能因此而讨厌它，因为这种方式会减慢他们的操作速度。要确保两个用户组都可以表达自己的观点。

为了改进用户交互原型的评估质量，可以创建一些脚本来帮助用户完成一系列操作和回答一些特定的问题，力求获得想要的信息。这个方法可以作为一般问题的补充，比如"请告诉我你对原型的一些看法"。评估脚本可以从用例、用户故事或者原型关注的功能点演化而来。通过脚本，让评估人员能够在原型中感觉最不确定的部分中执行某些任务。在每个任务结束以后，也可能在任务过程中的某个时间点，脚本能够帮助发现与某些特定操作相关的一些问题。也可以提出以下类似问题：

- 原型实现的功能符合您的预期吗？
- 原型中有没有遗漏掉的功能？
- 有没有您能想到但原型中没有处理到的可能错误的状态？
- 有多余的功能吗？
- 对您而言，这些导航的逻辑性和完整性如何？
- 对于每个需要很多交互步骤的任务，有没有简化方法？
- 是否有不确定下一步该做什么的时候？

在评估人员对原型进行评估时，让他们大声说出并分享他们的想法，以便理解他们的观点并找出原型中的不足。要创建一个宽松的氛围，让评估人员在表达他们观点、想法以及关切的时候感觉到自由和无所拘束。一定要避免指点用户以"正确"的方法执行原型的某些功能。

原型评估中获得的信息要记录下来。可以利用实物原型中的信息来提炼需求。如果评估产生了 UI 设计方面的决策，比如选择使用某些特定的交互技术，还要把这些决策及其产生过程都记录下来。缺少思路的决策常常导致事后需要重复思考其产生的原因和过程。对于概念证明，要记下评估过程及其结果，从探究过的所有技术方案中做出最佳选择。将指定需求与原型之间不一致的冲突找出来并加以解决。

原型风险

即使是做一个简单的原型，也需要时间和资金。虽然原型可以降低软件项目失败的风险，但原型本身也有风险，在本节中，将解释其中的一部分风险。

原型发布的压力

最大的风险是项目干系人会看到一个可以运行的可抛弃原型，从而得出产品几近完成的结论。

"哇，看起你差不多全部搞定了！"热情的原型评估人员会这样说，"看起来棒极了。你能赶快完成，尽快交给我吗？"

一句话："不行！"可抛弃型原型不管与实际产品多么相似，都绝不可以用作产品。它仅仅是一个模型，一次模拟，一个实验。除非万不得已，而需要产品立即上市（并且管理层能够接受由此产生的代价高的维护成本以及用户不满意的风险），否则一定要抵制住压力，不要发布可抛弃原型。发布这样的原型很可能导致项目延期完成，因为原型的设计和编码并没有考虑到软件的质量和生命周期。对客户预期进行管理是原型成功的关键。每个关注原型的人都要理解原型的目的及其局限性。要清楚创建原型的原因，并且明白我们才是决定原型最终命运的人。将这一点跟所有涉及原型的人员讲清楚。

不要畏惧于提交不成熟产品的压力而创建原型。让看到原型的所有人都明白它将来不会作为产品软件发布。控制该风险的一个方法是使用纸上原型而不是电子原型。评估纸上原型的人不会产生产品几近成品的想法。另一个可选方法是选用一些原型工具，而这些工具明显不同于用于实际开发的原型工具。没有人会把一个可操作的 PowerPoint 原型或是一个简单的线框图当作实际的产品。这可以帮助抵制"马上搞定"原型并发布的压力。让原型看起来简陋一些，也可以降低这种风险。有许多创建线框图的工具允许用户快速开发详细的 UI，这可能会使人们产生产品几近完成的错觉，也会增大将可抛弃型原型转变为演进型原型的压力。

有个开发人员用一个明亮的粉红方案来制作可执行的原型。他如此解释："给客户看另一个颜色方案的迭代成果时，**没有人**认为这是一个几近完成的产品。实际上，我有意让客户产生这种嫌弃的心理，觉得我还需要再做一轮迭代，以免陷入一些原型风险陷阱。"

受细节所累

原型的另外一个风险是用户把注意力放在与 UI 有关的外观和操作细节上。如果使用一个看似真实的原型，用户很容易忘记自己还在需求阶段，应该重点关注与概念相关的问题。将原型限定于显示画面、功能和导航选项，可以消除不确定的需求。

> **婴儿和洗澡水**
>
> 我曾经为一家公司做咨询，他们有一位高管就禁止使用原型。他曾经碰到过一个项目，项目的客户对开发人员施加压力，让他们将一个原型贸然作为最终的产品来发布。其结果可以预料得到。原型没有处理用户错误以及错误的数据输入，不包含用户需要的所有选项，维护和改进的难度也很大。这些不愉快的经历使这名高管得出一个结论："原型只会带来麻烦。"
>
> 就像本章所描述的一样，向客户发布一个本来就打算抛弃的原型并称其为产品，肯定是有问题的。然而，原型提供了许多强大的技术，能够为构建正确的产品提供实质性的帮助。重要的是让所有参与者都知道不同类型的原型，为什么需要创建特定类型的原型，如何合理使用，而不是将原型当作需要避开的危险方法而将它束之高阁。

不现实的性能预期

第三个风险是用户根据原型的性能来推断最终产品的预期性能。不要在预期产品环境中对原型进行评估。创建模型时使用的工具或者语言，与产品开发环境中的工具或者语言在效率方面有差异，比如解释执行的脚本语言和编译代码。概念证明型原型可能使用未优化的算法，或者没有安全层，而安全层可能会使最终性能有所降低。如果原型在查询模拟数据库时使用硬编码的查询结果示例，查询响应就很迅速，而评估人员就可能会因而期待访问大型分布式数据库的产品软件也有同样优异的性能。为了使原型更真实地模拟最终产品的预期行为，在构建原型时要考虑时间上的延迟——或者让原型看起来还没有准备好马上发布。可以在屏幕上放消息，声明它并不代表最终的产品。

在敏捷开发和其他演进原型中，要保证从一开始就设计一个健壮的、可扩展的架构并写出高质量的代码。构建一个产品级软件并且每一个时间段只完成其中一小部分。可以在后期迭代中通过重构来优化设计，但后期的重构并不能代替前期设计工作。

对原型投入过多

最后，不要在原型工作上投入太多精力，最终导致开发团队没有时间而不得不将原型作为产品或者匆忙进入混乱的产品实现。对整个解决方案进行建模而不是只对最不确定的、高风险的或者复杂的部分进行建模就属于这种情况。用模型来进行试验。进行的是假设测试，看需求是否已经充分定义，关键的人机交互以及架构问题是否已经解决。如果原型能够测试假设，能够回答问题并且能够提炼需求，就足够了。

原型成功的因素

软件原型可以加快开发进程、提高客户满意度以及产出高质量的产品。为了在需求过程中高效使用原型，请遵循以下这些原则。

- 在项目计划中包含与原型相关的任务。为开发、评估和修改原型安排时间和资源。
- 在创建原型之前，注明原型的目的并解释其最终产出：抛弃（还是归档）原型，是保留原型所提供的知识，还是在原型基础上继续构建直至成为最终解决方案。保证创建和评估原型的人都明白这些动机。
- 做好开发多个原型的计划。很难一次就能得到正确的原型，这也正是原型的目的所在！
- 创建可抛弃型原型，要尽可能快、成本低。以最少精力完成回答问题或者解决需求中不确定的部分。不要试图把可抛弃型原型做得尽善尽美。

- 不要在可抛弃型原型中包含输入数据验证、防护性编码技术处理错误代码或大量的代码文档。这样的原型注定是要抛弃的，所以不必投入过多。

- 不要对已经理解的需求创建原型，除非需要探究其他设计方案。

- 在原型的屏幕显示和报表中，使用合理的数据。评估人员可能被不真实的数据分散注意力，无法注意到原型如何表现真实系统的界面和行为。

- 不要指望原型来替代书面需求。原型只表明屏幕后面还有许多功能，而这些功能需要在 SRS 中记录下来并使其完整、明确和可跟踪。屏幕图不会详细给出数据字段的定义、验证标准以及不同字段之间的关系（比如一些界面控件只有在用户对其他控件做出某些选择时才可以展示），异常处理、业务规则以及其他必要的信息。

谨慎应用，巧妙执行，把原型作为一个有价值的工具来帮助完成需求获取、需求验证以及从需求到方案之间的复杂转换。

行动练习

- 识别出项目中容易混淆的需求或者有高风险的功能。简单画出一个可能的用户界面，用它来表示自己对需求以及其实现方式的理解，即画一个纸上原型。邀请一些用户浏览自己的原型并模拟执行一个使用场景。找出初始需求中不完整或者不正确。相应地修改原型并重新浏览，再次确认不足并加以修正。

- 简单向原型评估人员介绍本章内容，帮助他们理解原型活动背后的原理，以免他们对结果有不切现实的预期。

- 如果产品是一个硬件设备，请想方设法实际做出一个模具，让用户可以与之交互，力求验证并充实他们的需求。

第 16 章

要事优先：设定需求优先级

当化学品跟踪系统中的大多数需求被识别出来之后，项目经理 Dave 与业务分析师 Lori 和两名产品代言人进行了会面。Tim 是药剂师社区的代表，而 Roxanne 则代表化学品库房保管人员。

Dave 说："我们对你们需要的功能有一些大致的了解，现在我们考虑，从已经识别出来的用户故事中，选择一些放到最开始的几个迭代中。为了能使你们尽快从这个系统中获益，我们需要达成共识，确定从哪里开始。接下来，咱们一起对这些用户故事进行粗略的优先级排序，以便我们能够了解哪些是你们最看重的。之后，从最初的每个功能中，我们能够更准确地理解你们的期望。"

Tim 很不解，问："为什么要做需求优先级排序呢？它们都很重要，否则我们也不会向你提出这些需求。"

业务分析师 Lori 解释道："我们明白，这些需求都很重要，但我们需要找在最初几个迭代中最迫切的需求。我们需要你们帮助区分哪些需求最开始就要有，哪些可以等到后续迭代中再提供。依你看，要为药剂师或者其他用户类别带来最直接的价值，需要提供哪些功能呢？"

"据我了解，健康和安全部门需要生成政府报告，这个必须马上就有，否则公司会遇到麻烦。"Roxanne 指出。"如果只能这样，我们现在的库存系统还可以再支撑几个月。"

Tim 补充说道："我对药剂师们保证过，这个系统的在线分类搜索功能可以帮助他们节省时间。我们可以最先做这个吗？不用特别完善，但我们希望能够尽快使用分类。"

Tim 和 Roxanne 意识到，因为项目不能同时交付他们渴望有的全部功能，所以对于需要优先实现的功能集，只有大家达成共识，才是上策。他们继续对用户故事进行优先级排序，最高优先级的归为一类，需要尽早实现，其他的则可以稍微缓一缓。

很少有软件项目能够在最初确定的目标交付日期之前就将所有干系人想要的功能全部都交付给用户。每个资源有限的项目都需要对必要的产品功能定义相对优先级。进行优先级排序，也称为"需求甄选"（requirements triage，Davis 2005），有利于发现有矛盾的目标、解决冲突、进行阶段性计划或者增量交付、控制范围蠕变以及经过必要的权衡来做决策。本章将讨论需求优先级排定的重要性，阐述几个技巧，介绍一个根据价值、成本和风险来进行优先级分析的表单工具。

为什么要排优先级

客户期望很高但时间很短时，就需要保证产品能够尽快交付最关键或者最有价值的功能。排优先级能够解决有限资源与大量需求之间的矛盾。通过估算每个产品功能的相对优先级，从而为产品的构建过程制定计划，达到以最低成本提供最高价值的目的。由于优先级是相对的，所以一旦发现有第二个需求，就可以进行优先级排序。

有时，客户不喜欢对需求进行优先级排序，认为没有低优先级的需求。那么，如果无法得到想要的每个功能，就像前面例子中的那样，就要确保得到的确实是对达到业务目标最为重要的功能。有时，开发人员不喜欢对需求排优先级，因为他们感到无法开发出完整的产品。而且实际上，他们本来就无法开发出完整的产品，至少不可能一下子全部完成。进行优先级排序，有助于在受到各种项目约束情况下，项目能够尽快交付最大的业务价值。

对于敏捷或者其他项目，为了能够按照一系列固定的时间盒进行产品开发，排优先级是关键。项目团队将用户故事、特性、业务过程和缺陷故事（等待修正的 bug）填充到产品 Backlog 中。随后客户对产品 Backlog 中的故事进行优先级排定，并为每个迭代选出要实现的故事。开发人员估算实现每个故事所需要的工作量，并且根据经验性交付能力获得团队速率，从而判定每个迭代他们能够加入多少个故事。如果提议新的故事，客户就将这些新故事与 Backlog 中的内容进行比较，评估优先级，从而动态调整即将开始的迭代范围。所有项目都应当这样，确保团队正在实现的功能总是能让用户尽快得到有用的软件。

在每个项目中，项目经理必须合理权衡预期项目范围和计划、预算、人员和质量目标（Wiegers 1996）等约束。为此，方法之一就是一旦接受了新的、更必要的需求或者项目条件发生变化，就舍弃优先级低的需求（或者推迟到后续的版本中）实现。因此，排优先级是一个动态的、持续进行的过程。如果客户无法根据重要性和紧急程度来判定需求的优先级，项目经理就必须自己确定优先级。可想而知，客户很可能不认可项目经理排定的优先级，因此必须指明哪些需求需要最先开始，哪些需求可以等一等再做。一旦你有更多灵活性获得成功的项目成果或者对这些成果进行阶段性重新审视，就可以尽早在项目中评估优先级。

想要一个客户来确定哪些需求具有最高优先级，本来就相当困难。想要若干个客户对各种期望达成一致，更是难上加难。在人们心目中，固然都有自己的兴趣倾向，而且不愿意自己的需要向其他人的利益妥协。然而，在客户-开发合作关系中，为需求优先级排定做出贡献是客户的一项责任，这在第 2 章已经讨论过。除了可以确定需求实现顺序之外，对优先级进行讨论还有助于澄清客户的期望。

优先级排序实践

即便是中等规模的项目，也有好几十个用户需求和好几百个功能需求，多到难以通过分析进行统一归类。为了便于管理，需要为排优先级选择合适的抽象级别——特性、用例、用户故事或者功能需求。在一个用例的各个选择分支流程中，其中一些相较于其他流程优先级更高。可以在特性级别先排优先级，然后再分别对每个特性中的功能需求排优先级。对于核心功能和能够延后实现或整个截掉的改良功能，这样做有助于将两者区分开。如第 5 章所述，对特性进行优先级排序，会直接影响到范围和发布计划。虽然目前没有必要进一步分析低优先级需求，但也不要忽视它们。以后，它们的优先级可能会改变，现在先了解一下这些需求，帮助开发人员计划未来的增强方案实现。

排优先级需要各类干系人参与，他们代表着客户、项目发起人、项目管理人员、开发人员或者其他方面的人员。如果这些干系人无法达成共识，必须找一个能做最终决策的人。最好是每个排优先级的参与者都先认可一系列的条件，以便能够裁定某个需求的优先级是否高于另一个需求。排优先级需要考虑到诸多因素，包括客户价值，业务价值，业务或技术风险，成本，实现难度，上市时间，对监管或政策的遵守，市场空间竞争优势，合同要求（Gottesdiener 2005）。Alan Davis（2005）指出，要想得到正确的优先级排序，需要理解下面六个问题：

- 客户的需求
- 需求对客户的相对重要程度
- 功能需要交付的时间
- 作为其他需求之前提的需求以及各需求之间的其他关系
- 哪些需求必须放在一起实现
- 满足每个需求所需要的成本

客户将能够提供最大商业或易用性收益的功能认定为高优先级的需求。然而，当开发人员将成本、难度和技术风险信息告知客户，或者要客户将其中一个需求与另外某个需求进行对比时，客户就可能得出结论，即此前认定为高优先级的需求并非基本需求。此外，考虑到对系统架构的影响，开发人员还可以决定先实现某些低优先级的功能，为更有效地实现未来功能打下基础，以免将来还要对程序进行重大调整。为了满足对应用程序的监管需要，有些功能必须具有高优先级。尽管需要考虑需求开发的方方面面，但在进行优先级决策时，应当首要考虑驱动项目运作的首要业务目标。

有些需求必须放在一起实现或者按照某个特定的顺序实现。如果在版本 1

中实现了"重做"编辑功能，却将对应的"撤销"功能放到几个月之后实现，就相当于什么都没有做。与此类似，假设在版本 1 中只实现某个特定用例的一般流程，而将低优先级的选择分支流程推迟到日后某个日期。这样做没有什么问题，但在实现每个成功流程的同时，还必须实现相应的异常处理。否则，你写的代码就可能在接受信用卡支付时不检查信用卡是否有效，不拒绝已挂失的信用卡，也不处理其他异常。

人与优先级之间的博弈

让客户设置优先级时，有时客户的第一反应是："这些特性我都需要。就这样吧。"他们觉得，每个需求都有高优先级，但没有认识到排优先级有助于保证项目取得成功。为了确保先做正确的事，开始你可能声明不能同时做所有事。但如果客户知道优先级低的需求可能永远不会实现，你就很难说服他们排优先级。有一个开发人员告诉我，在他们公司，政策规定不允许说某个需求的优先级低。因此，他们所使用的优先级分类是"高""超高"和"高到不能再高"。另一个兼任业务分析师的开发人员声称优先级没有必要，因为只要是他写入 SRS 的东西，就都是要做的。即便每个应当何时构建这个问题并未得以解决。

最近，我拜访了一家公司。这家公司很难按时完成他们的项目。尽管管理层声称，可以有多个应用程序版本，低优先级的需求可以等一等。但实际上，每个项目都只交付单个版本。因此，干系人一致认为，他们只有一次机会获得他们所需要的全部功能。因此，每个需求都成了高优先级的，从而远远超出团队的交付能力。

实际上，从满足业务目标角度来看，一些系统功能一定比其他一些更有必要。众所周知，在项目后续人人皆知的"快速缩小范围阶段"，为了确保关键功能按计划发布，非必要的特性会被抛弃。此时这种必要性的差异便显而易见。从这一点看，人们显然是在不断确定优先级，只不过是处于一种恐慌的状态。在项目中应尽早设置优先级，并不断重新评估，以应对不断变化的客户喜好、市场条件和商业事件，让团队更明智地将时间用于高价值的活动上。在确定某个特性可有可无之前就花大力气实现，是浪费并让人郁闷的。

如果不加约束，各行其是，客户也许会将 85% 的需求评估为高优先级，10%为中等优先级，5%是低优先级。这不会给项目经理带来很多灵活性。如果全部都是高优先级需求，项目就面临完全无法完成的高风险。因此需要清理需求，消灭不必要的需求，简化不必那么复杂的需求。有项研究发现，在软件系统中，在开发出的特性中，将近 2/3 很少或者从不被使用（Standish Group 2009）。为了鼓励客户承认某些需求具有低优先级，分析师可以提出下面几个问题：

- 是否可以通过其他途径来满足对此需求的需要？

- 如果去掉或者延后此需求，会有怎样的结果？

- 如果该需求在几个月内都不实现，会对项目的业务目标有怎样的影响？

- 如果此需求被延到后续的版本，客户会不会不高兴？

- 是否值得为了这个特性而延迟发布其他具有相同优先级的特性？

> ⚠ **重点提示**　如果完成优先级排序之后所有需求的优先级几乎都相同，相当于根本没有排优先级。

评估优先级时，要了解需求之间的连接和内在联系，及其是否与项目业务目标相匹配。在某个大型商业项目中，对于分析师极力主张的需求优先级排序，管理团队显得没有耐心。经理指出，他们通常无法实现某个单独的特性，因为在此之前必须先增强另一个特性。如果延后的需求太多，会导致最后产品无法完成营收计划。

如果每个干系人都觉得自己的需求最重要，他们之间就会产生冲突。一般的规则是，当优先级出现矛盾时，侧重于采纳优待用户类别成员的建议。这也是需要在项目中尽早识别并评估用户类别的原因之一。

确定优先级的技术

在小型项目中，干系人应当能够对需求优先级达成非正式的共识。而在干系人众多的大型或者有争议的项目中，需要一种结构化更强的方法，力求在排优先级的过程中消除一些情感、政治因素和猜测。因此，一些统计学和数学技术被用于辅助排优先级。这些方法包含对每个需求的相对价值和相对成本的估算。优先级最高的需求提供最大比例的产品总价值以及最小比例的总成本（Karlsson and Ryan 1997；Jung 1998）。本节将讨论用于确定需求优先级的一些技术。越简单越好，提供的技术非常有效。

> 　**陷阱**　避免"音量优先级"，哪个嗓门越大，获得的优先级就越高。还要避免"受胁迫的优先级"，因为位高权重的干系人总能如愿以偿将自己的意见凌驾于其他人之上。

入选与落选

在所有排优先级的方法中，最简单的方式是让一组干系人共同列出一个需求清单，并进行二分判定：入选还是落选？在进行判定时，根据项目的业务目标不断削减列表，直到仅剩下第一个版本最基础的必要需求。之后，当这个版本进入实现阶段，可以回过头来看之前"落选"的需求，为下一个版本再次进行这个判定过程。

引爆需求

我曾经帮助过一个工作坊，当时现场有六名干系人，通过电话的有四人。我们要对 400 个需求排优先级。我们选择简单判断每一个需求是入选或者落选，之后开始讨论"落选"的需求中哪些应放到下一个版本中。我们在房间中对列表封闭研究了几个小时。一旦发生冲突，就由一名总经理干系人做最终决定。会议刚开始不久，他便意识到这天的会很长而且很枯燥无味，因此他决定找一些好玩的事来做。于是，每当团队去掉一个需求，他就发出爆炸声，似乎需求被引爆了。这种缩减范围的方式非常有趣。

两两比较并排序

有时，人们会尝试给每个需求分配一个不重复的优先级序号。要想对需求列表进行排序，就要对所有需求进行两两比较，判断一对需求中哪一个具有更高的优先级。第 14 章的图 14-1 阐述了使用电子表格来进行质量属性的两两比较；可以使用同样的策略，在特性之间、用户故事之间或者任何其他同类需求之间进行比较。当需求超过 20 个时，进行这种比较会变得费时费力。因此这个方法对特性这个粒度级别尚可，但不适用于整个系统中的全部功能需求。

实际上，对所有需求进行优先级排序是小题大做，因为你无法在单个版本中实现全部这些需求；相反，你会根据版本或者开发时间箱把需求合并到多个批次加以实现。可以按照特性对需求进行合并分组，还可以将优先级类似或者必须一起实现的需求合并成小的需求集合，这样就够了。

三层分级法

一种通用的排优先级方法是将需求归为三类。如果使用的三类归结为优先级的高、中、低三个等级，就可以随便称呼。这种优先级分级方法都是主观的、不明确的。要想使这些分级有用，所有干系人必须对每个所用级别的含义达成共识。

评估优先级的一种方式是从**重要性**和**紧急性**两个维度（Covey 2004）考虑。每个需求既能够被认为对实现业务目标重要或不那么重要，又可以被认为紧急或者不那么紧急。这是在一个需求集合中进行相对性评估，而非绝对的二分。如图 16-1 所示，这些选项可以有下面四种不同的组合，可以以此来定义优先级。

- **高优先级**需求很重要（客户需要这个功能）而且很紧急（客户在下个版本中就要）。又或者，合同规定或者约定的义务要求必须包含某个特定的需求，或者有某些不可抗的商业原因要求必须立即实现某个需求。如果能够等到在后续版本中再实现某个需求，并且不会造成不良后果，那么根据这个定义，此需求就不具有高优先级。

- **中优先级**需求是重要的（客户需要这个功能），但不紧急（他们可以等待后续版本）。
- **低优先级**需求既不重要（必要的情况下，客户没有这个功能也能够正常生存），也不紧急（客户可以等待，也许能一直等下去）。
- 第四象限的需求看起来对一些干系人很重要，也许是出于政治原因，但是对于实现业务目标而言，这些需求根本不重要。不要浪费时间满足这些需求，因为它们不会为产品增加足够的价值。既然不重要，就将它们设置成低优先级或者整个清除掉。

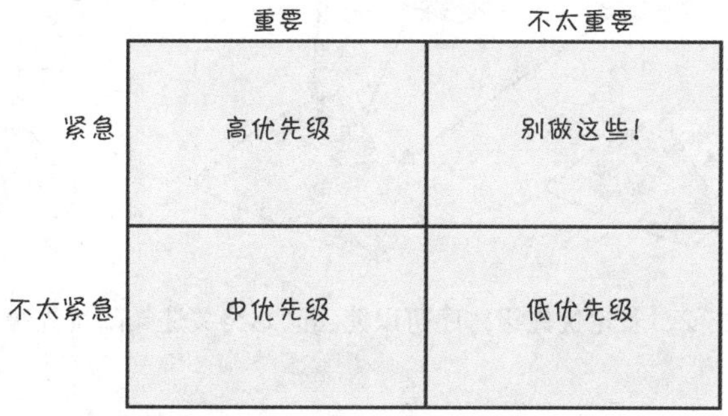

图 16-1　基于重要性和紧急程度来排需求优先级

将每个需求的优先级归入其属性，加入用户需求文档、SRS 或者需求数据库中，并且应当形成惯例，以便读到它的人能够了解某高层次需求的优先级被其所有下层需求所继承，还是每个独立的功能需求都有各自的优先级属性。

有时，特别是在大型项目中，你可能需要迭代进行优先级排序。让团队通过评分的方式，将需求评定为高、中或者低优先级。如果高优先级的需求数量太多，你就无法保证在下一版本中所有这些需求**一定都**能够交付。这时，要对局部需求进行第二轮评分，将这些高优先级的需求再分成三组。如果愿意，姑且可以称这三组为高、更高、最高，让人们始终记得这些需求原本就很重要的事实。被评为"最高"的需求便成为新的头等优先级的需求分组。"高"和"更高"的需求可以合并到原来的中优先级分组中（图 16-2）。应当采取强硬路线来执行"下一版必须要有，否则不能发布"的判定标准，这样做有助于使团队始终专注于真正高优先级的功能。

使用三层分级法进行分析和排优先级时，需要了解需求的依赖关系。如果一个高优先级的需求依赖于另一个需求，但后者优先级排名更低并且因此而计划安排到后续实现，就会遇到问题。

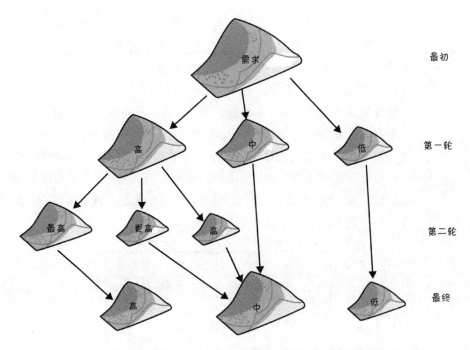

图 16-2　多轮优先级排序可以使团队始终关注最高优先级需求

MoSCoW

在 MoSCoW 优先级排序法中，四个大写字母代表在一个需求集合中四类可能的优先级类别（IIBA 2009）。

- **M**ust（必做）：需求必须满足，只有这样，解决方案才会被认为是成功的。
- **S**hould（应做）：需求很重要，并且如果可能，应当包含到解决方案中，但对于成功不是强制性的。
- **C**ould（可做）：想要但是可以推迟或者清除。只有当时间和资源都允许的时候才实现。
- **W**on't（不做）：表示这次不实现，但可能包含到未来的版本中。

MoSCoW 方法将高、中、低三个级别变成四个级别。但对于如何通过比较其他需求来评级给定需求的优先级，MoSCoW 并没有给出相关的依据。MoSCoW 不关注时间，特别是需求被评定为"Won't"时。"Won't"极可能意味着"不在下个版本中做"，也可能意味着"永远不做"。这些区别必须加以明确，以便所有干系人对某个特定优先级评定的含义有着共同的理解。前面讲的三层分级法依赖于对重要性和紧急性两个维度的分析，并且特别专注于下一个版本或者开发时间箱，是一种更清晰的思考优先级的方法。我们不推荐MoSCoW。

MoSCoW 的实际应用

　　有一名顾问曾经给我讲述一个客户公司是如何在实际项目中运用 MoSCoW 方法的。"所有的行动都围绕着一件事展开，让几乎每个特性或者需求都得 M，"他说，"如果某个需求不是 M，就不开发。尽管最初的目的是排优先级，但很早之前，用户就一直反映说没有评为 M 的需求压根儿就没有发布过。他们是否明白 S、C 和 W 之间的微妙差别？对此，我不知道，但他们显然理解这些排名的含义。他们用相同的方式来对待这三类不同的需求，认为它们的意思就是'然后就没有了然后'。"

100 美元

　　排优先级，是为了进行综合性的全面思考，更好地分配有限的资源，从而使某个组织的项目从投资中获得最大的收益。一种更直观易懂的优先级排序方式，就是将其计量单位转换为实际的资源：钱。在这个例子中，我们只使用游戏币，不用真钱。

　　排优先级的团队一共有 100 美元虚拟货币。团队成员需要从候选需求集合中挑选出要实现的需求，并且分配这些钱来"购买"需求。他们要给高优先级需求分配更多钱以表示更高的权重。对于某个干系人来说，如果某个需求的重要程度三倍于另一个需求，她或许可以给第一个需求分配 9 美元，第二个需求分配 3 美元。但是 100 美元针对的是全部需求的优先级，钱用完了，就不能再实现其他的需求，至少不能在当前所专注的版本中。一种方法是让不同的人各自分配他们的钱，然后算出每个需求所分配到的总金额，大家都认定的需求就可以视为优先级最高的需求。

　　100 美元这种方法不错，可以让一群人根据优先级来思考如何分配资源。但是，Davis（2005）指出，对于一些方法，参与者会抱着"游戏"的态度参与其中，从而影响到结果的准确性。例如，如果真的**确实**想要某个特定的需求，你就可能把 100 美元全部分给这个需求，使其上升到列表的顶端。但是实际上，用户永远不会接受只有这一个需求的系统。而且，这种方法也没有考虑到实现每个需求需要多少工作量。如果完成三个价值均为 10 美元的需求与一个价值为 15 美元的需求需的总工作量相同，最好先实现那三个需求。这种方法完全基于一组特定干系人所认定的需求价值，许多排优先级技术都有这种局限性。

　　还有另一种排优先级技术，它基于真钱，不是游戏币。使用 Joy Beatty and Anthony Chen（2012）的**目标链**技术，可以分配一个估算的金额来代表每个新提议特性能够为实现项目业务目标做出多少贡献。之后分别比较特性的相对价值，从中选择需要优先实现的需求。

根据价值、成本和风险排优先级

当干系人使用其他相对非正式的技术却无法就需求优先级达成共识时，使用一种更侧重于分析的方法可能很有用。如果想将客户价值与提议的产品特性关联起来，可以使用一种称为品质功能展开法（Quality Function Deployment，QFD，Cohen 1995）的方法，这是一种明确而严谨的方法。尽管从 QFD 演变出一种结构化的优先级方法，且这种方法被证实非常见效，但似乎很少有软件组织受得了 QFD 的严谨。

表 16-1 阐述了一个电子表格模型，用于帮助估算一系列需求之间的相对优先级。通过对 17 种不同需求优先级排序方法进行对比和评估（Kukreja et al. 2012），这种方法的效果名列前茅。Excel 版本的电子表格可以从本书网站获得。表 16-1 中的例子列出了化学品跟踪系统中的一些特性（还有其他的吗？）。它借鉴了 QFD 概念，对客户价值加以考虑，即考虑如果获得某个特定产品特性，会为客户提供什么**收益**；也考虑到如果没有那个特性，带来什么**损失**。一个特性的吸引力与其所提供的价值成正比，与其在实现过程中的成本和技术风险成反比。如果其他方面都相同，具有最高风险修正价值/成本比率的特性就有最高优先级。这种方法使估算的优先级分布在连续的区间内，而不是将需求合并分组到几个离散的级别。

表 16-1　化学品跟踪系统优先级指标的例子

相对权重		2	1			1		0.5		
	特性	相对收益	相对损失	总价值	价值%	相对成本	成本%	相对风险	风险%	优先级
1.	打印物料安全表	2	4	8	5.2	1	2.4	1	3.0	1.22
2.	查询供应商订单的状态	5	3	13	8.4	2	5.4	1	3.0	1.21
3.	生成化学品库存报表	9	7	25	16.1	5	13.5	3	9.1	0.89
4.	查看某个特定化学品容器的历史记录	5	5	15	9.7	3	8.1	2	6.1	0.87
5.	搜索某种特定化学品的供应商名录	9	8	26	16.8	3	8.1	8	24.2	0.83
6.	维护危化品清单	3	9	15	9.1	3	8.1	4	12.1	0.68
7.	修改挂起的化学品申请	4	3	11	7.1	4	8.1	2	6.1	0.64
8.	生成实验室存货报表	6	2	14	9.0	4	10.8	3	9.1	0.59
9.	检查培训数据库中危化品的培训记录	3	4	10	6.5	9	10.8	2	6.1	0.47
10.	从结构绘制工具导入化学结构	7	4	18	11.6	37	24.3	7	21.2	0.33
	合计	53	49	155	100.0		100.0	33	100.0	

将这种优先级排序方法运用于显然不具有最高优先级的需求。例如，不要把产品的核心业务功能、关键的产品差异点或者需要遵守法规的需求项加入此分析。识别出必须加入即将发布产品中的特性之后，就可以使用表 16-1 中的模型来评定其他功能的相对优先级。排优先级的过程中，要包括以下几类典型的参与者：

- 项目经理或者业务分析师，由他们来引导这个过程，裁决冲突，并且在必要的时候调整从其他参与者那里收到的优先级数据。

- 客户代表，比如产品代言人、产品经理或者产品负责人，要他们对收益和损失进行打分。

- 开发代表，要他们对成本和风险进行打分。

使用这个优先级排序模型时，须遵循下面的步骤（解释比使用更难理解）。

1. 在电子表格中列出所有想要进行优先级排序的特性、用例、用例流程和用户故事或者功能需求。在示例中，我们使用的是特性。所有需要分析的需求必须具有相同的抽象等级，不可以把功能需求同特性、用例或者用户故事混合在一起分析。这些特性可能有逻辑关联（只有包含特性 A，才要实现特性 B）或者有依赖（特性 A 必须在特性 B 之前实现）。对于这些情况，只在分析中包含有驱动因素的特性。这种模型可以处理几十项需求，再多就会变得笨重。如果太多，就要将相关的所需求合并分组到一起，形成可管理的列表。可以分层运用这个方法。例如，完成对特性的初始优先级排序后，你可以在一个特性内再次运用这个方法，对其中各个子特性或者功能需求进行排序。

2. 对于要提供给客户或业务的特性，让客户代表估算每个特性的相对收益，按照从 1 到 9 的范围进行打分。打分为 1，表示没有人觉得这个特性有用；9 表示特性极有价值。这些收益得分可以表明这些特性与产品业务目标的匹配程度。

3. 估算相对损失，即特性**未**加入而对客户或者业务带来的伤害程度。还是按照从 1 到 9 的范围打分。分数 1 表示如果缺少这个特性，没有人会难过；9 表示重度负面影响。同时具有低收益和低损失的需求会增加成本但只带来很少的价值。有时，某个特性的价值相当低，并不会有很多客户使用，但是如果竞争对手拥有那个特性，客户就会期望得到它（即使他们个人并不打算用！），就会带来很高的损失。营销人员有时会要求有这些"复选框特性"：必须要有这个特性，即便根本不会有人真的在意。在为损失打分时，要考虑一下，如果不加入该功能，会产生什么后果。

    - 在与其他具有该特性的产品进行比较时，你的产品是不是很差劲？

    - 是否有任何法律或者合同后果？

    - 是否会违背某个政府或者行业标准？

- 用户是否无法操作某些必要或者期望的功能？
- 是否很难将那个功能以扩展的形式添加进来？
- 是否会由于营销人员向有些客户承诺过某个特性而造成问题？

4. 电子表格将收益和损失分数相加（本章稍后讲如何加权），计算出每个特性的总价值。它对所有特性的价值进行求和，并计算出每个特性所带来的价值在总价值中的占比（价值%）。注意，这不是整个产品的总价值，只是参与优先级排序的这些特性的总价值。

5. 让开发人员估算实现每个特性的相对成本，打分范围还是从 1（快速简单）到 9（费时费力）。电子表格计算每个特性占总成本的百分比。开发人员要根据一系列信息来估算成本，包括特性的复杂度、所需开发的用户界面规模、复用已有代码的潜力以及测试所需要的工作量等。在敏捷团队中，要对每个用户故事分配故事点，因此能够根据这些故事点来完成成本评分。（更多关于敏捷项目估算的内容，请参见第 19 章。）

6. 同样，开发人员要对每个特性的相对的技术风险（非业务风险）进行打分，打分范围还是从 1 到 9。技术风险是指在首次尝试中*无法*实现特性的可能性。打分 1 表示甚至在梦中都能够把代码写出来，9 表示严重担忧可行性、团队缺少必要的经验、要用到陌生的工具和技术或者担心隐藏在需求背后的大量复杂性。电子表格会计算出每个特性占总风险的百分比。

7. 输入所有估算数据之后，电子表格就会使用下面的公式为每个特性计算出优先级：

$$优先级 = \frac{价值\%}{成本\% + 风险\%}$$

8. 最后，按照最右列中计算出的优先级，对特性列表进行降序排序。在列表顶部的特性以最好的方式平衡价值、成本和风险，因此具有最高优先级。专注讨论列表顶部的特性，可以进一步优化最初的排序，尽管并非每个干系人都能够得到自己想要的功能，但形成的优先级序列可以使他们达成共识。

对于默认情况，收益、损失、成本和风险这几个条件的权重一样。可以在电子表格的顶端修改这四个因素的相对权重，体现出团队在决策优先级时的思考过程。在表 16-1 中，所有的收益评分权重都是对应损失评分的两倍，损失和成本的权重相同，风险的权重是成本和损失这两个条件的一半。要想从模型中去掉某个条件，将它的权重置为零即可。

与排优先级的参与者一起使用这个电子表格的时候，可能要隐藏表 16-1 中几个列：总价值、价值%、成本%和风险%。它所显示的计算中间结果会分散大家的注意力。隐藏这些列，能够使客户专注于四个打分类别和计算出的优先级数值。

> **或者，我们可以掰手腕**
>
> 　　有一个公司采用这个电子表格来排需求优先级。他们发现，这种方法帮助一个项目团队打破了僵局。在某个大型项目中，一些干系人对哪些特性更重要持有不同的观点，使团队陷入了僵局。通过分析这个电子表格，优先级评估变得更加客观，减少了情绪方面的影响，使团队能够对一些结论达成共识，进而继续前进。
>
> 　　顾问 Johanna Rothman(2000)报告说："我建议客户将这个电子表格用作决策工具。他们发现，在对不同需求确定相对优先级时，这个表格激发的讨论非常有用。"也就是说，使用这个收益、损失、成本和风险形成的框架，能够指导对优先级的讨论。相比而言，如果只是用这个表格进行分析并且仅仅依赖计算得到的优先级顺序，这种对讨论的指导作用显然更有价值。因为需求及其优先级会随着时间而改变，在项目中，自坚持使用这个电子表格工具有助于管理余下要做的待办事项。

　　这个优先级模型的有效性受限于团队对各项收益、损失、成本和风险的估算能力。因此，计算得到的优先级仅供参考。干系人应当评审完成的电子表格，就评分和最终排出的优先级顺序达成共识。如果不确定是否可以信任得到的结果，就要考虑找以往项目中已经实现的一些需求对模型进行校准。对校准集合中已实现需求的重要性进行事后评估，调整加权因素，直到计算得到的优先级序列与重要性评估结果相吻合。这会使你更有信心将该工具当成一种预测性模型，用它来决定需求的优先级。

 　　陷阱　不要过度解读计算得到的不同优先级之间的细微差异。这种半定量方法不具有数学意义上的严谨性。请将具有近似相同优先级数值的几个需求集合并为一组。

　　通常，对于某个具体需求的相对收益或者忽略它所带来的损失，不同干系人的想法彼此会有冲突。排优先级的电子表格包含一个变量，能够接纳来自多个用户类别或者其他干系人分组的输入。在下载版本的电子表格中，有一个"多干系人"工作表页签，其中重复了两列"相对收益"和"相对损失"，以便每个干系人都能为分析提供数据。然后再为每个干系人分配一个权重因子，对其他对项目决策影响力相对低的干系人进行分组，给优待用户类别更高的权重。让每个干系人代表提供每个特性的收益和损失评分。电子表格结合干系人的权重，计算出最终分值。

　　在评估新提议的需求时，这个模型还能够帮助做出权衡决策。将新需求添加到排优先级的电子表格中，然后看看其优先级是否与现有需求的基线一致，从中选择合适的实现顺序。

　　不必总是使用如此复杂的方法。要尽量保持简单，简单到不能再简单为止。

力求优先级排序由政治和情绪的竞技场转变为干系人可以进行坦诚评判的论坛。这将为构建产品提供更好的机会，以最低的成本交付最大的业务价值。

行动练习

- 再次评估新版本待办列表中的需求，使用图 16-1 中的定义来区分必须加入版本的需求与必要时可以等待的需求。这会导致优先级发生变化吗？

- 从最近的某个项目中，挑选 10 或 15 个特性、用例或者用户故事，用表 16-1 中阐述的模型来排优先级。相比通过其他方法确定的优先级，计算得出的优先级是否更好？相比原来主观判断的优先级，计算得出的优先级是否更好？

- 如果通过这个模型计算出的优先级与你认为正确的优先级不一致，就分析一下模型中哪一部分没有得到合理的结果。尝试对收益、损失、成本和风险使用不同的权重因子。调整模型，直到得到与你期望一致的结果。否则，你无法相信模型的预测能力。

- 完成优先级排序模型的校准之后，将它用于一个新的项目。将计算得到的优先级加入决策过程。看看相对于原来采用的优先级排序方法，干系人对这次得到的结果是否更加满意。

- 尝试使用此前没有用过的新技术来排优先级。例如，如果已经用过 MoSCoW，就尝试使用三级方法，比较一下哪一个更好。

第 17 章

确认需求

　　测试主管 Barry 是一名审查会议的主持人。在会议中，大家都在仔细查验软件需求规范，找问题。会议包括多名代表，他们来自至少两个不同的用户类别。其中，Jeremy 是一名开发人员，而 Trish 则是一名负责写 SRS 的业务分析师。有一个需求说："为了保护登录到培训系统的工作站，系统将为无人值守的终端提供超时保护功能。" Jeremy 向大家讲述了自己对此的理解："这个需求说，在一个特定的时间长度内，如果当前用户登录到培训系统的工作站没有进行任何操作，系统会自动注销该工作站。"

　　Hui-Le 是产品带头人之一，他紧接着说："系统如何确定终端是否无人值守？这和屏幕保护程序有点像，那么，如果在几分钟内，鼠标或者键盘没有任何操作，用户是否会被注销？如果在此期间用户只是在和其他人进行简短的讨论，这样做就会很烦人。"

　　Trish 补充说："这个需求没有提到用户注销。如果超时保护真的是注销，也许用户只要重新输入密码就能继续了。"

　　Jeremy 也很不解："这个意思是说，任何能够接入培训系统的工作站，还是只有在当时已经登录到系统中的活动工作站？这里的超时时间是多长？也许这类事情应该有一个安全准则。"

　　Barry 确保审查记录员已经准确了解了所有这些顾虑。会后，他对 Trish 进行跟进，确保他理解了这些问题，只有这样，所有问题才能得以解决。

如果需求含糊其辞或者不完整，就会给软件开发人员带来挫败感，大多数人对此都有深刻的体会。如果无法得到需要的信息，开发人员就不得不自己去破解，通常都不正确。正如第 1 章所讲，在实现之后修正需求错误要付出的成本远远高于需求开发中发现的错误。一项研究发现，在需求阶段，要纠正一个发现的缺陷，平均需要 30 分钟。相比之下，在系统测试过程中，要修正一个已确定的缺陷，需要 5～17 小时（Kelly，Sherif and Hops 1992）。显然，无论采取什么措施，只要能够发现需求规范中的错误，就能节省时间和金钱。

在许多项目中，测试是一项后期工作。与需求相关的问题一直存在于产品中，直至耗时的系统测试终于将它暴露出来。甚至更糟的是，有些问题到最终用户使用时才被发现。如果测试计划制定和测试用例开发与需求开发同时开始，很快就会发现许多错误。由此可以避免这些错误造成进一步的危害，尽可能降低开发和维护成本。

图 17-1 描绘了软件开发的 V 字模型。图中展示测试工作与相应的开发工作同时开始。从模型中可以看出，验收测试源自用户需求，系统测试基于功能性需求，集成测试基于系统架构。无论是整个产品、某个版本还是一个单独的开发增量，对于正在进行测试的软件开发活动，此模型均适用。

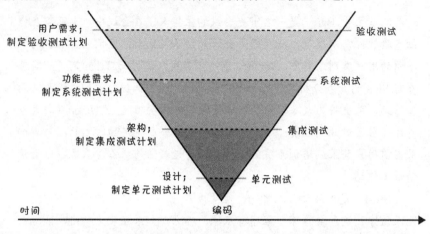

图 17-1　将软件开发与制定测试计划和测试设计相结合的 V 字模型

正如本章后续将要讨论的，在需求开发过程中，可以使用这些测试对各类需求进行确认。在需求开发中，由于还没有任何可运行的软件，所以暂时还无法真正执行任何测试。但是，概念性测试源自需求（故不依赖于实现），在写代码之前，就能暴露出需求和模型中的错误、不明确和疏漏。

有时，项目参与者不愿意花时间对需求进行评审和测试。直觉告诉他们，如果将提升需求质量所需要的时间安排到工作计划中，发布日期就要向后推迟同样长的时间。然而，这种想法基于一个假设，即投入时间进行需求确认不会带来回报。事实是，由于减少了返工，提升了系统集成和测试速度，因此这种投入能够切实有效地**缩短**交付计划（Blackburn，Scudder and Van Wassenhove 1996）。更优质的需求带来更高的产品质量和客户满意度，进而降低维护、扩展和客户支持所需的产品生命周期成本。通常，对需求质量的投入带来的节流远远超过开销。

很多技术能够帮助评估需求的正确性和质量（Wallace and Ippolito 1997）。一种方法是量化每个需求，以便找到度量方案对需求满足进行衡量。Suzanne and James Robertson（2013）使用术语"**契合度标准**"（*fit criteria*）来描述这种量化方式。本章涉及的确认技术包括正式和非正式需求评审、根据需求开发测试以及让客户自行定义其产品验收条件。

确认与验证

除需求收集、需求分析和需求规范外，需求确认是需求开发的第四部分。一些作者使用 "验证"（verification）一词来表示。在本书中，我们采用《软件工程知识体系》（*Software Engineering Body of Knowledge*）（Abran et al. 2004）中的术语，据此将这方面的需求开发称为"确认"（validation）。需求验证也是必不可少的工作，能够确保高质量需求应具备的特征。严格讲，在软件开发中，确认和验证是两种不同的工作。**验证**判断的是某开发活动的工作产出是否符合要求（正确做事）。**确认**评估的是产品是否满足客户需要（做正确的事）。

如果将这些定义引申到需求方面，验证判断的是写需求的方式是否正确，具备应当具备的特征，这些特征在第 11 章中进行了详尽的描述。需求确认评估的是写的需求是否正确（源自业务目标）。尽管如此，这两个概念仍然是相辅相成的。为了简单起见，本章只讨论需求确认，但是我们所述的技术既有助于确保需求正确，也有助于提高需求质量。

确认需求可使团队构建出正确的解决方案，力求满足既定的业务目标。需求确认工作试图确保以下几点。

- 软件需求准确地描述了预期的系统能力和特征，并且这些能力和特征能够满足不同干系人的需要。
- 从业务需求、系统需求、业务规则以及其他来源中正确产生需求。
- 需求是完整的、可行的、可验证的。
- 所有需求都是必要的，并且整个需求集合足以满足业务目标。
- 所有需求表示彼此都是一致的。
- 需求能够为后续的设计和构建提供充分的依据。

需求确认并不是在对所有需求进行收集与记录之后的一个孤立的阶段。有些确认工作贯穿于持续不断的需求收集、需求分析和规范化过程始终，比如对不断扩大的需求集合采用增量式评审。正式审查等其他评审工作在碰触到诸多要求底线之前，为需求提供最后一道质量门槛。当然，只有书面需求才能够进行确认，仅存于头脑中的隐性需求不能。

需求评审

让需求文档作者以外的人查验工作产物中的问题，这种方式称为"**同行审查**"。对于需求不明确或者不可验证、需求定义不够清晰而导致无法设计等问题，都可以使用需求评审这一强大技术加以识别。

不同类型的同行审查，名称五花八门（Wiegers 2002）。非正式评审有助于让别人了解产品，并对非结构化反馈进行收集。然而，非正式评审缺乏系统性，不够全面，执行方式不一致。非正式评审方法包括：

- **同级桌查**（*peer deskcheck*）：让一名同事仔细查验你的工作产物。
- **轮查**（*passaround*）：邀请多名同事同时检查交付物。
- **走查**（*walkthrough*）：需求文档作者对交付物进行讲解，并征求相关意见。

非正式评审用于找出显而易见的错误、不一致和分歧，可以帮助发现不符合高质量需求应有特征的话语。但对评审人而言，很难凭一己之力找到所有不明确的需求。当一名评审人读完某个需求，会认为自己已经理解了这个需求，不假思索地继续下一个需求。另一名评审人可能在读完相同的需求之后得到完全不同的理解，但也认为没什么问题。如果这两个评审人从来不对该需求进行讨论，就会一直存在这个问题，直到项目后期才被发现。

正式同行审查遵循的是一种经过良好定义的流程。正式需求评审要产出一份报告，其中注明检查的材料、评审人以及评审团关于需求可否接受的意见。首要交付物是一份摘要，记录所发现的缺陷以及在评审过程中提出的问题。尽管需求文档作者最终要为交付物的质量负责，但正式评审团成员对评审质量也有责任。

最有建树的一种正式同行审查称为**"审查"**（inspection）。对需求文档进行审查，是当前最有名的软件质量技术之一。一些公司每投入 1 个小时审查需求文档和其他软件交付物，可以避免多达 10 个小时的劳动（Grady and Van Slack 1994）。1000%的投资回报率不容小觑。

如果真的很想努力追求软件质量的最大化，团队就应该对大多数需求进行审查。对大量需求进行详细审查既枯燥又费时。即便如此，我所知道的进行需求审查的团队都认为，他们所花的每一分钟都是值得的。如果没有时间审查全部，也要通过风险分析，将必须审查的需求辨别出来，相比之下，不太关键、不太复杂、不太新颖的材料，非正式评审足矣。审查并不廉价，更谈不上有趣。但是，如果很久之后才能发现问题，修正问题就需要消耗大量的时间，破坏客户口碑，相比之下，审查更廉价，而且更有趣。

离得越近，看到的越多

我们再来看一看化学品追踪系统这个项目。每次需求获取工作坊结束后，用户代表的积极贡献都会使 SRS 增长，因而他们要对最新的贡献进行评审。这些快速评审发现了很多错误。完成需求获取后，一名业务分析师合并来自各用户类别的输入，形成了一份 50 页左右的 SRS 和一些附录。此后，两名业务分析师、一名开发人员、三名项目主管以及一名测试人员对整个 SRS 进行审查，评审会议在一周内分三次召开，每次两个小时。评审人员发现了另外 223 个错误，包括十多个重大缺陷。所有评审人员都认为，逐个研磨 SRS 中的需求所花的时间实际是在为项目团队的长期运作节约大量的时间。

审查流程

迈克尔 • 费根（Michael Fagan）在 IBM 开发了这个审查流程（Fagan 1976；Radice 2002）。经过其他人对这种方法多年的扩展或改良（Glib 和 Graham 1993；Wiegers 2002），审查已经成为软件行业公认的最佳实践之一（Brown 1996）。任何软件工作的产物都可以进行审查，包括需求、设计文档、源代码、测试文档以及项目计划。

审查是一种经过良好定义的多阶段流程，审查小组对工作产物进行仔细查验，力求发现缺陷和改进机会。审查就像是质量的门槛，项目交付物必须在触底之前通过这道门槛。审查形式多种多样，但对质量而言，无论采用哪种形式，都称得上是一种强大的技术。下面的描述基于费根审查技术。

参与者

在开始之前，要确保能够召齐必须参加会议的人员。否则，如果某些重要人物对修改不认可，由此产生的问题就不能当即发现并予以纠正。参与审查的人员要能够代表以下四种角色（Wiegers 2002）。

- **需求文档作者与其同行**　以写需求文档的业务分析师为代表。可能的话，另外带上一名有经验的业务分析师，因为他知道要找哪类需求写作错误。
- **充当信息来源并将信息注入审查项的人**　这些参与者可以是真实的用户代表，也可以是原来某个规范的需求文档作者。如果规范水平较低，审查时就必须有客户代表参与，比如产品带头人，以确保需求正确而完整地描述了他们的需要。
- **要根据审查项开展工作的人**　对于 SRS，要让一名开发人员、一名测试人员、一名项目经理和一名负责写用户文档的人员加入，因为他们能够发现不同类型的问题。测试人员能够发现不可验证的需求，测试人员能够发现技术上不可行的需求。
- **负责系统接口的人**　审查的需求会影响到这些系统。审查人员要找出外部接口需求方面的问题。他们还可以探测出"连锁反应"，即变更正在审查的这个 SRS 中的一个需求会对其他系统产生影响。

将审查团尽量限制在 7 人以内。这意味着每次审查都可能有一些视角被忽略。在讨论事情是否错误、问题解决以及辩论时因为团队人数太多而很容易陷入困局。这会降低审查材料的覆盖率，增加每个缺陷的发现成本。

需求文档作者的上级一般不宜参加审查会，除非他的出席对项目有积极作用并且得到需求文档作者的同意。因为如果审查会议有成效，暴露出许多缺陷，苛刻的管理者就会对需求文档作者产生负面印象。而且，上级在场可能会妨碍其他人积极参与讨论。

审查角色

包括需求文档作者在内的所有参与审查的人员都要寻找缺陷和改进机会。在审查过程中，一些审查组成员担当着以下特定角色（Wiegers 2002）。

需求文档作者　需求文档作者创建并维护待审查的工作产物。需求文档作者通常是业务分析师，他们收集客户诉求，写需求。在走查等非正式评审过程中，需求文档作者通常负责引导讨论。但是，在审查过程中，他们通常是一个更加被动的角色。需求文档作者不应承担任何其他特定角色，比如主持人、讲解员或记录员。由于不是主动角色，需求文档作者要倾听其他审查人发表的意见，回答他们的问题（而非辩论），并且思考。通过这种方式，需求文档作者往往能够发现其他审查人无法看到的错误。

主持人　主持人与需求文档作者制定审查计划，协调不同的工作，引导审查会议顺利进行。在审查会议的前几天，主持人将待审查的材料，连同此前的所有相关文档，分发给审查参与者。主持人的责任包括准时召开审查会议、调动所有参与者的积极性、保持会议专注于寻找重大缺陷（而非解决问题或者因为琐碎的格式问题和错别字而分散注意力）。主持人需要同需求文档作者跟进提出的变化，确保审查中发现的问题能够得以正确解决。

讲解员　指定一名审查人为讲解员。在审查会议过程中，讲解员对需要检查的需求和建模元素进行逐个讲解。其他人要指出他们发现的潜在缺陷和问题。通过用自己的语言阐述需求，讲解员给出自己的理解，而且这可能有异于其他审查人的理解。这种方式的好处在于能够暴露出歧义、可能的缺陷或猜测。这种方式还强调了需求文档作者外其他人讲解的价值。如果同行审查形式相对不那么正式，可以省略讲解员角色，由主持人进行串讲，并且每次都要设立一个征求意见的环节。

记录员　记录员使用标准表格来记录会议中产生的问题和发现的缺陷。记录员要确保所记的内容准确无误，应当大声复述或者以可视化方式共享（通过网络会议进行放映或者分享）所记的内容。其他审查人要清楚告知需求文档作者问题的位置和性质，使其能够高效、正确地解决问题，从而帮助记录员捕捉到每个问题的本质。

准入条件

只有满足特定的前提，一个需求文档才算是做好了审查准备。在做审查准备工作时，这些准入条件确定了一些明确的要求，为需求文档作者提供可遵循的依据。这些条件还能够避免审查团将时间浪费在本来应该在审查前解决的问题上。主持人可以将准入条件当作检查清单，用它来确定是否能够进入审查环节。下面推荐一些需求文档审查准入条件。

- 文档符合标准模板，并且没有明显的拼写、语法和格式问题。
- 为了便于引用定位，文档需要印有行号或者其他唯一标识。

- 所有开放问题都标记为 TBD（待定，to be determined）或者可以在问题跟踪工具中访问。
- 主持人对文档进行标准采样检查，确保 10 分钟内能够找出的重大缺陷要少于 3 个。

审查环节

如图 17-2 所示，审查是一个多步骤流程，虚线说明审查流程中部分环节可能会重复进行（因为大量返工而必须重新审查）。你可以一次审查多个小的需求集合，这些需求集合也许已分配到具体的开发迭代中，进而最终覆盖整个需求集合。本节将对审查流程中的各个环节进行概述。

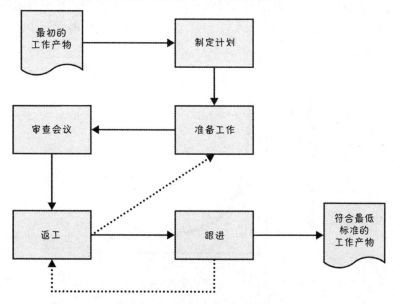

图 17-2　审查是一个多步骤流程

制定计划　需求文档作者和主持人共同制定审查计划。他们确定谁要参加、审查人员在会前应当收到哪些材料、覆盖材料所需的整个会议总时间以及应当何时安排审查。每小时评审的页数在很大程度上影响着能够发现的缺陷数量（Glib and Graham 1993）。如图 17-3 所示，慢慢审查需求文档时，暴露的缺陷最多。（对这种经常被提到的关系，换一种表述方式是，如果想找到更多缺陷，就要慢一些审查。目前尚不清楚缺陷数和速度之间谁是因，谁是果。）由于团队审查需求的时间有限，所以需要选择合适的审查速度，并权衡忽略重大缺陷的风险。虽然最优速度能够最大化发现缺陷的效益，但是，实践指导速度为每小时 2～4 页，约为最优速度的两倍（Glib and Graham 1993）。可以根据下列因素调整速度：

- 团队以往的审查数据，将审查效率表示为一个速度的函数
- 每页文字的多少

- 需求的复杂程度
- 存在未发现错误的可能性及其影响
- 待审查材料对项目成功的重要性
- 需求文档作者的经验水平

准备工作 在审查会议之前，需求文档作者应当将背景信息分享给审查人员，以便他们能够理解审查项的上下文并且知道需求文档作者对审查的目标。之后，所有审查人员查验工作产物，并使用典型需求缺陷检查清单或者其他分析技术，识别可能的缺陷和问题（Wiegers 2002）。本章稍后要对典型需求缺陷检查清单加以介绍。在准备过程中，能够在审查之前发现高达 75% 的缺陷，所以不要省略这一步（Humphrey 1989）。第 7 章描述的需求获取技术在准备工作过程中非常有用。制定的计划中，独立准备工作所花的时间至少是安排团队审查会议的一半。

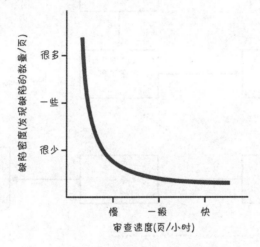

图 17-3　发现的缺陷数量依赖于审查速度

陷阱 如果审查会的参与者自己还没有完成查验，就不要召开审查会。没有成效的会议会导致"审查是在浪费时间"的错误结论。

审查会 在审查会中，讲解员引导其他审查人通览整个文档，用他自己的话逐个描述需求。审查人一一挑出可能的缺陷和一些问题，记录员就捕捉这些问题，并为需求文档作者记录到行动事项列表中。审查会的目的在于尽量多识别出重大缺陷。如果需要更多时间覆盖全部材料，就另行安排会议。

在检查完所有材料之后，团队会决定是原样采纳、还是稍微修订或提出需要重大修订。"需要重大修订"说明需求开发流程存在不足，或者写需求的业务分析师需要额外的培训。在下一次规范活动之前考虑进行一次回顾，探索一下如何改进流程（Kerth 2001）。如果必须进行重大修订，团队可以决定对产物中需要大量返工的部分进行重新检查，就像图 17-2 中返工与准备工作之间虚线所示的那样。

有时，审查人只报告浅层的和表面的问题。此外，还很容易用各种方式转移话题。比如，无论某个问题是否确实是缺陷都要讨论一番，对项目范围问题进行争论，对问题的解决方案进行头脑风暴。并不是说这些工作无用，只不过它们真的会分散对核心目标的注意力。我们的核心目标是找出明显的缺陷和改进机会。

返工　几乎任何质量控制工作都会暴露出一些缺陷。需求文档作者应当留出一些时间完成审查会之后的返工工作。后续修复尚未纠正的需求缺陷需要大量时间，所以这时应当立即解决歧义，消除不清晰的需求，争取为项目开发奠定成功的基础。

跟进　这是审查的最后一个环节，主持人或者指定的个人与需求文档作者一起确保解决完所有悬而未决的问题和错误。在审查流程告一段落后跟进，并使主持人能够判断所有需求审查的准出条件是否全部都得以满足。跟进环节会暴露一些未完成的或者未正确执行的修改，如图 17-2 中跟进与返工之间的虚线所示，这些问题会导致额外的返工。

准出条件

在主持人宣布整个审查流程（不只是审查会）完成之前，应当规定准出条件。这里列出了一些可能的需求审查准出条件。

- 在审查中产生的所有问题都得以解决。
- 对需求和相关工作产物所做的所有改变都得以正确执行。
- 提出的所有问题都得以解决，或者每个问题的解决过程、目标日期以及负责人都已经记录在案。

缺陷检查清单

为了帮助评审人找出产品中典型的错误，需要为项目创建的每个需求文档分别开发一个缺陷检查清单。这个检查清单能够提醒评审人注意以往频发的问题。久而久之，人们会内化这些检查项，习惯性地找出正确的问题。图 17-4 中，为本书配套内容描绘了一份评审检查清单。如果创建了更具体的需求描述或模型，你可以展开清单中的检查项进行全面评审。诸如视觉规范或范围定义文档这类的业务要求，可以有自己的检查清单。Cecilie Hoffman and Rebecca Burgess（2009）给出了一些详细的评审检查清单，其中包括一份检查清单，用以根据业务要求来确认软件需求。

一份很长的检查清单，没有人能够记住其中所有的项。如果清单超过 6 项或 8 项，评审人可能就需要进行多轮检查，才能完成整个文档的检查，大多数评审人都不愿意如此费事。你需要对这些清单进行取舍以满足组织的需要，还应当修改清单中的每一项，使其能够反映出在需求中最常遇到的问题。一些研究表明，如果赋予评审人具体发现缺陷的责任，并且提供结构化思路的流程或场景以帮助他们猎取特定类型的错误，成效高于只是发一个检查清单给所有评审人并希望他们有最好的结果（Porter，Votta and Basili 1995）。

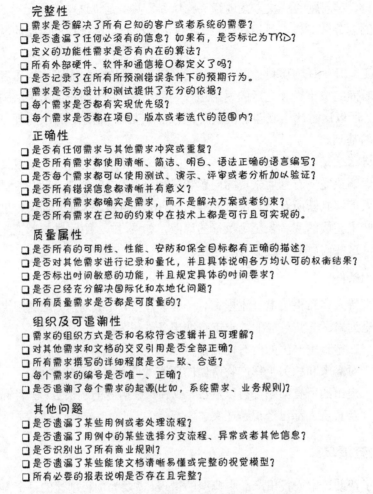

完整性
- [ ] 需求是否解决了所有已知的客户或者系统的需要？
- [ ] 是否遗漏了任何必须有的信息？如果有，是否标记为TBD？
- [ ] 定义的功能性需求是否有内在的算法？
- [ ] 所有外部硬件、软件和通信接口都定义了吗？
- [ ] 是否记录了在所有所预测错误条件下的预期行为。
- [ ] 需求是否为设计和测试提供了充分的依据？
- [ ] 每个需求是否都有实现优先级？
- [ ] 每个需求是否都在项目、版本或者迭代的范围内？

正确性
- [ ] 是否有任何需求与其他需求冲突或重复？
- [ ] 是否所有需求都使用清晰、简洁、明白、语法正确的语言编写？
- [ ] 是否每个需求都可以使用测试、演示、评审或者分析加以验证？
- [ ] 是否所有错误信息都清晰并有意义？
- [ ] 是否所有需求都确实是需求，而不是解决方案或者约束？
- [ ] 是否所有需求在已知的约束中在技术上都是可行且可实现的。

质量属性
- [ ] 是否所有的可用性、性能、安防和保全目标都有正确的描述？
- [ ] 是否对其他需求进行记录和量化，并且具体说明各方均认可的权衡结果？
- [ ] 是否标出时间敏感的功能，并且规定具体的时间要求？
- [ ] 是否已经充分解决国际化和本地化问题？
- [ ] 所有质量需求是否都是可度量的？

组织及可追溯性
- [ ] 需求的组织方式是否和名称符合逻辑并且可理解？
- [ ] 对其他需求和文档的交叉引用是否全部正确？
- [ ] 所有需求撰写的详细程度是否一致、合适？
- [ ] 每个需求的编号是否唯一、正确？
- [ ] 是否追溯了每个需求的起源(比如，系统需求、业务规则)？

其他问题
- [ ] 是否遗漏了某些用例或者处理流程？
- [ ] 是否遗漏了用例中的某些选择分支流程、异常或者其他信息？
- [ ] 是否识别出了所有商业规则？
- [ ] 是否遗漏了某些能使文档清晰易懂或完整的视觉模型？
- [ ] 所有必要的报表说明是否存在且完整？

图 17-4　用于评审需求文档的缺陷检查清单

需求评审提示

Karl Wiegers 的《再论软件需求：疑难杂症及实践建议》在第 8 章中给出了改进需求评审的建议。无论在项目中开展正式或非正式评审，无论在传统文档、需求管理工具中或者任何其他具体形式中，下面这些提示都是有用的。

制定检查计划　如果有人让你评审某个文档，你可能会从头到尾通读整篇文档。但实际不必如此。使用需求规范的人并不会从头到尾像读书一样读完它；同理，评审人也没有必要这样。邀请特定评审人重点关注文档中特定的部分。

尽早开始　也许整个需求集合只完成 10%，就可以开始评审了，不必等到你认为它们"写完"的时候。尽早发现重大缺陷，找出写需求方法中存在的系统性问题。这样做不仅能够发现缺陷，更重要的是能够非常有效地预防缺陷。

分配足够的时间　要给评审人足够的时间进行评审，既包括实际审的时长（工作量），也包括日历时间。因为评审工作必须给其他一些重要工作让路。

提供上下文　如果评审人来自不同的项目，就要为他们提供文档，甚至是项目的上下文。根据他们的背景，物色能够提供有益视角的评审人。例如，你可能认识一名同事，虽然他来自其他项目，但他能够在对项目并不熟悉的情况下发现其中的重大需求漏洞。

设置评审范围　告诉评审人要评审哪些材料，应当专注于哪里，要找哪些问题。建议他们使用前文提到的缺陷检查清单。你可能需要让不同的评审人对不同部分进行评审，或者让他们使用检查清单的不同部分，充分利用他们的时间及其技能。

限制重复审　不要让任何人审同一份材料超过三次。由于"评审疲劳"，在第三轮评审之后，评审人就会疲于翻阅，无法发现重大问题。如果确实需要让某人进行多次评审，就标出有变化的内容，使其只专注于这些内容。

对评审排优先级　应当优先评审高风险或者具有常用功能的需求。而且，还要找到几乎没有问题记录的需求，因为这些部分可能并非一帆风顺，只是根本还没有人评审过而已。

需求评审面临的挑战

同行审查既是技术活儿，又是一种社交活动。要其他同事指出自己工作中的错误，并非本能，全凭经验。软件组织需要花一些时间才能将同行审查注入文化之中。就需求评审而言，下面要给出组织通常面对的一些挑战及应对建议，其中一些专门适用于正式审查（Wiegers 1988a; Wiegers 2002）。

需求文档过长　对一份长达好几百页的需求文档进行全文查验，令人望而生畏。你可能想偷懒跳过整个评审，一个劲地埋头构建，这可不是什么明智之举。即便是中等篇幅的文档，所有的评审人也都会仔细检查第一部分，一些忠实拥护者会研究中间的部分，但似乎没有人会坚持读到最后。

要想避免压垮评审团，可以采用增量评审的方式，使评审贯穿于需求开发的始终。可以对需要仔细查看的高风险域进行审查，对风险较低的材料进行非正式评审。让挑剔的审查人从文档的不同位置开始，以确保每页看起来都是全新的。为了判断是否真的需要审查整个规范，可以查验标准样本（Gilb and Graham 1993）。根据发现的错误数量和类别来判断全文审查是否利大于弊。

审查团规模大　需求关系到很多项目参与者和客户的利益，所以需求审查会有一份很长的潜在参与人员清单。然而，评审团成员过多的后果是评审成本增加、安排会议难以及就问题达成共识难。我参加过一个审查会，除我之外还有 13 名审查人。最终，14 个人都还在争论某个需求的正确与否。试着采用下面的方法来帮助潜在的大型审查团。

- 确保每个参与者都在找缺陷，而不是来接受教育或者只是占个位置。
- 分清楚每个审查人分别代表什么角色（比如，客户、开发人员或者测试人员）。来自相同群体的人可以归到一起，然后只选一名代表参加审查会。
- 建立若干小团队同时审查需求，合并其缺陷列表，删掉重复项。研究表明，相较于单独的大型团队，多个审查团能够发现更多需求缺陷（Martin and Tsai 1990；Schneider，Martin and Tsai 1992；Kosman 1997）。并行审查有助于降低冗余带来的负面效果，并产生倍增效益。

审查人地域分散　　组织通常通过地域分散的团队合作开发产品。这使得审查更具有挑战。不同于面对面交谈，远程会议无法展示其他评审人的肢体语言和表情，但视频会议可能是较为有效的解决方案。网络会议能够确保评审人在讨论中观看相同的材料。

对网络共享存储中的电子文档进行评审，为应对复杂的评审会提供了一种可选方案。使用这种方法，评审人能够使用文字处理功能向文本中插入注释。（在写这本书的时候，我们两个作者就用了这种方法。）每个评论都标有评审人的名字首字母，而且每个评审人都能看到此前评审人已经发表的评论。网络协作工具同样有效。一些需求管理工具中的组件能够促进异步的分布式评审，避开了现场会议。但要知道，如果不开会，评审效果就会降低，但这肯定胜于完全不做评审。

评审人准备不足　　在正式评审会之前，所有的参与者都要检查一遍要评审的材料，识别出他们个人最初遇到的问题，这是正式评审会召开的前提。在没有准备的情况下，你将面临风险，因为大家会占用会议时间进行现场思考，并且可能遗漏许多重要的问题。

有个项目有一份 50 页的 SRS 文档，由 15 个人进行评审。人和页数都太多了，很难取得成效。每个人有一周的时间各自对文档进行评审，并且将问题反馈给需求文档作者。意料之中的是，大多数人根本看都没有看。所以主管业务分析师强制安排评审人一起进行文档评审。他将 SRS 投影到屏幕上，调暗灯光，开始一条一条地讲解需求。（房中间亮着一盏非常亮的灯，直接照在这名业务分析师身上，嘿嘿！就像在聚光灯下！）评审会进行了两个小时，所有的人都开始打哈欠，他们的注意力变得涣散。不出所料，发现问题的速度降低了。所有人都在盼望会议早点结束。这名业务分析师让参会人员离场，建议他们自己安排时间评审文档，好加快下次评审会的速度。果然，会议中的厌倦促使他们开始进行准备工作。关于如何在评审会中刺激参会者，请见第 7 章中针对工作坊提出的相关建议。

需求原型

系统在特定环境下如何工作？仅仅依靠阅读需求，是很难想像的。原型是能够将需求变为现实的确认工具。使用原型，用户可以体验根据需求来做的系统。关于不同原型分类及其改进需求的相关信息，第 15 章将进一步介绍。在本章中，我们讲述的是原型如何帮助干系人判断根据需求构建的产品是否满足其需要以及需求是否完整、可行并且已沟通清楚。

通过任何类型的原型，都可以在开始更昂贵的工作（比如开发和测试）之前发现遗漏的需求。即便像纸上原型这么简单的东西，也可以对全部用例、过程或者功能进行查验，从而发现是否有遗漏的或者错误的需求。原型还有助于确定干系人对需求的理解是一致的。某人会根据他对需求的理解实现一个原型，如果原型的评估者不认可他的演绎，说明需求不清晰。

概念验证（POC，Proof-Of-Concept）原型可以说明需求是可行的。演示原型让用户能够看到需求实现之后是怎样运作的并验证这就是他们预期的结果。仿真等其他复杂的原型，能够使需求确认更精准，但是，搭建的原型越复杂，越耗时。

需求测试

根据功能性需求或者按用户要求进行测试，可以使项目人员感知到预期的系统行为。设计测试这一简单方式，在远远早于测试能够在可运行的软件上执行的时候，便能够暴露出许多问题。写功能测试能够折射出你希望系统在特定条件下应当有的行为。当你无法描述预期的系统响应时，会发现不明确和有歧义的需求。当业务分析师、开发人员和客户一起做测试时，会得到一致的产品工作方式的看法，并更加确信需求是正确的。无论对于需求确认还是需求验证，测试都很有用的，是一种强大的工具。

 陷阱　留意那些声称直到需求写完才能开始干活的测试人员，还有那些声称不需要需求就能对软件测试的测试人员。测试和需求有一种协同关系，代表互补的系统视角。

只要 Charlie 开心，就好

Charlie 是我们组的 UNIX 脚本大牛。有一次，我让他为我们用的商业缺陷跟踪系统搭建一个简单的电子邮件接口扩展。为了说明该邮件接口如何工作，我写了十几个功能性需求。Charlie 很兴奋，因为虽然为别人写过那么多脚本，但此前他还从未见过书面需求。

不幸的是，我等了两个星期，都还没有为这个邮箱功能写测试。果然，其中一个需求有错。之所以能够发现这个错误，是因为当我想到大概 20 个测试时，期待的功能工作方式与一个需求有冲突。所幸，在 Charlie 完成他的实现之前，我纠正了这个错误需求，当他交付脚本的时候，没有任何缺陷。在实现之前发现错误是一个小小的胜利，但是小的胜利是可以积少成多的。

在开发流程中，可以尽早开始从需求中形成概念性测试（Collard 1999；Armour and Miller 2001）。可以使用概念性测试来评估功能性需求、分析模型和原型。这些测试应当覆盖每个用例的一般性流程、选择分支流程以及异常，这些都能够在需求收集和分析中识别出来。同样，如果识别出业务处理流程，测试就要覆盖业务处理的所有步骤以及所有可能的决策路径。

这些概念性测试是独立于实现的。例如，在化学品跟踪系统中，某个称为"查看订单"的用例就包括以下这些概念性测试。

- 用户输入要查看的单号，单据存在，用户下过订单。预期结果：显示订单详情。

- 用户输入要查看的单号，单据不存在。预期结果：显示信息"对不起，无法找到该单据。"

- 用户输入要查看的单号，单据存在，用户没有下过订单。预期结果：显示信息"对不起，那不是你的单据。"

理论上，业务分析师写功能性需求与测试人员写测试的起点都是一样的，都是用户需求，如图 17-5 所示。用户需求中的歧义以及理解的差异都会导致功能性需求、模型和测试所表达的视角不一致。当开发人员将需求翻译成用户界面和技术设计时，测试人员能够将概念性测试详细阐述为更详细的测试过程（Hsia，Kung and Sell 1997）。

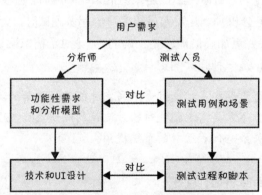

图 17-5　开发与测试工作产物的来源相同

让我们看看 CTS 项目团队是如何按照尽早测试思维将需求和可视化模型绑定到一起的。下面是一些需求相关信息，这些信息全部都与申请化学品的任务有关。

业务需求　如第 5 章所述，CTS 主要的业务目标之一是"**在第一年减少25%化学品采购开销。**"

用例　与此业务需求一致的一个用例是"申请化学品"。这个用例包含一条路径，即允许用户申请化学品库房中有库存的某个化学品容器。下面是第 8 章中图 8-3 的用例描述：

通过输入化学品名称或化学品 ID 或者从化学品绘图工具中导入化学品结构，申请人能够指定想要的化学品。系统允许申请人使用库房中所提供的该化学品容器，或者让申请人从供应商那里订购一个。

功能性需求 从这个用例中派生出以下功能。

1. 如果库房中有申请的化学品容器，系统就会显示可用容器清单。
2. 用户既能从显示的容器中选择一个，也可从供应商那里订购新的。

对话图 图 17-6 描述了与此功能相关的"申请化学品"用例的部分对话图的。正如我们在第 12 章中所描述的，在这个对话图中的方框代表 UI 的显示，箭头代表从一个显示跳转到另一个显示可能的导航路径。对于项目人员来说，要想标识出特定的屏幕、菜单、对话框和其他对话元素以便能够对这些元素进行命名并想出一个可能的 UI 架构，这个对话图是远远不够的。

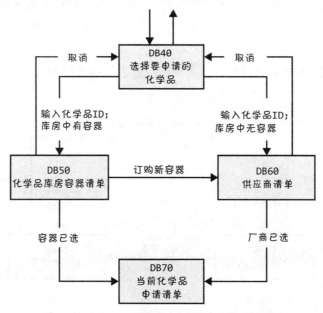

图 17-6 用例"申请化学品"的部分对话图

测试 由于这个用例有许多可能的执行路径，所以针对一般流程、选择分支流程和异常，能够想出好多测试。下面只给出一个，这个测试基于向用户展示化学品库房可用容器的流程。

在对话框 DB40 中，输入一个有效的化学品 ID；化学品库房中有两个容器可以装这种化学品。出现对话框 DB50，显示这两个容器。选择第二个容器。DB50 结束，容器 2 被添加到 DB70 中当前化学品申请清单的底部。

Ramesh 是 CTS 项目的测试主管，他写了许多这样的测试，这些测试全部都基于他对该用例的理解。这种抽象的测试不依赖于实现细节。他们不讨论某个字段输入数据、点击按钮或者其他特定的交互技术。在开发过程中，测试人员可以将这些概念性测试细化成具体的测试过程。

现在有意思的环节就要开始了，即测试需求。Ramesh 首先将每个测试对应到功能性需求。他要确保对所有现有需求进行检查，每个测试都可以"执行"。他还要确定至少有一个测试覆盖每个功能性需求。接下来，Ramesh 用记号笔跟踪对话图中每个测试的执行路径。图 17-7 中重点标出的线显示的是先前测试在对话图上的轨迹。

通过跟踪每个测试的执行路径，你能够发现错误的或被遗漏的需求，能够改进用户的导航选择，并且调整测试。假设以这种方式"执行"完所有测试之后，在图 17-6 中从 DB50 到 DB60 之间写有"订购新容器"的对话图导航线没有标记。有下面两种可能的解释。

- 这个导航是一个不相干的系统行为。业务分析师需要从对话图中删除这条线。如果 SRS 中的某个需求明确说明转化，那么这个需求也要删除。
- 这个导航是合理的，但是缺少能够表示这个行为的测试。

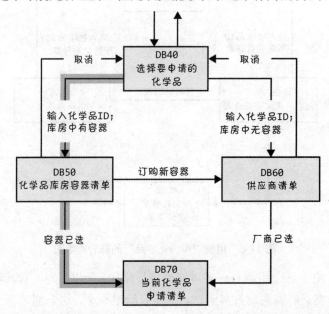

图 17-7　在对话图中跟踪"申请化学品"用例的测试

在另一个场景中，假设某个测试人员根据自己对用例的理解写了一个测试，这个测试说用户能够做某些操作直接从对话框 DB40 到 DB70。但是，图 17-6 中的对话图没有包含这么一条导航线，导致测试无法按照现有的需求执行。这里还有两种可能的解释。你需要确定下面哪一个是正确的：

- 从 DB40 到 DB70 的导航与系统行为无关，所以测试是错的。
- 从 DB40 到 DB70 的导航合理，但对话图和 SRS 也许遗漏了要由测试来走查的需求。

在这些例子中，业务分析师和测试人员将需求、分析模型和测试结合到一起之后，才能发现遗漏、错误和不必要的需求，而这些远远早于任何代码之前就要写好。软件需求的概念性测试是一种强大的技术，能够尽早发现需求中的歧义和错误，因此能够有效地控制项目成本和计划。如 Ross Collard（1999）所述：

> 用例和测试可以通过两种方式发挥效果。如果系统的用例是完整的、准确的、清楚的，那么测试形成过程就是明确的。相反，如果用例不那么好，试着推导出测试就有助于对用例进行调试。

使用验收条件确认需求

软件开发人员也许认为自己已经构建了完美的产品，但是客户才是最终的裁判。客户需要评估系统是否满足预定义的*验收标准*。验收标准或者验收测试，用于评估产品是否满足需求文档中的需求、是否适用于预期的操作环境（Hsia, Kung and Sell 1997；Leffingwell 2011；Pugh 2011）。让用户设计验收测试，能够有效促进需求开发。越早写验收测试，团队可以越快帮助团队筛选出需求中和最终已实现软件中的缺陷。

验收条件

与客户一起制定验收条件，提供了一种验证需求和解决方案的方式。如果某个客户无法表达出如何评价系统是否满足某个特定需求，就说明这个需求不够清楚。验收条件定义了应用程序为达到商用目的而应当满足的最低要求。

一般认为，验收条件能够将 "你需要用这个系统做什么？"这一问题的启发转变为"你如何判断解决方案满足了你的需要？"鼓励用户在定义验收条件时使用 SMART 原则：具体（Specific）、可度量（Measurable）、可达到（Attainable）、相关（Relevant）以及有时限的（Time-sensitive）。验收标准应当具体，当有多个目标观察员的时候，他们是否满意应当得出相同的结论。验收标准应当专注于干系人的业务目标，能够让项目发起人宣布成功的条件。这比只交付需求规范说明更重要，因为后者不能解决干系人的业务问题。

定义验收标准，不只是为了说明所有的需求都已经实现或者所有的测试都通过了。验收测试只是验收标准的一个子集。验收标准还应当包含以下几个维度。

- 在软件进行验收并投入使用之前，必须能够正常工作的高优先级功能。（其他计划内的功能也许可以晚一些交付，或者在不推迟最初版本的情况下能够修复的运行不太对的功能。）

- 必须满足的基本性非功能条件或者质量指标。（有些质量属性是必须满足的底线，而易用性提升、美化、性能优化可以延后进行。产品可能必须满足一些质量指标，比如某个操作的最小成功体验时限。）
- 剩下的开放性问题和缺陷。（可以要求高优先级需求遗留的缺陷不得超过某个严重级别，但可以有一些小 bug。）
- 特定的法律、法规或者合同条款。（在考虑可接收产品之前，必须先满足这些条款。）
- 支持交接、基础设施或者其他项目（而非产品）要求。（比如在解决方案能够发布之前，必须有培训材料，必须完成数据转换。）

还可以考虑使用"拒收标准"对产品交付进行条件限定和评估，从而帮助干系人判定系统还没有做好交付的准备。注意不要和验收条件冲突，不要顾此失彼。实际上，尽早找到有冲突的验收条件，有助于发现有冲突的需求。

敏捷项目基于用户故事来创建验收条件。Dean Leffingwell（2011）如是说：

> 验收条件不是功能单元测试，它们是系统达到客户满意度所需要的必要条件。功能测试和单元测试用于更深层的测试，用于测试功能流程、异常流程、边界条件和与故事相关联的相关功能。

原则上，如果满足与此用户故事相关的全部验收条件，产品负责人就会接收用户故事，认为它已经完成。因此，在写验收条件时，客户应当非常具体地写明自己很看重的验收条件。

验收测试

验收测试是验收条件中最大的组成部分。在决定如何评估软件的可接收程度时，验收测试的创建人应当考虑最常遇到、最重要的使用场景。应当专注于测试用例中的一般流程及其相应的异常，少留心使用不太频繁的选择分支流程。Ken Pugh（2011）写了一本指导手册来阐述如何根据需求来写验收测试。

敏捷开发方法通常用创建验收测试来代替写精确的功能性需求。每个测试都描述一个用户故事在可执行软件中应当具有的功能。由于验收测试替代了大部分详尽的需求，所以敏捷项目中的验收测试要覆盖所有成功和失败的场景（Leffingwell 2011）。写验收测试的价值在于，能够指导用户思考系统要实现的行为。只写验收测试的问题在于，需求只存在于人们的头脑中。由于缺少从不同的需求视角写文档和对比，你会错过良机，无法看出需求中的错误、不一致和分歧。

任何时候都有必要自动化执行验收测试。在未来的迭代或者版本中进行变更和加入新功能之后，这样做可以使重复测试更容易。验收测试还必须满足非功能性需求，确保达到性能目标，系统遵循易用性标准并且满足安全预期。

有些验收测试可能由用户手动执行。用户验收测试（user acceptance

testing，UAT）中使用的测试应当在功能集已确认准备就绪之后再进行。这样一来，用户就可以在产品正式交付之前就拿到可工作的软件，逐步熟悉它。客户或产品代言人应当为 UAT 选择体现系统中最高风险域的测试。验收测试将确认解决方案的用途。务必使用看似真实的测试数据进行测试。如果应用程序用于生成销售报表的测试数据不真实，执行 UAT 的用户就会认为看到的数据是错误的，从而误报缺陷；或者由于数据不真实，而可能遗漏计算错误。

 陷阱　不要指望用户验收测试能够取代广泛基于需求的系统化测试，因为系统化测试能够覆盖所有正常或者异常路径、各种数据组合、边界值以及其他可能藏匿缺陷的位置。

　　写需求是不够的。需要确保需求的**正确性**，并且这些需求能够为设计、构造、测试和项目管理奠定*足够良好的*基础。验收测试计划、非正式同行审查、审查和需求测试技术将帮助你比以往更快、成本更低的方式构建更高质量的系统。

 行动练习

- 从项目 SRS 中随机选择一页功能性需求。从不同干系人代表中选出一组人，要求他们使用图 17-4 中的缺陷检查清单仔细检查这页需求中的问题。
- 如果在随机采样评审中发现的错误多得使团队开始担心需求的整体质量，就要说服用户和开发代表对整个 SRS 进行审查。让团队在审查过程中得到锻练。
- 为某个尚未编码的用例或者部分功能定义概念性测试。看用户代表是否认可测试反映了预期的系统行为。确保你已经定义了所有的功能，可以使测试得以通过，并且没有多余的需求。
- 与产品带言人一起定义验收标准，因为他们及其同事将用它来评价自己是否可以接受系统。让他们定义可以用来判断完整性的验收测试。

第 18 章

需求的重用

Sylvia 是 Tailspin Toys 的产品经理。现在，她正在与负责平板电脑音乐应用产品线的开发主管开会。"Prasad，我刚刚得知 Fabrikam 公司将会发布一款称为 Substrate 的平板电脑。我们现在的吉他功放模拟器够运行在他们的 ScratchPad 上，但 Substrate 的屏幕更大，我们需要为Substrate 发布一个版本。在大屏上我们能做更多的事。和 Substrate 一起发布的还有新版本操作系统，在两款平板上都能运行。"

"太好了！"Prasad 说，"在大屏上可以显示更多的功放控件。我们可以让控件更大一些，操作更容易一些。我们还能重用 ScratchPad 版模拟器中的很多核心功能。只要 Fabrikam 操作系统的 API 不变，有些代码我们还可以重用。我们想去掉 ScratchPad 版本中用户不用的一些功能。我们可以加入一些 Web 版本中的固态/电子管混响音效，但我们需要做一些修改才能适应平板电脑上的频率响应。这会很棒！"

重用的终极目标是提升软件开发效率。人们想得最多的是代码的重用，但其他许多软件项目组件也是可以重用的。重用需求可以提升生产力，改进质量，增强不同关联系统之间的一致性。

重用意味着可以利用此前已经做过的工作，这些工作可能在同一个项目中，也可能在更早的项目中。任何时候都可以避免从头做起，使项目一开始就有一个良好的开端。重用需求最简单的方式就是从现有需求规范中复制粘贴。最复杂的方式是重用整个功能组件，从需求、设计、代码到测试。在这些截然不同的环节中，有着数不清的重用选项。

重用不是免费的。无论是重用已有的，还是使其在未来可以重用，重用本身也有风险。相比只用于当前项目的需求，创建高质量的可重用需求需要更多的时间和努力。尽管优势很明显，但有一项研究发现，只有一半接受调查的组织真正在实践需求的重用。主要原因是现有的需求质量低下（Chernak 2012）。一个重视重用的组织，需要建立一些基础设施，使未来的业务分析师可以访问现有高品质的需求知识，并且培养重视重用的文化。

本章阐述几种需求重用，**明确**了一些在各种环境中都具备重用潜质的需求信息分类，并且对如何进行需求重用提出了建议。同时，围绕着如何使需求可重用，提出了几个问题。

最后，本章总结了有效重用的障碍以及能够帮助组织更好利用现有需求知识体系的成功要素。

为什么要重用需求

有效重用需求会带来诸多收益，包括更快速的交付、更低的开发成本、应用内和不同应用之间的一致性、更高的团队生产率、更少的缺陷以及减少返工。重用可靠的需求，不仅能够节省评审时间，缩短审批周期，还会提升测试等其他项目工作的速度。如果有以往项目实现相同需求时所用的数据，重用就可以进一步帮助你准确估算工作量。

从用户角度看，无论产品线的相关成员，还是不同业务应用，需求重用能够改进相互之间的功能一致性。对于相关应用套件的所有成员，考虑将相同的样式、间距以及其他属性应用于每个成员的文本块的能力。要采用统一的方式，需要同时对功能性需求和易用性需求进行重用。由此带来的一致性能够极大降低用户的学习曲线和挫败感。因为重用，干系人不需要重复提出相似的需求，从而可以节省时间。

虽然在不同环境中的实现有所差异，但是需求可以相同。某航空公司网站上有个功能是允许乘客办理登机手续、支付升舱费用和打印登机牌。该航空公司也许还设立了自助服务亭。虽然在实现上和用户体验上不尽相同，但这两个值机功能一样，因而可以跨两个产品重用需求。

需求重用的维度

我们能够想到许多种需求重用。业务分析师有时会发现，用户想要的某个需求曾经在以往项目中出现过。他可以找到那个现成的需求，并且使之适用于新项目。对于经验丰富的业务分析师来说，如果记忆力不错，并且能找到以前的需求集合，这种重用就非常常见。此外，业务分析师还可以在需求收集过程中，利用现成的需求来帮助用户确定新系统要确定哪些主题。改变现成的比创建新的更加容易。

表 18-1 叙述了需求重用的三个维度，即资产重用的范围、用于新环境之前必须变更的范围和重用手段。打算重用需求信息时，应从这些维度着手，思考哪个选项对实现目标最适合、最可行。

表 18-1　需求重用的三个维度

维度	选项
重用的范围	• 单独的需求陈述 • 需求及其属性 • 需求及其属性、环境及相关信息（比如数据定义、术语定义、接收测试、假设、约束以及业务规则） • 一组相关需求 • 一个需求集合及其相关的设计元素 • 一个需求集合及其相关的设计、代码和测试元素

维度	选项
变更范围	·无 ·需求的相关属性（优先级、理论依据、来源等） ·需求陈述本身 ·相关信息（测试、设计约束、数据定义等）
重用手段	·从另一份需求规范说明复制和粘贴 ·从可重用需求库复制 ·引用原始信息出处

重用范围

第一个维度与重用所需材料的质量密切相关。可以只重用单个功能性需求，也可以重用一段需求描述及其关联的各种属性，比如需求的理论依据、来源、优先级以及更多与目标项目相关的属性。有时，不仅需求可以重用，还包括相关的工件，如数据定义、验收测试、相关的业务规则、约束、假设等。通常，一组互相关联的需求也可重用，比如与某特性相关的所有功能性需求。运行在相似平台上的应用程序可以重用需求和设计元素，但代码不太可能重用，例如运行在不同操作系统下的智能手机应用。

在理想场景中，可以重用完整的需求、模型、设计组件、代码以及测试。也就是说，对相关产品中已经实现的整块功能原封不动地进行重用。对于在相同平台上进行跨项目使用的常用操作，就可以采用这个重用范围，例如错误处理策略、内部数据记录和报表、通信协议抽象层和帮助系统。必须通过清晰的应用编程接口（API）以及所有的支持文档和测试工件加以重用，因此这些功能的开发以这种重用为目标。

重用的成功故事

我曾就职于某个大型零售商，当时该公司有两个在线目录，一个面向消费者，另一个面向企业。为了实现业务目标，即降低维护成本并方便同时向两个目录中添加新特性，公司准备将两个业务合并为一个新系统。首先，根据现有的目录功能，我们开发了消费者目录需求。随后，我们从消费者目录需求入手开发企业需求，对必须加以变化的需求进行编辑。而后，我们又为新的企业目录加入一些新的需求。最终，项目得以按时交付，部分原因归功于重用为我们节省了时间。

修改范围

为使现有需求可以重用于新项目，是否需要一定程度的修改？这是我们要考虑的下一个维度。某些情况下，可以原样重用某个需求。此前航空公司登机服务亭的例子中，服务亭和供乘客办理登机手续的网站之间，有许多功能性需求完全一样。此外，还可以原样重用需求表述，只不过必须修改某些属性，比如在新系统中的优先级或理论依据。通常，可以从现有的需求入手，进行一些修改使之刚好能够满足新的用途。最后，无论需求改变与否，都需要对设计和测试进行一些修改。举个例子，将功能从 PC 移植到平板电脑时，平板电脑的输入界面不再是鼠标和键盘，而是触屏。

重用手段

复制和粘贴一段需求信息，这是需求重用最基本的手段。这些信息既可以来自另一份规范，也可以来自可重用需求库。因为这样做只是对信息的副本进行修改，无需保留原始信息源。如果在同一个项目范围内不断进行复制粘贴，就会产生重复的信息，造成需求规范的大小增加。如果发现自己正在通过大量的复制粘贴来填充规范，就要警惕了。如同复制代码一样，如果在复制粘贴的过程中不将内容的上下文带入新环境，会使需求产生问题。

对现有内容进行引用。在大多数情况下，这种方式都比单纯的复制更好。这意味着信息是持久化的，并且所有人都能按需对原始信息源进行查看和访问。如果需求存储在文档中，当需要在多处出现相同的内容时，就可以使用文字处理软件的交叉引用功能，将副本链接回主实例（Wiegers 2006）。一旦主实例有改动，这个变化就会回显到所有插入交叉引用的地方。这样做可以避免不同实例副本手工修改时可能引起的不一致。即便如此，如果多人同时对主实例进行编辑，还是有一定的风险。

复制引用则是另一种手段。这样做，项目文档中并未存储实际的需求信息，只存储了信息的指针。比如，想要重用组织中其他项目的一些用户类别描述。先将这些可重用信息收集到某个共享的位置，具体形式可以是一个文档、电子表格、HTML 或者 XML 文件、数据库甚至专门的需求工具。然后给要求集合中每个对象一个唯一标识，要想将信息引用加入文档，只要在合适的地方键入对象的标识即可。如果技术允许，对键入的标识插入一个超链，链接到该重用对象。如果读者想查看用户类别描述，只要点击链接就能跳转到原始信息源。如果维护得当，链接和目标信息将一直都是最新的。

将需求存储在需求管理工具中，这是更加有效的按引用重用的方式，第30 章对此有所描述。凭借工具的能力，无需复制即可重用数据库中已有的需求。有些工具还能保留各个需求的历史版本，以便于重用单个需求或一组相关需求的特定版本。即便修改数据库中的需求，重用中的旧版本仍然还在。因此，可以根据项目的需要将需求定制为专有的版本，不会对其他用户的重用造成干扰。

图 18-1 描绘了这个过程。项目 A 创建某需求的初始版本。随后，项目 B 决定重用这个需求，所以两个项目共享相同的版本。之后，项目 A 修改这个需求，形成版本 2。同时，项目 B 所使用的版本 1 仍然存在且不变。后来项目 B 需要修改需求的副本，创建了版本 3，这个版本并未影响其他项目使用其他版本的需求。

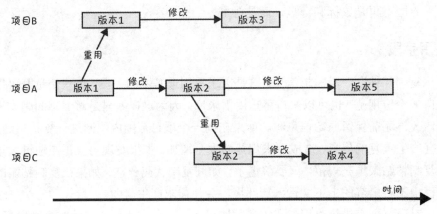

图 18-1　需求如何通过多个项目的重用得以演进

哪些需求信息类型可以重用

表 18-2 列出了一些在不同适用范围内具有良好重用潜质的需求相关资产类型。其中一些资产出现在多个类别范围中。某些资产类型具有非常广泛的可重用性，比如可访问性需求（易用性的一个子集）。

相比单一、孤立的需求，某特定功能区域中相互关联的一个需求集合能够提供更大的重用价值。以安全领域为例（Firesmith 2004）。对于用户登录认证、修改和重置密码等功能，应当避免组织内不同项目团队再造需求。如果这些通用能力的需求写得很全面而且符合规范，就能多次重用，进而节省时间并提供跨应用的一致性。可以在某操作环境或者交付平台中重用几组约束。例如，智能手机应用的开发人员需要了解屏幕尺寸、分辨率、用户交互等约束。下面是其他一些可重用的相关需求信息分组：

- 功能及相关的异常与验收测试
- 数据对象及其相关属性与验证
- 符合相关的业务规则，比如 Sarbanes-Oxley，行业中其他规范性约束以及组织政策相关的指示
- 对称性用户功能，比如撤销/重做（如果重用应用的撤销功能，也应当重用对应的重做需求）
- 对数据对象的相关操作，比如增、删、改、查

表 18-2　一些可重用需求信息的类型

重用范围	潜在可重用需求资产
在产品或应用内部	用户需求、用例中的具体功能需求、性能需求、易用性需求、业务规则
跨产品线	业务目标、业务规则、业务处理模型、内外关系图、生态地图、用户需求、核心产品特性、干系人资料、验收测试、术语表
跨企业	业务规则、干系人资料、用户类别描述、用户角色、术语表
跨业务领域	业务处理模型、产品特性、用户需求、用户类别描述、用户角色、验收测试、术语表、数据模型和定义、业务规则、安全需求、合规性要求
在操作环境或平台中	约束、接口、用以支撑特定类型需求（如生成报表）所需的功能基础设施

常见重用场景

无论要创建产品家族，还是跨组织构建多个应用，甚至开发某个可用于好多种情况的产品，都有机会重用。让我们看一些哪些场景具备良好的需求重用潜质。

软件产品线

当你创建一个产品家族（即一个软件产品线），各个产品之间就会有许多通用的功能。有时，需要生产某个基本产品的变体以满足不同的客户或者市场。变体版本中引入的客户需求可以合并到基础产品的公共规范中。其他产品线可以包含基于相同架构平台的相关产品家族。例如，某知名所得税筹划软件包厂商提供了用于个人电脑的基础板、豪华版、旗舰版、家庭与企业版、企业版，同时还提供了一个在线的免费版。让我们来分析一下软件产品线，看一看哪些需求有以下特征。

- 通用的，即出现在产品线的所有成员中。
- 可选的，即出现在某些家族成员中，而在另一些家族成员中没有。
- 变体，即特性的不同版本出现在不同的家族成员中（Gomaa 2004；Dehlinger and Lutz 2008）。

通用特性为重用提供的机会最大，不仅限于这些需求，还包括下游工作产物，如架构组件、设计元素、代码和测试。这是重用最强大的形式，但是我们很少能发现它的利用机会。重用通用功能远远胜于每次都得实现，也许只是略有差异。注意产品的操作环境或者硬件平台，其中的约束可能限制重用选项。如果产品线各个成员的实现必须不同，就只能重用需求，无法重用设计和代码。

再设计与替换系统

再设计与替换系统会从原始系统中一直沿袭重用某些需求，即便它们从未进行书面记录。如果必须反向工程旧系统才能从中得到需求知识加以重用，就要将自己的想法提升到更高的抽象水平，从而摆脱具体的实现细节。通常，可以从旧系统中抽出商业规则，在未来项目中加以重用，必要时加以更新，例如规章制度变化时。

 陷阱 当心这样的诱惑，即一味考虑节省时间而过度重用旧系统。这样做会错过新平台、新架构和新流程所带来的机会。

其他可能的重用机会

表 18-3 列出了许多其他的情况，在这些情况下，都能够重用需求信息。在组织中只要有任何机会，都要思考一下是否值得将可重用的工件累积到共享存储中，或者将该信息作为企业资产加以管理。如果曾经参与过与当前项目类似的项目，请考虑是否能再次使用以前项目中的任何工件。

表 18-3　需要重视的常见需求重用机会

重用机会	例子
业务过程	通常，业务过程在不同的组织中是相同的，并且通常需要软件支持。许多机构都会维护一组业务过程描述，用以跨 IT 项目重用
分布式部署	同一个系统通常会进行多次部署，每次只有轻微的变化。这对零售店和仓储非常普遍。每次单独部署都可以重用对一组通用的需求
接口与集成	通常，出于接口和集成的目的，需要对需求进行重用。例如，在医院中，大多数辅助系统都需要与入院—住院—转院系统有接口。这也适用于接入 ERP 系统的财务接口
安全	用户认证和安全需求在不同的系统中通常是相同的。例如，系统可能对所有产品有一个共同的需求，需要使用 Active Directory 进行单点登录用户认证
通用的应用特性	业务应用经常包含一些通用的功能，其需求甚至其完整的实现都可以重用。比如，搜索操作、打印、文件操作、用户资料、撤销/重做以及文本格式化
多平台的同类产品	即便不同平台中的一些详细需求和/或用户界面设计会有所差异，但仍然会使用同一组核心需求。例如，运行于 Mac 和 Windows 或运行于 iOS 和 Android 的应用程序
标准、规章及法规	许多组织会根据各种规章制度开发整套标准。这些标准可定义为一个需求集合，并且可以在不同项目间重用。例如，用于无障碍设计的 ADA 标准、适用于医疗保健公司的 HIPAA 隐私规则

需求模式

运用可以简化需求编写工作的知识，也可以视为重用。这是需求模式背后的原理：将特定类型需求需要了解的知识进行打包，以便业务分析师在定义这类需求时有更简单的方式。

Stephen Withall（2007）开创了需求模式的先河，需求模式提供了一种系统化的方法以规范特定类型的需求。模式定义了一个模板，其中包含项目中常见类型需求的各类信息。不同类型的需求模式有自己的内容类别。相比只用自然语言来写需求，填充模板通常能够提供更详细的需求说明。根据模式写的需求结构和内容有利于重用。

需求模式包含下面几个部分（Withall 2007）。

1. **指南**　与模式相关的基本细节，包括相关的模式、每种模式所适用(不适用）的场合以及如何写此类需求的相关论述。

2. **内容**　对需求应当传达哪些内容逐项进行详细的解释。

3. **模板**　具有占位符的需求定义，占位符可以填充可变的信息。可以使用填空的方式写这个类型的具体需求。

4. **示例**　这类需求的一个或多个示例。

5. **额外要求**　额外要求能够定义主题的某些方面或者一段阐释，说明如何写一组详细的要求才能列明满足一个初步的概要性需求必须做哪些事。

6. **对开发和测试的考虑**　在开发人员实现模式指定类型的某个需求时和测试人员对这些需求进行测试时应当牢记的因素。

补充说明，许多软件应用程序都会生成报表。Withall（2007）提供了一种模式，用以规定定义报表的需求。Withall 的模式包括一个模板，指明应当如何将大量报表元素构建为一组更详细的需求，进而组合成一套完整的报表规范。但是这个模板只是模式的一部分。该模式还包括一个报表需求的例子、可能包含的其他需求以及对这类需求进行规范制订、实现和测试时的注意事项。

可以创建自己的需求模式，使之进一步完美地适用于组织风格和项目。遵循模板，有助于建立一致性，并且可能提供更丰富、更精确的需求。这些简单的模板能够提醒一些重要的信息，不用模板可能会忽视这些信息。如果需要写一个有关陌生主题的需求，使用模板可能比自行研究更快。

促进重用的工具

在理想情况下，组织可以将软件需求连同一整套可追溯性链接一起，全部存储到一个需求管理工具中。这些链接将每个需求及其父级需求或者其他来源上的以及所依赖的需求关联起来，并且与下游开发工件双向关联。每个需求的历史版本都有。这是实现跨应用程序、跨产品组合或者跨组织大规模有效重用的最佳方式。

很少有组织能够达到如此成熟的水平，但是将需求存储在工具中，仍然可以做到在几个方面加强重用（Akers 2008）。商用需求管理工具提供了各种用以促进重用的能力。有一些甚至包含某些领域直接可重用的一些大型需求库。如果准备选择一款工具，就将对利用工具进行重用需求的期望纳入评估过程的一部分。第 30 章将讲述商用需求管理工具的典型能力。

工具通过跨多个项目或基线进行需求共享，从而实现对需求的重用。如果选择这样做，需要考虑一下，如果改变原始需求或者其克隆副本后果如何。一些工具允许锁定内容，只能对需求的原始实例进行编辑。这可以确保无论该需求在哪里被重用，在编辑时都会得以更新。当然，如果开始就用重用的需求，只是想将其修改为新的设置，就不能加锁。在这种情况下，可以将这个需求复制一份，对需求的副本进行修改。

同样，复制一个需求后，如果该需求具有相关的可追溯关联，则可以选择是否复制所有连带的关联。有时，可能想要将某个需求及其子需求和所依赖的需求一同拉入新的项目。如果功能相同而交付的平台不同，就会出现这种情况。比如，运行于 Web 浏览器、平板电脑、智能电话和服务亭上的应用程序。

 陷阱 如果业务分析师无法从重用的需求库中找到所需的内容，存储的需求有多么好或者它们能节省多少时间，这些都不重要了，他们自己写需求。根据标准模式写可重用的需求，提供一组字段用于搜索。有些人提倡增加有意义的关键字或者需求属性来辅助搜索。

使需求可重用

不要单纯因为某个需求的存在就意味着它可以以现有的形式重用，因为它可能只能用于某个特定项目。由于业务分析师对开发团队的那部分知识想当然或者由于一些细节只是有口头沟通，需求写得可能太粗糙。对于应当如何处理可能的异常，需求可能也缺乏相关的信息。需要调整原始需求，提升它们将来对业务分析师的价值。

写得好的需求更利于重用。采取措施使需求更易于重用，并且对写这些需求时所处的项目，这些措施还增加了这些需求的价值，使其变得更好。重用这些需求的人需要了解每个需求对其他需求的依赖以及被哪些其他也可能重用的需求所依赖，以便能够对相关需求进行正确打包分组。尽管**重用**（reuse）可以节省学习时间和金钱，但使需求变得易于**可重用**（reusable）是需要消耗时间和金钱的。

　　必须按适当的抽象级别和范围写可重用的需求。特定领域的需求抽象级别更低，一般只适用于其原始领域（Shehata，Eberlein and Hoover 2002）。一般需求具有更广泛的适用性，可在多个系统中重用。但是，如果希望重用需求过于范化，业务分析师就要阐述更多的细节，从而无法节省太多的工作量。在重用的简单化（更加抽象、更范化的需求）和经济化（更详细、更具体的需求）之间，很难找到一个合适的平衡。

　　图 18-2 给出了一个例子。假设你正在构建一个应用，其中包含接受信用卡付款的用户需求。围绕对信用卡支付的处理，这个用户需求能够展开为一组相关的功能性或非功能性需求。其他应用可能也需要用到信用卡支付，因此这会成为一组潜在可重用的需求。

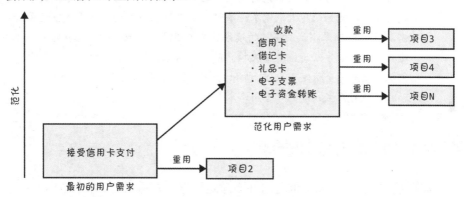

图 18-2　范化的需求更有可能得以重用

　　但是，假设你能够将用户需求泛化为多种支付方式：信用卡、借记卡、电子支票以及电子资金转账。由此所产生的需求更有可能在未来更广泛重用到新的项目。一个项目可能只需要信用卡处理，而其他的则需要多种支付处理方式。将"接受信用卡支付"泛化为"支付方式"，对最初的用户需求进行如此泛化，即便在当前项目中也是值得的。尽管客户要求最初只处理信用卡支付，但无论现在还是将来，用户都可能想接受多种支付方式。

　　选择恰当的需求抽象级别还能够使构建过程受益。如果有一个项目正好需要多种支付方式，就会为每种情况产生清晰的需求和规则，这些需求和规则可以揭示这些情况之间的共性和区别。通过建立更高级别的抽象，使得需求不再依赖于各种未来可能的重用，最后简化设计和构建。

　　以上都是好消息。坏消息是，要想泛化最初提出的需求，需要花一些工夫。这是对可重用性的投资，通过多个未来的重用实例，能够收回投资，甚至获得更多的回报。这取决于具体怎么决定，只是将当下的需求放入共享以待重用，还是投入精力改善这些需求在未来项目中的可重用性。

"可重用需求"大爆炸

　　需求过度详细会降低重用的潜在价值，对此，有一位同事是有前车之鉴的。有一个负责为新项目写需求的团队，他们非常沉迷于重用。业务分析师认为，如果他们分别记录下每个需求的所有细节，这些需求就能够被重用了。最终，他们写的需求超过了 1400 个！数据库中本来只应该有一个需求，但现在已经被打造成一个父级需求带有多个子需求的方式，每个子需求都为父级提供一个具体细节。如此详细的需求居然只针对一个应用。

　　如此大量的需求也让测试周期变得更加艰难，导致测试员每天都在投诉。测试员写测试用例的时间也远远超出预期，因为他们必须花大量精力处理规模如此庞大的需求。测试人员必须在他们的测试用例中记录需求 ID，以确保测试所覆盖的续期具备可追溯性，但是对如此多的需求进行追踪，会导致追踪数量失控。此外，需求还在一直不停地变化，它们从来没有完全稳定下来过。所有这些因素导致项目部署不仅晚了一年，而且并没有产生预期的可重用需求。

需求重用的障碍与成功要素

　　需求重用听上去很美，但是它并不总是可行或者适用的。本节介绍一些注意事项，旨在帮助组织成功重用需求。

重用的障碍

　　克服障碍的第一步，是将障碍识别出来并加以理解。下面列出了重用需求时可能遇到的一些障碍。

　　缺少需求或需求碎片化　常见的障碍之一，是以往项目中所开发的需求没有被记录下来而导致无法对它们进行重用。即使找到相关的需求，可能也写得很差、不完整甚至与当前的环境不太相关。即使记录下来，原来应用的原始需求可能也并不是最新的，应用会随着时间而不断演变，使得这些需求过时，无法加以重用。

　　NIH 和 NAH　重用还有两个障碍：NIH 和 NAH 综合征。NIH 的意思是"并非发明于此"（not invented here）。一些人不愿意从另外的组织重用需求或从公开的需求中泛化需求。别人写的需求可能更难以理解：术语可能不同，需求可能引用了无效的文档，无法分辨出原始需求的上下文，存在很多原因不明的重要背景信息。业务分析师应当正确选择花更少的工夫来写新需求，而不是理解和修订现有的需求。

　　NAH，或称"不适用于此"（not applicable here）综合征。真的是名副其实，一旦认为新流程或方法不适用于自己的项目或组织时，人们就会提出这种抗议。他们声称："我们不一样。"人们可能普遍觉得自己的项目独一无二，所以现有需求都不可能适用。有时，这是对的，但 NIH 和 NAH 往往可以体现他们不灵活的态度。

写作风格　在以往的项目中，业务分析师可能试过各种各样的需求表达技术和惯例。最好能够采用一些标准的记录需求表达方式来促进重用，比如使用模式。以同等粒度级别来写需求，更易于业务分析师日后能够搜索到详细程度合适的候选需求。术语一致性也很重要。单是干系人与需求所使用的术语不同，就可能让人忽略掉某个潜在可重用的需求。用自然语言写的需求最容易产生歧义、信息遗漏和暗含假设。这些问题都会降低需求的潜在可重用性。

有设计约束的需求很少有机会重用于不同的环境中。想一想前面讲过的机场的自助登机服务亭。如果服务亭的用户界面细节被加入需求中，那么在有基本相同功能的软件中，这些需求就不能被重用，除非软件是在网站上运行。

组织方式不一致　需求文档作者会按照许多不同的方式组织需求，这也使得人们难以找到要重用的需求。不同的组织方式通常包括：按项目、处理流程、业务单元、产品特性、类别、子系统或组件等。

项目类型　与具体实现环境或者平台有紧密耦合关系的需求，不太可能形成重用的需求或者从现有的需求知识池中获益。快速发展的领域甚至尚未形成用于重用的需求信息池，今天相关的需求，很快就可能成为"明日黄花"。

所有权　所有权（Someville and Sawyer 1997）是另一个不得不提的障碍。如果是在为某个特定客户开发软件产品，那么客户就对其需求拥有自主知识产权。如果是为自己的公司或者其他的客户开发不同系统，就没有合法重用这些需求的权利。

重用的成功要素

一个重视重用的组织，应当建立一种机制来促进分享和利用现有的信息。这意味着要将具有重用潜质的信息从具体的项目中抽取出来，供他人访问和重用。请牢记以下几个成功提示。

知识库　如果什么都找不到，肯定无法重用。因此，为了使大规模有效重用变得可行，可以用可搜索的知识库来存储需求信息。可以采用以下几种形式。

- 一个单独的包含以往需求文档的网络共享文件夹。
- 存储在可跨项目搜索的需求管理工具中的需求集合。
- 一个数据库，其中存储着从各个项目中精挑细选出来的，有重用潜质的多个需求集合，并且使用关键词对需求进行扩展，以帮助业务分析师了解这些需求的来源、判断它们的适用性和了解它们的限制。

应该有专人负责管理可重用需求知识库。他应当对现有需求知识的表述和存储形式进行必要的调整，使其适合高效发现、检索和重用。用于将商业规则当作企业资产来存储和管理的类似方案，也适合用于处理可重用的需求。

质量　谁愿意重用垃圾呢？打算重用需求的人需要信任信息的质量。即使打算重用的需求并不完美，也应当在重用时使其更好。长此以往，就能随时间不断改进某个需求，使其逐步提高重用的可能性。

交互　需求之间通常存在逻辑关联和依赖。使用工具中的跟踪链接来识别这些依赖，以便人们在选择重用某个需求时能够了解到相关的信息。重用的需求必须符合现有的业务规则、约束、标准、接口和质量预期。

术语　跨项目建立的通用术语和定义，有助于提升可重用性。虽然术语的变化并不妨碍需求的重用，但必须处理这些不一致并采取措施以免被误解。术语表和数据字典是可重用信息的良好来源。不要将整个术语表纳入每一个需求规范中，将关键术语链接到其通用术语表中的定义即可。

组织文化　管理者要从两个方面鼓励重用：建设真正具有重用潜质的高质量组件以及有效重用现有工件。能够高效实践重用的个人、项目团队和组织，能够充分享受最高生产力带来的好处。在重用文化中，业务分析师会在创建自己的需求之前，看一看可重用需求知识库。他们会从一个用户故事或者其他概要性需求描述开始，看看通过重用现有的信息能够将需求细节填充到什么程度。

项目需求是最宝贵的企业信息。找一找需求知识中哪些可以视为企业级资产，从而使团队加大对需求工程的投入。重用的需求即使不完美，也是有价值的。哪怕它们只能够为你节省 20% 的工作（写新的需求），都是很大的收获。鼓励业务分析师先拿后造，并且额外进行一些投入需求可重用，在这种文化中，既能够提升分析和开发团队的生产率，又能够得到更高质量的产品。

行动练习

- 查验当前的项目，看看是否能够通过重用以往项目或其他来源的需求知识来简化需求集合。
- 分析当前项目中哪些需求具备可重用的潜质。根据表 18-2 来评估每个需求的重用范围。记住，对可重用资产进行抽取、打包、排序、开放访问权限而付出的成本，需要有实际回报机会，否则不值得投入。
- 思考一下，存储哪些可重用需求的信息才能使某个业务分析师将来能够搜索到它们并判断它们是否适用于具体的项目。确定用一个实用性知识库来存储需求，供日后重用。

第 19 章

需求开发之外

Gerhard 是化学品跟踪系统的项目发起人，他之前一直对花时间定义需求持有怀疑态度。但是，在与开发团队和产品带头人一同参加为期一天的软件需求培训课之后，他受到培训的激励，开始支持需求工作。

随着项目的推进，杰哈德收到了非常好的反馈，用户代表普遍对需求开发工作的进展反响热烈。他甚至出资为分析师和产品带头人举办了一次午宴，庆祝第一个系统版本的基准需求达到重要的里程碑。在午宴上，杰哈德对所有参与人员有效的通力合作表示感谢。在此之后，他说："现在需求都已经搞定，我希望看到最终的产品。"

"请记住，杰哈德，我们不会让最终产品等上一年的，"项目经理说到，"我们计划每两个月发布一次，按照这种方式来交付系统。对于开发人员来说，如果现在就花时间思考设计，就有利于在日后加入更多功能。我们在前进过程中，还会了解到更多需求信息。不过，在每次发布时，您都能看到一些可运行的软件。"

杰哈德有些失望。貌似开发团队在拖延时间，而并没有展开真正的编程工作。难道是杰哈德操之过急了吗？

将软件需求翻译为合理的项目规划和健全的设计，经验丰富的项目经理和开发人员都明白其中的价值。无论下一个版本代表最终产品的 1% 还是 100%，这些步骤都是必要的。本章探究了一些方法，用于消除需求开发和成功产品发布之间的隔阂。这些工作中，有一些是业务分析师的职责，而其他的则落在产品经理的头上。如图 19-1 所示，我们看一看需求是通过哪些方式影响项目规划、设计、代码和测试的。在这些连接之外，在待建软件的需求与其他项目和过渡性需求之间，还有一个连接，其中包括数据迁移、培训设计和实施、业务过程和组织变动、基础设施变更等，但本书不会进一步讨论它们。

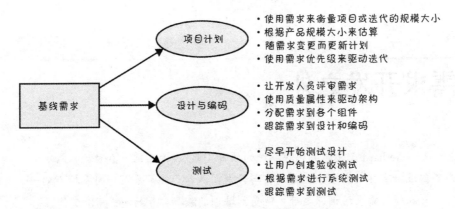

图 19-1　需求驱动项目的计划、设计、编码和测试工作

估算需求工作量

判断需求工作所需的时间和工作量，是最早的项目规划工作之一。对此，Karl Wiegers（2006）建议了一些判断方法以及一些会导致实际付出与期望有偏差的因素。通常，小项目的需求工作要占总工作量的 15%～18%（Wiegers 1996），但是，合适的百分比取决于项目的大小和复杂程度。不要担心探索需求会使项目变慢，有相当多的证据表明，理解需求实际上会加速开发，正如下面的例子所述。

- 一项对电信和银行业中 15 个项目的研究表明，最成功的项目花 20% 的资源用于需求收集、建模、确认和验证（Hofmann and Lehner 2001）。一般项目需要在需求工程上投入工作量的 15.7% 和总时间的 38.6%。
- NASA 的项目中，在需求开发中的投入超过总资源 10% 的项目，无论是成本和时间，超支情况整体要少于在需求上投入工作量更少的项目（Hooks and Farry 2001）。
- 在欧洲的一项研究中发现，对比相对较慢的团队，开发产品更快的团队，投入到需求中的时间和工作量也更多，如表 19-1 所示（Blackburn, Scudder and Van Wassenhove 1996）。

表 19-1　对需求的投入能够加速开发

	较快的项目	较慢的项目
投入到需求中的工作量	14%	17%
投入到需求中的时间	7%	9%

需求工程工作以不同的方式遍布于项目之中，取决于项目遵循的开发声明周期是串行式的（瀑布）、迭代式的还是增量式的，如第 3 章中图 3-3 所描绘的那样。

陷阱　小心分析瘫痪。某项目前期工作量巨大，力争需求达到"一劳永逸"的完美程度，通常情况下在合理的时间窗口，交付的有用功能很少。另一方面，不要因为害怕分析瘫痪而不进行需求开发。正如生活中的诸多问题一样，需要在两个极端之间寻求一个合理的平衡点。

在估算时，凭经验判断项目应当对需求开发投入多少工作量。回头看一下以往项目的需求工作量，判断一下需求工作对那些项目有多大作用。若能够将问题原因归结为低质量的需求，那么对需求工作更加重视或许可以帮你解决问题。当然，这种评估要求保留有一些以往项目的历史数据，用于更好地估算未来的项目。你现在也许还没有这些数据，但只要记录下团队成员在今天的项目中如何安排时间，这些数据就会成为明天的"历史数据"。就这么简单。同时记录估值和实际的工作量，可以帮助思考如何改进未来的估算。

需求工程顾问公司 Seilevel（Joy 的公司）通过对许多项目的工时估算和实际结果数据进行提炼，开发了一种能够有效估算项目需求开发工作量的方法。这种方法包含三种相辅相成的估算：总工时占比；开发人员-业务分析师数量比；活动分解（使用基本的资源成本生成自下而上的估算）。通过对比三种估算的结果并对明显的偏差进行调和，使分析团队能够得到最精准的估算。

第一种估算基于对项目整体工作量的估算占比。特别是，我们考虑将约项目总工作量的 15% 分配给需求工作。这个值符合在本节前面提到百分比。所以如果整个项目估算为 1000 小时，那么需求工作就要估为 150 小时。当然，在需求更容易得以理解之后，整个项目的估算可能发生改变。

第二种估算使用常用的开发人员-业务分析师人数比。我们的默认值是 6：1，也就是说，一个业务分析师能够产生足够的需求使六名开发人员保持忙碌的状态。业务分析师还会和质量保证人员、项目管理人员以及业务人员一起工作，所以这个估算包含业务分析师团队的全部项目工作。软件包方案（商用现货，COTS）项目而言，比例为 3：1（每个业务分析师对应三名开发）。这里仍然有许多有待发现和记录的选择性、配置性和过渡性需求，但由于代码大部分来自采购而非全新开发，所以开发团队更小。所以如果知道开发团队规模，我们就能估算出合适的业务分析师人员编制。这是一种经验性估算方式，而不是对未来的精准预言，所以应当根据具体的组织和项目类型进行调整。

第三种估算，以项目中创建的各种工件的预估数量为基础，对业务分析师的各种活动进行考虑。业务分析师能够估算流程、用户故事、屏显、报表等，然后合理地假设所需其他需求工件的数量。根据从众多项目中积累的活动时间数据，估算每个活动所需时间，我们就能够得到总需求工作量的估算值。

我们创建了一个电子表格工具，用来计算这三个需求估算值。你可以在本书配套网站找到这个工具。图 19-2 描绘了这个电子表格结果的局部。"总工作量对比摘要"展示的估算包括业务分析师数量业务分析师的需求工作预算以及业务分析师的整个项目工作预算。随后，可以以这些估算为起点，调整差异、协商资源以及制定计划以满足项目的业务分析需要。

Input				
Quantity	Items	Quantity	Items	
20	Existing pages of documentation for review	$ 750,000	Total project budget	
0	Existing systems being updated or replaced	$125	BA blended hourly cost	
5	Stakeholders	Standard	Type of project	
1	Interfacing Systems - small systems	5	Number of developers	
1	Interfacing Systems - medium systems	No	Is your team remote?	
1	Interfacing Systems - large systems	52	Project duration? (weeks)	
8	Process Flows	20	Requirements work duration? (weeks)	
2	BDDs			
8	Screens			
1	Reports			

Summary Total Effort Comparison	% of project	Ratio of dev to BAs	Activity based	
Number of BAs	1	0.8	0.8	*Excludes time off
BA budget for requirements work	$ 113,000	$ 83,000	$ 77,000	
BA budget for project duration	$ 293,000	$ 217,000	$ 200,000	

图 19-2 需求工作量估算表格的输出局部

Betty 的让步

Sridhar 是某百万美元项目的项目经理。他找到业务分析师 Betty，讨论她对需求开发时间的初步估算。在此前的邮件沟通中，Betty 估算了 8 周时间。Sridhar 问："Betty，我们的购物网站真的要花 8 周时间来开发需求吗？显然你的团队能够在 4 周内搞定需求，而且系统也不是那么复杂。我的意思是说，人们只不过是来网站搜索和购买商品。仅此而已！研发经理 Heck 觉得他们根本不需要任何需求就能开发这套系统，所以如果不在 4 周中搞定需求，他们打算这样做了。"

Betty 回到角落里。她可以选择让步并且同意对如此庞大项目却只有 4 周这一不合理的期限。或者，她也可以以看似无效的风险拒绝，因为大家猜测项目很"简单"。毕竟，Betty 并不十分确定需要多长时间才够开发这么一套需求，她还不知道系统的规模大小。除非开始分析，否则无法知道自己不知道的事情。

这个故事中的种种情况，在很大程度上促使 Seilevel 开发了本章所述的估算工具。在与 Sridhar 紧张沟通的过程中，这个工具帮助了 Betty。她会说："那么，如果只给我 4 周，就让我来告诉你我能做哪些。"她会调整报表和过程的数量，这两项需求是必须的。Betty 能够有效地把握需求工作量所需要的时间。然而，重要的是要让 Srihar 认识到如果对需求只是一知半解，后面就会产生很多令人不快的意外。

需求估算工具有三个工作表页签。第一个页签是摘要，可以在其中输入项目的一些特征。工具将计算出三种估算的各个元素。第二个页签是假设，在假设页签中，可以对所提供假设中的项进行调整。第三个页签中给出了这个估算工具的使用说明。

这个估算工具中的内建假设基于 Seilevel 对实际项目的成熟经验。有必要根据具体组织对其中一些假设进行调校。例如，如果业务分析师中既有新手，也有经验极丰富的老手，那么对每个活动所需时间的估算就不同于默认值。为了使这个工具能够最契合实际情况，需要从项目中收集一些数据，并且修改工具中可调整的参数。

 重点提示　*所有估算都基于估算者当时的知识及其所做的假设。根据有限信息做出的初步估算，具有很大的不确定性。获得知识或者在项目中完成工作之后，就应当对估算进行优化。记录假设，以便能够清楚地了解提出这些数字时的想法。*

从需求到项目计划

由于需求是开展项目预期工作的基础，所以应当根据需求进行估算、规划和安排日程。记住，最重要的项目结果是满足业务目标，而不仅仅是根据原来的项目计划实现所有的初始需求。需求和计划只是团队为得到预期结果而对所需时间进行评估后得到的一个特定时间点。但是项目的范围可能早已脱离目标，也可能初步计划根本不切实际或者并没有很好地对准目标。业务需求、业务规则和项目约束，这些都会发生变化。如果不更新计划以迎合目标和现实情况，项目的成功就会有问题。

根据需求估算项目规模和工作量

对完成项目所需的工作量和时间进行切实的估算，取决于许多因素，但首先都得对待建产品的规模进行估算。可以根据功能性需求、用户故事、分析模型、原型或者用户界面设计进行规模估算。尽管针对软件规模并没有什么完美的度量方法，下列还是要给出一些常用的指标：

- 可单独测试的需求的数量（Wilson 1995）
- 功能点（Jones 1996b；IFPUG 2010）
- 故事点数（Cohn 2005；McConnell 2006）或者用例点数（Wiegers 2006）
- 用户界面元素的数量、类型和复杂度
- 实现特定需求预估需要的代码行数

根据经验和软件性质来决定选择哪种方法。通过理解开发团队使用类似技术在类似项目中取得的成功，我们可以度量团队的生产率。完成规模和生产率的估算，就能估算出实现项目所需的总工作量。工作量估算取决于团队的规模

（多任务人员生产率更低，而且更多的沟通接口人会使事情变慢）以及规划的日程（压缩的日程实际增加了所需的总工作量）。

使用商用软件估算工具也是一种方法，这些工具能建议各种开发工作量和日程计划的可行组合。可以根据开发技能、项目复杂度、团队在应用领域的经验等因素，用工具来调整估算。产品的规模、工作量、开发时间、生产率和员工建设时间之间存在着复杂的、非线性的关系（Putnam and Myers 1997）。理解这些关系，能够使你免于陷入"不可能的区域"，即产品规模、日程计划和团队规模的各种组合中，此时项目成功的可能性极低。

理想的估算过程承认早期的不确定性和不断波动的范围。人们使用这种过程时，会将每个估算视为一个范围，而不是一个单值。他们根据估算输入数据的不确定性和波动来管理估算的精准性。

敏捷项目以故事点来估算范围。故事点是一种相对的工作量度量方式，需要先实现一个具体的用户故事。估算特定故事的规模，取决于是否具备/缺乏某个故事及其复杂性和所含功能的相关知识（Leffingwell 2011）。敏捷团队会度量团队的速率，即根据以往的经验和新项目早期迭代的结果，团队希望在一个标准迭代中完成的故事点数。团队成员将产品 Backlog 的规模和速率结合起来估算项目所需的时间、成本以及迭代数量。Dean Leffingwell（2011）阐述了一些用这种方式对敏捷项目进行估算和规划的技术。

 重点提示　*如果不对比估算和实际项目结果，也不提升估算能力，估算就会永远停留于猜测阶段。只有花时间积累足够多的数据，才能将软件规模的度量同需求开发工作量和项目总工作量关联起来。敏捷项目的早期迭代可以为团队评估自身速率。*

如果客户、管理人员或法务人员经常变更需求，那么再好的估算过程也会遭遇困境。如果变化太大，开发团队就会因为无法跟上这些变化而士气低落，无法取得实质性的进展。敏捷开发方法提供了一种应对高度不稳定需求的方式。这些方法先实现需求中相对固定的部分，然后再处理前面了解到的变化。此后，团队便能够使用先前增量的客户反馈来澄清其余的产品需求。

目标并不等同于估算值。一旦强制性的截止期限与经过周密估算的计划不符，就要进行谈判。由于能够根据深思熟虑的过程和历史数据来佐证估算，所以在谈判中，项目经理占的位置比仅靠猜测的人更有利。项目的业务目标能够指导干系人通过延长时间计划、减少范围、增加资源或者对质量妥协的方式来解决计划冲突。虽然这些决定并不容易做，但只能这样，才可以最大化交付产品价值。

> **得到了一个小时？**
>
> 　　有一次，一个客户找到我们的软件团队，他写了一个自己用的小程序，想让我们帮忙修改，使其同事能够通过我们的网络使用这个程序。"要一个小时？"我的经理问我，显然他已经拍脑门估过项目规模。为了理解客户及其同事的真实想法，我与他们进行沟通，结果问题似乎有些大。我花了 100 个小时写他们希望得到的程序。100 倍的膨胀系数表明经理初步估算的 1 小时太过草率。在任何人做出估算或承诺前，团队都应当对需求进行初步探索、评估范围并判断产品的规模。

　　不确定的需求导致不确定的估算。由于在项目的早期，需求的不确定不可避免，并且估算通常是乐观的，所以需要在时间计划和预算中加入一些应急缓冲，以适应一些需求的增长（Wiegers 2007）。范围之所以发生增长，是因为业务需求发生了变化，用户和市场发生了转变，干系人对软件能够或应该做什么有了更好的理解。在敏捷项目中，范围增长通常会导致更多迭代加入到开发周期中。然而，大量的需求增长则说明，许多需求在收集阶段被漏掉了。

 重点提示　　无论认为别人想要听到什么，都不要投其所好给出自己的估算。虽然需要协商才能消除预测失配过度，但是，不应只因有人不喜欢，就改变自己对未来的预测。

需求和排期

　　许多项目都采用"倒排时间"的方式：先敲定交付日期，然后再定义产品需求。这往往是由于无法在规定日期按预期质量水准交付所有必要功能。但这样做不如在做出详细计划和承诺前定义软件需求现实。如果项目经理能够对计划限制范围内完成部分所需功能进行协商，就可以使用按排期进行设计的策略。协商成功的关键因素在于对需求排优先级。

　　对于某些复杂系统，软件只是最终产品中的一部分，在完成产品级别需求和初步架构的开发之后，项目经理给一般会确定一个大致的时间安排。这时，根据市场、销售、客服和开发等各方面输入的信息来确定关键交付日期。

　　考虑按阶段为项目制定计划和提供资金。最初的需求探索阶段可以提供足够的信息，根据这些信息，可以为一个或多个建设阶段做出符合现实的计划和估算。具有不确定需求的项目，能够从增量式和迭代式开发方法中获益。使用增量式开发，能够使团队在远未完全清楚需求之前就交付有用的软件。每个构建时间盒所包含的功能，可以通过排需求优先级来确定。

　　软件项目屡屡达不到到目标，并非由于软件工程师水平不够，而是由于开发人员和项目其他参与者的估算过于乐观以及规划不切实际。典型的规划错误包括：忽视常见任务、低估工作量或时间、不计项目风险以及没有预见到返工

（McConnell 2006）。有效的项目排期需要以下几个要素：

- 预估的产品规模
- 根据历史数据得知的开发团队生产率
- 完整实现并验证某个特性或用例的必要任务清单
- 相当稳定的需求，至少对即将开始的开发迭代如此
- 经验，有助于项目经理根据每个项目的无形要素和独特之处进行调整

陷阱 不要屈服于压力而做出明知不可行的承诺。这样做的后果是两败俱伤。

从需求到设计和代码

在需求和设计之间并非界限分明，而是存在灰色、模糊的过渡地带（Wiegers 2006）。除非有令人信服的理由对设计进行约束，否则应尽量避免对实现存有偏向性。理想情况下，对于系统的目的和用途，不应偏向于设计考虑因素。实际上，以前的产品、产品线标准和用 UI 惯例往往会给项目带来设计约束。因此，需求规范几乎总是包含一些设计信息。尽量避免**无边际**的设计，即对设计中的不必要或意料之外的限制。为了确保需求能够为设计奠定坚实的基础，要让设计师参与需求评审。

架构与分配

功能、质量属性以及约束驱动着产品的架构设计（Bass，Clements and Kazman 1998；Rozanski and Woods 2005）。与制作原型一样，分析架构有助于分析师对需求进行验证并调整需求的精度。两种方法都使用这样的思路："只要能正确理解需求，使用的评审方法就是一种好的方式。那么问题来了，现在我手头的初步架构或者原型，能否帮助我更好地理解需求，帮我找到错误的、遗漏的以及有冲突的需求？"

对于既有硬件组件也有软件组件的系统和只有软件的复杂系统，架构尤为重要。重要的一步时将高层系统需求分配到不同的子系统和组件中。分析师、系统工程师或者架构师会将系统需求拆解成软件和硬件子系统的功能性需求。通过使用需求跟踪信息，开发团队能够找到每个需求会在设计的哪个地方得以解决。

不当的分配决定会导致本应分配给硬件组件执行的功能被放到软件中执行（或者相反）、性能低下或者无法将某个组件替换为改进版本。在某个项目中，硬件工程师公然告诉我的团队，他希望我们的软件能够克服他在硬件设计上的限制！尽管软件比硬件更具有可塑性，但工程师也不应该以此为由对硬件设计敷衍了事。需要采用系统工程设方法来确定各系统组件应该交付

哪些能力。

将系统能力分配给子系统和组件，必须自上而下地进行（Hooks and Farry 2001）。如图 19-3 所示，蓝光碟机包含用来打开或关闭光盘托盘和使光盘旋转的马达，一个从光盘读取数据的光学子系统、一个影响渲染子系统、一个多功能遥控器等。子系统与控制行为进行交互并产生结果，例如，当光盘正在播放时，用户通过按下遥控器上的按钮便可以打开光盘托盘。系统需求驱动着这些复杂产品的架构设计，而架构则影响着需求的分配。

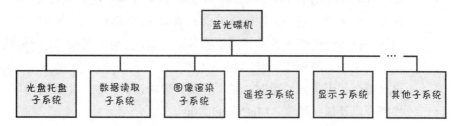

图 19-3　像蓝光碟机这样的复杂产品包含好多个软件和硬件子系统

缩水到难以置信的设计

　　我曾经参与过一个项目，用 8 个计算过程对摄像系统的行为进行仿真。在辛苦完成需求分析之后，团队迫切希望开始写代码，但是我们并没有这么做。我们花时间创建设计模型，思考要如何建立这样一个解决方案。我们很快意识到，在摄像仿真步骤中，有 3 个步骤使用相同的计算方法，所以可以归为一组，另外 3 个步骤归为一组，剩下两个步骤归为第 3 组。这种设计方式是将问题从 8 组复杂计算简化为只用 3 组。如 0 果略过设计，代码就会在一定程度上重复，因而借助于设计，这些化简方式得以尽早发现，帮我们节省了大量时间。修改模型比重写代码更高效。

软件设计

　　软件设计在某些项目中备受冷遇，但在设计上花些时间是很好的投资。各种软件设计能够满足大多数产品需求。这些设计将为产品的性能、效率、健壮性和所使用的技术方法等方面带来变化。如果直接从需求跳到代码，根本就是在脑海中忙碌地进行着设计。设计方案有，但不一定是优秀的。最后得到的软件也会是结构混乱的。

　　与需求一样，优秀的设计产生自迭代。通过多轮设计，在获得信息的同时，可以改进最初的概念并产生新的想法。设计的不足导致产品难以维护、扩展并且难以满足客户对性能、易用性和可靠性的目标要求。要花时间将需求翻译为设计，这对构建高质量、健壮的产品来说，是一笔很好的投资。

　　使用面向对象开发方法的项目从面向对象需求分析入手，这种分析使用类图以及其他 UML 模型来表达和分析需求信息。类图是概念性的，并不涉及实现细节，为了能够设计和实现，设计师需要要将这些类图转化为更详细的对象模型。

在开始实现之前，不需要为整个产品开发完整、详尽的设计，但应在每次开始进行组件编码之前先做设计。特别是难度大的项目、涉及多个系统之间许多内部组件接口和交互的项目以及所配备开发人员经验不足的项目，正式的设计非常有益（McChonnell 1998）。然而，下面的策略能够使所有项目受益：

- 开发一个由子系统和组件构成的稳固架构，能够延长整个产品的寿命
- 识别关键功能模块或者需要构建的对象类型，并定义其接口、职责以及与其他单元的协作
- 定义每个代码单元的预期功能，遵循合理的设计原则，做到高内聚、松耦合以及信息隐藏（McConnell 2004）
- 确保设计能够适用于可能产生的异常条件
- 确保设计能够达到预期的性能、安全以及其他质量目标
- 识别所有可以复用的现成组件
- 识别并遵守所有对软件组件的设计具有明显影响的限制或约束

在将需求翻译为设计和代码时，开发人员会遇到一些歧义和困惑。理想情况下，开发人员通过项目的问题跟踪流程将这些问题反馈给客户或者业务分析师进行解决。如果问题无法理解和得以解决，就要记录开发人员所做的任何假设、猜测和解读，然后与客户代表一起进行评审。

用户界面设计

用户界面设计领域研究广泛，远远超出本书所涉及的范畴。或许采取几个试探性的 UI 设计步骤就可以探出需求。UI 设计与需求的关系非常紧密，以至于如果没有最终用户的参与，就不可以把它流到下一步去完成。第 15 章阐述了如何通过用例得到对话图、线框图或者原型，最终形成详细的 UI 设计。显示-操作-响应（DAR，Display-Action-Response）模型是一种有用的工具，用来记录屏幕显示的 UI 元素如何对用户的操作做响应（Beatty and Chen 2012）。DAR 模型用表格来描述屏幕上的元素及其在不同条件下的行为，并将这个表格与视觉屏幕布局结合到一起。图 19-4 展示了一个网站的示例页面，而图 19-5 展示了相应的 DAR 模型。DAR 模型包含描述屏幕布局以及行为的细节，这些细节足以使开发人员能够胸有成竹地加以实现。

图 19-4　高保真网页设计

UI Element: Submit a Pearl Page at PearlsFromSand.com	
UI Element Description	
ID	submit.html
Description	Page where users can submit their own life lessons to be posted on the Pearls from Sand blog

UI Element Description	
Precondition	**Display**
Always	"Home" link "About the Book" link "About the Author" link "Blog" link "Submit a Pearl" link (inactive, different color because it's the current page) "Buy the Book" link "Contact" link "Name" text field "City" text field "State or Province" drop-down list "Email" text field "Title" text field "Pearl Category" drop-down list "Your Story" text field "I agree" check box, cleared "Submit" button "Pearl Submission Guidelines" link "Pearl Submission Terms" link
User just submitted a pearl	"Name," "City," "State or Province," and "Email" fields are populated with values from previous pearl. "Title," "Pearl Category," "Your Story," and "I agree" fields are reset to default values.

UI Element Behaviors		
Precondition	**User Action**	**Response**
Always	User clicks on navigation links: "Home," "About the Book," "About the Author," "Buy the Book," "Contact," "Pearl Submission Guidelines," "Pearl Submission Terms"	Corresponding page is displayed
Always	User clicks on either "Blog" link	Pearls from Sand blog opens in new browser tab
Always	User types or pastes text into a text field	User's text is displayed in field; for "Your Story" field, count of remaining characters is displayed
Always	User clicks on "I agree" check box	Check box toggles on/off
One or more invalid entries	User clicks on "Submit" link	Error message appears for any invalid text entry or length or for required fields that are blank
All fields have valid entries; "I agree" check box is selected	User clicks on "Submit" link	Pearl is submitted; pearl counter is incremented; email with pearl info is sent to Submitter and Administrator; successful submission acknowledgment message is displayed.
"I agree" box not checked	User clicks on "Submit" link	System displays error message on this page

图 19-5　图 19-4 所示页面的显示-操作-响应（DAR）模型

从需求到测试

需求分析与测试珠联璧合。正如顾问 Dorothy Graham（2002）所指出的那样："好的需求工程产生更好的测试；好的测试分析产生更好的需求。"需求是系统测试基础。要对照需求文档中记录的产品意图进行产品测试，而不应对照设计或者代码进行测试。基于代码的系统测试会成为自证预言。虽然产品具备测试所述的所有行为，但并不意味着它们满足客户的需要。让测试人员参加评审，能够确保需求是可验证的且可以作为系统测试的基础。

通常，敏捷开发团队使用验收测试取代精确的需求（Cohn 2004）。验收测试不指定系统必须表现出来的能力或者用户必须能够进行的操作，而是充实用户故事的预期行为。开发人员从中获得信心，知道自己已经正确并完整地实现了每个故事。正如第 17 章所述，验收测试应当覆盖以下三个要素。

- 在正常情况下的预期行为（正确的输入数据和有效的用户操作）。
- 应当如何处理预见到的错误情况和预期的失败场景（错误的输入数据或无效的用户操作）。
- 是否满足质量预期（比如响应时间、安全防护以及完成任务所需要的平均时间或者用户操作数）。

测试什么？

在某次研讨会上，曾经有人说："我不属于我们的系统测试组。我没有写过需求，不知道系统是用来做什么的，所以测试的时候只能靠猜。有时，猜错了，就不得不问开发人员软件是用来做什么的，然后再做测试。"

对开发人员构建的软件进行测试，并不等同于测试这些软件本来应该构建成什么样子。需求是系统和用户验收测试的最终参考。如果系统需求规范欠佳，测试人员就会发现很多需求都是开发人员按照自己或对或错的推断来实现的。分析人员应记下合理的隐性需求及其来源，使未来的回归测试更有效。

测试人员或质量保证人员应当确定如何验证每个需求的实现。可考虑采用以下方法：

- 测试（运行软件，找出缺陷）
- 审查（查验代码，确保它满足需求）
- 演示（展示产品的运行符合预期）
- 分析（推测系统在特定情境下如何运行）

将测试回溯到需求，有助于使测试工作保持有序并专注于谋求最大收益。有位同事是一名经验丰富的项目经理和业务分析师，她的经验是："清晰明确的业务需求能够驱动用户验收测试（UAT），而验收测试往往是项目上线前必经的最后一关。最近在一个网站开发项目中，我需要与业务发起人合作，了解网站预期的实际收益。对项目经理而言，要想按照严重、中等和轻微清楚区分缺陷，就需要了解关键需求。在我们的引导下，需求与明确的缺陷标准挂钩，最终，客户通过了 UAT 并成功完成了主要的开发工作，未产生任何产生质量和验收条件方面的问题。"

考虑如何验证每一个需求，行为简单却是一介非常有用的质量实践。使用因果图等分析技术，根据需求所述逻辑生成测试。这能够揭示歧义、遗漏或者隐藏的 *else* 条件及其他问题。为了能够验证预期的系统行为，每个功能性需求至少要对应一个测试。基于需求的测试能够使用多种测试设计策略：操作驱动、数据驱动（包括边界值分析和等价类划分）、逻辑驱动、事件驱动以及状态驱动（Poston 1996）。在按需求测试的同时，熟练的测试人员还会根据产品历史、预期使用场景、整体质量特征、服务水平协议、边界条件和巧合进行测试。

即便打算在发布前进行一次单独的系统测试，在早期投入思考测试的努力也不会白费。越是偏向于项目的后续阶段，重新分配测试工作量就越困难。概念性测试在可行和恰当的时机易于转化为具体的测试场景，且易于自动化。在开发周期中，更早提炼测试思路，可以产生更优质的需求，干系人之间更清晰的沟通和共同的愿景，也有助于提前消除缺陷。

随着开发的推进，团队会开始逐层细化需求，从来自用户的高层需求，到功能性需求，最终化为独立的代码模块说明。测试权威 Boris Beizer（1999）指出，对于构建的软件，不要只在最终用户层面进行测试，必须按照需求对各个层面进行测试。应用程序中的某些代码，虽然用户用不到，却是基础架构运营所需。对于每个模块，无论用户能否看到它的功能，都必须满足其自身规范。因此，按照用户需求对系统进行测试是必要但不充分的系统测试策略。

从需求到成功

　　我曾经遇到过一个项目，当时他们正要开始开发一个庞大的应用。此前，已经有一个团队完成了这个应用的需求开发，而新驻场的外包开发团队负责实现。新团队看着三厘米厚的一打需求，望而却步，于是绕过这些需求开始编码。在构建过程中，他们并没有参考 SRS，而是根据自己对项目目标不完整、不准确的理解，理所当然地构想该做成什么样，并以此构建系统。毫无疑问，这个项目遭遇了很多问题。试图了解大量需求确实很难，即便需求写得很清楚，但跳过这些需求是导致项目失败的关键因素。

虽然在实现之前没有很细致地阅读需求，但比起构建错误的系统之后再重新正确构建一遍，前者显然更快。如果开发团队能在项目早期参与需求工作并进行早期的原型工作或者以迭代方式进行开发，甚至更快。开发团队最终仍然必须通读规范。然而，他们的阅读时间散布在整个项目过程之中，还可以适当缓解一下工作的单调乏味。

 还有一个更成功的团队，他们用一种实践将某个特定版本计划要做的所有需求列出来。项目质保团队对需求执行测试，以此来评估每个版本。如果某个需求不满足其测试标准，就标记为缺陷。如果不达标的需求超过既定数量或者有未达标的高影响力需求，质保团队会拒绝版本发布。这个项目之所以能够成功，主要是因为它使用成文的需求来确定版本何时达到可发布的状态。

软件开发项目的最终交付物是能够满足客户需要和预期的解决方案。在业务需求满足客户的道路上，需求是至关重要的一步。如果没有以高质量需求为基础的项目规划、设计以及验收和系统测试，劳神费力可能也不见得能交付稳定的产品。尽管如此，也不要成为需求过程的奴隶，不要花时间产生不必要的文档或者举行仪式性的会议，因为这样做毫无意义。力求在严谨的规范与凭空编码之间取得合理的平衡，努力将构建错误产品的风险降到可接受的水平。

 行动练习

- 使用图 19-2 中的需求估算工具来估算下一个项目的需求工作。记录项目时间，将结果与原来的估算进行对比。调整估算工具，使其适用于下一个项目。

- 估算前几个项目中计划外需求的增长比例。为了能够适应未来项目中类似的范围增加，能否为项目时间计划中设立一些应急缓冲？为了不至于看似胡乱添加，请使用以往项目的增长数据来调整计划的偶然性。

- 在 SRS 中，尝试从某个已实现的局部需求找到所有需求的设计元素。这些设计元素可能在设计数据流图、数据模型中的表格、对象类或方法或者其他设计组件中进行处理。是否遗漏了某些设计元素？是否有某些需求被忽视？

- 记录实现每个特性或用户需求所需的代码行数、功能点数、故事点数或者 UI 元素数。还要记录完整实现并验证每个特性或用例所需的实际工作量。找到规模和工作量之间的关联，这有助于未来做出更加准确的估算。

- 记录你对需求开发工作和交付物所估算的规模和工作量，并将它与实际结果进行对比。是真的只做了 5 次计划内访谈，还是最终做了 15 次？创建的用例数量是否是预期的两倍？如何改进估算过程，使其在未来更加准确？

第Ⅲ部分

具体项目类别的需求

第 20 章

敏捷项目

敏捷开发是指一套软件开发方法，鼓励干系人之间持续合作并快速、频繁以小增量的方式交付有用的功能。敏捷方法种类繁多，其中最流行的包括 Scrum、极限编程、精益软件开发、特性驱动开发以及看板方法。"敏捷软件开发宣言"（Beck et al. 2001）的发表使"敏捷开发"这个词迅速普及。敏捷方法基于以前的迭代和增量式软件开发方法（最早见于 Boehm 1988；Gilb 1988；Larman and Basili 2003）。

各种敏捷开发方法各有千秋，但是本质上都离不开适应性（有时称为"变化驱动"）方法，而非预测性（有时称为"计划驱动"）方法（Boehm and Turner 2004；IIBA 2009）。预测性方法试图在软件开始构建之前通过周密的策划和文档将项目的风险降到最低，比如瀑布开发就是预测性方法。项目经理和业务分析师要在开始构建之前就确保所有干系人都准确了解要交付什么产品。只有需求从一开始就得到充分理解，并且在项目期间能够相对稳定，这种方法才能可以很见效。敏捷方法等适应性方法旨在适应项目中发生的不可避免的变化。它们对需求高度不确定或波动的项目也很有效。

本章讲述在软件项目中敏捷方法在需求方面所呈现的特点，讨论敏捷项目与传统需求实践的主要不同，并提供一份路线图，以便读者在本书其他部分找到更详细的指南。

用不用"敏捷需求"？

我们不使用"敏捷需求"这个术语，因为那意味着敏捷项目的需求与遵循其他生命周期的项目中的需求有本质的不同。在任何项目中，开发人员都需要以正确的方式了解同样的信息，以便能够正确实现正确的功能。然而，在处理需求时，敏捷和传统项目有很大的不同，特别是需求工作的时机和深度以及编写需求文档的范围。因此我们使用"敏捷项目的需求"这个词。

瀑布的局限性

通常认为，瀑布开发流程中的各项活动是一个线性序列，在这个过程中，团队会对需求进行完整规范（且有时过度规范），然后创建设计，之后写代码，最后测试方案。理论上，这种方法有很多优点，比如，团队能够尽早消灭应用程序在需求和设计中的缺陷，而非在构建、测试或维护时以高昂的代价修复错误。如果前期的需求是正确的，就能很容易地对预算和资源进行分配、对进度进行度量以及对完成日期进行准确估算。然而，在实践中，软件开发很少如此顺利。

预测性项目会预判有限的变化并且采取相应的处理措施，而且一般在瀑布开发项目中，为了尽量使整个需求集合合"正确"，团队会投入大量的精力。即便如此，也几乎没有项目会使用完全串行的瀑布方法，在各阶段之间总会有某些重叠和反馈。除瀑布和敏捷方法之外，还有许多可能的软件开发生命周期，它们都在不同程度上强调要在项目前期开发一整套需求（McConnell 1996；Boehm and Turner 2004）。在从完全固定的、预测性的项目到完全不确定、适应性的项目之间的范围中，关键区别在于从某个需求创建到基于这个需求的软件交付给客户所经过时间的长短。

使用瀑布方法的大型项目通常都会延期交付、缺少必要的特性并且不能满足用户的期望。因为瀑布项目的各个方面都依赖于需求，所以极易遇到这些失败。在周期长的项目过程中，干系人经常改变需求。干系人肯定会改需求，这是一个不争的事实，因为在项目早期，干系人无法精确知道自己想要什么；有时只有干系人看到事情与其想法不符才会明确表达出来；有时在项目过程中，业务需求也会发生变化。

尽管 Winston Royce（1970）率先正式提出瀑布模型（不过当时不是这个名称）并因此而备受赞誉，但是他当时真正要表达的是，瀑布方法是一种"有风险并且会引发失败"的方法。他明确指出，今天的项目依然经历着这样的问题：需求中的错误直到项目后期的测试阶段才会被发现。他继续解释到，**理想情况下**，这些步骤应当按照需求、设计、编码以及测试的顺序开展，但是在项目的**实际情况中**，一些阶段需要有所重合并且在这些阶段之间需要进行反复循环。Royce 甚至提议，在承诺完整的开发工作量前，应该使用实验方式对需求和设计进行原型化。尽管如此，今天依旧有许多项目使用改良后的瀑布方法，并取得了不同程度的成功。

业务目标的破坏性变化

我参与某个大型瀑布项目后的一年，中途新来一位营销总监接任执行发起人。当时，团队已经开发了许多软件，但还没有任何对客户有用的东西部署上线。无疑，新发起人的业务目标与其前任截然不同。开发团队从业务分析师那里得知由于新业务目标而有新的用户需求、新的功能性需求并且还要修订原有需求的优先级。

开发团队在每次初始部署之后都有一个固定的增强阶段，按照惯例，所有新的需求都分配到这个阶段。因此他们强烈反对并抗议，声称不接受在项目过程中进行改变。然而，如果继续开发并交付只满足原有需求的产品，就会引起新发起人的不满。如果团队使用预期并适应需求变化的开发方法，这种战略方向转变的破坏性就会小得多。

敏捷开发方法

　　敏捷开发方法试图解决瀑布模型的局限。敏捷方法专注于迭代和增量的开发方式，将软件的开发分解成短周期。这些短周期称为"迭代"（或者，在众所周知的 Scrum 敏捷方法中，称为"冲刺"）。迭代短至一周，长至一月。在每个迭代中，开发团队根据客户设定的优先级选择少量功能加以开发和测试以确保能够正确运行并使用客户设立的验收条件进行确认。后续的增量对已有产品进行修正、对原有特性进行完善、加入新的特性并且纠正所发现的缺陷。持续的客户参与，使得团队能够尽早发现问题和调整方向，从而指导开发人员调整其工作过程，以免在错误的方向上走得太远。目标是在每个迭代的最后产出潜在可交付的软件，哪怕只是预期最终产品的一小部分。

敏捷方法中需求的基本面

　　下面将对比敏捷项目和传统项目在处理需求方式上的若干差异。在遵循任何其他开发生命周期的项目中，许多适用于敏捷项目的实践依然有效，而且都还很不错。

客户参与

　　在软件开发项目中，与客户协作总是可以增加项目成功的机会。无论是瀑布项目还是敏捷项目，概莫能外。客户参与时机是两种方法的主要不同。在瀑布项目中，客户通常在前期花大量时间帮助业务分析师进行需求的理解、记录和确认。在项目后续的用户验收测试中，客户也会参与进来，对产品是否满足其需求提供反馈。但是，一般都没有客户参与构建过程，因而项目难以适应客户需求的变化。

　　对于敏捷项目，客户（或者代表客户的产品负责人）会持续参与整个项目。在某些敏捷项目的初始规划迭代中，客户与项目团队一起对用户故事进行识别和排优先级，使这些用户故事形成初步的产品开发路线图。相比传统的功能性需求，用户故事通常没有那么详细，因此需要客户在迭代中为设计和构建工作提供输入和澄清。迭代中的构建阶段完成后，他们还要对新开发的特性进行测试并提供反馈。

　　让产品负责人、客户和最终用户共同参与，进行用户故事编写或开展其他需求工作，这种做法很常见。然而，并非所有这些个体都接受过有效需求方法的训练。写得不好的用户故事很可能不足以达成清晰的沟通，因此，无论谁写用户故事，在团队开始实现这些故事前，都应当由业务分析技能扎实的人进行评审和编辑。第 6 章对客户参与敏捷项目有进一步阐述。

文档的细节

瀑布项目在构建开始之后，由于开发人员很少与客户进行互动，所以必须在需求中对系统行为、数据关系和用户体验预期进行非常详细的说明。在敏捷项目中，客户与开发人员的紧密协作通常意味着不必像传统项目那样详细记录需求。业务分析师或其他需求负责人会在必要时候以必要的精确度进行沟通和记录（IIBA 2013）。

有时，人们认为敏捷项目团队不写需求，这种说法并不准确。相反，敏捷方法提倡创建最基础的文档，只要足以用于准确指导开发人员和测试人员的工作。除此（或者满足规范或标准所需的基本的文档）之外的任何文档都是浪费。某些用户故事有少量细节，其中只有最具风险或影响最大的功能才有更详细的说明，并且通常采用验收测试的形式。

Backlog 和排优先级

敏捷项目中的产品 Backlog 包含团队采取行动的请求清单（IIBA 2013）。产品 Backlog 通常用用户故事来填充，但也有些团队使用其他的需求、业务处理过程和待修正的缺陷来填充。每个项目应当只维护一个 Backlog（Cohn 2010），因此，在 Backlog 中的缺陷需要与新用户故事一起排优先级。有些团队会将缺陷改写为新用户故事或者原有老用户故事的变种。Backlog 可以使用故事卡片或者在工具中加以维护。敏捷纯粹主义者会坚持使用卡片，但卡片对大型项目或者分布式团队来说不切实际。第 27 章对产品 Backlog 进行了更详细的讨论。市面上各种敏捷项目管理工具都有管理 Backlog 的功能。

对 Backlog 排定优先级是一项持续的工作，需要从工作项中选择哪些进入随后的迭代以及哪些应当从 Backlog 中剔除。分配给待办项的优先级无需一成不变，只要适用于下个迭代即可（Leffingwell 2011）。追溯 Backlog 项的业务需求有助于加速优先级的排定。不只是敏捷项目，所有项目都应对 Backlog 中剩余工作的优先级进行持续的管理。

确定时机

敏捷项目的需求工作类型与传统开发项目基本相同。一样需要从用户代表那里收集需求、分析需求、详略得当地记录需求并确认需求能够达到项目的业务目标。然而，在敏捷项目开始的时候，根本不会记录详细的需求。相反，在项目早期，高层需求通常以用户故事形式收集并填充到产品 Backlog 中，用于规划和排定优先级。

如图 20-1 所示，用户故事分配到特定的迭代中实现，每个故事的细节都在迭代中得以进一步澄清。如第 3 章中的图 3-3 所示，需求在整个项目中进行小部分的开发，甚至持续到产品发布之前。然而，尽早了解非功能性需求也很重要，以便设计的系统架构能够达到关键的性能、易用性、可用性及其他质量目标。

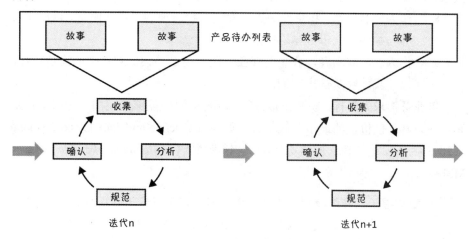

图 20-1　每个敏捷迭代中的标准需求活动

史诗、用户故事和特性

正如第 8 章所述，用户故事是一段简要说明，用以阐明用户的需要并以此为起点进行沟通，进一步充实细节。用户故事是专门为敏捷开发人员写的。在探索用户需求时，你可能更愿意使用用例名、特性或者处理流程。选择什么形式来描述需求的类型并不重要，本章中统称为用户故事，因为用户故事在敏捷项目中非常通用。用户故事的大小要求能够在单一迭代中完全实现。Mike Cohn（2010）如此定义史诗："规模过大以至于无法在单一迭代中完全实现的用户故事。"有时，如果史诗足够大，就必须拆分为多个，每个细分的史诗再进一步拆分，直至得到的每个故事能够进行可靠的估算并且随后能够在单一迭代中得以实现和测试（图 20-2）。将史诗拆分成更小的史诗，然后拆分成用户故事，这种方式通常称为故事分解（IIBA 2013）。

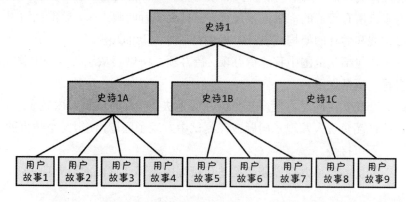

图 20-2　史诗能够细分为更小的史诗，然后细分为用户故事

特性是能够为用户提供价值的一系列系统能力。在敏捷项目环境中，特性可以包含单个用户故事、多个用户故事、单个史诗或者多个史诗。例如，手机摄像头的变焦特性可以发展为如下两个无关的用户故事：

- 作为一名母亲，我想要拍摄到女儿在校表现的可辨认照片，以便我能够与她的祖父母分享这些照片。
- 作为一名观鸟者，我想能够在一段距离之外拍摄到鸟类的清晰照片，以便我能够辨认出它们。

以业务需求为目标，识别出最低层的故事，以便能够确定团队能够交付给客户并为其提供价值的最小功能集合。如 Mark Denne and Jane Cleland-Huang（2003）所述，这个概念通常称"最小适销特性"（*minimum marketable feature*，MMF）。

 重点提示　在敏捷项目中开发需求时，不要纠结于到底称为"故事"和"史诗"，还是"特性"，要更专注于开发高质量的需求，指导开发人员将能力用于满足客户需要上。

期待变更

众所周知，项目肯定会发生变化，甚至业务目标也不例外。在敏捷项目中，需求发生变化时，业务分析师要做的最大调整是学会拒绝："等等，这不在范围之内"或者"我们需要走正式流程来加入这个变更"，而不是说"好吧，我们来谈一谈这个变更"。这会鼓励客户协作，参与创建和变更用户故事，并且根据已有 Backlog 对每个变更请求排定优先级。与所有项目一样，为了减少变更带来的负面影响，敏捷项目团队也要对变更进行精心管理，但他们更期待甚至拥抱正在变化的事实。更多关于在敏捷项目中管理需求变更的信息，请参见第 28 章。

要明白，虽然能够应对变化，但这并不意味可以一味忽视未来并且只关注于眼前已知的信息。抬头向前看仍然很重要，要看得更远一些。虽然开发人员无法为未来所有可能的需求进行设计，但只要多看两眼未来，就能创造出一套更加可扩展和健壮的架构或设计，以便日后加入新的功能。

变更还包括从范围中移除待办项。待办项之所以要从迭代范围中移除，原因有多种，概括如下。

- 存在实现问题，使得某个待办项无法在当前时间窗口内完成。
- 产品负责人发现了问题或在测试中发现了问题，使得某个故事的实现不可接受。
- 高优先级待办项需要替换迭代规划中不那么重要的待办项。

根据敏捷项目调整需求实践

整本书介绍的大多数实践通过改变使用时机、应用的程度或者开展每个实践的人，或许可以轻松适应于敏捷项目中。国际业务分析师协会（IIBA）提供了将业务分析技术应用于敏捷项目的详细建议（IIBA 2013）。本书中，许多章节都在介绍如何将其中所述实践调整以便用于敏捷项目。表 20-1 直接提供了敏捷项目相关具体章节的路线图。

表 20-1　针对敏捷开发话题章节的路线图

章节	主题
第 2 章 "从客户角度审视需求"	达成需求共识
第 4 章 "业务分析师"	业务分析师在敏捷项目中的角色以及谁是创建需求工件的负责人
第 5 章 "建立业务需求"	设定并管理愿景和范围
第 6 章 "听取用户的心声"	用户表达
第 8 章 "理解用户需求"	用户故事
第 10 章 "需求文档"	为敏捷开发指定需求
第 12 章 "一图胜千言"	为敏捷项目建模
第 14 章 "功能之外"	确定质量属性，尤其是架构和设计之前就需要的质量属性
第 15 章 "通过制作原型降低风险"	敏捷项目和演进式原型
第 16 章 "要事优先：设置需求优先级"	敏捷项目的优先等级排定
第 17 章 "确认需求"	验收条件和验收测试
第 27 章 "需求管理实践"	通过 Backlog 和燃尽图管理敏捷项目的需求
第 28 章 "需求变更"	敏捷项目的变更管理

敏捷转型，怎么办

如果是刚刚接触敏捷开发方法的业务分析师，则不用担心，因为大多数原有实践还能继续使用。毕竟，敏捷和传统的项目团队都需要先理解需求。下面这些建议可以帮助为转为敏捷方法。

- 确定你在团队中的角色。如第 4 章所述，有些敏捷项目有专门的业务分析师，而另一些却由其他岗位的人员开展业务分析工作。要鼓励所有团队成员专注于项目目标，而不是他们各自的角色或者头衔（Gorman and Gottesdiener 2011）。
- 读一本关于敏捷产品负责人角色的书，充分理解用户故事、验收测试、Backlog 排优先级以及为什么直到项目或版本结束后敏捷业务分析师才能"完成"工作。我推荐的一本书是《Scrum 敏捷产品管理》，作者 Roman Pichler（中文版译者李忠利）。

- 确定推荐的敏捷实践是否最适合自己的组织。想想还有其他哪些开发方法实践适合自己的组织，然后付诸实践。与团队中的其他角色人员共同确定在敏捷环境中如何进行有效的实践。

- 先在一个小项目中试点实施敏捷方法，或者在下一个项目中实施一部分敏捷实践。

- 如果决定实施混合模式引入某些敏捷实践，就要选择一些能够在任何方法论中使用的低风险实践。如果刚接触敏捷，最好请一名经验丰富的教练指导三四个迭代，以免因为受习惯的诱惑而退回到原来的实践。

- 不要为了敏捷而敏捷。

敏捷采用敏捷实践

　　我效力过的一个组织决定从传统方法转到敏捷开发。整个组织刚开始是全面放手做，一时间整个组织上上下下都开始教条地尝试引入敏捷实践。许多开发人员试图成为敏捷纯化论者，他们写故事卡片并且错误地坚信其他文档都不可以有。

　　这次实施敏捷方法的尝试颇为失败。并非所有干系人都尽心尽力，开发人员坚信的一些实践也没有开拓运用到他们的大型项目中。客户也不知道在敏捷项目中他们的角色有何变化。由于新项目的惨败，IT 主管规定必须立即停止敏捷开发。从那时开始，所有项目都要遵循瀑布模型。"敏捷"背上黑锅，成为贬义词。这简直是火上浇油！

　　后来，这个 IT 组织发生了一些有意思的事。开发团队知道这个规定还会带来灾难，于是开始采用混合开发方法。他们使用 Backlog 排与需求优先级、以三周为一个迭代进行开发且在每个迭代中用准时(JIT)方式对需求进行详细说明。为了避免麻烦，在向管理层讲他们所运用的方法时，团队就说在开发中正在使用"标准的瀑布方法"。实际上，一旦懂得在组织中如何恰当地开展敏捷实践，这些实践就会行之有效。这个组织最开始尝试以一种行不通的方式使用敏捷方法，最终让敏捷背负了一个不应该有的恶名。

第 21 章

改进型和替换型项目

本书所介绍的需求开发大多数是新软件系统开发项目，这种项目有时称为"零起点项目"。然而，有许多组织会投入大量的精力对现有信息系统进行改进或替换，或者构建所用商业产品的新版本。本书介绍的大多数实践都适用于改进型项目和替换型项目。本章将提供一些具体建议，说明哪些实践最密切相关以及如何使用它们。

改进型项目是指需要向现有系统添加新功能的项目。改进型项目也包括纠正缺陷、添加新报表、改进功能以满足修订后的业务规则与业务需要。

替换型项目（或**再造项目**）是指使用新的自建系统、商业现货（COTS）系统或两者的组合来替换现有应用的项目。替换型项目往往是为了提升性能、削减成本（比如维护成本或者许可费用）、充分利用现代技术或者满足监管需要。使用 COTS 方案的替换型项目，还可以借助于第 22 章介绍的内容。

替换型项目和改进型项目面临着一些特殊的需求问题。原来的开发人员可能早已将所有关键信息带着头脑中远走高飞。人们很容易认为，没必要为小规模的改进写需求。开发人员也认为，替换某个现有系统的功能下需要详细的需求。本章将介绍一些方法，帮助应对改进或替换现有系统所面临的挑战，使系统能够更有效地提升，力求满足组织当前的业务需要。

缺少规范

在很多情况下，成熟系统下一个版本的需求规范基本上都会如此描述："除了添加这些新特性并解决那些 bug，新系统应当具备原有系统的所有功能。"某位业务分析师收到的某个主产品第 5 个版本的规范就如此。为了搞清楚当前版本到底做了什么，她开始翻看第 4 个版本的 SRS。不幸的是，这份 SRS 也基本如此描述："除了添加这些新特性并解决那些 bug，版本 4 应当具备版本 3 的所有功能。"她跟着这个线索一路追踪，但每个 SRS 只描述新版本与前一版本的不同。原有系统的描述无从查找。可想而知，每个人对当前系统的能力的理解不同。如果遇到这种情况，应当更彻底地记录项目的需求，使当前和未来的所有干系人都能够理解这些系统功能。

预期的挑战

现有系统的存在使得改进型项目和替换型项目共同面临着如下挑战：

- 所做改变可能使用户已经习惯的性能降低。
- 现有系统缺少或没有可用的需求文档。
- 熟悉当前系统的用户可能不喜欢新的变化。
- 可能无意间破坏或忽略某些功能，而这些功能对某些干系人分组可能很重要。
- 干系人可能趁机要求加一些功能，这些功能可能看似有利于达成业务目标，实则并非是必需的。

即便有现成的文档，也可能无济于事。对于改进型项目，文档往往已经过时。如果与现有应用的实际情况不一致，文档就无法使用。对于替换型项目，还要谨慎照搬**所有**需求，因为有些旧功能也许不宜移植。

如何确定替换是否合理，是替换型项目的主要问题之一。变革需要有合理的商业目标。如果必须改变组织流程才可以彻底替换现有系统，人们就会更加难以接受新的系统。业务过程的变更、软件系统的变更和新系统的学习曲线，都会扰乱当前的运营。

基于现有系统的需求技术

表 21-1 介绍的是改进型项目和替换型项目中应考虑的最重要的需求开发技术。

表 21-1　对改进型项目和替换型项目有价值的需求技术

技术	重要性
创建特性树，体现变更	· 显示要添加的特性 · 识别现有系统中新系统不再具备的特性
识别用户类别	· 评估受变更影响的人 · 识别必须满足其需求的新用户类别
了解业务过程	· 了解当前系统如何融入干系人的日常工作以及变化将带来的影响 · 定义新的业务过程，需要向新特性或替代系统看齐
记录业务规则	· 记录当前代码中内嵌的业务规则 · 找到需要遵守的新业务规则 · 重新设计系统，以便更好地处理维护成本高昂的不稳定的业务规则
创建用例或用户故事	· 理解用户必须能够用系统来做什么 · 理解用户对新特性的工作方式有何预期 · 对新系统的功能排优先级

技术	重要性
创建环境图	·识别并记录外部实体 ·扩展现有接口以支持新特性 ·识别需要改变的现有接口
创建生态图	·找到其他受影响的系统 ·找到要新增、修改和弃用的接口
创建数据模型	·验证当前数据模型足以满足新特性还是需要进行扩展 ·验证所有数据实体和属性是否是不可缺少的 ·考虑哪些数据必须要迁移、转换、纠正、存档或弃用
规范质量属性	·确保新系统的设计能够满足质量预期 ·改善当前系统质量属性的满意度
创建报表表格	·对仍然需要的报表进行转换 ·定义老系统中没有的新报表
建原型	·使用户参与再开发过程 ·如果存在不确定性，就只为主要改进建原型
审查需求规范	·识别可跟踪链中断裂的链接 ·确定替换系统中是否有过期或者不必要的以往需求

可以借助于改进型项目的机会，以小规模、低风险的方式尝试新需求方法。迫于发布下一版本的压力，你会觉得没有时间对需求技术进行试验，但改进型项目可以实现步步为营的学习方式。在迎接下一个大项目时，就会有更多经验和信心进行更好的需求实践。

假设某客户要求为某个成熟产品添加一个新特性。如果之前从未用过用户故事，就可以在探索新特性时从用户故事的角度与这名客户讨论用户如何使用该特性。如果是初次使用用户故事，与其在零起点项目中使用，还不如在当前这个项目中使用，这样会降低风险，因为此时你的技能对零起点项目意味着要么成功，要么惨败。

按业务目标来排优先级

改进型项目需要向现有应用添加新能力。人们很容易陷入兴奋并添加不必要的能力。要想遏制这种镀金的风险，就需要向业务目标回溯，以确保新特性是必须有的，并且选择先做影响最大的特性。还需要对旧系统的改进请求与已报告缺陷纠正排优先级。

还要警惕不必要的新属性潜入替代型项目。替换型项目主要专注于对现有功能进行移植。然而，客户可能认为，反正要开发一套新系统，这时加入新功能特征就很简单。许多替换型项目由于范围增长失控，积重难返，导致最终崩溃。最好先构建第一个稳定版本，然后在用户可以正常使用该版本的同时，在后续改进型项目中加入更多的特性。

通常，现有系统过于不灵活或受技术限制而难以支持干系人希望加入的新功能，替换型项目由此应运而生。然而，由于实现新系统的代价不菲，所以必须有业务目标清楚证明这样做的价值和必要性。为此，可以用新系统预计节约成本（比如通过减少老旧系统的维护成本）加上所需新功能的价值来证明值得启动系统替换型项目。

还要找出替换系统中无需保留的现有功能。不要重复现有系统的缺点，也不要错过更新系统以适应新业务需要和流程的机会。例如，业务分析师问用户："你是否使用<某具体菜单项>？"如果一致回答是"我从来不用。"也许就无需移植到替换系统。要查看当前系统的使用率数据，显示哪些屏幕、函数或数据实体几乎没有人用过。甚至现有功能也必须对应于当前和预期的业务目标，才能保证在新系统中重新实现。

> **陷阱**　"因为今天有，所以新系统中还得有。"这样的说法并不足以证明需求的合理性，不要让干系人对此必怀侥幸。

当心差异

差异分析是指对现有系统和所需新系统的功能进行对比。差异分析的表现形式多种多样，包括用例、用户故事或者特性。为了确保理解为何当前系统无法满足业务目标，就应当在改进现有系统时进行差异分析。

要想对替换型项目进行差异分析，就必须了解现有功能，并能够发现必需的新功能（图 21-1）。识别出干系人需要在新系统中重新实现的现有系统用户需求。同时，还要收集现有系统中没有的新用户需求。考虑现有系统一直没有实现的所有变更请求。将现有用户需求和新用户需求放到一起排定优先级。为了消除差异，既可以使用前一节介绍的用业务目标排定优先级，也可以使用在第 16 章介绍的其他优先级排定方法。

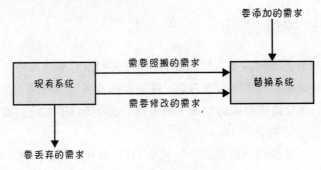

图 21-1　需替换现有系统

维持性能水平

现有系统决定着用户对性能和吞吐量的期望。干系人几乎总是希望新系统会维持现有系统的关键性能指标（KPI）。关键性能指标模型（KPIM）有助于识别这些重要的业务过程指标并加以规范（Beatty and Chen 2012）。借助于KPIM，干系人将认识到，虽然新系统有所不同，但至少他们的业务成果不比以前差。

除非明确计划要维持这些 KPI，否则性能水平就有可能让步于系统改进。将新功能塞进来，会使系统变慢。有个数据同步工具，其中一个需求是将当天事务同步到主数据集合，每 24 小时执行一次。工具的最初版本从午夜开始同步，用时约 1 小时。后来进行一系列的改进，加入了额外的属性、合并和同步校验。此后，同步用时需要 20 个小时。于是问题来了，用户希望在每天早上 8:00 开始工作的时候，就能使用前一夜已同步完整的数据。虽然同步的最大用时不曾有明确的规定，但干系人默认为不超过 8 小时。

对于替换型系统，优先考虑维持最重要的 KPI。找到可追溯到最重要 KPI的业务过程以及及其依赖的需求，它们是要优先实现的。例如，某贷款申请系统，贷款业务员每天能够向系统中录入 10 笔贷款，所以新系统至少维持相同的吞吐量就显得尤为重要。新系统最先应实现录入贷款的功能，以便贷款业务员能够维持其生产率。

找不到原有需求怎么办

大多数原有系统都没有成文的需求，更谈不上准确。在没有可靠文档的情况下，团队要了解系统的情况，就要对用户界面、代码和数据库进行反向工程。我们称之为"软件考古学"。为了最大限度从反向工程中受益，"考古队"应以需求和设计说明的形式记下了解到的情况。通过不断积累当前系统某些局部的准确信息，团队能够以低风险的方式改进系统或者在关键功能毫无遗漏的情况下替换系统并在未来高效开展改进。这可以遏制知识流失，使未来的维护人员能够更好地了解所做的更改。

如果需求更新过于频繁，忙碌得连轴转的人就会无暇顾及下一个变更请求。过期需求无益于未来的改进。软件行业普遍存在惧怕心理，担心写文档会用掉过多时间，由此而来的下意识反应是忽略所有更新需求文档的机会。然而，如果**不**更新需求，未来的维护人员（也许就是你！）就必须重新生成信息，这又何尝不是成本呢？只有回答这个问题，才能在修改或重建软件时深思熟虑地决定是否需要对需求文档进行修订。

随着团队持续改进和维护，这些零散的知识表述不断得以延展，使系统文档得以持续稳步的改进。与其不得不在后续投入大量成本重新发现知识，还不如随时发现和随时记录这些知识，这样所需的增量成本显然低得多。在实现改进之后，进一步的需求开发几乎是必然的，所以如果有现成的需求知识库，就应将这些新需求添加进去。如果要替换原有系统，可以借机将新系统需求记录下来并将从项目中不断了解的信息更新到需求之中。尽量自行完善需求。

应当指定哪些需求

并非总是值得花时间生成整个生产系统的整套需求。在始终没有需求文档和不断构建完美需求这两个极端之间，有各种各样的选择。要判断是否值得投入成本来重建所有或部分需求规范，就要明白为什么要写需求。

如图 21-2 所示，比如，当前的系统是一块形状不规则的区域，其中充满着历史和神秘。假设图中区域 A 表示需要实现一些新功能。刚开始，在结构化 SRS 或者需求管理工具中记录一些新需求。添加新功能时，必须说明如何对接或匹配到现有系统。在图 21-2 中，区域 A 与当前系统之间的桥代表接口。这一分析使得当前系统（区域 B）中白色的部分可见。除了区域 A 中的需求，这些洞察得来的新知识也需要加以记录。

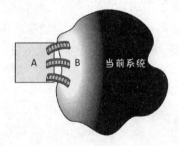

图 21-2　向缺乏文档的现有系统加入改进 A，为 B 区域提供能见度

一般不太需要对整个现有系统进行记录。专注于对业务目标需要的变更细化需求。如果要替换某个系统，就要在排优先级后，选定对实现业务目标最最重要或者带来最高实现风险的区域，以此为起点进行记录。在差异分析中识别出来的任何新需求，都要以同样的详细程度进行规范，并使用与新系统相同的技术。

详细程度

记录当前系统收集到的需求时，最大的挑战之一是确定合适的详细程度。对于改进，只定义新功能需求也许就够了。然而，记下所有与改进紧密相关的功能，通常有利于确保变更的完整性和一致性可以做到严丝合缝（图 21-2 中的区域 B）。你也许想对这些相关的区域创建业务过程、用户需求和/或功能性需求。例如，假设为现有的购物车功能增加优惠码特性，却没有任何有关购物车的成文需求。你可能只写一个用户故事："作为一名顾客，我需要能够输入优惠码，以便我能够获得产品的最低价。"然而，这个用户故事本身缺少上下文，所以你得找出其他与购物车操作有关的用户故事。下次需要修改购物车功能时，这些信息就很有用。

我曾经遇到过一个团队，这个团队正准备为某个重点产品的第 2 版嵌入式软件开发需求。第 1 版现已实现，但当时的需求工作做得不好，因此，主管业务分析师在考虑是否值得回头改进第 1 版的 SRS。根据公司预计，在未来至少 10 年中，这个产品线将是重要的收入来源。他们还打算在一些衍生产品中重用一些核心需求。由于第 1 版需求文档是产品线后续开发工作的基础，所以在这种情况下，改进是有意义的。如果是在做某个陈旧系统的 5.3 版本并且预计这个系统将在 1 年内下线，就不宜重新建立一套全面的需求。

跟踪数据

某个特定需求发生变化时，如果能够得到现有系统的需求跟踪数据，将有助于负责改进的开发人员判断必须对哪些组件进行修改。在理想情况下，对系统进行替换时，如果现有系统有功能性需求，便可以由此建立新老系统之间的可跟踪性，避免需求遗漏。然而，文档混乱的旧系统，可能没有可用的跟踪信息。而且，要在现有系统和新系统之间建立严格的可跟踪性，非常耗时。

与任何新开发一样，可以建立可跟踪性矩阵，将新需求或变更需求与相应的设计元素、代码、测试用例关联到一起，也不失为一个很好的实践。在开发过程中，持续积累跟踪链接只需要花很少的时间。而对于已经完成的系统，就需要花大量的工作才能重新生成链接。对于替换型系统，应在高层开展需求跟踪，列出现有系统的特性和用户故事清单，然后排优先级，确定哪些需要在新系统中实现。更多有关跟踪需求的信息，请参见第 29 章。

如何发现现有系统的需求

在改进型项目和替换型项目中，无论有无现成文档，都要从系统中发现相关需求。在改进型项目中，要为必须新增的屏幕绘对话图，展示它们与现有显示元素之间的导航连接。可以写用例或用户故事，将新功能与现有功能绑在一起。

在系统替换项目中，要理解所有想要的功能，就像对待任何新开发项目一样。研究现有系统的用户界面，识别出新系统的候选功能。检查现有系统的接口，确定当前系统之间交换的数据。了解用户如何使用当前系统。如果无人了解用户界面背后的功能和业务规则，就需要看一看代码或者数据库，了解实际情况。分析所有现成的文档（设计文档、帮助屏幕、用户手册和培训材料），看出具体的需求。

根本不必为现有系统的功能性需求制定规范，相反，应当创建模型以填补信息空白。泳道图能够描述当前用户如何使用系统开展工作。环境图、数据流图以及实体关系图也很有用。对于所创建的用户需求，可以只制定高层规范而无需填充所有细节。向系统添加新数据元素并修改现有定义时，可以创建数据字典实体，这是另一种着手消除信息差异的途径。由于测试是需求的另一个视角，所以测试包也是一个很有用的发现用户需求的原始信息来源。

> **有时，"刚刚好"就是好**
>
> 　　对某组织当前业务分析实践开展的一个第三方评估表明，他们的团队新需求做得非常好，但随着产品演进，经过一系列版本改进，他们的需求未能及时更新。业务分析师的确为每个改进型项目创建了需求。然而，他们并没有将全部修订版本合并到基线需求中。组织的管理者认为，为反映实现的系统而试图使现有文档 100% 更新没有太大好处。他认为需求总是只反映可工作软件的 80% 到 90%，所以试图使改进需求完美没有太大意义。这意味着虽然未来的改进项目团队不得不一知半解地开展工作并在需要的时候消除差异，但代价是可以接受的。

鼓励使用新系统

在变更或替换现有系统时，一定会遇到阻力。人们会本能地抗拒改变。引入能使用户工作更便利的新特性是好事，但是用户已经习惯使用当前系统，你却打算使其改变，在用户看来可不是什么好事。在进行系统替换时，这个问题会更突出，因为你要改变的不只是一点点功能。你可能要改变整个应用程序的外观和风格，它的菜单、操作环境甚至用户的整个工作方式。如果是业务分析师、项目经理或者项目发起人，就必须预见到这些阻力并计划如何克服才能使用户更容易接受新特性或系统。

现有的系统可能是稳定的，与周围的系统完全集成，并且用户也非常熟悉它。新系统虽然具有所有相同的功能，但是在初始版本中，所有这些无从谈起。用户担心学习使用新系统会打乱其正常操作。甚至更糟的是，新系统可能并不支持他们当前的操作。如果系统将用户手工完成的任务改为自动执行，用户甚至会害怕因此而丢掉饭碗。即使不亲自使用当前的全部功能，用户仍然可能说，只有在新系统具备原有系统的所有能力之后，他们才会接受。如果听到用户这样说，你可千万不要感到奇怪。

为了缓解用户阻力所带来的风险，首先需要了解业务目标和用户需求。无论错过哪点，你都将很快失去用户的信任。在需求收集过程中，专注于新系统或每个特性为用户带来的好处。帮助他们了解预期变更对组织的整体价值。千万要记住，仅仅因为有些新事物，并不意味着用户的工作更容易，改进也是如此。设计不当的用户界面甚至会使用户更难找到原有特性，更容易在各种新选项中迷路或者使用起来更加繁琐，系统因此而更难用。

我们的组织最近将文档知识库工具更新到新的版本，以便使用新增的特性和增强运行环境的稳定性。在 beta 测试中，我发现，像签出并下载某个文件这样简单、常用的任务现在都不好用了。在之前的版本中，签出某个文件只需要点击两次，但现在，根据所选的导航路径，却需要三到四次。如果我们的管理干系人认为这些用户界面的变化严重影响到用户验收，可能就会投资开发自定义功能来模仿原有系统。向用户展示原型，能够帮助他们逐渐习惯新系统或新特性，并在项目早期暴露出使用问题。

系统替换需要注意一点，虽然为组织带来了整体的利益，但某些群体的 KPI 可能会受到负面影响，所以应当让用户尽快了解被取消的特性或者降低的质量属性，以便提早着手做准备。系统使用过程中涉及的情感和逻辑一样多，所以，应当对干系人的预期进行管理，这是成功推进的关键基础。

从现有系统进行迁移时，过渡性需求同样重要。过渡性需求描述整个解决方案（而不只是软件应用）中将现有系统转移到新系统必须具备的能力（IIBA 2009）。其中包括数据转换、用户培训、组织和业务过程变更以及新旧系统在一段时间内并存的需要。周密考虑，使干系人舒适并高效过渡到新的工作方式。理解过渡性需求是评估准备情况和管理组织变革的一部分（IIBA 2009）。

是否可以迭代

从定义上看，改进型项目是增量进行的。通过使用第 20 章介绍的产品 Backlog 对改进排优先级，项目团队能够轻松运用敏捷方法。然而，替换型项目并不总是能够增量交付，因为在用户能够使用新应用开展工作之前，需要完成大量重要的功能。让他们只能用新系统完成很小一部分工作，然后回到原有系统中使用其他功能，是不切实际的。然而，大爆炸式的迁移也有难度并且不切实际。正在服役的系统经历多年磨合以及几个版本的演进，已经非常成熟，所以很难一步完成替换。

要增量实现系统替换，一种方法是识别出能够隔离的功能，然后只在新系统中构建这些碎片功能。我曾经帮助过一个客户团队，使用一套新的自定义开发系统替换他们当前的供销存系统。在整个供销存系统的全部功能中，库存管理占比大约 10%。大多数情况下，库存管理人员独立于管理其他进销存流程的人员。最初的策略是，只将库存管理功能单独移入新系统。因为这样做只影响到一个用户子集，而且之后他们的主要工作只在新系统中开展，所以这是一个能够隔离的理想功能。这种方法的潜台词是，必须开发新的接口，使新库存系统能够与现有供销存系统交换数据。

我们当时没有现有系统的需求文档。但是，通过保留原有系统并且关闭其库存管理功能，为需求工作提供清晰的边界。首先，我们根据当前系统中最重要的功能来写新库存系统的用例和功能性需求，创建实体关系图和数据字典。我们为整个现有供销存系统绘制环境图，了解在我们将库存功能分离出来时相关的集成点。然后我们创建新的环境图，展现库存管理成为一个外部系统时如何与"截肢"后的供销存系统进行交互。

并非所有改进或替换都如此清晰。它们大多都要努力克服两大挑战：现有系统缺少文档以及很难让用户接受新的系统或特性。然而，使用本章介绍的技术有助于积极缓解这些风险。

第 22 章

软件包方案项目

不同于从头构建新系统，一些组织会采购**软件包方案**（也称为**商业现货**或者 COTS 产品）并加以调整以满足自己对软件的特定需求。虽然**软件即服务**（SaaS）和**云**也正在日益成为可用方案，但是，无论采购软件包，还是实施云端方案，要满足新项目方案整体或局部对软件的需要，仍然离不开需求。要根据需求对候选方案进行评估，进而选出最合适的软件包，此后，还要根据需求调整软件包，最终满足组织的需要。

如图 22-1 所示，通常需要对 COTS 包配置、集成和扩展，才能运行于目标环境。虽然某些 COTS 产品能够开箱即用，无需任何额外的工作，但大多数 COTS 产品仍然需要一些定制，比如对默认产品进行配置、与其他系统进行集成和/或开发扩展来提供 COTS 包原本没有的额外功能。这些都离不开需求。

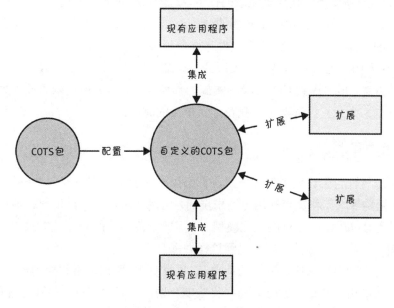

图 22-1　COTS 包可以配置并集成到现有应用环境中，并且/或者扩展出新的功能

本章讨论如何在软件包方案选型和实施过程中使用需求。由于 COTS 和 SaaS 项目所涉及的需求工作类似，所以我们不会加以区分。选用软件包方案还是系统定制开发，关系到对两种选择进行成本效益分析，因此也不在本书讨论范围之内。以销售为目的的构建软件包方案项目属于软件定制开发，更适合阅读本书的其他章节。

本章介绍一些方法可以使采购到的商业软件包更接近于需求定义，能更好地满足需要。我们还提供了一些需求开发建议，以便在运行环境中成功实施软件包方案。

进行软件包方案选型的需求

在满足需求方面，相比定制开发，采购的 COTS 包为组织提供的灵活性更低。对于客户要求提供的能力，需要了解哪些没有商量余地，及哪些可以根据软件包的约束进行调整。只有了解哪些软件包是用户完成业务必须要用的，才能选择正确的软件包方案。软件包方案的选型至少要识别出高层软件需求。COTS 选型所需要的需求规范的详细程度和工作量，取决于软件包的预期成本、评估时间表以及候选方案的数量。对于购买个人财务管理软件，只需要分辨出最重要的用例；而采购供 5000 人规模公司使用的数百万美元级别的金融应用，就需要进行更加广泛的评估，写出完整的用例、开发数据以及提出质量要求。

某团队要帮助一个律师事务所进行软件包选型。团队识别出 20 项用户需要使用软件来完成的任务，因此，在对 4 个候选包进行评估时，需要评定 10 个特性。律师事务所的合伙人知道，选定软件包之后，还必须创建更详细的需求来配置软件，但软件包选型稍微评估一下就可以了。与此相比，一个 50 人团队为某新建半导体工厂开发详细的软件需求。虽然只有三个待评估候选方案，但考虑到 COTS 及其实施的预期成本，该公司很乐意投入大量工作来选型。为此，仅选型工作就花了六个月的时间。

开发用户需求

所选软件包无论采用何种方式，都必须能够让用户完成他们的任务目标。COTS 采购需求工作重点在用户需求层面，用例和用户故事可以很好地达到此目的。还可以用组织已有的过程模型。不需要规范详细的功能性需求或设计用户界面，因为（大多数）厂商已经这样做了。

列出软件包方案所需特性的清单，这也很有用。要识别出想要的产品特性，就要先了解用户希望方案带来哪些收益以及软件包必须支持哪些业务过程。假设有如下用户故事："作为一名研发经理，在开展新试验之前，我需要评审并审批，以便不会将时间浪费在设计不足的试验上。"这个用户故事有助于识别需要哪些审批工作流特性。

没有哪个软件包方案完全符合全部识别出的用例，因此，需要对用户需求或特性排优先级。为了避免将时间浪费在不必要的评价标准上，需要追溯回业务需求，并按照每天必用、可等到特性改进阶段再实现以及缺失后并不影响用户正常工作来对想要的功能进行区分。

考虑业务规则

对需求进行探索，识别出 COTS 产品必须满足的有关业务规则：通过对软件包进行配置，能否使其与公司政策、行业标准以及相关规定相匹配？如果这些规则发生了变化，软件包的配置修改起来方便吗？

有些软件包具有广泛适用的业务规则，比如所得税扣缴计算或者税单打印。你是否相信这些都已经正确实现？当这些规则和计算方法改变时，软件包厂商是否会及时提供软件更新？更新收费吗？厂商提供软件包实现的业务规则清单了吗？如果某些内置业务规则对自己不适用，能否将其禁用、修改或规避？厂商是否接受改进请求？如果接受，这些请求的优先级又如何？

识别数据需要

为满足用户需求或商业规则，尤其是将新方案集成到现有应用的生态环境中时，要定义数据结构。找到数据模型与软件包厂商的数据模型之间的重要差异，不要受到 COTS 方案中只有命名不同的数据实体和属性的干扰。相反，应当识别出软件包方案中不存在或者定义与具体需要有明显差异的实体或属性，然后判断能否用其他方式使这些实体能够在方案中正常运行。

明确指定 COTS 产品必须生成的报表。是否按规定的正确格式生成了报表？要想对产品的标准报表进行自定义，需要如何扩展？能否自行设计新报表并将它与厂商提供的报表集成到一起？

定义质量要求

第 14 章介绍了质量属性，这是在选择软件包方案时用户需求的另一个重要方面。至少要探索如下属性。

- **性能**　特定操作可接受的最大响应时间？软件包是否能处理预期的并发用户负载和事务吞吐量？
- **易用性**　软件包是否遵循某些既定用户界面规范？界面与用户所体验过的其他应用接近吗？新软件包使用是否易于用户学习？厂商提供的培训是否已经计入软件包成本？
- **可修改性**　软件包是否易于开发人员修改或扩展以满足特殊需要？软件包是否为扩展提供了合适的"钩子"（接入和扩展点）和 API？安装新版本软件包之后，这些扩展能否保留？
- **互操作性**　软件包是否易于与其他企业应用集成？是否采用了标准数据交换格式？软件包是否向后不兼容？是否要求强制升级其他的第三方工具或基础架构组件？
- **完整性**　软件包是否能保证避免数据丢失、损坏和未授权访问？

- **安全性**　软件包是否能够控制哪些用户能够访问系统或使用特定功能？是否能够定义必要的用户权限级别？尤其对于 SaaS 方案，要非常仔细地根据需求来评估服务水平协议。

评估方案

许多商业软件包都声称为企业信息处理的某些需要提供一个统一方案。通过初步市场调研，可以确定哪些可用候选方案软件包值得进一步考虑。之后，可以以已识别的需求作为评估标准，开展有根据的 COTS 选型。

评估方法应当包括如下一系列工作（Lowlis et al.）。

1. 设置需求权重，从 1 到 10，区分需求的重要程度。
2. 根据与各个需求的契合度，为每个候选包打分。评分 1 表示完全契合，0.5 表示部分契合，0 表示完全不匹配。可以从产品资料、厂商发出的应标标书（RFP）或者直接查验产品获得评估所需要的信息。但要记住，RFP 只是项目的招标内容，它提供的并不是产品的实际用法。因此对于高优先级需求，必须进行直接查验。
3. 根据每个因素所给的权重，计算每个候选的分数，看哪些产品最符合自己的具体需要。
4. 对产品成本、厂商经验和可靠度、产品的厂商支持、用于扩展和集成的外部接口、与自己环境中各种技术要求或约束的契合度进行评估。虽然成本是选型因素之一，但最开始对候选产品进行评估时，不要考虑成本。

有些需求可能所有候选包都**不满足**，并且需要开发扩展才能实现。这些需求会使 COTS 实施成本显著增加，因而有必要在评估过程中加以考虑。

最近，我所在的组织想要选择一款需求管理工具，它要能够使用户可以离线工作，并且当用户重新上线时，能够将离线变动同步到需求主版本中（Beatty and Ferrari 2011）。我们怀疑市场上没有工具能够对此提供良好的解决方案。为了确认是否真的没有相应的方案，我们将此能力加入评估中。如果一个都没有，我们就知道只有扩展所选软件包才能实现该能力，编辑需求的流程可能也需要变更。

另一方面，软件包还要能够帮助用户从高优先级用例生成测试，要评估软件包能否很好地让用户完成这项工作任务。设计一些测试，用于探索系统如何处理可能出现的明显异常。执行这些测试，以便了解候选软件包如何处理它们。类似，还可以在操作剖面上运行 COTS 产品，**操作剖面**（*operational profile*，Musa 1999）指的是一个能够体现预期使用方式的场景。

 陷阱　如果没有一个人全程参与评估，就无法保证可以得到可比较的特性解读和评分。

评估过程的输出通常是一个评估矩阵，每行记录一个选型要求，每列记录一个方案中对每个要求的评分。图 22-2 展示的是需求管理工具的评估矩阵样例。

标识	用例	特性	优先级	工具1	工具1备注
1	业务分析师独立加入新需求	添加新需求	10	1	
2	业务分析师独立加入新需求	自动为每个需求创建唯一性标识	10	1	
3	业务分析师独立加入新需求	使用富文本格式记录需求	3	0	只支持无格式文本
5	业务分析师进行需求建模	直接在数据库中使用一幅图来描述需求	6	0.5	需要链接到工具之外的资源时，使用变通的方式在数据库中存储资源的链接
6	业务分析师进行需求建模	在数据库中使用内嵌文档来描述需求	8	1	
7	业务分析师将现有文档链接到需求	将需求链接到SharePoint某个真实的文档中	4	1	
9	业务分析师一次性添加一批新需求	从Excel中批量导入结构化的新需求数据	5	1	支持批量导入的同时，还提供对自定义Excel文件的导入支持

图 22-2　需求管理工具软件包方案评估矩阵样例

多轮评估

如果要为我们自己的咨询团队选择一款需求管理工具，我就需要为此写需求。于是我开始与团队一起识别工具的用户类别和用例。虽然主要用户是业务分析师，但还有一些用例是面向管理人员、开发人员和客户的。我根据名称来定义用例并以我对用例的熟悉程度来识别需要哪些特性。为最小化用例和特性被遗漏的可能性，我创建了一个可追踪的矩阵。

我首先列出备选的 200 个特性和 60 个厂商。按照我们的评估计划，远远做不到——进行评估。于是我们进行了第一轮评估，排除大部分候选工具。我们第一轮只考虑了 30 个特性。对我们来说，这些特性最重要或者最能够用来将不同工具区分开。这轮初始评估将我们的可选工具搜索范围缩小到 16 个。然后我们根据 200 个特性对这 16 个工具进行评估。经过第二轮详细评估，最终选出排名靠前的 5 个工具，而且很明显，这些工具全部都满足我们的需要。

除了目标分析之外，使用真实项目对候选包进行评估也不错，这里不仅限于产品附带的教程项目。最终，我们进行第三轮评估，通过对每个工具进行真实的试用，找到实际表现与评估分数与其最接近的。第三轮评估之后，我们从高分工具中选出了最中意的工具。

实施软件包方案的需求

在确定要实施某个选定软件包方案后，还有一些需求工作要做。为了使软件包方案投入使用，从开箱即用到通过大量的需求规范以及软件开发进行扩展，图 22-3 展示了这一范围内可能的工作。表 22-1 介绍的是 COTS 包这四种互不相斥的实施。为了能够顺利实施，还需要改运营环境的基础架构，比如升级操作系统或与软件包进行交互的其他软件组件。

图 22-3　软件包方案实施工作的范围

表 22-1　COTS 包实施方法

实施类型	描述
开箱即用	安装软件并直接使用
配置	根据自己的需求调整软件设置，无需写代码
集成	将包连接到应用生态中现有的系统上，通常需要写一些定制化代码
扩展	使用定制化代码开发额外的功能，以求改进包的能力并缩小差距

采购 COTS 方案的优点之一，是能够提供原来未曾探索过的有用能力。通常根据已知的需要选择软件包。然而在实施过程中，会发现有一些功能虽然未曾考虑过，但也很有价值。探索额外的特性会改变安装软件包所需的工作量。

配置需求

有时，可以从厂家采购软件包并直接使用。但更多时候，需要对软件包的各种配置参数进行调整，才能使其更好地满足自己的需要。成功的 COTS 实施大多离不开配置需求，为此，要对处理流程、用例或用户故事的配置需求逐个进行定义。通读产品手册，学习如何执行特定的任务，查看需要进行哪些设置使其适合自己的环境。针对配置系统，不要只考虑选型过程中已经检验过的业务规则，要考虑所有的业务规则。许多 COTS 方案都有预定义机制来指定角色和权限。使用第 9 章图 9-2 所示的角色和权限矩阵，定义需要创建哪些角色以及这些角色应当具有哪些权限。

集成需求

除非软件包方案以单机模式使用，否则就需要将其集成到应用环境中。集成需要了解软件包的外部接口。软件包需要暴露这些接口，与其他应用进行交互。针对软件包和环境中其他组件之间的交换数据和服务，应精确制定需求规范。可能必须创建一些定制代码，才能使各部分结合在一起。这些代码可以采用以下形式：

- 适配器，用于修改接口或添加缺失功能的
- 防火墙，用于将 COTS 与企业其他部分隔离
- 封装器，用于将软件包的输入/输出进行拦截，并将数据修改为接口另一端使用时需要的形式（NASA 2009）

扩展需求

COTS 实施的共同目标是对方案采取最小化定制。否则，就应当自己定制构建应用。而在大多数 COTS 项目中，组织所需的能力与软件包所交付的能力之间是有差异的。对每个这样的差异，应当做出以下判断：忽略（移除需求并忍受只使用这个工具）；改变在方案之外的一些事（修改业务过程）；构建一些东西来消除差异（扩展方案）。扩展 COTS 方案与开发新产品一样，要对新能力的需求进行全面的规范说明。如果要用 COTS 方案来实施对原有系统的替换，请参见第 21 章讨论的系统替换相关实践。在做需求分析时，应当评估待添加的组件是否会对软件包的现有元素或工作流造成负面的影响。

数据需求

下面来看选型过程中使用的数据需求。将现有数据字典中的数据实体和属性映射到 COTS 实体和属性。方案可能无法处理某些现有数据实体和属性，需要决定如何处理数据差异。通常，为了消除差异，会添加属性或者重用 COTS 方案中现有的数据结构。否则，当数据从现有系统转换到 COTS 方案时，没有正确映射的数据可能就会丢失。使用第 13 章的报表表格来规范配置现有或新增报表的需求。许多 COTS 包都提供一些标准报表模板供你尝鲜。

业务过程变更

COTS 包之所以有人选，通常是因为实施和维护的预期成本低于构建定制软件。不同于大多数为适应现有或计划流程而设计的开发项目，组织需要准备好调整业务过程以适配软件包的工作流能力和限制。实际上，如果要求能够通过充分配置来满足现有流程，就需要更昂贵和复杂的 COTS 方案。可调整的按钮和滑块越多，就越难配置。尽量在实现所有用户所需功能与只使用 COTS 产品所提供的开箱即用功能之间取得平衡（Chung，Hooper and Huynh 2001）。

在选型过程中，首先从识别出来的用户需求着手。为了了解用户在 COTS 方案中执行的任务发生了哪些变化，可以开发用例或泳道图。由于新的软件包方案看似或用起来不同于现有的系统，所以为了免遭用户抵制，应当让他们尽

早加入这个过程。如果由用户来参与打造业务过程中必要的改变，他们会更愿意接受新的方案。

我的团队为某保险公司实施了一套软件包方案，帮助他们满足新的合规需求。我们首先对现有业务过程进行建模，然后为了解产品使用的基本信息，我们着手研究软件包使用手册。为了反映用户如何使用 COTS 方案完成任务我们根据现有模型，创建了未来的业务过程。我们还为现有系统创建了数据字典，添加了一列用于映射到 COTS 方案中的映射字段。由于这些产品都是用户帮助开发的，所以当新系统部署上线时，他们并不感到惊讶。

软件包方案的常见挑战

对软件包方案进行选型或实施过程中可能遇到以下几个挑战。

- **候选过多**　乍一看，市场上可能有很多方案都能满足需要。选择少量标准缩小候选范围，选出最佳的几个选项进行更加详细的评估。
- **评估标准过多**　如果规范需求不够深入，就很难聚焦于那几个最重要的评估标准。借助于业务目标，选择最重要的需求作为标准。当候选软件包的范围缩小到只有几个时，便可以根据冗长的标准列表来加以评估。
- **厂商谎报软件包功能**　在典型的软件包采购过程中，厂商销售人员将方案卖给客户组织的决策者，随着实施团队加入，客户对产品的了解也会更加深入，且可能实际证明推销宣讲时所了解到的信息与实际不符。为了避免这种情况，可以要求厂商安排技术专家参与销售环节，这个方法不错。要确定能否与厂商保持健康的共赢关系。厂商是业务合作伙伴，所以要确定他们能够有建设性地担当这个角色。
- **对方案预期**　有时，在厂商演示过程中，方案看起来很棒，但是在安装之后却不按照预期的方式工作。为了避免这种情况，应该在选型过程中，让厂商运行自己的真实用例，以便看出方案与预期是否吻合。
- **用户拒绝方案**　组织购买软件，并不代表用户会接受。与所有软件开发项目一样，为了确定用户的需要已经了解清楚并得到了充分的满足，就应当让用户在选型过程中或实施早期参与进来。预期管理是软件包方案成功实施的重要工作。

相比构建定制方案，明智的商业替代选择通常是采购、配置和扩展商业软件包。虽然软件包能够带来很大的灵活性，但与此同时，也会带来固有的限制和约束。谁都不愿意购买组织不需要的特性，也不想构建在厂商发布下个版本软件包之后就会遭到破坏的脆弱扩展和集成架构。谨慎进行软件包选型和实施过程有助于在商业软件包方案中找到功能、易用性、可扩展性和可维护性的最佳平衡。

第 23 章

外包项目

许多组织都不在内部自行构建系统,而是将开发工作量外包给签约开发公司。通过将工作外包出去,能够利用不具备的内部开发技能、扩大内部人力资源、省钱或者加速开发。从地理位置上看,外包开发供应方可以是位于组织附近、世界另一端或者两者之间的任何地方。如果外包团队在另一个国家,就通常称为"**离岸外包**"。如果供应与采购双方所在国家毗邻,或者语言和/或文化相通,这种离岸外包有时也称为"**近岸外包**"。

所有外包项目的团队都是分布式团队,团队成员在两个或多个地点工作。相比协同开发项目,业务分析师角色在外包项目中更为重要,业务分析师的工作通常也更加困难。如果团队成员在同一个地点工作,开发人员就能跑下楼,向业务分析师提出问题或者要求他们演示新开发的功能。虽然可以借助于现代沟通工具,但在外包开发中,协作无法如此紧密。相比内部开发,外包开发项目(特别是离岸情况)面临以下几个挑战。

- 更难让开发人员参与需求工作中,更难将用户对所交付软件的反馈传达给开发人员。
- 如果理解有出入,并且在项目后期才被发现,作为基本要件的正式需求定义合同就会引发争端。
- 在项目过程中调整方向的机会更少,所以客户最终需要的产品和按最初需求开发的产品差异更大。
- 如果时区大不相同,需求问题的解决用时更长。
- 语言和文化壁垒使得需求更加难以沟通。
- 原本有限的书面需求对内部项目是足够的,但对外包项目却不够,因为用户和业务分析师不能方便地解答开发人员的问题、澄清歧义和消除差异。
- 内部开发人员能够从经验中获得的组织和业务知识,但远程开发人员缺少这些知识。

尽管最初采取离岸外包的原因之一是预计能够节省每小时人力成本,但实际上,许多离岸项目的成本都会净增加。造成这一现象的因素包括:需要额外的工作才能更得到精确的需求;由于未对隐含或猜测的需求加以说明,所以需要额外的开发迭代来消除差异;合同制安排所涉及的额外管理费用;规范不同群体之间团队行为养成所需要的初始成本;项目沟通和各地监管所增加的成本。

尽管软件开发是最常见的一类外包，但测试工作也可以外包。外包测试与外包开发具有相同的挑战。这两种工作的成功都依赖于需求明确所奠定的坚实基础。

要想成功对外包项目进行需求开发和管理，掌握本章介绍的技术就非常重要。本章不讨论外包开发的决策过程和外包厂商的选择过程。

需求的详细程度恰当

因为你也许很少能与开发团队直接互动，所以外包给独立公司的产品开发需要有高质量的书面需求。如图 23-1 所示，你要给供应方发一份招标书（RFP）、一份需求规范以及产品验收标准。在供应方启动开发之前，双方应尽早开始评审，并就可能的妥协和调整达成共识，之后供应方交付完成的软件产品和支持文档。

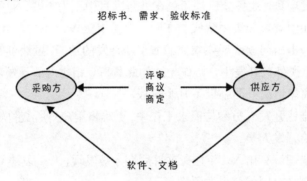

图 23-1　需求是外包项目的基石

在外包项目中，你无法像开发人员与客户在一起工作时那样能日复一日的澄清、决策以及变更。尤其是离岸开发中，要能够预见到供应方只做你要求他们做的产品，不多不少，而且供应方有时根本不会提出任何问题。供应方不会实现隐含或假设的需求，因为虽然你认为很明显，但没有写出来。因此，导致外包项目失败的一个常见原因是需求定义和管理不善。

如果是发布 RFP，供应方只有完全了解标的之后，才能产生实际回应和估算（Porter-Roth 2002）。由于有些信息必须要写入 RFP，所以更详细需求必须开发的时机早于内部开发项目（Morgan 2009）。至少应当为 RFP 规范一整套丰富的用户需求和非功能需求。项目启动之后，需要相较于构建同样系统的内部团队更精细地规范所有需求，离岸外包团队更是如此。如果曾经倾向于过度规范需求，那么外包项目正合适。外包项目中，需求作者的职责就是清晰地表述需求方的预期。如果需求方要保留过程认证或者出于合规性原因而必须产出某些交付物，就要保证将这些细节写入 RFP 中。

与内部开发一样，针对外包团队的功能性和非功能性需求，可视化需求模型起到了补充的作用。为需求创建多种表述方式可以提升沟通的带宽，因此你会发现，与内部团队开发软件相反，创建更多的模型是有益的。用可视化模型等表述方式对文字规范进行补充，甚至对跨文化和语言的项目也有价值，因为通过可视化模型，开发人员可以验证是否正确理解了规范。但是开发人员必须够能理解模型，如果对这些模型不熟悉，他们会更加困惑。有一个开发经理担心，用户界面过于复杂，以致文字需求规范与实物模型不足以使开发团队能够正确实现（Beatty and Chen 2012）。第 19 章所介绍的显示-操作-响应模型对满足外包项目这种需要非常有效。

原型也有助于向供应方团队澄清预期。同样，供应方团队可以创建原型，向需求方演示他们对需求的理解和应标计划。这种方法可以为项目早期的航向调整和创造更多客户开发互动点。更多关于创建和使用原型的介绍，请参见第 15 章。

谨慎使用第 11 章表 11-2 中会引起大量困惑的模糊用语。我曾经读过一份外包 SRS，其中许多地方都用到了"support"这个词。写这份 SRS 的业务分析师承认，接手实现该软件的承包商无法搞清楚"support"在各种情况下的含义。有些人对需求方公司的情况非常了解，但是他们很少与其他人互通这些隐性知识，此时，术语表就很有用。Planguage 是一种结构化的关键词标记法（参见第 14 章），可以非常直观地描述外包开发需求（Gilb 2007）。

需求方-供应方的互动

你需要跟进供应方当前的进展，但由于缺少实时的、面对面的沟通，不得不采取一些其他的措施，在需求方和供应方之间安排正式的联系。某些外包项目中，供应方会帮助写功能性需求（Morgan 2009）。这虽然增加了外包的初始成本，但也可以降低误解带来的风险。

应当为多轮需求评审做好打算。使用协作工具促进多地参与者进行同行评审（Wiegers 2002）。但是要知道，在某些文化中，成员无法为他人提出建设性的批评。在这样的文化中，需求作者在评审其工作时，只会采纳个人的评审意见（Van Veenendaal 1999）。结果，为了避免得罪需求作者，在同级评审过程中，评审人可能一言不发，只是礼貌地坐着。这只是礼貌和体贴，但无助于达成共同的目标，即尽早发现需求中的缺陷以便进行更快、成本更低的开发。看看外包合作伙伴是否符合这种文化特征，从而为同行评审确定靠谱的预期和策略。

有个失败的离岸项目，项目计划中包含一个为期一周的任务，称为"需求工作坊"，紧跟其后的任务是各个子系统的实现（Wiegers 2003）。需求具有迭代和密集沟通的性质，决定了你必须为这些评审周期留足时间。这个项目的需求方和供应方分别位于同一个大陆两端的不同国家。项目进展缓慢，在 SRS 反复循环过程中产生了无数问题。最终，由于需求问题未能及时按计划解决，因而导致双方付诸法律。

借助于同行评审和原型，能够使需求方及时了解供应方对需求的理解。增量开发则是另一种风险管理技术，当供应方开发人员因误解而走错路时，借助于增量开发，能够及时纠正航向。如果供应方发现问题，应将这些问题连同答案一起记录到需求中（Gilb 2007）。可以像第 27 章中所介绍的那样，在供应和需求双方团队都能访问的问题跟踪工具中，对进展情况进行监控。

做过各种类型项目的合同开发公司有可能缺少特定领域或者公司的知识，而这些知识对做正确的决策至关重要。这时应考虑在进行需求评审之前，为承包商开展一些人员培训，填补他们在项目和应用领域方面的知识空白。

外包项目常常涉及不同企业文化和态度的团队。某些供应方会极力讨好需求方，甚至答应交付力所不能及的工作。面对错误，他们为了极力挽回颜面，会完全不承认对此负有责任。离岸供应方还有其他文化差异。有些开发人员对寻求帮助或澄清心存顾虑，他们不愿说"不"或者"我不明白"，结果只能是误解，问题悬而未决，无法实现承诺。要避免这些问题，可以用启发和引导技术，比如对字里行间未提及的信息进行解读，提出一些开放式问题来获得问题和状态的准确可见性。可以考虑为本地和远程的团队成员建立一些基本规则，明确定义他们在共同工作时应当如何互动。

如果开发人员的母语不同于写需求所用的语言，开发人员就会从字面上理解需求，而注意不到细微的差别或完全领会不到其中的内涵。他们可能会选择你看不上的用户界面设计。诸如日期格式、度量系统（如美制单位、公制单位或者英制单位）、颜色的含义、姓名的顺序，都会因国家不同而有所不同。与不同母语的人互动时，应当用尽可能简单和清晰的语言描述自己的意图和愿望。避免使用可能造成误解的俗语、专业术语、成语和引用流行语。

离岸团队会严格按照字面意义理解客户的需求。开发人员将每条需求从英文翻译成他们自己的语言、然后编码，然后开始下一条需求，直到做完所有需求。交付的产品虽然在技术上满足需求，但是远远无法满足预期。开发人员的本意并不是想把事情搞复杂，他们只是没有很好地理解需求语言。因此，他们无法完全掌握软件的本质。客户不得不将大量开发工作带回内部，而且实际付出的代价两倍于软件正确开发的代价。

> **陷阱** 不要认为供应方能像你一样理解歧义的和不完整的需求。需求方应当通过频繁的沟通来解决需求问题，要负责向供应方交代必要的信息，而供应方有义务主动澄清问题，不要依赖于可能错误的猜测。

变更管理

在项目初期，应建立一套双方都能接受的变更控制过程，无论参与者身处何地，都能使用。关键在于，使用一套通用的 Web 工具来处理变更请求并跟踪未解决的问题。变更总是有代价的，所以在合同确立期间，使用变更管理实践来控制范围蔓延至关重要。要确保正确的人员及时得到信息，识别出变更决策者，并且确定使用哪一种沟通机制。大多数外包工作都会订立协议，说明开发团队必须交付什么结果。合同应当说明谁来为各种变更买单，比如新请求的功能或者对原有需求的修正，还应说明产品变更引入过程。当需求与交付之间不一致时后续如何定责，这也应当在合同中注明。不幸的是，经常都是两败俱伤（McConnell 1997）。

验收条件

谨记史蒂芬·柯维建议的"以始为终"，提前确定应该如何评估合同产品是否满足你和你的客户所需。如何判断是否给供应方结算尾款？如果验收标准没有完全满足，谁负责进行修正，谁为此买单？在 RFP 中加入验收标准，让供应方提前知道要做什么。在将需求派给外包团队之前，应当对需求进行确认，帮助外包团队判断交付的产品能否达标。第 17 章介绍了定义验收标准的一些方法以及评审和测试需求的方法。

如果处置恰当，外包开发就是一种非常有效的软件系统构建策略。由于距离、语言和文化差异以及潜在的利益竞争，要想与外包开发供应方之间建立合作关系，可谓挑战重重。在交付候选发布版之后，如果在中途发现了需求错误和歧义，并且需要花更多成本来修复这些问题，供应方就不会主动加以纠正。一套高质量、完整、清晰明确的需求，是成功外包开发体验之旅的不二起点。如果由于提供给供应方的需求不完整或者存在误解而造成项目失败，你的过错并不见得就比供应方的少。

第 24 章

业务过程自动化项目

组织通常选用运营成本更低的软件来完全或部分替换人工业务过程。实际上，包括化学品跟踪系统和本书提到过的其他项目在内，大多数企业的 IT 项目或多或少都与业务过程自动化相关。流程自动化可以通过构建新软件系统、扩展现有系统或者采购 COTS 软件包来实现。在业务过程自动化项目中，应当使用一些需求技术，对新系统和升级后的业务过程进行磨合。

由于在软件项目中业务过程自动化非常普遍，所以本书其他章节介绍的很多技术都与此紧密相关。本章要介绍一套体系来帮助应对这类项目，并从本书其他章节中找出合适的技术。另外，本章还要介绍其他章节没有讲全的技术。

用一个例子来说明业务过程自动化项目是如何开展的。我们的某个客户使用电子表格计算贷款的风险状况，但每次要输入来自约 300 个不同数据源的数据。由于这项工作需要频繁地重复执行，风险经理需要投入大量时间，所以业务干系人希望能用软件收集并输入数据，并计算风险状况。为了看一看用户将大把时间都花在了哪里，我们从过程着手展开分析。很快，我们发现收集数据并输入到电子表格这个步骤消耗了大量的时间，而电子表格几乎瞬间就能完成计算。由于开发团队已经具有访问大部分数据源的权限，因此项目计划第一个阶段从开发团队有权访问的数据源自动拉取数据到电子表格中，同时，其他数据源的数据仍然需要业务用户人工收集和输入。在第二阶段，再自动化这些数据输入。计算过程已经足够快了，所以团队不打算构建软件来重复电子表格的计算。

这个案例研究描述的是一个典型的业务过程自动化项目。最初，业务部门发现有一项耗时、重复性的工作，于是希望借助于合适的软件来帮助加速。然后，通过分析使瓶颈暴露出来，并确定可能的效率。进而形成局部方案，产生需求和项目规划，最终为业务节省了大量时间、降低了成本并减少了数据输入错误。

业务过程建模

为了自动化业务过程，需要从过程建模着手收集需求。通过识别出用户要用系统完成的任务，业务分析师能够定义执行这些任务所必需的功能性需求。as-is 过程描述当前业务如何运作，而 to-be 过程描述预想业务的未来过程。

业务过程缩略语一览

对于业务过程分析（BPA）、业务过程再造（BPR）、业务过程改进（BPI）、业务过程管理（BPM）以及业务过程建模和标记法（BPMN），有许多可用的资源。本章不会全面介绍所有相关的资源。下面的列表对这些概念提供了一些基本的定义，你会发现这些定义之间有明显的重叠。

- 业务过程分析（BPA）是指对过程进行解析，并为过程改进奠定基础。这与业务分析知识体系（IIBA 2009）所介绍的过程建模很类似。

- 业务过程再造（BPR）包括对业务过程的分析与再设计，目的是提高效率和效果。BPR 可以针对特定的过程局部进行，也可以从根本上彻底改变原有过程（Hammer and Champy 2006）。

- 业务过程改进（BPI）包括度量和寻找增量过程改进的机会（Harrington 1991）。六西格玛和精益管理实践中的工具常常用于 BPI 工作中（Schonberger 2008）.

- 业务过程管理（BPM）包含对整个企业过程加以理解、分析使得过程更有效率和成果并持续在组织中对过程加以改进（Harmon 2007; Sharp and McDermott 2008）。BPM 包含 BPA、BPR 和 BPI 的某种组合。

- 业务过程建模和标记法（BPMN）是一种图形标记法，用来对业务过程进行建模（OMG 2011）。BPM 可以应用于前述任何方法中进行业务过程建模。这是一种健壮的符号语言，可以弥补泳道图基础语法单一的不足。

有许多方法和工具可用于实施 BPA、BPR、BPI 和 BPM，如果项目准备对重大业务过程进行再设计，这些工具都能够派上用场。这四种技术都是为了解业务挑战和机遇而设立的。在业务过程改进方案中，如果组织决定一部分采用软件组件，本书所介绍的需求工程技术的价值就会凸显出来。

基于当前过程推导出需求

借助于以下步骤，可以对一组业务过程进行建模并收集应用程序需求，以便自动化其中某些过程或者全部过程。在各个项目中，步骤的顺序并不总是相同的，也无需全部都用。有时，to-be 流程的顺序可以在前面用来驱动差异分析，或者有助于确定新系统只是对旧系统的"改装"。一般情况下，则可以参考如下步骤。

1. 和软件开发一样，首先要了解业务目标，从而将每个目标关联到一个或多个过程。

2. 使用组织结构图来找出未来软件方案可能影响的组织或潜在用户类别。

3. 识别出这些用户类别参与的所有相关业务过程。

4. 使用流程图、活动图或泳道图对 as-is 业务过程进行记录。使用前三个模型中的任何一个来描述用户任务，都能让用户能够快速读取并指出遗漏或错误的步骤、角色或判定逻辑（Beatty and Chen 2012），因此都是实用之选。需要判断要从 as-is 模型向下挖掘多少信息才能满足剩余步骤的需要。

5. 分析 as-is 过程，确定自动化对改进带来的最大机会。如果机会不明显，就收集一些数据，了解各个步骤或整个过程的用时。可以使用 KPI 模型对这些数据度量进行建模，KPIM 将在本章后文介绍。这个步骤有助于识别机遇，并且如果认为适合采用软件方案，还有助于在项目中设置软件开发部分的范围。为了使瓶颈加速时整个过程也能得到速度提升，需要确定自己已经找准过程中真正的瓶颈。

6. 对于自动化范围内的过程，应当与合适的干系人一起走查每个 as-is 流程并收集支持每一步流程的软件需求。第 7 章介绍的技术对这一工作非常有价值。可能的话，还要查一查建模流程所在行业的行业标准，这有助于设置改进目标。

7. 回溯需求所在的流程步骤，以便发现是否遗漏了某些步骤的需求。如果某些过程步骤没有对应的需求，就得确认这些步骤确实不在项目自动化范围内。

8. 为了帮助业务部门做好接受新系统的准备，也为了识别新系统中存在的过程差异，一定要将 to-be 流程记录下来。为了进一步提供用户如何与新系统交互的细节，还要创建用例。借助于这一信息，开发人员可以确定创建的系统能够满足业务人员预期，用户可以了解到自己会得到什么。写新系统的培训材料以及识别其他过渡性需求时，也可以使用 to-be 流程和用例。这个步骤不仅有助于干系人了解接下来会怎样，还有助于干系人了解人工工作和自动化系统之间还有哪些地方没有衔接上。

如果方案不是软件

　　有时，改进业务过程无需任何自动化。某公司在内部网站上存储了客户项目的销售代表和实施顾问等参与人员的姓名。销售代表的数据几乎总是准确的，但是实施顾问的数据一半以上都是错的。因此，人们只得想方设法去找联系人。如果业务单元有 200 人，每周每个人至少联系一次，每个人联系一次需要两三分钟，那么一整年下来成本不可小看。问题在于在项目启动后，在销售和实施团队之间没有相关的过程用于更新项目实施数据。应对方案是指定销售人员担任联系接口人，负责为每个客户收集并手动更新实施团队的联系信息。新软件对这个过程缺陷毫无帮助。

首先设计未来的过程

这是信息系统和业务过程之间先有鸡还是先有蛋的问题。某些情况下，人们希望构建新系统来驱动过程的改进或变革。但是，实际情况中应用程序所使用的方式可能并不能带来必要的业务过程变革。过程变革涉及文化的变革和用户教育，这些都会导致软件系统无法交付。有些客户相信开发团队有义务成功开发应用程序，并指导相关业务过程的实施。但是，用户不会因为开发人员的话而接受新系统。

在许多情况下，最好先设计出新的业务过程，然后评估信息系统所需要的变化。可能需要对多个系统进行变更才能妥善支撑新业务过程。思考哪些用户将会使用系统，如何使用系统来完成工作，这些想法有助于定义正确的用户需求，进而最大限度地提升用户对新系统的接纳程度。新过程和新应用并行开发有助于确保两者完美结合。

业务绩效指标建模

为了对业务过程自动化开发工作排优先级，重要的是了解最重要的业务绩效指标是哪些。写愿景与范围文档时，可以从已有衡量成功的量标准着手（参见第5章）。如果没有成功衡量标准，这里所开发的业务绩效指标将有助于完成愿景与范围文档。本章前面提到的电子表格例子中，你可能会关心人工填充电子表格需要多长时间以及自动化方案有多快。

KPIM将重要的绩效指标附加于业务过程之上。可以使用流程图、泳道图或者活动图来绘制，并在每个步骤上标注相关的关键绩效指标（KPI）。图24-1所示的例子展示了风险状态计算电子表格自动化项目的KPIM（用流程图绘制）。

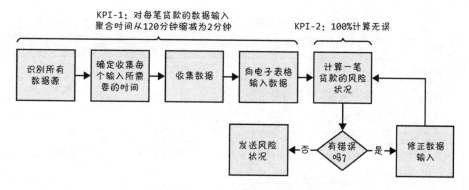

图24-1　贷款风险状态计算过程的KPIM范例

在待自动化的过程中，最重要的过程是需要维持或提升最重要的指标或要改进的过程。为了能够在过程自动化时分辨出各个指标是否得到预期的提升，应当为每个指标确定一个当前的基线值。谨记，某些业务绩效指标得到提升的同时，可能会导致另一些降低。如第 14 章所述，应该在各个质量属性之间进行权衡。同样的概念也适用于此，但在这种情况下，权衡的是理想的绩效指标与其他各项绩效指标，还可能是一项业务的不同部分。为了能够对要实现的需求进行优先级排序，追溯需求所在的流程步骤，进而对应到 KPI。

为了能够评估自动化新方案的效果，系统中需要加入定期度量 KPI 的功能，并且只要 KPI 落到可容忍范围之外，系统就要及时发出警告。在电子表格例子中，系统应当对数据输入聚合的用时加以度量，以便确定系统是否达到 2 分钟的目标。如果未达标，就需要进行进一步的调整。

业务用户常常认为，最好将手动过程自动化。但是，所有开发项目都是有成本的。业务分析师能帮助你确定哪些过程值得自动化，哪些不值得。举个例子，Seilevel（Joy 的公司）使用一套销售渠道管理 COTS 方案和另一套人力资源分配管理 COTS 方案。我们的咨询经理要从销售渠道工具生成一份报表，并将下一个项目的数据手动输入到资源分配系统中来预测所需要的资源，每周至少要这样做一次。他每周要花约 30 分钟生成销售渠道报表，然后决定来自销售部门的哪些项目应当转发、这些项目何时启动以及每个项目需要多少资源。是否数据应当自动从一个工具传输到另一个工具呢？我们对这个功能进行了评估。尽管集成这些工具很简单，但自动化决策过程需要定制开发，而规范和自动化这个决策逻辑需要的工作量超出了合理的范围。

业务过程自动化项目的良好实践

本书其他章节中有许多实践对业务过程自动化项目都很重要。表 24-1 列出了其中最重要的实践，并介绍了在这类项目中应该如何运用，还指出可以在其他章节的什么位置找到更多信息。

表 24-1　有用的业务过程自动化技术章节路线图

技术	章节
识别哪些用户类别的过程可能需要自动化	第 6 章
为原本手工处理的信息创建或扩展数据模型	第 13 章
创建角色和权限矩阵来捕获原本强制人工执行的安全需求	
识别业务过程自动化时，也必须自动化对这些业务过程有影响的业务规则	第 9 章
创建流程图、泳道图、活动图或者用例图来展示用户当前如何执行任务以及将来自动化之后他们如何执行这些任务	第 8 章和第 12 章
使用数据流图（DFD）识别需要自动化的过程并创建新的 DFD 来展现新的自动化过程如何与现有系统各部分进行交互	第 12 章
调整业务过程使 COTS 方案可用	第 22 章
创建跟踪矩阵，将过程步骤映射到需求	第 29 章

在几乎所有信息系统项目中，都要用到本章所介绍的概念。遇到需要部分或全部自动化业务过程的情况时，可以使用本章介绍的框架以确保自己完全理解过程自动化的目标及其支撑需求。这有助于了解用户的预期，只有这样，开发部门才能交付成功的方案，并获得理想的业务收益。

第 25 章

业务分析项目

普通人一般都不太爱看数据集合。人们会对数据视图进行研读，然后决定下一步是要采取某些措施，还是什么都不做。在某些情况下，软件系统可以根据预定义的算法和规则对数据进行解读，并采取措施，实现自动决策。*业务分析*（也称为*商业智能*或*报表*）项目的主要目的是开发出能将数量庞大且通常高度复杂的数据集合转换为有意义的、可用于制定决策的信息系统。其他许多项目类型都有业务分析组件，本章所阐述的概念也适用于这些项目。

业务分析系统可以帮助人们在战略、战役或战术层面进行决策。通过查看销售团队的整体绩效仪表盘，管理者可以决定应当对谁进行激励（战术）、哪些产品需要改变营销策略（战役）或者市场要瞄准哪些产品（战略）。一般来说，所有包含分析组件的软件系统都应当使用户能够决策如何提升某些维度的组织绩效。

市面上有许多软件应用可以用于实施业务分析解决方案。如果想要使用其中的某个应用，业务分析师在进行工具选型和实施时，就需要使用第 22 章介绍的过程来开展需求工作。

本章只介绍业务分析项目中开发需求时需要考虑的问题。Bert Brijs（2013）对这些项目的业务分析提供了大量参考资源，提出了许多核心概念的定义、特定领域的例子、常见问题以及可能遇到的问题。

业务分析项目概述

对于大多数信息系统，报表只是所有功能实现中很小的一部分。然而，在业务分析项目中，复杂报表以及报表内容的可操作性是其核心能力。通常，分析的输出要嵌入自动决策应用中。业务分析项目有若干个层次，需要为各层定义软件需求。对于这些项目，必须了解需要哪些数据、要对数据进行哪些操作以及所用数据需要的格式与分发机制（图 25-1）。这些工作之间的顺序不固定。用户可能先有数据，然后才意识到需要对数据进行不同分析，甚至不要分析不同的数据源。

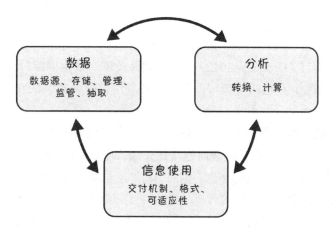

图 25-1 简单业务分析框架的构成

过去，在实施分析项目时，组织主要专注于国际分析研究所提出的所谓"描述性分析"（2013），也就是说，干系人能够从报表中得知组织当前正在发生什么或者曾经发生了什么。而最新的趋势表明，越来越多的组织正在转而使用"预测性分析"，用户可以对信息进行组织、操作和分析，预测未来，而非解读过去。图 25-2 展现了在更具描述性到更具预测性的范围中各种分析应用所处的位置。

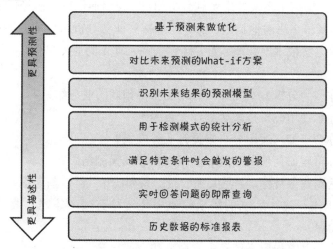

图 25-2 分析类型范围（Patel and Taylor 2010；Davenport 2013）

当组织着手分析项目时，业务分析师或许会发现，虽然自己知道要收集和规范项目需求，但是战略上的无数可能性、不断涌现的新的分析技术以及快速增长的数据收集量，都令人望而却步，无从下手。开发业务分析项目需求的最终产物与其他项目类似：一系列业务需求、用户需求、功能性需求以及非功能性需求。本书虽然介绍很多需求实践，然而，这些实践不足以应对这类项目需求的收集和规范。处理流程、用例以及用户故事说明人们需要生成分析结果，性能需求描述了人们需要多快得到结果，但这些都没有揭示实现这个系统需要具备的复杂知识。

刚涉足分析领域的组织，最好先试行一些小项目，先显示出分析的价值，并从经验中学习（Grochow 2012）。如果团队能够对最重要或时间要求最严格的决策加以识别，且这些决策可以在下轮开发迭代得以实现，那么分析项目会是一个理想的增量开发候选对象。

考虑增量开发还有一个原因。业务干系人有时很难说清楚要用分析项目解决什么业务问题，也很难对这些问题排优先级，尤其是第一次接触分析项目时。虽然有少数干系人会从长远考虑，但对其他人，很难预见分析技术相较于熟悉的电子表格有什么不同。新的分析功能会令用户兴奋过度，使其提出各种看似潜在有价值的特性将开发团队淹没。在开始收集需求前，需要进行一些培训，使人们了解业务分析方案相较于传统数据报表工具的优势功能（Imhoff 2005）。通过小批量方式开发分析方案，用户将有机会对初始功能进行探索，并进一步澄清真正的需求。

业务分析项目的需求开发

业务分析项目与其他软件项目一样，首先要定义业务目标，设定工作范围和排优先级。如果干系人要求实施分析项目，说明他们可能已经决定以此为解决方案，但要慎重思考他们的目标。经过探究业务分析背后的业务目标，最后也许发现该方案根本不合适。为了确定干系人真正的业务目标，可以提出下面几个问题。

- 你认为分析方案为什么有助于获得预期的业务结果？
- 你想使用分析报表达到什么目的？
- 你希望如何运用分析来提升业务成果？
- 你希望如何使用改进后的报表功能或预测结果？

为了达到业务目标，干系人需要做一系列决策。可以基于这些决策来驱动需求规范工作，这在后续的需求收集中是一种有效的策略。尝试以下过程（Taylor 2013）。

1. 描述打算使用系统输出来做哪些商业决策。
2. 将这些决策关联到项目的业务目标。
3. 分解这些决策，找出需要回答的问题、需要回答并将答案提供给主要问题各前置问题的层次以及用于分析的信息在问题答案产生过程中所起的作用。
4. 确定如何运用分析来辅助进行决策。

图 25-3 勾勒了分析项目收集和规范需求的一种方式。定义的用户需求应当说明如何使用分析信息以及从中可以进行哪些决策。了解预期使用模式、规范所产生的信息如何发布给最终用户以及他们需要看到哪些信息。反过来，你

也可以针对数据本身和随后的分析定义需求。本章接下来详细介绍其中的每一步。

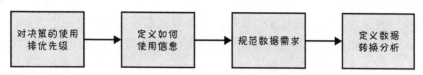

图 25-3 业务分析项目的需求定义过程

对决策的使用排优先级

在大多数类型的项目中，一般都根据特性对业务目标的贡献程度排优先级。在分析项目中也可如此，不同的是，这里不再是对与此无关的"特性"排优先级，而是用业务目标来对方案所需的商业决策排优先级。比如，对于增加收入这个目标，与决定销售团队假期相比，决定销售哪些产品更有影响力。因此，应当先实现用于确定销售哪些产品的分析和报表。

与需求一样，应当无歧义地阐述决策。举一个例子来说明什么是决策的良好描述："市场部副总裁要根据当前的和目标的区域销售额决定各个季度每个区域应分配多少预算。"与其他软件项目一样，需求收集的重点在于理解干系人的深层需要，而非专注于所提的方案。如果干系人请求特定的数据或报表，就要先问一下"为什么需要这个信息？"以及"接收方如何使用该报表？"，然后再回过头来识别决策与目标。

决策管理技术有助于识别干系人可以或应当做的决策（Taylor 2012）。为了对决策进行优先级排序，可以借助于模型对决策进行组织，将信息（数据）和知识（约束决策的政策或规定）映射到相关决策（Taylor 2013）。

定义如何使用信息

复杂的分析结果必须以易用的形式交付给干系人或者系统，以便根据信息来采取措施。业务分析师还必须决定系统的智能水平，也就是说，多少决策需要用户人工进行以及多少决策需要系统自动进行。这个差异将驱使业务分析师在需求收集时提出不同类型的问题。

某组织希望每天早晨都能让销售团队看到一份仪表盘报表，报表中将展示多个数据视图。这个报表必须包含各产品线前一天的销售额、各产品线每季度的销售额、总销售额与竞争对手销售额的对比以及各价位的销量。销售团队希望报表能够具备 10 种不同筛选器（比如时间范围、增长以及地区），并且报表能够随筛选器的改变而实时显示变化。例如，如果用户注意到某个价位的销售问题，可以改变筛选器来查看该价位地区划分的明细数据视图。通过进一步下钻，能够从另一个细节层面按地区和产品线来查看价位数据。这种灵活性是业务分析系统的必备能力。

信息为人所用

用户使用分析系统的数据来做决策。了解这些决策后，需要确定将信息分发给用户的最佳方式。在分发信息时，业务分析需要考虑如下三个方面。

- **分发机制**　这些信息以怎样的实物形式分发给最终用户使用？用户用什么工具查看信息：邮件应用、网站、移动设备还是其他？
- **格式**　分发给用户的信息是什么格式的：报表、仪表盘、原始数据或是其他？
- **灵活性**　用户对收到的信息可操作性如何？

信息分发的范围覆盖为每个用户创建个人的数据视图（电子表格的逻辑副本），到向用户分发集中聚合的数据（以电子邮件发送有标准仪表盘视图的电子表格），再到向用户暴露可自行操作的数据（允许对数据进行即席查询的门户站点）。

与其他类型软件系统的需求一样，在分析项目中，通常以用户需求和报表规范的形式描述信息的使用方式。本书其他章介绍的技术，比如处理流程、用例以及用户故事，可用于识别用户在日常任务中打算如何使用信息。不要将精力花在报表数据字段的规范上，而要专注于用所需决策来确定用户应当如何接收分析输出、数据输出应当是什么样的以及用户可以输出数据进行哪些操作。

第 13 章介绍的报表表格可以用于大多数分析项目。必须对这些模型进行扩展，使用报表规范的不同层面提供更复杂的选项（Beatty and Chen 2012）。分析数据的用户通常喜欢用仪表盘视图来查看信息，因为它在一个显示界面中包含若干个图表和报表。第 13 章相关内容有助于你对仪表盘需求进行规范。有些报表为用户提供了预定义的报表视图可操作性，比如筛选器（Franks 2012）。当简单的表格结构无法满足报表使用的需要时，就要借助于第 19 章介绍的显示-操作-响应模型，更全面地规范报表数据操作的需求，清楚描述用户界面中复杂的交互元素（比如筛选器），或者下钻时的显示变化。

了解信息的使用方式，除了能够发现用户需求和报表需求，还能够使需要定义的新过程和安全需求显现出来。例如，某小企业的总裁每周会收到一份盈亏报表。如果报表看似无误，他就会将报表共享给管理团队，而且只限于和管理团队共享，因此，这意味着需要能够控制报表的访问。正如第 14 章所介绍的，数据属性、报表视图或者门户站点的访问都需要安全需求。区域销售副总裁也许只能够看到本地区的销售数据，而全球副总裁能够看到整个组织的销售数据。业务分析项目与其他软件项目一样，也需要各种质量属性需求。

信息为系统所用

　值得一提的是，分析项目中的信息可以直接供软件系统使用，而不是分发给用户。分析可以嵌入应用程序中成为日常操作的一部分。例如，一些零售组织使用客户的购买历史来确定哪些产品需要个性化折扣，以期该客户能产生更多购买。我得知自己怀孕之后的一个月内，一家零售连锁店确定了我怀孕这件事并开始向我发送婴儿用品的电子邮件广告（这显然是 Joy 的故事，哈哈！）。还有一些例子，某个杂货店的系统能够根据顾客当前或以往购买的商品为其打印优惠券，网站给访客自定义展现广告以及呼叫中心应用能够确定向呼入客户提供何种服务。

在这些情况下，需要在外部接口需求中规范信息分发的机制和格式。然而，理解如何使用信息仍然很重要，因为这样才能够根据需要对正确的数据进行转换，并以可使用的形式分发给对接的系统。

指定数据需求

数据构成了所有业务分析方案的核心。许多组织聘请数据专家开发和维护这些项目的数据方案。虽然业务分析师可以为数据源、存储、管理以及抽取机制定义需求，但在早期需求工作中，他们会寻求数据专家的帮助。对于要收集和分析何种数据、组织需要处理的数据总量以及随着时间积累多少数据，业务分析师也能帮助一起探索。然而，对于什么数据可用、数据在哪、可能遇到什么挑战以及如何才能用得最好，则是数据专家的专长。

由于分析项目的目的通常是发现新的公司战略，因此这些项目可能需要识别出新的数据源并加以分析。透彻了解数据需求非常重要，只有这样，技术团队才能设计出支撑分析所需要的如此复杂的基础架构。例如，架构师必须对现有数据存储方案进行完全新设计，才能满足项目需要。

大数据

大数据这个词通常指具有大容量（有许多数据）、高速率（数据快速流入组织）且/或特征高度复杂（不同的数据）的一系列数据（Franks 2012）。管理大数据意味着快速并高效发现、收集、排序和处理大量的数据。Jill Dyché（2012）发表过一份概述，从管理和监管角度介绍了大数据的意义。

为了使你真实了解什么是大数据，可以想一想你一天当中所有基于个人数据的交互：社交媒体、邮件信息、视频、数字图像以及电子交易；想一想商用客机在 30 分钟飞行过程中产生的 10 TB 数据（Scalable Systems 2008）。可用的数据正在经历爆炸式增长，现今，这已成为商业的本质。因此，能帮助用户从海量数据中搜集有价值知识的应用程序变得日益重要起来。

第 13 章介绍的数据模型非常适用于表达关系型数据存储。如果数据对象在逻辑上以某种方式相互关联，业务分析师就可以使用实体关系图（ERD）对这些对象进行建模。如果对象属性是已知并持久的，数据字典也很有用。遗憾的是，大数据通常是半结构化甚至非结构化的。

非结构化的数据，以语音邮件和文本信息为例，自身不会呈现传统的多行多列。非结构化数据的挑战在于，你不知道从哪里开始搜索自己要找的信息

（Davenport、Harris and Morrison 2010）。例如，政府安全部门使用的软件会扫描互联网通信中"炸弹"这样的词语，但只有结合上下文才能明白这个词的真正含义。"炸弹"可能意味着恐怖威胁、对二战中空战文章的引用或者描述一场糟糕的开幕式晚会演出。

好消息是，数据大多都有一定的结构，这些结构通常以伴随数据的元数据形式存在或称为关于数据的数据（Franks 2012）。半结构化数据源包括邮件信息、图片文件以及视频文件。因为半结构化数据附带的元数据提供了一些关于数据结构和内容的信息，所以我们可以创建实体关系图和数据字典表达自己对数据的理解。

基于数据的需求

分析项目求需要规范的数据需求中，许多都与其他信息系统项目的需求相似。尽管需求的性质有所不同，但是收集需求时要问的问题是相近的。切记，许多大数据都是由自动化系统生成的，并且大数据通常代表组织中新的数据源，这意味着需要做更多工作才能确定数据需求（Franks 2012）。你可以从合适的干系人那里获得决策管理准则，从这些准则中，可以找到很多数据需求。例如，需要每小时做出一次决策所需的底层数据肯定不同于每个季度一次的决策，包括数据源多久刷新一次、何时从数据源抽取数据以及数据需要保留多长时间。

为了收集干系人对业务分析的预期，Brijs（2013）发表过一份常见预期检查单，其中列出了各类问题。下面的例子中列出了其一些问题，业务分析师可以通过这些问题收集数据相关需求。

数据源

- 你需要哪些数据对象和/或属性？你将从哪些数据源获得这些数据？
- 对你来说，这些数据源是否全都可用？如果不是，数据从哪里来？为了对这些数据源填充必要的数据，你是否需要开发需求？
- 哪些外部或内部系统正在提供数据？
- 随着时间推进，这些数据源变化的可能性如何？
- 是否需要将旧存储中的历史数据先迁移到新存储中？

数据存储

- 今天有多少数据？
- 在多长一段时间内预期的数据增长量是多少？
- 你需要存储哪些类型的数据？
- 数据需要保存多长时间？数据存储必须达到何种安全程度？

数据管理和监管

- 数据有哪些结构性特征？

- 随着时间推进，数据的结构和值预期将如何变化？
- 在存储或分析之前，原始数据需要进行哪些数据转换？
- 对于来自不同系统的数据，要做哪些转换来实现标准化？
- 在什么情况下可以删除旧数据？旧数据需要存档还是销毁？
- 为了避免越权访问、丢失或者损坏，需要应用哪些完整性要求来保护数据？

数据抽取

- 用户查询时，希望结果多快返回？
- 你是需要实时数据还是批量数据？如果不必实时，又需要以怎样的频率进行分批？

数据相关需求与所有需求一样，要确保没有多余的设计，使开发人员受限。

定义转换数据的分析

数据分析在本章所介绍的项目中充当计算引擎的角色；它会对数据进行转换并使问题得以解答（Franks 2012）。用户定义一个问题，接收期望包含答案的数据，分析数据并寻找答案，然后决定问题的解决方案。或者系统分析数据并找到答案，然后采取相应的措施。

如果知道自己要找什么，这都没问题。然而，许多业务分析项目最富有挑战的一方面是，决策者不知道要从数据中找什么。你可能想从工具中暴露某些数据对象和属性，然后进行浏览，执行各种查询来向数据提出 What-If 问题。他确实不知道自己不知道什么，但认为通过研究数据可以搜集到一些有助于指导行动的信息。因此，要先了解干系人需要做哪些决策，这一点非常重要。干系人即使还不知道要找什么，也应当能确定要解决哪些类型的问题。需要有大局观才能对必要的数据分析进行定义（Davenport、Harris and Morrison 2010）。具备良好创造思维技巧的业务分析师会与干系人合作，共同确定应当使用分析结果对哪些新想法进行探索。

如图 25-2 所示，决策能力按分析结果分布在描述性到预测性的范围之间。为了收集数据分析需求，应当提出以下问题（Davenport、Harris and Morrison 2010）：

- 你打算对哪个时间区间进行分析：过去、现在还是未来？
- 如果是过去，你希望从过去发现什么？
- 如果是现在，你需要了解哪些现状才能快速采取措施？
- 如果是未来，你需要做哪些类型的预测和决策？

可以借助于这些问题定义功能性需求，并对系统所需的分析加以规范。因为对许多组织来说，分析是一项全新的能力，你需要进行一些研究，了解其他组织如何使用类似的数据来做决策。业务分析师有义务借此机会帮助干系人了解如何以前所未见的方式使用数据分析。

一些分析需要复杂的算法对数据进行处理、筛选以及组织（Patel and Taylor 2010）。假设一家零售店想在顾客进店时有针对性地播放视频广告。要有一个摄像头进行扫描，也许需要使用人脸识别软件，然后系统使用系统内建逻辑处理所了解到的顾客信息（性别、年龄、着装及其视线）来确定播放哪段广告。这种决策能力通常可以使用第 12 章介绍的决策表或者决策树来表述。

了解自动化决策的内涵非常重要，应当非常明确且清晰地定义系统行为的决策逻辑。有一种股票交易系统通过扫描社交媒体，能够根据获得的信息自动进行股票交易，它给我们敲响了警钟。2013 年，一条虚假的社交媒体信息称，美国总统在一次爆炸中受伤。消息一出，便触发了自动化系统中内建的算法，于是系统开始抛售股票，进而导致其他系统发现股市下跌后也跟着抛售股票，所有这一切都发生在消息发布的那一刹那。幸运的是，骗局很快被发现，人类决策逆转了自动化交易系统造成的股灾。也许系统行为符合预期，然而却遗漏了某些限制影响力的决策逻辑。

业务分析系统最有价值的是能从战略上对未来情况加以分析，比如探索 What-if 方案。考虑这样的问题："如果在新平台上提供我们的产品，我们希望未来的销量能达到多少？"或者"如果我们针对顾客的性别提供产品，他们会多购买多少？"系统会使用模型和算法对这类数据进行推断或预测。这些模型和算法需要在软件需求中加以规范。如果特别复杂，在业务分析师对其进行定义时，就要寻求数据专家、统计专家以及数据建模人员的帮助。

在数据展现给用户之前或发送给某个系统进行处理之前，分析过程需要使用统计或其他计算方式对数据进行转换。无论是组织中的业务规则，还是其他业务标准，都可以定义这些计算。例如，如果分析包含各区域的毛利率，就需要准确规范如何计算毛利率。Stephen Withall（2007）介绍过一种计算公式需求模式，能够用于从字面上规范数据转换所需要的任何计算。规范的公式应当包括一段描述来说明要计算的值、公式本身、使用的变量以及变量的值。而且，还要说明对计算响应时间的要求。

分析的演进本质

图 25-1 描绘了在数据及其分析与使用之间的反复交替（Franks 2012）。偶尔，用户会收到一份报表，然后简单做个决定。而在业务分析应用中，更常见的情况是，用户先有一个问题，然后请求一份报表，其中包含与决策相关的信息。有人负责将请求的数据从可用数据存储中抽取出来，使用相关的分析过程生成报表并分发给用户。但在用户看到该信息之后，会思考要进一步分析的问题，进而请求新的报表，做进一步分析。

因此，要定义分析项目的需求，最关键的一点是从哪里开始。因为需求会随时间而改变，所以在开始时，应该从干系人已知的可用信息中了解他们的需要，然后规划更多相关承接性问题。还要了解用户希望演进的程度。例如，如果他们认为随着时间推进对业务分析方案的需要将发生显著的变化，就会请求更容易适应并且只需要最少额外开发工作的方案。

分析方案应考虑数据源中的数据经过抽取和分析之后以何种形式和状态展现给用户。例如，用户是否希望收到原始数据以便他们人工生成报表进行验算？还是需要用一个软件应用按照预定义的、结构化的格式来组织数据？第二年，用户是有一系列问题每周需要解答，还是希望每天能够提出新问题、快速开发新的数据分析和展现形式，以便自己的步伐能够紧跟业务的快速变化？对这些问题的答案将向开发团队表明，是要留有一些数据用户自行操作，还是分析团队必须为查看信息的用户生成并格式化信息（Franks 2012）。

在业务分析项目中，业务分析师的工作是与项目干系人合作，了解他们的决策过程，根据这些决策来收集必要的数据需求，规范分析过程和定义数据展现形式。要从分析方案中了解干系人希望得到哪些结果、他们希望借助于数据进行哪些决策以及他们希望如何动态改变分析及其展现形式。对方案进行展望，同时又要避免用户天马行空，千方百计找机会帮助他们获得更大的成功。

第 26 章

嵌入式和其他实时系统项目

到目前为止，本书使用的需求样例和讨论都集中于业务信息系统。然而，现实世界中也有大量产品使用软件控制硬件设备，它们统称为嵌入式系统。这其中包括手机、电视遥控器、各种电话亭、路由器和机器人汽车。本书前面将"系统"这一术语用作产品、应用或者解决方案的同义词，指代正在构建的软件。然而在本章中，系统用于指代产品整体，包括多个集成的软件和硬件子系统。控制实时系统的软件既可以嵌入专用的计算机设备，也可以驻留在单独的主机上而独立于所控制的设备。嵌入式系统和其他实时系统包括传感器、控制器、发动机、电源、集成电路和其他受控于软件的机械电子电器元件。

实时系统可以分为硬实时和软实时两种。硬实时系统具有严格的时间限制。硬实时系统必须在指定期限内执行操作，否则就会发生糟糕的事情。关乎生命和安全的控制系统，比如空中交通管制系统，就是硬实时系统。一个未及时完成的操作可能导致因未检测到障碍物而发生坠机事件。软实时系统也受时间限制，但错过时间期限的结果并不严重。自动提款机（ATM）就是一个软实时系统。如果 ATM 和银行之间的通信未能在指定的时间间隔内完成，不会造成人员伤亡，最多 ATM 再次重试或者干脆终止操作。

与大多数软件开发项目相比，在深入嵌入式系统项目之前对需求理解到位显得更加重要。因为软件比硬件可塑性更强，过多需求导致硬件变化远比纯软件的变动更昂贵。同时了解硬件和软件工程师必须遵守的约束也很重要：物理对象的尺寸；电器元件、连接和电压；标准通信协议；特定操作发生的先后顺序等。设计中已选定的硬件组件会对后续组件的选择施加限制。

本书中介绍的需求获取技术当然也适用于实时系统。在使用同样的建模技术时，要进行细化。本章对嵌入式系统和其他实时系统的特殊需求进行讨论。

系统需求、架构和分配

当描述复杂系统时，很多团队都会先创建一份系统需求规范说明，简称为 SyRS （ISO/IEC/IEEE 2011）。SyRS 描述整体系统的能力，包括硬件、软件和/或人一起构成的系统所能提供的能力。同时，SyRS 也描述系统所有的输入和输出。除了功能之外，SyRS 应该也说明关键性能、安全性和其他质量需求。所有这些信息都会提供给初始设计分析以便指导团队选择架构组件并进行能力分配。SyRS 可以作为一份单独的文档，或者 SRS 可以嵌入 SyRS，特别是大多数系统的复杂性存在于软件之中时。

复杂系统的需求分析和系统架构是紧密交织在一起的。实时系统的需求分析和设计思考其他类型的软件项目更加紧密。架构代表顶层设计，虽然有大量架构建模方法，但通常都用简单的方框和箭头描述。系统架构一般包含下面三个元素。

- 系统组件，一个组件既可以是一个软件对象或模块，也可以是一个物理设备，甚至是一个人。
- 组件的外部可见属性。
- 系统组件之间的连接（接口）。

架构是自顶向下迭代开发出来的（Nelsen 1990; Hooks and Farry 2001）。领导这种分析工作的人通常都是技术背景很强的系统分析师、需求工程师、系统工程师或者系统架构师。分析师将系统分割为适当的软件和硬件子系统和组件，以接收所有的输入并产生相应的输出。如果软件被认定为提供某种能力的合适载体，某些系统需求可能就会直接作为软件需求。在某些情况下，分析师会把一个系统需求分解为软件、硬件和人工操作的需求（图 26-1）。从系统需求产生软件需求可能将需求量增加几倍，部分原因是生成组件之间的接口需求。分析师将每个需求分配到最适合的组件上，逐步迭代细化架构切分和需求分配。最终结果是一组软件、硬件和人工组件方面的需求，各组件之间通过协作提供系统服务。

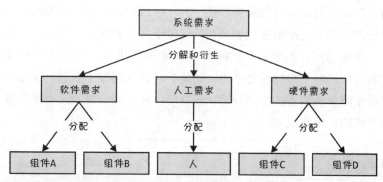

图 26-1　系统需求分解为软件\硬件和人工需求，然后分配给合适的组件

在系统需求、衍生的软件和硬件需求之间以及分配的架构组件之间建立需求跟踪连接是个好主意。第 29 章将讨论需求的可追溯性。

糟糕的需求分配决定可能导致以下后果。

- 软件实现相应功能远比通过硬件完成更容易或成本更低（或相反）。
- 人完成相应的功能远比通过软硬件实现更容易或成本更低（或相反）。
- 性能不佳。
- 无法轻松升级或更换组件。

例如，在软件中完成特定功能可能比通过专用硬件完成该功能需要更快的处理器。凡事总有取舍。虽然软件比硬件更易于改变，但工程师也不该以此为理由少用硬件设计。负责进行需求分配的人必须理解软件和硬件组件的能力和局限，也要了解基于不同组件实现功能的成本和风险。

实时系统建模

与业务信息系统一样，可视化建模描述实时系统也是一种功能强大的分析技术。状态转换图或其更复杂的变体，比如状态图（Lavi and Kudish 2005）和 UML 状态机（Ambler 2005），就特别相关。Bruce Powel Douglass （2001）通过实例来说明如何使用用例图和其他 UML 模型描述实时系统的需求。

大多数实时系统可以存在好多个状态和定义好的条件与事件，允许状态从一个状态转换到另一个。状态表和决策表可以用来补充或取代状态转换图，通常用来揭示图中的错误。环境图（参见第 5 章）在表现系统运行的环境和系统与外部交互实体间的边界方面也很有用。架构图显示系统分割的各子系统及其接口。本节展示几个嵌入式系统的示例模型（与往常一样有所简化），该嵌入式系统也许你个人就曾经用过，那就是：跑步机。

环境图

图 26-2 是我家跑步机的环境图。图中使用的标记与在第 5 章的图 5-6 略有不同，但目的和显示的信息类型是一样的（Lavi and Kudish 2005）。这里使用大的长方形而不是小圆圈代表系统，这便于展示系统和一个外部实体，比如锻炼者（即使用跑步机的人）之间的多条输入/输出流。另外两个外部实体是跑步机制造商的网站和脉搏传感器。锻炼者可以从网站下载各种锻炼程序，而传感器用于测量锻炼者的脉搏速率。和以前的环境图一样，这个模型里面没有展示跑步机的内部情况。

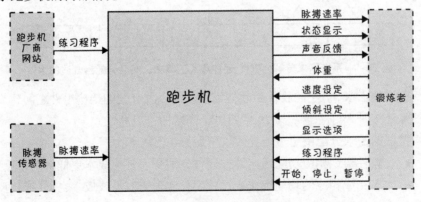

图 26-2　跑步机的环境图

状态转换图

图 26.3 是跑步机的状态转换图（STD）。回顾一下第 12 章，STD 中的方

框代表跑步机可能进入的各种状态,箭头表示从一个状态可以转换到另一个状态。箭头上的标号标明可以触发状态变更的条件或事件。状态转换图显示了跑步机的功能。而且也开始提供一些关于用户接口控制所需的信息,比如速度、倾斜、开始、暂停和停止等控制信息。图 26.3 中指的是"按下"某些控制功能,但其实这些控制可以通过多种方式实现。Jonah Lavi and Joseph Kudish(2005)描述了一种更复杂的状态图以更加丰富的方式展现这种信息。

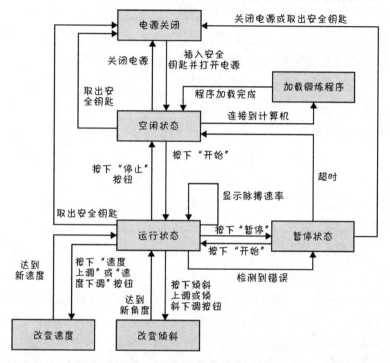

图 26-3　跑步机的部分状态转换图

事件响应表

事件响应分析提供另外一种方式来思考实时系统的行为及其功能需求(Wiley 2000)。正如第 12 章所述,系统可以响应业务事件、信号事件和时间时间,其中业务事件会触发用例的执行,信号事件如传感器的输入,而时间事件导致某件事在经过一定时间间隔后发生或者在某个具体的时间点发生。表 26-1 列出了跑步机的几个事件及其对应的响应。

这一事件列表详细描述了跑步机的功能需求,使图 26-3 描述的高层视图更丰富。而且对于测试也有很大帮助。即便一个完整的事件响应表也仍然有大量设计需要考虑,比如马达每分钟以多大角度改变跑步带的角度,再比如跑步带从停止到设定的速度变化多快完成。而且安全考虑也会影响这些决定。如果跑步带从开始到加速到停止太快,对锻炼者会非常危险。

嵌入式系统必须管理基于事件的功能(如表 26.1 所示)和周期控制功能

的组合。周期功能会在系统处于特定状态下循环执行，而不仅仅只是进入该状态。举个例子，每隔一秒监控锻炼者的脉搏速率并调整跑步带的速度以保持预设的脉搏速率，当然，这是在使用这一练习程序的情况下。

表 26.1　跑步机的部分事件响应表

事件	跑步机状态	响应
锻炼者按下"倾斜上调"按钮	小于最大倾斜	增加 0.5 度倾斜
锻炼者按下"倾斜上调"按钮	达到最大倾斜	发出"到达极限"声音信号
锻炼者按下"速度下调"按钮	大于最低速度	速度降低 0.1mph
锻炼者按下"速度下调"按钮	达到最低速度	停止跑步带
锻炼者取出安全钥匙	"运行"状态	停止跑步带并关闭电源
锻炼者取出安全钥匙	"空闲"状态	关闭电源
锻炼者按下"暂停"按钮	"运行"状态	停止跑步带；初始化定时器
锻炼者按下"暂停"按钮	"暂停"或"空闲"状态	发出"错误"声音信号
暂停条件定时器达到超时限制	"暂停"状态	进入空闲状态
锻炼者按下"开始"按钮	"运行"状态	发出"错误"声音信号
锻炼者按下"开始"按钮	"暂停"状态	以当前速度设定启动跑步带
锻炼者按下"开始"按钮	"空闲"状态	以最低速度启动跑步带

绘制这种模型是发现需求遗漏的绝佳方法。我曾经评审过一个嵌入式系统的需求规范说明，其中有一张大表，里面包含各种机器状态及其关联的功能和可能到达目标状态。我绘制了一幅状态转换图来表示高层抽象。在绘制 STD 的过程中，我发现了两个遗漏的需求。没有需求来描述机器允许被关闭，也没有说明机器运行时进入错误状态的可能。如前所述，这个例子表明了创建多种需求知识表现形式并对它们进行互相验证的价值。

架构图

另一种有用的模型是架构图，这一般是高层设计的一部分。图 26-4 是一个简单的跑步机架构图的一部分。这张图从高层进行抽象，确定了提供跑步机所有功能的主要子系统和他们之间的数据及控制接口。有大量架构描述语言可以使用，并且统一建模语言（UML）也可以建模架构（Rozanski and Woods 2005）。图 26-4 中的子系统随着架构分析的进行还可以进一步细化为具体的硬件组件（马达和传感器）和软件组件。一个初步的架构分析可以揭示并完善功能、接口和质量需求，而这些需求可能在其他引导活动中并不明显。

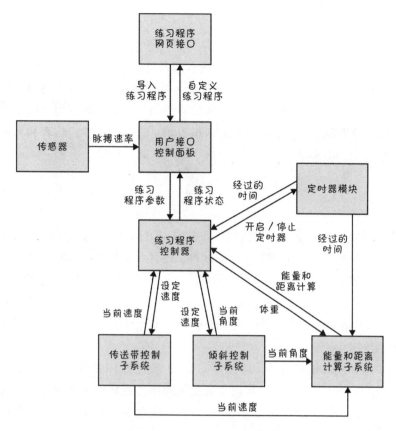

图 26-4　跑步机的部分架构图

在需求分析阶段绘制架构模型明显是向设计更进了一步。这是必要的步骤。以迭代方式进行架构分解并将系统能力分配给子系统和模块，架构师正是这样修改并产出最合适和最有效解决方案的。只不过还需要进一步的需求引导。如下功能需求可以指导开发人员选择合适的硬件组件并设计用户接口控制：

倾斜角度范围　锻炼者能够在 0 度和 10 度（含）范围内以 0.5 度的增量上调和下调跑步机的倾斜角度。

倾斜角度限制　当到达倾斜范围的上限或下限时，跑步机应当停止变化其角度并发出声音反馈。

除了架构表示的功能外，跑步机的设计者必须了解业务规则（其中提供必要的算法。举个例子，计算锻炼者消耗的卡路里就需要组合体重和练习程序来进行，练习程序是指定时间段、倾斜角度和跑步带速度形成的一个序列。把"业务规则"和嵌入式系统用在一起听起来可能有些特殊。其实，本书其他地方介绍的需求实践几乎都可以应用于嵌入式系统和其他实时系统，如同在业务信息系统应用一样。

原型

原型和仿真也是用来引导和验证嵌入式系统需求的有力工具。因为做硬件的时间和成本（以及可能由需求和设计错误引起的重做），可以使用原型测试设备的运作理念并探索设计方案。仿真能够帮助你更好地理解用户接口显示和控制，网络交互和软硬件接口（Engblom 2007）。但请记住，仿真和真正的产品在很多方面都有差别。

接口

接口是嵌入式系统和其他实时系统的重要方面之一。如第10章所述，SRS需要描述四种外部接口需求：用户、软件、硬件和通信接口。除此之外，复杂系统拆分为多个子系统时形成大量内部组件间的接口。因为嵌入式系统可以作为更大产品的一部分包含在其他嵌入式系统中（比如手机集成到车辆的通信系统），接口问题变得更加复杂。需求分析应当聚集于外部接口问题，将内部接口规范留给架构设计。

如果外部接口相对简单，可以参见第10章的图10.2中所示的SRS模板，按照模板的第5节描述即可。构建复杂系统的项目通常创建单独的接口规范说明来记录这些关键信息。图26.5是针对接口规范说明的建议模板，其中既包含外部接口，也包含内部接口。

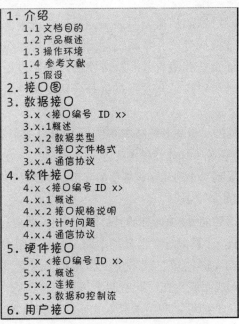

图26-5 接口规范说明的建议模板

有时限的需求

定时需求是实时控制系统的核心（Koopman 2010）。如果未能按照预期从传感器接收到信号，或者软件未能按照预期发送信号给硬件，或者物理设备未能按时完成规定动作，都会产生不利后果。定时需求涉及好多个维度。

- **执行时间** 执行时间是指某一任务从启动到完成所经过的时间。这可以通过测量任务执行时两个事件之间的间隔获得。

- **延迟** 延迟是触发时间发生后系统开始响应的滞后时间。过度延迟会造成问题，例如音乐录音和制作软件，预先录制的音轨和现场录制音轨必须精确同步。

- **可预测性** 可预测性是指重复以一致的时间间隔发生的循环事件。即便定时并非特别"短"，用于采样输入信号时，事件往往要在精确的时间间隔进行采样。数字化音频波形通常每秒执行 44 100 次。采样频率必须可以预测，以免构建出一个对模拟波形的扭曲的数字表示。

关于系统实时任务的定时和调度需求，有以下问题需要探讨：

- 任务执行的周期（频率）及其允许误差
- 每个任务执行的截止时间及其允许误差
- 每个任务执行的典型情况和最坏情况
- 错过截止时间的后果
- 在各相关部件状态下，数据到达的最小速率、平均速率和最大速率
- 任务启动后，第一次输入或输出的预期最长时间
- 如果数据未能在预期第一次输入时间前到达（即超时），如何处理
- 任务执行序列
- 任务必须在其他任务开始前开始执行或结束
- 任务优先级，以便知道任务可以依据什么优先级中断或抢占其他任务
- 依赖于系统所处不同模式的功能（例如，电梯的正常模式和消防服务模式）

描述时间需求时，任何约束和允许的时间误差都要指明。理解系统的软实时和硬实时之间的区别，就不要指定过于严格的时间需求。否则过度工程会导致产品在成本和投入上的极大浪费。如果时间误差范围较大，就可以使用不太昂贵的硬件。正如 Philip Koopman （2010）指出："实时性能很少是指可能的最快速度。相反，是指所需要的速度并最小化整体成本。"

描述时间需求需要理解时间敏感功能的截止期限。这需要顺序和并行功能的调度以便在处理器能力、输入/输出速度和网络通信速度的约束下达到性能要求。曾有一个团队利用项目调度工具为嵌入式产品建模时间需求，当然是在毫秒级而不是传统的天级别或周级别。建模工具的这一创造性非传统

使用方法效果很好。在某些情况下，时间和调度算法是通过设计约束形式的需求来设定的，但更多的情况是这些算法可以作为设计的选项。Krishna Kavi, Robert Akl and Ali Hurson （2009）针对实时系统调度问题提供了一个很有价值的概述。

嵌入式系统的质量属性

质量属性需求对嵌入式和实时系统尤为关键。他们比其他软件应用更加错综复杂。商业软件通常在办公室中使用，所以使用环境没有太多变化。相反，嵌入式系统的操作环境却包括极端气温、震动、冲击和其他因素决定的质量考虑。特别重要的质量类别包括性能、效率、可靠性、强健性、安全性、保密性和可用性。本节讨论这些质量属性的几个方面，在该类系统的需求获取过程时要认真考察这些方面。

除了第 14 章讨论的软件质量属性，嵌入式系统还具有只适用于硬件系统的质量属性和限制。这包括尺寸、形状、重量、材料、可燃性、连接器、持久性、成本、噪声级别和强度。这些都会显著增加充分验证需求的成本和投入。有可能是商业和政治的原因避免使用某些受到冲突或联合抵制威胁的供应商材料，这会导致价格飞涨。有些材料因为对环境有影响，最好也避免使用。为了避免使用最优材料须对性能、重量、成本和其他属性做出权衡。

在硬件设计完成之后再考虑这些期望的质量特性非常困难并且成本高，所以最好在需求获取阶段的早期就考虑这些需求。因为质量特性往往对复杂产品的架构具有深远的影响，所以有必要在进入设计之前就进行属性排序和权衡分析。Koopman （2010）对嵌入式系统开发特别重要的非功能性需求进行了讨论。第 14 章给出了上述质量特性及其他质量特性需求的很多示例。

性能 实时系统的实质是其性能必须满足时限要求和操作环境的约束。因此，所有具体操作的处理期限必须包含在需求中。然而，性能不止包含操作响应时间。还包括启动和复位时间，功耗，电池寿命，电池充电时间（如电动汽车）和散热。能量管理就有好多个维度。如果电压瞬间下降，或启动时有一个高电流负载，或如果失去外部电源时物理设备必须切换到备用电源，系统应该如何反应？而且，与软件不同，很多硬件组件会随着时间而退化。电池保持给定功率的时间长度随着使用而退化，什么时候需要替换，相应的需求又是怎么样的呢？

效率 效率是外部可见属性——性能对应的内部质量属性。嵌入式系统的效率关注资源消耗（和任何时刻剩余的可用资源）包括处理器能、内存、硬盘空间、通信频道、电源和网络带宽。当你处理这些事情时，需求、架构和设计会变得紧密耦合。例如，如果设备的总功率需求超过可用的功率，而有的组件并不一定总是需要那么大功率，是否可以将其功率减少，将电力提供给其他组件或服务？

　　需求应当描述不同系统资源的最大预期消耗，使设计师能为未来发展和意想不到的操作条件预留足够的冗余资源。这就是并发软件设计和硬件设计之所以重要的一个情形。如果软件消耗太多可用资源，开发人员必须采取巧妙的技巧来绕过这一限制。相比优化微调软件组件更优先选择更强大的硬件节省成本（Koopman 2010）。

　　可靠性　嵌入式系统和其他实时系统常常有严格的可靠性和可用性需求。生命攸关的系统，比如医疗设备和飞机航空电子设备，不可以出现故障。植入病人的人工心脏起搏器必须可靠工作很多年。如果产品故障或电池过早耗光，也会导致病人死亡。描述可靠性需求时，要切实评估故障的可能性和影响，以免产品被过度工程化，其真正需要的可靠性需求可能并没有你想象的那样高。提高可靠性和可用性是有代价的。有时需要付出这个代价，有时则不然。

　　强健性　强健性是指系统如何响应意外的操作条件。强健性有几个方面。一种是耐受性，通常认为设备应用于军事，也用于日常应用。嵌入式系统设计的一个高耐受性的优秀例子就是飞机的"黑匣子"，这一电子记录装置设计为可以在飞机坠毁的可怕事件中幸存。实际上它是明亮的橙色，技术上称为飞行数据记录仪和驾驶舱语音记录仪，这些设备建造成可以承受 3400 倍重力、火灾、水浸和其他危害的影响。不但物理容器要在这些极端条件下保持完整，而且其记录的数据还必须完好无损，可以读取。

车门打开规则

　　最近，在美国的一个大城市，有一辆轻轨火车在离开车站时，有一扇车门没有关闭。显然，传感器未能通知司机这一故障。火车在一扇门敞开的情况下以 55 公里的时速在铁轨上疾驰，这是一个可怕的经历和明显的安全隐患。火车软件的开发者可能有一个可靠性或安全性的需求，要求这样的事件每 100 000 000 运行小时不能超过一次。无法运行几次这么长时间之后再发布测试其是否满足这一需求。相反，需要将系统以发生安全概率足够低的方式进行设计来满足这一需求。不过故障在所难免。在如此复杂的系统中，通常都有你想不到的故障组合——这个例子中是两个开关被腐蚀——造成这种罕见的问题。

强健性的其他几个方面与系统如何处理错误或异常有关，当系统运行时，它们都有可能导致系统故障。无论硬件还是软件错误都可能导致故障。我曾经试图从 ATM 中取出 140 美元。ATM 给我 140 美元的收据，但只"吐"给我 80 美元现金。银行职员查找问题原因时，我足足等了 15 分钟之后她又递给我 60 美元。ATM 显然发生了机械故障，几张钞票粘在一起堵住了出钞口。除了浪费我一些时间之外，我还很担心 ATM 认为交易已经成功完成，即它没有检测到任何问题。

系统处理这种错误包含以下四个方面（Koopman 2010）。

- **错误预防**　在理想情况下，系统在导致故障之前，会阻止许多潜在的错误条件。这是启动用例执行之前软件系统要测试前置条件的幕后原因。

- **错误检测**　下一个最佳行动就是一旦发生就马上检测出错误。在需求获取阶段必须探索异常条件以便开发人员能预见可能错误并设计方法找出这些错误。

- **错误恢复**　如果系统检测到预期的错误，就会定义相应的响应机制。需求开发不但应该识别潜在错误而且也要说明如何处理这些错误。有时，系统会重试操作，如间歇性通信中断或超时，下一次尝试可能就工作正常。系统有时会设计故障转移机制。如果错误导致系统故障，备份系统就会接管操作。在其他情况下，系统必须终止操作，可能关闭或重启以最大限度地减少对用户的负面影响。例如，如果汽车的防抱死制动系统（ABS）检测到有故障的传感器，可能就会关闭 ABS，并在仪表盘上点亮警示灯，在汽车的计算机系统中记录这一日志供日后诊断和修复。这导致我们采取下一步行动。

- **错误记录**　系统应当保留故障历史，包括检测到的错误及其后果。这些信息对诊断错误非常有用，也能帮助维护人员检测导致问题的种种模式。例如，故障历史可能表明一个有缺陷的硬件组件应当换掉。现代汽车都包含一个车载诊断系统。技术人员可以将电线接入该系统，得到一份包含已发故障标准化代码形式的事件列表。

我家跑步机的设计师意识到在某些特定条件下跑步机会卡在某个位置而无法将倾角调回零度。用户手册中描述了一个手工（但相当难懂的）操作，我可以操作，重置跑步机使其再一次有全范围的倾斜角度。如果制造商设计跑步机时能确保不卡，当然更好。虽然有时候，为一个低概率影响小的故障提供一个变通方法比设计系统完全避免该故障的成本更低。

　　安全性　任何包含移动部件或使用电源的系统都有导致人员受伤或死亡的潜在风险。安全性需求对实时系统而言远比信息系统重要得多。关于软件和系统安全工程这一主题已经有大量书籍，所以我们就不在这里重新概括重要信息，推荐阅读 Nancy Leveson（1995）、Debra Herrmann（1999）、Philip Koopman（2010）和 Terry Hardy（2011）。

　　可以通过进行危害分析来开始安全性需求的调研之旅（Ericson 2005; Ericson 2012）。这将帮助发现产品可能存在的潜在风险。可以通过它们发生的概率和严重程度进行评估，以便可以专注于最严重的威胁。（第 32 章将进一步讨论风险分析。）故障树分析是一种图形化的根源分析技术，用来思考安全威胁及其诱因（Ericson 2011）。这可以让你在产品使用过程中专注于如何避免风险因素的特定组合。安全性需求应当处理风险并且说明系统必须做或不可以做什么才可以避免风险。

硬件设备通常包含某种可以快速关闭设备的紧急停止按钮或死囚开关。跑步机包含如下安全需求：

> **紧急停止** *跑步机要有某种停止机制，使其能够在激活后一秒之内停止跑步带。*

这一需求导致设计在打开跑步机电源之前必须将一把扁平塑料钥匙插在前部。拔出钥匙切断跑步机电源，并快速停止跑步带转动。钥匙挂绳可以夹在锻炼者的衣服上，如果滑落或者跌下跑步机，挂绳就可以拔出钥匙。这确实很管用！

保密性 嵌入式系统的保密性近期讨论很热烈，主要担心网络攻击会接管、破坏或使发电厂、铁路控制系统、配电网和其他关键基础设施失效。从嵌入式系统的内存盗窃机密信息也是一种风险。攻击者可能会对代码进行逆向工程以了解系统的工作原理，然后复制信息或攻击系统。保护嵌入式系统涉及的安全措施与基于主机的信息系统所需要的一样。包括如下内容（Koopman 2010）。

- **保密**，主要通过加密
- **认证**，确保只有授权用户才能访问系统，通常通过密码（尽管都有缺陷）
- **数据完整性检查**，尽可能发现系统是否已被篡改
- **数据的隐私保护**，例如保护手持 GPS 设备的用户免遭未经授权的跟踪

另外，嵌入式系统还受到其他类型的特定攻击。这包括通过用户接管系统控制，电子通信拦截——尤其是无线通信，恶意软件的插入更新，有时通过受骗用户的社会工程（很多人都可能上当）。嵌入式系统的保密性考虑的完整范围非常大，而且是一个非常严重的问题（Anderson 2008）。Koopman （2010）和 David 与 Mike Kleidermacher （2012）对如何保证嵌入式系统的保密性提供了很多建议。

 可用性 很多嵌入式系统都包含某种人机交互界面。软件可用性的通用原则适用于嵌入式系统，但是当一个人在现场使用物理设备而不是在办公室使用键盘时，其他的方面可用性可能更重要。最近，我将一个专门为右手用户设计的鼠标更换为对称使用的鼠标。而我总是无意中用右手的无名指击中鼠标右键。这不仅浪费我的时间，也导致始料未及的系统响应。

显示屏在室外使用时必须适应不同的照明情况。我曾经是一家银行的客户，它们的 ATM 所摆放的位置不好，一旦有光线从某一角度照射过来，

它的 LCD 屏幕完全不可读。另外一个例子是，我戴着太阳镜时看不见数字手表的数字，除非将手腕转动到合适的角度，因为 LCD 显示屏会自行极化。

有些可用性限制是由立法规定的，例如美国残疾人法案，要求系统对身体受限的人提供系统访问的辅助方式。嵌入式系统必须适应不同程度的用户：

- 音频灵敏度和频率响应（考虑设计音频反馈和提示）
- 视力和色觉（考虑在视觉显示时使用颜色和文字大小）
- 左右手使用习惯和手的灵巧度（影响用户准确按下小按钮或者使用触摸屏导航的能力）
- 身体尺寸和可达到的范围（确定控制、显示和设备的物理位置时需要牢记用户画像）
- 本地语言（对语音识别的控制设备非常重要）

嵌入式系统的挑战

相比单独的软件应用，嵌入式系统和其他实时控制系统提出了独特的挑战。需求获取、分析、规范说明和验证的基本原则和实践对这两类产品都适用。嵌入式系统需要采用系统工程的方式，以便开发人员在单独优化软件或硬件组件时不会以牺牲另一方为代价，从而避免难以搞定的集成问题。相比单独的软件系统，架构和设计选择与需求分析更加密切相关，部分原因是硬件在设计或制造出来之后修改成本更高。嵌入式系统对于约束和质量属性关注的重点与单独的软件系统不同，而且常常与操作系统的考虑交织在一起。系统需求、软件需求、硬件需求和接口需求的详细规范说明对嵌入式系统和其他实时系统项目的成功很有帮助。

第 IV 部分

需 求 管 理

第 27 章

需求管理实践

> "我终于完成了多供应商分类查询功能，"Shari 在化学品跟踪系统的每周项目例会上说，"兄弟，工作量真的好大！"
>
> "哦，客户在两周前取消了那个功能，"项目经理 Dave 回答说，"你没有收到更新后的 SRS 吗？"
>
> Shari 懵了："你什么意思，被取消了？这几个需求明明就在我最新 SRS 的第 6 页最上面。"
>
> Dave 说："嗯，我这个版本里没有。我这里是 SRS 的 1.5 版本，你看的是哪个版本？"
>
> "我的也是 1.5 版本，"Shari 有些愤愤地说，"这些文档应当是一样的，但现在显然不一样。说说看，这个功能还需要吗？还是我白白浪费了自己生命中宝贵的 30 个小时？"

如果曾经听到过前面这样的对话，你一定知道人们浪费时间根据过时或不一致的需求规格说明来开展工作多么令人沮丧。得到恰当的需求，这只是完成解决方案的一半，这些需求还要好好管理并在项目参与人之间有效沟通。单个需求和需求集合的版本控制是需求管理的核心活动。

第 1 章将软件需求工程领域分为需求开发和需求管理。（有些人将整个领域称作"需求管理"，但我们更愿意用一个狭窄的范围定义这一术语。）本章介绍需求管理的基本原则和实践。第 IV 部分的其他章将对某些需求管理实践进行更详细的介绍，包括变更控制（第 28 章）、变更影响分析（也是第 28 章）和需求跟踪（第 29 章）。第 IV 部分总结了能够帮助项目团队开发和管理需求的商业工具（第 30 章）。注意，一个项目可能在对某些已达成一致的需求进行管理的同时，对产品需求的其他部分并行进行开发活动。

需求管理流程

需求管理包括项目过程中所有保持需求协议的完整性、准确性和流通性的活动。图 27-1 显示了需求管理的四大核心活动：版本控制、变更控制、需求状态跟踪和需求跟踪。

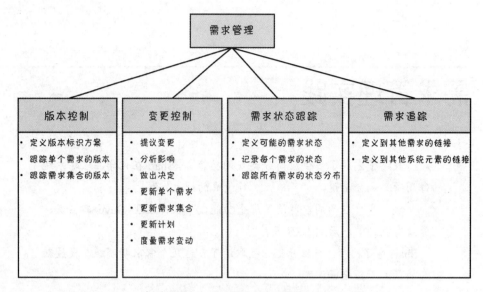

图 27-1　主要的需求管理活动

　　组织要定义项目团队需要执行的需求管理活动。将这些活动记录下来并进行培训，确保组织成员一致而有效地执行这些活动。可以考虑如下主题：

- 用于区分单个需求和需求集合版本的工具、技术和惯例
- 需求集合的核准与基线化方式（参见第 2 章）
- 新需求和现有需求变更的提出、评估、协商和沟通方式
- 如何评估提议变更的影响
- 需求属性和需求状态跟踪过程，包括使用的需求状态和哪些人可以修改这些状态
- 谁负责何时更新需求跟踪信息
- 如何跟踪和解决需求问题
- 项目计划和承诺如何反映需求变更
- 如何有效使用需求管理（RM）工具

　　可以将所有这些信息包含在一个需求管理过程描述中。或者，写单独的版本控制、变更控制、影响分析和状态跟踪过程。这些过程适用于整个组织，因为每个项目团队都会做这些通用任务。第 31 章将介绍几个有用的可用于需求管理的流程资产。

　　流程描述应当确定负责每个需求管理活动的团队角色。项目的业务分析师通常对需求管理负有领导责任。业务分析师（BA）建立需求存储机制，定义需求属性，协调需求状态，跟踪数据更新并监控变更活动。流程描述中还应当指明谁有权修改需求管理过程，如何处理异常及遇到阻碍时如何升级。

 陷阱　如果项目中没有人负责需求管理活动，就不要指望这些活动会发生。同样，如果"每个人"都有责任，那么每个人可能都期望其他人来做这些活动，反而很容易被大家忽视。

需求基线

　　需求开发活动包括获取、分析、描述和验证软件项目需求。需求开发的交付物包括业务需求、用户需求、功能/非功能需求、数据字典和各种分析模型。在这些交付物经过评审且核准之后，这些条目的任何已定义子集都可以组成需求基线。正如第 2 章所述，需求基线是干系人认可的一个需求集合，通常作为某一具体的计划发布版本或开发迭代的内容。项目针对交付物、约束、排期、预算、转移需求和合同可能还有其他协议，但这些都超出了本书讨论范围。

　　确立一个需求集合的基线之后——通常是经过评审和核准之后——需求就会置于配置管理（或变更管理）之下。接下来的变更只能通过项目定义好的变更控制流程进行。在基线化之前，需求还在演进，所以没有必要针对此时的修改施加流程限制。基线可能由某一特定 SRS（针对整个产品或者某一单独发布版本）中的部分或所有需求组成，或者由存储在 RM 工具中一组指定的需求组成，或者由敏捷项目某一迭代中一组达成一致的用户故事组成。

　　如果发布范围变更，一定要更新相应的需求基线。需要将特定基线中的需求和提议但未接受的需求区分开，可以分配到不同的基线或者留在产品 Backlog 中待分配。如果需求以文档形式（如 SRS）描述，就明确指定其基线版本以区分于之前的草稿。在 RM 工具中保存需求便于识别属于特定基线的需求和基线的变更管理。

　　开发团队（接受提议需求变更或补充）可能无法履行其现有的排期和质量承诺。项目经理必须和受到影响的经理、客户和其他干系人协商这些承诺变化。项目可以通过以下几种方式适应新需求或需求变更：

- 将低优先级需求延迟到以后的迭代或彻底砍掉
- 额外增加人力或将部分工作外包
- 延长交付时间或在敏捷项目中增加迭代
- 牺牲质量来确保按最初的日期交付

　　没有一种方法是普遍适用的，因为项目在功能、人员、预算、排期和质量方面的灵活性各有不同（Wiegers 1996）。选择的依据是项目业务目标和关键干系人在项目启动阶段所确立的优先级。无论如何响应需求变更，都要接受调整期望和承诺的现实。期望所有新需求都可以神奇地在原定日期交付且没有超出预算，团队成员疲劳或质量妥协，这是一种臆想，还是接受现实为上策。

需求版本控制

　　版本控制——唯一性标识别一个条目的不同版本——既适用于单一需求也适用于需求集合，而这些需求通常都表现为文档形式。一旦开始写需求或文档草稿，就要做版本控制，以便保留变更历史。

需求的每个版本必须有唯一性的标识。每个团队成员必须可以访问需求的当前版本。需求变更必须清楚记录并同步给每一个受到影响的人。为了减少混乱和误解，只允许指定的人才能更新需求，而且每当更新之后要确保版本号更新。每个需求文档的发布版本或工具中的每个需求应当包含修订历史以确定所做的修改、每次修改的日期、谁做的修改以及每个修改的原因。

这个不是缺陷，是功能！

合同开发团队从客户测试人员那里收到大量针对最新发布版本的缺陷报告，然而这一版本才只是刚刚交付给客户而已。开发团队感到特别不解，因为这个版本通过了他们所有的测试。经过详细调查，发现客户是在基于过时的 SRS 版本测试新软件。测试人员发现的缺陷其实是新增加的功能。

通常，这只是软件人员喜欢开的一个小玩笑。测试人员花大把时间根据 SRS 的正确版本重写测试并重新测试应用，这一切都是因为版本控制问题。另一名同事曾经经历过同类的测试混乱，根源就是一个未沟通的变更。这个同事说："我们大概浪费了四到六个小时的精力，整个部门不得不内部消化，浪费的时间没有做出任何成效。如果将浪费的时间乘以费率来看看损失了多少收入，我想软件专业人员会感到震惊的。"

当好多个业务分析师都在做同一个项目时，也可能发生类似的混乱。一个业务分析师开始编辑需求规格说明的 1.2 版本。过了几天，另一个业务分析师开始处理一些需求并把自己的版本也标成 1.2 版本，他并不知道和第一个业务分析师的版本有冲突。很快，变更丢失，需求不再是最新的，两人的工作重叠，混乱由此而生。

版本控制最稳健的方式是将需求存在需求管理工具中，如第 30 章所述。RM 工具跟踪每个需求的变更历史，它在需要回滚到以前版本时非常有用。这种工具支持添加评论来描述决定增加、修改或删除需求的根本原因（理由）。如果需求日后成为讨论主题，这些评论就非常有帮助。

如果在文档中存放需求，可以使用 Word 的修订标记功能来跟踪变更。这一功能通过删除线来标示删除及下划线标示增加的记号法以可视化方式突出显示文本中的修改。在确立基线文档时，先存档带有标记的版本，然后接受所有修订，接着将新版本作为新的基线保存，准备接受新一轮的变更。将需求文档保存在版本控制工具中，比如团队组织用来控制源代码签入（check-in）/签出（check-out）过程的版本控制工具。这可以让你回滚到以前的版本，看每个文档的修改人、修改时间和原因。（顺便说一句，这恰好描述了我们写作本书的过程。我们用 Word 写作，我们在迭代每一章时，就使用修订标记。但在有些情况下也不得不访问之前的版本。）

我知道有一个项目将几百个用例写入 Word 文档并保存在版本控制工具中。工具能让团队成员访问每个用例的之前版本，同时记录变更历史。项目的业务分析师和备份人员具有该文档的读写访问权限，其他团队成员只有只读权限。这种方式对该团队很管用。

最简单的版本控制方式是根据命名约定手工给文档的每一次修订打上一个标号。基于日期来区分文档版本，这样的方案容易引起混乱。我的习惯是将任何新文档的第一个版本标记为文档名和 "Version 1.0 draft 1"（即版本 1.0 的草稿 1）。下一版草稿继续使用同样的名字，但标识为 "Version 1.0 draft 2"（即版本 1.0 的草稿 2）。作者每次迭代只增加草稿号，直到文档被通过准形成基线文档。这时版本标识变为 "Version 1.0 approved"（即版本 1.0 核准），同时保持同样的文档标题。下一个版本如果是小幅修订，那么版本就是 "Version 1.1 draft 1"（即版本 1.1 的草稿 1），如果是重大变更，版本就是 "Version 2.0 draft 1"（即版本 2.0 的草稿 1）。（当然，这里的 "重大变更" 和 "小幅修改" 是主观的且依赖于上下文。）这一方案明确区分了文档草稿和基线版本，但它确实需要修改文档人员都遵守。

需求属性

将每个需求当作一个带有属性的对象，使其有别于其他需求。除了文字描述，每个需求还应当有支持信息或相关属性。这些属性为每个需求构建了一个上下文和背景。可以将属性值保存在文档、电子表格、数据库或者（更有效的方式）需求管理工具中。使用以文档形式来保存多个需求属性很麻烦。

RM 工具除了让你定义其他属性之外，通常还提供一些系统生成的属性，其中一些属性的值可以自动生成。有了工具，你可以基于属性值查询数据库查看选定的需求子集。例如，可以列举所有高优先级的需求且分配给 Shari 在 2.3 发布版本实现的需求且状态为 Approved（核准的）。可以考虑以下这个需求属性列表：

- 需求创建日期
- 需求的当前版本号
- 写需求的人
- 优先级
- 状态
- 需求来源
- 需求的理由
- 发布版本号或需求分配的迭代信息
- 干系人（有问题可以联系或对提议变更做出决策的人）
- 使用的验证方法或验收条件

为什么要做这个需求？

　　某电子测量设备制造公司有一位产品经理想要跟踪一些需求，这些需求纳入考虑的唯一原因是因为竞争对手的产品中有这样的功能。实现这些特性的良好方式之一是使用一个 Rationale 属性，指明一个具体需求为什么要加入产品中。假设加入某个需求只是因为这可以满足一个特定的用户群体。不久之后，市场部门决定放弃关心这个用户群体。以需求属性的方式呈现需求理由可以帮助人们决定这个需求是否可以省略。

　　另一个业务分析师曾描述过他面对无正当理由的需求时所遇到的窘境。他说："根据我的经验，很多需求都没有真正的必要性。这些需求的引入要么因为客户缺乏对技术的理解，要么因为某些重要干系人对新技术感到很兴奋而希望炫耀一下，要么因为销售团队有意无意地误导了客户。"如果一个需求不能提供令人信服的理由并追溯到业务需求，业务分析师就应该质疑是否有一个值得为之付出的真正原因。

 陷阱　选用太多需求属性会使团队望而生畏。他们不会为所有需求的所有属性提供值，做不到有效使用属性信息。从三四个关键属性开始。知道会增加价值时才加入新属性。

　　随着新需求的添加，已有需求被删除或延迟，发布计划的需求范围也要更新。团队可能很难应付好几个发布计划或迭代的独立需求文档。让过时的需求保留在 SRS 中会使文档读者困惑，很难确定那些需求是否已经包含在基线中。解决方案是将需求保存在 RM 工具中并定义一个发布版本号的属性。延迟需求是指变更其计划发布版本，所以只需要简单更新发布版本号就可以把需求转移到另一个基线文档。通过状态属性来处理删除和驳回的需求，如下一节所述。

　　定义并更新这些属性值是需求管理成本的一部分，但这项投资可以产生巨大的回报。某公司定期生成需求报告用于展示 3 个相关规格说明中 750 个需求分配给每个设计师的情况。一位设计师发现有几个需求居然原来由她在负责。据她预计，这比直到项目后期才发现这些需求可以节省一到两个月的工程设计返工时间。项目越大，越容易体验到沟通不够真的很浪费时间。

跟踪需求状态

　　"Yvette，那个子系统实现得怎么样了？ "项目经理 Dave 问道。

　　"进展不错，Dave。已经完成了 90% 了。 "

　　Dave 有些疑惑。 "几周之前你不就说完成 90% 了吗？"他问。

　　Yvette 回答： "是的。当时我觉得是，但现在我真的完成 90% 了。"

　　跟几乎所有人一样，软件工程师有时在汇报任务完成情况时过于乐观。常见的"90% 完成"综合征并没有告诉 Dave 多少 Yvette 到底开发子系统的实际进展情况。但假定 Yvette 回答说："进展不错，Dave。这个子系统的 84 个需求中，61 个已经实现并通过验证，14 个实现了但尚未验证，另外 9 个我还没有实现。"跟踪每个功能需求在开发过程中的状态能够提供一个更精确的项目进度表。

状态是前一节提出的需求属性之一。跟踪状态意味着将某一特定时间点的情况与整个开发周期所期望的完成情况进行比较。你可能只计划在当前版本实现某一用例的交互，而将完整实现留到下一版本。只监控承诺在当前版本实现的功能需求状态，因为这一需求集合需要在你宣布项目成功并发布当前版本之前百分之百完成。

 陷阱　有一个经典笑话讲的是，软件项目的前一半消耗了前 90% 的资源，而后一半也消耗了另外 90% 的资源。过分乐观的估计和过于粗放的状态跟踪注定了项目肯定会超支。

表 27-1 列举了好几个可能的需求状态。一些项目人员会增加其他状态，比如已设计（完成功能需求的设计元素已经创建并通过评审）和已交付（包含特定需求的软件已经交付到用户手中进行验收或 beta 测试）。保留驳回的需求记录及其驳回原因是很有价值的。驳回的需求在日后开发过程中或未来项目中可以通过某种方式再次浮出水面。已驳回的状态让你保留以前提出的需求供日后参考，不会弄乱某一发布版本中已承诺的需求。不需要监控表 27-1 的所有可能状态，选择对需求活动有价值的即可。

表 27-1　建议的需求状态

状态	定义
已提议	需求已由授权来源提出
进行中	需求分析师正在积极打磨需求
起草完成	需求的初始版本已经完成
已核准	需求已通过分析，项目影响已通过评估，该需求已被分配到某一具体发布版本的基线。关键干系人同意处理该需求且软件开发团队已承诺实现它
已实现	实现需求的代码已经设计好，写好并完成单元测试，该需求已追溯到相关设计和代码元素。实现该需求的软件已准备进行测试、评审和其他验证
已验证	需求已满足验收标准，意味着实现需求的正确功能已确认。该需求可以追溯到相关的测试。现在可以认为该需求已完成
已推迟	一个核准的需求现在计划在稍后的版本中实现
已删除	一个核准的需求从基线中移除。需要包含相关的解释，说明原因以及决策者
已驳回	需求提出后但从未被核准，也没有计划在将来的发布版本中实现。需要包含原因及其决策者

把需求分为几个状态类别远比试图监控每个需求或整个发布基线的完成比例更有意义。只有指定变更条件发生时才更新一个需求的状态。特定的状态变更也需要更新需求跟踪数据以表明哪些设计、代码和测试元素与该需求有关，如第 29 章表 29-1 所示。

图 27-2 示例了如何在一个虚构的 10 个月项目中以可视化方式监控一个需求集合的状态。图中显示了每个月末所有系统需求的状态值。通过百分比跟踪分布不会显示基线中的需求数量是否随时间而变化。需求数量随范围扩大而增加，随基线中功能删除而减少。这个曲线显示了项目如何达成所有核准需求都完成验证的目标。当分配的所有需求都处于已验证、已删除或已推迟时，才表明工作已经完成。

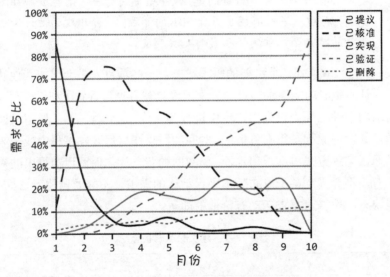

图 27-2　在项目开发周期中跟踪需求分布

解决需求问题

在项目过程中会发生无数与需求相关的疑问、决策和问题。潜在的问题包括标记为 TBD（待定）的条目、延迟的决策、缺失的信息和待解决的冲突。很容易忽视这些未解决的问题。将这些问题记录在问题跟踪工具中供所有干系人访问。保持问题跟踪和解决过程的简单化，确保没有遗漏。使用问题跟踪工具有以下几个好处。

- 将多次需求评审的问题收集起来以免遗漏。
- 项目经理可以轻松看到所有问题的当前状态。
- 每个问题可以分配一个唯一的负责人。
- 一个问题的相关讨论历史能够得以保留。
- 团队可以在已知一组问题未解决的前提下开始开发，不必等到 SRS 全部完成。

解决需求问题,使其不至于阻碍你为下一个发布版本或迭代及时确立一个高质量的基线需求。用来显示遗留问题和解决速率的燃尽图能帮助预测所有问题何时可以解决,因而在需要时可以加快问题解决速度。(参见本章的"敏捷项目中管理需求"一节的燃尽图示例。)对问题进行分类,可以帮助决定需求的哪个部分还需要加工。某一部分只有少数几个未解决的问题可能意味着该需求还未评审,或者问题很快就可以得到解决。

项目早期发现的所有缺陷几乎都与需求问题相关,例如需求澄清、界定范围、开发可行性的疑惑以及需求本身的未完成条目。所有干系人在评审需求时都可以记下自己的疑问。表 27-2 列举了几种常见类型的需求问题。

表 27-2　需求问题的常见类型

问题类型	描述
疑问需求	需求的有些内容无法理解或尚未决定
需求遗漏	开发人员在设计或实现过程中发现有遗漏的需求
错误需求	需求是错误的,应当修正或删除
实现问题	开发人员在实现需求时,对某些部分的工作机制或设计方案有疑问
重复需求	发现有两个或更多一模一样的需求。只保留其中一个,删除其他
不必要的需求	一个不再需要的需求

如果没有一个良好的流程来处理需求问题,就会发生糟糕的事情。有一个项目,干系人很早就提到我们要处理门户的一些内容。这是我第一次听说门户只是作为解决方案的一部分,所以我就问是怎么回事。干系人向我保证说收购的 COTS 解决方案包含门户组件,简单配置正确即可。但我们在计划中没有包含任何与门户需求相关的事件,所以我认为我们可能有缺口。于是,我让一个团队成员记下一个关于门户的问题,以免忽视它。几周后,我离开了这个项目。

结果,我这位队友写在白板上的门户问题后来被擦掉,她也没有在我们的问题记录工具中记录。项目经过六个月之后,我们总经理怒气冲冲地找到我,说竟然没有人发现门户的需求。我必须弄清楚我们为什么没有开发门户需求,原因很简单,我们忘了呗!在跟踪工具中记录问题能让我们不至于到最后一刻才发现问题,避免让客户失望。

度量需求投入

在需求开发时,项目计划中应当包含本章介绍的需求管理活动的任务和资源。如果跟踪记录花在需求开发和管理活动上的投入,就可以评估这个投入是太少、刚好还是太多,然后相应地调整未来的计划。Karl Wiegers(2006)讨论了项目中需求开发工作其他各个方面的度量。

度量需求投入需要文化的变化和个人工作纪律以保证记录日常工作活动（Wiegers 1996）。跟踪投入并不像人们有时担心的那样耗时。团队成员通过他们如何实际花时间，与他们想要如何花时间以及他们应该如何花时间相比，可以获得非常有价值的见解。跟踪需求投入也能发现团队是否正在进行即定需求的相关活动。

请注意，工作投入与日历不一样。任务会被中断，也有可能因为需要和其他人交互而导致延期。任务的总投入（以工时为单位），不会因为这些因素而改变（虽然经常中断的确会削弱个人产能），但日历时间在增长。

跟踪需求开发投入时，你可能会发现将业务分析师所花的时间和其他项目参与者所花的时间分开跟踪是个好主意。跟踪业务分析师的时间能帮助计划未来项目需要多少业务分析师的投入（更多关于预估业务分析师时间的话题，请参见第 19 章）。度量所有干系人花在需求活动上的总投入有助于对项目需求活动的总成本有个直观的了解。请记录花在需求开发活动上的工时数，如下所示：

- 计划项目中的需求相关活动
- 召开研讨会和评审会，分析文档和进行其他需求获取活动
- 写需求规格说明，建立分析模型和需求优先级排序
- 创建和评估旨在协助需求开发的原型
- 评审需求和进行其他需求验证活动

将如下活动的投入计入需求管理投入：

- 配置项目的需求管理工具
- 提交需求变更和提出新需求
- 评估提交的变更，包括进行影响分析和进行决策
- 更新需求信息库
- 与受到影响的干系人的沟通需求变化
- 跟踪并报告需求状态
- 创建需求跟踪信息

请注意，花在需求相关活动上的时间也是项目成功的投资，并非只是成本。为了证明这些活动有用，将这个时间投资与团队花在问题处理上的时间相比较即可，因为这些活动没有做——质量低下的代价。

敏捷项目的需求管理

敏捷项目非常适应变化，通过一系列开发迭代来构建产品和管理动态的项目 Backlog。正如第 2 章所述，项目干系人对每个迭代要实现的用户故事达成一致。当迭代进行时，客户新加入的用户需求故事与 Backlog 中的内容一起进

行优先级排序并分配到日后的迭代中。如果团队希望保持原有的交付排期，新的需求故事可能会替代低优先级的用户故事。目标（应当是所有项目的目标）是永远处理最高优先级的用户故事以求尽快向客户交付最大价值。关于如何处理敏捷项目的需求变更，请参见第 28 章。

一些敏捷团队，特别是大型团队或分布式团队，使用敏捷项目管理一个工具来跟踪迭代的状态和对应的用户故事。用户故事和验收标准及其验收测试都可以放在产品 Backlog 中或用户故事管理工具中。可以通过本章前面表 27-1 中描述的类似状态监控用户故事状态（Leffingwell 2011）：

- 在 Backlog 中（用户故事还未分配到迭代中）
- 已定义（用户故事的细节已经过讨论且达成一致，验收测试也已完成）
- 进行中（用户故事在实现过程中）
- 已完成（用户故事已实现完成）
- 已验收（验收测试通过）
- 已阻塞（除非问题解决否则开发人员无法继续）

敏捷项目通常使用迭代燃尽图（Cohn 2004; Cohn 2005）来跟踪进展。团队预估项目所有要完成的工作，通常以故事点为单位，这是根据对产品 Backlog 中用户故事的理解估算出来的（Cohn 2005; Leffingwell 2011）。因此，总的故事点与团队实现所有需求所花的时间是成比例的。于是团队基于需求优先级和预估的故事点大小将用户故事分配到迭代中。团队过去或平均速率决定着团队计划在一个特定时间段的迭代中交付的故事点数。

团队在每个迭代结束时将产品 Backlog 中剩余的故事点数画在图上。用户故事完成，对现在的故事有了更好的理解并重新预估时，有新的故事加入时，或者有客户将 Backlog 中的工作删除时，这个总的故事点数都会发生改变。即，不监控每个单一功能需求或特性（其大小不一）的计数和状态，燃尽图显示了在特定时间要完成的余下全部工作。

图 27-3 是一个虚构项目的燃尽图示例。注意，在迭代 2，3 和 5 中，以故事点度量的剩余工作范围实际上增加了。这表明在迭代过程中，新加入的功能比完成或删除的功能要多。燃尽图帮助团队避免了"90%完成"综合征，燃尽图以可视化方式显示剩余工作而不是完成的工作，后者无法反映无法避免的范围蔓延问题。燃尽图的斜率也能预计项目的结束日期，即 Backlog 中没有剩余工作的那个点。

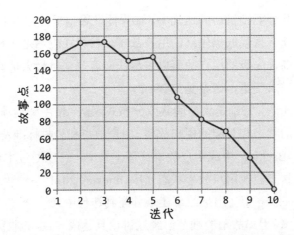

图 27-3　敏捷项目中监控产品 Backlog 的迭代燃尽图示例

为什么要管理需求

无论项目是遵循顺序开发的生命周期，还是某一种敏捷生命周期，或其他方法，管理需求都是一项重要和必要的活动。需求管理有助于确保在需求开发上的投入不会白白浪费。有效需求管理通过保证所有项目干系人了解开发过程中的需求现状来降低期望落差。这可以让你知道要去哪儿、如何去以及何时到达目的地。

行动练习

- 记录组织中每个项目需求管理需要遵循的流程。邀请几位业务分析师草拟、评审、试点并核准这些流程活动和交付物。定义的流程步骤必须实用且符合实际，必须为每个受到影响的项目增加价值。
- 如果还没有使用需求管理工具，请定义一套用于识别需求文档的版本标号方案。并教会需求分析师使用这套方案。
- 选择自己想用的状态来描述功能需求或用户故事的生命周期。绘制状态转换图展示从一个状态到另一个状态触发变迁的条件和事件。
- 定义基线文档中每个需求的当前状态。随着开发进展，保持状态更新。

第 28 章

需求变更

"开发工作进展怎样了，Glenn？"化学品跟踪系统的项目经理 Dave 在项目状态例会上发问。

"我没有能够按计划完成，"Glenn 承认，"我为 Harumi 添加了一个新目录查询功能，所花的时间超出了我的预期。"

Dave 有些疑惑："我不记得听说过新目录查询功能。Harumi 是通过变更流程来提交这个需求的吗？"

"不，她直接带着建议来找我，"Glenn 说，"看上去很简单，所以我告诉她我来完成。但结果一点都不简单！每次我认为完成的时候，都发现有遗漏其他文件中需要的变更，所以我就继续解决，重新构建组件，再次测试。我本以为只要 6 个小时，但我已经花了差不多 3 天时间。我知道我阻碍了下一次构建，我是应该继续完成这个查询功能还是回头做我之前的工作呢？"

很多开发人员都遇到过看似简单的变更实际比预想复杂很多的情况。大多数开发人员都有这样的遭遇，表面上看似非常简单的变更结果变得超乎想象的复杂。针对提议的软件变更，大多数开发人员得不到或者说无法得出靠谱的成本估算或者可能产生的其他后果。此外，当开发人员适应下来，同意增加用户所申请的增强特性时，需求变更靠走后门来实现，而不是走流程通过合适的干系人审批。这样不好受控制的变更是导致项目陷入混乱、项目排期被打乱、质量出现问题和怨声四起的常见根源。本章要描述正式的变更控制实践和敏捷项目是如何拥抱变更的。

为什么要管理变更

软件变更并非坏事，实际上，变更反而是必要的。事先将所有需求都定义好，几乎是不可能的。随着开发进展，世界也在变化：新的市场机遇出现，政策法规变化和业务需要跟进。一个高效软件团队能够灵活应对变化，使其构建的产品可以及时为客户提供价值。一个能够认真管理软件项目的组织肯定可以确保做到以下几点。

- 提出的需求变更在做出完成承诺之前经过深思熟虑的评估。
- 有合适的个人针对提出的变更做出明智的业务决策。

- 变更管理活动对受到影响的干系人可见。
- 核准的变更会被通知到所有受到影响的项目参与者。
- 项目以一致且有效的方式处理需求变更。

但变更总是有代价的。修改一个简单的网页可能既容易又快，但集成电路设计中的变更会花费好几万美元。即便是被驳回的变更请求也得花时间来提交、评估和否决。除非项目干系人在开发过程中对变更进行管理，否则他们真的不知道要交付什么，最终使其产生期望落差。

 如果开发人员直接在代码中实现了一个需求变更而没有和其他团队成员事先沟通，也会引发问题。文档中记录的需求和产品实际内容不一致。如果变更不尊重架构和设计，代码也很容易出错。在一个项目中，开发人员引入了新的和更改的功能而其他人直到系统测试时才发现。他们事先并不知道有这一功能，所以不知道如何测试。这就要求测试程序和用户文档被迫返工。一致的变更控制实践有助于避免这种问题及由此而来的沮丧、返工和时间浪费。

> **当心破坏性变更**
>
> 在合同项目中，供应商和客户绕过变更流程，是会造成严重问题的。供应商（由 IT 部门审查但由业务部门雇用）计划开发一个新的移动工作站应用。需求获取由 10 个领域专家合作完成。而后，业务部门的首席客户决定要进行更多需求变更。因为不相信有人资助，她于是和供应商的开发人员密谋，打算破坏已达成共识的需求。他们租用了一个酒店房间秘密展开工作，直接对代码进行修改。测试人员发现交付物与需求不匹配后，整个幕后故事水落石出。向后追踪变更和期望的结果耗费了整个组织大量的时间和精力。
>
> 峰回路转，这个首席客户后来变身为一名业务分析师。她花时间向大家郑重道歉，因为直到此时她才意识到自己的行为已尼对整个团队其他成员造成了破坏。

管理范围蔓延

在理想世界中，在架构和开发之前，你会记下新系统所有的需求，而且在开发过程中需求一直保持稳定。这就是瀑布开发模型的假设，但实际效果并不好。在某一点，必须冻结某个发布版本或开发迭代的需求，否则永远无法完成。然而，沉闷又过早的变更忽略了一个事实：客户并非总是确定自己有哪些具体需要，业务需要变更，开发人员希望做出响应。

需求增长包括新功能和重大修改（参见第 2 章）在确定基线它们是需求集合之后提出的。项目持续越久，经历的需求增长越多。软件系统的需求通常每个月增长 1%~3%（Jones 2006）。有些需求演化是合理的、不可避免甚至是有利的。然而范围蔓延——项目持续处理更多功能而不相应的调整资源,排期和质量目标——是有害的。问题不在于需求变更本身,而是后面的变更将对已经开始的工作产生巨大的影响。如果提出的每一个变更都一一核准,可能会使干系人认为软件交付遥遥无期——而实际上,确实可能无法交付。

正如第 5 章所述,管理范围蔓延的第一步是记录新系统的业务目标、产品愿景、项目范围和限制。将提出的每一个需求或功能与业务需求相比较,进行评估。邀请客户参与需求获取过程,力求从数量上减少被忽视的需求。原型通过帮助开发人员和用户建立对用户需求和解决方案的一致理解,力求帮助控制范围蔓延。使用短开发周期来增量发布系统,使我们有机会进行频繁调整。

 控制范围蔓延最有效的方法是能够说"不"(Weinberg 1995)。人们不喜欢说"不",开发团队总说"是",因而压力很大。"客户永远正确"或"我们要做到客户百分百满意",这样的哲学是好,但是得付出代价。忽略这个代价也无法改变事实。某软件工具供应商的总裁建议新功能时,已经习惯于听到开发经理说"现在不行。""现在不行"比简单的拒绝更容易让人接受。这相当于承诺在随后发布中加入该功能。

 陷阱　需求获取活动之后太早冻结一个新系统需求是不明智、不现实的。相反,要在觉得需求集合已经定义得好到足以开始构建时再建立基线,然后管理变更,力求尽量减少对项目的不良影响。

变更控制政策

管理层应该向下传达政策,说明他们希望项目团队如何处理需求变更和其他所有重要项目产出的工件。制定的政策现实、可以增加价值且必须得以强制执行时,才有意义。如下变更控制政策是有用的。

- 所有变更必须遵循流程。如果一个变更请求没有按照流程提交,就不予考虑。
- 对于未批准的变更,除了可行性探索外不进行设计和实现工作。
- 只是简单提交一个变更不会保证其一定会被实现。项目的变更控制委员会(CCB)决定实现哪个变更。
- 变更数据库的内容必须对所有项目干系人可见。
- 每个变更必须进行影响分析。
- 每个变更必须可以追溯到一个通过批准的变更请求。
- 变更请求的批准或否决都需要记录其背后的理由。

当然,小变动很难影响到项目,重大变更则可能具有重大的影响。在实践中,你可能决定将某些特定的需求决策交给开发人员自行决定,但影响多人的变更不得绕过流程。加入快速通道以加速低风险低投资变更请求,可以缩短决策周期。

变更控制流程的基本概念

在做软件流程评估时，我问项目团队如何处理需求变更。经过一段尴尬的沉默后，有一个人回答道："只要市场代表想做变更，就会去找 Bruce 或 Robin，因为他们总是同意而我们其他人都要推回去。"这样的变更流程，我觉得不好。

合理的变更控制流程可以使项目负责人做出明智的决策，在控制产品生命周期成本和项目排期的同时提供最大的客户价值和业务价值。流程可以用来跟踪所有变更请求的状态，并确保建议的变更不会丢失或被忽视。确立需求集合之后，要遵循这一流程处理针对基线提出的所有变更。

在被要求遵循一个新流程时，项目干系人有时会拒绝，但变更控制流程并不是阻止进行必要变更和障碍。它是一个漏斗和过滤机制，旨在确保项目尽快采用最适当的变更。如果一个提议的变更不够重要到让干系人花几分钟通过一个标准、简单的渠道提交，就不值得考虑增加。变更流程要有良好的文档，尽量简单，而且最重要的是有效。

陷阱 如果让项目干系人遵循一个低效笨拙或过于复杂的新变更控制流程，人们就会想办法绕过这一流程。相信我，他们一定会这样做。

管理需求变更类似于收集并决策缺陷报告流程。同样的工具可以支持这两种活动。请记住，工具并不是要替代一个已定义且文档化的流程，而且这两者都无法取代干系人之间适当的讨论。工具和文档化的流程都应该支持这种重要的对话。

当你需要处理变更时，从变更影响的最高层抽象开始并将其向下级联到所有受到影响的系统组件。例如，一个变更可能只影响一个用户需求但不影响业务需求。修改上层的系统需求可能影响到子系统中的大量软件和硬件组件。有些变更只涉及系统内部，比如通信服务的实现方式。这些虽然不是用户可见的需求变更，但却影响着设计和代码。

变更控制流程说明

图 28-1 是一个模板，用于解释变更控制流程说明如何处理需求变更。从本书网站可以下载示例。如果这个模板对具体环境而言太复杂，可以裁减掉更多非正式的项目。我们发现，在一个流程中包含如下四个组件是很有帮助的：

- 准入标准，在流程执行可以开始之前必须满足的条件
- 流程涉及的各种任务，负责各个任务的项目角色和其他参与者
- 用来验证任务已经正确完成的步骤
- 退出标准，用来指明流程已经成功完成的条件

本节剩余内容描述变更控制流程说明的各个组成部分。

1. 目的和范围

描述该流程的目的及其适用的组织范围。指明是否有具体种类的变更是可以豁免的，例如临时工作产品的变更。定义必要的术语以方便其他人理解整个文档。

```
1. 目的和范围
2. 角色和职责
3. 变更请求陈述
4. 准入标准
5. 任务
   5.1 评估变更请求
   5.2 决定变更
   5.3 实现变更
   5.4 验证变更
6. 退出标准
7. 变更控制状态报告
附录. 为每个请求保存的属性
```

图 28-1　变更控制流程描述示例模板

2. 角色和职责

列出参与变更控制活动的项目团队角色及其职责。表 28-1 建议了一些相关角色，可以根据每个项目的具体情形进行调整。承担不同角色的人不要求人不同。例如，变更控制委员会（CCB）主席也可以接收提交的变更请求。在小项目中，同一个人可以担任几个甚至所有角色。正如一个经验丰富的项目经理所说："我认为重要的是，CCB 能为不同干系人的需求代言，包括最终用户、业务人员和开发社区，知道他们是否需要，是否可以卖掉，是否可以构建？"

表 28-1　变更管理活动中可能的项目角色

角色	描述和职责
变更控制委员会主席	变更控制委员会主席，如果变更控制委员会未能达成一致，主席通常有最终决定权；针对每个变更请求确定评估人和修改人
变更控制委员会	变更控制委员会针对某一具体项目决定是批准还是驳回提出的变更
评估者	受 CCB 主席要求负责完成变更影响分析的人
修改者	针对批准的变更请求，负责完成产品修改的人
提交者	提交新变更请求的人
请求接收者	最初接收新提交变更请求的人
验证者	验证变更是否已正确实现的人

3. 变更请求状态

　　一个变更请求会经历一系列已定义好的状态生命周期。可以通过状态转换图来表示这些状态（参见第12章），如图28-2所示。只有当特定的变迁标准得到满足时才更新请求的状态。例如，无论是一个单一需求的变更还是一系列相关开发产品的变更，都可以在所有受影响的产品实现变更后将请求状态改为"变更完成"。

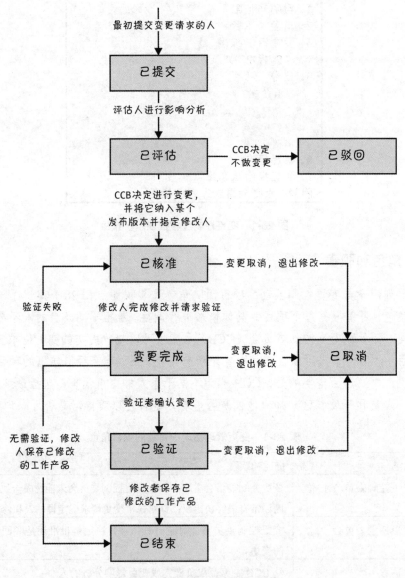

图28-2　变革请求的状态转换图

4. 准入标准

　　变更控制流程最基本的准入标准是一个带有所有必要信息的变更请求通

过审批渠道提交。所有潜在提交人都应该知道如何提交变更请求。变更工具应该为每一个请求分配一个唯一的标号并将所有变更转交给接收人。

5. 任务

流程的这一部分描述处理每个变更请求所牵涉到的任务。

5.1 评估变更请求

开始评估此变更请求的技术可行性、成本并将其与项目业务需求和资源约束对齐。CCB 主席可能指派一个评估者完成影响分析，风险和危害分析及其他评估。（参见本章后面的"变更影响分析"小节。）这可以确保每个人都充分理解接受变更的后果。评估人和 CCB 也会考虑拒绝该请求所带来的业务和技术的后果。

5.2 决定变更

由 CCB 授意的决策者来决定是否该批准还是驳回该变更。CCB 为每个批准的变更指定优先级或实现的目标日期，或将其安排到具体的迭代或发布版本。可能只是简单在产品 Backlog 中加入一个新的需求。CCB 更新请求状态并通知所有受影响的团队成员。

5.3 实现变更

修改人（或者修改人团队）更新受影响的工作产品以完整实现该变更。使用需求跟踪信息来查找变更影响的系统所有部分并更新跟踪信息显示的变更。

5.4 验证变更

需求变更一般通过同行评审来确保修改后的交付物完成了所有方方面面的改动。若干个团队成员可能在多个不同的下游工作产品中通过测试或评审的方式验证变更。验证完成以后，修改人根据项目文档和代码管理约定将工作产品更新到适当的位置。

6. 退出标准

满足如下退出标准，就意味着变更控制流程已经正确执行完成。
- 请求的状态是已驳回、已完成或已取消。
- 所有修改的工作产品都已经更新且存储在正确的位置。
- 变更的详细信息及变更请求的状态已经通知相关的干系人。

7. 变更控制状态报告

确定用来总结变更数据库中内容的图表和报告。这些图表可能展现变更随时间而变化的状态分布，或者变更请求处于未解决状态的平均时间。描述图表和报告制作过程。项目经理在跟踪项目状态时会使用这些报告。

附录：为每个请求保存的属性

表 28-2 列出了保存变更请求时可以考虑几个数据属性。有些属性是由提交人提供的，有些是由 CCB 提供的。在变更控制流程中，指明哪些属性是必不可少的，哪些是可选的。不要定义太多自己并不需要的属性。变更工具应该能够自动处理一些属性（ID、提交日期和更新日期）。

表 28-2　建议的变更请求属性

属性	描述
变更来源	要求变更的功能区域，可能的团队包括市场、管理、客户、开发和测试
变更请求 ID	每个请求分配的唯一标号
变更类型	变更请求的类型，例如需求变更、提出的改进或者缺陷
提交日期	提交人提交变更请求的日期
更新日期	变更请求最近被修改的日期
描述	变更请求的无格式文本描述
实现优先级	由 CCB 决定的实现变更的相对重要程度：低，中，高
修改人	主要负责实现变更的人
提交人	提交变更请求的人
提交人优先级	提交人认为的实现变更的相对重要程度：低，中，高
计划发布版本	已批准的变更所排期的产品发布版本或迭代
项目	变更请求的项目名称
响应	变更请求的自由形式的响应，随着时间进展可以给出多个响应，输入新响应时，不变更已有的响应
状态	请求变更的当前状态，从图 28-2 中选择不同的选项
标题	针对提议变更的一句话总结
验证人	负责评估所做变更是否正确的人

变更控制委员会

变更控制委员会的主体是人——无论是一个人还是一个群体——负责决定提交的变更和新需求是否接受、接受修订哪个版本以及驳回哪个。CCB 还要决定哪些缺陷需要修复及何时修复。有些 CCB 有决策权，而其他 CCB 只能向管理层提供建议。项目总是有一个小组负责行使变更决策权。组建 CCB，正式确立组织构成及其职权，提供定义其操作流程。

对于某些人，"变更控制委员会"这一术语会使其联想到浪费时间的官僚机构。要将 CCB 看作即便对小项目也能帮助提供价值的一个团体。在一个小型项目中，仅有一两个人做变更决策是合理的。大型项目或项目集可能有几层 CCB，有些负责业务决策（例如需求变更），而有些负责技术变更。包含多个项目的大型项目集会建立项目集 CCB 且每个项目有自己的 CCB。每个项目 CCB 只解决影响该项目的变更和问题。影响多个项目的问题和超出一定成本或时间影响的变更要升级到项目集 CCB 加以解决。

CCB 的组成

CCB 成员应当代表在其职权范围内需要参与决策的所有团体。考虑从如下功能区域选择代表：

- 项目或项目集管理人员
- 业务分析或产品管理人员
- 开发人员
- 测试或质量保障人员
- 市场人员，应用构建所服务的业务人员，或是客户代表
- 技术支持或客服人员

这些需要做决定的人中，只有一部分需要加入 CCB，只不过要通知所有干系人会影响其工作的决定。一个包含软件和硬件组件的项目可能需求包含来自硬件工程、系统工程和制造部门的代表。保持 CCB 足够小以便能快速高效的响应变更请求。确保 CCB 成员理解并接受他们的职责。需要时，邀请其他人参加 CCB 会议以保证有足够的技术和业务信息。

CCB 章程

组织中所有项目团队可以遵循同一个变更控制流程。然而，不同项目的 CCB 可能以不同方式运作。每个项目都应该创建一个简短的章程（可以是项目管理计划的一部分）来描述 CCB 的目的、职责范围、成员、操作流程和决策流程（Sorensen 1999）。从本书配套网站可以下载 CCB 章程的模板。章程应该说明 CCB 会议的频率和特殊会议或决策的触发条件。CCB 的职责范围要说明 CCB 可以做哪些决策而哪些需要向上升级。

决策

每个 CCB 需要定义其决策流程，应该明确如下内容：

- CCB 成员或关键角色构成决策群体的数量
- 打算使用的决策规则（关于决策规则，请参见第 2 章）
- CCB 主席是否可以驳回 CCB 的集体决策
- 高级 CCB 或管理层是否必须批准集体决策

CCB 在预期收益和接受变更所带来的影响之间进行平衡。改进产品后得

到的收益包括节省财务开支，增加收入，提高客户满意度和竞争优势。可能的负面影响包括增加开发和支持成本，延迟交付和产品质量降低。

 陷阱 因为人们不喜欢说"不"，所以大量已通过批准的变更请求很容易积压在待办列表中永远完不成。在接受提议变更之前，务必确保理解其背后的原因和变更带来的业务价值。

状态沟通

在 CCB 做出决策之后，指定的负责人在变更数据库中更新请求状态。有些工具会自动生成一封邮件将新状态通知给提交人和其他受变更影响的人。如果不能自动生成邮件，就要通知受影响的人以便他们做出响应。

重新协商承诺

项目受制于排期、人力、成本和质量，所以干系人不能把越来越多的功能塞进项目中，却还一心盼着项目能够取得成功。在接受重大需求变更前，要重新和管理层与客户再次协商承诺以适应变更。可以申请更多时间或将低优先级需求搁置一旁。如果未能获得承诺调整，就将项目成功威胁记录在风险列表中以便项目最后出现负面结果时让人们有心理准备。

变更控制工具

很多团队使用商业化问题跟踪工具来收集、存储和管理需求变更。一份从工具中导出的最近提交的变更需求报告可以作为 CCB 会议的议程。问题跟踪工具可以报告在某一时间每个状态下有多少个变更请求。由于可用工具、供应商和功能经常变化，所以这里就不推荐具体的工具。为了支持变更流程，要选择具有以下功能的工具：

- 允许你定义变更请求的属性
- 允许你通过多个变更请求状态实现其生命周期
- 强制执行状态转换模型以便只有授权用户才能执行特定的状态变更
- 记录每个状态变化的日期及操作人的标号
- 当提交人提交新的请求或一个请求的状态更新时，提供定制的自动生成的电子邮件通知
- 同时提供标准的和可定制的报告与图表

有些商业化需求管理工内置变更请求系统。这些系统可以将一个变更和一个具体的需求关联起来以便每次有人提交相关的变更请求时，需求负责人都能够收到邮件通知。

流程的工具准备

我在一个网页开发团队工作时，我们的第一个流程改进就是实现一个变更控制流程来管理大量变更请求(Wiegers 1999)。我们最初的流程与本章介绍的类似。在评估几个问题跟踪工具时，我们以文本形式试用了几个星期。在试用过程中，我们发现了改进流程的方式和变更请求的附加数据属性。我们选择高度可配置的工具并加以剪裁，使其可以符合我们的流程。我们使用这个流程和工具处理处于开发阶段的系统需求变更，生产系统的缺陷报告和提出的改进以及新项目的请求。变更控制是我们最成功的流程改进措施之一。

度量变更活动

度量变更活动是一种评估需求稳定性的方式。它也揭示了可以导致日后更少变更的过程改进机会。考虑跟踪需求变更活动的如下几个方面：

- 接收到的变更请求总数，当前打开和关闭的需求总数
- 增加、删除和修改需求的累积数
- 每个变更来源提出的请求数
- 每个需求基线化之后收到的变更数
- 处理和实现变更请求的总投入

不一定需要监控需求变更到如此地步。与所有软件度量一样，在决定度量什么之前首先要了解目标和如何使用这些数据（Wiegers 2007）。从简单的度量指标开始在组织中建立度量文化并有效收集管理项目所需要的数据。

图 28-3 以图的方式来解释说明在开发过程中跟踪需求变更数量的一种方法（Wiegers 2006）。这一需求波动图表跟踪需求基线化之后变更提出的速率。这个图的趋势应该随着临近发布版本而趋于零。持续的高频率变更意味着无法满足排期承诺的风险。它也可能表明最初的需求集合不完整采用，需要采用更好的需求获取实践。

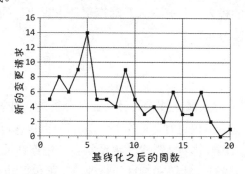

图 28-3　需求变更活动示例图

跟踪需求变更的来源也很有意义。图 28-4 以图的方式展示从不同来源提交的变更请求数。项目经理能够与市场经理就这个图表进行讨论并指出市场部门提出的需求变更最多。这可能引发一场富有成效的讨论以提出改进措施来降低市场部门变更请求数或更好地处理这些请求。使用数据作为这种讨论的出发点远远比受情绪影响而引发的对抗辩论更具有建设性。请使用自己的需求变更来源表。

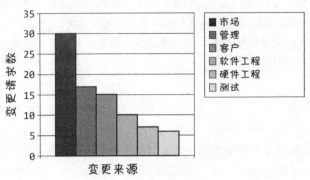

图 28-4　需求变更来源示例图

变更影响分析

重大改进需要做影响分析，原因非常明显。然而，意外的复杂性可能潜藏在甚至很小的变更请求表面之下。有一个公司就曾经不得不修改德语版本的一个文字错误。在英文版本中没有问题，但德语版本中新消息超过错误消息在对话框显示和数据库中允许的最大字符长度。处理这个问题看似是一个简单的变更请求，于是开发人员承诺快速修复，结果却发现工作量远远超过开发人员的预期。

影响分析是负责需求管理的重要方面（Arnold and Bohner 1996）。它能提供对变更复杂性的准确理解，帮助团队做出明智的决策，知道应该批准哪个提议。影响分析检查变更请求以识别哪些组件可能要创建、修改或删除，并估算实现这个变更所需的投入。在开发人员对变更请求说"好的，没问题"之前，应该花时间进行影响分析。

影响分析过程

CCB 主席会请一位或多位技术人员（业务分析师、开发人员和/或测试人员）对某一具体的变更提议进行影响分析。影响分析包含以下三个步骤。

1.　理解变更的可能影响。需求变更经常会产生连锁反应，导致对其他需求、架构、设计、代码和测试的修改。变更也可能导致与其他需求的冲突或向质量属性妥协，例如对性能或安全进行折中。

2. 识别团队决定进行变更时需要修改的所有需求、文件、模型和文档。

3. 识别实现变更所需要的任务并估算完成这些任务所需的投入。

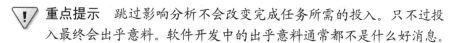 **重点提示** 跳过影响分析不会改变完成任务所需的投入。只不过投入最终会出乎意料。软件开发中的出乎意料通常都不是什么好消息。

图 28-5 给出一个问题检查表,用于帮助评估人理解接受提议变更可能产生的影响。图 28-6 中检查表包含的问题用于帮助识别变更可能影响的所有软件元素和其他工作产品。连接着受影响的需求和其他下游交付物的需求跟踪信息对影响分析帮助颇大。随着对这些检查表的使用经验日益增加,还可以修改使其更加适合自己的项目。(注意:图 28-5～图 28-8 都可以从本书配套网站下载。)

□ 该变更是增强还是损害满足任何业务需求的能力?

□ 基线中是否有需求和该变更相冲突?

□ 是否有其他待处理的需求变更和该变更冲突?

□ 如果不进行该变更,业务上或技术上有哪些后果?

□ 如果接受该变更,是否有不利的副作用或其他潜在风险?

□ 该变更是否会损害性能或其他质量属性?

□ 该变更在已知的技术限制或人员能力下是否可行?

□ 该变更是否对开发\测试或操作环境所需的任何资源提出了无法接受的需求?

□ 是否需要购买工具才能实现并测试该变更?

□ 该变更如何影响当前项目计划中的任务的顺序、依赖、投入或持续时间?

□ 是否需要原型或用户输入验证该变更?

□ 如果接受该变更,项目中已投入的努力会被浪费掉?

□ 提议的变更会导致产品单位成本增加吗?比如是否会增加第三方产品许可使用费?

□ 此变更会影响到市场营销、生产/制造、培训和客服计划吗?

图 28-5 用于帮助理解提议变更潜在影响的问题

□ 识别用户接口所需要的任何变更、增加或删除

□ 识别报告、数据库或文件中的任何变更、增加或删除

□ 识别必须创建、修改或删除的设计组件

□ 识别必须创建、修改的或删除的源文件

□ 识别构建文件或过程中需要的任何变更

□ 识别现有的单元测试、集成测试和系统测试中所需要的修改或删除

□ 估算所需要的新的单元测试、集成测试和系统测试的数量

□ 识别需要创建或修改的帮助界面、培训或支持材料或其他用户文档

□ 识别受变更影响的其他应用、库或硬件组件

□ 识别任何需要购买或修改的第三方软件

□ 识别该变更对项目管理计划、质量保障计划、配置管理计划或其他计划的影响

图 28-6 用于帮助识别一个变更可能影响的工作产出的检查清单

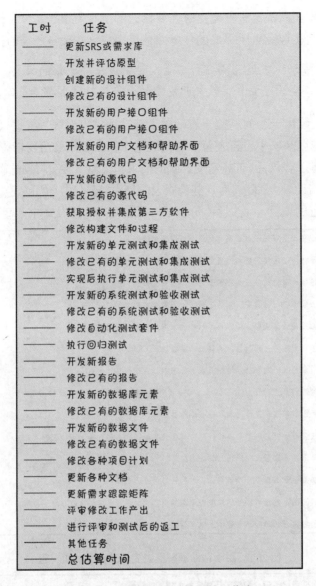

图 28-7 估算需求变更投入的工作表

很多估算问题的发生，是因为估算人没有考虑到完成一个活动所需要的全部工作。因此，影响分析方法着重强调的是全面任务识别。对于潜在的变更，使用一个小团队而不只是一个开发人员进行分析和时间估算以免遗漏重要任务。如下是一个评估变更影响的简单过程。

1. 完成图 28-5 中的检查清单。
2. 完成图 28-6 中的检查清单。一些需求管理工具包含一份影响分析报告，因而可以沿着受变更请求影响的需求可追溯连接，找到依赖于该需求的系统元素。
3. 使用图 28-7 中的工作表估算完成任务所需的投入。大多数变更请求都只需要该工作表上的部分任务。

4. 将估算的投入求和。

5. 识别任务执行顺序及其如何与当前计划任务交叉进行。

6. 估算变更对项目排期和成本的影响。

7. 将变更与其他待处理的需求相比较，评估其优先级。

8. 向 CCB 报告影响分析结果。

在大多数情况下，用这个过程处理一个变更请求不会超过几个小时。这对一个繁忙的开发人员而言可能是很多时间，但为确保项目更合理地运用有限的资源，这个投入并不算多。为改进日后的影响分析，将实现每个变更所需的实际投入和估算时间进行比较，理解差别背后的原因，并更新影响估算清单和工作表以便帮助确保日后的影响分析更加准确。

血本无归

据 A. Datum 公司的两名开发人员估算，向他们的信息系统增加一项改进特征需要 4 周的时间。客户基于估算批准了这项改进，然后开发人员开始工作。两个月之后，这个改进大概只完成了一半而客户已经失去耐心："如果知道实际需要多长时间和多少成本，我是不会同意的。我们就此打住，彻底忘掉这件事吧。"当初急于开始实施，导致开发人员未能进行充分的影响分析，因而无法得到一个能让客户做出明智业务决策的可靠估算。最终，公司浪费几百个小时的时间，而这本来可以通过几小时的影响分析来避免的。

影响分析模板

图 28-8 是报告需求变更影响分析结果的建议模板。实现变更的人需要分析的细节和时间计划的工作表，而 CCB 只需要分析结果的总结。如同所有模板一样，先试用之后再根据项目需要进行调整。

```
变更请求ID: _____
标题: _____
描述: _____
       _____

评估人: _____
准备日期: _____
预估总时间: _____ 工时
预估排期影响: _____ 天
其他成本影响: _____ 美元
质量影响: _____

其他受影响的组件: _____
       _____
其他受影响的任务: _____
生命周期成本问题: _____
```

图 28-8　影响分析模板

敏捷项目的变更管理

敏捷项目的结构为响应范围变化而特别设计，甚至是欢迎范围变化。敏捷软件开发的 12 条基本原则之一就是"即使到了开发后期，也欢迎改变需求。敏捷过程利用变化为客户创造竞争优势"（参见 *www.agilemanifesto.org/principles.html*）。这一原则承认了变化是一个不可避免的、必要的且很有价值的事实。接受变化有助于满足不断变化的业务目标及其优先级，同时能适应人为计划的限制及预见性不足问题。

敏捷项目通过维护待完成工作的动态列表来管理变更（参见图 28-9）。这里的"工作"包括尚未实现的用户故事、待修复的缺陷、待处理的业务流程变更、待开发与交付的培训以及所有软件项目中涉及的各种活动。每个迭代实现 Backlog 中当时具有最高优先级的一组工作项。当干系人增加新工作时，就进入 Backlog 并与 Backlog 中的其他工作项进行优先级排序。尚未分配到迭代中的工作任何时候都可以重新排优先级或从 Backlog 中删除。一个新的高优先级的用户故事可以分配到下一迭代中，而将差不多大小的低优先级工作延到之后的迭代中完成。精心管理每个迭代的范围，确保能够按时高质量完成。

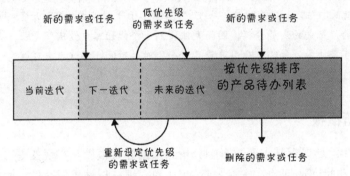

图 28-9　敏捷项目通过动态产品 Backlog 管理变更

因为敏捷项目的迭代特性，每隔几周就有一次机会从 Backlog 中选择一组工作项进入下一个开发迭代。敏捷团队对于迭代过程中到来的新工作有不同的处理方法，要么总是延到未来的迭代，要么修改当前迭代的内容。保持当前迭代内容不变为开发人员提供了稳定性，同时干系人期望的迭代产出也具有可预测性。另一方面，调整迭代内容使团队可以更快响应客户需求。

各种敏捷方法在这一点的信条各有不同，没有一种唯一的"正确"做法。要么迭代一旦开始就冻结其内容，要么得知高优先级的工作时就引入迭代，选择任何你认为适合自己团队和项目业务目标的方法。基本原则是在一个迭代中既要避免过多变化（需求巨变），也要避免过于死板（需求冻结）。一种解决方案是将迭代长度设置为适合的长度以便大多数变更落在当前迭代之外。即，如果需要频繁引入变更，就要考虑缩短标准迭代长度。

所有敏捷方法都定义了一个角色来代表最终用户和客户。在 Scrum 中，这一角色称为"产品负责人"；在极限编程中，称为"客户角色"。客户或产品负责人对产品 Backlog 的内容设定优先级并负有主要责任。他也会基于产品的首要愿景和提供的业务价值，决定是否接受需求变更（Cohn 2010）。

因为敏捷团队是一个由开发人员、测试人员、业务分析师、项目经理和其他角色组成的相互协作的跨职能团队，所以已经配置好了本章前面讨论过的变更控制委员会的不同角色。短的迭代周期和每个迭代小的产品增量交付能让敏捷团队频繁进行变更控制同时规模有限。然而，即便是敏捷项目也必须评估需求变更的潜在成本和对产品组件的影响。可能影响到项目总成本或总时间的范围变更需要升级到更高级别的变更权限，比如项目发起人（Thomas 2008）。

无论正在进行什么项目或者团队遵循何种开发生命周期，变更总会发生。你要期待变更发生并准备好应对方案。严格的变更管理实践能够降低变更引起的破坏作用。变更控制的目的不是抑制变更，也不是抑制干系人提出变更。而是对变更活动提供可视化方式，同时提供方法让正确的人考察建议的变更并将适合的变更在合适的时间加入项目。这将最大化业务价值并最小化变更对团队带来的负面影响。

行动练习

- 确定项目的决策人并把组建变更控制委员会。确定 CCB 章程以建立并记录委员会的目的，组成和决策流程。

- 从图 28-2 开始，定义项目中需求变更的生命周期的状态转换图。确定团队处理提议需求变更的流程。手工执行该流程直到你确信它已经足够实用、有效。

- 选择一个与你的开发环境相兼容的问题追踪工具。定制工具，使其符合你在前一步中创建的流程。

- 下一次评估一个需求变更请求时，先使用原有方法估算一下时间。然后再使用本章介绍的影响分析方法进行估算。如果实现了变更，将两个估算和实际需要的时间极限比较看看哪个更接近。根据经验来更新影响分析检查清单和工作表，提升它们的未来价值。

第 29 章

需求链中的链接

"我们刚刚获悉新的工会合同正在修改加班工资和调休奖金的计算方式，"Justin 在每周团队例会上说道，"同时还要修改工作年限规则影响假期安排和调休偏好的方式。我们必须马上更新工资系统和人员调度系统以处理所有这些变化。Chris，你觉得多长时间可以完成？"

"兄弟，这个工作量可不小，"Chris 说，"工作年限规则的逻辑散布在整个调度系统中。我眼下无法给出一个合理的估算。这需要花时间浏览代码，找出所有可能受规则影响的地方。"

软件变更看似简单，却往往有着深远的影响，需要对系统的许多部分进行修改。找出受需求变更影响的所有系统元素是很难的。第 28 章讨论了团队在承诺实施一个建议变更之前进行影响分析以确保全面理解变更的重要性。如果有路线图可以显示每个需求或者软件实现的业务逻辑，做变更影响分析就容易得多。

本章讨论的主题是需求跟踪（或可跟踪性）。需求跟踪信息记录单个需求和其他系统元素之间的依赖和逻辑关联。这里的系统元素包括其他各种类型的需求、业务规则、架构及其他设计组件、源代码模块、测试和帮助文件。实施建议需求变更时，跟踪信息通过帮助确定需要修改的所有工作产出来进行影响分析。

需求跟踪

通过跟踪链接，可以跟踪需求从提出到实施的生命周期，既可以前向，也可以后向跟踪。第 11 章将可跟踪性作为优秀需求的特征之一。注意，可跟踪（使属性便于跟踪和可被跟踪（在需求和其他元素之前记录逻辑链接）是不一样的。对于可跟踪的需求，每一个必须是唯一和持久的标记以便可以在整个项目中无歧义地引用。用细粒度的方式写需求，而不是创建其中包含很多独立功能需求的大段文字让读者不得不自行解析。

图 29-1 示例了四种类型的需求跟踪链接（Jarke 1998）。客户的需要可以向前跟踪到需求，因而在开发过程中或开发之后，如果客户的需要发生变化，你就能知道哪些需求会受到影响。客户的需要可以清楚表达为商业目标、市场需求和/或用户需求。一套完整的前向跟踪链接也能给人增强信心——需求集

合已经解决所有客户的需要。相反，也可以从需求向后跟踪到客户的需要以确认每个软件需求的来源。如果选择用例（Use Cases）来代表客户的需要，那么图 29-1 的上半部分示例的就是用例和功能需求之间的跟踪。

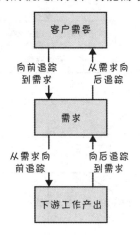

图 29-1 四种类型的需求跟踪

图 29-1 的下半部分表明，在开发期间，随着需求流向下游交付物，可以通过定义每个功能需求或非功能需求与具体系统元素之间的链接从需求向前跟踪。可以根据这种链接确定已经满足了哪些需求，因为可以从中了解哪些设计组件和代码元素是用来解决具体哪个需求的。第四种类型的链接从具体的产品元素向后跟踪到需求，由此可知每个元素的创建动机。大多数应用都包含一些脚手架（scaffolding）功能或启用代码，例如测试，它们与用户特定需求并不直接相关，但有其存在的价值。

假设一名测试人员遇到一个意料外的功能（没有相应书面记录的需求）。这样的代码就可以指出开发人员实现了一个合理或需要口头交流的需求，业务分析师现在可以将其增加到需求集合中。另外，它也可能是"孤儿代码"，一种镀金功能的实例，不属于产品本身。跟踪链接能帮助发现这种情形并构建系统各部分如何调谐的全局图。相反，从每个需求衍生的测试（同时也可以向后追溯回需求）提供了一种机制，可以用来检测未实现的需求，因为测试的系统中找不到预期的功能。跟踪链接还可以帮助记录每个需求之间的父子关系、互连关系和依赖关系。当一个特定需求被删除或修改时，这些信息能够揭示可能引发的变更蔓延。

图 29-2 示例了项目中可以定义的多种类型的可追溯关系。当然，不必定义并管理所有这些跟踪链接类型。在大多数项目中，可以只用一部分潜在投入的时间就可以收获大部分你所期望的可追溯性收益。也许你只需要跟踪系统测试到功能需求或用户需求。从开发和长期维护两个角度进行成本效益分析来决定哪些链接能促进项目取得成功。不要让团队成员花时间记录信息，除非你已经知道如何使用它们。

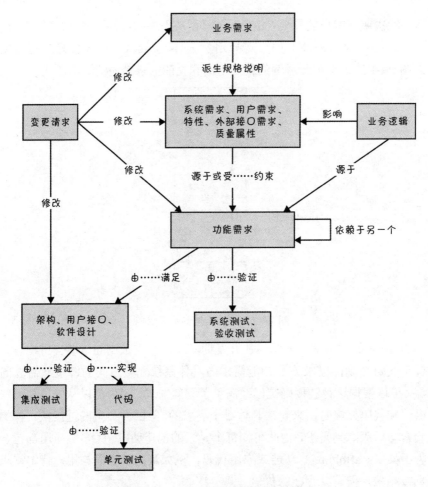

图 29-2　一些可能的需求跟踪链接

需求跟踪的动机

我曾经有一段尴尬的经历，当时我在开发一个程序，但发现自己无意中漏掉了一个需求。这个需求在 SRS 中是有的，我只是把它漏掉了而已。本来认为已经完成开发了，却不得不回来继续写代码。忽略需求不只是会让自己觉得尴尬，还意味着客户不满意或产品缺少关键功能。需求跟踪提供一种方式来说明产品是符合规范、合同或法规的。在组织级别，实现需求跟踪可以提高产品质量、降低维护成本并有利于重用。

随着系统开发和维护的进行，保持链接信息更新既需要纪律，也需要时间。如果跟踪信息变得过时，你可能永远不会再重建这个信息。过时或不准确的跟踪数据会使开发人员和维护人员误入歧途，既浪费时间，也会毁掉开发人员对于这种信息仅存的一点信任。基于这些现实，务必有充分理由时才采用需求跟踪（Ramesh et al. 1995）。实现需求跟踪有以下这些潜在的好处。

- **发现遗漏的需求**　查找未能跟踪到任何用户需求的业务需求，同时也能查找未能跟踪到任何功能需求的用户需求。

- **发现不必要的需求**　找出无法跟踪到任何用户需求或业务需求的功能需求，它们可能并不必要。

- **认证与合规**　认证安全相关的产品时，可以使用跟踪信息来证实所有需求都已经实现，尽管并不能确定它们都已经正确实现。跟踪信息说明合规要求所对应的需求都已经包含在内并得以妥善处理，保健医疗和金融服务企业的应用程序往往就需要这样。

- **变更影响分析**　如果没有跟踪信息，在增加、删除或修改特定需求时，你很有可能会忽略可能会受到影响的系统元素。

- **维护**　可靠的跟踪信息可以助力你在系统维护期间正确而完整地实现变更。当公司政策或政府法规有变化时，往往要求软件系统必须进行相应的更新。如果有一个表格可以显示每个适用的业务规则如何在功能需求、设计和代码中得以解决，往往更容易正确进行必要的变更。

- **项目跟踪**　如果在开发期间记录跟踪数据，会得到一份可以体现计划功能实现状态的准确记录。缺链接则表明工作产品尚未创建。

- **重建**　可以列举现有系统中准备换掉的功能并将它们跟踪到新系统的需求和软件组件中进行解决。

- **复用**　跟踪信息通过识别软件包中相关的需求、设计、代码和测试来促进产品组件的复用。

- **测试**　当测试失败时，测试、需求和代码之间的链接可以帮助开发人员定位到可能的代码区域检查缺陷。

以上绝大部分都是长期收益，通过花时间积累和管理跟踪信息来降低整个产品生命周期的成本，但增加了开发成本。将需求跟踪视为一种投资，将极有可能趁此机会交付一个可以满足所有确定客户需求的可维护的产品。任何时候，只要修改、扩展或更换产品，这一投资都会付红利。一边开发一边收集信息来建立跟踪数据不需要太多工作，但在已完成的系统上这样做既枯燥乏味又昂贵。

需求跟踪矩阵

代表需求和系统其他元素之间的链接，最常用的方式是使用需求可跟踪性矩阵（requirements traceability matrix，需求跟踪矩阵或跟踪表）。Joy Beatty and Anthony Chen（2012）描述了一个类似的工具，名为需求映射矩阵，用来显示若干种类型的对象之间的关系。表 29-1 示例了化学药品跟踪系统的部分需求跟踪矩阵。过去，我在建立这种矩阵时，先拷贝一份基线的 SRS 并删除功能需求标签之外的全部内容。然后建立一个类似于表 29-1 的格式并将"功能需求"一列补上。团队成员和我一边做项目，一边逐步补充矩阵中的空白单元格。

表 29-1　一种需求跟踪矩阵

用户需求	功能需求	设计元素	代码元素	测试
UC-28	catalog.query.sort	Class catalog	CatalogSort（）	search.7 search.8
UC-29	catalog.query.import	Class catalog	CatalogImport（） CatalogValidate（）	search.12 search.13 search.14

表 29-1 表明每个功能需求如何向后链接到某个具体的用例，同时向前链接到一个或多个设计、代码和测试元素。一个设计元素可能是某个架构组件、关系型数据模型中的某个表或一个对象类。代码引用可以是类中的方法、存储过程、源代码文件名或源文件中的模块。包含的跟踪细节越多，需要的工作越多，但可以给出相关软件元素的准确位置。

要在工作完成后而不是按照计划再填入信息。即必须等到 CatalogSort（）函数的代码写完后才将 CatalogSort（）填入表 29-1 的"代码元素"的第一行。这样一来，读代码的人就知道需求跟踪矩阵中已填入信息的单元格表明对应工作已经完成。

 重点提示　为每个需求列出测试用例并不是指软件已经通过了这些测试。它只是表明这些测试已经写好，可以在合适的时间用于验证需求。跟踪测试状态是另外一码事。

另一种代表跟踪信息的方法是使用一组矩阵，在其中定义一对系统元素之间的链接，示例如下。
- 一类需求到同类其他需求之间
- 一类需求到另一类需求之间
- 一类需求到测试之间

可以使用这些矩阵定义一对需求之间各种可能的关系，比如"指定/由……指定"，"依赖于"，"是……父需求"和"限制/受限于"（Sommerville and Sawyer 1997）。

表 29-2 是双向跟踪矩阵的一个例子。矩阵中大多数单元格都是空的。每两个链接组件交叉的单元格都包含一个代表链接的符号。表 29-2 使用箭头表明一个功能需求可以从某个用例跟踪得到。例如，FR-2 可以从 UC-1 跟踪得到，而 FR-5 可以从 UC-2 和 UC-4 都能跟踪得到。这表明功能需求 FR-5 在两个用例 UC-2 和 UC-4 之间是重用的。

表 29-2　该需求跟踪矩阵展示用例和功能需求之间的链接

功能需求	用例			
	UC-1	UC-2	UC-3	UC-4
FR-1	↵			
FR-2	↵			
FR-3			↵	
FR-4			↵	
FR-5		↵		↵
FR-6			↵	

　　跟踪链接能够定义不同系统元素之间的一对一、一对多或多对多的关系。表 29-1 这样的形式能够让你在每个单元格中填上几项以显示这些基数。下面是几种可能的链接基数的例子。

- **一对一**　一个设计元素由一个代码模块实现。
- **一对多**　一个功能需求由好多个测试验证。
- **多对多**　每个用例都能导出好多个功能需求,而几个用例的某个功能需求可能又是一样的。类似,共享的或重复的设计元素可以满足好几个功能需求。在理想情况下,可以捕获所有这些互连,但实际上,多对多跟踪关系非常复杂,而且很难管理。

　　非功能性需求,例如质量属性,往往并不能直接跟踪到代码。响应时间需求可能规定了要使用什么硬件、算法、数据库结构和架构方法。可移植性需求可能限制了程序员能够使用的语言特性,但不会影响到决定可移植性的特定代码段。其他质量属性的确都是在代码中实现的。用户认证的安全性需求导致其衍生功能需求可以通过密码或生物识别功能实现。在这些情况下,可以向后跟踪对应的功能需求到其父需求(非功能需求),同时也可以向前跟踪到下游交付物。图 29-3 示例了非功能性需求可能涉及的跟踪链。

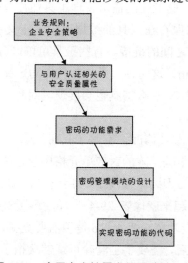

图 29-3　应用安全性需求的跟踪链示例

跟踪链应该由掌握合适信息的人来定义。针对各种类源对象和目标对象之间的链接，表 29-3 识别出一些典型的知识来源。确定哪些角色和个人应该为项目提供合适类型的跟踪信息。分析师或项目经理要求忙碌的项目人员提供这些数据时，遭到回绝是正常的。他们需要知道需求跟踪理由，有价值，为什么要求他们对这一过程做贡献。注意，工作一完成就抓取跟踪信息，付出的额外成本很小，基本上是一种习惯和纪律，把存储方案建立起来即可。

 陷阱 收集和管理需求追踪数据这一责任，必须明确到特定的个人，否则不会有人管。通常情况下，业务分析师或质量保障工程师会负责收集、存储并报告追踪信息。

表 29-3 跟踪链接信息的可能来源

链接源对象类型	链接目标对象类型	信息来源
系统需求	功能需求	系统工程师
用户需求	功能需求	业务分析师
业务需求	用户需求	业务分析师
功能需求	功能需求	业务分析师
功能需求	测试	测试人员
功能需求	架构元素	架构师或开发人员
功能需求	其他设计元素	设计师或开发人员
设计元素	代码	开发人员
业务规则	功能需求	业务分析师

需求跟踪工具

正如第 30 章介绍，商业化的需求管理工具往往有强大的需求跟踪能力。可以将需求和其他信息保存在工具的数据库中，定义不同类型对象之间的链接，包括同类两个需求之间的链接。有些工具可以区分跟踪到（traced-to）和从……跟踪（traced-from）这两种关系，并且自动定义互补的链接。即，如果指明需求 R 跟踪到测试 T，那么工具也会展现其对称关系：T 可以从 R 跟踪得到。

只要链接的任何一端被修改，有些工具可以自动标记该跟踪链接为可疑的。可疑的链接在需求跟踪矩阵的对应单元格中显示为视觉指示符（例如红色的问号或红色对角线）。例如，如果修改用例 3，那么下次查看时，表 29-2 的需求跟踪矩阵可能看起来就像表 29-4 一样。可疑链接的指示符（这个例子中是问号）表明需要检查功需求 3,4 和 6 是否需要更新以保持与修改后的 UC-3 一致。在做出必要更新后，需要手工清除可疑链接指示符。这个流程有助于确保你负责解决变更的连锁反应。

表 29-4　需求跟踪矩阵中的可疑链接

功能需求	用例			
	UC-1	UC-2	UC-3	UC-4
FR-1	↵			
FR-2	↵			
FR-3			⁇↵	
FR-4			⁇↵	
FR-5		↵		↵
FR-6			⁇↵	

　　需求管理工具还可以用来定义跨项目或跨子系统的链接。我知道有一个大型软件产品，它有 20 个主要的子系统，有些高层系统需求被分摊到多个子系统中。在某些情况下，分配到一个子系统上的需求实际上是通过另一个子系统提供的服务来实现的。这个项目使用一款需求管理工具来有效地跟踪这些复杂的跟踪关系。

　　手工执行需求跟踪是不可能的，除非非常小的应用。可以使用一张电子表格维护长达几百条需求的跟踪数据，但大型系统需要更稳健的解决方案。需求跟踪也无法完全自动化，因为链接知识来源于开发团队成员的思想。然而，只要确认链接，工具就能够帮助管理大量的跟踪信息。

需求跟踪过程

　　在具体项目中开始实现需求跟踪时，可以考虑如下几个步骤。

1.　让团队和管理人员清楚认识到需求跟踪的概念及其重要性、该活动的目标、跟踪信息存在何处以及定义链接的技巧。要求所有参与者做出责任承诺，从而负起责任。

2.　选择自己想定义的链接关系，从图 29-2 所示的种种可能中进行选择。千万不要同时尝试所有这些链接，因为你会被压垮的。

3.　选择自己想用的跟踪矩阵类型，如表 29-1 的单矩阵形式或者多矩阵形式（参见表 29-2 示例的其中一个矩阵）。选择存储数据的方法：文本文件的表格、电子表格或（最好是）需求管理工具。

4.　确定自己希望维持跟踪信息的产品部分。从最关键的核心功能、最高风险的部分或自己认为在产品生命周期中维护时间最久的部分开始。

5.　确定将要提供每种链接信息的个人以及协调跟踪活动和管理数据的人员（通常是业务分析师）。

6.　修改开发过程以提醒开发人员在实现需求或批准的变更后更新链接。完成一个任务或更新需求链的链接之后，跟踪数据应该很快相应更新。

7. 定义标签使用约定以保证每个系统元素都有一个唯一的标识，使各个元素可以链接在一起。第 10 章介绍了几种需求标签方法。

8. 随着开发的进行，让每个参与者在完成一小块儿工作后提供要求他们收集的跟踪信息。重点强调持续积累跟踪数据比在重要里程碑或项目结束时批量收集数据的优势。

9. 定期审计跟踪信息以确保其保持最新。如果一个需求在报告中已实现并且已验收，其跟踪数据却不完整或不准确，就说明需求跟踪流程并没有得到如期执行。

我描述的这个过程假设你在新项目开始时就收集跟踪信息。如果是在维护现有系统，可能没有现成的跟踪数据。没有时间像前面那样积累跟踪信息。下一次增加一个改进或实施一个变更时，将发现的代码、测试、设计和需求之间的连接记录下来。千万不要重建一个完整的需求跟踪矩阵，但这个小小的投入可能会使下一次需要修改系统同一个部分的人受益。

最好来点咖啡因和音乐

我的朋友 Sonoko 是一名经验相当丰富的软件开发人员，他从事信用卡交易处理系统的开发。他最近给我发了一封邮件。"我想你很乐意知道我花一个下午创建了一个项目的需求追踪矩阵，不过我快要被闷死了，" Sonoko 说，"需求规格说明足足有 30 页，我的技术设计也有 100 页，追踪矩阵非常庞大。尽管我明知道这事必须做，但两小时前我竟然还是睡着了。"

我接着问了 Sonoko 几个问题以便更清楚地了解她在做什么。"我把技术设计提供给业务分析师、受到影响的业务领域和项目经理，追踪矩阵可以向他们证明我处理了他们给我的所有需求。"她回答道，"在设计评审中，我通过遍历跟踪矩阵来展示设计，而矩阵本身就是按照需求的逻辑顺序来做的。"我问 Sonoko 为什么花时间创建这个跟踪矩阵，她说："创建它是因为它可以确保我覆盖了所有需求，并且它可以提供快捷方式让我看到一个需求可能影响到的所有系统元素。"

在软件行业"浸染"数十年后，Sonoko 非常清楚将需求及其影响的设计元素链接起来可以提供相当大的价值。但正如她所指出的，遍历如此大量的信息并将它们链接起来并不那么有趣。如果技术设计方法允许，设计稳定时就开始收集追踪信息而不是等到设计完成，显然更节省时间。

需求跟踪可行吗？有没有必要

你可能认为逐步积累需求跟踪信息的代价高于其价值，或者对具体项目而言不可行。这完全有可能。采购一个带有必要功能的工具，把它运行起来，输入数据并保证数据最新，这样做昂贵而费时。如果团队成员具备必要的知识且在需要时可以分享给其他人，则说明可能不需要构建与前面类似的群体记忆。只有团队可以决定需求跟踪（甚至只是需求到测试或更详细的需求）是否能够为项目增加价值且高于投入的相应成本。

 考虑下面的例子。有位就职于一家飞机制造商的参会人员告诉我，公司最新喷气式飞机的 SRS，仅仅他们团队所负责的那部分，其 SRS 打印后叠一起来就有六英尺厚。他们有一个完整的需求跟踪矩阵。我坐过这个型号的飞机，所以很高兴听到开发人员如此细致地管理其软件需求。这样一个有多个互相交接子系统的大型产品，管理其跟踪数据的工作量肯定非常大。该飞机制造商知道这是必不可少的。因为美国联邦航空管理局规定："从需求到设计的可追溯性是航空软件的认证要求。"同样，美国食品和药物管理局提议将医疗设备制造商从产品的需求可跟踪到下游交付物的证明作为设备验证过程的一部分。

即便产品在发生故障时不会致人死亡或残疾，也应该严肃对待需求跟踪。至少，考虑在业务需求和用户需求之间建立跟踪以便查找对齐、遗漏和多余的需求。一家大型企业的 CEO 在我介绍需求跟踪的研讨会上问："你的战略业务系统为什么不这么做呢？"这是个很好的问题。要基于使用技术的成本和不使用的风险来决定是否使用任何改进的需求工程实践。正如所有软件流程一样，做出明智决策将宝贵的时间投资在预期有最大回报的地方。

行动练习

- 为当前正在开发的一个系统重要部分建立一个包含 15 到 20 个需求的追踪矩阵。请尝试使用表 29-1 和表 29-2 所示的方法。在项目进行几个星期之后开始填充矩阵。评估哪种方法看起来更有效，看看哪个收集和存储追踪信息的过程更适合自己的团队。

- 下一次对缺乏文档的系统上做维护工作时，记下自己从逆向工程中了解到的这部分产品相关修改信息。为这一部分构建相应的需求追踪矩阵部分，以便下一次有人需要做相同工作时有一个良好的开端。在团队持续维护产品的过程中逐步建全这个矩阵。

- 追踪功能需求到用户需求，同时追踪用户需求到业务需求。计算一下因为无法链接到业务需求而可以砍掉的需求有多少。到需求跟踪矩阵显示需求缺失时再计算一下遗漏的需求。如果直到项目后期才发现这些需求错误，就估算一下成本。这个分析将帮助你判断对具体环境而言是否值得做追踪需求。

第 30 章

需求工程工具

Estelle 的 SRS 文档终于完成并通过审批。现在，James 想加一个需求，但这会打乱编号方案，SRS 文档这一节后面的需求编号都得增加。Estelle 希望需求标识的改变不会影响正在开发这些需求的人。Sean 要求删除一个需求。Estelle 怀疑它日后还会重新进入项目范围，所以想知道该把它放到哪里以及如何让开发人员现在不要做它。Antonio 昨天问 Estelle 为什么要新加一个特定的需求，但她不知道如何回答这个问题。

开发人员 Rahm 想要一份清单，其中列有下一个发布版本中他要负责的所有需求，但 Estelle 没有一个简单的方式可以生成这样的清单。实际上，跟踪哪些需求排入哪个发布版本并不容易，因为它们全部都保存在同一个文档中。Estelle 也很想知道在开发的需求之状态，但还是没有什么简单办法可以找到这些信息。

Estelle 这种基于文档的需求管理方式无法满足其要求。她需要有工具。

在前面几章中，我们讨论了创建自然语言的 SRS（软件需求规格说明）来包含功能需求和非功能需求，同时也有包含业务需求和用户需求的文档。我们指出这些交付物只是用于包含需求信息的容器，不一定是传统的文字处理文档。虽然还在广泛使用，但基于文档方式来开发和管理需求的确有很多不足，如下所述。

- 难以保持文档更新和同步。
- 将变更同步给所有受影响的团队成员必须依靠人工来完成。
- 难以保存补充信息（每个需求的属性）。
- 难以在需求和其他系统元素之间定义链接。
- 跟踪单个需求和整个需求集合的状态非常繁琐。
- 并行管理排入不同发布版本的多个需求集合或几个相关产品的多个需求集合很复杂。只要有一个需求从一个发布版本推迟到下一个版本，业务分析师就得手工将它从一个 SRS 移动另一个。
- 复用一个需求通常意味着针对需求要复用的每个系统或产品，需求分析师必须从原来的文档手工复制相关文字到对应的文档中。
- 很难让若干项目参与者修改需求，特别是参与者实际上并不在同一个地点工作时。

- 没有方便的地方保存提议但被驳回的需求和从基线中删除的需求。

- 难以在同一个需求记录位置创建、追溯和跟踪对分析模型的修改情况。

- 很难识别被遗漏的、有重复的和多余的需求。

需求开发（RD）工具和需求管理（RM）工具提供的解决方案可以克服这些不足。RD 工具可以帮助获取项目的正确需求并判断它们是否写得很好。RM 工具可以帮助管理需求的变更、跟踪状态并跟踪需求到其他项目交付物的链接。

做小项目的团队也许无法用到任何需求工具，只用文档、工作表或简单数据库来管理需求也行。做大项目的团队可以从商业需求工程工具受益良多。但这些工具无法替代经过精心定义的所有团队成员在开发和管理需求时都要遵循的流程。已经有有效方法但需要更高效率时再使用工具也不迟。不要指望工具能弥补业务分析和需求工程流程、培训或者经验的缺失。

 陷阱　远离自己开发需求工具的诱惑，凑合着用通用型自动化产品，用它来模拟商业性需求产品的诱惑也要避免。初看起来这是一个简单的解决方案，但团队很快就会被打垮，因为的确没有足够的资源来建立工具。

本章介绍使用需求工具的几个好处，介绍这一类产品的一些通用功能。有几十种商业需求工具可供选择。本章不对工具逐一进行特性比较，因为产品总是在发展并且其能力（甚至有时是其供应商）随着每个版本的发布会有变化。RD 和 RM 工具通常都不便宜，但需求相关问题造成的高成本足以证明这样的投资是合理的。注意，工具成本并不只是最初支付的许可费。这一成本还包括每年的维护费用和定期升级，软件安装和配置，管理，技术支持和咨询，用户培训。基于云的解决方案可以消除额外的一些支持活动和成本。在决定购买之前，成本收益分析应该考虑到所有这些花费。

需求开发工具

业务分析师使用需求开发（RD）工具和干系人一起获取和记录需求，远远比手工方法更快速、有效。干系人使用和共享信息的方式不同：文本的、可视化的或语音的。RD 工具能够通过支持各种交流方式而改进干系人之间的协作（Frye 2009）。本节将需求开发工具分为获取工具、原型工具和建模工具。其中一些工具还提供了需求管理功能。通常，RD 工具并不像 RM 工具那样成熟，对项目的整体影响一般也不如 RM 工具。

获取工具

　　获取工具包括获取需求阶段用来记笔记的工具。这可以使业务分析师快速组织想法并标注跟进问题、行动事项和核心条款等内容。思维导图工具能够帮助进行头脑风暴和组织新产生的信息。录音笔等记录工具支持会话内容的回放或者能够对需求获取阶段发生的事情进行提醒。一些记录设备能够将音频和同时记录的文字关联起来，让人根据需要播放特定的音频片段。支持质量检查的工具，比如扫描需求文档中的模糊和歧义词使业务分析师可以写出更清楚的需求。有些获取工具能够将需求从文本自动生成图表。有一些工具还能进行协同投票以帮助团队为需求排优先级。

原型工具

　　原型工具用于引导创建工作产品，包括电子模型到整个应用模拟。简单的原型工具包含基本的形状和设计，用于创建低保真线框图（Garmahis 2009）。常见的应用程序（例如 PowerPoint）可以用来快速模拟屏幕及其之间的导航或标注现有的屏幕截图。复杂的工具可能还提供模拟功能使用户可以通过点击来了解应用程序的工作机制。一些原型工具支持版本控制、反馈管理、需求链接和代码生成。参见第 15 章关于"通过原型降低风险"的注意事项，要避免将更多精力投入原型创建而不是完成实际目标。如果要用一个工具来做高保真原型，就一定要和客户说清楚原型只是可能的模型，最终产品可能与此不同。一些原型工具能够将屏幕模拟显示成手绘风格以帮助管理客户的预期。

建模工具

　　需求建模工具帮助业务分析师创建各种模型，例如第 5 章、第 12 章和第 13 章所介绍的图模型。这些工具支持使用标准图的符号和语法来根据已确立的惯例来绘出模型。它们提供模板作为起点和示例，帮助业务分析师进一步了解每个模型。而且，这些工具常常自动连接示意图中的形状以加速绘图过程并确保绘出正确的图示。如果手绘，还可以用它来创建看起来更清爽、更一致的示意图。专用软件建模工具通过在示意图中移动符号，可以方便地拖放箭头和标签，通用绘图工具可能不提供这个功能。

　　很多需求管理工具还提供某种建模能力。最复杂的工具还允许跟踪单个需求到模型，甚至跟踪到模型的具体元素。例如，分析师能够在工具中创建泳道图，然后在写完需求之后将需求跟踪回到示意图中具体的步骤。

　　记住，没有一个工具可以告诉你一个需求或一个模型元素是有遗漏、逻辑上有错误还是多余。它们可以使业务分析师通过多种方式来表示信息和揭示特定类型的错误和遗漏，但无法替代必要的思考过程和同级评审。

需求管理工具

RM 工具将信息保存到一个由多用户共享的数据库中，它针对将需求保存在文档中的诸多不便，提供了一个稳健的解决方案。小型项目团队填入需求文本和每个需求的几个属性就行。大型团队则有很多好处，可以让用户从源文档中将需求导入工具，定义属性值，筛选并显示数据库内容，以各种格式导出需求，定义可跟踪链接，将需求与保存在其他软件开发工具中的条目关联起来。

需求管理工具已经存在多年。它们比需求开发工具更丰富、更成熟。平心而论，它们解决的问题更容易处理一些。创建一个数据库来保存需求并提供需求操作能力相对而言更简单一些，而帮助业务分析师发现新知识将其打磨为准确的需求描述和图示并确保得到的信息表示是正确的，更难一些。有些工具将 RD 和 RM 的能力组合成一个强大的辅助性解决方案。

使用 RM 工具的好处

即便项目需求获取和描述阶段做的工作很棒，也很有可能在开发过程中失去控制。随着时间流逝和团队成员对需求记忆的衰减，RM 工具会变得越发有价值。下面几个小节描述了此类工具可以帮助完成的一些任务。

管理版本和变更 项目应当定义一个或多个需求基线，每一个都确定一个已分配到某个特定发布版本或迭代的特定需求集合。有些 RM 工具提供基线功能。工具还维护每个需求的变更历史记录。可以记下每次变更决定背后的原因，而且需要时还可以回滚到需求的历史版本。有些工具包含一个变更建议系统，后者可以把变更请求和受到影响的需求直接关联起来。

保存需求属性 应当为每个需求记录几个描述性属性，如第 27 章所述。项目中的每个人都能够查看属性，而且还允许特定人员更新属性值。RM 工具可以生成几个系统定义的属性，比如需求创建日期和当前的版本号，同时还能让你定义各种数据类型的其他属性。考虑周到的属性定义允许项目干系人基于属性值的不同组合选择特定的需求子集。发布版本号属性可以用来可以跟踪已分配到不同发布版本的需求。

引导影响分析 借助于 RM 工具，定义不同类型的需求之间、不同子系统的需求之间，需求和相关系统组件（例如，设计、代码模块、测试和用户文档）之间的链接，都可以进行需求跟踪。这些链接能够帮助分析某个特定需求的变更对其他系统元素的潜在影响。而且，将每个功能需求追溯回源头或父需求从而知道它从哪里而来，也是个不错的主意。例如，要是想查询从一个特定业务规则衍生的所有需求清单，就能判断修改该规则的后果。第 28 章介绍了影响分析，第 29 章介绍了需求跟踪。

识别遗漏的需求和无关的需求 RM 工具的跟踪功能有助于项目干系人

确定遗漏的需求，例如没有映射到功能需求的用户需求。类似，它们也能揭示无法追溯到合理来源的需求，进而对这些需求是否必需提出质疑。如果一个业务需求从项目范围中移出，那么所有可以跟踪到的需求都会一起快速移出。

跟踪需求状态　将需求收集到数据库中，可以知道已经为产品提出了多少个需求。正如第 27 章所述，在开发过程中跟踪每个需求的状态有助于跟踪整个项目的整体状态。

访问控制　RM 工具能让你为每个人或用户组定义访问权限，并通过数据库的一个网页界面供地理位置分散的团队共享信息。有些工具还允许好多个用户同时更新数据库内容。

与项目干系人同步信息　RM 工具作为主库供所有项目干系人在同一个需求集合上开展工作。有些工具允许团队成员通过电子会话记录讨论需求问题。当增加新的讨论记录或修改特定的需求时，自动触发的电子邮件就会提醒受到影响的人。这一便捷方式能够可视化跟踪需求的相关决定。确保需求可以在线访问，这样可以尽可能避免文档蔓延和版本混乱。

复用需求　将需求保存在数据库中有助于在多个项目中或子项目中复用它们。逻辑上符合产品描述多个部分的需求可以只存储一次，需要时引用即可，这样做是想避免需求重复。第 18 章介绍了如何有效复用需求的重要概念。

跟踪问题状态　一些 RM 工具提供功能跟踪开放问题并将每个问题链接到与之相关的需求。问题解决后，很容易确定是否有任何需求必须更新。你还可以很快找到问题及其方案的历史记录。用工具来跟踪问题，可以实现自动报告问题状态。

生成定制子集　RM 工具让你能够抽取和查看满足特定需求的需求集合。例如，你可能想要一个报告包含一个特定开发迭代的所有需求，或者包含一个特性相关的所有需求，或者包含需要检查的一个需求集合。

RM 工具的能力

图 30-1 中的功能树对 RM 工具中常见的各种能力进行了总结。可以在网上找到很多 RM 工具的详细功能比较（比如，参见 Seilevel 2011; INCOSE 2010; Volere 2013）。

RM 工具能够让你定义不同的需求类型，例如业务需求、用例、功能需求、硬件需求和约束。这样一来，你就能够区分通常包含在一个 SRS 中的各种信息。很多工具都允许定制信息架构（定义需求类型和其他对象之间如何关联）以符合具体的实践。第 29 章展示常见的跟踪链接（可以定义在信息架构中）。大多数工具都提供很强的能力为每个需求类型定义属性，这比基于文档的普通方式优势更大。

RM 工具通常支持层次化数字需求标号，并额外为每个需求维护一个唯一的内部标识。这个标识通常由如下内容组成：一个代表需求类型的短文本前缀——例如 UR 表示用户需求（User Requirement）——然后紧跟着一个唯一的整数。有些工具还提供视图，供你操作层次化需求树。

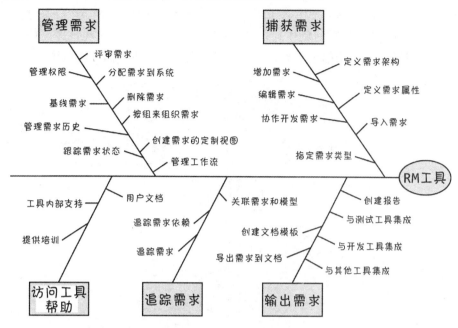

图 30-1　RM 工具的常见功能

需求能够从各种源文档格式导入 RM 工具。需求的文字描述被视作简单的需求属性。有几款产品可以用来将非文字对象（比如图形和表格）合并到需求库中。其他产品可以让你链接单独的需求到外部文件（例如 Word 文件和图形文件等）提供补充信息从而增加需求数据库的内容。

工具的输出能力一般包括能够将需求生成各种文件类型，包括预定义的或用户指定的文档、表格和网页。有些工具允许为创建模板而深度定制，允许指定页面布局、定制文本以及从数据库导出的属性和所使用的文本样式。这样一来，规格说明文档就可以简单通过工具按照查询条件并用典型的 SRS 格式来生成。例如，可以创建一个 SRS，其中包含分配到特定发布版本并分配给某个特定开发人员的所有功能需求。有些工具提供的功能够使用户在导出的文档中在线下进行修改，然后用户上线之后再与工具的数据库进行修改同步。

大多数工具都可以为即将生成的需求提供不同的视图，既可以在工具中生成，也可以从工具中导出。常见功能包括建立用户组，为选择的用户或组定义创建、读、更新和删除项目、需求、属性和属性值的权限。建立合适的视图和权限有利于需求评审和合作改进需求。有些工具也包含学习帮助（比如教程和示例项目），以帮助用户尽快上手。

需求管理工具通常都有稳健的跟踪功能。跟踪的具体实现方式是通过定义两种类型的对象之间或同一类不同对象之间的链接。有些需求管理工具包含建模能力，也允许模型在元素级别链接到单个需求或其他模型元素。

有一些敏捷项目管理工具也提供 RM 功能。这些工具用来管理和设置任务 Backlog 的优先级，分配需求到迭代中，直接从需求生成测试用例。

RM 工具经常与其他工具集成在一起用在应用开发中，如图 30-2 所示。第 29 章描述了需求如何链接到其他工具中的对象。例如，你可能跟踪特定需求到设计模型工具中的单个设计元素或测试管理工具中存储的测试用例。

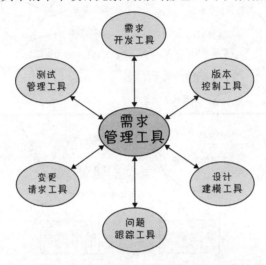

图 30-2　RM 工具与其他软件工具的集成

挑选 RM 产品时，要确定它是否能够和自己使用的其他工具交换数据。进行需求工程、测试、项目跟踪和其他过程时，要考虑如何利用这些产品的集成优势。例如，考虑如何在功能需求和具体设计或代码元素之间定义跟踪链接，考虑如何验证与特定功能需求链接的所有测试都已经成功执行。

挑选和实现需求工具

任何需求工具都能使需求实践更加精进。然而，最终的成功取决于挑选最适合组织的工具并让团队在日常实践中加以调整。

选择工具

选择工具时，基于所需的功能、平台和价格组合，使其完全与开发环境和文化相匹配。业务分析师应当主导工具的选择，定义评估标准并执行实际评估。有些公司将工具评估外包给咨询顾问，由他们对公司的需求做全面评估并从可选的工具中进行推荐。如果由自己进行评估，第 22 章中介绍的如何选择 COTS 包的建议也适用于需求工具的选择。第 22 章还介绍了一个需求工具评估的真实故事。选择过程总结如下。

1. 确定组织对工具的需求，将其作为评估标准。

2. 根据哪些功能或因素对组织最重要来为评估标准设置权重和优先级。

3. 对想要考察的工具建立演示或者索要评估版本。

4. 根据标准以一致的方式对每个工具进行打分。

5. 使用工具在每个标准上的得分和分配给每个标准的权重，为每个工具计算总分。

6. 将得分高的工具用在实际项目中，从客观角度看它是否和预期的一致。

7. 做最终选择时，综合考虑得分、许可证费用、供应商支持信息的持续成本，当前用户的反馈和团队对该产品的主观印象。最后有两个好问题可以问评估工具的人："你最想使用哪个工具？"和"强迫使用哪个工具会让你最痛苦？"

建立工具和流程

要意识到一点：安装工具，将项目需求加进去，定义属性和跟踪链接，及时进行内容更新，定义访问用户组及其权限，为使用该工具而调整流程，这些都是要花精力的。工具配置可能很复杂，因为建立一个复杂的需求工具有一个陡峭的学习曲线。管理人员必须为这些操作分配必要的资源。要在组织层面承诺实际使用你选择的产品，而不是使其变成昂贵的搁置软件。

使用需求工具时要充分利用它的功能。我曾经遇到过一个项目团队，他们非常用心地将需求保存在一个 RM 工具中，却不曾定义过任何需求属性或跟踪链接。他们也不曾给所有项目干系人提高过网络访问权限。虽然他们的确花时间将需求导入了工具，但需求却以不同的形式保存在工具中，因而并未带来显著的收益。另一个团队将成百上千的需求保存在一个高端工具中并定义了大量跟踪链接。但这些信息的唯一用处却是生成一个长篇的纸质追溯性报告，只有在发现问题后才被用于做人工评审。但实际上并没有人检查这个报告，也没有人将数据库视作权威的项目需求库。这些组织在工具上投入相当可观的时间和金钱，却未能收获工具带来的全部好处。

工具再好，也无法满足组织需要或者想要的每个功能。它可能无法支持你现有的需求模板或流程。可能需要调整现有流程以便将该工具包含进去。可能还需要对模板、属性名称和需求开发活动的顺序进行调整。在力求需求工具的投资最大化时，可以考虑如下建议以便克服流程问题。

- 指派一名资深的业务分析师负责工具搭建和流程更新。由她来理解配置选项和流程变更的影响。

- 仔细考虑定义的各种需求类型。不要将当前 SRS 模板的每个部分都归为一类单独的需求，同时也不要将所有 SRS 内容简单归为一类需求。

- 使用工具来促进处于不同地点的项目干系人之间进行沟通。设置合适的访问和变更权限，允许不同的人提供充分的输入，同时不要让每个人都有权限修改数据库的所有内容。

- 在早期需求获取研讨会中，不要试图在 RM 工具中直接捕获需求。随着需求开始稳定，将其存储在工具中并使其对研讨会的参与者可见以便进一步细化。

- 在需求获取活动中使用 RD 工具时，要足够确信它们不会减缓发现过程，不至于浪费干系人的时间。

- 直到需求稳定后再定义跟踪链接。否则，随着需求继续演化，不得不做很多工作才能修改链接。

- 为加快从基于文档的方式迁移到工具的方式，设置一个日期。在这个日期之后，工具的数据库将被视作权威项目需求库。而且，过了这个日期，只存在于文档中的需求将不再被视作有效需求。

- 如果还记得工具无法克服流程的不足，你将很有可能发现需求工具可以大大增强你对软件需求的控制。

 重点提示 直到组织以书面形式创建合理的 SRS，才可以尝试使用 RM 工具。如果最大的问题是如何获取需求和写出清晰、高质量需求，那么 RM 工具是帮不到你的（尽管 RD 工具可能行）。

引导用户采用

需求工具用户的努力是成功的关键因素。即便是普通工具，敬业、训练有素和知识渊博的人也会取得进展，反之，最好的工具在毫无动机或未受训练的用户手中不会有什么用。除非愿意接受学习曲线并投入时间，否则不要花钱买工具。

购买工具很简单，更改文化和流程使其接受并充分利用工具则难得多。大多数组织已经习惯用文档或手工记录需求，并将需求保存在文档中。改为使用软件工具需要不同的思考方式。使用 RD 工具需要打破原来的需求获取会议的习惯。RM 工具使得需求对能够访问数据库的所有干系人都可见。有些干系人将这种可见性解读为对需求控制减少，或对需求工程流程的控制降低，或两者兼而有之。有些人不喜欢与他人分享不完整或不完美的需求集合，但数据库的内容就在那里，所有人都看得到。"私藏"需求直到"完成"为止，这意味着无法让其他人经常扫描需求并发现可能的问题。

人们往往会抵制改变自己已经熟悉的东西，而且他们通常已经习惯在文档中保存需求。他们可能有一种观念（即便不正确）"需求工具很难用"。而且，不要忘记一点，大部分工具用户本来就已经很忙了。在他们的日常工作中，必须分配时间给他们学习使用工具。最终，工具可能不需要用户投入更多时间，但他们首先需要跨过学习曲线并养成使用新的工具来工作的习惯。针对用户使用和文化改变的问题，下面这些建议可以帮助处理问题。

- 确定一个工具倡导者，当地团队的工具爱好者，他精通工具的来龙去脉，能够指导其他用户，并看着他们上手使用。此人应当是一个资深的业务分析师，能够独挡一面，确保工具的使用。这个最初的工具倡导者将和项目中的其他用户一起将工具用于日常活动中。随后等到其他项目开始使用时，他再培训和指导其他人使用工具。

- 工具采用过程中，一个要克服的最大挑战是用户不相信工具实际会增加价值。可能他们还没有意识到现有手工方式所带来的痛苦。与他们分享因为缺少工具而导致负面影响的故事，让他们想一想自己身边的例子。

- 团队成员很聪明，但最好还是提供培训而不是期望他们自学工具的妙用。他们肯定能够琢磨出基本操作，但学不到工具的全套功能以及如何有效利用。

- 因为不期望有立竿见影的效果，所以不要在第一次使用工具时就将项目成功押注于此。在一个非关键项目上开始试用工具。这将有助于组织了解需要多少时间来管理工具和提供支持。第 31 章将介绍采用新工具和技术时所关联的学习曲线。

用于辅助进行需求开发和管理的这些工具的普及代表着软件工程领域的新趋势，这无疑会继续进行。然而，有太多组织在这些工具上投资却未能有收益。他们没有充分考虑组织文化和流程以及从基于文档的需求开发方式迁移到基于工具方式的成本。本章的建议将帮助选择合适的工具并有效使用它们。但请记住，工具无法取代可靠的需求流程或具有适当技能和知识的团队成员。傻瓜有了新工具，会使傻瓜变得更傻。

行动练习

- 分析当前需求流程的缺点，看一看需求开发工具或需求管理工具是否可能为其投资提供足够的价值。确保自己理解导致当前流程不足的原因，不要简单地认为工具可以神奇地纠正它们。

- 在进行工具对比性评估之前，先评估组织是否准备好采用工具。反思以往将新工具集成到开发过程的经历。弄清楚它们成功或失败的原因，力求这一次可以取得成功。

第 V 部分

需求工程的实施

第31章

改进需求过程

　　大家都承认最近几个项目进展都不太顺利。作为首席业务分析师，Joanne 很清楚，至少有些困难是由需求问题造成的。不同的项目，业务分析师的学历和经验水平大为不同。他们使用的需求开发和管理的方法各有不同，因为仅仅都只是他们已知的最佳方法。他们按照各不相同的方式组织需求。一些团队遵循有效的需求变更过程，这些过程可以减少项目中的混乱，而另一些团队则只是对每个变更请求做出下意识的反应，因而饱受挫折。

　　Joanne 试过辅导对手下经验较少的业务分析师，有些人比其他人更容易接受 Joanne 的辛苦付出。Joanne 所在组织中一些团队的需求做得很好，而且比其他团队遇到的困难也更少。Joanne 意识到，应该提高所有团队的需求效率。也许现在是该认真改进需求实践。但是其他业务分析师及其团队会配合吗？管理人员确实会致力于消除这些痛点吗？这一次真的会有起色，还是这些改进举措会像以往一样触礁搁浅？

前面介绍过各种需求工程优秀实践，可以考虑用于组织之中。将更优的实践付诸行动是软件过程改进的本质。简而言之，过程改进既要使用更多对具体情况有效的方法，又要避免使用过去曾经带来麻烦的方法。然而，在绩效改进的道路上困难重重，包括起步失误、来自受影响人群的阻力以及时间不足以进行当前任务之外改进工作所带来的挑战。

过程改进的最终目标是降低软件创建和维护的成本，并由此提高项目交付的价值。要做到这点，可以采用以下方式。

- 纠正在以往项目中过程缺陷所导致的问题。
- 预见和预防未来项目中可能遇到的问题。
- 使用比当前所用实践更有效、更有成果的实践。

如果团队当前的方法看上去没什么问题，或者即使有相反的证据也要坚持这样做，就说明大家没有意识到对方法进行变革的必要性。然而，如果面对的项目比以往更大或更复杂、有不同的客户、需要远距离协作、时间安排更紧张或者涉足新的业务领域，即便成功的软件组织也会举步维艰。适用于客户单一的 5 人团队方法无法大规模用于分布在 3 个时区并服务于 50 个企业级客户的100 人团队。至少，应当了解工具包之外其他一些有价值的需求工程方法。

本章介绍需求如何与各种其他项目过程和干系人产生关联。我们提出有关软件过程改进的基本概念以及一个推荐的过程改进循环。同时还列出组织应当具备的一些有用的需求"过程资产"。本章最后介绍过程改进路线图，用以实施改良的需求工程过程。

需求如何关联到其他项目过程

在每个正常进行的软件项目中，需求位于核心位置，使其他技术和管理工作得以支持和运作。需求开发和管理方法的变革将影响到这些过程，反之亦然。

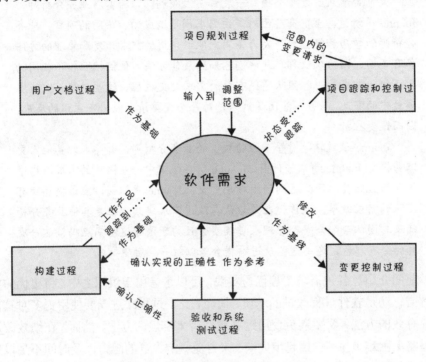

图 31-1 需求和其他项目过程的关系

项目规划 需求是项目规划过程的基础。规划人员选择某种合适的软件开发生命周期，并基于需求对资源和规划进行估算。项目规划可能表明，在可用的资源和时间范围内，无法交付整个所需特性集合。规划过程可以使项目范围缩小，或选择某种增量式或阶段性发布方法分段交付功能。在敏捷项目中，范围是定义为产品 Backlog 或发布 Backlog 中的用户故事集合，在每个迭代中进行增量实现，并且根据以往迭代的速率度量来规划未来迭代的范围。

项目跟踪与控制 项目跟踪包括监测项目的状态，使项目经理能够了解构建和验证是否正在如期进行。如果不是，管理人员、客户或其他干系人就需要通过规划过程请求修改范围。这将改变正在处理的需求集合。在敏捷项目中，如果必须按计划完成每个迭代，就要将低优先级的工作移到未来的迭代中，通过这种方式来调整范围。

变更控制 一旦将一个需求集合设定为基线，后续所有变更和补充就都要按照规定的变更控制过程进行。需求变更将使剩余的待办工作列表以及

Backlog 中工作项的优先级发生改变。需求跟踪有助于对范围变化的影响进行评估。如第 28 章所介绍的，变更控制过程有助于确保正确的人做出明智、经过充分沟通的决策，进而接受适当的需求变更。

验收测试和系统测试　无论是验收测试，还是系统测试，用户需求和功能性需求都是必不可少的输入。如果软件在不同情况下的预期行为没有规范清楚，测试人员就难以检查规划的功能是否全部都按需得以实现。有位同事讲起他近期的经历："其他分析师写了一份 SRS，我受指派为这份 SRS 写测试计划。但最后所用时间远远超过估算的时间，因为我必须四处奔走，力求搞清楚这些功能。相关的功能有时会在 SRS 中意想不到的地方。其他时候，写这份 SRS 的分析师会**泛泛地一股脑儿把全部东西都讲**给我们听，最后才告诉我们想要的。这太痛苦了。"

构建　需求是设计和实现工作的基础，并且需求与构建各种工作产物关系紧密。设计评审可以确保设计正确，满足所有需求。单元测试可以确定代码是否满足设计规范和相关需求。需求跟踪可以帮助识别各个需求派生的软件设计和代码元素。

用户文档　我曾经与一些文档工程师在同一个办公区共事，他们的工作是为各种复杂的软件产品准备用户文档。我问其中一位文档工程师，为什么他们工作那么长时间。她回答说："我们在食物链的末端。无论是用户界面显示，还是被删除或新添加的特性，都要由我们对其最终变更进行响应，直到最后一分钟。"产品需求为用户文档提供了输入，所以写得不好或者最新的需求都会导致文档问题。因此，像文档工程师和测试人员等，这些处于需求链末端的人，往往是改进需求工程实践的积极分子，也是更早参与过程的人，这不足为奇。

需求与不同的干系人群体

图 31-2 展现了项目中可能与软件开发组进行互动并为项目需求开发提供援助的干系人。如果是业务分析师或项目经理，就应当向各方面的干系人说清楚，产品开发工作要想取得成功，需要从他们那里获得哪些信息和参与支持。应当在开发组和其他职能区域之间达成一致的沟通接口，比如系统需求规范、市场需求文档或者用户故事集合。

另一方面，业务分析师和项目经理要询问其他干系人，为了使其工作更轻松，需要开发团队提供什么。需要哪些需求可行性投入来帮助市场人员更好地策划产品理念？需要哪些需求状态反馈使发起人对项目进度有足够的可见度？需要与系统工程人员进行哪些协作才能确保系统需求合理划分给软件和硬件子系统？业务分析师和项目经理应当全力建立开发团队和其他干系人在需求过程中的合作关系。

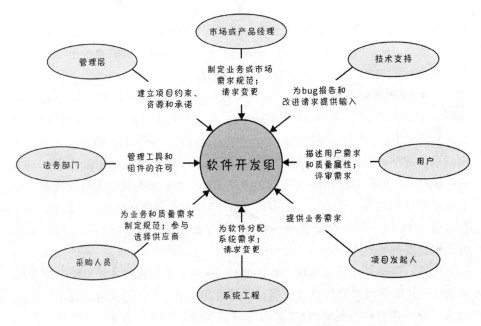

图 31-2　各干系人为软件开发团队提供的需求相关支持。

获得对变革的承诺

软件组织的需求过程发生变革，与其他干系人群体的互动也会随之改变。人们不喜欢被迫离开自己的舒适区，因此可想而知，提出的过程变革必然会遇到阻力。只有了解阻力的原因，才能尊重其存在并加以消弭。

很多阻力源自对未知的担心。为了减轻这种担心，应当就过程改进的理由进行沟通，向其他干系人群体说明新过程将使他们获得哪些收益。尝试从这个视角切入："这些都是我们经历过的问题。依你看，问题出在哪里？我们能否集思广益，找到更好的方法？"只要其他干系人参与改进计划，方案的所有权就会由大家共享。

下面是可能遇到的各种阻力。

- 对于已经过于忙碌以致无法完成项目员工，他们会认为没有时间去使用更好的实践。但如果对此不投入时间，就没有理由期待下一个项目比前一个更顺利。

- 变更控制过程可能被视作开发人员设立的障碍，使得更难进行变更。在现实中，这是一种结构，而不是障碍。它使消息灵通的人能够做出良好的商业决策，并就这些决策进行沟通。软件团队必须确保需求变更过程确实有效。如果新的过程无法产生更好的结果，人们自然会想办法加以解决。

- 一些开发人员和管理人员将需求撰写和评审视为官僚主义式的时间浪费，延误了编码这一"实实在在的工作"。如果能够说明在团队试图搞清楚系统要做什么的过程中不断重写代码的成本很高,开发人员和管理人员就能更好地理解良好需求的必要性。被忽视的需求会导致软件产品在运营生命周期内的盈利能力降低,因为必须不断投入精力进行升级。

无论何时,当人们被迫改变其工作方式时,本能的反应都是"这对我有什么好处?"然而,过程变革的结果并不总是美好的,因为这涉及每个人的既得利益。一个更好的问题是"这对我们有什么好处?"这更可能得到合适的回答。每个过程变革应当为项目团队、开发组织、公司和/或客户提供明显的收益。要求干系人花更多时间帮助创建更好的需求,因为他们唯一想到的是自己今天要做更多工作。但假如他们了解此投入可以换来项目后续的返工显著减少、支持成本显著降低以及客户价值显著提升,就会更愿意眼下多花一些时间。

通常,一些项目干系人并不是很了解组织当前工作方式下需求有哪些影响。因此,要想得到对过程变革的承诺,一种重要的方法是以一种非主观和建设性的方式揭示出问题。假设开发团队开发一款应用,由于用户界面问题而需要大量客户支持。如果支持团队不得不独立于开发团队解决这些问题甚至可能根本不知道有什么问题。或者假设管理人员想节省成本或时间,而采用外包开发,但是没有处理由此产生的沟通障碍和文化差异。如果管理人员不知道这些后果,就没有任何理由变革工作方式进而纠正缺陷。

我们经常听业务分析师和其他从业人员说他们无法在没有组织"管理人员支持"的情况下开展过程变革。很多时候,管理人员的支持仅仅转化为放权让员工做某些不同的事情。但是作为机智的专业人员,无需管理人员授权,就可以用自己的最佳方式开展工作,分内之事而已。尽管如此,显然需要管理人员承诺,在项目范围内或组织范围内投入精力着手改进,以达到可持续和成功。如果没有管理人员的承诺,就只是已经意识到更佳需求重要性的人参与进来。有些资深人士虽然声称"支持"改进,但一旦出现问题就会退回到原有的过程,这样做毫无意义。行为是判断高质量承诺的依据,而言论则不是。图 31-3 列出的 10 种标志能够说明组织的管理人员确实在致力于卓越的需求过程。

```
1. 要求项目需求以适当的形式加以记录。
2. 配合业务分析师为每个项目提供业务需求。
3. 希望在合适的时间评审需求,要求他们自己在内的适当干系人参加。
4. 在实现方案各个部分之前,要求干系人就需求达成共识。
5. 确保在项目计划中为需求任务留出时间和资源。
6. 与关键干系人协作,争取让他们也参与需求工作。
7. 建立有效的机制和政策来处理需求变更。
8. 为培训、工具、书籍及其他与需求工作相关的资源进行投资。
9. 通过调配资金和人员来改进组织需求过程。
10. 使团队成员有时间进行需求过程改进。
```

图 31-3 一些行为可以体现管理人员是致力于卓越需求过程的

软件过程改进基础

因为你正在读本章，所以想必是打算对组织当前所用的需求工程方法做一些改变。在准备上路前，请谨记如下软件过程改进原则（Wiegers 1996）。

1. 过程改进应当是渐进的、持续的

不要奢求完美，制定一些改进模板和过程并开始执行。随着团队不断获得新技术的经验，要对自己的方法加以调整。有时，简单和容易的变革会产生可观的收益，所以要先摘低处的果子，等问题区域所涉及的所有人都达成共识时，就意味着改进的时机成熟了。参见第 3 章表 3-2 给出的有效实践建议。

2. 只有在有动力时，人与组织才会变革

变革带来的强烈刺激是痛苦的。不要人为地引起痛苦，比如，管理人员为了让团队工作更努力而加大加强时间计划的压力；相反，应当让人感受到以往项目中真实经历过的剧痛。下面是一些例子问题，可以通过这些问题强行驱动需求过程变革。

- 由于需求比预期更广泛，所以项目错过了最后期限。
- 由于误解或者需求有歧义，所以开发人员总是加班。
- 由于测试人员不理解产品需要做什么，所以系统测试工作做了很多无用功。
- 虽然提供了正确的功能，但是由于性能慢、易用性差或者其他质量缺陷，导致用户不满。

客户请求许多本应在需求收集过程中识别出来的改进，导致组织维护成本高昂。

- 在项目过程中需求变更没有正确实现，导致交付的方案无法满足客户需要。
- 在没有版本控制过程的情况下，有多名业务分析师同时对需求进行编辑，导致很多需求被覆盖。
- 客户无法澄清和充实需求。
- 需求相关问题未及时解决，导致返工。

3. 过程改变应当是目标导向的

在开始卓越过程之旅前，确保知道目标（Potter and Sakry 2002）。你是否希望减少由于需求问题而造成的返工工作量？你是否希望在实现过程中少一些被忽视的需求？你是否希望更早去掉非必要特性？制作一份路线图，将通往目标的途径定义出来，这将极大提升改进成功的机会。

4. 将改进工作按小型项目处理

之所以许多改进举措都会搁浅，是因为规划不足或者资源不到位。将过程改进资源和任务加入一个完整的项目规划中。像在所有项目中一样，规划、跟踪、度量和生成报表，逐渐扩大改进项目的规模。为要做的每一项改进写一份简单的行动计划。

 陷阱 对于软件过程改进项目，最大的威胁是缺少管理层的承诺，因为在紧随其后的重组过程中，要对项目参与者和优先级进行洗牌。

团队所有成员都有机会和有责任改进自己的工作方式。如果自己的改进成效显著，团队成员就会看到好处，并且不再介意使用新的工作方式。然而，只有当管理人员有动机保证资源、设置期望并赋予团队成员支持变革举措的使命，过程改进工作才会取得一次性成功。

调侃过程改进

经验丰富的软件过程改进发起人经过多年积累，列出一些短小精悍的言论。这里挑选了一些。

- 咬小口。（如果咬得太大，过程改进会使团队被噎着。）
- 小成功赢得大满足。（不用期待太大的成功。）
- 轻轻按，不要停。（通过保持变革举措可见和不断渗透，引导团队走向更美好的未来。）
- 专注，专注，专注。（繁忙的软件团队每次可能只能进行 3 个、2 个或许只有 1 个改进举措。但是永远至少进行一个。）
- 寻找盟友。（每个团队都有早期使用者，这些人将尝试新方法，并向改进发起人进行反馈。用心栽培他们。感谢他们。奖励他们。）
- 没有付诸行动的行动计划是没有用的。（进行过程评估和写行动计划很容易。难的是，让人们用新方式工作并兑现更好结果的承诺，而更好的结果是过程改进唯一有用的成果。）
- 人人都要参与。（在过程改进工作的评估和方案发现环节中，让必须加以改进的团队成员加入进来，得到他们的认可。）

根因分析法

过程改进工作的时间和预算有限，因此重要的是好钢要用在刀刃上。对于经历的流程缺陷，如果能确定其原因，就能找到最高产的改进机会。

根因分析法旨在帮助确定问题背后的成因，将症状与症结进行区分。根因分析法需要对现有问题连续追问多次"为什么"，每次都探讨前一个"为什么"

背后的原因。在过程变革之前，应当开展根因分析，以便确定为什么当前方法无法得到理想的结果。否则，很容易盲目行事，尝试了新方法却不知道要解决什么实际问题。

有时，无法分清哪些是问题，哪些是根本原因。某些症状和根本原因相互结合，一个症状可能是另一个症状的根本原因。比如，现在的症状是在需求收集过程中遗漏过多的需求。一个可能的根本原因是业务分析师没有提出正确的问题。这个根本原因本身又是另一个问题的症状，业务分析师不知道如何做好这份工作。

因果图也称为**鱼骨刺图，**又因其发明者为石川馨，故也称为**石川图**，这种方式能够用于描述根因分析的结果。图 31-4 中绘制了一幅因果图，对组织项目团队屡次无法按时完工的问题进行一定程度的分析。在图中，主"脊柱"上分支出的"鱼骨刺"展现的是"为什么团队未按时完成项目？"这个问题的答案。其他鱼刺展现后续"为什么"问题的答案。最终，分析在鱼刺末端分叉显示其基本、根本的原因。

使用这种分析识别出来的根本原因，无需全部进行处理。帕累托原则（也就是我们所熟悉的 80/20 规则）指出，20%的关键性根本原因导致约 80%的所见问题。即便只进行简单的根因分析，也可能找到高杠杆率的原因，需求改进举措应该以此为目标。

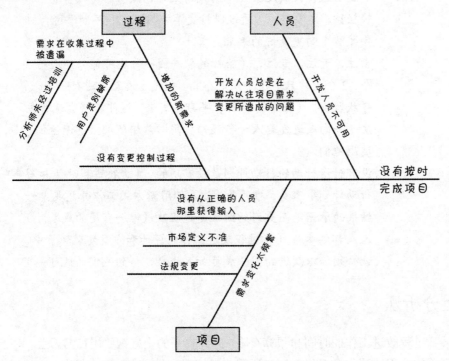

图 31-4　用于识别已知问题症状根本原因的因果图

过程改进循环

图 31-5 刻画了一个有效的过程改进循环。这种循环反映在开始前先确定位置的重要性、记录行踪的必要性以及从持续改进经历中学习的价值。

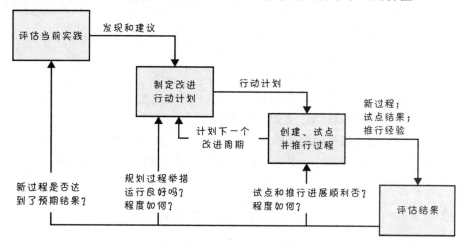

图 31-5　软件过程改进循环

评估当前实践

任何改进工作的第 1 步都是评估当前正在用的实践，找出其优势和不足。后续需要根据评估结果来选择的变革。组织实际所用的过程往往不同于规定的或成文的过程，所以该评估还可以为前者带来可见度。而且，团队的不同成员对团队实际使用哪些过程往往有截然不同的理解。

可以花几天时间评估当前的需求过程。如果尝试过前面某些章节最后的行动练习，就已经开始以非正式的方式评估自己的需求实践及其结果。附录 B 中，提供了数十种常见需求问题的症状，以及可能的根本原因和可能的解决方案。结构化调查问卷能够以低成本的方式洞察当前过程。相比调查问卷，与团队成员进行访谈和讨论能够更加准确而全面地增进了解。由外部咨询师来做正式评估将产生一份记有当前过程优劣势的发现清单及寻找改进机会的建议。

简单的 DIY 方法，就使用附录 A 中的调查问卷来校准组织当前的需求工程实践。自评能帮助确定哪些需求过程最需要改进。就某个具体问题，即便自己打的是低分，也不足以成为立即彻底解决它的理由。将精力专注于改进严重阻碍项目进展的或危及未来项目成功的流程。

规划改进行动

为了秉承将过程改进工作视为项目的理念，在评估当前实践之后，写一个行动计划（Potter and Sakry 2002）。战术行动计划以特定改进区域为靶向，比如需求收集和排优先级的方式。每个行动规划都应明确可度量的改进目标、参与者以及实施行动计划需要完成的各项。如果没有计划，就很容易忽视重要的任务。计划还能有利于对进度进行监控，跟踪各项行动的完成情况。

图 31-6 绘制的是我们曾多次使用的过程改进行动计划模板。每个计划行动不超过 10 项，设定的范围是在两三个月内能够完成的行动。例如，我见过一个需求管理改进计划，其中包含如下几项行动。

1. 起草一个需求变更控制过程。
2. 评审并修订变更控制过程。
3. 在项目 A 中试点该变更控制过程。
4. 基于试点反馈修订变更控制过程。
5. 评估试用各种问题跟踪工具，选择其中之一支持变更控制过程。
6. 采购该问题跟踪工具，然后进行自定义以支持变更控制过程。
7. 向组织推行新的变更控制过程和工具。

需求过程改进行动计划

项目：_____ 日期：_____
〈在这里填写具体的项目名称〉 〈计划拟定日期〉

目标：
〈陈述一些通过成功执行计划希望完成的目标。陈述目标的业务价值，而非陈述过程变化。〉

对成功的度量：
〈描述如何确定是否过程变动更利于获得期望的结果。〉

组织影响范围：
〈对本计划中描述的过程改进之影响范围进行描述。〉

员工和参与者：
〈确定由哪些人落实这个计划，他们的角色及其基于每周小时数或百分占比的时间承诺。〉

过程跟踪与汇报：
〈描述如何跟踪计划中各项行动的进展情况，向谁汇报状态、结果和问题。〉

依赖、风险以及阻碍：
〈明确该计划成功所需要的或可能阻碍计划成功实施的各种外部因素。〉

估算所有活动的完成日期：
〈预期该计划何时完全实施？〉

行动事项：
〈为每个行动计划写出3～10项行动。〉

行动事项	负责人	截止日期	工作内容	交付物	所需资源
〈序号〉	〈责任人〉	〈目标日期〉	〈实施此行动事项时要开展的工作〉	〈要创建的程序、模板或者其他过程资产〉	〈所需的各种外部资源，包括素材、工具、文档或者其他人员〉

图 31-6 软件过程改进的行动计划模板

分配每项行动到具体的个人，由他负责保证完成。不要将一项行动的负责人分配为"团队"。做工作的是团队中的人，而不是团队。

如果行动事项超过 10，就应当在最初的工作周期中专注于最重要的问题，并将剩下的放到另一份单独的后续行动计划中。切记，过程改进是渐进、持续的。在本章后续介绍的过程改进路线图中，要介绍应当如何将多个改进行动融入整个软件过程改进计划。

过程的创建、试点和推行

到目前为止，已经完成对当前需求实践的评估，并对最可能受益的区域精心设计了一份计划。现在应该是最难的环节，落实计划。

落实行动计划，意味着要开发出一套过程，并且确定其结果比当前工作方式更好。不要指望新过程的最初尝试多么完美。许多方法纸上谈兵时看似不错，但实际中却显得不够务实或者效果低于预期。因此，在真正实施之前，应当对创建的大多数新过程和模板进行小范围试点。使用从试点得到的知识来调整新过程。这样，推行到受影响的群体时，就更有机会产生成效，也更容易被接受。请牢记对过程试点的下列建议。

- 选择公平尝试新方法并提供有用反馈的人作为试点参与者。既可以是与你志同道合的人，也可能是对你抱有怀疑的人，但不要选择强烈反对改进工作的人。
- 对团队评估试点结果所用的标准进行量化。
- 考虑在不同项目中对过程的不同部分进行试点。这样做能够让更多人尝试新方法，扩大认知度，增加反馈，提升效益。
- 作为评估的一环，向试点参与人员询问如果得回到以前的工作方式他们有何感觉。

如果试点成功，就说明已经准备好对过程进行最终调整并推行到受影响的群体开始实施。就算是积极和乐于接纳的团队，吸收变化的容量也是有限的，所以不要一下子对一个项目团队抱有太大期望。需要精心设计推行计划，定义如何向团队推广新方法和新事物，提供足够的培训、指导和帮助。还要考虑如何为管理人员设定对新过程的期望并与之交流。

评估结果

过程改进循环的最后一步是对开展的工作和获得的结果进行评估。这个评估将帮助团队在未来的改进工作中做得更好。应当评估试点过程顺利与否。在处理不确定性时，新过程效果如何？下次再做过程试点的时候可能有什么变化？

应当考虑新过程的推行是否顺利。是否与每个受到影响的人沟通过新过程或模板的可用性？参与人员是否理解并成功使用了新过程？下次推行方式要有什么变化？

关键的一步是评估新过程是否得到预期的结果。一些新实践能够快速带来显著的提升，而其他一些则需要随着时间才能展现出完整的价值。例如，能够快速分辨出新的需求变更控制过程是否有效。但是，要证明某个新文档模板值得业务分析师和其他干系人使用，则需要花一段时间。给新方法足够的见效时间，尽早选择度量来体现每个变革的成功与否。

认可实际的学习曲线，从业人员花时间消化吸收新的工作方式时，会发生产能降低的情况，如图 31-7 所示。这种短期的产能降低有时也称为"绝望的深渊"，这属于组织在过程改进方面的投资。对此不了解的人可能会在成本偿清之前放弃改进努力，导致其所有投资的回报付之流水，甚至更糟。要对管理人员和同事进行学习曲线的教育，并承诺积极看待变化。

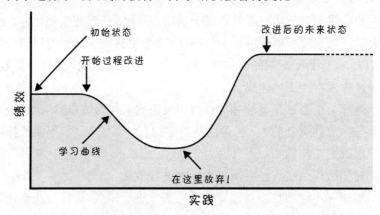

图 31-7　过程改进不可避免的学习曲线

需求工程的过程资产

在表现好的项目中，所有需求工程组件都有有效的过程，这些组件包括需求收集、需求分析、需求规范、需求确认以及需求管理。为了提升这些过程的绩效，每个组织都需要一系列需求过程资产（Wiegers 1998b）。一个过程的过程资产包含将采取的行动以及所产生的交付物，能够帮助团队持久并有效地执行过程。这些过程资产将帮助参与项目的人了解他们应当遵循的步骤以及期望创建的工作产物。过程资产包括表 31-1 所述的文档类型。

图 31-8 列出了一些有价值的需求工程过程资产。为了使团队成员能够持久有效地使用，至少需要包含这些事项。这些事项不必为单独的文档，整体需求管理过程可以包含状态跟踪程序、变更控制过程以及影响力分析检查清单。为了易于访问和实时可用，应当在一个共享过程资产库中存储它们，并建立相应的机制以便根据经验对它们加以改进（Wiegers 1998b）。本书配套内容中包含图 31-8 所示的许多过程资产。

表 31-1　过程资产的类型

类型	描述
检查清单	列举工作、交付物或者其他需要注意或检验的事项。检查清单可以充当备忘录，有助于确保重要细节不会因为人们太忙而被忽视
例子	某具体类型工作产物的代表。应当在项目团队创建出良好的例子时进行积累和共享
计划	提纲，描述如何达成目标及其必要条件
策略	指导原则，设定对行为、行动以及交付物的管理期望。过程应当以满足政策为前提
程序	步骤描述，描述为完成某项行动而要执行任务之顺序。描述要执行的任务，确定相关的执行项目角色。这些指导性文件中包含指导信息和有用的提示，能够对某一过程或步骤提供支持
过程描述	基于某种目的而执行的一系列工作的书面定义。过程描述应当包含过程目标、关键里程碑、参与者、沟通步骤、输入和输出、交付物以及如何为不同项目裁剪过程
模板	模式，用作产出某一工作产物的指导。项目关键文档的模板提供很多"空白"，用于获得和组织信息。模板中嵌入的指导文本有助于文档作者有效使用该模板。其他模板定义的结构有助于写某一具体类型的信息，比如功能性需求、质量属性、商业规则或者用户故事

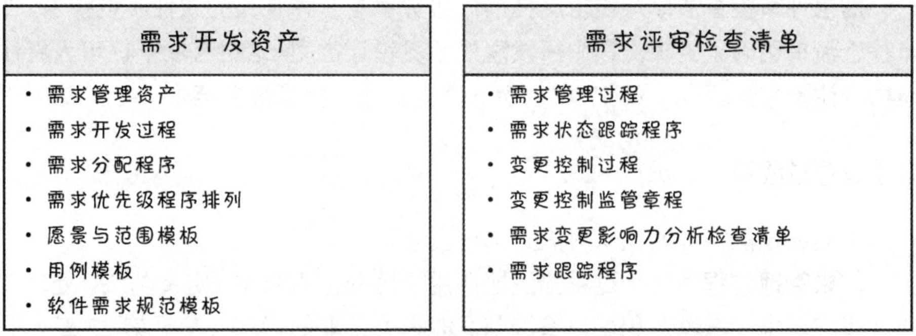

需求开发资产	需求评审检查清单
• 需求管理资产 • 需求开发过程 • 需求分配程序 • 需求优先级程序排列 • 愿景与范围模板 • 用例模板 • 软件需求规范模板	• 需求管理过程 • 需求状态跟踪程序 • 变更控制过程 • 变更控制监管章程 • 需求变更影响力分析检查清单 • 需求跟踪程序

图 31-8　需求开发和需求管理的关键过程资产

下面对图 31-8 列出的各个过程资产以及对其进行深入讨论的章节引用进行简要说明。每个项目都要计划如何开展需求工作，根据自己的具体需要对组织的过程资产的内容进行借鉴和剪裁。例如，对于涉及多地众多用户类别以及其他干系人的大型项目，可以写一份计划来明确需求收集所用的技术以及何时何地由谁来执行，这对项目有好处。而对于干系人联合驻点并高度参与的项目，能够使用更简单、更敏捷的过程。

需求开发过程资产

团队可以借助里所举的对项目需求进行收集、分析、规范以及确认。

需求开发过程　这个过程描述如何对所在领域的干系人进行识别和分类，如何规划需求收集工作。它描述每个项目期望创建的需求交付物以及要开展的需求分析和确认工作。第 7 章介绍了需求收集规划。

需求分配程序　这个程序介绍在开发兼具软硬件组件或多个软件子系统的系统中如何将高层产品需求分配给子系统分配格具体的子系统。关于需求分配，请参见第 26 章。

需求优先级排列程序　此程序介绍用于对整个项目进行需求优先级排列和动态调整 Backlog 内容的技术和工具。第 16 章介绍了排优先级的技术。

愿景和范围模板　这个模板用于指导项目发起人和业务分析师从业务目标、成果标准、产品愿景以及其他业务需求元素的角度进行思考。第 5 章推荐了一种模板。

用例模板　如第 8 章所述，用例模板提供一种结构性的格式，用于描述用户使用系统时要执行的任务。

软件需求规范模板　SRS 模板提供一种结构化的、一致的方式来组织产品的功能性和非功能性需求。为了适应组织所承担的不同类型和规模的项目，可以考虑使用多种模板。第 10 章介绍了一种 SRS 模板。

需求评审检查清单　需求文档的同级评审是一种强大的软件质量技术。评审检查清单明确了需求文档中所发现的常见错误类型，这将有助于评审人将注意力专注于常见问题。第 17 章包含一个需求评审检查清单范本。

需求管理过程资产

下列各项能够辅助团队对大量书面需求进行管理。

需求管理过程　这个过程描述团队用于区分需求版本、定义基线、处理变更、跟踪需求状态以及积累可追溯信息时需要采取的行动（参见第 27 章）。需求管理过程描述的范本，参见《CMM 实施指南》（Caputo 1998）的附录 J。

需求状态跟踪程序　需求管理包括监测和汇报每个功能性需求的状态。更多有关需求状态跟踪的信息，可参见第 27 章。

变更控制过程　变更控制过程定义对新需求和对现有需求修改进行提出、沟通、评估和解决的方式。第 28 章介绍变更控制过程。

变更控制监管章程模板　如第 28 章所述，变更控制监管（CCB）章程描述的是 CCB 的构成、职能以及操作程序。

需求变更影响分析检查清单　如第 28 章所述，影响分析检查清单能帮助考虑实施具体需求变更时可能的任务、带来的副作用（风险）以及任务工作量预估。

需求跟踪程序 这个程序描述谁应当提供连接各个需求与其他项目工件的跟踪数据、谁收集和管理这些数据以及在哪里存储这些数据。第 29 章对需求跟踪进行了详细讨论。

我们达到目标了吗

与其他旅行一样，过程改进举措应当有一个目标。如果没有定义具体的改进目标，人们就无法齐心协力，自己也无法分辨是否正在前进，无法对改进工作排优先级，也不能辨别是否已经达到目标。**指标**是软件项目、产品或过程的量化面。**关键绩效指标**或称为 KPI，是指与目标挂钩的指标，并能够显示具体目标或结果的达成进展。可以在度量仪表盘上显示一系列 KPI，表明距离目标达成还有多远。

在设置过程改进目标时，应该牢记两点。首先，要记住过程改进本身是无意义的。因此，问问自己，如果目标实现，能否实际得到自己所寻求的业务价值提升。其次，不要让团队成员尝试达成无法企及的不切实际的目标，这只会使他们感到沮丧，因此，问问自己，在具体环境中目标是否可以达到。对于合适的改进目标，两个问题的答案都必须是肯定的。

在一个项目中，需求工作的许多方面都可以进行度量，包括产品规模、需求质量、需求状态、变更工作以及需求工程和管理的工作量（Wiegers 2006）。此外，通过度量项目是否达到其业务目标，能够体现需求工作是否达标。不过对于过程改进工作，为了判断对改进的投资是否如期望的方式得到回报，必须选择度量指标。在本章前面已经提到，过程改进应当以目标为导向，过程变革的一大动力是组织在以往项目中体验到的痛点。所以，应当通过定义量化改进目标来选择 KPI，然后确定如何判断痛点是否得以缓解。

注意，应当建立基线，将当前工作方式作为参照点，否则无法进行进度度量。理想情况下，可以度量某些指标的当前值，然后设定一段时间之后期望达到的目标值，并以此来引导过程改进工作的进展，进而实现结果。实际上，许多软件组织缺乏度量文化，因此他们很难建立这样的量化基线。不过，如果既没有起点，也没有度量标尺，也无法分辨距离目标还有多远。

表 31-2 列出一些可能的需求过程改进目标。为了简单起见，我们省略每项中 "X<一段时间>达到 Y<量>" 这个后缀。针对每个目标，该表建议了可能的指标，可以据此判断所做的变革是否正在如期产生回报。大多数软件度量都是滞后指标。新方法需要经过一段时间才能展现出持续收益，所以给新的工作方式一次机会，使其可以有成效。

表 31-2　一些需求过程改进目标可能的关键绩效指标

改进目标	推荐指标
减少因需求错误而导致的返工	· （在生命周期各阶段，归因于需求错误、奇异、非必要或遗漏的）返工小时数 · 设定基线之后发现错误的需求占比
降低需求变更的负面影响	· （设定基线之后提出的本可以事提前得知的）新需求数 · 在（设定基线后修改的）需求占比 · 每个版本或迭代中（由于需求变更而导致的交付物修改）所需的小时数 · 按来源分布的变更请求
减少（开发过程中澄清需求所需要的）时间	· （设定基线之后）需求的疑问和争议数 · （解决每个疑问或争议所需要的）平均时间
提升估值的准确性（针对需求开发总体工作量）	· 预估工时和实际工时（为在各版本和整个项目需求开发上的）
减少（实现非必要特性的）数量	· （在开始实现之前删掉的本来承诺要做的特性）占比 · （在一个版本或迭代交付之前删掉的本来承诺特性占比

如果不确定选择哪些指标，可以遵循一种简单的思考过程，即"目标-问题-指标"或 GQM（Basili and Rombach 1998；Wiegers 2007）。GQM 以逆向思维方式来搞清楚什么东西有价值。首先，写出改进目标。针对每个目标，想想判断团队达到该目标必须回答的问题。最后，确定能够为每个问题提供答案的指标。这些指标或者各个指标的组合将作为关键绩效指标。

过一段时间之后，如果为目标所选的实际 KPI 没有任何进展迹象，就需要研究以下几个问题。

● 问题是否得以正确分析，是否确定根本原因？

● 是否选择了能够直接解决这些根本原因的改进行动？

● 为实施这些改进行动而创建的规划是否切合实际？计划是否按预期执行？

● 在最初的分析之后，是否发生某些变化导致你对团队的改进工作进行重定向？

● 团队成员是否确实在用新的工作方式并且通过学习曲线开始将这些新方式付诸实践？

在改进需求实践的道路上，有许多导致失败的障碍，务必确保改进举措不会掉进这些陷阱。

创建需求过程改进路线图

过程改进中，不按章法行事很难获得可持续的成功。不要只是一个劲儿埋头向前猛冲，为了在组织中实施需求改进实践，还要考虑制定一个路线图。如果尝试过本章所介绍的某些需求过程评估方法，就知道哪些实践和过程资源对自己的组织最有帮助。过程改进路线图将改进行动联在一起，以便以最小的投资获得最大、最快的收益。

由于情况不同，所以没有放之四海皆准的路线图。公式化的过程改进方法无法替代缜密的思维、良好的判断以及常识。图 31-9 描绘了一个组织的需求过程改进路线图。图中右侧方框中展示简化形式业务目标预期，其他方框中是主要的改进工作。圆圈代表在通往业务目标路上的里程碑。M1 表示"里程碑 1"。从左向右实施一系列改进工作。创建完路线图之后，将每个里程碑分配给某个人负责，要求他此后为达到该里程碑而写出行动计划。然后，把这些行动计划落实的行动上！

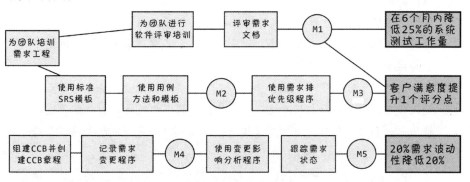

图 31-9 需求过程改进路线图范例

行动练习

- 完成附录 A 中的"当前需求实践自评"。根据当前实践缺陷所导致的结果确定三个最好的需求实践改进机会。

- 确定当前组织还没有图 31-8 列出的过程资产，但如果有，会很有用。

- 根据前面两步，按照图 31-9 所示的方式绘制需求过程改进路线图。说服组织中的人对每个里程碑负责。让每个里程碑负责人使用图 31-6 中的模板写一个行为计划，为达到里程碑给出建议。在实施过程中，跟踪计划中各项行动的进展。

- 从本书中选择新的工程实践，了解并从试着从下周开始使用。另外选择两三个实践，开始试用一个月。将其他的作为长期改进，从现在开始使用五六个月。确定要使用的每种新实践、预期收益以及需要的任何帮助或其他信息。考虑需要使用新技术时需要哪些人的配合。确定哪些实践妨碍着实践的使用，并考虑哪些人可以帮助消除这些障碍。

第 32 章

软件需求和风险管理

     Dave 是 Contoso Pharmaceuticals 公司化学品跟踪系统的项目经理。现在，他正在与开发人员主管 Helen 和测试人员主管 Ramesh 开会。新项目令所有人感到兴奋，但是他们记得在此前 Pharm Simulator 项目中所遇到的问题。

     "直到公测时，我们才发现用户不喜欢 Simulator 的用户界面，还记得吗？" Helen 问，"我们用了 4 周时间才完成重建和测试。我肯定不想再经历一次死亡行军了。"

     "确实太可怕了"，Dave 表示赞同，"更烦人的是，许多特性至今无人使用，但是当初与用户交谈时，他们都信誓旦旦地说自己需要这些特性。比如那个药品相互作用建模特性，编码时间是预期的三倍，最后却被砍掉。真是太浪费了！"

     Ramesh 提出了一个建议："也许我们应该将 Simulator 的这些问题列出来，以便在化学品跟踪系统中能够尽量避免。我读过一篇关于软件风险管理的文章，其中提到我们应当优先识别风险，了解如何预防这些风险损害项目。"

     "我不会那样做的，" Dave 发出抗议，"我们可能不会再出现同样的问题。如果将化学品跟踪系统可能出现的问题写下来，反而显得我们不知道应当如何管理软件项目似的。我不希望在这个项目中有思想消极的人。我们必须成功！"

正如 Dave 最终意见所揭示的，软件工程师和项目经理都是永恒的乐观主义者。我们经常期待自己下一个项目进行顺利，却不以此前项目中存在问题的历史为鉴。实际情况是，许多潜在的陷阱会导致软件项目延期或失控。与 Dave 的想法相反，软件团队必须识别并控制项目风险，而且还需要从需求相关的风险着手。

风险是指对项目造成某些损失或者威胁项目成功的种种可能。实际上，虽然尚未造成问题，而且你还想坚持下去，那么这些潜在问题可能对项目的（成本、时间计划或技术性）成功、产品的质量或者团队成效产生负面影响。**风险控制**是在风险危及项目之前就加以识别、评估以及控制的过程。如果项目中已经产生某个不良的结果，说明它只是问题，而不是风险。应当持续跟踪项目状态并使用纠正行动过程来处理当前的问题和争议。

　　没有人能够丝毫不差地预测未来，所以应当使用风险管理将潜在问题的可能性或影响降到最低。风险管理意味着在形成危机之前将问题处理掉。这可以提升项目成功的机会并降低风险所带来的不可避免的经济和其他损失。超出团队控制范围的风险应当适当提请起管理人员注意。

　　因为需求在软件项目中扮演着这样一个中心角色，所以谨慎的项目经理能够尽早识别出需求相关风险，并且主动加以控制。典型的需求风险包括需求被误解，用户参与不足，不确定或不断变化的项目范围或目标，持续变换的需求。项目经理必须与客户和其他干系人协作，才能控制需求风险。正如第 2 章所论述的那样，与客户共同记录需求风险并规划缓解措施，客户和开发团队之间的合作关系可以得以增强。

　　仅仅知道风险还并不足以赶走它们，因此本章要简要阐述软件风险管理（Wiegers 2007）。在本章后面，我们还要介绍一些风险因素，在需求工程工作过程中，这些因素会露出其丑陋的面目。使用这些信息，在需求风险攻击项目前先发制人。

软件风险管理基础

　　除了需求相关的风险之外，项目还面临着各种风险。对外部实体的依赖是一个常见的风险来源，外部实体可以是一个分包商，也可以是提供可复用组件的另一个项目。项目管理中充满各种风险，这些风险来自估算失误、管理人员对准确估算的拒绝、缺少项目状态可见度以及员工流动。技术风险威胁着高度复杂和前沿的开发项目。缺乏知识是另一个风险来源，比如从业人员对所用技术或所在应用领域缺乏经验。转型采用新的开发方法也会带来一系列新的风险。而且，即便项目规划再完美，也会被千变万化的和苛刻的政策法规打乱。

　　太可怕了！因此，所有项目都需要认真进行风险管理。风险管理需要对海平面上的冰山进行探测，而非盲目自信不会沉船而全速前进。与其他过程一样，风险管理应当在整个项目范围内进行。小项目用一份简单的风险清单足矣，但对于大型项目来说，正式的风险管理规划是取得成功的一个关键要素。

风险管理的要素

　　风险管理需要运用工具和过程将项目风险限制在可接受的程度内。风险管理提供一种标准方法用于识别和记录风险因素、评估这些风险因素的潜在严重程度，并且寻求破解之道（Williams、Walker and Dorofee，1997）。风险管理包括图 32-1 所示的工作（改编自 McConnell [1996]）。

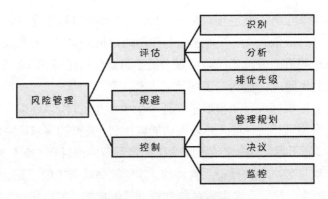

图 32-1　风险控制的要素

风险评估指为识别潜在威胁而对项目进行查验的过程。可以使用本章后面"需求相关风险"所介绍的常见风险因素清单或者其他典型风险开放清单（例如，Carr et al. 1993；MConnell 1996）来明确识别**风险**。在风险分析过程中，要查验项目中具体风险的潜在结果。**风险排优先级**通过评估各个风险的潜在*风险曝光度*，帮助你专注于最严峻的风险。风险曝光度是风险招致某种损失的可能性与损失潜在量级的函数。

风险规避是应对风险的一种方式，即不做有风险的事。为了规避某些风险，你可以不插手某个项目，依赖于经过证明的而不是前沿的技术和开发方法或者排除掉特别难以实现的特性。软件开发固然有风险，然而，因此而规避风险也意味着会错失机会。

大多数时候，都必须进行**风险控制**，以便对识别出来的优先级最高的风险进行管理。**风险管理规划**会产生一份规划，用于应对每个突出的风险，其中包括缓解方法、紧急预案、负责人以及时间表。缓解措施既要尽量从根本上避免风险成为问题，又要尽量降低万一风险成为问题所带来的不良影响。风险不会自己控制，所以破解之道是执行缓解各个风险的计划。最后，需要通过风险监控对每个风险项的解决进展加以跟踪，而这应当成为日常项目状态跟踪的一环。需要定期监控风险缓解措施的效果、寻找新暴露出来的风险、清理掉已经不存在威胁的风险并且更新风险清单的优先级。

用文档记录项目风险

仅仅识别出项目所面临的风险还不够。需要使用一种方式来管理这些风险，这种方式让你能够与干系人在整个项目期间交流风险争议和状态。图 32-2 展示了一个用于记录单个风险条目的模板。可能你会觉得用表格形式保存更方便，比如电子表格或者在数据库中，这样就能通过多种方式对风险清单进行排序。为了更易于在整个项目期间更新，应当使风险清单与项目规划相分离。

ID：
<序号>

提交人：
<将该风险引入团队视线的个人>

开始日期：
<风险提出的日期>

风险陈述：
<以"情况-后果"的形式陈述风险>

影响范围：
<风险可能影响到的项目团队、业务部门以及职能部门>

可能性：
<风险成为问题的可能性>

影响力：
<如果风险变成问题会造成怎样的危害(打分)>

暴露：
<可能性乘以影响>

风险管理计划：
<用于控制、规避、最小化、或者其他缓解风险的一种或多种方法>

紧急预案：
<如果风险管理计划不见效，后续要采取一系列措施>

负责人：
<对解除风险负有责任的个人>

截止日期：
<缓解措施将在此日期之前实施>

图 32-2　风险跟踪模板

　　在记录风险陈述时，要使用"**情况-后果**"的格式。也就是说，先陈述自己所担心的风险情况，然后紧跟着陈述潜在的不良后果，即在这种情况下可能造成的结果。通常，提出风险的人只陈述情况（"客户无法对产品需求达成共识"）或结果（"我们只能满足我们的主要客户之一"）。将这些陈述拼在一起组成"情况-后果"结构："如果客户无法对产品需求达成共识，我们就只能满足自己的主要客户之一"。一种情况可能导致多种后果，而同样的后果也可能由不同情况所导致。

　　这个模板给我们留出空白，用于记录风险物化为问题的可能性、该问题对项目造成的负面影响以及整体风险曝光度。我倾向于对可能性的估值范围从0.1（极不可能）到1.0（必然发生），而影响力估值的相对范围从1（没有问题）到 10（大麻烦）。还能更好，试试以损失的时间或金钱为单位为潜在的影响力打分。用可能性乘以影响力，估算出每个风险的曝光度。

　　不要苛求风险量化得过于精细。目标是将最具威胁的风险与无需立即处理的风险区别开。可能发现用高、中或者低来估算可能性和影响力更容易。需要尽早注意至少有一项打分高的项。

使用"风险管理计划"字段明确为控制风险而打算采取的措施。一些缓解策略能够降低风险的可能性，而其他的则能够降低其影响力。在做计划时，需要考虑缓解风险所需要的成本。如果某个风险物化为问题后，影响力估值顶多 1 万美元，那么花 2 万美元加以控制毫无意义。尽管已经尽力缓解，但风险最终仍然可能实际影响到项目，因此，对于特别严重的风险，可能还需要想一套应急预案以备不测。为每个打算控制的风险分配一个负责人，并设置缓解措施的目标完成日期。长期或复杂的风险可能需要采用多步骤缓解策略。

图 32-3 描绘了化学品跟踪系统团队领导在本章开始时所讨论的某个风险。团队根据他们以往的经验估算可能性和影响力。由于风险曝光度是相对的，因此只有评估其他风险，才知道风险曝光度为 4.2 代表相当严重。前两个缓解方法通过增进需求过程中的用户参与来降低了风险变成问题的可能性。原型通过尽早得到对用户界面的反馈来降低潜在影响力。

```
ID: 1                            发布人：李玉红

开启日期：13年8月22日              结束日期：（未结束）

风险陈述：
如果在需求收集中缺少用户参与，那么在公测之后可能需要进行大量的
用户界面返工。

影响范围：
可能影响整个系统，包括对集成COTS组件所做的所有定制。


可能性：0.6        影响力：7        曝光度：4.2

风险管理计划：
1.在早期需求收集工作中，制定易用性需求规范。
2.与产品带头人召开促进研讨会，开发需求。
3.对核心功能开发一次性模拟原型，产品带头人为此提供投入。
4.让不同用户类别的成员对原型进行评估。

应急预案：
任用一名专家级易用性顾问以确保用户界面遵循公认的人机界面设计最佳实践。


负责人：Reina Cabatana          截止日期：14年2月13日
```

图 32-3　化学品跟踪系统的风险项范例

对风险管理进行规划

风险清单不同于风险管理计划。对于小项目，可以将风险控制计划包含在软件项目管理计划中。大型项目应当单独写一份风险管理计划，写明打算对风险进行识别、评估、记录和跟踪所的方法。应当包含风险管理工作的角色和职责。本书配套内容中提供了一个风险管理规划模板。许多项目都会指定一名项目风险经理，负责关注可能出错的事情。有家公司为其风险经理起了

个绰号"屹耳"，这个绰号源于《小熊维尼》中一直悲叹事情会变得多么糟糕的那个悲观角色。

 陷阱　不要只是因为识别出风险而选择缓解措施，就认为这些风险已经在自己掌控之中。应当落实风险管理措施。在项目计划中为风险管理留出足够的时间，才不至于浪费对风险规划的投资。在项目的任务列表中，加入风险缓解工作、风险状态报告以及更新风险清单。

应当有节奏地进行定期风险监控。保持大约 10 个曝光度最高的风险可见，并且定期跟踪缓解手段所起到的效果。某个缓解措施结束，重新评估这一风险项的可能性和影响，而后相应更新风险列表和任何其他挂起的缓解计划。仅当缓解措施已经结束时，才可以放过风险不管。需要判断缓解手段是否使曝光度降低到可接受的水平或者某个具体风险是否已经没有机会变成问题。

 失控

曾经有一位项目经理问我："如果风险清单中的前五项好几个星期都不曾变化，应当怎么办？"这说明这些风险缓解措施要么没有落实，要么无效，要么团队没有办法控制这些风险。如果缓解措施有效，拟控制风险的曝光度就会降低。这会使威胁小于最初前五的其他项上升到风险清单顶端，引起人们关注。为了了解风险缓解工作是否完成任务，需要对每个风险的物化可能性以及风险物化后的潜在损失定期进行重估。

需求相关风险

接下来介绍的需求风险按照收集、分析、制定规范、确认和管理这五个需求工程领域进行组织。提到的技术能够降低各个风险的可能性和影响力。这个清单只是抛砖引玉，应当根据从每个项目中所学到的经验教训，不断积累形成属于自己的风险因素和缓解策略清单。Theron Leishman and David Cook（2002）介绍有另外一些软件需求相关风险。要确保使用"情况-后果"格式陈述风险。

需求收集

许多因素能够共谋妨害需求收集工作。接下来要介绍需求收集中的一些潜在风险区域，并给出相关的规避建议。

产品愿景与项目范围　如果对于产品是什么（或不是什么）和有什么用，各干系人的理解与你不一致，就更可能发生范围蠕变。在项目早期，写一份包含业务需求的愿景与范围文档，并将其用作新需求或变更需求的决策向导。

需求开发所花的时间　紧张的项目计划通常迫使经理和客户对需求敷衍

了事，因为他们认为开发人员若不立即开始编码，就无法按时完成。需要记下每个项目实际投入需求开发的工作量，以便能够判断时间是否充足并对未来项目的规划加以改进。相比遵循瀑布生命周期的项目，敏捷开发方法能够更早开始构建。

客户参与　项目如果缺乏客户参与，更有可能出现期望落差。在项目中，应当尽早明确干系人、客户和用户类别。确定各用户类别的用户代言人。让关键干系人担任产品带头人。还要确保产品带头人确实履行其承诺以便你能够收集到正确的需求。

需求规范的完整性和正确性　收集与业务需求相对应的用户需求，以保证解决方案能够交付客户的真实需要。为此，对使用场景进行构思，根据需求写测试，并且让客户定义这些场景的验收标准。为了便于用户理解需求以及收集用户的具体反馈，还需要建立原型。征求客户代表对需求和分析模型进行评审。

创新产品的需求　产品第一次问世时，其市场反应很容易被误判。所以，应当重视市场调研、构建原型并且采用焦点小组来尽早且频繁地获得客户对产品愿景的反馈。

对非功能性需求进行定义　产品功能理所当然会受重视，非功能性需求很容易被忽视。要向客户询问质量特征，比如性能、易用性、安全以及可靠性。尽可能准确记下这些非功能性需求及其验收标准。

客户就需求达成共识　如果系统的不同客户无法就应当构建什么达成共识，就会有人对结果感到不快。确定主要客户，并使用产品代言人获得客户的积极发言和参与。确定正在由正确的人选进行需求决策。让正确的干系人代表评审需求。

未陈述的需求　客户总有些不明确说出来的期待，既没有说出来，也没有任何记录。要尝试识别客户可能做的任何假设。使用开放式问题鼓励客户分享言语之外的思路、愿望、想法、信息以及顾虑。要向客户请教导致产品被拒的原因，并由此发现一些尚未探讨过的话题。

用作需求参照物的现有产品　在下一代项目或替换型项目中，需求开发可能不受重视。有时，开发人员被告知用现有产品和一份变更与新增清单作为需求来源。第 21 章建议了从现有项目进行需求反向工程的方法。

按需提出方案　用户提出的方案可能掩盖用户的实际需要，从而导致对无用业务过程进行自动化并且过度约束开发人员的设计选择。分析师必须深度探究，才能了解客户所述方案背后的意图，即真正的需求。

业务部门和开发部门之间的不信任　正如本书中所讲的那样，有效的需求工程需要各类干系人之间的紧密协作，尤其是客户群体（IT 项目的业务人员）与开发人员。如果感觉这些方面对方无信于达成互惠互利的结果，就会产生矛盾并威胁到需求收集工作。

需求分析

一字不落地记录客户的话，然后埋头开发，这样做并不明智。如下所述，需求分析本身有许多危险地带。

需求排优先级 保证每个功能性需求、特性或用户需求都排好优先级并被分配到特定的系统版本或迭代中。需要根据剩余工作的代办列表对新需求的优先级进行评估，以便做出合理的权衡决定和迭代规划。

技术难点特性 评估每个需求的可行性，以便识别出实现用时长于计划用时的需求。使用状态跟踪方法对落后于实现排期的需求进行密切观察。尽早采取纠正措施。对新需求或有风险的需求制作原型，借此选择有效的方法。

不熟悉的技术、方法、语言、工具或硬件 虽然新技术能够满足某些需求，但不要低估熟悉并了解这些新技术的学习曲线。尽早识别出高风险的需求，并且与开发团队一同努力，给起步失误学习、和实验留出足够的时间。

需求指定

需求与交流息息相关。仅仅只是对需求进行纸上谈兵或记录在案，并不意味着需求真正得以理解。

需求理解 开发人员和客户对需求理解不同，将造成期望落差，导致交付的产品无法满足客户的需要。应当由开发人员、测试人员和客户对需求进行同级评审，以此来缓解风险。训练有素且经验丰富的业务分析师将得到正确的信息并写出高质量的需求规范。创建模型和原型可以从多个角度阐述需求，从而发现模糊的、有歧义的需求。

处理开放争议的时间压力 将需要进一步处理的需求标记为 TBD（待定）或争议，这好办法，但如果这些未被解决，在构建过程对这些需求进行处理时就会有风险。记录每个开发争议的结案责任人以及目标解决日期。

用词歧义 创建一份词汇表，对不同读者可能有不同理解的业务术语和技术术语进行定义。需求评审可以帮助参与者对术语和概念的理解达成共识。

需求中包含设计 需求中所含的设计元素约束开发人员的可选项。不必要的约束会抑制最优设计的创建。对需求进行评审，从而确保这些需求强调的是解决业务问题需要做什么，而非指定解决方案。

需求确认

即便需求收集得很好，确保需求规定的方案质量和正确性仍然很重要。需求确认存在下列陷阱。

未经确认的需求 如同想在开发过程的最早期写测试，对冗长的需求规范进行评审同样令人发怵。然而，如果在实现每组需求前能够对其正确性和质量进行确认，就能避免后续大量成本高昂的返工。在项目计划中为这些质量活动留出时间和资源。征求客户代表承诺参加需求评审。开展增量的、非正式的评审，以便尽早且以低成本发现问题。

审查熟练度 如果参加审查的人不知道如何有效审查需求，会漏掉严重缺陷。要对所有参加需求文档审查的团队成员进行培训。邀请经验丰富的组织内部审查人员或外部顾问对前期审查进行观察，以便对参加人员进行指导。

需求管理

在软件项目中，许多需求相关风险的产生取决于如何处理变更。下面要讲一讲这些和其他需求管理风险。

不断变更的需求 可以将成文的业务需求和范围定义作为审核变更的标尺，控制失控的范围蠕变。具有广泛用户参与的协同需求收集过程能够将需求蠕变拦腰截断（Jones 1996a）。尽早找到需求错误能够降低后续请求的变更数量。为了易修改性而设计系统，尤其是遵循某种迭代生命周期时。

需求变更过程 处理需求变更时，相关的风险包括没有明确的变更过程、使用无效的变更机制、无法高效引入有价值的变更以及避开过程引入变更。需求变更过程包括影响力分析、变更控制委员会以及用于支持过程的工具，需求变更过程是个重要的起点。必须与受到影响的干系人就变更进行明确的沟通。

未实现的需求 需求跟踪能帮助避免在设计、构建或测试过程中忽视任何需求。

不断扩张的需求范围 如果需求最初定义欠佳，进一步的需求澄清就会使项目的范围扩大。产品规范不清的区域消耗工作量比预期更多的。根据最初不完整需求分配的项目资源可能不足以实现全部用户需要。要想缓解此风险，应当以分阶段或增量式的交付生命周期进行规划。应当在早期版本实现优先级最高的功能，在后续迭代中进一步完善系统能力。

风险管理是你的良友

利用风险管理，能够使项目经理意识到可能伤及项目的情况。比如，某新项目的管理人员担心无法使合适的用户参与需求收集。精明的经理意识到这会带来风险，就会将此记录到风险清单中并根据以往经验来估算可能性和影响力。如果过一段时间，用户仍然没有参与，这个风险点的风险曝光度就会增加，或许已经到危及项目成功的地步。通过坚决主张不该将公家的钱浪费在注定失败的项目上，我成功说服管理人员推迟了缺少足够用户代表参与的项目。

周期性风险跟踪可以保证项目经理能够获悉已识别风险的威胁。对于无法充分控制的风险，应当上报给高级经理，因为他们既能够采取纠正措施，也能做出清醒的商业决策，即便有风险，也要继续前进。借助于风险管理，即使不能控制或避免项目可能遇到的每次挫折，也可以使人时刻保持警惕并做出明智的决定。

行动练习

- 识别当前项目所面临的一些需求相关风险。不要将已知问题当作风险，只有还没有发生的事情才可能是风险。使用图 32-2 中的模板将风险记录下来。对每个选择控制风险至少建议一种可能的缓解方法。有没有哪些风险你打算简单接受并希望它们不会造成不良后果？
- 与关键项目干系人展开一次风险头脑风暴对话。尽量多识别出需求相关风险。对每个风险评估发生的可能性和相对影响力，然后将这两项相乘计算风险曝光度。对风险清单按照风险曝光度进行倒序排序，找到前五个需求相关风险。为每个风险明确能够采取的缓解措施，并给每个措施指派一名责任人。
- 为所在组织建立自己的潜在需求风险清单。从本章中给出的这些开始，然后根据实际项目经验对清单进行加强。这种风险清单将帮助未来项目的每一个项目经理尽早识别出自己的风险。

尾声

对于软件项目的成功来说，最重要的是理解软件要解决什么问题，没有之一。如果开发团队及其客户无法就产品的能力和特性达成共识，结果极有可能开发出一款不受欢迎的软件，这是我们每个人都希望避免的。如果你当前的需求实践没有给你带来你所需的结果，不妨认真考虑一下，从本书所述的技术中有选择地挑出你认为可能有用的技术加以运用。有效需求工程实践如下所示。

- 客户代表尽早、尽可能全面参与。
- 以迭代和增量方式开发需求。
- 通过不同的方式表述需求，以便确保所有人都理解这些需求。
- 与所有干系人分组一同保证需求完整性和正确性。
- 寻找合适的支持技术和实践，以便形成共识并确保需求的完整性。
- 控制需求变更的方式。

要想改变一个组织的工作方式是困难的。很难承认你当前的方法不像你希望的那样有效，也很难想明白接下来要尝试什么。很难找时间学习新技术、制订出改进后的过程、试点并加以调整、随后推广到整个组织。而且，很难说服不同的干系人认同变革势在必行。但是，如果不改变团队的工作方式，就没有理由相信下个项目将比上一个更好。

软件过程改进的成功依赖于以下几点。

- 每次专注于少数清晰的痛点。
- 设置清晰的目标，并为改进措施制订出行动计划。
- 理解并立足于组织变革所关联的人文要素
- 说服每个人将过程改进视作一种有利于取得业务成功的战略性投资。

为改进的需求工程绩效制定路线图时，请牢记这些过程改进原则。对于适合组织和团队的实践方法，应当加以保持。如果你积极地运用已知的优秀实践并且依靠常识，你就能从中取得全部的优势和利益，显著提升对项目需求的把控。还要记住一点，如果需求不够卓越，软件就会像是一盒巧克力，你永远不知道下一颗是什么味道。

当前需求实践自评

本附录包含 20 个问题，用以对团队当前的需求工程实践进行衡量，找出哪些地方需要强化。可以从本书配套网站下载自评副本以及能够帮助分析反馈的电子表格。此外，还可以找到更全面的评估，以便对当前的实践和文档有更详细深入地了解，发现哪些方面将从改进中得到最显著的收益。Seilevel（2012）提供了详尽的项目评估，可以用来评估组织的需求实践和交付物。

为了完成本附录中的快速评估，在回答每个问题时，请选择与团队当前处理需求问题方式最接近的描述。可以对自评结果按如下规则量化打分：每个（a）得 0 分，每个（b）得 1 分，每个（c）得 3 分，每个（d）的 5 分，问题 16 例外，（c）和（d）都得 5 分。满分 100 分。一般来说，分数越高，说明需求实践的成熟度越高，可能也更有效。可以参考每个问题的主题所在章节。

获得高分不是唯一的目的，利用自评，还可以为可能使组织受益的新实践合适的应用机会。一些问题可能与你所在组织开发的软件类型无关。同时，情况也不一样，所以并非每个项目都需要最严谨的方法。然而，需要意识到，不正规的需求方法最终会增加团队大量返工的可能性。大多数组织都可以得益于遵循选项 c 和 d 所描述的实践。

不同的人评测结果不同。当心有偏向的受访者，他们不会描述组织中的真实情况，而是基于政策、基于他们的期望或者基于他们认为应当"正确"的答案来回答。可分别让多个人完成自评，这样可以帮助你消除一些倾向性，相比只问一个人，这种方式能为当前的实践提供更真实的描述。采用多个受访者还会揭露对当前所使用实践的不同理解。可以使用本书配套网站上的电子表格工具来累加多组答卷，查看分布情况。

1. 项目的业务需求是如何定义、沟通和使用的？【第 5 章】

    A. 我们有时会在早期写一份高层产品描述，但不会回查。

    B. 负责构思产品的人知道业务需求，并且会与开发团队进行口头讨论。

    C. 我们会根据标准模板将业务需求记录在一份愿景与范围文档、项目章程或类似的文档中。

    D. 我们在项目中积极使用文档化的业务需求对议定的产品特性和需求变更进行评估、查看它们是否在所记录范围内以及基于业务目标对范围进行必要调整。

2. 产品的用户群体是如何加以确定和描述的？【第 6 章】

   A. 开发人员认为他们知道谁将是用户。

   B. 运营或项目发起人相信自己知道用户是谁。

   C. 管理层或运营部门对市场调研、现有用户基础以及其他干系人输入的信息进行整合，并基于此对目标用户群体和市场细分进行识别。

   D. 项目干系人确定了不同的用户类别，并且在软件需求规范中概述了他们各自的特征。

3. 你如何在需求过程中收集客户输入？【第 7 章】

   A. 开发人员自信他们已经知道需要构建什么。

   B. 对典型用户进行问卷调查或焦点小组访谈。

   C. 我们与人们进行会谈，有时是以一对一的方式，有时是以小组的方式，他们会告诉我们他们需要什么。

   D. 我们会使用各种收集技术，包括与用户类别的代表进行访谈和工作坊、文档分析和系统界面分析。

4. 你的业务分析师是否训练有素并富有经验？【第 4 章】

   A. 他们是开发人员或者以前的员工，只有很少的经验并且没有接受过软件需求工程的具体培训。

   B. 开发人员、资深用户或项目经理，他们之前担任过业务分析师的角色，有过一些需求工程实践。

   C. 业务分析师参加过几天培训，有一定的用户协作经验。

   D. 我们有专业的业务分析师或需求工程师，他们训练有素并且精通访谈技术、小组会议引导、技术协作以及建模。他们既了解应用领域知识，也了解软件开发过程。

5. 高层系统需求是如何分派给产品的软件部分的？【第 19 章和第 26 章】

   A. 希望用软件克服硬件的所有缺点。

   B. 软件工程师和硬件工程师会讨论哪些子系统应当执行哪个功能。

   C. 一名系统工程师或架构师会对系统需求进行分析，然后决定每个子系统里要实现哪些需求。

   D. 知识丰富的团队成员共同协作，将系统需求的各部分分配给软件子系统和组件，并将其记录到具体的软件需求中。组件接口有明确的定义和记录。

6. 项目中的需求复用程度如何？【第 18 章】

   A. 我们不复用需求。

   B. 一名熟悉以往项目的业务分析师有时清楚一些在新项目中可以复用的需求，所以她会将需求复制粘贴到新的需求规范中。

   C. 一名业务分析师能够在我们的需求管理工具中搜索到以往项目保存的且与新项目相关的需求。他能够使用工具内置的功能对这些需求的特定版本加以复用。

    D. 我们已经建立了潜在可复用需求的数据库，并且在以往项目过程中，这个数据库已经得以调整与改进。业务分析师通常从这个数据库中查找可能用于当前项目的需求。当我们要复用某个需求时，会尽可能使用追溯链接来引入子需求、依赖需求、设计元素以及测试。

7. 与干系人协作对特定软件需求加以识别的时候，会使用什么方式？【第 7 章、第 8 章、第 12 章和第 13 章】

    A. 我们先大致了解，然后写一些代码，再向一些用户演示软件，随后修改代码直到用户满意。

    B. 由管理层或市场人员提出某种产品概念，由开发人员撰写需求。之后由客户干系人告诉开发团队是否有遗漏。

    C. 由市场人员或客户代表告诉开发团队产品应当包含哪些特性和功能。有时，市场人员还会告诉开发团队产品方向何时会发生变化。

    D. 我们会召开结构化需求收集访谈或工作坊，并邀请产品不同用户类别的代表参加。我们使用用例或用户故事来理解用户的目标，我们还会创建分析模型来帮助我们识别所有的功能性需求。我们会以增量方式迭代地充实需求，从而给客户提供大量机会以便对产品加以改进。

8. 软件需求是如何记录的？【第 10、11、12、30 章】

    A. 我们会将口述历史、电子邮件和语音邮件信息、访谈记录和会议纪要拼接在一起。

    B. 我们编写非结构化的叙述性文本文档，或者创建简单的需求列表，或者绘图。

    C. 我们会根据一份标准模板以结构化的自然语言来写需求。有时,我们会使用具有标准标记方式的可视化分析模型来讨论这些需求。

    D. 我们创建需求和可视化分析模型，并将所有这些存储到需求管理工具中。每个需求的一些属性也会一起存储。

9. 诸如软件质量属性等非功能性需求是如何收集和记录的？【第 14 章】

    A. 什么是"软件质量属性"？

    B. 我们会做 beta 测试来获得反馈，从而了解用户是否喜欢该产品。

    C. 我们会记录某些属性，比如性能、易用性以及安全需求。

    D. 对于每个产品，我们会与客户协作对重要的质量属性加以识别，之后以精确、可验证的方式记录识别出的质量属性。

10. 如何记录功能性需求？【第 10 章】

    A. 我们会写叙述性文本段或简短的用户故事，不对具体需求进行明确识别。

    B. 我们使用符号列表或编号列表。

    C. 我们使用多级列表方案，比如"3.1.2.4."。

    D. 每个具体的需求都有唯一的、有意义的标签，并且当其他需求加入、移动或删除时，都不会影响到该标签。

11. 如何对需求排优先级？【第 16 章】

    A. 所有需求都很重要，所以我们不需要对它们排优先级。

    B. 客户会告诉我们哪些需求对他们是最重要的。如果客户不告诉我们或者不同意排优先级，就交给开发人员决定。

    C. 每个需求都会根据与客户达成的共识被标记为高、中、低三种优先级。

    D. 为了帮助确定优先级，我们使用一种分析过程来对每个需求的价值、成本以及技术风险进行打分，或者我们使用类似的结构化排优先级技术。

12. 对于局部解决方案，会采用哪些技术进行准备并核实已形成对问题的共识？【第 15 章】

    A. 我们直接构建系统，之后在需要的时候再加以解决。

    B. 我们会建立一些简单的原型，并让用户给出反馈。有时我们会迫于压力不得已交付原型代码。

    C. 无论模拟用户界面，还是对概念进行技术论证，我们都会在合适的时候创建原型。

    D. 我们的项目计划中包括创建电子或纸质的用后即弃的一次性原型，以便帮助我们调整需求。我们有时会构建演化原型。我们使用评估脚本来收集用户对原型的反馈意见。

13. 如何确认需求？【第 17 章】

    A. 我们认为，我们可以一次性写出非常好的需求。

    B. 我们将具体的需求供人传阅，以求获得他们的反馈。

    C. 业务分析师和一些干系人会在有时间的时候召开非正式的审查会。

    D. 我们对需求文档和模型进行评审，参会人员包括客户、开发人员和测试人员。我们按照需求来写测试，并且使用这些测试来确认需求和模型。

14. 如何区分不同版本的需求文档？【第 27 章和第 30 章】

    A. 文档显示了自动生成的文档打印日期。

    B. 我们使用序号区分每个文档版本，比如 1.0、1.1 等。

    C. 我们有人工识别方案，能够区分草稿版本与基线版本，主要版本与次要版本。

    D. 需求文档存储在具有版本控制功能的文档管理系统中，或者需求存储在一个需求管理工具中且该工具能够为维护每个需求的修订历史。

15. 软件需求如何回溯至其源头？【第 29 章】

　　A. 它们无法回溯。

　　B. 我们知道许多需求的出处，但并未对这些知识加以记录。

　　C. 每个需求都标记了来源。

　　D. 在业务需求、系统需求、用户需求、功能性需求和非功能性需求之间，我们有完整的双向追溯。

16. 如何基于需求来制定项目计划？【第 19 章】

　　A. 交付日期是在我们开始需求开发之前设定的。我们不会改变项目的排期和范围。有时我们会在交付日期之前进行快速范围缩减来抛弃一些特性。

　　B. 项目计划中的首轮迭代留出了需求收集所需要的排期。其余的项目计划在我们初步理解需求之后才制定。但是，此后我们不能改变计划。

　　C. 我们对需求有足够多信息时，会对需求排优先级，然后评估实现最高优先级需求所需的工作量。我们会增量开发需求和软件，根据需求的优先级和大小来对每个迭代制定计划。如果我们需要容纳计划外的更多需求，就需要增加更多的迭代。

　　D. 我们评估实现功能所需的工作量，并基于此进行排期和规划，我们会从最高优先级的需求开始。这些计划会随着需求的变化而更新。如果必须丢弃某些需求或者调整资源来满足计划承诺，我们会尽早做。我们将规划多个版本交付来容纳需求变化和增长。【注：对于这个问题，C 和 D 都是相当好的答案】

17. 需求如何用作设计的基础？【第 19 章】

　　A. 写完需求之后，我们会在开发中参考它。

　　B. 需求文档描述了我们打算实现的方案。

　　C. 每个功能性需求都可以从某一设计元素追溯。

　　D. 开发人员对需求进行评审，以便确定他们能够基于需求进行设计。我们在独立功能性需求和设计元素之间建立了双向可追溯性。

18. 需求如何用作测试的基础？【第 19 章】

　　A. 测试人员按照他们认为应当具备的功能进行测试。

　　B. 测试人员根据开发人员告诉他们所实现的功能进行测试。

　　C. 我们按照用户需求和功能性需求来写系统测试。

　　D. 测试人员对需求进行评审，以便确保这些需求可验证，之后制定测试计划。我们会将系统测试追溯到具体的功能性需求。系统测试进度按照需求覆盖进行度量。

19. 各项目的软件需求基线如何定义和管理？【第 2 章和第 27 章】

  A. 我们不必考虑基线，因为我们是敏捷项目。

  B. 虽然客户和经理已经认可需求，但是开发团队仍然会收到很多变更与抱怨。

  C. 我们定义初始需求基线，但随着时间推进，我们并不总是能使基线与当前变更保持一致。

  D. 初始基线确定之后，需求会存储在需求管理工具中。当需求变更审核通过后，需求数据库便会得以更新。我们从基线开始，维护每个需求的变更历史。在敏捷项目中，团队会对每个迭代的需求基线达成共识。

20. 如何管理需求变更？【第 28 章】

  A. 任何时刻，只要有人有新的想法或者承认忘记了某些事，就会进行需求变更。

  B. 我们不鼓励变更，我们会在需求阶段完成后将需求冻结，但仍然会商议进行非正式的需求变更。

  C. 我们使用确定的格式来提交变更请求和重要的功能点。项目经理决定接受哪些变更。

  D. 根据我们成文的变更控制过程进行变更。我们使用工具来对变更请求进行收集、存储和沟通。变更控制委员会在决定是否通过决议之前对每个变更的影响进行评估。

需求问题问诊指南

　　只要持之以恒，并与各方干系人协作，你就能够在自己组织中成功实施更先进的需求开发和管理实践。你应当选择能够解决或避免项目中具体需求相关问题的实践。每当发现亟待解决的问题，最重要的就是确定造成每个表象问题的根本原因。高效的解决方案会直面根本原因，而非只是表面症状。

　　本附录列出许多常见需求问题的症状。与这些症状一起给出的，还包括可能造成每个症状的相关原因以及解决建议。当然，这些并非全部可能的问题，所以当你遇到这里没有列出的问题症状时，请将问题和解决问题的经验扩充到这个表中。有时，观察到的症状自身就是其他问题的根本原因。例如，对于过程症状"担任业务分析师角色的人不知道该如何做好这个工作"，这会是许多你所观察到的需求收集症状的根本原因。这些事情会串在一起，但这里并没有展示所有的关联。

　　不幸的是，我们无法保证提出的解决方案一定可以解决你的具体症状，尤其是当底层问题实际是由政策和文化所造成或者根本原因在开发团队可控范围之外时，更是如此。正如我们前面警告过的，如果和你打交道的人蛮不讲理，这些解决方案将毫无用处。

需求问题的常见症状

　　问题是对项目造成负面影响的条件。有些症状能够让你了解到项目正在遭受需求相关问题的困扰，具体如下。

- 某个产品不能满足用户需要或无法达到用户预期。
- 某个产品在发布之后需要立即修正和更新。
- 某个交付的解决方案无法帮助组织达到其业务目标。
- 项目排期和预算超过预期。
- 团队成员有挫败感、丧失斗志、丧失动力、员工流失率高。
- 在解决方案开发过程中存在大量返工。
- 错过市场窗口期或者商业效益被延后。
- 市场份额丢失或现金流减少。
- 产品被退回、市场不认可产品、受到大呈差评。

实施方案的常见障碍

任何改变人们工作方式或组织运作方式的尝试都会遇到阻力。在寻找能够解决需求问题根本原因的纠正措施时，还要考虑使这些措施实施变得困难的阻碍以及与这些阻碍周旋的可能途径。对需求实践实施变革时，常见的障碍如下。

- 对现有需求实践所造成的问题认识不足。
- 时间不足，每个人都已经很忙了。
- 市场或管理对快速交付的压力。
- 管理层缺少对需求工程过程进行投资的承诺。
- 对需求工程的价值持怀疑态度。
- 抵制遵循一种新的或更加结构化的需求或软件开发过程。
- 政治和根深蒂固的企业文化。
- 干系人之间的利益冲突。
- 缺乏训练有素和熟练的团队成员。
- 项目角色和责任不明确。
- 对需求活动缺乏责任感和使命感。

注意，这些都是面向人和面向沟通的问题，而不是技术障碍。解决这些障碍基本上没有简单的方法，但是第一步是认识到这些障碍。

需求问题处理指南

要使用这一节，首先要找到一些症状，用来揭示项目中某些需求实践并未按照你预期的那样有效。之后，要从表格的"症状"列中查找到与你所观察到症状类似的症状。另外，需要注意"症状"列中对组织或项目的描述条件。接下来，研究每个症状的"可能的根本原因"列，找到在你的环境中哪些因素会促成该问题。最后，从"可能的实践"列中选择你认为对解决根本原因可能有效并在一切顺利的情况下解决问题的实践。

过程问题

下表所述症状表明需求开发和管理过程有待提升。

症状	可能的根本原因	可能的解决方案
• 不同项目的需求过程和文档模板不一致 • 需求过程低效 • 文档模板未完全填充或未按预期使用	• 对需求过程缺少基本理解 • 没有分享过程经验和材料的机制 • 缺少好的模板和需求文档范例。 • 未定义需求过程 • 业务分析师不了解如何正确使用模板的各个章节	• 使用项目回顾会来了解各项目当前的问题及其影响 • 为当前需求过程编制文档，并创建对所期望过程的描述 • 对所有团队成员进行需求过程培训 • 采用一套或多套标准需求交付物文档。为团队对模板进行剪裁提供指导 • 使用共享存储收集并分享模板和真实需求文档的优秀范例 • 考虑模板是否对所有项目都太复杂，如果可以，尽量简化它们
• 担任业务分析师角色的人不知道如何做好这份工作	• 缺少有关需求工程和业务分析师角色的教育和经验 • 管理层希望任何用户、开发人员或其他团队成员能够自动成为一名优秀的业务分析师，所以人们在未经过任何培训或辅导的情况下被指派担任该角色	• 对未来的业务分析师提供需求工程和相关软技能的培训 • 为业务分析师写一份职能描述和技能列表 • 为新业务分析师设立辅导项目 • 与许多组织一样，为管理层提供对业务分析师角色的描述 • 在组织中规划一份专业业务分析师职业发展路径
• 需求管理工具未被充分利用	• 对工具能力的培训不足 • 过程和文化尚未改变，因而无法完全利用该工具 • 每人对引领大家使用该工具负责 • 低估了该工具配置、学习如何使用以及部署所需的时间	• 让一些业务分析师参加工具厂商的培训课程 • 指定一名工具倡导者来管理该工具并负责辅导其他人使用该工具 • 识别并解决阻碍工具充分利用的过程和文化问题

产品问题

产品的某些问题说明采用需求改进实践可能是明智的，而且势在必行。

症状	可能的根本原因	可能的解决方案
• 客户不满 • 客户拒绝使用该产品 • 产品评价差 • 销售额低，丢失市场份额 • 收到大量改进请求	• 需求开发过程中，用户参与不足 • 不切实际的客户预期 • 客户与开发人员对具体需求的认知不一致 • 市场研究不充分 • 低质量的问题定义 • 开发过程中未加入必要的变更 • 开发人员开发了他们认为该开发的，而不是按照需求描述进行开发	• 定义客户类别 • 确定产品带头人 • 召集焦点小组 • 使用协同方式收集需求 • 建立原型并让用户试用评估 • 让客户代表评审需求 • 使用增量的和迭代的开发方法来使用用户所需
• 产品未达到业务目标	• 缺少清晰的、准确的业务需求，包括业务目标和成功指标	• 与关键干系人一同开发业务需求 • 了解对于项目的也无干系人，哪些成功指标是重要的 • 与其他干系人沟通业务目标并达成共识

计划问题

本节列出的症状揭示了需求和项目计划的交错未经过优化处理。

症状	可能的根本原因	可能的解决方案
• 需求不完整 • 需求不够详细 • 在未充分理解开发迭代或改进周期的需求时便开始构建	• 在需求开发中用户参与不足 • 花在需求开发中的时间不足 • 在未理解需求之前就设定了发布日期 • 关键的营销和业务干系人未参与需求过程 • 管理层或客户不了解需求的必要性 • 业务分析师和开发人员未对需求的内容达成充分的共识 • 未使用需求跟踪来发现理解差异 • 悬而未决的需求问题过多	• 在需求未充分理解前不要承诺交付排期 • 在敏捷项目中，可以考虑在需求开发中对范围进行切分或增加迭代的方式 • 尽早让开发人员参与项目，了解需求 • 谨慎定义业务需求，尤其是范围 • 向干系人充分说明仓促构建的风险 • 在业务分析师、开发人员和客户之间建立协作关系，以便设置切实可行的目标 • 使用增量开发方法，快速开始交付客户价值 • 让开发人员在开始实现需求之前对需求进行评审 • 由功能性需求追溯至业务需求以及用户需求，找出遗漏的需求 • 管理并跟踪需求问题状态

续表

症状	可能的根本原因	可能的解决方案
• 在项目开始后排期被削减，但范围为减少	• 干系人不了解减少可达成项目范围所需时间带来的影响	• 在项目管理人员和客户之间建立协作关系，以便设置切实可行的目标 • 当项目约束变化时，要对利弊取舍进行讨论 • 使用更好的估算技术
• 为执行计划中某些必要的需求工作 • 多个人同时执行相同的需求工作	• 需求工作的角色和职责不清 • 需求任务未加入到项目计划中 • 无人负责管理需求	• 在做承诺之前，编写愿景与范围文档，并保持与业务目标一致 • 从需求中派生出开发排期 • 计划多个交付周期，以便容纳低优先级需求 • 在排期中加入培训时间和学习曲线时间 • 基于业务目标对需求排优先级。 • 设置开发时间盒或增量地交付产品特性 • 在项目实际推进过程中，动态调整优先级
• 无文档或范围定义质量差 • 发布或迭代计划差	• 业务目标不清晰 • 仓促开始构建 • 缺少对范围定义重要性的理解 • 在干系人之间缺乏对范围的共识 • 市场动荡或快速变化的业务需要	• 在没有清晰的业务目标时不要启动项目 • 写一份愿景与范围文档，并让关键干系人买账 • 如果赞助和范围定义未实现，则推迟或取消项目 • 使用更短的开发迭代来适应快速变化的需求

沟通问题

包括下表列出问题在内的许多问题之所以产生,是由于项目干系人之间的沟通无效。

症状	可能的根本原因	可能的解决方案
• 由于多人实现相同的需求而导致重复工作	• 实现需求的责任不清 • 项目小组之间的沟通不充分	• 为软件实现定义清晰的角色和责任 • 为独立需求提供可视化的状态跟踪 • 在团队成员之间引入更有效的沟通技术和实践

症状	可能的根本原因	可能的解决方案
• 重复回访之前做过的决定	• 缺乏正确的决策者缺少识别与授权 • 没有正确记录决定是如何以及为何制定	• 识别项目的需求决定制定者并且定义他们的决策过程 • 识别并授权产品带头人 • 记录为何需求被添加、拒绝、推迟或取消
• 需求疑问与问题得不到解决	• 缺少对需求所引起的疑问和问题的协作 • 解决问题的责任不清 • 没人对跟踪问题及其状态负责 • 团队不能从厂商、客户、承包商或其他干系人那里获得信息	• 将每个悬而未决的问题分配给一个具体的个人来解决 • 使用问题跟踪工具来跟踪需求问题，直至问题得以解决 • 将悬而未决的问题当作项目跟踪的一部分予以监控 • 尽早从所有干系人那里得到对于公开且定期的信息交流的承诺，以及对解答疑问和解决问题的承诺
• 项目参与者采用的说法不同	• 假设每个人对关键的术语都有相同且正确的理解	• 使用术语表定义术语 • 在一个数据字典中定义数据结构和和元素 • 对开发人员进行业务培训 • 对用户代表进行需求工程培训

收集问题

许多症状揭示出参与需求收集的团队成员表现得不尽如人意。

症状	可能的根本原因	可能的解决方案
• 团队无法使客户代表参加需求收集 • 开发人员对要实现的软件做了很多猜测 • 开发人员不得不解决发现的需求问题	• 客户代表没有时间参加需求开发 • 客户不了解参加需求开发的必要性 • 客户不知道业务分析师需要他们做什么 • 客户对项目不做承诺 • 客户认为开发人员应当已经知道客户需要什么 • 业务分析师不知道谁是客户 • 业务分析师无法接触到实际的用户 • 遵循某种需求开发过程的阻力 • 没有业务分析师投入项目	• 向客户和管理人员讲解需求及其参加需求开发的必要性 • 向客户和经理讲解缺少用户参与所带来的风险 • 在开发团队及其客户之间建立起协作关系 • 定义用户类别和市场划分 • 确定每个用户类别的产品代言人 • 获取开发团队和客户管理层对高效需求过程做出承诺 • 定义清晰的角色和责任 • 召开具有明确议程的常规客户会议

症状	可能的根本原因	可能的解决方案
• 错误的用户代表参与其中	• 管理者、营销团队或其他代言人无法准确为最终用户代言 • 管理者不让优质的实际用户与业务分析师一同工作	• 定义用户类别 • 确定并授权合适且有效的产品代言人 • 开发用户画像作为真实用户的替身 • 谢绝来自未授权或不正当来源的需求请求
• 用户不确定自己的需要	• 用户不了解或不能很好地描述他们的业务过程 • 正在构建的系统支持一种新的、定义不完整的业务过程 • 用户并不致力于该项目,或许他们受到了项目的威胁 • 业务目标未得到很好的定义或沟通	• 对干系人澄清项目成功达到预期结果对干系人的影响 • 确定产品代言人或产品负责人 • 对用户的业务过程进行建模 • 制定一套需求收集计划来定义需求来源并选择正确的需求收集技术 • 编制一份一般性问题列表来作为需求收集工作的起点 • 开发用户用例或用户故事 • 构建原型并让用户试用和评估 • 使用增量开发来澄清需求,每次澄清一点
• 项目经理或业务分析师不知道谁是用户	• 产品愿景不明确 • 不了解市场需求	• 创建产品愿景说明 • 做足市场研究 • 确定当前产品或竞争对手产品的用户 • 召开焦点小组会议 • 创建用户画像 • 使用组织图来找到可能的用户
• 参与需求收集的人过多	• 出于政治原因,每个人都想成为代表 • 用户类别定义不清晰 • 缺少具体用户代表的代表团 • 确实有很多不同的用户类别	• 定义用户类别 • 确定产品代言人或产品负责人 • 明确需求决策者 • 将政治优先级同业务和技术优先级区分开 • 专注于优待用户类别

症状	可能的根本原因	可能的解决方案
• 已经实现的"需求"无法满足用户需要 • 需求约束过多	• 需求包含不必要或过早的设计约束 • 将解决方案当作诉求，而且需求不得不从所述方案中加以演绎推导 • 新的软件必须符合现有应用标准和用户界面约束 • 需求讨论专注于用户界面设计	• 多问几次"为什么"以便理解在所表述需求背后的真实用户需要以及在设计约束背后的原理 • 在涉足用户界面规范之前，先理解用户需求 • 挖掘能够问出正确问题并收集真实所需的熟练业务分析师 • 向客户讲解需求开发 • 记录业务规则和约束
• 所需的需求被遗漏	• 用户不知道自己需要什么 • 业务分析师没有提出正确的问题 • 没有为需求收集留够时间 • 一些用户类别没有代表 • 正确的、知识渊博的用户代表没有参加需求收集 • 需求收集的参与者做了错误的假设 • 开发人员与客户之间的沟通不充分 • 用户没有表达出自己心中隐性或设想的需求	• 挖掘能够提出正确问题的业务分析师 • 收集用户用例或用户故事 • 使用多种需求收集技术 • 使用多种方式来表述需求，重点是可视化模型，以便发现理解差异 • 召集需求评审使用多次的、增量的评审 • 使用 CURD 矩阵分析需求 • 构建原型并让用户试用和评估 • 增量构建产品并在后续的迭代中加入新需求 • 创建并使用一份需求可跟踪性矩阵来发现遗漏的需求
• 需求规范不正确或不恰当	• 加入了错误的用户代表或不恰当的替身 • 用户代表为他们自己代言，而不是为他们所代表的用户代言 • 管理人员未提供与用户代表接触的权限 • 业务需求未被清晰地建立 • 用户和功能性需求与业务目标不一致	• 明确有缺陷的需求哪里错了以及为什么它们被写入规范 • 定义用户类别 • 明确正确的产品带头人，对他们加以教育，并给他们授权 • 让多职能团队评审需求 • 与权威干系人就不准确需求所带来的风险进行沟通 • 对高层干系人解释好的用户代表之重要性

分析问题

下表所述症状说明更有效的需求分析是明智之举。

症状	可能的根本原因	可能的解决方案
<ul><li>写的需求无关紧要</li><li>在测试过程中发现了非预期功能</li><li>功能进行了规范制定和构建，但无人使用</li></ul>	<ul><li>需求审核过程无效</li><li>开发人员加入了用户没有提到的功能</li><li>用户请求的是复杂的解决方案，而不是业务需求</li><li>需求收集专于系统功能，而非用户目标</li><li>需求无法回溯到业务目标</li></ul>	<ul><li>记录每个需求的来源和理由</li><li>使用用户用例来专于用户的业务目标从这些用户用例或用户故事中派生出功能性需求</li><li>对需求排优先级，以便尽早交付高价值的功能</li><li>让多职能团队评审需求</li></ul>
<ul><li>测试人员无法从需求写出良好的测试</li></ul>	<ul><li>需求有歧义、不完整或不够详尽</li></ul>	<ul><li>尽早让测试人员对需求进行评审，以便发现可验证性和其他质量问题</li></ul>
<ul><li>所有需求看上去都同等重要</li><li>所有需求都有高优先级</li><li>当出现新需求时，业务分析师无法进行非正式的权衡决策</li></ul>	<ul><li>担心低优先级的需求永远不会被实现</li><li>对业务及其需求的了解不足或不断变化</li><li>对于需求的价值和成本不了解、未进行相关的沟通或讨论</li><li>除非大量的、重要的功能集合得以实现，否则产品无法使用</li><li>客户或开发人员的预期不合理</li><li>只有客户输入了有关优先级的信息</li></ul>	<ul><li>为需求优先级排序制订一套协作过程，从而平衡客户价值、实现成本和技术风险</li><li>尽早对需求排优先级</li><li>对高优先级需求制订详尽的规范</li><li>使用增量式开发或阶段性发布，以便尽早最大限度交付价值</li><li>动态调整 Backlog 中需求的优先级</li></ul>
<ul><li>需求优先级不断变化</li></ul>	<ul><li>未指定或授权决策制定者</li><li>内部政策压力</li><li>业务目标不明确，或者对业务目标缺乏共识</li><li>外力，比如法律法规问题</li><li>需求及其优先级为得到正确人员的认同</li></ul>	<ul><li>记录项目的业务目标、范围和优先级</li><li>需求的优先级与业务目标挂钩</li><li>明确并授权需求决策制定者</li><li>从成本、收入以及排期延误角度对变更的影响进行跟踪</li><li>使用增量式开发并动态调整 Backlog 中需求的优先级</li></ul>

症状	可能的根本原因	可能的解决方案
• 干系人之间的需求优先级冲突	• 不同的用户类别的需要相互矛盾 • 缺乏对最初项目愿景的专注，或者在项目过程中愿景发生了演进 • 业务目标不清晰，或者缺乏对业务目标的共识 • 业务目标不断变化 • 不清楚谁是需求决策者	• 做足市场研究 • 建立并沟通业务目标 • 基于愿景、范围和业务目标设定优先级 • 明确重点用户类别或市场划分 • 明确产品代言人来代表不同的用户类别 • 明确并授权需求决策者
• 在项目后期快速缩减范围	• 对开发生产率不切实际的乐观 • 缺少早期和持续的优先级排序 • 未基于优先级进行实现顺序确定和进行可控范围变更	• 尽早确定优先级 • 使用优先级来指导决策哪些需求需要现在做，哪些可以晚一些再做 • 当加入新需求时，重新排需求优先级 • 定期调整范围，而不是到项目晚期再调整 • 使用增量式开发或阶段性发布来保持对客户价值的专注
• 开发人员发现需求模糊或有歧义 • 开发人员不得不寻找遗漏的信息 • 开发人员对需求有误解并且不得不对他们的实现进行返工	• 业务分析师和客户不了解开发人员所需的需求详尽程度 • 客户不知道他们想要什么，或者无法清晰地加以描述 • 用于需求收集的时间不足 • 未对业务规则进行明确、沟通或理解 • 需求包含模糊和有歧义的语述 • 干系人对术语、概念以及数据定义的理解有所不同 • 客户认为开发人员对业务领域的知识以及客户所需已经有了足够的了解	• 对业务分析师开展需求写作培训 • 需求规范中避免使用主观的、有歧义的语句 • 尽早让开发人员和客户对需求进行评审，以便澄清和确定合适的细节 • 对需求进行建模，以便发现遗漏的信息并对细节加以改进 • 构建原型并让用户试用评估 • 逐层递进对需求细节加以完善 • 记录业务规则 • 使用词汇表来定义术语 • 使用数据字典定义数据术语 • 促进所有项目参与人员之间的有效沟通

症状	可能的根本原因	可能的解决方案
• 有些需求技术不可行	• 需求分析不充分 • 客户不接受可行性分析结果 • 对工具、技术和运营环境的限制缺乏了解	• 进行可行性分析 • 创建概念验证原型 • 让开发人员参与需求收集 • 开发人员评审需求可行性 • 开展单独的研究或探索性迷你项目或试点评估可行性
• 来自不同来源或用户类别的需求相互冲突 • 难以在不同干系人之间达成共识	• 缺少共享的产品愿景 • 没有明确需求的决策者 • 不同干系人没有按相同的方式对业务过程加以理解 • 政治驱动着需求输入 • 多样化的用户或市场划分有不同的需要、期望和目标 • 产品对特定目标市场的专注度不够 • 一些用户分组已经在使用并依赖某个有用的系统	• 制定一个统一的业务需求集合，并加以论证和沟通 • 理解目标市场划分和用户类别 • 确定重点用户类别，以便解决冲突 • 确定产品代言人，以便解决每个用户类别的冲突 • 确定并授权需求决策者 • 专注于共享业务利益，而不是站在情感和政治的角度
• 需求中包含待定列表、信息差异列表以及未结问题列表	• 在确定需求基线之前没有指派负责解决待定列表和问题列表的人 • 在开始实现前，没有时间解决待定列表和打开的问题列表	• 对需求进行评审，以便确定信息差异 • 对每个待定事项和打开的问题指定专人负责 • 如果时间紧迫，对待定列表排优先级 • 在确定一组需求基线之前，跟踪每个待定事项和打开的问题，直至关闭
• 业务分析师进行需求分析时间过长	• 在需求达到"完美"之前不愿继续前进（分析瘫痪） • 倾向于制定完整的规范，而不是足够好的规范 • 项目的分析技术选型不当	• 专注于对需求中复杂的、创新的、不确定的部分进行分析和建模 • 使用同级评审来判断何时需求已经足够好，可以将开发过程的风险降低到可接受的程度

规范问题

下表症状说明项目需求规范的制定方式存在不足。

症状	可能的根本原因	可能的解决方案
• 不写需求文档 • 开发人员创建的需求 • 客户口头向开发人员提供需求细节 • 开发人员为了确定客户需要而做了大量的探索性编程工作	• 没有人确定要构建什么 • 留给需求收集和文档的时间不足 • 感觉写需求文档会使项目减速 • 对写需求规范的个人责任没有清晰地明确与承诺 • 没有定义工作所需的需求开发过程和模板 • 开发管理人员不重视或不期望有需求规范 • 开发人员认为他们知道客户所需	• 指出需求规范缺乏的风险 • 定义并遵从某种需求开发过程 • 建立团队角色定义，并从担任各角色的个人那里获得承诺 • 对其他团队成员和客户开展需求过程培训 • 在项目计划和排期中，加入需求的工作量、资源、任务以及交付物 • 使用标准模板和可共享的优质需求规范范例
• 干系人认为已有系统中的功能将在新系统中得到复制	• 现有系统需求文档质量低下，新系统的需求只规范对现有系统文档的变化点 • 业务目标不清晰	• 对现有系统进行反向工程，以便了解其完整能力 • 为新系统写的需求规范中，要包含所有需要的功能 • 构建当前过程和目标过程的模型，以便干系人能够清晰地了解未来的系统能做什么、不能做什么
• 需求文档没有准确描述对系统	• 开发过程中的变动没有被加入需求文档	• 遵循某种在变更得到接受的同时对需求文档进行更新的变更控制过程 • 所有变更请求都要经过变更控制委员会通过 • 让关键干系人对变更的需求进行评审
• 需求存在不同的、有冲突的版本	• 缺少版本控制实践 • 需求文档存在多份"主干"副本 • 需求分别同时使用某种工具和多份文档，人们无法确定哪一个是明确的需求来源	• 为需求文档定义并遵循良好的版本控制实践 • 将需求存储到某个需求管理工具中 • 指派一名需求经理负责需求变更

确认问题

很难知道如何确定实现的需求是否将实际达到预期的业务目标。以下症状说明需求确认环节存在不足。

症状	可能的根本原因	可能的解决方案
• 产品无法达到业务目标或无法满足用户期望 • 客户有不成文的、猜测的或隐性的需求没有得到满足	• 客户没有准确表达自己的需要 • 市场和业务需要发生了变化，修订相应需求的机制不到位 • 业务分析师没有提出正确的问题 • 需求开发过程中客户参与不足 • 加入了错误的客户代表，比如那些并不代表真实客户所需的代理人 • 市场需要没有受到准确评估，尤其是具有不确定性需求的创新产品 • 项目参与者做出了错误的假设	• 开展市场研究，以便了解市场划分及其需要 • 在项目过程中，让能够代表各用户类别的产品代言人全程参与 • 对业务分析师开展如何收集需求的培训 • 开发用户用例以便确定已经了解业务任务 • 让客户参与需求评审 • 构建原型并让用户试用和评估 • 让用户写验收测试和验收标准 • 建立有效的变更机制以便需求能够适应于业务实际情况
• 产品未达到性能目标或满足用户的其他质量预期	• 没有收集和编制质量属性需求 • 干系人不了解非功能性需求及其重要性 • 所使用的需求模板或工具中没有记录非功能需求的部分 • 用户没有提及他们对系统质量特征的设想 • 质量属性没有进行足够精确地规范，无法给所有干系人相同的理解	• 教业务分析师和客户，让他们知道非功能性需求以及如何对非功能性需求进行规范 • 让业务分析师在需求收集过程中对非功能性需求加以探索 • 使用能够记录非功能性需求的需求规范文档模板 • 使用 Planguage 来精确规范质量属性

需求管理问题

需求管理不善的一个迹象是没有实现想要实现的所有需求。

症状	可能的根本原因	可能的解决方案
• 有些计划内的需求没有实现	• 需求规范的组织和编写都很差 • 独立的需求没有分别加以标识和标记 • 开发人员不遵从需求规范 • 没有与其他人就需求规范进行过沟通 • 没有就变更与受影响的人进行过沟通 • 在实现过程中，无意忽略了需求 • 需求实现责任没有责任到人 • 没有准确地跟踪独立需求的状态	• 需求保持最新，并使需求对整个团队可用 • 确保变更过程包括与干系人进行沟通 • 使用某种需求管理工具存储需求 • 对单个需求的状态进行跟踪 • 创建用户需求的可追溯性矩阵 • 为软件构建定义明确清晰的责任 • 培训业务分析师如何写出清晰、简洁的需求

变更管理问题

有许多指标说明软件项目没有很好地把控变更请求，下表列出其中的一些。

症状	可能的根本原因	可能的解决方案
• 需求经常变更 • 许多需求变更发生在开发周期的后期 • 变更造成错过交付目标	• 客户不确定自己需要什么 • 不断变化的业务过程或市场需求 • 并非所有正确的人员都参加了需求的收集与审核 • 需求最初没有进行充分定义 • 需求基线没有定义或没有得到认同 • 外部来源决定的变更，比如政府或政治问题 • 初始需求包含的许多方案想法并不满足真实需要 • 没有充分理解市场需要	• 改进需求收集实践 • 实施并遵从某种变更控制过程 • 设立变更控制委员会，对提出的变更进行决议 • 在接受变更之前进行影响分析 • 在设置需求基线之前，让干系人对需求进行评审 • 从高可变性角度设计软件，从而适应某种变化 • 使用增量式开发方法快速响应不断变化的需求 • 保护排期并协商对交付范围进行缩减以及对后续版本进行规划

症状	可能的根本原因	可能的解决方案
• 频繁有新的需求加入 • 范围增加导致错过交付目标	• 需求收集不完整 • 需求开发过程中的客户参与不足 • 业务需要和环境一直快速变化 • 对业务领域了解不足 • 干系人对项目范围不理解或不尊重 • 管理层、营销部门或客户需要新特性，但并没有考虑这些新特性对项目的影响	• 改进需求收集实践 • 就范围进行明确定义和沟通 • 让正确的人对变更范围做出明的业务决定 • 进行根因分析，找出新需求从哪里来，为什么会有新需求 • 在接受新需求之前开展变更影响分析 • 确保所有用户类别都提供了信息输入 • 在项目排期中加入一些应急缓冲，以便适应一定程度的范围增长 • 使用增量式开发方法快速响应新需求
• 需求先被加入范围，后又被移出	• 愿景与范围没有得到清晰的定义 • 没有对业务目标进行清晰的理解和沟通 • 范围不确定，也许是为了应对不断变化的市场需求 • 需求优先级没有得到很好的明确 • 决策者对项目范围不认可	• 清晰定义业务目标、愿景和范围 • 使用范围描述来确定提出的需求是否在范围内 • 记录下拒绝所提出需求的理由 • 确保变更控制委员会由正确的成员组成，并且对项目范围有一致的理解 • 使用增量式开发以灵活适应不断变化的范围边界 • 专注于实现稳定的需求
• 当开发已经开始之后发生了范围定义的变更	• 业务目标不够明确、理解不充分或者业务目标不断变化 • 对市场划分和市场需求的了解不足 • 竞争产品上线 • 关键干系人没有对需求进行评审和审核 • 项目过程中，关键干系人发生变化	• 定义业务目标，并使愿景和范围与之挂钩 • 确定能够在业务需求层面制定决策的干系人 • 让决策者评审愿景与范围文档 • 遵循某种变更控制过程来加入变更 • 当项目方向发生变化时，对排期、资源和承诺进行重新商议

症状	可能的根本原因	可能的解决方案
• 人们对范围不了解，也不清楚范围的变化	• 没有与所有受需求变更影响的干系人进行沟通 • 需求变更时没有更新需求规范 • 客户直接请求开发人员进行变更 • 并非每个人都能够访问需求文档 • 非正式的沟通途径没有包含某些项目参与者 • 不清楚需要将变更告知谁 • 没有建立变更控制过程 • 缺乏需求之间相互关系的了解	• 为每个需求明确一名负责人 • 定义需求与其他工件之间的跟踪链接 • 在需求沟通过程中，加入所有会受影响的方面 • 建立某种包含沟通机制的变更控制过程 • 使用变更控制过程把控所有需求变更 • 使用某种需求管理工具，使所有干系人能够得到最新的需求 • 改善项目参与者和其他干系人之间的协作与沟通
• 遗漏了提出的需求变更 • 每个变更请求的状态不可知	• 变更控制过程无效或未定义 • 没有遵循变更控制过程	• 采用实用、有效的变更控制过程，并教会干系人使用 • 为变更控制过程的每一步执行分派责任 • 确保所有人都遵从变更控制过程 • 使用需求管理工具对变更和每个需求的状态进行跟踪
• 干系人无视变更控制过程 • 客户直接向开发人员请求变更	• 变更控制过程不实用或无效 • 变更控制委员会无效 • 干系人不了解或不接受变更控制过程 • 没有要求管理层遵从变更控制过程	• 确保变更控制过程对于所有干系人都是实用、有效、高效以及可访问的 • 让变更控制过程灵活应对小变更与大变更 • 建立并颁布一个合适的变更控制委员会 • 让管理层承诺牵头使用变更控制过程 • 实施一项政策，要求只能通过变更控制过程进行需求变更
• 需求变更所投入的工作量远超计划预期 • 变更影响了比预期更多的系统组件 • 变更与其他需求冲突 • 变更导致系统安全性下降	• 对提出的需求变更影响分析不充分 • 开发人员低估了需求变更的影响 • 由错误的人、决定接受变更 • 团队成员害怕坦诚面对提议变更所带来的影响 • 变更请求提供的信息不足以开展良好的影响分析	• 采用某种变更影响分析过程和检查清单 • 将变更影响分析加入到变更控制过程中 • 使用需求跟踪信息来评估所提出变更的影响 • 与所有受变更影响的干系人进行沟通 • 提出变更时，根据需要对项目承诺进行重新商议，并做出必要的权衡

范例需求文档

本附录通过一个称为"食堂订餐系统（COS）"的虚构项目对本书所述的一些需求文档和图示进行阐明。本附录包括以下内容。

- 一份愿景与范围文档。
- 一份用例列表以及一些呈现出不同详细程度的用例规范。
- 一部分软件需求规范。
- 一些局部分析模型，其中包括特性树、环境图、实体关系图以及状态转化图。
- 一部分数据字典。
- 一些业务规则。

由于这只是一个例子，所以不要期望这些交付物是完整的。但它们能够阐明不同类型的需求信息之间如何相互联系以及每个文档部分应该如何写。可以以许多其他合理的方式来组织这些例子中的信息，比如小项目可以将这些信息合并成一份单独的文档或者在需求管理工具中存储这些信息。核心目标是需求信息要清晰、完整、易用。这些例子适用于前面几章介绍的各种模板。这是一个小项目，因此合并了一些模板项。每个项目都应当考虑如何将组织的标准模板调整为最适合项目的大小和性质。

愿景和范围文档

1. 业务需求

1.1 背景

Process Impact 的员工现在平均每天要花 65 分钟去食堂选购买并享用自己喜爱的午餐。在此期间，员工需要步行往返于工位与食堂之间、选择饭菜并使用信用卡支付，这个过程大概需要 20 分钟。员工平均需要 90 分钟离开工位外出吃午饭。一些员工会图省事给食堂打电话订餐，好让他们提前做好取餐准备。由于食堂的某些菜品可能正好售罄，所以员工并非每次都能买到自己想要的饭菜。食堂会有很多卖不出去的饭菜，最终只能倒掉，浪费严重。对于早餐和晚餐来说，尽管与午餐相比用餐员工要少得多，但仍然存在相同的问题。

1.2 业务机遇

许多员工都表示希望能够有个系统供食堂用户在线订餐（从食堂菜单中选中的一项或多项食物），既可以选择到店自取，又可以在指定的日期和时间送餐到工位。这样一个系统能够节省员工的时间，还能给员工更多的机会得到他们喜欢的饭菜。由于能够事先知道顾客想要哪些饭菜，就可以降低食堂的浪费，并且改善食堂工作人员的效率。未来还会为员工提供从当地饭馆订外卖的功能特性，让员工能够有更多的选择，并通过与饭馆签订批量折扣协议来提供降低成本的可能性。

1.3 业务目标

BO-1：在初始发布之后的 6 个月内，将食堂饭菜的浪费降低 40%。

[这个例子展示了如何使用 Planguage 来精确陈述业务目标。]

规模：每周食堂工作人员倒掉饭菜的成本。

标尺：对食堂资产系统的日志进行检查。

过去：33%（2013 年初步研究）

目标：低于 20%

力求：低于 15%

BO-2：在初始发布之后的 12 个月内，将食堂运营成本降低 15%。

BO-3：在初始发布之后的 6 个月内，将每食堂用户每天的平局有效共识提高 15 分钟。

1.4 成功指标

SM-1：在初始发布后的 6 个月内，在 2013 年第 3 季度每周至少 3 次到食堂就餐的员工中，有 75% 每周至少使用 1 次 COS。

SM-2：在初始发布后的 3 个月内，食堂满意度季度调查评分（最低 1 分，满分 6 分）比 2013 年第 3 季度评分提高 0.5 分。

1.5 愿景陈述

对于希望从公司食堂或当地饭馆进行在线订餐的员工来说，食堂订餐系统是一款基于互联网的智能手机应用，它能够接受个人或团体的订餐订单，处理支付过程，并触发将备好的饭菜送至公司园区内的指定工位。不同于当前电话或人工订餐过程，使用食堂订餐系统的员工不必亲自到食堂领取饭菜，这将节省他们的时间并为他们提供更多可选择的饭菜。

1.6 业务风险

RI-1：食堂工会可能要求对他们的合同进行重新谈判，以反映员工的新角色和食堂营业时间。（概率=0.6；影响=3）

RI-2：如果适用系统的员工太少，会使对这个系统进行开发和使食堂经营

方式进行改变的投资回报率降低。（概率=0.3；　影响=9）

RI-3：本地饭馆可能不同意提供送餐服务，这将降低员工对这个系统及其使用的满意度。（概率=0.3；　影响=3）

RI-4：可能没有足够的送餐能力，这意味着员工可能有时无法及时收到订餐，并且所请求的送餐时间可能并非所期望的送餐时间。（概率=0.5；影响=6）

1.7 业务假设与依赖

AS-1：系统为食堂员工提供了恰当的用户界面，以处理的预期订餐量。

AS-2：食堂工作人员和车辆能够送达所有订餐，并将送餐时间误差控制在订单指定送餐时间前后 15 分钟内。

DE-1：如果某个饭馆已经有了自己的订餐系统，食堂订餐系统就必须能够与之进行双向通信。

2. 范围与限制

2.1 主要特性

FE-1：从食堂菜单中选择要自提或送餐的饭菜并进行预订和支付。

FE-2：从本地饭馆预订并支付外卖。

FE-3：为长期或重复性订餐订单或每日特色菜进行菜品订阅的创建、查看、修改、取消。

FE-4：创建、查看、修改、删除、存档食堂菜单。

FE-5：查看食堂菜单项的食材列表以及营养信息。

FE-6：授权员工能够通过企业内网、智能手机、平板电脑以及外部互联网访问系统。

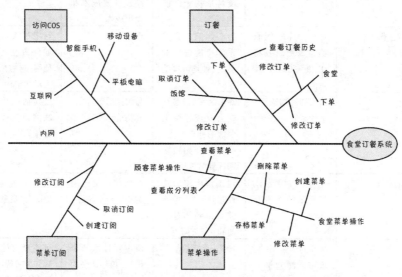

图 C-1　食堂订餐系统的局部特性树

2.2 初始与后续发布的范围

特性	发布 1	发布 2	发布 3
FE-1，从食堂订餐	午餐菜单仅提供标准食物；送餐订单只能从工资中抵扣	支持信贷卡和借贷卡支付	接受早餐和晚餐的订单
FE-2，从饭馆订餐	未实现	送餐只支持园区内的位置	完整实现
FE-3，菜品订阅	未实现	如果时间允许则完成实现	完整实现
FE-4，菜单	创建和查看菜单	修改、删除和存档菜单	
FE-5，成分列表	未实现	完整实现	
FE-6，系统访问	内网和外部互联网访问	运行于 iOS 及安卓的手机和平板电脑的 APP	运行于 Windows Phone 和 Windows 平板电脑的应用

2.3 限制与排除项

LI-1：食堂菜单上的有些菜品项不适于外送，所以为 COS 系统的顾客提供的外送菜单内容必须是完整版食堂菜单内容的子集。

LI-2：COS 系统应仅可用于位于俄勒冈-克拉克马斯的 Process Impact 园区内的食堂。

3. 业务上下文

3.1 干系人资料

干系人	主要价值	态度	主要兴趣	约束
公司管理层	提升员工生产率；节约食堂成本	强烈承诺支持发布 2；对发布 3 的支持取决于之前的结果	节省下来的成本和员工时间必须超过开发成本和使用成本	无明确约束
食堂工作人员	每天工作时间能够得以更高效利用；更高的客户满意度	担心影响工会关系和可能进行裁员；其他均可接受	保住工作	对工作人员培训如何通过互联网使用；送餐所需的人员和车辆
顾客	更好的食物选择；节约时间；方便	热情高涨，但鉴于在食堂或饭馆吃午饭的社会价值，或许不会如预期那样经常使用	易用；送餐可靠；食物可选	公司内网访问互联网访问或移动设备
薪资部门	无利益；需要制订工资抵扣注册方案	对工作所需的软件感到不爽，但能够意识到其对公司和员工的价值	对当前薪资应用的变动越小越好	尚未承诺提供变更软件的资源
饭馆管理者	更高的销售额；通过市场曝光量来获得新客户	接受但保持谨慎	所需新技术越少越好；担心送餐的资源和成本	可能没有能力控制订单等级；可能没有在线菜单

3.2 项目优先级

维度	约束	驱动	自由度
特性	所有排入发布 1.0 的特性都必须完全可操作		
质量	用户验收测试通过率必须超过 95%；安全测试必须全部通过		
排期			发布 1 计划将在次年第 1 季度末上线，发布 2 在第 2 季度末上线；在无赞助方评审的情况下可以接受不超过 2 周的延期
成本			在无赞助方评审的情况下，可以接受不超过 15%的预算超支
人员		团队包括一名兼职经理、一名兼职业务分析师、三名开发人员和一名测试人员；必要时可额外增加一名开发人员和一名兼职测试人员	

3.3 部署考虑

网站服务器软件必须升级至最新版本。在第二次发布中，必须为 iOS 和安卓系统的智能手机和平板电脑开发应用，相应的 Windows Phone 和 Windows 平板电脑应用将在随后的第三次发布中完成开发。任何相关的基础设施变更必须在第二次发布中完成。将制作一系列长度短于 5 分钟的视频，用于培训用户如何使用基于互联网和基于应用版本的 COS。

用例

各用户类别为 COS 确定了如下表所示的主要操作者及用例。

主要操作者	用例
顾客	1. 订餐
	2. 变更订餐订单
	3. 取消订餐订单
	4. 查看菜单
	5. 注册薪资抵扣
	6. 撤销薪资抵扣
	7. 管理菜品订阅
菜单管理员	8. 创建菜单
	9. 修改菜单
	10. 删除菜单
	11. 存档菜单
	12. 定义特色菜
食堂工作人员	13. 备餐
	14. 生成支付请求
	15. 请求送餐
	16. 生成系统使用报表
送餐人员	17. 记录送餐
	18. 打印送餐指令

ID 和名称：	UC-1：订餐		
创建人：	Prithvi Raj	创建日期：	2013/10/04
主要操作者：	顾客	次要操作者：	食堂库存系统
描述：	顾客从公司内网或外部互联网访问食堂订餐系统，查看某一天的菜单，选择食物项，选择赴食堂自提或在规定的 15 分钟内配送至指定位置，然后下单		
触发器：	顾客表示要订餐		
前置条件：	PRE-1：顾客登录到 COS PRE-2：顾客注册了通过薪资抵扣进行订餐		
后置条件：	POST-1：订餐订单存入了 COS 系统，状态为"已接受"。 POST-2：更新了可用菜品项的库存，以对应于该订单。 POST-3：更新了所要求时间窗的内剩余配送能力。		
一般性流程：	**1.0 单点一餐** 1. 顾客请求查看特定日期的菜单。（参见 1.0.E1、1.0.E2） 2. COS 显示可选菜品项菜单以及每日特色菜。 3. 顾客从菜单中选择 1 项或多项菜品。（参见 1.1） 4. 顾客表示订餐完成。（参见 1.2） 5. COS 显示所订菜单项、单价及总价，包括税费和配送运费。 6. 顾客要么确认订餐订单（继续一般性流程），要么请求修改订单（回到步骤 2）。 7. COS 显示送餐日期中的可送餐时间。 8. 顾客选择送餐时间并制定送餐地点。 9. 顾客选择支付方式。 10. COS 确认接受订单。 11. COS 给顾客发送一封电子邮件信息来确认订单详情、价格以及送餐事宜。 12. COS 存储订单，将菜品信息发送给食堂库存系统，并更新可用的送餐时间。		

选择性流程：	**1.1 订多个相同的菜品**
	1. 顾客请求指定数量的相同菜品。（参见 1.1.E1）
	2. 返回一般性流程的步骤 4
	1.2 多次订餐
	1. 顾客要求订另一份食物
	2. 返回一般性流程的步骤 1
异常：	**1.0 E1 所请求的日期是今天，并且当前时间晚于今天的订单截止时间**
	1. COS 告知顾客今天太晚已经无法下单。
	2a. 如果顾客取消订餐流程，COS 就会终止用例。
	2b. 否则如果顾客请求另一天，COS 则重新开始用例。
	1.0 E2 剩余的送餐时间不足
	1. COS 告知顾客用餐日期当天没有可用的送餐时间了。
	2a. 如果顾客取消了订餐流程，COS 则会终止用例。
	2b. 否则如果顾客请求来食堂取餐，则继续一般性流程，但会跳过步骤 7 和 8。
	1.1 E1 库存不足，难以填满多餐订单
	1. COS 根据当前可用库存告知顾客所能够预订相同饭菜的最大值。
	2a. 如果顾客修改预订菜品的数量，则返回一般性流程的步骤 4.
	2b. 否则如果顾客取消订餐流程，COS 则终止用例。
优先级：	高
使用频率：	约 300 名用户，平均每天使用 1 次。本用例的使用高峰期在当地时间上午 9:00 至上午 10:00 之间。
业务规则：	BR-1, BR-2, BR-3, BR-4, BR-11, BR-12, BR-33
其他信息：	1. 顾客在确认订单之前，可以在任何时间取消订餐流程。
	2. 顾客应当能够查看此前六个月内的所有订餐，并且能够使用其中的某个订单再次下单，并在新订单中提供所请求送餐日期当天菜单中可选的所有菜品。（优先级=中）[注：你应当将也呈现为该用例的一个选择性流程。]
	3. 如果顾客在今天预定截止时间之前使用系统，则默认日期为当前日期。否则，默认日期是食堂的下个营业日期。
假设：	假设 15% 的顾客将预订每天的特色菜（来源：此前 6 个月的食堂数据）。

[**注：** 为了说明对用例的每个细节进行规范并不总是必要的，下面这个用例写入的细节比 UC-1 更少，只为开发人员提供了其他一些来源的必要信息。]

ID 和名称：	**UC-5：注册薪资抵扣**		
创建人：	Nancy Anderson	创建日期：	2013/9/15
主要操作者：	顾客	次要操作者：	薪资系统
描述：	使用 COS 食堂顾客订餐外送的顾客必须已注册薪资抵扣。为了能够从 COS 进行无现金购买，食堂将向薪资系统发起支付请求，薪资系统将从员工下次发放的薪金中直接扣除餐费		
触发器：	顾客需要注册薪资抵扣，或者顾客向 COS 确认需要注册		
前置条件：	PRE-1：顾客登录到 COS		

续表

后置条件：	POST-1：顾客完成了薪资抵扣的注册
一般性流程：	**5.0 注册薪资抵扣** 1. COS 会询问薪资系统是否顾客有资格注册薪资抵扣。 2. 薪资系统确认该顾客有资格注册薪资抵扣。 3. COS 让顾客确认其注册薪资抵扣的意向。 4. 如果顾客确认，COS 就会让薪资系统为顾客开通薪资抵扣。 5. 薪资系统确认薪资抵扣已经开通。 6. COS 告知顾客薪资抵扣已经开通。
选择性流程：	无
异常：	5.0.E1 顾客没有资格开通薪资抵扣。 5.0.E2 顾客已经登机了薪资抵扣。
优先级：	高
业务规则：	BR-86 和 BR-88 规定了员工开通薪资抵扣所需的资格。
其他信息：	预期在系统发布大的 2 周内此用例被高频执行。

[注：为了说明并非总是需要完整完成用例模板，下面的用例采用了一种非常主流的方式编写，只为开发人员提供了其他一些来源的必要信息。最好规划出哪些用例需要进一步详细化、哪些则不需要详细化。]

ID 和名称：	**UC-9：修改菜单**		
创建人：	Mark Hassall	创建日期：	2013/10/7
描述：	食堂的菜单管理员可以查找未来某指定日期的菜单，对其进行修改并添加新菜品项、删除或变更菜品、创建或修改特色菜，或者修改价格，然后保存修改后的菜单。		
异常：	指定日期没有菜单；显示一段错误信息并让菜单管理员输入新日期。		
优先级：	高		
业务规则：	BR-24		
其他信息：	特定的菜品只限堂食，所以负责送餐 COS 管理员看到菜单并不总是能精确匹配到食堂的外卖菜单。菜单管理员可以设置哪些菜品只限堂食。		

软件需求规范

1. 介绍

1.1 目的

本软件需求规范描述了食堂订餐系统（COS）1.0 版本软件中的功能性和非功能性需求。此文档由项目团队成员使用，以实现并检验正确的系统功能。除非另有说明，否则 1.0 版本中承诺包含这里所规范的所有需求。

1.2 文档约定

本 SRS 中未使用特定书面约定。

1.3 项目范围

COS 系统将允许 Process Impact 公司员工在线从公司食堂订餐并送至园区指定的位置。在《食堂订餐系统愿景与范围文档》[1]中有详尽的描述，并且阐述了在此版本中规划的需要完整或部分实现的特性。

1.4 参考

1. 《食堂订餐系统愿景与范围文档》，Wiegers、Karl，*www.processimpact.com/projects/COS/COS Vision and Scope.docx*

2. 《Process Impact 公司内网开发标准（1.3 版）》，Beatty，*www.processimpact.com/corporate/standards/PI Intranet Development Standard.pdf*

3. 《Process Impact 公司互联网应用用户界面标准（2.0 版）》，Rath、Andrew，*www.processimpact.com/corporate/standards/PI Internet UI Standard.pdf*

2. 总述

2.1 产品视角

食堂订餐系统是一套新的软件系统，用于替代 Process Impact 食堂现在通过人工和电话处理订餐到取餐的方式。图 C-2 中的环境图绘制了 1.0 版本的外部实体和系统接口。预期系统将经过多个版本的进化，并且最终为一些当地餐馆连接到互联网订餐服务以及支持储蓄卡和信用卡的鉴权服务。

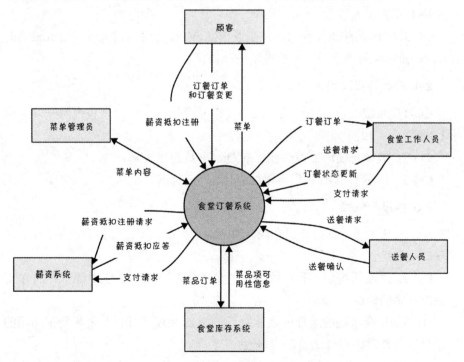

图 C-2 食堂订餐系统 1.0 版本的环境图

2.2 用户类别及特征

用户类别	描述
顾客（首要）	顾客是希望从公司食堂进行订外卖的 Process Impact 公司员工。潜在顾客大约有 600 名，预计其中 300 人平均每周每人使用 COS 系统 5 次。有时，顾客会为团队会议或访客预订多份。估计 60% 的订餐由公司内网下单，40% 的订餐从家中或使用智能电话和平板电脑下单
食堂工作人员	Process Impact 公司食堂雇了约 20 名食堂工作人员，他们将从 COS 系统接收订单、备餐，为外卖打包并请求送餐。大多数食堂工作人员都需要接受培训，学习如何使用 COS 系统的软硬件
菜单管理员	菜单管理员是一名食堂雇员，负责创建和维护每天食堂可供应菜品的菜单。有些菜单项可能无法外送。菜单管理员还会定义每天的特色菜。菜单管理员需要定期编辑已有的菜单
送餐人员	当食堂工作人员准备外卖订单时，他们会向送餐人员的智能手机发送送餐请求。送餐人员提取订餐并送至顾客。送餐人员与 COS 系统的其他交互包括确认订餐是否送达

2.3 操作环境

OE-1：COS 系统将可以在如下网页浏览器中正常使用：Windows Internet Explorer 版本 7、8、9；火狐版本 12 至 26；谷歌 Chrome（全部版本）；苹果 Safari 版本 4.0 至 8.0。

OE-2：COS 系统将运行于当前企业审批通过版本的红帽 Linux 服务器和 Apache HTTP 服务器。

OE-3：COS 系统将允许用户从企业内网、VPN 互联网连接或使用 Android、iOS、Windows 智能手机和平板电脑进行访问。

2.4 设计与实现约束

CO-1：系统的设计、代码、维护文档应遵循《影响力过程内网开发标准（1.3 版）》。[2]

CO-2：系统将使用当前企业标准 Oracle 数据库引擎。

CO-3：所有 HTML 代码将遵循 HTML 5.0 标准。

2.5 假设与依赖

AS-1：认为员工在工作日在线，因此食堂会在每个工作日开放早、中、晚三餐。

DE-2：COS 系统的运行依赖于为了薪资系统能够接受 COS 系统的订单支付请求而做的修改。

DE-3：COS 系统的运行依赖于为了在 COS 系统接受订餐时更新菜品项的有效性而对食堂库存系统所做的修改。

3. 系统特性

3.1 从食堂订餐

3.1.1 描述

身份经过验证的食堂顾客能够订餐,并要求送餐至指定的公司位置或到食堂自取。顾客如果还没有准备好,可以取消或修改订餐订单。优先级=高。

3.1.2 功能性需求

Order.Place:	下订单
.Register:	COS 系统将确保顾客注册了薪资抵扣。
.No:	如果顾客未注册薪资抵扣,COS 系统就会让顾客选择立即注册并继续下单、下食堂取餐订单(而不送餐)或者退出。
	COS 系统会提示顾客选择用餐日期(参见 BR-8)。
.Date:	若用餐日期时当天且当前时间晚于下单截止时间,COS 系统就会告知顾客
.Cutoff	今天太晚以致无法下单。顾客可以变更用餐日期或取消订单。
Order.Deliver:	送餐或自取
.Select:	顾客将指定对订单进行送餐还是自取。
.Location:	若需送餐且送餐日尚有可用送餐时间,顾客需要提供有效的送餐地点。
.Notimes:	若送餐日已无可用送餐时间,COS 系统将告知顾客。顾客可以取消订单或选择前往食堂取餐。
.Times:	COS 系统将显示用餐日期剩余的可用送餐时间。COS 系统允许顾客请求一次送餐、修改订单为自取或者取消订单。
Order.Menu:	查看菜单
.Date:	COS 系统将根据顾客指定的日期显示菜单。
.Available:	所指定日期的菜单将只显示那些食堂库存系统中至少有一个单位可用以及可送餐的菜品。
Order.Units:	订多餐或多个菜品
.Multiple:	COS 系统允许用户订多份相同的餐,但不能超过任何订单中菜单项的最低可用数量。
.TooMany:	若顾客订购的数量超过当前食堂库存系统中的数量,COS 系统将告知顾客所能订购的菜品的最大数量。
Order.Confirm:	确认订单
.Display:	当顾客表示他不再需要订更多的菜品,COS 系统就会显示所订的菜品项、每个菜的价格以及按照 BR-12 计算得到的应付金额。
	COS 系统将提示用户进行订餐订单的确认。
.Prompt:	顾客可以对订单进行确认、编辑或取消。
Response:	COS 系统将让顾客进行相同或不同日期的订餐。BR-3 和 BR-4 适用于单个
.More:	订单中的多重订餐。
Order.Pay:	订餐订单支付
.Method:	当顾客表示他已经完成了下单,COS 系统就让用户选择支付方式。
	参见 BR-11。
.Deliver:	若到食堂取餐,顾客可以选择通过薪资抵扣支付或在取餐时使用现金支付。
.Pickup:	如果顾客选择薪资抵扣,COS 系统就向薪资系统发起支付请求。
.Deduct:	如果支付请求被接受,COS 系统将显示一条信息以及交易编号,确认订单已被接受。
.OK:	
	如果支付请求被拒绝,COS 系统将显示拒绝原因。顾客可以选择取消订单
.NG:	或将支付方式修改为现金并要求到食堂取餐。

Order.Done:	当顾客完成订单确认，COS 系统将在单次事务中完成如下操作。
	分配下个可用订单号给订餐，订单状态为"已接受"并保存。
.Store:	向食堂库存系统发送消息，告知订单中每个菜的数量。
.Inventory:	根据当前当单的订餐日期来更新菜单，以反映出任何目前食堂库存中库存不足的菜品。
.Menu:	更新订单所在日期剩余可用的送餐时间。
	根据顾客的个人设置，给顾客发送邮件消息或文本消息，告知订单和支付信息。
.Times:	
.Patron:	给食堂发送一条消息，告知订单信息。
.Cafeteria:	如果 Order.Done 的任何步骤失败，COS 系统将进行事务回滚，并通知用户订单失败以及失败的原因。
.Failure:	

[注：本范例中未提供再次订餐和修改、取消订单的功能性需求。]

3.2 从饭馆订餐

【本范例中未提供详情。"3.1 从食堂订餐"所述的许多功能都可以复用，所以本节应当只规范针对餐馆接口的额外功能。】

3.3 创建、查看、修改以及删除订下的菜品

【本范例中不提供详情。】

3.4 创建、查看、修改以及删除食堂菜单

【本范例中未提供详情。】

4. 数据需求

4.1 逻辑数据模型

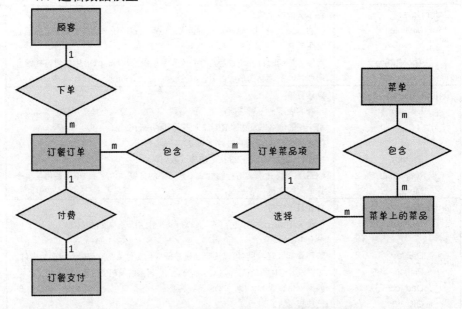

图 C-3　食堂订餐系统版本 1.0 的局部数据模型

4.2 数据字典

数据元素	描述	组成方式或数据类型	长度	值
用餐日期	送餐或取餐日期	日期，MM/DD/YYYY	10	默认=如果当前时间在当前日期的订餐截止时间之前，则为当天日期，否则为次日日期；不得早于当天
订餐订单	顾客订餐的详情	订单号 +下单日期 +用餐日期 +1:m（订餐项） +送餐指令 +订单状态		
订单号	COS 系统为每个接受的订单分配的唯一 ID	整型	7	初始值为 1
订单状态	顾客发起订单的状态	字符串	16	未完成、已接受、已备餐、等待送餐、已送餐、已取消
订餐支付	COS 系统所接受订餐的支付信息	支付金额 +支付方式 +交易号		
菜单	指定日期可供购买的菜品列表	菜单日期 +1:m（菜单菜品项）		
菜单日期	菜单指定的可用日期	日期，MM/DD/YYYY	10	
菜单上的菜品	一个菜单项的描述	菜品项描述 +菜品项价格		
订单截止时间	必须在这个时间之前完成该日所有下单	时间，HH:MM	5	
下单日期	顾客下单的日期	日期，MM/DD/YYYY	10	
已订菜品	在订餐订单中，顾客从菜单中请求的菜品	菜单菜品项 +订购数量		
顾客	有权订餐的 Process Impact 员工	顾客姓名 +员工 ID +顾客电话号码 +顾客位置 +顾客邮箱		
顾客邮箱	下单员工的邮箱地址	字符串和数字	50	
顾客位置	下单员工的楼宇房间号	字符串和数字	50	允许使用连字符和逗号
顾客姓名	下单员工的姓名	字符串	30	
顾客电话号码	下单员工的手机号码	AAA-EEE-NNN xXXXX，A 代表国家区号，E 代表交换机区号，NNN 代表总机号，x 代表分机号	18	
支付金额	根据 BR-12 计算得到的订单总价，以美元和美分为单位	数字，美元和美分	dddd.cc	
支付方式	顾客如何支付其订餐	字符串	16	薪资抵扣、现金、信用卡、储蓄卡
订购数量	顾客在单个订单中订每个菜品项的单位数量	整型	4	默认=1；最大=当前库存中的数量
交易号	COS 系统为每笔交易分配唯一序列号	整型	12	

4.3 报表

4.3.1 订餐历史报表

报表 ID	COS-RPT-1
报表标题	订餐历史
报表目的	顾客希望查看此前 6 各月至今的某个时间段内，他曾在 Process Impact 公司食堂或当地餐馆预定的所有订餐列表，以便能够再次订购自己喜爱的菜品
优先级	中
报表用户	顾客
数据源	之前存储订餐订单的数据库
频率和计划	报表根据用户需要进行生成。报表中的数据是静态的。报表能够在计算机、平板电脑或智能手机的浏览器中显示。如果显示设备允许打印，则可以打印报表
延时	必须在顾客请求报表之后的 3 秒内展现给顾客
可视化布局	横向方式
页头和页尾	报表页头将包括报表标题、顾客姓名和指定的时间范围。打印时报表页脚将显示页码
报表主体	• 展现的字段和列头包括： • 订单号 • 用餐日期 • 订餐自（"食堂"或餐馆名） • 订购项（订餐订单中的所有项的列表及各项的数量、价格） • 餐品总价 • 税费 • 送餐费 • 订单总价（餐品总价、税费、送餐费之和） • 筛选条件：顾客指定的日期范围，含终点 • 排序条件：按先后顺序倒序
报表结束符	无
交互性	顾客可以进行下钻来查看订单中每个菜的原料和营养信息
安全访问限制	顾客只能查看自己的订餐历史

[注：其他 COS 系统报表在本例中不提供。]

4.4 数据集成、留存和销毁

DI-1：COS 系统将自送餐日期起，为顾客的每个订单保留 6 个月。

DI-2：COS 系统将自菜单日期起，保留菜单 1 年。

5. 外部接口需求

5.1 用户界面

UI-1：食堂预定系统界面显示将遵循《Process Impact 公司互联网应用用户界面标准 2.0 版》[3]。

UI-2：系统为每个展现的网页将提供一个帮助链接来说明如何使用该页面。

UI-3：页面将允许仅通过键盘完成导航和选择菜品，此外还可通过键盘与鼠标结合的方式完成。

5.2 软件接口

SI-1：食堂库存系统

SI-1.1：COS 系统将通过编程接口将预订菜品的数量传递给食堂库存系统。

SI-1.2：COS 系统将对食堂库存系统进行调取，确定所请求的菜品是否可用。

SI-1.3：当食堂库存系统通知 COS 系统某种特定的菜品不再可用，COS系统就会从当天的菜单中移除该菜品。

SI-2：薪资系统

COS 系统将通过编程接口与薪资系统进行通信来完成下面的操作：

SI-2.1：允许顾客注册或注销薪资抵扣。

SI-2.2：查询顾客是否注册了薪资抵扣

SI-2.3：查询顾客是否有资格注册薪资抵扣

SI-2.4：提交订餐支付请求

SI-2.5：由于顾客拒收或不满，或由于有未送达的送餐指令，因此要返还此前的费用。

5.3 硬件接口

不识别硬件接口。

5.4 通信接口

CI-1：COS 系统将根据用户账户设置向顾客发送邮件或文本信息，以确认订单、价格以及送餐指令已被接受。

CI-2：COS 系统将根据用户账户设置向顾客发送邮件或文本信息，以报告在订单或送餐中的任何问题。

6. 质量属性

6.1 易用性要求

USE-1：COS 系统将允许顾客通过单次交互对之前预订的饭菜进行查找。

USE-2：95%的新用户首次尝试订餐能够成功。

6.2 性能要求

PER-1：系统将容纳总共 400 个用户，并在平均每个回话时间为 8 分钟的情况下，在从当地上午 9:00 至上午 10:00 的使用高峰时段内将承受 100 个并发用户。

PER-2：在 20 Mbps 或更快速的互联网连接下，95%由 COS 系统生成的网页能够在用户请求页面之后 4 秒钟内完成下载。

PER-3：系统在用户向系统提交信息后，向用户显示确认信息平均不超过 3 秒钟，最多 6 秒钟。

6.3 防护要求

SEC-1：所有含有财务信息或个人身份信息的网络事务将按照 BR-33 进行加密。

SEC-2：除查看菜单外，用户进行所有操作都需要登录到 COS 系统。

SEC-3：只有授权菜单经理允许对菜单进行操作，按照 BR-24。

SEC-4：系统只允许顾客查看他们自己下的订单。

6.4 安全要求

SAF-1：用户将能够看到任何一个菜品的全部成分的列表，并对已知导致超过 0.5%的北美人口过敏的成分进行高亮显示。

6.5 可用性要求

AVL-1：COS 系统在上午 5:00 至当地时间午夜之间至少 98%的时间可用，在当地时间午夜至上午 5:00 之间至少 90%的时间可用，不包括计划内的维护时间段。

6.6 健壮性要求

ROB-1：如果用户与 COS 系统之间的连接在对新订单进行确认或终止之前断开，COS 系统能够使用户恢复未完成的订单并继续对该订单进行处理。

附录 A：分析模型

图 C-4 是一幅状态转化图，展现了可能的订餐订单状态以及所允许的状态改变。

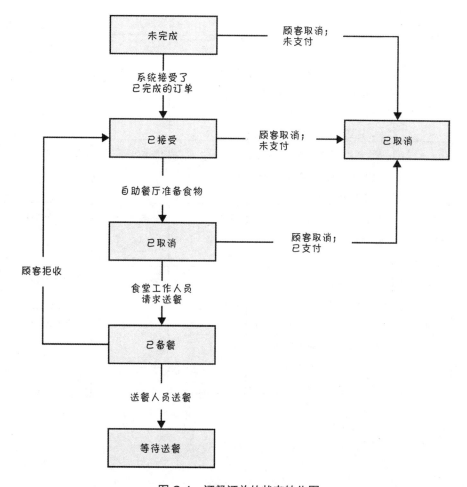

图 C-4 订餐订单的状态转化图

业务规则

[注：下面阐述了一份单独的业务规则目录的一部分。]

ID	规则定义	规则类型	静态或动态	来源
BR-1	交付时间窗口为 15 分钟，从每四分之一小时开始	事实	动态	食堂经理
BR-2	所有送餐必须在当地时间上午 11:00 至下午 2:00 之间完成	约束	动态	食堂经理
BR-3	单个订单中的所有饭菜必须送至同一个地点	约束	静态	食堂经理
BR-4	单个订单中的所有饭菜必须使用相同的支付方式付款	约束	静态	食堂经理
BR-8	只能订 14 个自然日内的饭菜	约束	动态	食堂经理
BR-11	如果一个订单需要送餐，顾客必须使用薪资抵扣的方式支付	约束	动态	食堂经理

续表

BR-12	订单价格的计算方式是将各项菜品的价格乘以该项预订数量之和，并加上适用销售税，如果送餐地点在免费送餐区域之外，还要再加上送餐费	计算	动态	食堂政策；国税编码
BR-24	食堂员工中，只有食堂经理指定的菜单管理员能够创建、修改或删除食堂菜单	约束	静态	食堂政策
BR-33	含有财务信息或个人身份信息的网络传输需要进行256位加密	约束	静态	企业安全政策
BR-86	只有正式员工能为任何企业购买而注册薪资抵扣	约束	静态	企业财务经理
BR-88	如果当前因其他原因要抵扣的金额不超过员工薪资的40%，该员工才能够注册为通过薪资抵扣支付食堂订餐	约束	动态	企业财务经理

词汇表

acceptance criteria 验收条件

为了使用户、客户或其他干系人接受，软件产品必须要满足的条件。

acceptance test 验收测试

一种对预期使用场景进行评估并以此来确定软件可接受程度的测试。在敏捷开发中，这种测试既可以用于对一个用户故事的具体细节加以表述，也可以用于确定一个用户故事是否完整、正确得以实现。

activity diagram 活动图

一种分析模型，用于描述某一个过程流从一个活动到另一个活动的过程。类似于流程图。

actor 操作者

为了达到某个有用目标而与系统进行交互的扮演着具体角色的某个人、软件系统或硬件设备。也称"用户角色"。

agile development 敏捷开发

指具备如下特征的软件开发方法：开发人员与客户持续协作、以用户故事及相应验收测试形式存在的有限需求文档以及快速而频繁交付有用功能的小增量。敏捷开发方法包括极限编程、Scrum、特性驱动开发、精益软件开发以及看板方法。

allocation 分配

参见 requirements allocation（需求分配）。

alternative flow 选择性流程

某一用例内，能够使具体任务或操作者与系统成功交互但与一般性流程不同的分支路径。

analysis, requirements 分析，需求

将信息归为不同类别、评估需求以确保满足预期质量、以不同的形式表述需求、从高层需求派生出更详细的需求、商议优先级以及相关活动的过程。

analyst 分析师

参见 business analyst（业务分析师）。

application 应用

参见 product（产品）。

architecture 架构

一个系统的结构，包括组成系统的所有软件、硬件以及人工组件，这些组件之间的接口与关系以及各组件向其他组件显现的组件行为。

assumption 假设

在缺少证明或确定知识的情况下认定为正确的命题。

attribute, quality 属性，质量

参见 quality attribute（质量属性）。

attribute, requirement 属性，需求

参见 requirement attribute（需求属性）。

BA

参见 business analyst（业务分析师）。

backlog, product Backlog，产品

在敏捷项目中，项目尚未开始的工作经过优先级排序所形成的有序列表。一个 Backlog 中可以包含用户故事、业务过程、变更请求、基础设施开发以及缺陷故事。Backlog 中的工作事项基于其优先顺序分配给接下来的各个迭代。

baseline, requirements 基线，需求

记录当前已经达成共识、经过评审并审核通过的一系列需求的即时快照，通常定义某一具体产品版本或开发迭代的内容。基线是未来开发工作的基础。

big data 大数据

具有高容量（存有很多数据）、高增速（数据快速流入组织）、高复杂（数据各种各样）等特点的数据集合。管理大数据需要了解如何对数据进行快速而有效的发现、收集、存储以及处理。

business analyst （BA） 业务分析师

在项目团队中，该角色主要负责与干系人代表共同对项目需求进行收集、分析、制定规范、验证以及管理。也称需求分析师、系统分析师、需求工程师、需求经理、业务系统分析师，或者简单称为分析师。

business analytics system 业务分析系统

用于将大量且复杂数据集合转化为辅助决策信息的软件系统。

business objective 业务目标

组织希望通过一个项目或其他某些举措能够带来的一种经济或非经济性业务利益。

business objectives model 业务目标模型

各业务问题和业务目标之层次关系的一种可视化表达方式。

business requirements 业务需求

一个描述某个业务需要的信息集合，能够使一个或多个项目交付某种解决方案，进而达到预期的最终业务结果。业务需求包含业务机遇、业务目标、成功指标、愿景描述以及范围和限制。

business rule 业务规则

对业务某些方面进行定义或约束的政策、准则、标准、规章或计算公式。

cardinality 基数

与其他某一实体实例有关的某具体数据实体的实例数量。可能的情况包括1对1、1对多、多对多。

change control board （CCB） 变更控制委员会

在软件项目中，负责决定接受或否决提出的（包括需求变更在内的）变更的一组人。

class 类

一种对具有相同属性和行为的一系列对象的描述，通常对应于业务或问题领域在真实世界中的事物（人、地方或东西）。

class diagram 类图

一种展示系统或问题域中类及其接口和关系的分析模型。

constraint 约束

对负责设计和构建产品的开发人员的可选项限制。其他类型的约束可以限制项目经理的可选项。业务规则通常对业务运营提出约束，因此也会约束软件系统。

context diagram 环境图

一种从高度抽象层面描述系统的分析模型。环境图确定着系统进行数据交换并位于系统外部的对象，但是环境图不展示系统的内部结构和行为。

COTS （commercial off-the-shelf） product 商业现货软件产品

采购自软件厂商的软件包，既可用作独立解决方案解决问题，又可以通过集成、定制和扩展来满足客户需要。

CRUD matrix CRUD 矩阵

一张将系统操作与数据实体进行关联的表，用来展现每个数据项在何处创建、读取、更新和删除。

customer 客户

直接或间接从一个产品中获益的个人或组织。软件客户可以请求、付费、选择、指定、使用或接收软件产品所产生的输出。

dashboard report 操作面板报表

将数据通过多种文本和图形化展现的屏幕显示或打印报表，用于提供一种综合的、多维度的视角来查看组织或过程中正在发生什么。

data dictionary 数据字典

一套与问题域相关的数据元素和数据结构定义。

data flow diagram 数据流图

一种描述过程、数据存储、外部实体及其之间流程的分析模型，刻画了数据在业务过程或软件系统中流动的行为。

decision rule 决策规则

一群人做决策时使用的一种约定。

decision table 决策表

一种分析模型，以矩阵形式来呈现一组条件所有的价值组合并说明与每个组合相对应的预期系统动作。

decision tree 决策树

一种分析模型，以可视化方式描述系统对具体一组条件组合采取的动作。

dependency 依赖性

在需求规范中，依赖是指项目中某个要素、事件或组的控制范围之外的依赖项。

dialog map 对话图

一种分析模型，描述用户界面架构，展现用户能够与之交互的对话元素及它们之间的导航。

ecosystem map 生态图

一种分析模型，展现相互交互的一组系统及其之间关系的本质。与环境图不同的是，生态图展现的是有关系的系统，即便它们之间不存在直接的接口。

elicitation, requirements 收集，需求

通过访谈、工作坊、焦点小组、观察、文档分析以及其他方式对需求进行识别的过程。

embedded system 嵌入式系统

包含运行于专用计算机之上并由软件控制的硬件系统，并被用于更大的产品。

entity 实体

业务领域中与数据收集与存储相关的项。

entity-relationship diagram 实体关系图

一种分析模型，明确指定两两实体之间的逻辑关系。用于数据建模。

epic 史诗

敏捷项目中的一种用户故事，这种故事因为太大而难以在一个开发迭代中实现。它被细化为更小的故事以便在一个单独的迭代中得以完整实现。

event 事件

系统环境中的一种触发或激发点（比如功能操作行为或状态改变）使系统能够做出响应。

event-response table 事件响应表

一种可能对系统产生影响的外部事件或时间触发事件的列表，描述系统对各个事件如何响应。

evolutionary prototype 演进式原型

一种完全功能性原型，这种原型被创建用作最终产品的主干或初始增量，当需求变得清晰并可兹实现时，就会不断充实这种原型，并进行增量扩展。

exception 异常

一种阻碍用例成功完成的情况。如果没有某种发现机制，用例的后置条件就无法得到满足，进而操作者的目标无法得以实现。

extend relationship 扩展关系

一种构造，在这种构造中，用例的选择性流程从一般性流程中分支出来，形成一个单独的扩展用例。

external entity 外部实体

环境图或数据流图中的某个对象，代表在系统外部进行描述但以某种方式与系统进行对接的某个用户类别、操作者、软件系统或硬件设备。也称终端。

external interface requirement 外部接口需求

一种对软件系统与用户、另一个软件系统或硬件设备之间连接的描述。

facilitator 引导师

负责对需求收集工作坊这样团队活动进行计划和引导的人。

feature 特性

以一系列功能性需求描述并为用户提供价值的一个或多个逻辑相关的系统能力。

feature tree 特性树

一种使用分层树的形式对产品规划特性进行描述的分析模型，展现每个主特性下的两级子特性。

flowchart 流程图

一种展现过程逻辑中处理步骤和决策点的分析模型。与活动图类似。

function point 功能点

一种基于内部逻辑文件、外部接口文件、外部输入、输入与队列的数量和复杂度的软件规模度量方式。

functional requirement 功能性需求

一种对软件系统在具体情况下的表现行为的描述。

gap analysis 差异分析

对系统、过程或业务情况其他方面的当前状态和其他状态或潜在状态进行对比，以确定这些状态之间的明显差异。

gold-plating 镀金

规范提出的或构建到产品之中的不必要的、过于复杂的功能，有时还得不到客户的认可。

green-field project 初创项目

一种开发新软件或新系统的项目。

horizontal prototype 水平原型

参见 mock-up（模拟原型）。

include relationship 包含关系

一种构造，在这种构造中，许多步骤在多个用例中反复进行，因而将这些步骤分解成单独的子用例，以便其他用例在需要的时候调用这些子用例。

inspection 审查

一种正式的同级评审类型，包括一组训练有素的人员，这些人遵循某种经精心定义的过程对工作产物进行仔细检查，力求发现缺陷。

issue, requirement 问题，需求

与需求相关的缺陷、开放式问题或决策。例如，待定项、暂停决策、缺少必要信息以及待解决的冲突。

iteration 迭代

一种不间断的开发周期，持续时间通常为 1～4 周，在此期间，开发团队从产品 Backlog 或产品基线需求中选择实现一个已定义的功能集合。

mock-up 模拟原型

一种软件系统用户界面局部或可能的展现形式。用于试着评估易用性并对需求的完整性和正确性进行评估。既可以是可执行的应用，也可以以纸面原型的形式。也称平面原型。

navigation map 导航图

参见 dialog map（对话图）。

nonfunctional requirement 非功能性需求

对系统必须呈现的属性或特征或者必须遵守的约束进行描述。

normal flow 一般性流程

用例中步骤的默认序列，其结果是用例的后置条件得到满足且用户达到其目标。也称为正常过程、主过程、基本流程、正常顺序、主成功场景以及幸福路径。

operational profile 运行剖面

代表软件产品预期用途模式的一系列场景。

paper prototype 纸面原型

一种使用低技术屏幕草图的软件系统用户界面模拟原型。

peer review 同级评审

一种工作活动，由工作产物撰写者之外的一名或多名人员对工作产物进行检查，以期发现缺陷和改进机会。

pilot 试点

为在真实情况下试行解决方案来评估整体部署的准备程度而对新解决方案（比如过程、工具、软件系统或培训课程）开展的一种可控执行。

Planguage

汤姆・吉尔伯（Tom Gilb）发明的面向关键字的语言，用于对需求（特别是非功能性需求）进行精确、定量的规范说明。

postcondition 后置条件

能够描述用例成功完成后之系统状态的条件。

precondition 前提条件

在用例能够开始之前必须满足的条件或系统所处的状态。

prioritization 排优先级

确定软件产品中哪些需求对业务的成功最重要并确定需求应当按什么顺序实现的。

procedure 工序

对执行具体工作活动中所需动作过程进行逐步描述，阐明如何完成工作。

process 过程

为特定目的而执行的一系列工作活动。过程描述是这些活动的书面定义。

process assets 过程资产
为辅助软件开发实践在组织中有效应用而需要收集的各种事项，比如模板、表单、检查清单、规则、过程、过程描述以及工作产物样例。

process flow 过程流程
业务过程的有序步骤或对所述软件系统的有序操作。通常使用活动图、流程图、泳道图或其他建模标记法来表达。

product 产品
项目正在开发的任何最终交付物。本书中，产品、应用、系统以及解决方案都统称为产品。

product backlog 产品 Backlog
参见 backlog, product（Backlog【产品】）。

product champion 产品带头人
从具体用户类别中选定的代表，负责代表其所在群体提供用户需求。

product owner 产品负责人
一般情况下，敏捷项目团队中的角色，代表的是客户，负责建立产品的愿景，提供项目边界和约束，对产品待办事项中的内容排列优先级顺序，制定产品决策。

proof of concept 概念验证原型
一种原型，通过对架构的多个层次进行切割，实现包含软件的系统某些部分。用于对技术可行性和性能进行评估。也称为垂直原型。

prototype 原型
一种局部的、初步的或者可能的软件系统实现。用于对需求和设计思路进行探索和确认。原型类型可分为演进式的和抛弃式的、纸面的和电子的、模拟原型和概念验证原型。

quality attribute 质量属性
一种非功能性需求，描述产品的服务或性能特征。质量属性的类型包括易用性、可移植性、可维护性、集成度、效率、可靠性以及健壮性。质量属性需求描述软件产品必须展现出所需特征的程度。

quality-of-service requirement 服务质量需求
参见 quality attribute（质量属性）。

real-time system 实时系统
一种硬件和软件系统，这种系统必须在触发事件后的规定时间内做出响应。

requirement 需求
对用户诉求和目标的陈述，或者产品为满足这样的诉求或目标而必须拥有的条件或能力。产品要向干系人提供价值时必须具备的属性。

requirement attribute 需求属性
在需求预期功能陈述之外，使需求定义得以丰富的这一类描述性信息。一些属性类型的例子有来源、原因、优先级、负责人、发布号以及版本号。

requirement pattern 需求模式
用来为特定类别需求制订规范的一种系统化方法。

requirements allocation 需求分配
将系统需求分摊给架构中不同子系统和组件的过程。

requirements analysis 需求分析
参见 analysis, requirements（分析，需求）。

requirements analyst 需求分析师
参见 business analyst（业务分析师）。

requirements development 需求开发
定义项目范围、确定用户类别和用户代表、对需求进行收集、分析、制订规范和确认的过程。需求开发的产物是一系列文档化的需求，其中对待构建产品的有一些部分进行了定义。

requirements engineer 需求工程师
参见 business analyst（业务分析师）。

requirements engineering 需求工程
系统工程和软件工程的一个分支学科，包括所有与理解产品必要能力与属性相关的项目活动。既包括需求开发，又包括需求管理。

requirements management 需求管理
在整个产品开发过程及其生命周期中，定义一系列明确需求的过程。其中包括跟踪需求状态、管理需求变更、控制需求规范版本以及从单个需求追溯到其他需求或系统元素。

requirements specification 需求规范

参见 software requirements specification（软件需求规范）和 specification, requirements（规范，需求）

requirements traceability matrix 需求可跟踪性矩阵

一种描述单个功能和其他系统工件之间逻辑关联的表格，这些工件包括其他功能性需求、用户需求、业务需求、架构和设计元素、代码模块、测试以及业务规则。

retrospective 回顾会

一种评审会议，参会人员反映项目的工作情况和工作成果，以期识别出能够使接下来项目更加成功的方式。

reuse, requirements 复用，需求

为了在多个系统中共享某些类似功能而使用已有的需求知识。

review 评审

参见 peer review（同级评审）。

risk 风险

可能造成某些损失甚至威及项目成功的情况。

root cause analysis 根因分析

力求理解造成所观察到问题之底层原因的活动。

scenario 场景

对用户为完成某种目标而与系统进行某种特定互动的描述。也可以认为是系统用途的具体实例或者完成用例所经过的具体路径。

scope 范围

最终产品中，当前项目要实现的部分功能。范围为项目创建具体发布或单个迭代做和不做之间划定界限。

scope creep 范围蠕变

泛指开发过程中项目范围以不可控的方式持续增加。

software development life cycle 软件开发生命周期

软件产品定义、设计、构建以及验证所遵循的一序列活动。

software requirements specification （SRS） 软件需求规范

软件产品的一系列功能性和非功能性需求。

solution 解决方案

项目交付的所有组件，力求达到组织既定的一系列业务目标，这些组件包括软件、硬件、业务过程、用户手册以及培训。

specification, requirements 规范，需求

以结构化的、可共享的、可管理的形式对软件应用的需求进行文档化的过程。同时，这个环节的产物也叫规范（参见 software requirements specification 软件需求规范）。

sprint 冲刺

参见 iteration（迭代）。

SRS

参见 software requirements specification（软件需求规范）。

stakeholder 干系人

参与项目并受过程或结果所影响、或能够影响过程或结果的个人、团队或组织。

state machine diagram 状态机图

这种分析模型展现了系统中对象在其生命周期内响应所发生特定事件过程中的状态序列，或从整体上展现系统的可能状态。类似于状态转化图。

state table 状态表

这种分析模型以矩阵形式展现系统或系统中对象可能所处状态以及各状态间允许的可能转化。

state-transition diagram 状态转化图

这种分析模型以可视化方式描述系统或系统中对象可能存在的状态、在不同状态之间允许的转化以及触发转化的条件和/或事件。类似于状态机图或状态图。

story 故事

参见 user story（用户故事）。

subject matter expert 主题领域专家

对某个领域有丰富经验和知识的个人，通常被人们视为该领域相关信息的权威来源。

swimlane diagram　泳道图

这种分析模型展现了业务过程流程的顺序步骤或所提及的软件系统操作。过程被拆分到称为泳道的可视化组件中，而泳道则展现执行这些步骤的系统或操作者。

system　系统

包含多个软件和/或硬件子系统的产品。通俗地讲，一个团队构建的任何包含软件的交付物都是系统，比如本书中反复提到的应用、产品和方案等。

system requirement　系统需求

产品的高层需求，包含多个子系统，这些子系统既可以全部是软件，也可以兼有软件和硬件。

TBD　待定

等待确定（to be determined）的缩写。知道自己缺少某些需求信息时，可以用 TBD 来作占位符。参见 issue, requirement（问题，需求）。

template　模板

用于为一份完整文档或其他提供指导。

throwaway prototype　抛弃式原型

这种原型为达到澄清和确认需求或设计替代方案目的而创建，并打算在达到目的后扔掉。

tracing　跟踪

明确一个系统元素（用户需求、功能性需求、业务规则、设计组件、代码模块、测试等）和另一个系统元素之间逻辑关联的过程环节。也称为可追溯性。

UML　统一建模语言

统一建模语言（Unified Modeling Language）的缩写，描述一系列标准标记法，用来对系统软件开发（尤其是面向对象的软件开发），创建各种可视化模型。

usage scenario　用户场景

参见 scenario（场景）。

use case　用例

这种描述方式体现了操作者和系统之间可能发生的一系列逻辑相关的互动，这些互动最终会为操作者提供价值。可以包括多个场景。

use case diagram　用例图

这种分析模型明确指定与系统互动完成有价值目标的操作者以及各操作者参与的各种用例。

user　用户

与系统进行直接或间接（例如，使用统一的系统输出而非每个人各自生成输出）互动的客户。也称为最终用户。

user class　用户类别

系统的某个用户群体，具备相似特征并对系统有相似的诉求。用户类别的成员在与系统互动时，在作用上充当用例中的操作者。

user requirement　用户需求

指系统必须能够使特定用户类别完成的目标或任务或者预期的产品属性。用例、用户故事和场景是表达用户需求的常见方法。

user role　用户角色

参见 actor（操作者）。

user story　用户故事

这种形式在敏捷项目中用于表达用户需求，以一两句话的形式表达用户诉求或描述某种粒度的必备功能，同时还要指明该功能为用户带来的好处。

validation　确认

为确定项目交付物是否满足客户所需而进行试用评估。常言道"我们是否构建了正确的产品？"

verification　验证

在这个过程环节中，为确定项目交付物是否满足其需求规范而进行试用评估。常言道"我们构建产品的方式正确吗？"

vertical prototype　垂直原型

参见 proof of concept（概念验证原型）。

vision　愿景

对战略概念或最终目的以及新系统形式进行描述。

vision and scope document　愿景和范围文档

对新系统的一系列业务需求，包括业务目标、成功指标、产品愿景描述以及项目范围描述。

waterfall development life cycle 瀑布开发生命周期

一种软件开发过程模型，在这种模型中，需求、设计、编码、测试以及部署这一系列活动按照顺序开展执行，几乎没有重叠或迭代。

wireframe 线框图

一种抛弃型模拟原型，通常用于网页初步设计。

work product 工作产物

为软件项目创建的任何临时或最终的交付物。

参考文献

Abran, Alain, James W. Moore, Pierre Bourque, and Robert Dupuis, eds. 2004. *Guide to the Software Engineering Body of Knowledge, 2004 Version*. Los Alamitos, CA: IEEE Computer Society Press.

Akers, Doug. 2008. "Real Reuse for Requirements." *Methods & Tools* 16(1):33–40.

Alexander, Ian F., and Ljerka Beus-Dukic. 2009. *Discovering Requirements: How to Specify Products and Services*. Chichester, England: John Wiley & Sons Ltd.

Alexander, Ian F., and Neil Maiden. 2004. *Scenarios, Stories, Use Cases: Through the Systems Development Life-Cycle*. Chichester, England: John Wiley & Sons Ltd.

Alexander, Ian F., and Richard Stevens. 2002. *Writing Better Requirements*. London: Addison-Wesley.

Ambler, Scott. 2005. *The Elements of UML 2.0 Style*. New York: Cambridge University Press.

Anderson, Ross J. 2008. *Security Engineering: A Guide to Building Dependable Distributed Systems*, 2nd ed. Indianapolis, IN: Wiley Publishing, Inc.

Arlow, Jim. 1998. "Use Cases, UML Visual Modeling and the Trivialisation of Business Requirements." *Requirements Engineering* 3(2):150–152.

Armour, Frank, and Granville Miller. 2001. *Advanced Use Case Modeling: Software Systems*. Boston: Addison-Wesley.

Arnold, Robert S., and Shawn A. Bohner. 1996. *Software Change Impact Analysis*. Los Alamitos, CA: IEEE Computer Society Press.

Basili, Victor R., and H. Dieter Rombach. 1988. "The TAME Project: Towards Improvement-Oriented Software Environments." *IEEE Transactions on Software Engineering*. 14(6):758–773.

Bass, Len, Paul Clements, and Rick Kazman. 1998. *Software Architecture in Practice*. Reading, MA: Addison-Wesley.

Beatty, Joy, and Anthony Chen. 2012. *Visual Models for Software Requirements*. Redmond, WA: Microsoft Press.

Beatty, Joy, and Remo Ferrari. 2011. "How to Evaluate and Select a Requirements Management Tool." *http://www.seilevel.com/wp-content/uploads/RequirementsManagementToolWhitepaper_1.pdf*.

Beck, Kent, et al. 2001. "Manifesto for Agile Software Development." *http://www.agilemanifesto.org*.

Beizer, Boris. 1999. "Best and Worst Testing Practices: A Baker's Dozen." *Cutter IT Journal* 12(2):32–38.

Beyer, Hugh, and Karen Holtzblatt. 1998. *Contextual Design: Defining Customer-Centered Systems*. San Francisco, CA: Morgan Kaufmann Publishers, Inc.

Blackburn, Joseph D., Gary D. Scudder, and Luk N. Van Wassenhove. 1996. "Improving Speed and Productivity of Software Development: A Global Survey of Software Developers." *IEEE Transactions on Software Engineering* 22(12):875–885.

Boehm, Barry W. 1981. *Software Engineering Economics*. Upper Saddle River, NJ: Prentice Hall.

_____. 1988. "A Spiral Model of Software Development and Enhancement." *IEEE Computer* 21(5):61–72.

_____. 2000. "Requirements that Handle IKIWISI, COTS, and Rapid Change." *IEEE Computer* 33(7):99–102.

Boehm, Barry W., Chris Abts, A. Winsor Brown, Sunita Chulani, Bradford K. Clark, Ellis Horowitz, Ray Madachy, Donald J. Reifer, and Bert Steece. 2000. *Software Cost Estimation with Cocomo II*. Upper Saddle River, NJ: Prentice Hall PTR.

Boehm, Barry W., and Philip N. Papaccio. 1988. "Understanding and Controlling Software Costs." *IEEE Transactions on Software Engineering* 14(10):1462–1477.

Boehm, Barry, and Richard Turner. 2004. *Balancing Agility and Discipline: A Guide for the Perplexed*. Boston: Addison-Wesley.

Booch, Grady, James Rumbaugh, and Ivar Jacobson. 1999. *The Unified Modeling Language User Guide*. Reading, MA: Addison-Wesley.

Box, George E. P., and Norman R. Draper. 1987. *Empirical Model-Building and Response Surfaces*. New York: John Wiley & Sons, Inc.

Boyer, Jérôme, and Hafedh Mili. 2011. *Agile Business Rule Development: Process, Architecture, and JRules Examples*. Heidelberg, Germany: Springer.

Bradshaw, Jeffrey M. 1997. *Software Agents*. Menlo Park, CA: The AAAI Press.

Brijs, Bert. 2013. *Business Analysis for Business Intelligence*. Boca Raton, FL: CRC Press.

Brooks, Frederick P., Jr. 1987. "No Silver Bullet: Essence and Accidents of Software Engineering." *IEEE Computer* 20(4):10–19.

Brosseau, Jim. 2010. "Software Quality Attributes: Following All the Steps." *http://www.clarrus.com/resources/articles/software-quality-attributes*.

Brown, Norm. 1996. "Industrial-Strength Management Strategies." *IEEE Software* 13(4):94–103.

Business Rules Group. 2012. *http://www.businessrulesgroup.org*.

Callele, David, Eric Neufeld, and Kevin Schneider. 2008. "Emotional Requirements." *IEEE Software* 25(1):43–45.

Caputo, Kim. 1998. *CMM Implementation Guide: Choreographing Software Process Improvement*. Reading, MA: Addison-Wesley.

Carr, Marvin J., Suresh L. Konda, Ira Monarch, F. Carol Ulrich, and Clay F. Walker. 1993. *Taxonomy-Based Risk Identification* (CMU/ SEI-93-TR-6). Pittsburgh, PA: Software Engineering Institute, Carnegie Mellon University.

Cavano, J. P., and J. A. McCall. 1978. "A Framework for the Measurement of Software Quality." *ACM SIGSOFT Software Engineering Notes* 3(5):133–139.

Charette, Robert N. 1990. *Applications Strategies for Risk Analysis*. New York: McGraw-Hill.

Chernak, Yuri. 2012. "Requirements Reuse: The State of the Practice." In *Proceedings of the 2012 IEEE International Conference on Software Science, Technology and Engineering*, 46–53. Los Alamitos, CA: IEEE Computer Society Press.

Chung, Lawrence, Kendra Cooper, and D.T. Huynh. 2001. "COTS-Aware Requirements Engineering Techniques." In *Proceedings of the 2001 Workshop on Embedded Software Technology (WEST'01)*.

Cockburn, Alistair. 2001. *Writing Effective Use Cases*. Boston: Addison-Wesley.

Cohen, Lou. 1995. *Quality Function Deployment: How to Make QFD Work for You*. Reading, MA: Addison-Wesley.

Cohn, Mike. 2004. *User Stories Applied: For Agile Software Development*. Boston: Addison-Wesley.

————. 2005. *Agile Estimating and Planning*. Upper Saddle River, NJ: Prentice Hall.

————. 2010. *Succeeding with Agile: Software Development Using Scrum*. Upper Saddle River, NJ: Addison-Wesley.

Collard, Ross. 1999. "Test Design." *Software Testing & Quality Engineering* 1(4):30–37.

Colorado State University. 2013. "Writing@CSU." *http://writing.colostate.edu/guides/guide .cfm?guideid=68*.

Constantine, Larry. 1998. "Prototyping from the User's Viewpoint." *Software Development* 6(11):51–57.

Constantine, Larry L., and Lucy A. D. Lockwood. 1999. *Software for Use: A Practical Guide to the Models and Methods of Usage-Centered Design*. Reading, MA: Addison-Wesley.

Cooper, Alan. 2004. *The Inmates Are Running the Asylum: Why High-Tech Products Drive Us Crazy and How to Restore the Sanity*. Indianapolis, IN: Sams Publishing.

Covey, Stephen R. 2004. *The 7 Habits of Highly Effective People*. New York: Free Press.

Davenport, Thomas H., ed. 2013. *Enterprise Analytics: Optimize Performance, Process, and Decisions through Big Data*. Upper Saddle River, NJ: Pearson Education, Inc.

Davenport, Thomas H., Jeanne G. Harris, and Robert Morrison. 2010. *Analytics at Work: Smarter Decisions, Better Results*. Boston: Harvard Business Review Press.

Davis, Alan M. 1993. *Software Requirements: Objects, Functions, and States, Revised Edition*. Englewood Cliffs, NJ: Prentice Hall PTR.

_____. 1995. *201 Principles of Software Development*. New York: McGraw-Hill.

_____. 2005. *Just Enough Requirements Management: Where Software Development Meets Marketing*. New York: Dorset House Publishing.

DeGrace, Peter, and Leslie Hulet Stahl. 1993. *The Olduvai Imperative: CASE and the State of Software Engineering Practice*. Englewood Cliffs, NJ: Yourdon Press/Prentice Hall.

Dehlinger, Josh, and Robyn R. Lutz. 2008. "Supporting Requirements Reuse in Multi-Agent System Product Line Design and Evolution." In *Proceedings of the 24th IEEE International Conference on Software Maintenance*, 207–216. Los Alamitos, CA: IEEE Computer Society Press.

DeMarco, Tom. 1979. *Structured Analysis and System Specification*. Upper Saddle River, NJ: Prentice Hall PTR.

DeMarco, Tom, and Timothy Lister. 1999. *Peopleware: Productive Projects and Teams*, 2nd ed. New York: Dorset House Publishing.

Denne, Mark, and Jane Cleland-Huang. 2003. *Software by Numbers: Low-Risk, High-Return Development*. Santa Clara, CA: Sun Microsystems Press/Prentice Hall.

Derby, Esther, and Diana Larsen. 2006. *Agile Retrospectives: Making Good Teams Great*. Raleigh, NC: The Pragmatic Bookshelf.

Devine, Tom. 2008. "Replacing a Legacy System." *http://www.richconsulting.com/our/pdfs/ RichConsulting_ReplacingLegacy.pdf*.

Douglass, Bruce Powel. 2001. "Capturing Real-Time Requirements." *Embedded Systems Programming* (November 2001). *http://www.embedded.com/story/OEG20011016S0126*.

Dyché, Jill. 2012. "The 7 Steps in Big Data Delivery." *http://www.networkworld.com/news/ tech/2012/071112-big-data-delivery-260813.html*.

Engblom, Jakob. 2007. "Using Simulation Tools For Embedded Systems Software Development: Part 1." *Embedded Systems Programming* (May 2007). *http://www.embedded.com/ design/real-time-and-performance/4007090/Using-simulation-tools-for-embedded- systems-software-development-Part-1*.

Ericson II, Clifton A. 2005. *Hazard Analysis Techniques for System Safety*. Hoboken, NJ: John Wiley & Sons, Inc.

_____. 2011. *Fault Tree Analysis Primer*. Charleston, NC: CreateSpace.

_____. 2012. *Hazard Analysis Primer*. Charleston, NC: CreateSpace.

Fagan, Michael E. 1976. "Design and Code Inspections to Reduce Errors in Program Development." *IBM Systems Journal* 15(3):182–211.

Ferdinandi, Patricia L. 2002. *A Requirements Pattern: Succeeding in the Internet Economy*. Boston: Addison-Wesley.

Firesmith, Donald. 2004. "Specifying Reusable Security Requirements." *Journal of Object Technology* 3(1):61–75.

Fisher, Roger, William Ury, and Bruce Patton. 2011. *Getting to Yes: Negotiating Agreement Without Giving In*. New York: Penguin Books.

Florence, Al. 2002. "Reducing Risks Through Proper Specification of Software Requirements." *CrossTalk* 15(4):13–15.

Fowler, Martin. 1999. *Refactoring: Improving the Design of Existing Code*. Reading, MA: Addison-Wesley.

_____. 2003. *UML Distilled: A Brief Guide to the Standard Object Modeling Language,* 3rd ed. Boston: Addison-Wesley.

Franks, Bill. 2012. *Taming the Big Data Tidal Wave: Finding Opportunities in Huge Data Streams with Advanced Analytics*. Hoboken, NJ: John Wiley & Sons, Inc.

Frye, Colleen. 2009. "New Requirements Definition Tools Focus on Chronic Flaws." TechTarget. *http://searchsoftwarequality.techtarget.com/news/1354455/New-requirements-definition-tools-focus-on-chronic-flaws*.

GAO (Government Accounting Office). 2004. "Stronger Management Practices Are Needed to Improve DOD's Software-Intensive Weapon Acquisitions." GAO-04-393, *http://www.gao .gov/products/GAO-04-393*.

Garmahis, Michael. 2009. "Top 20 Wireframe Tools." *http://garmahis.com/reviews/wireframe-tools*.

Gause, Donald C., and Brian Lawrence. 1999. "User-Driven Design." *Software Testing & Quality Engineering* 1(1):22–28.

Gause, Donald C., and Gerald M. Weinberg. 1989. *Exploring Requirements: Quality Before Design*. New York: Dorset House Publishing.

Gilb, Tom. 1988. *Principles of Software Engineering Management*. Harlow, England: Addison-Wesley.

_____. 1997. "Quantifying the Qualitative: How to Avoid Vague Requirements by Clear Specification Language." *Requirenautics Quarterly* 12:9–13.

_____. 2005. *Competitive Engineering: A Handbook for Systems Engineering, Requirements Engineering, and Software Engineering Using Planguage*. Oxford, England: Elsevier Butterworth-Heinemann.

_____. 2007. "Requirements for Outsourcing." *Methods and Tools* (Winter 2007).

Gilb, Tom, and Kai Gilb. 2011. "User Stories: A Skeptical View." *Agile Record* 6:52–54.

Gilb, Tom, and Dorothy Graham. 1993. *Software Inspection*. Wokingham, England: Addison-Wesley.

Glass, Robert L. 1992. *Building Quality Software*. Englewood Cliffs, NJ: Prentice Hall.

Gomaa, Hassan. 2004. *Designing Software Product Lines with UML: From Use Cases to Pattern-Based Software Architectures*. Boston: Addison-Wesley.

Gorman, Mary, and Ellen Gottesdiener. 2011. "It's the Goal, Not the Role: The Value of Business Analysis in Scrum." *http://www.stickyminds.com/s.asp?F=S16902_COL_2*.

Gottesdiener, Ellen. 2001. "Decide How to Decide." *Software Development* 9(1):65–70.

————. 2002. *Requirements by Collaboration: Workshops for Defining Needs*. Boston: Addison-Wesley.

————. 2005. *The Software Requirements Memory Jogger*. Salem, NH: Goal/QPC.

————. 2009. "Agile Business Analysis in Flow: The Work of the Agile Analyst (Part 2)." *http://ebgconsulting.com/Pubs/Articles*.

Grady, Robert B. 1999. "An Economic Release Decision Model: Insights into Software Project Management." In *Proceedings of the Applications of Software Measurement Conference*, 227–239. Orange Park, FL: Software Quality Engineering.

Grady, Robert B., and Tom Van Slack. 1994. "Key Lessons in Achieving Widespread Inspection Use." *IEEE Software* 11(4):46–57.

Graham, Dorothy. 2002. "Requirements and Testing: Seven Missing-Link Myths." *IEEE Software* 19(5):15–17.

Grochow, Jerrold M. 2012. "IT Planning for Business Analytics." International Institute for Analytics Brief.

Ham, Gary A. 1998. "Four Roads to Use Case Discovery: There Is a Use (and a Case) for Each One." *CrossTalk* 11(12):17–19.

Hammer, Michael, and Graham Champy. 2006. *Reengineering the Corporation: A Manifesto for Business Revolution*. New York: HarperCollins.

Hardy, Terry L. 2011. *Essential Questions in System Safety: A Guide for Safety Decision Makers*. Bloomington, IN: AuthorHouse.

Harmon, Paul. 2007. *Business Process Change: A Guide for Business Managers and BPM and Six Sigma Professionals*, 2nd ed. Burlington, MA: Morgan Kaufmann Publishers, Inc.

Harrington, H. James. 1991. *Business Process Improvement: The Breakthrough Strategy for Total Quality, Productivity, and Competitiveness*. New York: McGraw-Hill.

Haskins, B., J. Stecklein, D. Brandon, G. Moroney, R. Lovell, and J. Dabney. 2004. "Error Cost Escalation through the Project Life Cycle." In *Proceedings of the 14th Annual International Symposium of INCOSE*. Toulouse, France. International Council on Systems Engineering.

Hatley, Derek, Peter Hruschka, and Imtiaz Pirbhai. 2000. *Process for System Architecture and Requirements Engineering*. New York: Dorset House Publishing.

Herrmann, Debra S. 1999. *Software Safety and Reliability: Techniques, Approaches, and Standards of Key Industrial Sectors*. Los Alamitos, CA: IEEE Computer Society Press.

Hoffman, Cecilie, and Rebecca Burgess. 2009. "Use and Profit from Peer Reviews on Business Requirements Documents." *Business Analyst Times* (September–December 2009).

Hofmann, Hubert F., and Franz Lehner. 2001. "Requirements Engineering as a Success Factor in Software Projects." *IEEE Software* 18(4):58–66.

Hooks, Ivy F., and Kristin A. Farry. 2001. *Customer-Centered Products: Creating Successful Products Through Smart Requirements Management.* New York: AMACOM.

Hsia, Pei, David Kung, and Chris Sell. 1997. "Software Requirements and Acceptance Testing." In *Annals of Software Engineering.* 3:291–317.

Humphrey, Watts S. 1989. *Managing the Software Process.* Reading, MA: Addison-Wesley.

IEEE. 1998. "IEEE Std 1061-1998: IEEE Standard for a Software Quality Metrics Methodology." Los Alamitos, CA: IEEE Computer Society Press.

IFPUG. 2010. *Function Point Counting Practices Manual, Version 4.3.1.* Princeton Junction, NJ: International Function Point Users Group.

IIBA. 2009. *A Guide to the Business Analysis Body of Knowledge (BABOK Guide), Version 2.0.* Toronto: International Institute of Business Analysis.

_____. 2010. *IIBA Business Analysis Self-Assessment.* Toronto: International Institute of Business Analysis.

_____. 2011. *IIBA Business Analysis Competency Model, Version 3.0.* Toronto: International Institute of Business Analysis.

_____. 2013. *IIBA Agile Extension to the BABOK Guide, Version 1.0.* Toronto: International Institute of Business Analysis.

Imhoff, Claudia. 2005. "Charting a Smooth Course to BI Implementation." Intelligent Solutions, Inc. *http://www.sas.com/reg/wp/corp/3529.*

INCOSE. 2010. "INCOSE Requirements Management Tools Survey." *http://www.incose.org/productspubs/products/rmsurvey.aspx.*

International Institute for Analytics. 2013. "Analytics 3.0." International Institute for Analytics. *http://iianalytics.com/a3.*

ISO/IEC. 2007. "ISO/IEC 25030:2007, Software engineering—Software product Quality Requirements and Evaluation (SQuaRE)—Quality Requirements." Geneva, Switzerland: International Organization for Standardization.

_____. 2011. "ISO/IEC 25010:2011, Systems and software engineering—Systems and software Quality Requirements and Evaluation (SQuaRE)—System and software quality models." Geneva, Switzerland: International Organization for Standardization.

ISO/IEC/IEEE. 2011. "ISO/IEC/IEEE 29148:2011(E), Systems and software engineering—Life cycle processes—Requirements engineering." Geneva, Switzerland: International Organization for Standardization.

Jacobson, Ivar, Grady Booch, and James Rumbaugh. 1999. *The Unified Software Development Process.* Reading, MA: Addison-Wesley.

Jacobson, Ivar, Magnus Christerson, Patrik Jonsson, and Gunnar Övergaard. 1992. *Object-Oriented Software Engineering: A Use Case Driven Approach.* Harlow, England: Addison-Wesley.

Jarke, Matthias. 1998. "Requirements Tracing." *Communications of the ACM* 41(12):32–36.

Jeffries, Ron, Ann Anderson, and Chet Hendrickson. 2001. *Extreme Programming Installed*. Boston: Addison-Wesley.

Johnson, Jeff. 2010. *Designing with the Mind in Mind: Simple Guide to Understanding User Interface Design Rule*s. San Francisco, CA: Morgan Kaufmann Publishers, Inc.

Jones, Capers. 1994. *Assessment and Control of Software Risks*. Englewood Cliffs, NJ: Prentice Hall PTR.

———. 1996a. "Strategies for Managing Requirements Creep." *IEEE Computer* 29(6):92–94.

———. 1996b. *Applied Software Measurement,* 2nd ed. New York: McGraw-Hill.

———. 2006. "Social and Technical Reasons for Software Project Failures." *CrossTalk* 19(6):4–9.

Jung, Ho-Won. 1998. "Optimizing Value and Cost in Requirements Analysis." *IEEE Software* 15(4):74–78.

Karlsson, Joachim, and Kevin Ryan. 1997. "A Cost-Value Approach for Prioritizing Requirements." *IEEE Software* 14(5):67–74.

Kavi, Krishna M., Robert Akl, and Ali R. Hurson. 2009. "Real-Time Systems: An Introduction and the State-of-the-Art." *Wiley Encyclopedia of Computer Science and Engineering*, 2369–2377.

Keil, Mark, and Erran Carmel. 1995. "Customer-Developer Links in Software Development." *Communications of the ACM* 38(5):33–44.

Kelly, John C., Joseph S. Sherif, and Jonathon Hops. 1992. "An Analysis of Defect Densities Found During Software Inspections." *Journal of Systems and Software* 17(2):111–117.

Kerth, Norman L. 2001. *Project Retrospectives: A Handbook for Team Reviews*. New York: Dorset House Publishing.

Kleidermacher, David, and Mike Kleidermacher. 2012. *Embedded Systems Security: Practical Methods for Safe and Secure Software and Systems Development*. Waltham, MA: Elsevier Inc.

Koopman, Philip. 2010. *Better Embedded Systems Software*. Pittsburgh, PA: Drumnadrochit Press.

Kosman, Robert J. 1997. "A Two-Step Methodology to Reduce Requirement Defects." In *Annals of Software Engineering*. 3:477–494.

Kovitz, Benjamin L. 1999. *Practical Software Requirements: A Manual of Content and Style*. Greenwich, CT: Manning Publications Co.

Krug, Jeff. 2006. *Don't Make Me Think: A Common Sense Approach to Web Usability,* 2nd ed. Berkeley, CA: New Riders Publishing.

Kukreja, Nupul, Sheetal Swaroop Payyavula, Barry Boehm, and Srinivas Padmanabhuni. 2012. "Selecting an Appropriate Framework for Value-Based Requirements Prioritization: A Case Study." In *Proceedings of the 20th IEEE International Requirements Engineering Conference*, 303–308. Los Alamitos, CA: IEEE Computer Society Press.

Kulak, Daryl, and Eamonn Guiney. 2004. *Use Cases: Requirements in Context,* 2nd ed. Boston: Addison-Wesley.

Larman, Craig. 1998. "The Use Case Model: What Are the Processes?" *Java Report* 3(8):62–72.

—————. 2004. *Agile and Iterative Development: A Manager's Guide.* Boston: Addison-Wesley.

Larman, Craig, and Victor R. Basili. 2003. "Iterative and Incremental Development: A Brief History." *IEEE Computer* 36(6):47–56.

Lauesen, Soren. 2002. *Software Requirements: Styles and Techniques.* London: Addison-Wesley.

Lavi, Jonah Z., and Joseph Kudish. 2005. *Systems Modeling & Requirements Specification Using ECSAM: An Analysis Method for Embedded and Computer-Based Systems.* New York: Dorset House Publishing.

Lawlis, Patricia K., Kathryn E. Mark, Deborah A. Thomas, and Terry Courtheyn. 2001. "A Formal Process for Evaluating COTS Software Products." *IEEE Computer* 34(5):58–63.

Lawrence, Brian. 1996. "Unresolved Ambiguity." *American Programmer* 9(5):17–22.

—————. 1997. "Requirements Happens. . ." *American Programmer* 10(4):3–9.

Lazar, Jonathan. 2001. *User-Centered Web Development.* Sudbury, MA: Jones and Bartlett Publishers.

Leffingwell, Dean. 1997. "Calculating the Return on Investment from More Effective Requirements Management." *American Programmer* 10(4):13–16.

—————. 2011. *Agile Software Requirements: Lean Requirements Practices for Teams, Programs, and the Enterprise.* Upper Saddle River, NJ: Addison-Wesley.

Leffingwell, Dean, and Don Widrig. 2000. *Managing Software Requirements: A Unified Approach.* Reading, MA: Addison-Wesley.

Leishman, Theron R., and David A. Cook. 2002. "Requirements Risks Can Drown Software Projects." *CrossTalk* 15(4):4–8.

Leveson, Nancy. 1995. *Safeware: System Safety and Computers.* Reading, MA: Addison-Wesley.

Lilly, Susan. 2000. "How to Avoid Use-Case Pitfalls." *Software Development* 8(1):40–44.

Martin, Johnny, and W. T. Tsai. 1990. "N-fold Inspection: A Requirements Analysis Technique." *Communications of the ACM* 33(2):225–232.

Mavin, Alistair, Philip Wilkinson, Adrian Harwood, and Mark Novak. 2009. "EARS (Easy Approach to Requirements Syntax)." In *Proceedings of the 17th International Conference on Requirements Engineering,* 317–322. Los Alamitos, CA: IEEE Computer Society Press.

McConnell, Steve. 1996. *Rapid Development: Taming Wild Software Schedules.* Redmond, WA: Microsoft Press.

—————. 1997. "Managing Outsourced Projects." *Software Development* 5(12):80, 78–79.

—————. 1998. *Software Project Survival Guide.* Redmond, WA: Microsoft Press.

_____. 2004. *Code Complete: A Practical Handbook of Software Construction,* 2nd ed. Redmond, WA: Microsoft Press.

_____. 2006. *Software Estimation: Demystifying the Black Art*. Redmond, WA: Microsoft Press.

McGraw, Karen L., and Karan Harbison. 1997. *User-Centered Requirements: The Scenario-Based Engineering Process*. Mahwah, NJ: Lawrence Erlbaum Associates.

Miller, Roxanne E. 2009. *The Quest for Software Requirements*. Milwaukee, WI: MavenMark Books.

Moore, Geoffrey A. 2002. *Crossing the Chasm: Marketing and Selling High-Tech Products to Mainstream Customers*. New York: HarperBusiness.

Morgan, Matthew. 2009. "Requirements Definition for Outsourced Teams." *Business Analyst Times. http://www.batimes.com/articles/requirements-definition-for-outsourced-teams .html*.

Morgan, Tony. 2002. *Business Rules and Information Systems: Aligning IT with Business Goals*. Boston: Addison-Wesley.

Musa, John D. 1996. "Software-Reliability-Engineered Testing." *IEEE Computer* 29(11):61–68.

_____. 1999. *Software Reliability Engineering*. New York: McGraw-Hill.

NASA. 2009. "NPR 7150.2A: NASA Software Engineering Requirements." *http://nodis3.gsfc .nasa.gov/displayDir.cfm?Internal_ID=N_PR_7150_002A_&page_name=AppendixA*.

Nejmeh, Brian A., and Ian Thomas. 2002. "Business-Driven Product Planning Using Feature Vectors and Increments." *IEEE Software* 19(6):34–42.

Nelsen, E. Dale. 1990. "System Engineering and Requirement Allocation." In *System and Software Requirements Engineering*, Richard H. Thayer and Merlin Dorfman, eds. Los Alamitos, CA: IEEE Computer Society Press.

Nielsen, Jakob. 2000. *Designing Web Usability*. Indianapolis, IN: New Riders Publishing.

OMG. 2011. *Business Process Model and Notation (BPMN) version 2.0*. Object Management Group. *http://www.omg.org/spec/BPMN/2.0*.

Pardee, William J. 1996. *To Satisfy & Delight Your Customer: How to Manage for Customer Value*. New York: Dorset House Publishing.

Patel, T., and James Taylor. 2010. "Business Analytics 101: Unlock the Business Intelligence Hidden in Company Databases." *http://www.sas.com/resources/whitepaper/wp_28372.pdf*.

Patterson, Kelly, Joseph Grenny, Ron McMillan, and Al Switzler. 2011. *Crucial Conversations: Tools for Talking When Stakes are High*, 2nd ed. New York: McGraw-Hill.

Peterson, Gary. 2002. "Risqué Requirements." *CrossTalk* 15(4):31.

Pichler, Roman. 2010. *Agile Product Management with Scrum: Creating Products that Customers Love*. Upper Saddle River, NJ: Addison-Wesley.

PMI. 2013. *A Guide to the Project Management Body of Knowledge: PMBOK Guide,* 5th ed. Newtown Square, PA: Project Management Institute.

Podeswa, Howard. 2009. *The Business Analyst's Handbook*. Boston: Course Technology.

————. 2010. *UML for the IT Business Analyst: A Practical Guide to Requirements Gathering Using the Unified Modeling Language,* 2nd ed. Boston: Course Technology.

Porter, Adam A., Lawrence G. Votta, Jr., and Victor R. Basili. 1995. "Comparing Detection Methods for Software Requirements Inspections: A Replicated Experiment." *IEEE Transactions on Software Engineering* 21(6):563–575.

Porter-Roth, Bud. 2002. *Request for Proposal: A Guide to Effective RFP Development*. Boston: Addison-Wesley.

Poston, Robert M. 1996. *Automating Specification-Based Software Testing*. Los Alamitos, CA: IEEE Computer Society Press.

Potter, Neil S., and Mary E. Sakry. 2002. *Making Process Improvement Work: A Concise Action Guide for Software Managers and Practitioners*. Boston: Addison-Wesley.

Pugh, Ken. 2011. *Lean-Agile Acceptance Test-Driven Development: Better Software Through Collaboration.* Upper Saddle River, NJ: Addison-Wesley.

Putnam, Lawrence H., and Ware Myers. 1997. *Industrial Strength Software: Effective Management Using Measurement*. Los Alamitos, CA: IEEE Computer Society Press.

Radice, Ronald A. 2002. *High Quality Low Cost Software Inspections*. Andover, MA: Paradoxicon Publishing.

Ramesh, Bala, Curtis Stubbs, Timothy Powers, and Michael Edwards. 1995. "Lessons Learned from Implementing Requirements Traceability." *CrossTalk* 8(4):11–15, 20.

Rettig, Marc. 1994. "Prototyping for Tiny Fingers." *Communications of the ACM* 37(4):21–27.

Rierson, Leanna. 2013. *Developing Safety-Critical Software: A Practical Guide for Aviation Software and DO-178C Compliance.* Boca Raton, FL: CRC Press.

Robertson, James. 2002. "Eureka! Why Analysts Should Invent Requirements." *IEEE Software* 19(4):20–22.

Robertson, James, and Suzanne Robertson. 1994. *Complete Systems Analysis: The Workbook, the Textbook, the Answers*. New York: Dorset House Publishing.

Robertson, Suzanne, and James Robertson. 2013. *Mastering the Requirements Process: Getting Requirements Right,* 3rd ed. Upper Saddle River, NJ: Addison-Wesley.

Rose-Coutré, Robert. 2007. "Capturing Implied Requirements." *http://www.stickyminds.com/s.asp?F=S12998_ART_2.*

Ross, Ronald G. 1997. *The Business Rule Book: Classifying, Defining, and Modeling Rules, Version 4.0,* 2nd ed. Houston: Business Rule Solutions, LLC.

————. 2001. "The Business Rules Classification Scheme." *DataToKnowledge Newsletter* 29(5).

Ross, Ronald G., and Gladys S. W. Lam. 2011. *Building Business Solutions: Business Analysis with Business Rules*. Houston: Business Rule Solutions, LLC.

Rothman, Johanna. 2000. *Reflections Newsletter* 3(1).

Royce, Winston. 1970. "Managing the Development of Large Software Systems." In *Proceedings of IEEE WESCON* 26, 1–9.

Rozanski, Nick, and Eoin Woods. 2005. *Software Systems Architecture: Working with Stakeholders Using Viewpoints and Perspectives*. Upper Saddle River, NJ: Pearson Education, Inc.

Rubin, Jeffrey, and Dana Chisnell. 2008. *Handbook of Usability Testing: How to Plan, Design, and Conduct Effective Tests*, 2nd ed. Indianapolis, IN: Wiley Publishing, Inc.

Scalable Systems. 2008. "How Big is Your Data?" *http://www.scalable-systems.com/whitepaper/Scalable_WhitePaper_Big_Data.pdf*.

Schneider, G. Michael, Johnny Martin, and W. T. Tsai. 1992. "An Experimental Study of Fault Detection in User Requirements Documents." *ACM Transactions on Software Engineering and Methodology* 1(2):188–204.

Schonberger, Richard. J. 2008. *Best Practices in Lean Six Sigma Process Improvement: A Deeper Look*. Hoboken, NJ: John Wiley & Sons, Inc.

Schwaber, Ken. 2004. *Agile Project Management with Scrum*. Redmond, WA: Microsoft Press.

Schwarz, Roger. 2002. *The Skilled Facilitator: A Comprehensive Resource for Consultants, Facilitators, Managers, Trainers, and Coaches*. San Francisco, CA: Jossey-Bass.

Seilevel. 2011. "Seilevel Requirements Management Tool Evaluation Results." *http://www.seilevel.com/wp-content/uploads/2011/09/Seilevel-RequirementsManagementToolEvalResults2.xls*.

———. 2012. "Seilevel Project Assessment." *http://www.seilevel.com/wp-content/uploads/Project_Assessments_Template.xls*.

Sharp, Alec, and Patrick McDermott. 2008. *Workflow Modeling: Tools for Process Improvement and Application Development*. Norwood, Massachusetts: Artec, Inc.

Shehata, Mohammed S., Armin Eberlein, and H. James Hoover. 2002. "Requirements Reuse and Feature Interaction Management." In *Proceedings of the 15th International Conference on Software & Systems Engineering and their Applications*. Paris.

Shull, F., V. Basili, B. Boehm., A. W. Brown, A. Costa, M. Lindvall, D. Port, I. Rus, R. Tesoriero, and M. Zelkowitz. 2002. "What We Have Learned About Fighting Defects." In *Proceedings of the Eighth IEEE Symposium on Software Metrics*, 249–258. Ottawa, Canada. IEEE Computer Society Press.

Sibbet, David. 1994. *Effective Facilitation: Achieving Results with Groups*. San Francisco, CA: The Grove Consultants International.

Simmons, Erik. 2001. "From Requirements to Release Criteria: Specifying, Demonstrating, and Monitoring Product Quality." In *Proceedings of the 2001 Pacific Northwest Software Quality Conference*, 155–165. Portland, OR: Pacific Northwest Software Quality Conference.

Smith, Larry W. 2000. "Project Clarity Through Stakeholder Analysis." *CrossTalk* 13(12):4–9.

Sommerville, Ian, and Pete Sawyer. 1997. *Requirements Engineering: A Good Practice Guide*. Chichester, England: John Wiley & Sons Ltd.

Sorensen, Reed. 1999. "CCB—An Acronym for 'Chocolate Chip Brownies'? A Tutorial on Control Boards." *CrossTalk* 12(3):3–6.

The Standish Group. 2009. "Chaos Summary 2009." West Yarmouth, MA: The Standish Group International, Inc.

Stevens, Richard, Peter Brook, Ken Jackson, and Stuart Arnold. 1998. *Systems Engineering: Coping with Complexity*. London: Prentice Hall.

Taylor, James. 2012. "Decision Discovery for a Major Business Function." International Institute for Analytics Research Brief.

_____. 2013. "Using Decision Discovery to Manage Analytic Project Requirements." International Institute for Analytics Research Brief.

Thayer, Richard H. 2002. "Software System Engineering: A Tutorial." *IEEE Computer* 35(4):68–73.

Thomas, Steven. 2008. "Agile Change Management." *http://itsadeliverything.com/agile-change-management*.

Thompson, Bruce, and Karl Wiegers. 1995. "Creative Client/ Server for Evolving Enterprises." *Software Development* 3(2):34–44.

Van Veenendaal, Erik P. W. M. 1999. "Practical Quality Assurance for Embedded Software." *Software Quality Professional* 1(3):7–18.

Voas, Jeffrey. 1999. "Protecting Against What? The Achilles Heel of Information Assurance." *IEEE Software* 16(1):28–29.

Volere. 2013. "Requirements Tools." *http://www.volere.co.uk/tools.htm*.

von Halle, Barbara. 2002. *Business Rules Applied: Building Better Systems Using the Business Rules Approach*. New York: John Wiley & Sons, Inc.

von Halle, Barbara, and Larry Goldberg. 2010. *The Decision Model: A Business Logic Framework Linking Business and Technology*. Boca Raton, FL: Auerbach Publications.

Wallace, Dolores R., and Laura M. Ippolito. 1997. "Verifying and Validating Software Requirements Specifications." In *Software Requirements Engineering*, 2nd ed., Richard H. Thayer and Merlin Dorfman, eds., 389–404. Los Alamitos, CA: IEEE Computer Society Press.

Wasserman, Anthony I. 1985. "Extending State Transition Diagrams for the Specification of Human-Computer Interaction." *IEEE Transactions on Software Engineering* SE-11(8):699–713.

Weinberg, Gerald M. 1995. "Just Say No! Improving the Requirements Process." *American Programmer* 8(10):19–23.

Wiegers, Karl E. 1996. *Creating a Software Engineering Culture*. New York: Dorset House Publishing.

_____. 1998a. "The Seven Deadly Sins of Software Reviews." *Software Development* 6(3):44–47.

_____. 1998b. "Improve Your Process With Online 'Good Practices'." *Software Development* 6(12):45–50.

_____. 1999. "Software Process Improvement in Web Time." *IEEE Software* 16(4):78–86.

_____. 2000. "The Habits of Effective Analysts." *Software Development* 8(10):62–65.

_____. 2002. *Peer Reviews in Software: A Practical Guide*. Boston: Addison-Wesley.

_____. 2003. "See You in Court." *Software Development* 11(1):36–40.

_____. 2006. *More About Software Requirements: Thorny Issues and Practical Advice*. Redmond, WA: Microsoft Press.

_____. 2007. *Practical Project Initiation: A Handbook with Tools*. Redmond, WA: Microsoft Press.

_____. 2011. *Pearls from Sand: How Small Encounters Lead to Powerful Lessons*. New York: Morgan James Publishing.

Wiley, Bill. 2000. *Essential System Requirements: A Practical Guide to Event-Driven Methods*. Reading, MA: Addison-Wesley.

Williams, Ray C., Julie A. Walker, and Audrey J. Dorofee. 1997. "Putting Risk Management into Practice." *IEEE Software* 14(3):75–82.

Wilson, Peter B. 1995. "Testable Requirements—An Alternative Sizing Measure." *The Journal of the Quality Assurance Institute* 9(4):3–11.

Withall, Stephen. 2007. *Software Requirement Patterns*. Redmond, WA: Microsoft Press.

Wood, Jane, and Denise Silver. 1995. *Joint Application Development*, 2nd ed. New York: John Wiley & Sons, Inc.

Young, Ralph R. 2001. *Effective Requirements Practices*. Boston: Addison-Wesley.

_____. 2004. *The Requirements Engineering Handbook*. Norwood, MA: Artech House.

作者简介

Karl Wiegers（卡尔·魏格斯）博士

ProcessImpact 首席顾问，该公司位于俄勒冈州波特兰，是一家软件过程咨询和培训公司。他的研究兴趣包括需求工程、结对审查、项目管理和过程改进。此前，他在伊士曼柯达公司任职 18 年之久，历任摄影研究科学家、软件开发人员、软件经理以及软件过程和质量改进部门领导。Karl 拥有伊利诺大学有机化学博士学位。除了计算机，Karl 还非常喜欢品酒、弹吉他、写歌录歌和参加公益活动。

Karl 发表和出版过很多书与文章，涉及软件研发、化学、自救和军事历史等领域。他是经典图书《软件需求》系列版本的缔造者以及生命课程回忆录 *Pearl from Sand* 的作者。

Karl 担任过《IEEE 软件》杂志的编委会成员和《软件开发》杂志的特约编辑。举办过 300 多次软件需求工作坊和培训课程。可以通过 www.processimpact.com 和 www.karlwiegers.com 联系他。（照片来源：Jama Software 公司，Emily Down）。

Joy Beatty（乔伊·比蒂）

软件需求社区的引领者，CBAP（业务分析专业认证），《BABOK 指南》（业务分析与需求指南）主笔，Seilevel 公司副总裁，该公司位于德州奥斯汀，是一家的咨询和培训公司，致力于帮助人们重新认识客户是如何摸清楚软件需求的。经过 15 年的经验积累，Joy 找到一些新的方法，帮助客户采用最佳实践来改进需求收集和建立可视化模型。她协助财富 500 强中很多企业建立了强大的业务分析中心。

Joy 具有丰富的培训经验和表达能力，她培训过几千名业务分析师，发表了很多文章和演讲，还是《软件需求与可视化模型》的作者之一。可以通过 www.seilevel.com 或 joy.beatty@seilevel.com 联系她。

她毕业于普渡大学，获得计算机科学与数学双学士学位。业余时间，Joy 喜欢划船、游泳和野炊。